数控加工刀具应用指南

陈为国　陈　昊　著

机 械 工 业 出 版 社

本书是作者多年研习数控加工刀具的心得体会，旨在推动国内数控加工及其刀具技术的普及与发展。

全书以数控加工刀具为对象，在数控加工刀具的基础上，介绍了数控车削刀具、数控铣削刀具、数控孔加工刀具和数控机床与刀具接口技术四部分内容，对于每种类型的刀具均介绍了其结构特点与应用、相应刀具国家标准剖析、典型刀具示例分析以及使用时的注意事项等。书中很多典型刀具示例取材于著名数控刀具制造商的主力产品，示例刀具结构以 3D 立体方式来展示。本书适合具有一定机械制造技术、数控加工技术与刀具知识的数控加工技术人员阅读。

为便于读者随时学习，联系 QQ296447532 可获取 PPT 课件。

图书在版编目（CIP）数据

数控加工刀具应用指南 / 陈为国，陈昊著．—北京：机械工业出版社，2020.12（2025.1重印）

ISBN 978-7-111-66861-9

Ⅰ．①数…　Ⅱ．①陈…　②陈…　Ⅲ．①数控刀具—指南
Ⅳ．①TG729-62

中国版本图书馆CIP数据核字（2020）第213006号

机械工业出版社（北京市百万庄大街22号　邮政编码100037）

策划编辑：周国萍　　责任编辑：周国萍　王彦青

责任校对：张　薇　　封面设计：马精明

责任印制：李　昂

北京捷迅佳彩印刷有限公司印刷

2025年1月第1版第4次印刷

184mm×260mm・22.75印张・546千字

标准书号：ISBN 978-7-111-66861-9

定价：89.00元

电话服务
客服电话：010-88361066
010-88379833
010-68326294

网络服务
机　工　官　网：www.cmpbook.com
机　工　官　博：weibo.com/cmp1952
金　　书　　网：www.golden-book.com
机工教育服务网：www.cmpedu.com

前言

数控加工技术自20世纪50年代出现以来，以其实用性与先进性优势迅速被实际生产所接受。特别是计算机技术的出现与发展，为数控技术走向实际应用提供了技术保证。数控加工技术已成为现代机械制造技术的主流，并将融入机器人等技术构成智能制造的基础。

数控加工刀具简称数控刀具，其概念原为刀具制造商出于商业目的而推出的，但由于其符合数控加工技术的发展需要，很快就被数控加工技术人员所接受，并逐渐从传统刀具技术中脱颖而出且自成体系。数控加工刀具能够更好地适应数控加工的技术特点。数控加工对刀具材料与涂层技术、刀具结构、在数控机床上的安装与连接、刀具生产模式等提出了新的要求，如粉末冶金高速钢、硬质合金材料刀具普遍应用，并大量采用涂层刀具，机夹可转位不重磨刀具型式成为数控刀具的主流。数控加工刀具以专业化生产为主，数控加工用户更多的是以选用并外购为主，终端用户自己刃磨刀具的模式已逐渐淡出。数控刀具的专业化生产使得刀具制造商可根据数控加工刀具强大的市场需求，专注研究、开发与生产适应数控加工的刀具，这也是数控加工刀具的产生并逐渐形成数控加工刀具体系的推手。

本书基于目前普遍接受的数控加工刀具体系的分类，在数控加工刀具基础上，介绍了数控车削刀具、数控铣削刀具、数控孔加工刀具和数控机床与刀具接口技术四部分内容，并详细介绍了相关类型数控刀具的结构特点与应用、相应刀具国家标准剖析、典型刀具示例分析以及使用时的注意事项等。值得一提的是，书中典型刀具示例均是著名数控刀具制造商的主力产品，在刀具结构表达上，以3D立体方式来展示，更好地紧跟时代的脉搏，很多图例是目前国内刀具相关图书中首次出现的，是作者多年紧跟国内外数控刀具技术发展研习的心得。作者写作本书旨在推动数控加工技术及其加工刀具技术的普及与发展。

本书面向具有一定机械制造技术知识和刀具基础知识，立志从事数控加工及其刀具知识学习与研究的读者。关于机械制造中切削原理与刀具基础知识的学习，可参阅相关教材或相关机械制造技术基础、刀具基础知识的参考书。

本书在编写过程中得到了南昌航空大学科技处、教务处和航空制造工程学院、工程训练中心，以及中航工业江西洪都航空工业集团有限公司等单位领导的关心和支持，得到了航空制造工程学院数控加工技术实验室和工程训练中心数控技术教学部等部门相关老师的指导和帮助，在此表示衷心的感谢！

为便于读者随时学习，联系QQ296447532可获取PPT课件。

感谢书后所列参考文献中的作者，以及未能囊括进入参考文献参考资料的作者，他们的资料为本书的编写提供了极大的帮助。

本书文稿表述虽经反复推敲与校对，但因时间仓促，加之作者水平所限，书中难免存在不足和疏漏之处，敬请广大读者批评指正。

作　者

目　录

第 1 章 数控加工刀具基础

1.1 数控加工概述

数控加工（Numerical Control Machining）是数控切削加工的简称，指在数控机床上进行金属切削加工的技术。数控加工刀具（简称数控刀具）指配合数控机床进行切削加工所使用的刀具。

数控加工技术是传统加工技术的一次革命性的变革，也是传统加工技术发展到今天的必然。需要注意的是，数控加工虽然被冠以现代制造之美誉，但其本质仍然是金属切削加工，其切削原理与规律仍然与传统加工理论相仿，其刀具几何角度的定义并没有什么新的变化。虽然其对新型刀具材料有极强的需求，但传统的刀具材料仍然被大量采用；虽然机夹可转位不重磨刀具结构被普遍采用，但传统的整体式刀具仍未被抛弃；且对于数控加工而言，没有传统切削加工的基础是很难学好并精通的。基于这些学习规律，笔者有意告诫年轻的数控加工技术从业者，不要将数控加工与传统加工割裂开，在学习数控加工刀具时，不能忽视金属切削原理与刀具基本知识的学习。当然，学习数控加工刀具还必须注重相关数控加工技术知识的学习，掌握数控加工的原理与特点。

当今社会，数控机床已得到广泛的普及与应用。老企业的技术改造，机床设备的更新普遍选用数控加工机床。新建企业在制造装备选择上，数控机床已成为首选。甚至，在专用机床方面，数控化设计与改造也将是一种必然。另外，工业 4.0 时代和近年来智能制造的加工机床必须以数控机床为基础。可以说，数控加工技术是现代化工厂的主体加工制造技术。

数控加工刀具是随着数控加工技术的产生与发展需求而产生的，数控加工刀具一词首先是刀具制造商为迎合数控机床加工技术的市场而提出的，并逐渐被数控加工从业人员所接受。当然，为适应数控加工的需要，其源于传统刀具但仍然有区别于传统加工刀具之处，并随着数控机床与加工技术的创新发展不断推陈出新，表现出较为活跃的发展势头。

1.1.1 数控加工的特点

数控加工与传统加工相比，有其自身的特点，因此，数控加工刀具必须适应这些特点与要求。

数控加工具有以下特点：

（1）自动化程度高　数控机床是由数控程序驱动数控系统进行工作，其加工过程中切削参数设定与转换为全自动化，包括刀具的选择与更换工作大部分也可自动完成，因此，其加工效率极高。据统计，数控铣床的切削加工时间占总加工时间的70%左右，加工中心可达90%以上，最新的车铣复合数控加工机床加工效率更高。

（2）加工精度高　数控加工不仅在曲线与曲面加工上加工精度远高于传统加工，即使在普通机床加工工艺适应范围内，数控机床的加工精度仍然高于传统加工。由于数控加工过程程序控制的特点，使其在加工质量的稳定性与加工精度的重复再现性等方面远高于传统加工。

（3）加工适应性强　数控加工改变了传统加工通过机床专用夹具使工件位置适应刀具位置的特点，转而以刀具位置的变化适应工件表面复杂的变化，这一点在多轴加工机床上更为明显。因此，数控加工不仅可用于批量生产替代传统的专用机床加工，而且还非常适合单件、小批量生产和新产品试制。其加工过程的机床夹具与切削刀具普遍采用通用性较好的结构型式。

（4）适应高速加工新技术的要求　高速切削加工技术的出现，对加工机床提出了新的要求，数控机床的电主轴技术摒弃了传统的齿轮传动，极大地提高了主轴转速，且转速的变换可无级调速、平稳过渡；数控机床的进给轴伺服控制与联动技术，使得进给速度可做得更高，进给速度的转换更为平稳和可控，切削厚度的控制变得更为方便与可靠，这些适用于高速加工的特点是传统加工机床所不可能实现的。

1.1.2　数控加工刀具的特点

数控加工刀具是伴随着数控加工技术的应用与发展而形成的一类现代金属切削加工刀具的群体，其泛指所有应用于数控金属切削加工机床的加工刀具。其源于传统切削刀具但又有适用于数控切削加工的特性，随着数控加工技术的普及与推广，数控刀具已逐渐形成了研制、制造、销售、应用直至售后服务的完整产业链，数控加工刀具的概念已广泛的出现并逐渐被业内所接受。

由于数控刀具和数控加工技术与数控机床密切相关，当今的数控加工刀具主要集中于数控车削刀具、数控铣削刀具以及数控加工中心应用广泛的各类孔加工刀具领域。同时，其基础性的工作如刀具材料、刀具表面的涂层技术、刀片与刀杆的结构、刀具与数控机床的连接刀柄及其延伸的工具系统是不容忽视的重要组成部分。

1．数控加工刀具的要求与特点

作为数控加工刀具，必须满足数控加工的特点与需求，其要求与特点如下：

1）高的切削效率。高切削效率对提高生产效率，降低制造成本起着重要的决定性作用，新型的刀具材料与涂层技术，专业化的刀具材料制造等是高切削效率的保证。

2）高的制造精度以及重复定位精度。高精度的刀具是高精度数控加工的基本需求，重复定位精度是有效减少对刀操作，减少刀具补偿调整，提高加工效率的保证，专业化制造数控刀具是提高刀具制造精度的有效途径，机夹可转位不重磨刀具结构是刀具重复定位精度的保证，现代数控加工必须摒弃传统刀具自己刃磨刀具以及重复刃磨刀具的习惯，要明确不重磨刀具所“增加”的直接成本相对于昂贵高效的数控机床加工是微不足道的，连续切削使用时间的增加使其综合成本仍然是更低的。

3）高可靠性与较长的刀具寿命。延长刀具切削时间，缩短刀具调整时间与换刀时间，是自动化程度较高的数控加工的需求。

4）适应复杂曲面加工要求。数控加工技术已从传统的夹具装夹工件适合相对固定的机床刀具转向刀具各种位置与方位的灵活变化适应简单装夹相对固定的工件。这就要求数控刀具适合多方向进给加工，其刀具结构相对复杂。

5）刀具尺寸参数的预调与快速换刀技术。数控刀具的尺寸参数必须调整方便，必要时配备刀具预调仪，提高刀具预调精度与效率，缩短机床上的调整时间。换刀是数控加工不可回避的辅助时间，数控刀具的刀杆与刀柄结构必须在具有较高装刀精度的前提下与数控机床的装刀与换刀装置相匹配。良好的工具系统是实现刀具预调与快速换刀的保证。

6）刀具涂层技术的广泛采用。刀具涂层是数控刀具重要的结构特征，已广泛应用于数控加工刀具中，当今的刀具涂层技术已由单层涂层逐渐发展为多层多材质涂层。

7）专业化的刀具制造体系。现代数控刀具生产基本由专业化的刀具制造商完成，专业刀具制造商不仅可在新型刀具的研发、制造上投入大量的人、财、物，同时具备良好的刀具销售与售后服务，并对新刀具推广起到积极的作用。

综合所述，对数控刀具的要求与特点可表述为“三高一专”（即高效率、高精度、高可靠性和专业化）。随着数控加工机床的不断发展与普及，数控刀具的市场占有率将不断提高，并将成为金属切削刀具的主流产品，数控刀具的使用中心将由传统的自己设计、制造与刃磨逐渐过渡到市场选用、采购、使用与维护为主。

2．数控加工刀具的结构特点

数控加工刀具的主要特征是满足数控机床加工的要求，其在刀具结构上必须同时满足数控加工高效率自动化的要求，并具有专业化生产的特点。同时，专业化生产又根据专业性较强的不同机械加工工艺特征分类组织。归纳起来，数控刀具的结构具有以下特点：

1）机夹可转位不重磨以及整体式刀具结构为主流。机夹可转位刀具结构是数控刀具的主选结构方案，几乎所有加工工艺用刀具均可见到机夹式刀具的身影，如机夹式车刀、机夹式铣刀、机夹式孔加工刀具（如钻、镗、铰削刀具等），甚至螺纹加工刀具如机夹式螺纹铣刀等，可以说机夹式刀具结构是数控刀具结构的重中之重。

机夹可转位刀具结构，其刀杆与刀片分开制造，且基本是由专业化刀具厂家生产，其不仅可降低刀具成本，更主要的是加工精度的提高和刀片切削性能的稳定，应用机夹可转位刀具，当刀具磨损后，可通过刀片转位迅速地转为新的切削刃，即使全部切削刃磨损后，也可迅速更换新的刀片，转位或更换刀片后的刀位点位置变化极小，基本不需重新对刀，仅需在数控机床上调整刀具补偿即可，极大地缩短了对刀调整时间。数控加工基本不再自己刃磨刀具（刀片），即使重磨，也交由刀具制造商进行。

但是，对于结构尺寸较小以及切削部分相对复杂的刀具，整体式刀具结构仍然在数控刀具体系中占有一席之地，如整体式立铣刀、麻花钻、机用铰刀、丝锥等。

数控加工中传统的焊接式结构的刀具应用较少，传统的以普通高速钢材料制造为主的整体式刀具，已逐渐朝着粉末冶金高速钢整体式刀具和整体式硬质合金刀具方向发展。

2）完善的工艺分类数控刀具。专业化生产的数控刀具常常按加工工艺进行分类，如数控车削刀具、数控铣削刀具、数控镗削类刀具、孔加工类刀具，以及刀柄与工具系统等。

3）刀具的结构相对复杂。如数控车削刀具广泛采用机夹可转位结构，其刀片不仅外形结构多样，且前面的变化较大，同时刀杆（刀体）的结构也较传统车刀更为复杂，特别是适应快换以及车削工具系统的刀具。数控铣削类刀具也是类似，其复杂性也是显而易见的，以立铣刀为例，即使是平端面的整体式圆柱立铣刀，也常见端面切削刃过中心的结构，以适应数控刀具经常轴向进给加工的特点；为适应复杂曲面的铣削加工，圆角铣刀（又称为圆鼻铣刀）和球头铣刀也是数控铣削加工主流的刀具结构型式。镗孔加工刀具特别是可调镗刀的结构复杂性是不言而喻的。机夹式面铣刀、三面刃铣刀等各种机夹式铣刀，其刀片与刀体的结构都是较为复杂的。数控刀具作为专业化生产的产物，即使结构有一定的复杂程度，但对于批量的专业化生产，其性价比仍然是较高的。

4）数控刀具必须具有尽可能长的刀具寿命。刀具材料对刀具寿命的影响极大，数控加工普遍采用硬质合金刀具材料，并大量地应用表面涂层技术。整体式复杂刀具虽然还广泛应用高速钢刀具材料，但更多地开始采用粉末冶金高速钢材料来提高刀具寿命。近年来，整体式硬质合金材料的圆柱立铣刀大量出现，大大提高了刀具的寿命。为适应高速加工的特点，各种新型刀具材料（如PCD、PCBN、陶瓷刀具材料等）被采用。

5）通用性刀具成为主选刀具。数控加工过程中，加工表面的形状与位置变化较大，加工夹具的通用性要求刀具适应工件的变化，因此，数控铣刀的切削部分尽可能选用通用的圆柱、球头与圆角（又称为圆鼻）形状，数控车刀很少采用成形切削刃刀具，基本为单刀尖的刀头，通过轨迹控制适应曲面车削加工。复合式刀具结构应用不多。

6）刀柄及刀具工具系统。刀柄是刀具与机床主轴过渡的桥梁，它一头联接着各种刀具而另一头与机床主轴匹配相联接，学习数控刀具必须掌握各种刀柄锥柄的结构与标准，并掌握各种不同刀具的联接固定方式。工具系统作为完善的刀具与机床联接体系，数控加工工作者必须多加关注与研究，找到适合自身的应用方式。数控车削加工中刀具与机床的联接部分多称为刀体或刀杆，随着国内高档数控车床、车削中心甚至车铣复合机床的不断普及，数控车削类刀具的刀杆及其工具系统必将被广泛的应用。学习与选用刀柄、刀杆以及工具系统必须多关注专业化厂家的刀具样本以及相应的国内外标准。

总而言之，数控刀具的结构相对传统加工的刀具结构而言，其结构还是复杂与多样的。多涉猎知名的刀具制造商样本、多阅读相关的刀具标准、多观察高档先进的数控机床刀具联接方式、多实践、多体会与思考是学习数控刀具的好方法。

1.1.3　学习数控加工刀具知识的必要性

数控加工的普及性与专业性，要求数控加工的从业者必须面对数控刀具存在的现实，数控加工刀具是传统刀具的延伸与发展，传统的刀具知识已远远不能满足数控刀具选用的需要，必须不断接受和更新观念，逐渐了解直至娴熟驾驭数控加工刀具。

（1）机夹式与整体式刀具结构的选用　数控刀具广泛采用机夹式刀具结构，且机夹式结构方案较多，如何选用，值得思考。机夹式刀具结构的应用要求刀片供应可靠。因此刀片供应是否当地化必须作为一个先决条件。数控加工刀具整体式结构并未摒弃，也不可能不用，但数控加工的整体式刀具在材料与结构上有所创新与发展，如数控加工用到的圆柱立铣刀大量采用粉末冶金高速钢或整体硬质合金材料，端面切削刃延伸至中心结构，柄部直径多做成标准直径，便于装夹，内冷却式结构便于冷却与排屑等。以上数控加工刀具的特点要求使用者研习数控刀具原理与结构的基础知识。

（2）数控刀具材料的选择　数控刀具材料以硬质合金为主流（其性价比极高），并大量采用刀具表面涂层技术，新型刀具材料也会根据需要进行选用，而新型刀具材料与涂层技术在普通机床加工过程中用得并不多。

（3）数控刀具的装夹要考虑数控机床主轴锥孔与装刀方式　数控机床刀具的装夹比普通机床刀具装夹的备选方案更多，如何更好地选用，值得研习。

（4）数控刀具使用的周边技术与装备的选用　数控刀具周边技术相对较多，全部选用显然不现实，如何根据需要选用，最大限度地发挥数控机床的性能，需要多了解数控加工刀具方面的新技术。如数控刀具是否动平衡决定了数控加工是否需高速旋转，机外预调仪的使用可进一步提高机床的利用率，刀具液压夹紧与热缩夹紧是否采用，采用哪一种要根据实际需要考虑。

（5）数控刀具选购性促使使用者必须研习刀具样本　数控刀具的专业化生产，使得各刀具制造商具有各自的数控刀具结构系列，如何从这些庞大的刀具系列中选择符合自身使用需求的刀具品种，是值得深思的问题。笔者认为刀具样本在专业使用者手头的作用从某种意义上讲高于通用的刀具手册。当然，收集刀具样本别忘了其是否当地化，选得到而买不到是不现实的学习。

种种因素说明，从事数控加工的人员必须学习数控刀具的相关知识。实际上，从事数控加工技术至一定阶段必然会产生这种想法，只是由于各种原因未能系统学习，这是笔者撰写本书的原因与动机之一。

1.1.4 如何学好数控加工刀具知识

学习数控加工刀具知识的人员必然是业内的专业人士，如机械制造专业高年级学生、机械制造专业技术人员、数控加工机床的操作人员，以及数控加工刀具的推广与销售人员等。总之，有需求，才有学习的动力，才能学好。

1. 基础性知识的学习

（1）刀具专业基础性知识　使用数控刀具的人员一般必须具备机械制造技术的基础知识，如切削加工基本原理、切削加工机理、切削加工与刀具的基本术语等。限于篇幅，这里不展开介绍，可参阅参考文献中的书目。

（2）数控加工技术知识　数控刀具是为数控加工而设计的，掌握数控加工技术知识，对理解数控刀具与传统刀具的差异性、选用数控刀具有所帮助。

（3）刀具材料知识　了解刀具材料知识对选择与使用数控刀具是有所帮助的。

2. 专业性知识的学习与提高

（1）刀具专业知识的提高　在基础学习时，切削加工原理的学习一般以单刀车削加工为例，实际中，要逐渐过渡到能够灵活分析铣削、钻削等常见的数控加工方法上。能够运用金属切削机理（金属切削变形规律）分析与解决数控加工现场遇到的问题。对于切削加工的基本术语要能够专业化，如按GB/T 12204—2010《金属切削 基本术语》等表述切削加工基本术语，当然其他的专业术语也应尽可能按相关标准表述。

（2）切削用量参数的表示与选用　在刀具基础知识的学习阶段，切削用量的学习基本基于外圆车削加工，称为切削用量三要素，进入数控加工的应用后，车削加工表面发生了变化，如端面车削、镗内孔（内孔车削）、切断与切槽和螺纹切削等。另外，数控铣削、钻削等切削用量参数也需熟练掌握，如铣削加工圆柱切削刃铣削时除了传统的背吃刀量 a_p 外，还有侧吃刀量 a_e 等。除了掌握各种加工方法切削参数的定义外，切削用量的选择是实际加工时回避不了的问题，必须掌握并会根据现场情况进行调整。

（3）多收集与掌握数控刀具相关的国家标准　参考文献 [1] 中介绍了大量数控刀具相关的国家标准，可供参考。

（4）多收集数控刀具相关的刀具制造商信息及其刀具样本　特别是正在使用刀具的制造商信息，从其刀具样本上理解数控刀具的应用知识。注意了解当地刀具制造商代理点的信息。

（5）注意从生产中学习与提高　对于学习到一定阶段后，要逐渐跳出过去获取知识的方法，逐渐掌握自行学习与提高的模式。如多在实际加工中观察他人选择的刀具及其切削用量，若自己来处理，是否有差异，各自的优缺点。对于自己选择的刀具及其切削用量的加工，也必须深入现场，观察是否有改进与提高的地方。经常性地三省吾身。

1.2　数控刀具材料概述

数控刀具材料是指与数控加工刀具匹配的切削部分的材料。显然，数控刀具材料除满足金属切削的基本要求外，还必须适应数控加工的特定要求。

1.2.1　金属切削加工时刀具材料应具备的基本性能

金属切削加工中，刀具切削部分承受着很大的切削力与冲击力，并伴随着强烈的金属塑性变形与剧烈的摩擦，产生大量的切削热，造成切削区域极高的切削温度与温度梯度。因此，刀具材料应具备以下基本性能。

（1）高的硬度和耐磨性　刀具材料的硬度必须高于被加工材料的硬度，其硬度在室温条件下也应在62HRC以上。如高速钢的硬度为63～70HRC，硬质合金的硬度为89～93HRA。

（2）足够的强度和韧性　刀具材料必须要有足够的强度和韧性，以确保其加工过程中不出现破损、崩刃等。

（3）耐热性　指刀具材料高温下保持上述性能的能力，又称为热硬性，是切削刀具特有的性能要求。高温硬度越高，表示耐热性越好，因此在高温时抗塑性变形的能力、抗磨损的能力也越强。一般碳素工具钢的工作温度约为300℃、高速钢约为600℃、硬质合金约为900℃。

（4）导热性　导热性好，则热量容易传导出去，从而降低切削区域的温度，减轻刀具磨损。

（5）良好的加工工艺性　指刀具材料加工制造的难易程度，包括锻造、切削加工、磨削和热处理等性能。

（6）经济性与市场购买性　经济性是选用刀具材料、降低刀具成本的主要依据之一。考虑经济性的同时，还必须考虑其性价比。市场购买性是刀具材料市场采购方便性的评价依据，再好的材料不易购得也是无用的。

1.2.2　数控刀具材料应具备的特定要求

数控加工具有高速、高效和自动化程度高等特点，数控刀具是实现数控加工的关键环节之一。为了满足数控加工技术的需要，保证优质、高效地完成数控加工任务。对于数控加工刀具的材料，除具备金属切削刀具材料的基本要求外，还必须满足数控加工技术的特定需要，它不仅要求刀具耐磨损、寿命长、可靠性好、精度高、刚性好，而且要求刀具尺寸稳定、安装调整方便等。数控加工对刀具提出的特定要求如下：

（1）高可靠性　要求刀具的寿命长、切削性能稳定、质量一致性好、重复精度高。可靠性的提高，可减少换刀次数和时间，提高生产效率。

（2）高的耐热性、抗热冲击性和高温力学性能　适应数控加工高速度、高刚性和大功率发展方向。

（3）高的精度及精度保持　可减少换刀次数，缩短对刀调整时间，提高生产效率。显然专业化生产的机夹可转位不重磨刀具及其刀片具有优势，刀片涂层技术可减少磨损，具有更好的精度保持。

（4）系列化、标准化和通用化　可减少刀具规格，利于数控编程，便于刀具管理、维护、预调和配置等，降低加工成本，提高生产效率。

（5）适合数控刀具机夹可转位不重磨特性　刀具及其材料尽可能专业化生产，广泛采用性价比高的硬质合金刀具材料。

（6）适当采用多功能复合刀具及专用刀具　便于数控加工应用于批量生产，减少装夹次数，提高数控机床效率等，减少刀具数量和库存量，便于刀具管理。

（7）可靠地断屑与卷屑性　专业化生产的硬质合金刀片，其前面等形状可灵活制作，获得优异的断屑与卷屑性，机夹式结构可方便地增设断屑台或断屑器等。

（8）能适应难加工材料和新型材料加工的需要　刀具的专业化生产，使得刀具制造商最大限度地开发市场需求的刀具材料，实际中可见，较多的专业刀具制造商均提供适合高强度、高硬度、耐腐蚀和耐高温的工程材料加工的新型刀具材料刀具，专业刀具生产商是研发新型刀具材料的主力军。

1.2.3　数控刀具材料的种类、性能与特点

经过多年的发展，目前的数控刀具材料已形成以硬质合金、涂层硬质合金和高速钢为主体，兼顾金属陶瓷、立方氮化硼和金刚石等先进刀具材料的较为完整的刀具材料体系。

1. 数控刀具常用材料概述

数控加工中，早期普通加工的碳素工具钢和合金工具钢基本不用，应用最广泛的主要是硬质合金和高速钢。当其不能满足加工要求时，考虑采用超硬刀具材料——陶瓷、聚晶金刚石和立方氮化硼等。天然金刚石由于价格较高，应用并不多。另外，涂层刀具技术已广泛应用于数控刀具。

2. 硬质合金刀具材料

硬质合金（Cemented Carbide）是一种粉末冶金工艺制成的合金材料，是由硬度和熔点很高的硬质化合物（碳化钨 WC、碳化钛 TiC、碳化钽 TaC 和碳化铌 NbC 等）为硬质相，用金属材料（Co、Mo 或 Ni 等）作粘结相，两相材料研制成粉末，按一定比例混合，压制成形，并在高温高压下烧结而成的一种刀具材料。

硬质合金具有硬度高、耐磨、强度和韧性较好、耐热、耐腐蚀等一系列优良性能，可用于制作各种刀具（如车刀、铣刀、钻头、镗刀等），可切削铸铁、碳素钢及合金钢、有色金属、塑料、化纤、石墨、玻璃、石材等，还可用来切削耐热钢、不锈钢、高锰钢、工具钢等难加工材料。由于其优越的性能、较高的性价比、良好的市场获取性，已成为数控加工刀具的主要材料，并形成以专业刀具生产厂商研发与生产为主，终端客户直接

选用，并且不重磨使用的现代刀具应用模式。

（1）硬质合金的种类

1）按主要化学成分不同，常用的硬质合金可分为碳化钨基硬质合金和碳（氮）化钛基硬质合金。碳化钨基硬质合金包括钨钴类（YG）、钨钴钛类（YT）和添加稀有碳化物类（YW）三种，其添加的碳化物有 WC、TiC、TaC、NbC 等，其常用的金属粘结相为 Co。碳（氮）化钛基硬质合金是以 TiC 为主要硬质相成分（有些加入了其他碳化物或氮化物），常用的金属粘结相为 Mo 和 Ni。

2）按合金晶粒大小不同，硬质合金还可分为普通硬质合金、细晶粒硬质合金和超细晶粒硬质合金等。

3）按切削用途分类。GB/T 18376.1—2008《硬质合金牌号 第 1 部分：切削工具用硬质合金牌号》对切削用硬质合金牌号规定按“类别代号 + 分组号 + 细分号”规则表示。其中金属切削加工的类别代号主要有 K、P、M 等，可认为是用途大组；分组号可认为是对类别代号大组的按用途的进一步细分；细分号则是由各生产厂家按需要进一步细分的部分。

表 1-1 为 GB/T 18376.1—2008 的类别代号，其中金属切削加工主要有 K、P、M 三类，相当于国内牌号的 YG、YT、YW 类。

表 1-1　硬质合金类别代号

类别	使用领域
P	长切屑材料的加工，如钢、铸钢、长切屑可锻铸铁等的加工
M	通用合金，用于不锈钢、铸钢、锰钢、可锻铸铁、合金钢、合金铸铁等的加工
K	短切屑材料的加工，如铸铁、冷硬铸铁、短切屑可锻铸铁、灰口铸铁等的加工
N	有色金属、非金属材料的加工，如铝、镁、塑料、木材等的加工
S	耐热和优质合金材料的加工，如耐热钢，含镍、钴、钛的各类合金材料的加工
H	硬切削材料的加工，如淬硬钢、冷硬铸铁等材料的加工

分组号用 01 ～ 50 之间的数字表示其韧性与耐磨性的不同，一般按公差 10 递增，如 K 类硬质合金主要分组号包括 K01、K10、K20、K30、K40 五组，P 类合金包括 P01 ～ P50 六组，M 类合金包括 M01 ～ M40 五组。必要时可插入公差为 5 的数字，如 K 类合金可采用 K05、K15、K25、K35 分组号。

（2）硬质合金的性能特点　由于硬质合金是以金属 Co 或 Mo、Ni 等为粘结相，以金属碳化物（WC、TiC、TaC 和 NbC 等）为硬质相的粉末冶金合金材料，与高速钢相比，总体表现为强度、硬度和耐热性均高，韧性低的特点。具体如下：

1）硬度。硬质合金由于含有大量的硬质点金属碳化物，因此其硬度，特别是热硬性比高速钢要高，硬度越高，则耐磨性越好。硬质合金的硬度可达 89 ～ 93HRA，远高于高速钢，在 540℃时硬度仍可达 82 ～ 89HRA。硬质合金的硬度与碳化物的性质、数量、粒度和金属粘结相的含量有关，一般随着粘结相金属含量的增多，硬度降低。在粘结相金属含量一定的情况下，由于 TiC 的硬度高于 WC 的硬度，因此 YT 类硬质合金的硬度高于 YG 类硬质合金。而添加了稀有金属碳化物的 YW 类硬质合金不仅可提高硬度，且可提高高温硬度。一般加入 TaC 的硬质合金硬度可提高 40 ～ 100HV，而加入 NbC 硬度可提高 70 ～ 150HV。

2）强度。硬质合金的抗弯强度只相当于高速钢材料抗弯强度的 1/3 ～ 1/2。硬质合金中 Co 含量越多，则合金的强度越高。含有 TiC 的合金比不含 TiC 的合金强度低，TiC 的含量越多，则合金的强度越低。在钨钴钛类硬质合金中，添加 TaC 可提高抗弯强度。TaC 的加入还可显著提高切削刃强度，增加 TaC 的含量可加强切削刃的抗碎裂和抗破损能力。一般合金中 TaC 的含量增加，疲劳强度也会增加。另外，硬质合金的抗压强度比高速钢材料高 30% ～ 50%。

3）韧性。硬质合金的韧性比高速钢低得多。含 TiC 合金的韧性比不含 TiC 的合金低，且 TiC 的含量增加，则韧性下降。添加适量 TaC，在保证合金耐热性和耐磨性的同时，能使合金的韧性提高约 10%。由于硬质合金的韧性比高速钢低，因此其不宜在强烈冲击和振动的情况下使用，特别是低速切削时，粘结和崩刃现象更为严重。

4）热物理性能。硬质合金的导热性能优于高速钢，为高速钢的 2 ～ 3 倍。由于 TiC 的热导率低于 WC，因此 YT 类硬质合金的导热性低于 YG 类合金，合金中 TiC 的含量越高，则导热性越低。

5）耐热性。硬质合金的耐热性比高速钢高得多，在 800 ～ 1000℃时尚能进行切削。同时在高温下有良好的抗塑性变形能力。在硬质合金中添加 TiC 可提高其高温硬度。TiC 的软化温度高于 WC，因此 YT 类合金的硬度随着温度的上升而下降的幅度较 YG 类合金慢。TiC 含量越多，含 Co 越少，则其下降幅度也越小。由于 TaC 的软化温度比 TiC 高，因此，在硬质合金中添加 TaC 和 NbC 可提高合金的高温硬度。

6）抗粘结性。硬质合金的粘结温度高于高速钢，因而有较高的抗粘结磨损能力。硬质合金中钴与钢的粘结温度大大低于 WC 与钢的粘结温度。当合金中钴含量增加时，粘结温度下降。TiC 的粘结温度高于 WC 的，因此 YT 类合金的粘结温度高于 YG 类合金（大约高 100℃）。用含有 TiC 的合金刀具切削时，在高温下形成 TiO_2 可以减轻粘结效应。TaC 和 NbC 与钢的粘结温度比 TiC 高，因此添加 TaC 和 NbC 的合金有更高的抗粘结能力。硬质合金成分中，不同碳化物与工件材料的亲和能力不同，TaC 与工件材料的亲和能力是 WC 的几分之一到几十分之一。

7）化学稳定性。硬质合金的耐磨性与其工作温度下合金的物理及化学稳定性有密切的关系。硬质合金的氧化温度高于高速钢的氧化温度。TiC 的氧化温度远远高于 WC 的氧化温度。因此高温下，YT 类硬质合金的氧化增量低于 YG 类硬质合金，且 TiC 的含量越多，抗氧化能力也越强。TaC 的氧化温度也高于 WC，合金中含有 TaC 和 NbC 时也会提高其抗高温氧化能力。硬质合金中 Co 的含量增加时，氧化会更容易。

8）合金晶粒度。晶粒度的细化，可提高硬质合金的硬度和耐磨性。

（3）常用硬质合金刀具材料的性能　过去国内厂家硬质合金的牌号主要按化学成分不同分类命名，但随着刀具国际化的需求，国内常见的硬质合金牌号也在逐渐与国外刀具制造商接轨，按用途不同，以类别代号加数字的型式命名。

按化学成分不同的分类主要有以下几类：

1）YG 类硬质合金，对应 K 类硬质合金，主要成分是 WC-Co，其中 WC 为硬质相，Co 为粘结相，主要用于加工铸铁类的短切屑的黑色金属，也可加工有色金属和非金属材料，常用的牌号有 YG3、YG3X、YG6、YG6X、YG8 等。这类硬质合金的硬度为 89 ～ 91.5HRA，抗弯强度为 1100 ～ 1500MPa。YG 类硬质合金的抗弯强度和冲击韧度较好，因此适合加工切屑呈崩碎状（或短切屑）的脆性金属，如铸铁。同时，其磨削加工性好，切削刃可以磨得较锋利，因此也可加工有色金属和非金属等。

2）YT 类硬质合金，对应 P 类硬质合金，主要成分是 WC-TiC-Co。该合金的硬质相除 WC 外，还增加了 w（TiC）为 5% ～ 30%，主要用于加工长切屑的黑色金属，如塑性较好的各类钢料。常用牌号有 YT5、YT14、YT15、YT30 等，其 w（TiC）分别为 5%、14%、15%、30%。这类硬质合金的硬度为 89.5 ～ 92.5HRA，抗弯强度为 900 ～ 1400MPa。由于 TiC 的硬度和熔点比 WC 高，故 YT 类硬质合金的强度、耐磨性和耐热性均高于 YG 类硬质合金，但抗弯强度特别是冲击韧度下降较多，随着合金中 TiC 含量的提高和 Co 含量的降低，其强度和耐磨性提高，抗弯强度下降。由于以上因素，在冲击振动较大的切削过程中，容易出现崩刃现象，此时应选择 TiC 含量较低的合金牌号。

3）YW 类硬质合金，对应 M 类硬质合金，主要成分为 WC-TiC-TaC（NbC）-Co，故又称为钨钛钽（铌）钴类硬质合金。添加稀有元素碳化物 TaC、NbC 后能够有效地提高合金的常温强度、韧性与硬度以及高温强度与硬度，细化晶粒，提高抗扩散与抗氧化磨损的能力，从而提高耐磨性。这些性能的改善，使其兼有 YG 与 YT 类硬质合金的性能，综合性能良好，因此有“通用”“万能”硬质合金的称谓。YW 类硬质合金既可加工长切屑型的塑性较好的钢料，也可加工短切屑型的脆性铸铁料，并可加工有色金属材料。这类合金若适当增加 Co 含量，强度可很高，可用于各种难加工材料的粗加工与断续切削。

4）碳（氮）化钛 [TiC（N）] 基硬质合金，前述三类硬质合金属于碳化钨基硬质合金，其硬质相以 WC 为主，以 Co 作粘结相。但地球上 W 的资源较为紧缺，而 Ti 的储量相对较多（约为 W 的 1000 倍），TiC（N）基硬质合金是以 TiC 代替 WC 为硬质相，以 Ni、Mo 等为粘结相制作的硬质合金，其中 WC 含量较少，其耐磨性优于 WC 基硬质合金，介于硬质合金和陶瓷之间。Ni 作为粘结相可提高合金的强度，Ni 中添加 Mo 可改善液态金属对 TiC 的润湿性。由于 TiC（N）基硬质合金表现出优越的综合性能，同时又节约碳化钨基硬质合金中的 W、Co 等贵重稀有金属，因此从一开始就被认为是一种大有发展前途的刀具材料。自问世以来，便被世界各地主要硬质合金厂家所重视并迅速发展。

5）超细晶粒硬质合金。硬质合金晶粒细化后，硬质相尺寸减小，增加了硬质相晶粒表面积、晶粒间的结合力，粘结相更均匀地分布在其周围，可以提高硬质合金的硬度与耐磨性；如果再适当提高 Co 含量，还可以提高抗弯强度。超细晶粒硬质合金是由晶粒极小的 WC 粒子和 Co 粒子构成，是一种高硬度、高强度兼备的硬质合金，使其具有硬质合金的高硬度并兼顾有高速钢的高强度。

晶粒细化的标准不完全统一，一般普通硬质合金晶粒度为 3 ～ 5μm，细晶粒硬质合金的晶粒度为 1.5μm 左右，亚微细粒合金为 0.5 ～ 1μm，而超细晶粒硬质合金 WC 的晶粒度在 0.5μm 以下。

（4）硬质合金刀具材料的合理选用　硬质合金牌号众多，且各厂家常常有自己的牌号系列，特别是数控刀具涂层后性能还有较大的改进，因此，直接按化学成分命名的牌号选择硬质合金并不是很方便。近年来，各刀具制造商常常按 ISO 标准的类别代号（见表 1-1 中的类别代号）将自己的硬质合金牌号与类别代号对应分类，帮助用户选择，这应该是选择硬质合金刀具材料实用的方法。

GB/T 18376.1—2008 根据使用条件规定了类似于ISO标准的硬质合金组别与应用，这对 ISO 标准牌号的硬质合金选择具有指导意义，具体见表 1-2。

表 1-2　按使用条件分类的硬质合金组别及应用

<table>
<tr><th rowspan="2">组别</th><th colspan="2">使用条件</th><th colspan="2">性能变化趋势</th></tr>
<tr><th>被加工材料</th><th>适应的加工条件</th><th>切削性能</th><th>合金性能</th></tr>
<tr><td>P01</td><td>钢、铸钢</td><td>高切削速度，小切屑截面，无振动条件下精车、精镗</td><td rowspan="5">↑切削速度增加
进给量增加↓</td><td rowspan="5">↑耐磨性增加
韧性增加↓</td></tr>
<tr><td>P10</td><td>钢、铸钢</td><td>高切削速度，中、小切屑截面条件下的车削、仿形车削、车螺纹和铣削</td></tr>
<tr><td>P20</td><td>钢、铸钢、长切屑可锻铸铁</td><td>中等切削速度，中等切屑截面条件下的车削、仿形车削和铣削、小切屑截面的刨削</td></tr>
<tr><td>P30</td><td>钢、铸钢、长切屑可锻铸铁</td><td>中或低等切削速度，中等或大切屑截面条件下的车削、铣削、刨削和不利条件下①的加工</td></tr>
<tr><td>P40</td><td>钢、含砂眼和气孔的铸钢件</td><td>低切削速度、大切削角度、大切屑截面以及不利条件下①的车削、刨削、切槽和自动机床上加工</td></tr>
<tr><td>M01</td><td>不锈钢、铁素体钢、铸钢</td><td>高切削速度，小载荷，无振动条件下精车、精镗</td><td rowspan="5">↑切削速度增加
进给量增加↓</td><td rowspan="5">↑耐磨性增加
韧性增加↓</td></tr>
<tr><td>M10</td><td>不锈钢、铸钢、锰钢、合金钢、合金铸铁、可锻铸铁</td><td>中和高等切削速度，中、小截面条件下的车削</td></tr>
<tr><td>M20</td><td>不锈钢、铸钢、锰钢、合金钢、合金铸铁、可锻铸铁</td><td>中等切削速度，中等截面条件下的车削、铣削</td></tr>
<tr><td>M30</td><td>不锈钢、铸钢、锰钢、合金钢、合金铸铁、可锻铸铁</td><td>中和高等切削速度，中等或大截面条件下的车削、铣削、刨削</td></tr>
<tr><td>M40</td><td>不锈钢、铸钢、锰钢、合金钢、合金铸铁、可锻铸铁</td><td>车削、切断、强力铣削加工</td></tr>
<tr><td>K01</td><td>铸铁、冷硬铸铁、短切屑可锻铸铁</td><td>车削、精车、铣削、镗削、刮削</td><td rowspan="5">↑切削速度增加
进给量增加↓</td><td rowspan="5">↑耐磨性增加
韧性增加↓</td></tr>
<tr><td>K10</td><td>硬度大于220HBW的铸铁、短切屑的可锻铸铁</td><td>车削、铣削、镗削、刮削、拉削</td></tr>
<tr><td>K20</td><td>硬度小于220HBW的灰口铸铁、短切屑的可锻铸铁</td><td>用于中等切削速度下、轻载荷粗加工、半精加工的车削、铣削、镗削等</td></tr>
<tr><td>K30</td><td>铸铁、短切屑的可锻铸铁</td><td>用于不利条件下①可能采用大切削角度的车削、铣削、刨削、切槽加工，对刀片的韧性有一定要求</td></tr>
<tr><td>K40</td><td>铸铁、短切屑的可锻铸铁</td><td>用于不利条件下①的粗加工，采用较低的切削速度、大的进给量</td></tr>
</table>

（续）

组别	使用条件		性能变化趋势	
	被加工材料	适应的加工条件	切削性能	合金性能
N01	有色金属、塑料、木材、玻璃	高切削速度下，有色金属 Al、Cu、Mg、塑料、木材等非金属材料的精加工	↑切削速度增加　进给量增加↓	↑耐磨性增加　韧性增加↓
N10		较高切削速度下，有色金属 Al、Cu、Mg、塑料、木材等非金属材料的精加工或半精加工		
N20	有色金属、塑料	中等高切削速度下，有色金属 Al、Cu、Mg、塑料等的半精加工或粗加工		
N30		中等高切削速度下，有色金属 Al、Cu、Mg、塑料等的粗加工		
S01	耐热和优质合金，含 Ni、Co、Ti 的各类合金材料	中等切削速度下，耐热钢和钛合金的精加工	↑切削速度增加　进给量增加↓	↑耐磨性增加　韧性增加↓
S10		低切削速度下，耐热钢和钛合金的半精加工或粗加工		
S20		较低切削速度下，耐热钢和钛合金的半精加工或粗加工		
S30		较低切削速度下，耐热钢和钛合金的断续加工，适于半精加工或粗加工		
H01	淬硬钢、冷硬铸铁	低切削速度下，淬硬钢、冷硬铸铁的连续轻载精加工	↑切削速度增加　进给量增加↓	↑耐磨性增加　韧性增加↓
H10		低切削速度下，淬硬钢、冷硬铸铁的连续轻载精加工或半精加工		
H20		较低切削速度下，淬硬钢、冷硬铸铁的连续轻载半精加工、粗加工		
H30		较低切削速度下，淬硬钢、冷硬铸铁的半精加工或粗加工		

① 上述不利条件指材料或铸造、锻造的零件表面不匀，加工时的切削深度不匀，间断切削以及振动等情况。

各刀具制造商基本也是按 P、M、K、N、S、H 类别代号将自己的刀片材料牌号对应分类推荐给用户选择，具体参见各刀具制造商刀具样本。参考文献 [1] 列举了部分国内外主流刀具制造商硬质合金牌号与标准类别的对应关系，可参考。

3．高速钢刀具材料

高速钢（High Speed Steel，HSS）是一种加入了较多的 W、Mo、Cr、V 等合金元素的高合金工具钢。高速钢刀具在强度、韧性及工艺性等方面具有优良的综合性能，是复杂刃形数控刀具的主要刀具材料之一，国内孔加工刀具、铣刀、螺纹加工刀具等仍广泛采用高速钢刀具材料。国外高速钢刀具的发展趋势是大量采用粉末冶金高速钢以及高速钢刀具涂层技术。

（1）高速钢的种类与特点　按照用途不同，高速钢可分为通用型高速钢和高性能高速钢；按制造工艺不同，高速钢可分为熔炼高速钢和粉末冶金高速钢。另外，按照 W、Mo、V 等合金元素含量的不同，高速钢又可分为低合金高速钢、普通型高速钢和高性能高速钢等，见表 1-3。

表 1-3　GB/T 9943—2008 标准所列高速钢牌号及硬度

序号	牌号	类别	退火态硬度 HBW	淬回火硬度 HRC
1	W3Mo3Cr4V2	低合金高速钢	≤ 255	≥ 63
2	W4Mo3Cr4VSi		≤ 255	≥ 63
3	W18Cr4V	通用型高速钢	≤ 255	≥ 63
4	W2Mo8Cr4V		≤ 255	≥ 63
5	W2Mo9Cr4V2		≤ 255	≥ 64
6	W6Mo5Cr4V2		≤ 255	≥ 64
7	CW6Mo5Cr4V2		≤ 255	≥ 64
8	W6Mo6Cr4V2		≤ 262	≥ 64
9	W9Mo3Cr4V		≤ 255	≥ 64
10	W6Mo5Cr4V3	高性能高速钢	≤ 262	≥ 64
11	CW6Mo5Cr4V3		≤ 262	≥ 64
12	W6Mo5Cr4V4		≤ 269	≥ 64
13	W6Mo5Cr4V2Al		≤ 269	≥ 65
14	W12Cr4V5Co6		≤ 277	≥ 65
15	W6Mo5Cr4V2Co6		≤ 269	≥ 64
16	W6Mo5Cr4V2Co8		≤ 285	≥ 65
17	W7Mo4Cr4V2Co5		≤ 269	≥ 66
18	W2Mo9Cr4VCo8		≤ 269	≥ 66
19	W10Mo4Cr4V3Co10		≤ 285	≥ 66

高速钢除具有高的综合力学性能，能满足通用切削刀具的要求外，其制造工艺较简单，易于磨出锋利的切削刃，对机床的专项要求不高，在数控刀具材料中仍然占有重要地位。

通用型高速钢中，由于我国 W 的含量相对丰富，钨系高速钢（如 W18Cr4V）使用量相对较多，而国外则多采用钨钼系高速钢（如 W6Mo5Cr4V2），高性能高速钢主要通过增加 C、V 含量及添加 Co、Al 元素等改善性能。

（2）常用高速钢的性能

1）低合金高速钢，主要有 W3Mo3Cr4VSi、W2MoCr4V、W4Mo3Cr4VSi 等。由于其减少了 W、Mo、V 等较昂贵金属元素而降低了成本，其价格较通用刚型高速钢 W6Mo5Cr4V2 便宜 25% ～ 30%，特别适合制作低、中速切削刀具，如中心钻、丝锥、小直径麻花钻、扩孔钻、铰刀，甚至小直径立铣刀等。

2）通用型高速钢，又称为普通高速钢，约占高速钢总产量的 75% ～ 80%。一般可分为钨系与钨钼系高速钢两类。这类高速钢 w（C）为 0.7% ～ 0.9%。按钢中含 W 量的不同，可分为钨系高速钢 [w（W）高达 18%] 和钨钼系高速钢 [w（W）为 6% 或 8%]。通用型高速钢具有一定的硬度（63 ～ 66HRC）和耐磨性、高的强度和韧性、良好的塑性和加工工艺性，广泛用于制造各种复杂刀具。

我国长期使用的通用型高速钢的典型牌号为 W18Cr4V（简称 W18），具有较好的综合性能，在 600℃时的高温硬度为 48.5HRC，可用于制造各种复杂刀具。其具有可磨削性好、脱碳敏感性小等优点，但由于碳化物含量较高，分布较不均匀，颗粒较大，强度和韧性不高，特别是热塑性差，不宜做大截面的刀具。目前，W18Cr4V逐渐由钨钼系高速钢取代，特别是国外W元素紧缺的国家，使用量较少甚至不用钨系高速钢。

钨钼系高速钢是指将钨钢中的一部分W用Mo代替所获得的一种高速钢。钨钼钢的典型牌号是W6Mo5Cr4V2（简称M2）。W6Mo5Cr4V2的碳化物颗粒细小均匀，强度、韧性和高温塑性都比W18Cr4V好。其主要缺点是含V量稍多，磨削加工性比W18Cr4V差，脱碳敏感性大，淬火温度范围较窄。另一种钨钼系高速钢为W9Mo3Cr4V（简称W9），其热稳定性略高于W6Mo5Cr4V2，抗弯强度和韧性都比W6Mo5Cr4V2好，具有良好的可加工性能。这种钢易轧、易锻、热处理温度范围较宽、脱碳敏感性小、磨削性能较好。

3）高性能高速钢，指在通用型高速钢成分中再增加一些含碳量、含钒量及添加Co、Al等合金元素，以提高耐热性和耐磨性的新钢种。高性能高速钢制作的刀具与通用型高速钢相比，刀具寿命和切削速度得到提高，从而可提高切削加工生产率。高性能高速钢主要有以下四大类：

① 高碳高速钢，如9W18Cr4V（简称9W18）和9W6Mo5Cr4V2（简称CM2），其w（C）比通用型高速钢高0.20%～0.25%，使钢中合金元素全部形成碳化物，从而提高钢的硬度、耐磨性与耐热性，但其强度和韧性略有下降。其常温硬度提高到66～68HRC，600℃时高温硬度提高到51～52HRC。适用于耐磨性要求高的铰刀、锪钻、丝锥以及加工较硬材料（220～250HBW）的刀具，寿命一般可提高50%～80%，也可用于切削不锈钢、奥氏体材料及钛合金。这时，耐磨性比普通高速钢高2～3倍。

② 高钒高速钢，如W12Cr4V5Mo和W6Mo5Cr4V3等，其w（V）为3%～5%，由于形成大量高硬度耐磨的VC弥散在钢中，提高了高速钢的耐磨性，且能细化晶粒和降低钢的过热敏感性。这种钢适于加工对刀具磨损严重的材料，如硬橡胶、塑料等。对低速薄切屑精加工刀具，如铰刀、丝锥等也有较长的寿命。其不足之处是磨削加工性差。

③ 钴高速钢，典型牌号为W2Mo9Cr4VCo8（简称M42），其硬度可达69～70HRC，比W18Cr4V高4～5HRC，600℃时的高温硬度达54～55HRC。这种高速钢的综合性能好，允许切削速度较高，由于含V量不高，因而磨削加工性也好，可刃磨的很锋利而制作精加工刀具。其优越性在高温切削时明显，故适合加工高温合金、钛合金、奥氏体耐热合金及其他难加工材料，刀具寿命可延长4～6倍，加工材料的硬度越高，效果越显著。但由于Co含量很高，而我国Co主要靠进口，价格很高，目前生产与使用不多。

④ 铝高速钢，是一种含Al不含Co的高性能高速钢，如W6Mo5Cr4V2Al（简称501），600℃时的高温硬度为54～55HRC，由于不含Co，因而仍保留较高的强度和韧性。501高速钢的综合切削性能与M42相当，在加工30～40HRC的调质钢时，刀具寿命可比通用型高速钢高3～4倍。其主要缺点是加工工艺性稍差，并且过热敏感性大，淬火加热温度范围窄，氧化脱碳倾向大。这种钢立足于我国资源，与钴高速钢相比，成本较低，故已逐渐推广使用。

4）粉末冶金高速钢（Power Metallurgy High Speed Steel，PMHSS），是20世纪70年代发展起来的一种新型高速钢，它是将高频感应炉熔炼出的钢液，用高压氩气或纯氮气使之雾化，经过急冷得到细小均匀的结晶组织（高速钢粉末），再将所得的粉末在高温、高压下压制成刀坯，或先制成钢坯再经过锻造、轧制成所需刀具形状。

与熔炼法制造的高速钢相比，粉末冶金高速钢具有以下优点：

① 没有碳化物偏析的缺陷，不论刀具截面尺寸多大，其碳化物晶粒均细小均匀，可达2～3μm（一般熔炼钢为8～20μm），且均匀分布，非常适合制造大尺寸的刀具。

② 具有良好的力学性能，在轻度变形条件下，其强度和韧性可比一般高速钢分别提高30%～40%和80%～90%。在化学成分相同的情况下，与熔炼钢相比，其常温硬度可提高1～1.5HRC，热处理后硬度可达60～70HRC，600℃时的高温硬度可达67～70HRC，高温硬度提高尤为显著。由于粉末冶金高速钢碳化物颗粒均匀性分布的表面积较大，且不易从切削刃上剥落，故其耐磨性比熔炼高速钢刀具提高20%～30%。

③ 由于碳化物细小均匀，其磨削加工性能得到了显著的改善，钢中的含V量越多，改善的程度越显著，并且砂轮消耗少，磨削效率高，磨削表面的表面粗糙度值小。w（V）=5%的粉末冶金高速钢的磨削加工性能与w（V）=2%的熔炼高速钢相当，故粉末冶金高速钢可以适当提高钒的含量，这一特点使得粉末冶金高速钢适合制造形状复杂、磨削加工量较大的刀具及要求刃口精密、细小、锋利的刀具。

④ 粉末冶金高速钢的成材率大大高于普通熔炼钢，若用高速钢粉末直接压制刀具毛坯，其材料利用率可高达90%以上。

⑤ 利用粉末冶金方法制造高速钢时，可进一步提高碳化物的比例，从而生产出熔炼法无法生产的高性能高速钢。这种钢的硬度有的可高达70HRC以上，在性能上填补了高速钢与硬质合金之间的空白。

⑥ 由于粉末冶金方法压制刀坯，能保证材料的物理和力学性能的各向同性，减少热处理变形和应力，降低晶粒长大的趋势。粉末冶金高速钢热处理时的变形只相当于熔炼钢的1/3～1/2，适合制造钻头、拉刀、螺纹刀具、滚刀、插齿刀等复杂刀具。若再配以表面涂层技术（如涂镀TiN、TiCN、TiAlN等），切削速度可以进一步提高。

国外刀具制造商的数控刀具、粉末冶金高速钢的应用较为广泛，其不足之处是制造成本比熔炼钢高。

4．涂层刀具材料

刀具涂层技术又称为刀具表面改性技术，其把刀具材料的表面与基体作为一个统一系统进行设计和改性，赋予刀具材料表面新的复合性能，是提高刀具性能的重要途径之一，在现代制造特别是数控加工刀具中广泛采用。

（1）刀具涂层的概念　刀具涂层是指在韧性较好的刀体（如硬质合金或高速钢）上，涂覆一层或多层耐磨性好的难熔化合物，从而使刀具性能大大提高，这种刀具也可称为涂层刀具。刀具涂层可以提高加工效率、提高加工精度、延长刀具寿命、降低加工成本。

刀具涂层的方法主要有化学气相沉积（CVD）和物理气相沉积（PVD）。涂层硬质合金刀具一般采用化学气相沉积法，沉积温度在 1000℃左右。高速钢、硬质合金、陶瓷和超硬刀具材料（立方氮化硼和金刚石）的刀具均可涂层而成为涂层刀具。涂层高速钢刀具一般采用物理气相沉积，沉积温度在 500℃左右。刀具表面的涂层可以是单涂层、双涂层和多涂层，也可以是几种涂层材料的复合涂层，涂层的材质可以有不同的性能，其软、硬程度不同。另外，还有纳米涂层刀具等。随着研究的不断深入，新型的涂层材料、涂层工艺、涂层的组合不断出现，新型涂层刀具也在不断出现。

（2）刀具涂层的种类　经过多年的发展，刀具涂层技术呈现多样化和系列化的特点，刀具涂层可从不同角度进行分类。

1）根据涂层材料的性质不同分，刀具涂层可分为硬涂层、超硬涂层和软涂层等类型，并可进行不同组合，如硬 / 硬组合、硬 / 软组合、软 / 软组合、具有润滑性能的软 / 软组合等。硬质膜为传统概念的单层膜、复合膜、多层膜等，如普遍采用的 TiN、TiC、TiAlN 等，其显微硬度通常为 20 ～ 40GPa；润滑膜的显微硬度为 10GPa 左右，而超硬膜则定义为显微硬度大于 40GPa。

2）根据涂层工艺方法不同分，可分为化学气相沉积 CVD 与物理气相沉积 PVD 涂层。

3）根据涂层刀具基体材料不同分，有硬质合金基体涂层、高速钢基体涂层、金属陶瓷基体涂层、陶瓷基体涂层等。

4）按涂层结构不同分，有单涂层、多涂层（带中间过渡层）、纳米涂层（纳米结晶、纳米沉厚、纳米结构涂层）、梯度涂层、超硬涂层、硬 / 软复合涂层等。

5）按涂层的硬质材料成分不同分，有 TiC、TiN、TiAlCN、Al_2O_3、AlCrN、TiCN、AlTiN、TiSiN、CrSiN、TiBN、类金刚石碳涂层（DLC）、非金属化合物超硬涂层（金刚石薄膜涂层、CBN、C_3N_4、Si_3N_4、B_4C、SiC）等及各种成分的组合多层涂层。

（3）刀具涂层的性能特点　刀具涂层有软、硬之分，硬质涂层是指以追求高的硬度和耐磨性为目标的涂层，其特点是硬度高、耐磨性好。硬质涂层能够较好地满足切削加工过程中高温、大切削力和摩擦磨损严重的需要。软质涂层是针对不适合或不需硬质涂层的加工而设计的，旨在通过刀具表面涂镀一层润滑性能较好的固态物质（主要为硫族化合物）使刀具表面具有较好的润滑功能。刀具涂层的性能如下：

1）TiC 是一种高硬度的耐磨化合物，是最早出现的涂层物质，也是目前应用最多的一种涂层材料之一，有良好的抗后面磨损和抗月牙洼磨损能力。同时由于它与基体的附着牢固，在制备多层耐磨涂层时，常将 TiC 作为与基体接触的底层膜。TiC 的硬度比 TiN 高，抗磨损性能好，对于产生剧烈磨损的材料，用 TiC 涂层较好。

2）TiN 涂层是继 TiC 涂层以后采用非常广泛的一种涂层，是 TiC 涂层的激烈竞争者。TiN 的硬度稍低，但它与金属的亲和力小，润湿性能好，在空气中抗氧化能力比 TiC 好，在容易产生粘结时 TiN 涂层较好。目前，工业发达国家 TiN 涂层高速钢刀具的使用率已占高速钢刀具的 50% ～ 70%，有的不可重磨的复杂刀具的使用率已超过90%。TiN涂层的抗氧化性较差，使用温度达500℃，涂层就出现明显氧化而被烧蚀。

3）Al_2O_3涂层具有良好的热稳定性和化学稳定性以及高的抗氧化性，因此，在高温场合下，以Al_2O_3涂层为好。Al_2O_3涂层在高温下能保持良好的化学稳定性和热稳定性，但由于Al_2O_3与基体材料的物理和化学性能相差太大，单一Al_2O_3涂层无法制成理想的涂层刀具。

4）TiCN和TiAlN属复合化合涂层材料，它们的出现使涂层刀具的性能上了一个台阶。TiCN是在单一的TiC中，氮原子占据原来碳原子在点阵中的位置而形成的复合化合物，具有TiC和TiN的综合性能，其硬度（特别是高温硬度）高于TiC和TiN，将TiCN设置为涂层刀具的主耐磨层，可显著提高刀具寿命。因此，TiCN是一种较为理想的刀具涂层材料。TiAlN是TiN和Al_2O_3的复合化合物，其既具有TiN的硬度和耐磨性，同时在切削过程中氧化生成Al_2O_3，形成一层硬质惰性保护膜，起到抗氧化和耐扩散磨损的作用。加工高速钢、不锈钢、钛合金、镍合金时比TiN涂层刀具寿命提高3～4倍，高速切削时，切削效果明显优于TiN和TiC涂层刀具。TiAlN涂层刀具特别适合加工耐磨材料，如灰铸铁、硅铝合金等。

5. 其他先进刀具材料简介

这里介绍的先进刀具材料的性能均高于前述的硬质合金和高速钢，因此，主要用于前述材料性能不能满足要求时的选择。

（1）陶瓷刀具材料　具有硬度高、耐磨性好、耐热性和化学稳定性优良等特点。

陶瓷刀具材料的主要成分是硬度和熔点很高的Al_2O_3、Si_3N_4等氧化物、氮化物，再加入少量的碳化物、氧化物或金属等添加剂，经制粉、压制、烧结而成。

陶瓷刀具材料具有以下性能特点：

1）硬度高、耐磨性好。陶瓷刀具的硬度虽然不及PCD（金刚石）和PCBN（聚晶立方氮化硼）高，但大大高于硬质合金和高速钢刀具，达到93～95HRA。陶瓷刀具的最佳切削速度可以比硬质合金刀具高2～10倍，而且刀具寿命长，可减少换刀次数，从而大大提高了切削加工的生产效率。因此，陶瓷刀具可以加工传统刀具难以加工的高硬材料，实现“以车代磨”。陶瓷刀具适合高速切削和硬切削。

2）耐高温、耐热性好。陶瓷刀具在1200℃以上的高温下仍能进行切削。陶瓷刀具具有很好的高温力学性能，在800℃时的硬度为87HRA，在1200℃时的硬度仍达到80HRA。随着温度的升高，陶瓷刀具的高温力学性能降低很慢。Al_2O_3陶瓷刀具的抗氧化性能特别好，切削刃即使处于炽热状态，也能连续使用。因此，陶瓷刀具可以实现干切削，从而可省去切削液。

3）化学稳定性好。陶瓷刀具不易与金属产生粘结，且耐腐蚀、化学稳定性好，可减小刀具的粘结磨损。

4）摩擦系数小。陶瓷刀具与金属的亲合力小，摩擦系数小，可减小切削力和切削温度。这不仅减少刀具磨损，提高刀具寿命，而且可减小已加工表面的表面粗糙度值，因此在高速精车和精密铣削时，可获得以车、铣代磨的效果。

5）原料丰富。硬质合金中所含的W和Co等资源缺乏，价格高昂，而陶瓷刀具材料使用的主要原料Al_2O_3、SiO_2、碳化物等是地球上最丰富的元素，对发展陶瓷刀具材料十分有利。因此，开发和使用陶瓷刀具，对节省战略性贵重金属具有十分重要的意义。

6）强度和韧性低、热导率低。陶瓷刀具材料属典型的脆性材料，抗弯强度和冲击韧度低，热导率仅为硬质合金的1/5～1/2，而线膨胀系数却比硬质合金高10%～30%，热冲击性差。当温度发生明显变化时，容易产生裂变，导致刀片破损。

陶瓷刀具的导热性较差，通常进行干切削或使用润滑剂进行切削，以减少前面与工件的摩擦，只有在加工某些难加工材料时，加入一定的切削液，提高刀具寿命。使用切削液时，必须在刀具接触工件前对切削区域浇注切削液，直到刀具完全切削完毕为止，同时切削液必须大量连续供应，流量不得少于4～6L/min，否则切削温度的变化，会加剧陶瓷刀具的崩刃甚至破损。

（2）立方氮化硼刀具材料　立方氮化硼（Cubic Boron Nitride，CBN）是氮化硼（BN）的同素异构体之一，其晶体结构类似金刚石，硬度略低于金刚石，但远高于其他刀具材料，其与金刚石统称为超硬刀具材料，常用作磨料和刀具材料。

到目前为止，立方氮化硼主要是通过人工合成的方法获得，有单晶体（CBN）与多晶体（聚晶立方氮化硼，简称PCBN）之分。

单晶体立方氮化硼是以立方氮化硼为原料，加触媒在4～8GPa高压、1400～1800℃高温条件下转化而成。由于受CBN制造技术的限制，目前制造直接用于切削刀具的大颗粒单晶体仍存在困难，成本很高，加之单晶CBN存在易劈裂的解理面，不能直接用于制造切削刀具，因而CBN单晶主要用于制作磨料和磨具。目前，工业上可用于切削刀具的立方氮化硼材料主要是聚晶立方氮化硼刀具。

PCBN是在高温高压条件下，将微细的CBN材料通过粘结剂（Al、Ti、TiC、TiN等）烧结而成的一种多晶材料。PCBN克服了CBN单晶体易解理和各向异性等缺点，非常适合制作刀具等工具。

立方氮化硼的主要性能特点如下：

1）高的硬度和耐磨性。CBN微粉的显微硬度为8000～9000HV，其PCBN烧结体的硬度达到3000～5000HV。在切削耐磨材料时，其耐磨性为硬质合金刀具的50倍，为涂层硬质合金刀具的30倍，为陶瓷刀具的25倍。

2）具有很高的热稳定性。CBN的耐热性可达1400～1500℃以上，比金刚石的耐热性（700～800℃）几乎高1倍。CBN在1370℃时才开始由立方晶体变为六方晶体而开始软化。PCBN在800℃时的硬度还高于陶瓷和硬质合金的常温硬度。因此，PCBN刀具可用比硬质合金刀具高3～5倍的速度高速切削高温合金和淬硬钢。

3）优良的化学稳定性。CBN的化学惰性大，在1000℃以下不发生氧化反应。同时与铁系材料到1200～1300℃时也不易起化学作用，在还原性的气体介质中，对酸和碱都是稳定的。因此，PCBN刀具适合切削淬火钢零件和冷硬铸铁，可广泛应用于铸铁的高速切削。

4）具有较好的导热性。CBN 的热导率比金刚石低（约为金刚石的 1/2），但远远高于高速钢、硬质合金等材料。在各类刀具材料中，PCBN 的导热性仅次于金刚石。随着温度的升高，CBN 和 PCBN 的热导率是增加的。PCBN 刀具热导率高可使刀尖处温度降低，减小刀具的磨损，有利于加工精度的提高。在同样的切削条件下，PCBN 刀具的切削温度要低于硬质合金刀具。

5）具有较小的摩擦系数。CBN 与不同材料间的摩擦系数约为 0.1 ～ 0.3，比硬质合金的摩擦系数（0.4 ～ 0.6）小得多。随着切削速度的提高，摩擦系数减小。低的摩擦系数能使切削力减小、切削温度降低、加工表面质量提高。

（3）金刚石刀具材料　金刚石是碳的同素异构体之一，是迄今为止自然界发现的最硬的一种材料。天然金刚石作为切削刀具已有上百年的历史了，但由于资源的稀缺性，限制了其推广应用。自从出现了人工合成的金刚石，其在切削加工中才被人们广泛关注，并发展出了聚晶金刚石和涂层金刚石等刀具产品，并在金属与非金属加工中得以较为广泛的应用。近年来，随着数控机床的普遍应用和数控加工技术的迅速发展，可实现高效率、高稳定性、长寿命加工的金刚石刀具的应用日渐普及，金刚石刀具已成为现代数控加工中不可缺少的重要工具之一。金刚石刀具的种类如图 1-1 所示。

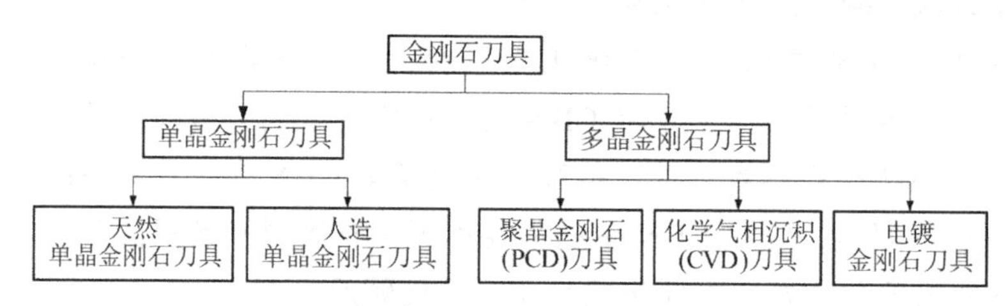

图 1-1　金刚石刀具的种类

金刚石刀具材料的性能特点如下：

1）极高的硬度和耐磨性。天然金刚石的显微硬度达 10000HV，金刚石具有极高的耐磨性，天然金刚石的耐磨性为硬质合金的 80 ～ 120 倍，人造金刚石的耐磨性为硬质合金的 60 ～ 80 倍。加工高硬度材料时，金刚石刀具的寿命为硬质合金刀具的 10 ～ 100 倍，甚至高达几百倍。

2）各向异性的问题。单晶金刚石晶体不同晶面及晶向的硬度、耐磨性、微观强度、研磨加工的难易程度以及与工件材料之间的摩擦系数等相差很大，因此，设计和制造单晶金刚石刀具时，必须正确选择晶体方向，对金刚石原料必须进行晶体定向。金刚石刀具的前、后面的选择是设计单晶金刚石刀具的一个重要问题。聚晶金刚石刀具材料可克服单晶金刚石的各向异性缺陷。

3）摩擦系数。金刚石刀具具有很小的摩擦系数。金刚石与一些有色金属之间的摩擦系数比其他刀具都小，约为硬质合金刀具的一半。通常在 0.1 ～ 0.3 之间。如金刚石与黄铜、铝和纯铜之间的摩擦系数分别为 0.1、0.3 和 0.25。对于同一种加工材料，天然金刚石刀具的摩擦系数低于人造金刚石刀具。摩擦系数小，则切削加工变形小，可减小切削力。

4）切削刃非常锋利，加工表面粗糙度值很小。金刚石刀具的切削刃可以磨得非常锋利，切削刃钝圆半径 r_ε 一般可达 0.1 ～ 0.5μm。天然单晶金刚石刀具可高达 0.002 ～ 0.008μm。因此，天然金刚石刀具能进行超薄切削和超精密加工。加工表面的表面粗糙度值可达 *Ra*0.1 ～ 0.3μm，高的可达 *Ra*0.001μm

5）优异的导热性。金刚石具有很高的导热性。金刚石的热导率为硬质合金的 1.5 ～ 9 倍，为铜的 2 ～ 6 倍。由于热导率及热扩散率高，切削热容易散出，刀具切削区域温度低。

6）较低的热膨胀系数和较大的弹性模量。金刚石的热膨胀系数比硬质合金小，约为高速钢的 1/10。因此金刚石刀具不会产生很大的热变形，即由切削热引起的刀具尺寸的变化很小，同时较大的弹性模量使切削刃不易变形，这对尺寸精度要求很高的精密和超精密加工来说尤为重要。

1.3 机夹可转位刀具刀片结构型式分析

机夹可转位刀具是数控加工中广泛采用的刀具类型之一，其刀片多为硬质合金材料，必须由专业厂家生产，同时要求有一定的通用性，为此，要有一个标准进行规范。但因实际加工中刀具的多样性，又出现一个标准很难规范所有刀具的刀片型式问题。因此，刀具制造商会对标准未规定的刀片型式自行制定刀片型号表示规则。我们把按标准组织生产的刀片称为标准刀片，其余为非标准刀片。

1.3.1 GB/T 2076—2007 简介

GB/T 2076—2007《切削刀具用可转位刀片型号表示规则》对机夹可转位刀具使用的刀片进行了标准化，规定了刀片的型号和表示规则，该标准的可转位刀片包括铣削刀片与车削刀片，也就是说铣削刀片与车削刀片型号规则是由同一个标准规定的。

GB/T 2076—2007 是修改采用了 ISO 1830:2004《切削刀具用可转位刀片型号表示规则》标准，因此与 ISO 1830:2004 基本相同，修改后不同的部分标准中有所表述，具体参见相关标准或参考资料。

1.3.2 标准刀片型号表示规则分析（GB/T 2076—2007 摘录）

GB/T 2076—2007 规定机夹式可转位刀片型号表示规则一般用 9 位代号表示刀片的尺寸及其特性，图 1-2 所示为米制机夹可转位刀片型号的表示规则示例。其中代号①～⑦是必需的，代号⑧和⑨在需要时添加。除前述标准代号外，制造商可以用补充代号⑬表示一个或两个刀片特征，以更好地描述其产品（如不同槽型）。该代号应用短横线“-”与标准带号隔开，并不得使用⑧和⑨位已用过的代号。

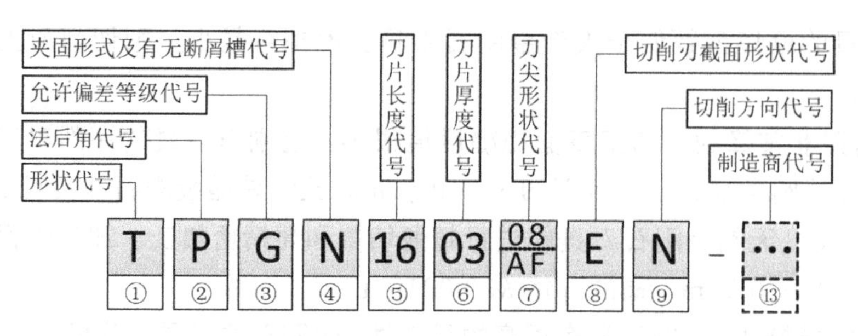

图 1-2　机夹可转位刀片型号表示规则（米制）

代号①：刀片形状代号，应符合表 1-4 的规定。

表 1-4　刀片形状代号

形状示意图																	
代 号	H	O	P	S	T	C	D	E	M	V	W	L	A	B	K	F	R
刀尖角 ε_r/(°)	120	135	108	90	60	80	55	75	86	35	80	90	85	82	55	82	
形状说明	正六边形	正八边形	正五边形	正方形	正三角形	菱形（等边不等角）					等边不等角六边形	矩形	平行四边形			不等边不等角六边形	圆形

注：表中示意图中未注出的刀尖角 ε_r 均是指较小的内角角度。

代号②：刀片法后角大小的字母代号，应符合表 1-5 的规定。常规刀片法后角依托主切削刃确定，若所有切削刃都用来做主切削刃，则不管法后角是否相同，用较长一段切削刃的法后角来选择法后角，这段较长的切削刃也即作为主切削刃，表示刀片的长度（见代号⑤，表 1-10），代号 O 为其他需要专门说明的法后角。

表 1-5　刀片法后角代号

示意图	代号	A	B	C	D	E	F	G	N	P	O
α_n	法后角 α_n/(°)	3	5	7	15	20	25	30	0	11	特殊

代号③：刀片主要尺寸允许偏差等级的字母代号，应符合表 1-6 的规定。

刀片主要尺寸包括：d（刀片内切圆直径）、s（刀片厚度）和 m（刀尖位置尺寸），具体可参见图 1-3 所示。

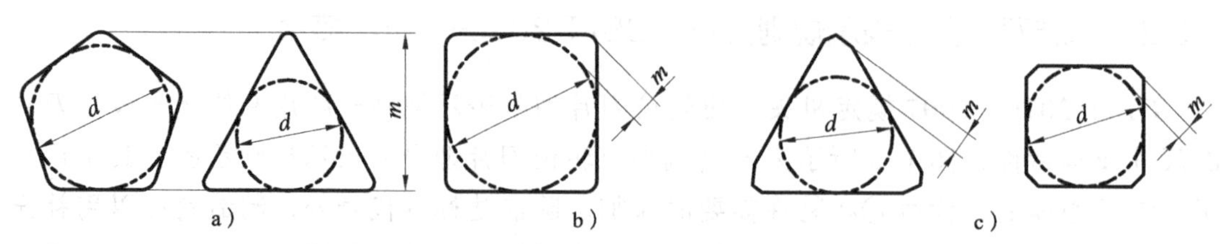

图 1-3　主要尺寸示意图

a）刀片边数为奇数，刀尖为圆角　b）刀片边数为偶数，刀尖为圆角　c）带修光刃

表 1-6　刀片主要尺寸允许偏差等级的代号

偏差等级代号	允许偏差 /mm			允许偏差 /in		
	d	*m*	*s*	*d*	*m*	*s*
A①	±0.025	±0.005	±0.025	±0.001	±0.002	±0.001
F①	±0.013	±0.005	±0.025	±0.0005	±0.002	±0.001
C①	±0.025	±0.013	±0.025	±0.001	±0.002	±0.001
H	±0.013	±0.013	±0.025	±0.0005	±0.0005	±0.001
E	±0.025	±0.025	±0.025	±0.001	±0.001	±0.001
G	±0.025	±0.025	±0.013	±0.001	±0.002	±0.005
J①	±0.05 ～ ±0.15②	±0.025	±0.013	±0.002 ～ ±0.006②	±0.002	±0.005
K①	±0.05 ～ ±0.15②	±0.013	±0.025	±0.002 ～ ±0.006②	±0.005	±0.001
L①	±0.05 ～ ±0.15②	±0.025	±0.025	±0.002 ～ ±0.006②	±0.001	±0.001
M	±0.05 ～ ±0.15②	±0.08 ～ ±0.2②	±0.13	±0.002 ～ ±0.006②	±0.003 ～ ±0.008②	±0.001
N	±0.05 ～ ±0.15②	±0.08 ～ ±0.2②	±0.025	±0.002 ～ ±0.006②	±0.003 ～ ±0.008②	±0.001
U	±0.08 ～ ±0.25②	±0.13 ～ ±0.38②	±0.13	±0.003 ～ ±0.01②	±0.005 ～ ±0.015②	±0.005

①通常用于具有修光刃的可转位刀片。

②允许偏差取决于刀片尺寸的大小，每种刀片的尺寸允许偏差应按其相应的尺寸标准表示。

刀片形状为 H、O、P、S、T、C、E、M、W、F 和 R 的刀片，其 *d* 尺寸的 J、K、L、M、N 和 U 级允许偏差，刀尖角度≥ 60° 的形状为 H、O、P、T、C、E、M、W 和 F 的刀片，其 *m* 尺寸的 M、N 和 U 级允许偏差均应符合表 1-7 的规定。

表 1-7　刀片主要尺寸允许偏差（1）

内切圆基本尺寸 *d*/mm	*d* 值允许偏差 /mm		*m* 值允许偏差 /mm	
	J、K、L、M、N 级	U 级	M、N 级	U 级
4.76	±0.05	±0.08	±0.08	±0.13
5.56				
6①				
6.35				
7.94				
8①				
9.525				
10①				
12①	±0.08	±0.13	±0.13	±0.2
12.7				
15.875	±0.1	±0.18	±0.15	±0.27
16①				
19.05				
20①				
25①	±0.13	±0.25	±0.18	±0.38
25.4				
31.75	±0.15	±0.25	±0.2	±0.38
32①				

①只适用于圆形刀片。

角刀尖为 55°（D 型）、35°（V 型）的菱形刀片，其 *m* 尺寸、*d* 尺寸的 M、N 级允许偏差应符合表 1-8 的规定。

表 1-8 刀片主要尺寸允许偏差（2）

内切圆基本尺寸 *d*/mm	*d* 值允许偏差 /mm	*m* 值允许偏差 /mm	刀片形状（代号）
5.56	±0.05	±0.11	角刀尖为 55°（D 型）的菱形刀片
6.36			
7.94			
9.525			
12.7	±0.08	±0.15	
15.875	±0.1	±0.18	
19.05			
6.35	±0.05	±0.16	角刀尖为 35°（V 型）的菱形刀片
7.94			
9.525			
12.7	±0.08	±0.2	
15.875	±0.1	±0.27	
19.05			

代号④：表示刀片有、无断屑槽和中心固定孔的字母代号，应符合表 1-9 的规定。

表 1-9 断屑槽与夹固型式的字母代号

代号	固定方式	断屑槽①	示意图
N	无固定孔	无断屑槽	
R		单面有断屑槽	
P		双面有断屑槽	
A	有圆形固定孔	无断屑槽	
M		单面有断屑槽	
G		双面有断屑槽	
W	单面有 40°～60° 固定沉孔	无断屑槽	
T		单面有断屑槽	
Q	双面有 40°～60° 固定沉孔	无断屑槽	
U		双面有断屑槽	
B	单面有 70°～90° 固定沉孔	无断屑槽	
H		单面有断屑槽	
C	双面有 70°～90° 固定沉孔	无断屑槽	
J		双面有断屑槽	
X②	其他固定方式和断屑槽型式，需附图形或加以说明		—

① 断屑槽的说明见 GB/T 12204—2010《金属切削 基本术语》。

② 不等边刀片通常在代号④用 X 表示，刀片宽度的测定（垂直于主切削刃或垂直于较长的边）以及刀片结构的特征需要予以说明。如果刀片形状没有列入代号①的表示范围，则此处不能用代号 X 表示。

代号⑤：刀片长度的数字代号，应符合表 1-10 的规定。

表 1-10　刀片长度的数字代号

刀片形状类别	数字代号
等边刀片 （形状代号：H、O、P、S、T、C、D、E、M、V 和 W）	用舍去小数点部分的刀片切削刃长度值表示。如果舍去小数部分后，只剩下一位数字，则必须在数字前加“0” 如切削刃长度为 15.5mm，则表示代号为 15；切削刃长度为 9.525mm，则表示代号为：09
不等边刀片 （形状代号：L、A、B、K 和 F）	通常用主切削刃或较长的边的尺寸值作为表示代号。刀片其他尺寸可以用符号 X 在代号④表示，并需示意图或加以说明 具体是用舍去小数部分后的长度值表示 如主要长度尺寸为 19.5mm，则表示代号为 19
圆形刀片 （形状代号：R）	用舍去小数部分后的数值（刀片直径值）表示 如刀片尺寸为 15.875mm，则表示代号为 15 对于圆形尺寸，结合代号⑦中的特殊代号，上述规则同样适用

代号⑥：刀片厚度的数字代号。刀片厚度（s）是指刀尖切削面与对应的刀片支撑面之间的距离，其测量方法如图 1-4 所示，圆形或倾斜的切削刃视同尖的切削刃。

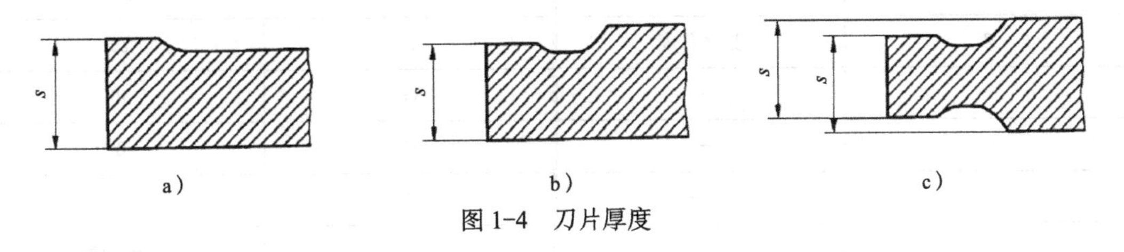

图 1-4　刀片厚度

刀片厚度的数字代号应符合以下规定：刀片厚度（s）用舍去小数值部分的刀片厚度值表示。若舍去小数部分后，只剩下一位数字，则必须在数字前加“0”。

如刀片厚度为 3.18mm，则表示代号为 03。

当刀片厚度整数值相同，而小数值部分不同，则将小数部分大的刀片代号用“T”代替 0，以示区别。

如刀片厚度为 3.97mm，则表示代号为 T3。

代号⑦：刀尖形状的字母或数字代号。应符合以下规定：

1）当刀尖为圆角时，其代号用数字表示，按 0.1mm 为单位测量得到的圆弧半径值表示，如果数值小于 10，则在数字前加“0”。数字代号“00”表示尖角。

如刀尖圆弧半径为 0.8mm，则表示代号为 08。

2）当刀片具有修光刃时，如图 1-5 所示，则分别用两位字母表示主偏角和修光刃法后角，具体规则见表 1-11。由表 1-11 可知图 1-2 中的第⑦号位的“AF”表示主偏角为 45°，修边刃的法后角为 25°。

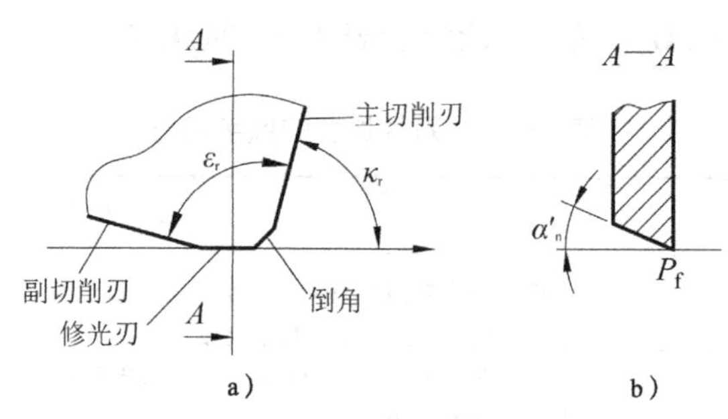

图 1-5　具有修光刃的刀尖

表 1-11　具有修光刃的刀尖字母代号

主偏角 κ_r 的字母代号		修光刃法后角 α'_n 的字母代号	
代号	κ_r/（°）	代号	α'_n/（°）
A	45	A	3
D	60	B	5
E	75	C	7
F	85	D	15
P	90	E	20
Z	其他角度	F	25
—	—	G	30
—	—	N	0
—	—	P	11
—	—	Z	其他角度

注：1．修光刃是副切削刃的一部分。
2．具有修光刃的刀片，根据其类型可能有或没有削边，标准（GB/T 2076—2007）中没有对其做出规定，标准刀片有无削边体现在尺寸标准上，非标准刀片有无削边则由供应商的产品样本给出。

3）对于圆形刀片，标准规定代号为 M0。

第⑧和第⑨位是可转位刀片的可选代号，用于规定刀片切削刃截面形状和切削方向的代号，如有必要才采用。如果切削刃截面形状说明和切削方向中只需表示其中一个，则该代号占第⑧位。如果两者都需要表示，则分别占第⑧和第⑨位。

代号⑧，表示刀片切削刃截面形状的字母代号，应符合表 1-12 的规定。

表 1-12　刀片切削刃截面形状的字母代号

代号	F	E	T	S	Q	P
切削刃截面形状	尖锐切削刃	倒圆切削刃	倒棱切削刃	倒棱又倒圆切削刃	双倒棱切削刃	双倒棱又倒圆
截面形状示意图						

代号⑨，表示刀片切削方向的字母代号，应符合表 1-13 的规定。

表 1-13　刀片切削方向字母代号

代号	切削方向	刀片的应用	示意图	
R	右切	适用于非等边、非对称角、非对称刀尖、有或没有非对称断屑槽刀片，只能用该进给方向	κ_r 进给方向	n f
L	左切	适用于非等边、非对称角、非对称刀尖、有或没有非对称断屑槽刀片，只能用该进给方向	κ_r 进给方向	f n
N	双向	适用于有对称刀尖、对称角和对称断屑槽的刀片，可能采用两个进给方向	κ_r κ_r 进给方向	f n f n

注：示意图左图为标准原图，用于理解车削刀片更佳，右图为用于理解铣削刀片的解释。

代号⑬，在 GB/T 2076—2007 中，代号⑪和代号⑫留给了镶片式刀片的相关代号用，但机夹可转位刀片一般不用这些位，故这时的代号⑬可认为是代号⑩，其与第⑨位用短横线“-”分割。该位也属可选代号，多表示制造商代号，具体由刀具制造商自行确定。因此，不同厂家的刀片型号在这位上不同是正常现象。

以上为 GB/T 2076—2007 中关于米制单位的机夹可转位刀片型号规定，车、铣刀片通用。作为标准规定的代号其考虑的问题更全面，实际厂家根据自己的具体情况使用的代号会略有减少。另外，部分较大的刀具制造商可能还会有自己的刀片代号，因此，实际使用中选择的刀片代号以刀具制造商的产品样本为准。

关于刀片的形状与尺寸，GB 2077—1987、GB/T 2078—2019、GB/T 2079—2015、GB/T 2080—2007、GB/T 2081—2018 对常用的可转位刀片规定了较为详细的尺寸型号与尺寸等参数，限于篇幅所限，这里未列出，有兴趣的读者可直接查阅相关标准。

应当强调的是，标准所列的形状与尺寸并不能完全满足实际需求，以车削加工刀片为例，标准中未规定切断刀片、螺纹加工刀片等，铣削刀片同样有未规定的刀片，如球头铣刀用刀片等，所有这些刀片均可称为非标准刀片，其只能按刀具制造商的型号规则选用。关于非标准刀片，在后续相关章节继续介绍。

第 2 章

数控车削刀具的结构分析与应用

车削加工是在车床上，通过主轴带动工件旋转的同时，刀具在通过工件轴线的平面内按一定的轨迹运动，逐渐去除工件材料，获得所需形状、尺寸和表面粗糙度要求的工艺过程。车削加工的车刀形状并不复杂，仅相当于一个点，其运动轨迹相当于回转体的素线。车刀基本属于单齿切削刀具，是最简单与基础的切削刀具。

数控车削加工的自动化程度高，可适应各种复杂零件的加工，加工精度较好，加工件基本一致且可互换，刀具结构简单、标准与通用，通过 NC 程序的变换等可快速适应不同零件的加工，是现代社会产品丰富与个性化，生产与维修互换性的必需，代表着现代生产技术的主流。

为适应数控加工自动化程度高，数控刀具的磨损要尽可能小或者说刀具寿命要尽可能长，刀具切削刃的形状不需要太复杂（成形车刀基本不用），但必须规整与统一。刀具磨损后切削刃的变换尽可能维持原位置，少量的误差仅需调整机床的刀具补偿即可，不需修改数控程序。刀具的切削性能要基本稳定，切屑形态基本不变，加工表面的质量维持稳定。所有这些特点构成了数控车削刀具的基本要求，并逐渐形成数控车削刀具这一概念。数控车削刀具与其他数控刀具一样逐渐思路清晰，结构规整与统一，生产体系专业化，刀具的用户基本不再刃磨刀具而转为选用与外购，可以说数控车削刀具既维持原有普通车削刀具的基本特征，同时又赋予新的含义，成为现代制造备受关注的工艺装备之一。

具体来说，数控刀具可归纳为刀具材料以硬质合金材料为主（虽然不是最硬但性价比较好），大量采用涂层技术提高刀具寿命，刀具的生产，特别是刀片的生产以专业化生产为主，刀片的形状有相应的国家标准给予指导与规范，刀具结构以机夹可转位不重磨为主流，少量的采用高速钢自行刃磨一些特殊的刀具，焊接式刀具基本不用，刀具的分类由于切削刃形状的简单化而逐渐规整为外圆与端面车刀、内圆车刀、切槽与切断车刀和螺纹车刀几大主类别。

2.1 数控车削刀具概述

数控车削刀具是伴随数控车床的出现与要求而产生的，数控车床具有自动化程度高，刀具轨迹的重复性好，能适应曲面车削加工和复杂零件的加工等，为数控车削刀具的产生与发展提供了基础与应用，并逐渐形成以机夹可转位刀具为主体的数控车削刀具体系。

2.1.1 数控车削刀具的特点

数控车削刀具是在传统车削刀具的基础上，根据数控车削加工的特点与需求发展而来的。

（1）具有与传统车削刀具的共性特点　传统车削加工与刀具的特点大部分仍然存在。

1）刀具工作部分的几何参数与结构特点仍然存在，如结构上的“三面、两刃、一尖”仍然未变，刀具几何角度的定义仍然基本适用，刀尖倒圆和倒角以及负倒棱的性能改善方法依旧适用。

2）切削过程连续平稳，切削性能和表面形成规律与传统的整体式与焊接式车刀基本一致。

3）金属切削变形规律以及刀具的磨损规律基本相同。

（2）数控技术促进数控车削刀具具有超出传统车削刀具的特点

1）数控车床进给轴联动使得曲面加工基本以刀具曲线运动轨迹实现，很少应用成形车刀。

2）刀具更换要求刀位点尽可能变化小，以避免重新对刀。这使得刀具专业化生产的必要性更强烈。

3）恒线速度控制车削加工使得刀具性能更好地得到发挥。

（3）对刀具材料与结构的要求　数控加工的特点以及加工经济性的要求使得数控车削刀具结构上广泛采用机夹可转位型式，刀片材料多为涂层硬质合金。仅特殊需要才会考虑采用先进的刀具材料，如立方氮化硼、陶瓷、聚晶金刚石等刀具材料。对于需要刃磨特殊形状的刀具也可能采用高速钢整体刀具型式。

2.1.2 数控车削刀具的加工特征及特点

数控车削按加工几何特征不同可分为四大类：外圆与端面车削、内孔车削、切槽与切断车削和螺纹车削。

外圆与端面车削是最常见的加工几何特征，其使用的刀具型式基本相同。加工时，当 Z 轴单独进给移动时，切削的是外圆；当 X 轴单独进给移动时，切削的是端面；当 X 轴和 Z 轴交替单独进给切削时则可以车削阶梯面；若两个坐标轴联动时，则可以车削曲面或锥面等。

内孔车削，其刀杆必须轴向伸入孔内，其同样需要加工圆柱面（孔）、底平面（端面）、阶梯孔（内圆柱 + 底平面）、圆锥孔和曲面内孔等。当孔径较小时，刀杆可能会做得很细小，刀片可能很小或特殊设计，甚至与刀杆做成整体，刀杆刚性与振动是内孔加工常常要考虑的问题。

切槽与切断车削可归属同一类型。切断是工件加工完成后与毛坯分离的常见工序，简单的切槽与切断加工的刀具非常相似。数控车床赋予切槽更延伸的功能——各种型面的切削，数控车床切槽加工可通过数控编程实现宽槽、圆柱与端面槽加工甚至曲面仿形车削加工。当然，内孔切槽刀杆较细（即刚性差）的问题依然存在。

螺纹车削属成形加工，其牙型是由切削刃形状保证的，通过变换不同牙型的刀具，可进行不同类型螺纹的车削加工。螺纹车削加工可进行外螺纹、内螺纹、锥螺纹甚至端面螺纹（又称涡形螺纹）加工。

总之，数控加工能完成普通车削加工所具有的全部功能，同时，由于数控程序控制的特点，其刀具的运动轨迹可比普通车削复杂得多，因此刀具的形状要能适应这种需求。

2.1.3　数控车削刀具的种类及特点

数控车削刀具的种类多样，根据不同的分类方法，有不同的种类称谓。

按切削部分的材料不同，数控车刀有高速钢车刀、硬质合金车刀、陶瓷车刀、立方氮化硼车刀和金刚石车刀。数控车削加工中，硬质合金车刀应用最为广泛。

按加工用途不同，数控车刀可分为外圆车刀、端面车刀、内孔车刀、切断车刀、切槽刀、螺纹车刀、仿形车刀等。

按进给方向不同，数控车刀有基本的左切刀和右切刀，另外还有延伸的双向切刀与仿形切刀等，如图 2-1 所示。

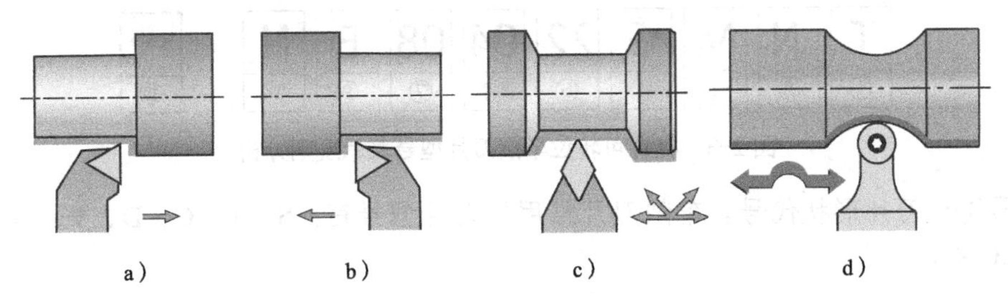

a）　　b）　　c）　　d）

图 2-1　左、右切刀

a）左切刀（L）　b）右切刀（R）　c）双向切刀（N）　d）仿形切刀

按刀具结构型式不同，有整体式车刀、焊接式车刀和机夹可转位车刀。其中，数控加工中普遍采用机夹可转位车刀。传统的整体式车刀多用高速钢刀条手工刃磨，如图 2-2a 所示，刀头型式难以做到规整一致，每更换一次刀具，就必须重新对刀，限制了生产效率的提高，数控加工应用不多，但对于特殊的车刀，如结构尺寸较小的内孔镗刀等和无法外购获得的车刀，如图 2-2b 所示某刀具制造商的小直径内孔镗刀结构方案，其小镗刀为整体结构，通过刀柄与车床相连。焊接式车刀如图 2-2c 所示，刀体一般不回收重复利用，且多需操作者刃磨刀具，因此数控车削加工中，特别是批量生产时基本不用。机夹可转位车刀如图 2-2d 所示，刀体可重复使用，刀具专业化生产，每次转位甚至更换刀片，刀位点（或切削刃）的位置变化甚小，一般通过数控机床的刀具补偿值即可消除位置偏差，不需要修改程序。同时，专业化生产的刀片，性能优异，并普遍采用涂层技术提升切削性能，因此机夹可转位车刀是数控车削加工的主流刀具型式。

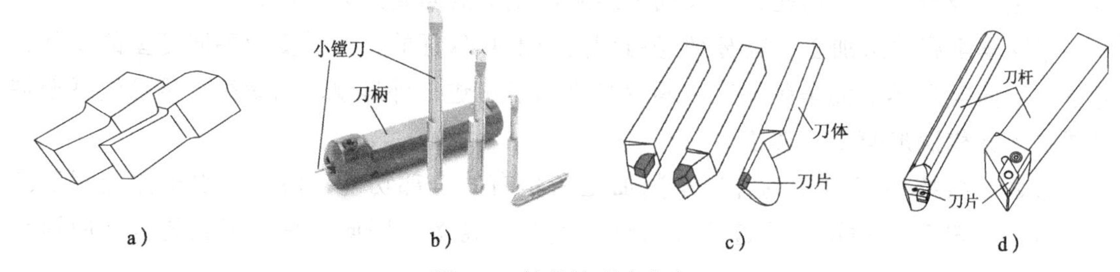

图 2-2　按结构型式分类

a）整体式　b）小直径镗刀　c）焊接式　d）机夹可转位式

2.1.4　数控车削可转位标准刀片

在第 1 章中已介绍，机夹可转位车刀的刀片可分为标准刀片与非标准刀片。

1．可转位标准刀片型号与结构分析

标准刀片指按 GB/T 2076—2007《切削刀具用可转位刀片型号表示规则》型号规则组织生产的机夹可转位刀片。图 2-3 所示为按 GB/T 2076—2007 表示的某车削刀片型号。各代号分析如下。

图 2-3　机夹可转位车削刀片型号表示规则分析

代号①：刀片形状代号。车削刀片常用的刀片型号有：S、T、C、D、V、W、R 等，如图 2-4 所示。

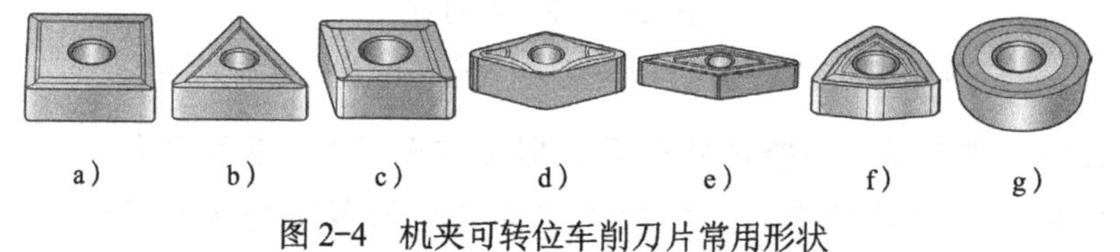

图 2-4　机夹可转位车削刀片常用形状

a）S　b）T　c）C　d）D　e）V　f）W　g）R

代号②：刀片法后角 α_n 大小的字母代号。车削刀片常用：N（0°）、C（7°）、B（5°）、P（11°）等。应当注意刀片的法后角不等于刀具的后角，实际刀具的后角取决于刀片在刀杆上的安装方位，如代号 N（0°）法后角的刀片常用于制作负前角和负刃倾角的重载车削刀具，其余法后角大于 0° 的刀片则多用于制作半精车或精车刀具。关于后角的选择一般不需用户过多地考虑，刀具制造商已经将各刀具角度优化组合，用

户仅需考虑主偏角等即可。

代号③：刀片主要尺寸允许偏差等级的字母代号。车削刀片多为代号M，少量精度要求高的用到代号G。该参数由刀具制造商控制，用户可不用过多考虑。

代号④：刀片断屑槽与夹固型式的字母代号。硬质合金材料刀片多为有固定孔或固定沉孔，单面断屑槽的结构型式。

代号⑤：刀片长度的数字代号，应符合表1-10的规定。

代号⑥：刀片厚度的数字代号，不用过多考虑。

代号⑦：刀尖形状数字代号。车削刀片主要是刀尖圆角，用数字表示，按0.1mm为单位测量得到的圆弧半径值表示，如果数值小于10，则在数字前加“0”。数字代号“00”表示尖角，圆形刀片规定代号为M0。

GB 2077—1987《硬质合金可转位刀片的圆角半径》中规定刀片的刀尖圆角半径系列为：0.2mm、0.4mm、0.8mm、1.2mm、1.6mm、2.0mm、2.4mm、3.2mm。特殊用途可用0.6mm、1.0mm、1.5mm、2.5mm、3.0mm、4.0mm。

第⑧和第⑨位：第⑦位以后的代号是可选代号，各刀具制造商的规定有所差异，如表示切削刃倒棱或倒圆，刀片切削方向，断屑槽型式等。注意，这些参数对刀片的切削性能等影响很大，特别是前面断屑槽型式的变化差异较大，用户应多参照刀具样本研习选用。

代号⑩，制造厂家自定含义与代号，各厂家存在差异，甚至不用。

根据以上代号的规定，图2-3所示代号的刀片形状等如图2-5所示。

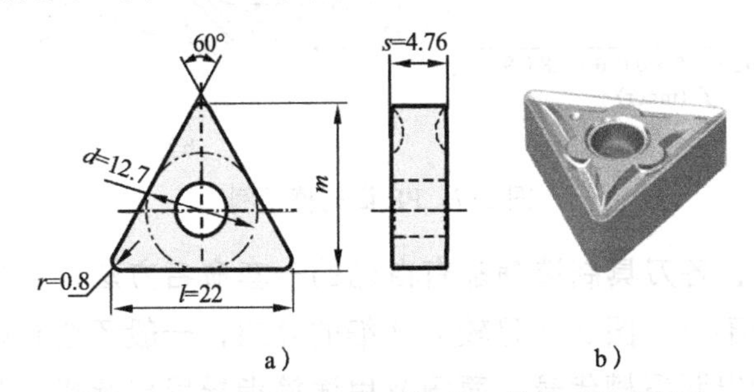

图2-5 TNMG220408型机夹可转位刀片示例

关于硬质合金可转位刀片，现行已颁布的国家标准除了上面谈到的GB/T 2076—2007和GB 2077—1987外，还有GB/T 2078—2019《带圆角圆孔固定的硬质合金可转位刀片尺寸》和GB/T 2080—2007《带圆角沉孔固定的硬质合金可转位刀片尺寸》，这两个标准主要规定了带固定孔刀片的型式与尺寸。另外还有一个标准GB/T 2079—2015《带圆角无固定孔的硬质合金可转位刀片 尺寸》，规定了无固定孔刀片的型式与尺寸。

2．可转位标准刀片断屑槽结构分析

从图2-4和图2-5可见，专业化生产的机夹可转位刀片的前面大都有复杂的断屑槽，这种前面设计对刀片的切削性能影响很大，也是刀片的核心技术之一，标准是无法对其规范，仅留有代号⑧和⑨供用户自己命名。

图2-6所示为某刀具制造商P类硬质合金刀片加工碳素钢类塑性材料前面结构示例，通过前面断屑槽、倒棱及角度等变化，可分别用于粗、半精和精加工，这种设计正是机夹刀片专业生产的优势，也是为什么不重磨的原因，参照图 2-4 和图 2-5 见到的前面几何结构可见，其基本为较为复杂的三维立体结构，且基本不可重磨。这是数控加工操作者不自己刃磨加工的原因之一。

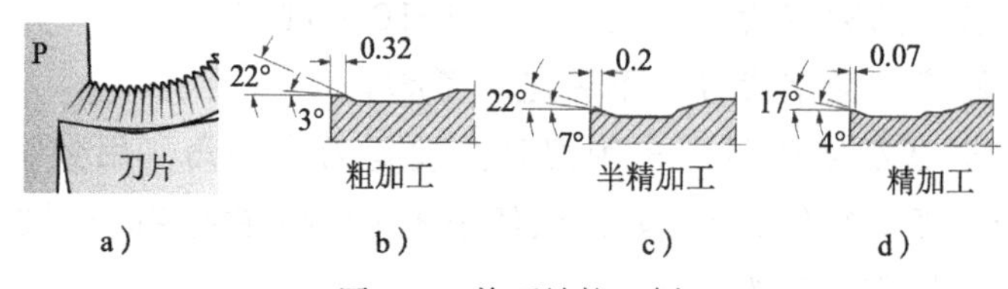

图 2-6　前面结构示例

图 2-7 所示为某刀具制造商断屑槽示例，其断屑槽代号为 PR，用于粗车加工，左图为其切削范围图解，右图为断屑槽几何参数及刀片参考图，可看出主切削刃与刀尖处结构参数存在差异。

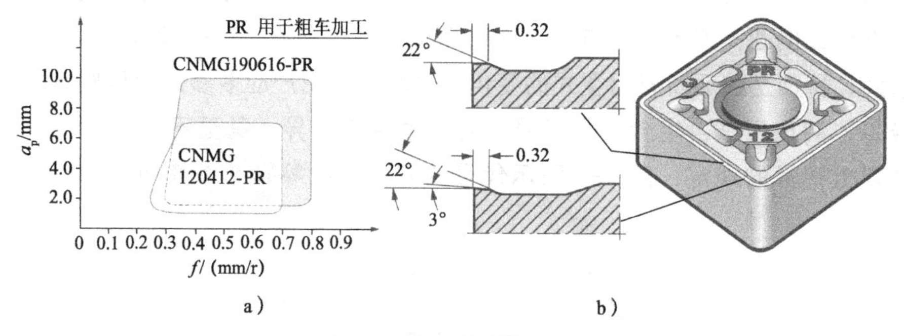

图 2-7　PR 断屑槽示例

关于断屑槽代号，各刀具制造商都有自己的一套命名方法，且数字多少不等，刀具样本上的表述也简繁不一，图 2-7 是较为详细的介绍，一般还会有相应文字辅助说明。简单一点的可能仅给出断屑槽代号、简图及用途等指导用户选择。此处不详细举例，读者可参阅相关刀具样本学习。

2.1.5　数控车削可转位刀片的新发展——非标准刀片的结构分析

现有标准规定的机夹可转位刀片，仅兼顾到了外圆与端面车刀和内孔车刀的使用，对于机夹式切断与切槽车刀以及螺纹车刀的刀片一般均是各刀具制造商自行开发，自成体系组织生产，其刀片命名方式也是各自一套，这些刀片可称为非标准刀片。

1．切断与切槽机夹刀片

（1）切断与切槽刀片结构分析　由于现行标准未涉及切断与切槽刀，因此，各刀具制造商均有一套自行的命名规则与结构型式，图 2-8 所示为典型的双头切断硬质合金机夹刀片示例。其可做成双头双刃与双头单刃结构型式，双刃型式可调头转位使用。

刀头部分结构分析。前面 A_γ 与主后面 A_α 相交形成主切削刃 S，刀头两侧各有一个副后面 A_α'，其与前面 A_γ 相交得到两条副切削刃 S'，必要时，在负切削刃上设置有一小段负偏角为零的修光刃（见图 2-75），则可提高切断或切槽时已加工表面的质量。刀片下面有内凹的安装槽，上面有内凹的 V 型定位槽，刀片安装后可承受一定的横向切削力。刀片前面一般均制作有断屑槽等。几何参数中刀片宽度 B 有多种规格供选用或定制。切断刀的余偏角 ϕ_r 可设置为左 L 型和右 R 型两种型式（见图 2-8c），使切断中心一侧的余料尽可能小，而切槽刀一般为 N 型（ϕ_r=0，见图 2-8b）。外圆切槽刀片的法后角 α_n 一般为 7° 左右，内孔切槽刀片的法后角 α_n 适当增大，以保证合适的工作法后角 α_{ne}。切断刀片的侧后角 α_f 大于切槽刀片，端面切槽刀片的侧后角 α_f 比外圆切槽刀片的侧后角适当增大，避免干涉。

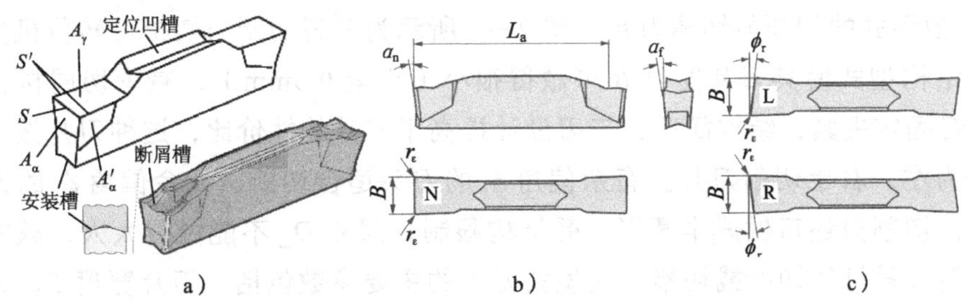

图 2-8　双头切断硬质合金机夹刀片示例

a）刀头与刀具结构　b）主要参数　c）L 型与 R 型切断刀片

（2）切断与切槽刀片结构型式　其与刀片的固定方式有很大的关系，如下所述。

1）经典切断与切槽机夹刀片如图 2-9 所示，一字形上、下榫卯定位上压紧双头结构，双刃可转位刀片较为通用，但切断深度不宜超过刀片长度 L_a（见图 2-8），而单刃刀片则可切得更深。圆形切削刃为仿形车削切槽刀片，适合切削曲线轮廓。超硬材料的切断刀片一般做成镶嵌型式，如图中的立方氮化硼（PCBN）镶尖刀片。

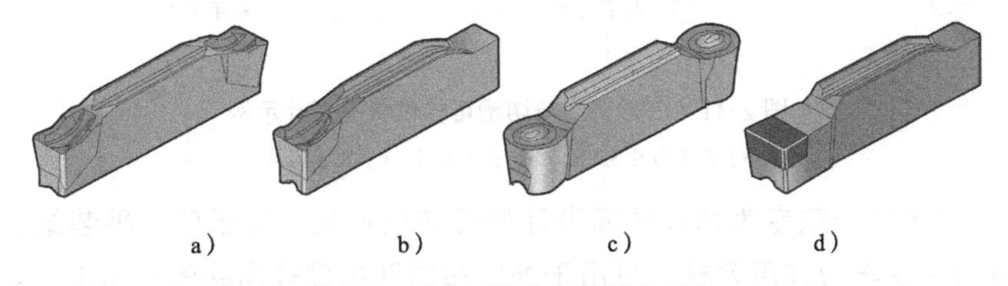

图 2-9　经典切断与切槽机夹刀片

a）双刃　b）单刃　c）仿形　d）PCBN 镶尖

图 2-10 所示为一字形上、下榫卯定位上压紧单头单刃刀片结构，部分刀具制造商增加后部榫卯定位，可增强加工稳定性，是经典单刃切断刀片，近似于图 2-9 刀片的一半，由于其刀片较短，安装后承受的横向力较小，故以截断车削为主，刀头同样也分为 L 型、R 型与 N 型，对于直径较小的内孔切槽车刀也是一种不错的选择。

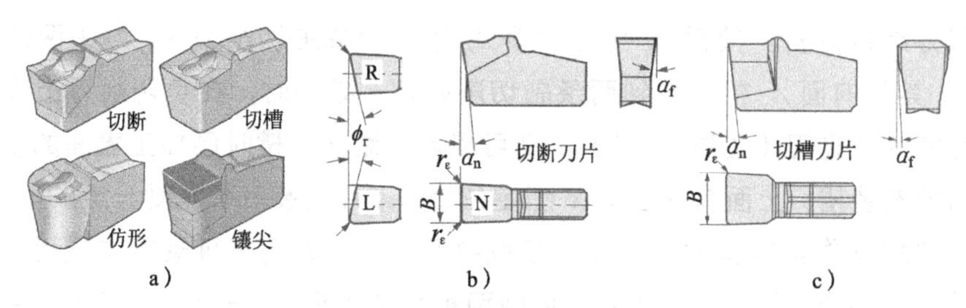

图 2-10 单刃切断机夹刀片

a）3D 效果图 b）切断刀片 c）切槽刀片

切断车刀的前面断屑槽的变化与不同几何参数的组合使其在切断、切槽、车削槽单项或组合切削时的切削效果最佳，一般以断屑槽代号表示，是选择切断与切槽刀的重要参数之一。

2）其他型式的切断与切槽刀片。图 2-11 所示为三刃切断与切槽可转位机夹刀片示例，立装结构型式使其刀片宽度 B 可做得很小（小至 0.5mm），减少切屑材料消耗，中心孔螺钉固定夹紧，结构简单，三刃设计提高了刀片的性价比，这种刀片按安装型式不同可分为左、右手切削刀片。有余偏角 ϕ_r 的刀头适合切断，无余偏角 ϕ_r 的刀头可切槽或切断，切削刃还可做成半圆形。受结构限制，尺寸 D_m 不能做得太大，故主要用于小直径棒料或管材的切断或切槽。该型式刀片的主要参数包括：刀片宽度 B、刀尖圆角 r_ε、最大切入深度 L_a 和（或）最大切削直径 D_m 以及余偏角 ϕ_r 等。注意，这种刀片不允许轴向车削，否则，极易造成刀片折断。另外，为增加性价比，更有刀具制造商做出了四刃、五刃等型式，如图 2-12 所示。

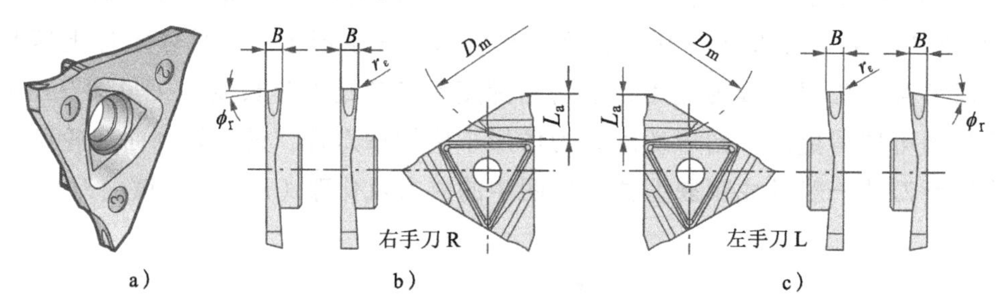

图 2-11 三刃切断与切槽可转位机夹刀片示例

a）左手刀片 3D 图 b）右手刀片 c）左手刀片

图 2-13 所示为一款专为切浅槽而设计的可转位机夹刀片示例，平装结构类似于螺纹刀片，可与螺纹车刀共用刀杆，可用于外圆和内孔精度较高的浅槽加工，如弹性挡圈或 O 型圈的安装槽。刀片的主要参数包括刀片宽度 B、刀尖圆角 r_ε（图中未示出）、最大切入深度 L_a 等。

图 2-14 所示为一款通用性较好的切浅槽机夹可转位刀片，美国肯纳金属公司（简称肯纳）注册商标为 Top NotchTM，意为“顶凹槽”，可认为是图 2-19 所示螺纹刀片的变型，其切槽与车螺纹刀具的刀杆是通用的，因此具有较好的通用性。通过刀头部分的变化，可得到多种用途的刀片。

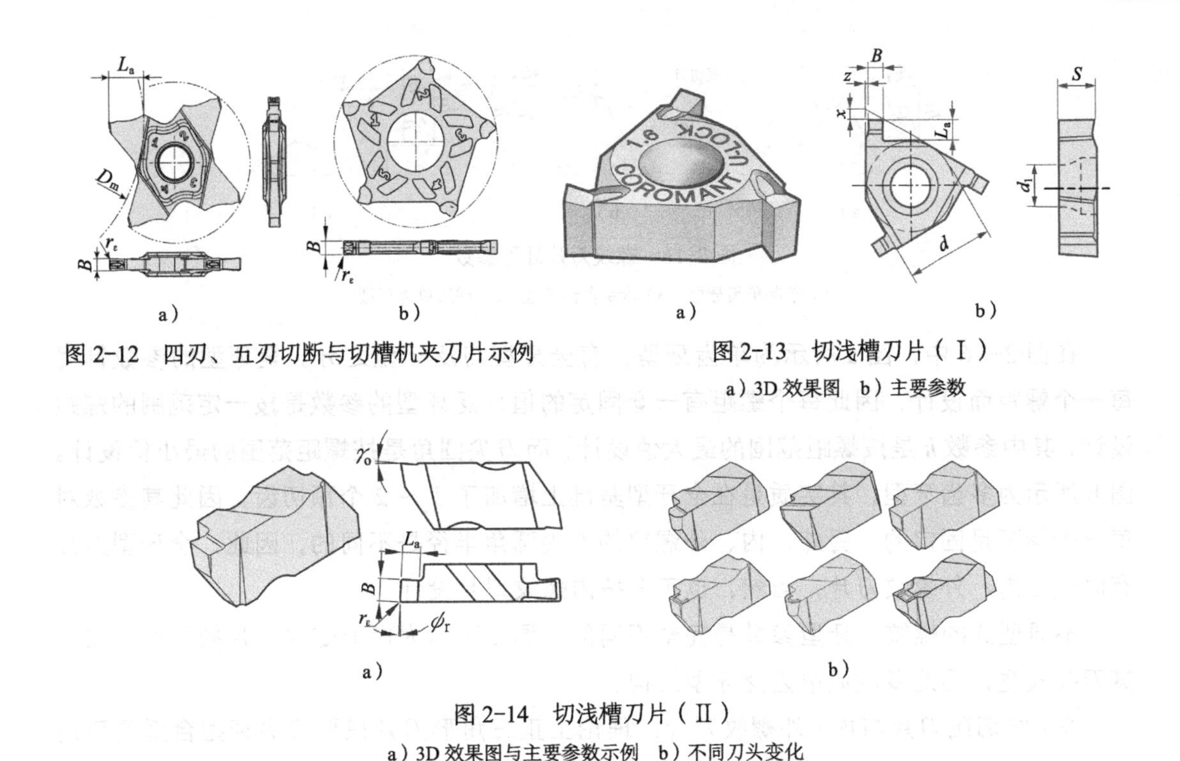

图 2-12　四刃、五刃切断与切槽机夹刀片示例

图 2-13　切浅槽刀片（Ⅰ）

a）3D 效果图　b）主要参数

图 2-14　切浅槽刀片（Ⅱ）

a）3D 效果图与主要参数示例　b）不同刀头变化

2．车螺纹刀片

数控车削螺纹属于成形车削，其牙型由刀具保证。机夹可转位螺纹车削刀片虽然没有国家标准给予约束，但经过多年的发展，其结构型式基本趋同，主要有平装的三角形刀片和顶尖形刀片等。

（1）三角形平装螺纹机夹刀片　它是最常用的螺纹车刀刀片型式，如图 2-15 所示，平装结构，有三个均布的切削刃可实现三次转位加工。其主要参数包括：规格参数以内切圆直径 d 或正三角形的边长 l 之一表示，其中用边长 l 的较多。另外，还有刀片厚度 s 和安装孔直径 d_1 及其倒角参数（图中未示出），甚至刀尖位置参数。

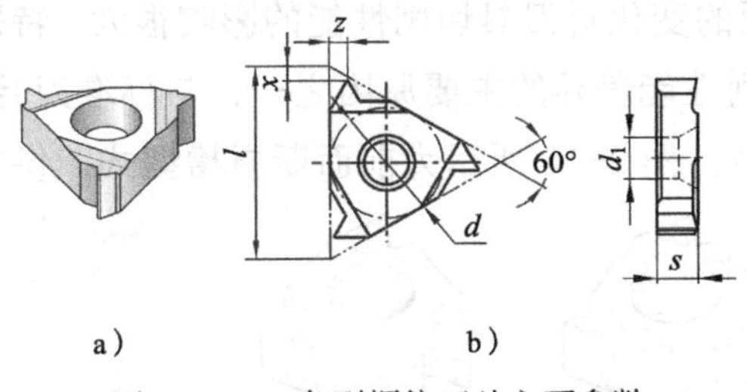

图 2-15　三角形螺纹刀片主要参数

a）3D 效果图　b）主要参数

牙型参数是螺纹刀片牙型部分的参数，其形状与螺纹的牙型有关，国内市场最常见的是牙型角为 60° 的米制连接螺纹和牙型角为 30° 的梯形传动螺纹。60° 牙型角的米制螺纹刀片牙型有单齿和多齿牙型。螺纹刀片牙型参数如图 2-16 所示。

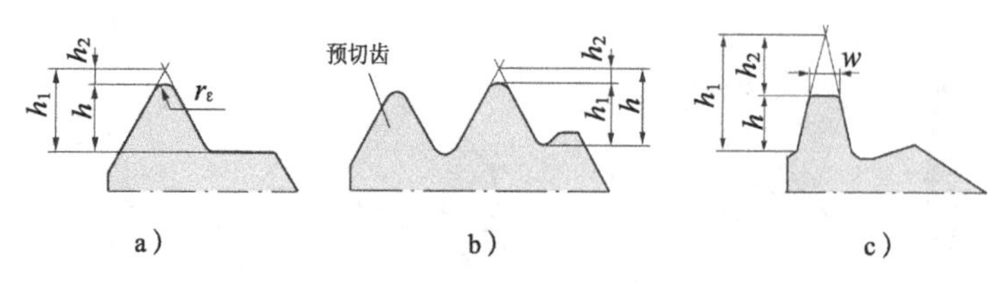

图 2-16　螺纹刀片牙型参数

a）米制单齿牙型　b）米制多齿牙型　c）梯形单齿牙型

在图 2-16 中，图 a 所示为单齿牙型，有全牙型与泛牙型之分。全牙型的参数针对每一个螺距而设计，因此每个螺距有一套固定的值；泛牙型的参数是按一定范围的螺距设计，其中参数 h 是按螺距范围的最大值设计，而刀尖圆角是按螺距范围的最小值设计。图 b 所示为多齿牙型，其实质是在全牙型基础上增加了 1 ～ 2 个预切齿，因此其参数对每一个螺距是固定的。另外，内、外螺纹的刀尖圆角半径是不同的，因此，全牙型刀片有时还分内、外螺纹刀片，当然，也可全按内螺纹刀片设计。

不同型式的螺纹，牙型参数是完全不同的，图 c 所示为梯形螺纹刀片的牙型，由于其刀尖较宽，因此多做成单齿泛牙型结构。

左 / 右切削刀片与内 / 外螺纹刀片。理论上正三角形刀片只要刀尖牙型合适是可进行螺纹切削的，但受螺纹车削切入 / 切出长度的限制，螺纹刀片基本是专门设计的，其刀片有左 / 右切削刀片与内 / 外螺纹刀片之分，如图 2-17 所示（图中 W/N 表示外 / 内螺纹，R/L 表示右 / 左切削方向）。

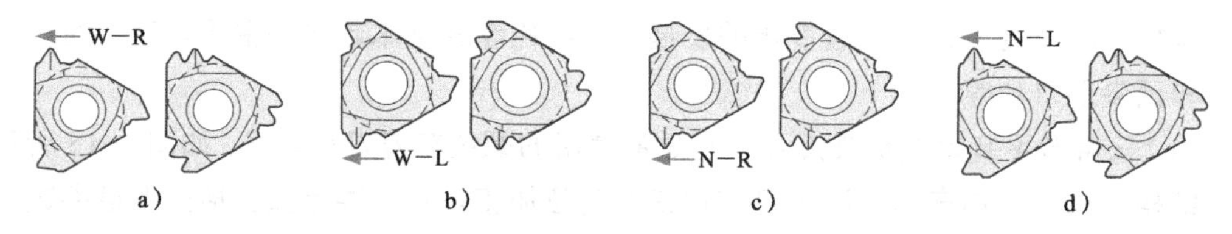

图 2-17　左 / 右切削刀片与内 / 外螺纹刀片

a）外螺纹右切削　b）外螺纹左切削　c）内螺纹右切削　d）内螺纹左切削

前面结构分析。前面的变化对刀具切削性能的影响很大，特别是断屑槽型式的不同，是各刀具制造商刀片切削性能差异的主要原因之一，与标准刀片一样，各刀具制造商有自己的断屑槽型式与代号。图 2-18 所示为前面断屑槽型式，供参阅。

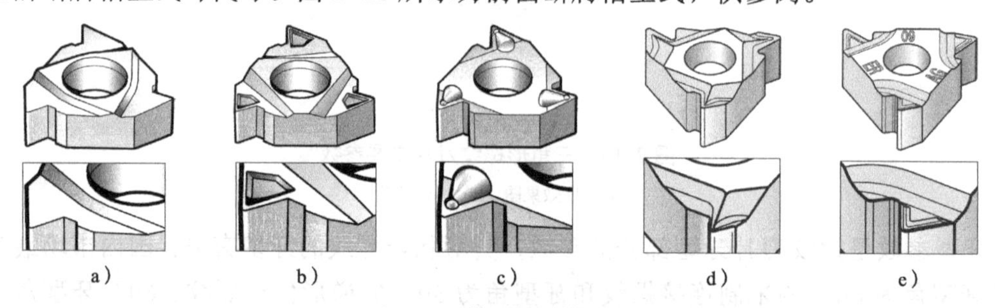

图 2-18　前面断屑槽型式

a）平面　b）～ e）各式断屑槽

图 2-18a 所示为平面型式，其结构简单，制造方便，切削刃锋利，切削力小，加工表面质量好，几乎可应用于所有型式螺纹的加工要求，具有较强的适应性和广泛的应用性，不足之处是断屑性能稍逊。

图 2-18b ～ e 所示为各种专用的断屑槽型式的前面，各厂家刀片的设计略有差异，一般以厂家推荐的切削条件选用。图 2-18b 所示断屑槽沿刃口均匀设计，刃口制作了一定的切削刃钝圆，加长了刀具寿命，折线型断面的断屑槽型式可压制成形，具有较为通用的断屑性能，是专业生产刀片的主推型式。图 2-18c 所示为前面制作了一个类似铃铛形的凸台，极大地增加了切屑的变形量，断屑性能进一步增强，适合韧性较大、断屑性能差的材料加工。图 2-18d 所示的断屑槽实际上也是一种折线型截面的断屑槽，且主切削刃段为逐渐上翘的形状，增加卷屑的能力，断屑性能较图 2-18b 略强。图 2-18e 所示为沿切削刃均匀设置了较窄的断屑槽，其切削卷曲效果明显，切屑变形大，其断屑性能较好。

（2）顶尖形螺纹车刀刀片　又称为菱形或条形刀片，其典型结构如图 2-19 所示，其有两个切削刃，翻转 180° 可实现转位，其规格参数主要是高度 H 和宽度 B，牙型参数包括牙型角 ϕ（图中为 60°）和刀尖圆角 r_{ε} 等，另外，根据刀尖的位置参数 e 不同可做成左切削 L、右切削 R 或左右切削 N（又称为中置型）。刀片上表面的弧形凹槽为压板压紧部位，圆弧形凹槽夹紧时会产生一个横向分力，使刀片紧贴刀杆的定位槽，刀片夹紧方式如图 2-116 所示。

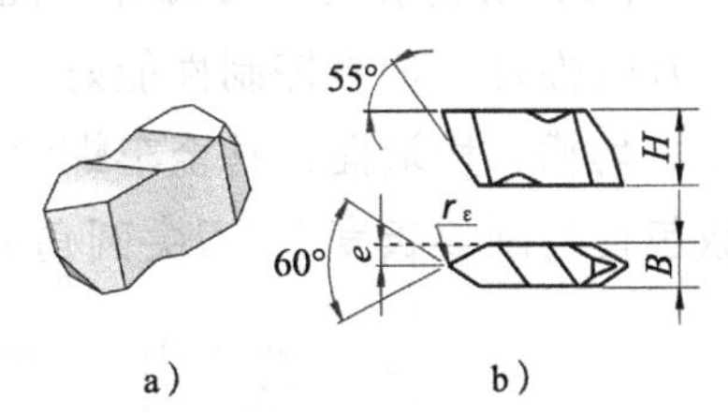

图 2-19　典型顶尖形刀片结构参数

顶尖形刀片通过牙型角等参数的变化可做成几乎所有螺纹型式的加工刀片，并可做成全牙型、泛牙型与多齿牙型等，其前面也可做出前角、断屑槽等型式，图 2-20 所示为顶尖型刀片的型式变化。

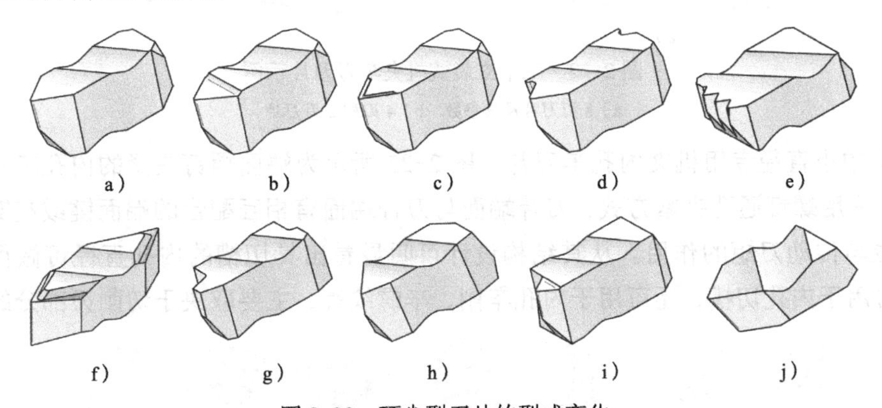

图 2-20　顶尖型刀片的型式变化

a）0° 前角泛牙型　b）正前角泛牙型　c）带断屑槽泛牙型　d）全牙型　e）多齿牙型
f）双面四齿泛牙型　g）梯形牙型　h）锯齿牙型　i）细牙牙型　j）单齿刀片

（3）其他型式螺纹车刀刀片　图 2-21 所示为几种其他型式的机夹可转位车螺纹刀片。图 2-21a 所示为三刃立装外、内螺纹刀片，设计思路类似图 2-11 的切槽刀片；图 2-21b 所示的螺纹刀片设计思路类似图 2-9，仅切削刃设计成了螺纹牙型形状；图 2-21c 所示的刀片可看做是三角形平装可转位螺纹刀片的变型，目的是为了减小刀杆的f值，适合小直径内螺纹加工。

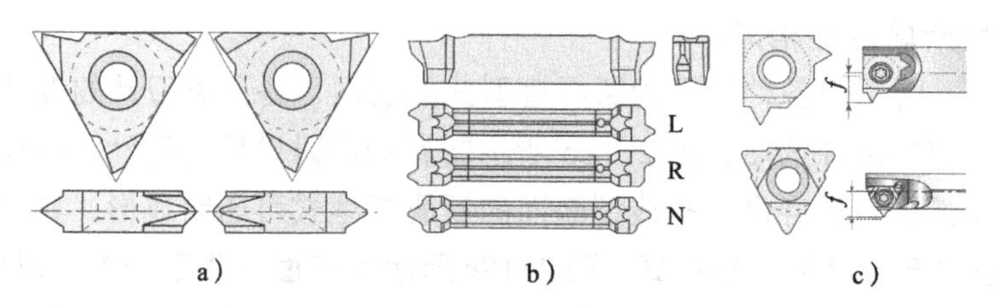

图 2-21　其他型式的机夹可转位车螺纹刀片

a）三刃立装外、内螺纹刀片　b）二刃可调头螺纹刀片　c）特殊内螺纹刀片

3. 其他型式刀片

（1）立装机夹车刀刀片　图 2-22 所示为三个立装式机夹车刀刀片示例，立装结构刀片刚性好，切屑控制性能好，通过合适的刀片几何设计和刀杆设计，可做成外圆、内孔、切槽、切端面，甚至车螺纹等刀具。图 2-22a 结构两侧面各 4 条切削刃，其主要参数包括切削刃长度 l、刀尖圆角 r_ε、刀尖角 ε_r（图中为 78°）、刀片厚度 s 等。

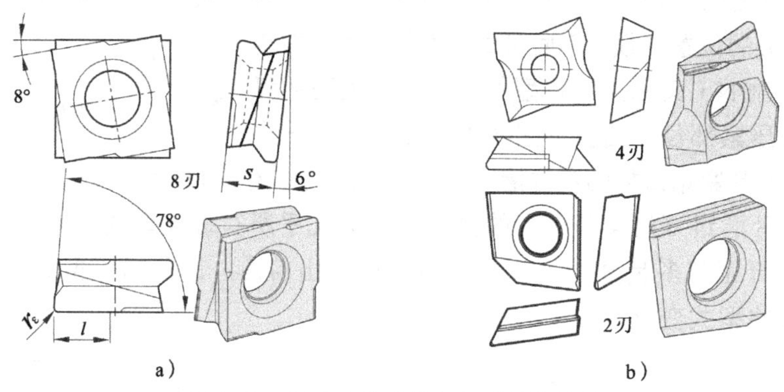

图 2-22　三个立装式机夹车刀刀片示例

a）8 刃刀片及其参数　b）4 刃和 2 刃刀片

（2）中小直径专用机夹内孔车刀片　图 2-23 所示为端面螺钉夹紧的内孔车刀机夹刀片示例，采用螺钉通孔夹紧方式，刀片端面与刀杆端面有相互配合的端面键或花键设计，起到定位与传动刀矩的作用。从其结构设计可明显看出其切槽的内孔直径可做得更小。其不仅可用于内孔切槽，还可用于内孔车削、车螺纹等，主要取决于切削刃部分的设计。

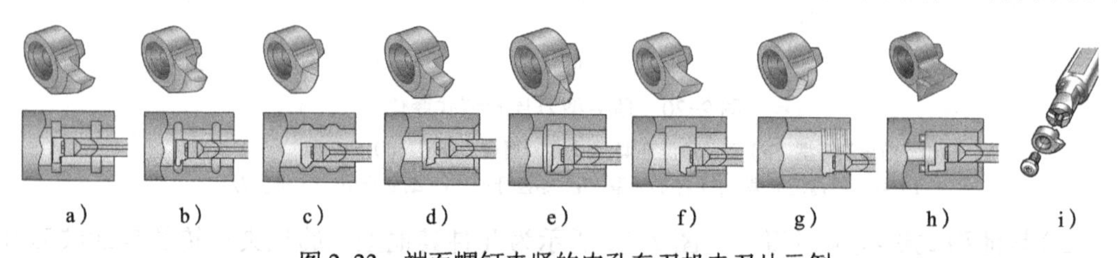

图 2-23　端面螺钉夹紧的内孔车刀机夹刀片示例

a）、b）切槽　c）车槽　d）～f）车内孔　g）车螺纹　h）车孔底面槽　i）刀具结构

（3）整体式内孔机夹车刀　机夹内孔车刀由于机械夹固刀片的特点，其可加工的

直径一般不可能太小，对于小直径内孔车刀，可采用图 2-24 所示的整体式内孔机夹刀片，这种刀片初看似乎是整体式车刀，但注意其尺寸可做得非常小，按现有可查的刀具制造商样本看，可看到 D_{min} 做到 2 ～ 3mm，甚至更小，部分刀具制造商还提供超硬材料（如 PCBN）镶尖的刀片。同时，各刀具制造商均会提供自身刀片配套的刀杆。刀尖的型式几乎涵盖各种内表面特征的加工，如内孔与孔底车削、仿形车、车槽、车螺纹等。

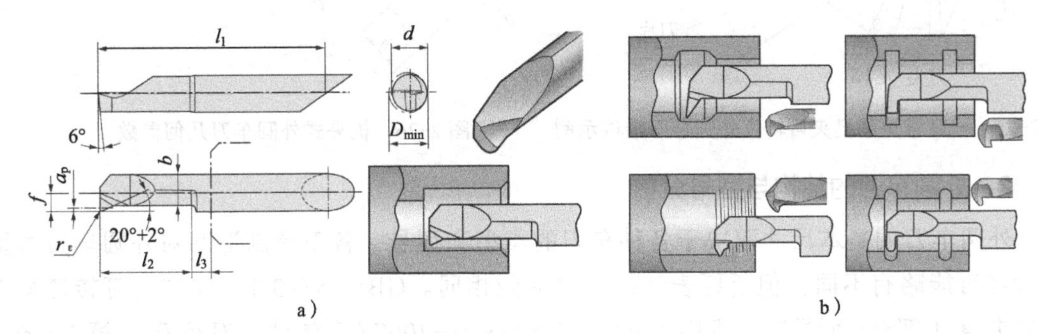

图 2-24　整体式内孔机夹刀片示例

a）内孔与孔底车片及其主要参数　b）仿形、车槽与车螺纹刀片

2.2　外圆车刀的结构与类型

这里所说的外圆车刀泛指外轮廓回转体表面车削刀具，又称为外表面车刀，包括外圆车刀、端面车刀以及外表面轮廓的仿形车刀。

2.2.1　外圆车刀基础知识

外轮廓回转体表面是车削加工中基础与常见的，应用极为广泛。数控车削加工主流刀具是机夹可转位不重磨型式的外圆车刀。

1．机夹式外圆车刀概述

图 2-25 所示为一款常见的机夹式可转位外圆车刀结构示例。“刀体 + 刀头”构成刀杆，刀杆是刀具的夹持部分，与车床刀架刚性连接，而刀片又通过机夹方式夹固在刀头上，因此，刀片相对于车床刀架的位置是固定的。机夹可转位刀具的特点是刀片通过机械装置固定，并可松开转位或快速更换，图 2-25 所示的刀片夹紧机构工作原理可参见图 2-35。

机夹可转位车刀的切削部分同样遵循“三面、两刃、一尖”的构成原则，即前面 A_γ、主后面 A_α 和副后面 A'_α，主切削刃 S 和副切削刃 S'，主、副切削刃的交点（刀尖）。这些点、刃、面构成了相应的几何角度。机夹式外圆车刀几何参数如图 2-26 所示。这些几何参数包括几何角度和刀具结构参数，如各刀具几何角度、总长度 l_1、刀头长度 l_2、刀杆截面尺寸 b 和 h、刀尖高度 h_1 等。

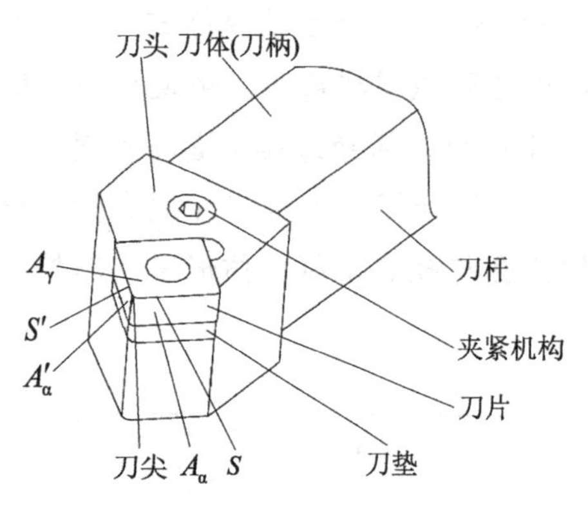

图 2-25　一款常见的机夹可转位外圆车刀结构示例

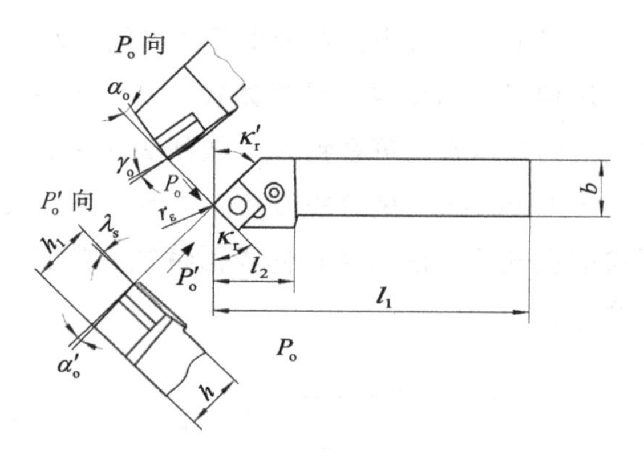

图 2-26　机夹式外圆车刀几何参数

2. 外圆车刀的结构与型号分析

外圆车刀的基本尺寸取决于各种车刀的类型和型号，各刀具制造商对外圆车刀的型号命名可能略有不同，但所要表达的内容大致相同。GB/T 5343.1—2007《可转位车刀及刀夹 第 1 部分：型号表示规则》和 GB/T 5343.2—2007《可转位车刀及刀夹 第 2 部分：可转位车刀型式尺寸和技术条件》规定了外圆车刀的型号表示规则及尺寸参数等。

（1）型号表示规则（GB/T 5343.1—2007 摘录） 该标准修改采用了 ISO 5608:1995《可转位车刀、仿形车刀和刀夹代号》（英文版）。规定了车刀或刀夹的代号由代表给定意义的字母或数字符号按一定的规则排列组成，共有 10 位符号，前 9 位是必需的，第 10 位在必要时才使用。10 位数字之后，制造厂可最多再加 3 个字母或 3 位数字表达刀杆的参数特征，但应用 - 隔开，并不得使用第 10 位规定的字母。

图 2-27 所示为某外圆车刀型号表示规则示例。

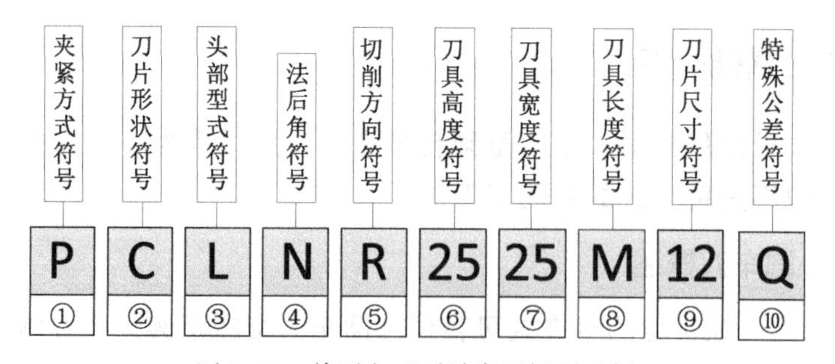

图 2-27　外圆车刀型号表示规则示例

第①位：夹紧方式符号，标准规定了四种夹紧方式的字母符号，如图 2-28 所示。图 2-28a 所示为顶面夹紧方式（符号 C），如压板上压紧方式，通用性较好，特别适合无固定孔刀片夹紧；图 2-28b 所示为顶面与孔夹紧方式（符号 M），典型结构为偏心销预紧与压板组合压紧，属复合夹紧，其夹紧可靠性高于纯压板压紧，但刀片上必须有孔；图 2-28c 所示为孔夹紧方式（符号 P），经典结构为杠杆夹紧，夹紧可靠，前面切屑流出顺畅，刀片固定孔为圆柱孔；图 2-28d 所示为螺钉通孔夹紧方式（符号 S），刀片固定孔为沉孔，适合半精车与精车刀具使用。

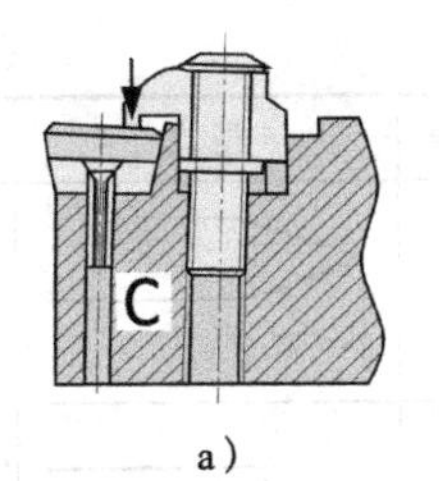

a）

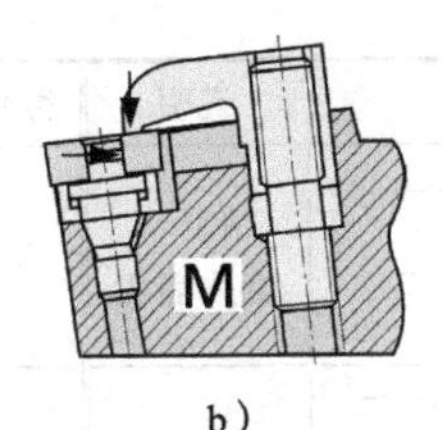

b）

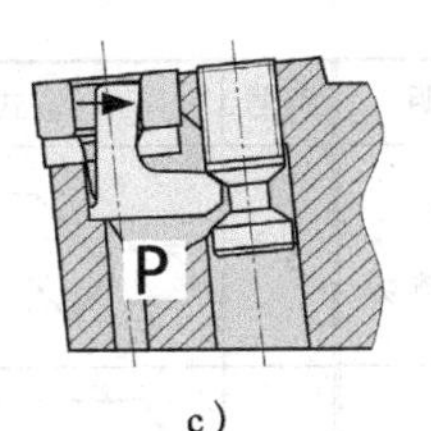

c）

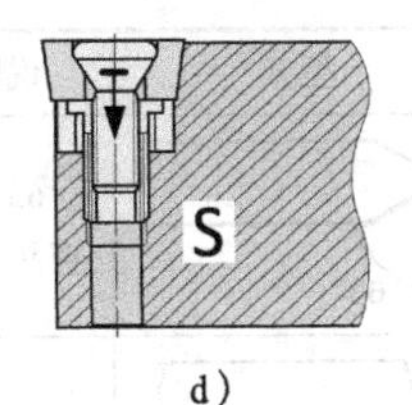

d）

图 2-28　机夹车刀刀片夹紧符号与示例

a）顶面夹紧 C　b）顶面与孔夹紧 M　c）孔夹紧 P　d）螺钉通孔夹紧 S

应当注意的是，随着技术的不断发展，出现了超出标准规定的刀片夹紧方式，因此，有的刀具制造商可能会有突破上述夹紧方式的字母代号，甚至自成体系的规定有新的符号。

第②位：刀片形状符号，有五种型式。

a）等边和等角型式：H（六边形）、O（八边形）、P（五边形）、S（四边形）和 T（三角形）。

b）等边不等角型式：C（菱形 80°）、D（菱形 55°）、E（菱形 75°）、M（菱形 86°）、V（菱形 35°）和 W（六边形 80°）。

c）不等边但等角型式：L（矩形）。

d）不等边和不等角型式：A（85° 刀尖角平行四边形）、B（82° 刀尖角平行四边形）和 K（55° 刀尖角平行四边形）。

e）圆形型式：R（圆形刀片）。

这些形状符号基本遵循 GB/T 2076—2007《切削刀具用可转位刀片型号表示规则》中规定的刀片形状符号。

第③位：刀具头部型式符号，规定了外圆车刀头部型式，通过主偏角隐含表达主切削刃等参数，见表 2-1。

第④位：刀片法后角符号，见表 2-2，与 GB/T 2076—2007 规定的刀片法后角系列基本相同。

表 2-1　外圆车刀头部型式

符号	型式	说明	符号	型式	说明	符号	型式	说明
A	90°	90° 直头侧切	E	60°	60° 直头侧切	J	93°	93° 偏头侧切
B	75°	75° 直头侧切	F	90°	90° 偏头端切	K	75°	75° 偏头端切
C	90°	90° 直头端切	G	90°	90° 偏头侧切	L	95° 95°	95° 偏头侧切 和端切
D[①]	45°	45° 直头侧切	H	107.5°	107.5° 偏头侧切	M	50°	50° 直头侧切

（续）

符号	型式	说明	符号	型式	说明	符号	型式	说明
N	63°	63° 直头侧切	S①	45°	45° 偏头端切	V	72.5°	72.5° 直头侧切
P	117.5°	117.5° 偏头侧切	T	60°	60° 偏头侧切	W	60°	60° 偏头端切
R	75°	75° 偏头侧切	U	93°	93° 偏头端切	Y	85°	85° 偏头端切

① D 型和 S 型车刀和刀夹也可以安装圆形（R 型）刀片。

表 2-2　法后角符号

代号	A	B	C	D	E	F	G	N	P
法后角 α_n/（°）	3	5	7	15	20	25	30	0	11

注：对于不等边刀片，符号用于表示较长边的法后角。

第⑤位：切削方向符号，与铣削刀片基本相同，用字母 R、L、N 分别表示右切削、左切削和左右均可切削，如图 2-29 所示。

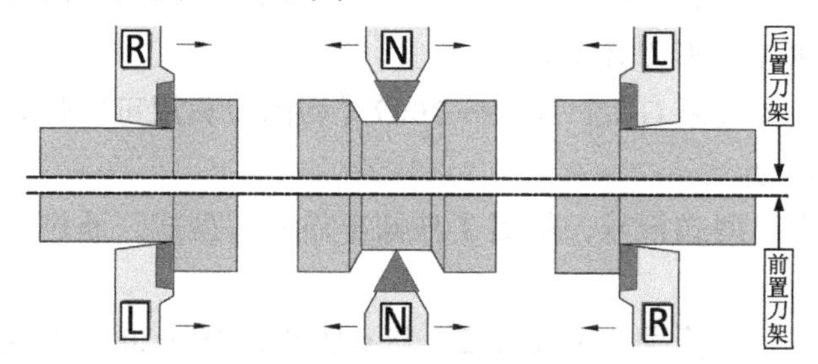

图 2-29　切削方向图例

第⑥位：刀具高度（见图 2-30）符号，以 mm 为单位，如果高度的数值不足两位时，在该数字前加“0”。标准规定，对于刀尖高度 h_1 等于刀杆高度 h 的矩形柄车刀，用刀杆高度 h 表示；对于刀尖高度 h_1 不等于刀杆高度 h 的矩形柄车刀，用刀尖高度 h_1 表示。例如：h=32mm，符号为 32；h=8mm，符号为 08。刀尖高度的尺寸系列见表 2-6。

第⑦位：刀具宽度（见图 2-30）符号，用刀杆宽度 b 表示，以 mm 为单位，如果高度的数值不足两位时，在该数字前加“0”。

第⑧位：刀具长度（见图 2-30）符号，见表 2-3。

表 2-3　刀具长度字母符号

字母符号	长度 l_1/mm	字母符号	长度 l_1/mm	字母符号	长度 l_1/mm	字母符号	长度 l_1/mm
A	32	G	90	N	160	U	350
B	40	H	100	P	170	V	400
C	50	J	110	Q	180	W	450

（续）

字母符号	长度 l_1/mm	字母符号	长度 l_1/mm	字母符号	长度 l_1/mm	字母符号	长度 l_1/mm
D	60	K	125	R	200	X	特殊长度，待定
E	70	L	140	S	250		
F	80	M	150	T	300	Y	500

第⑨位：表示可转位刀片尺寸的数字符号，按表 2-4 的规定表示。与 GB/T 2076—2007 中刀片长度（第 5 位）的数字代号基本相同。具体数值参见刀具制造商样本。

表 2-4　刀片长度的数字代号

刀片形状类别	数字代号
等边并等角（H、O、P、S、T）和等边但不等角（C、D、E、M、V、W）	符号用刀片的边长表示，忽略小数 例：长度为 16.5mm，符号为 16
不等边但等角（L） 不等边不等角（A、B、K）	符号用主切削刃或较长的切削刃表示，忽略小数 例如：主切削刃的长度为 19.5mm，符号为 19
圆形刀片（R）	符号用直径表示，忽略小数 例如：直径为 15.874mm，符号为 15

注：如果最终保留的符号值是一位数字时，则符号前面应加“0”。例如：边长为 9.525mm，则符号为 09。

第⑩位：可选符号。特殊公差符号。对于 f_1、f_2 和 l_1 带有 ±0.08 公差的不同测量基准刀具的符号按表 2-5 表示。

表 2-5　特殊公差符号　（单位：mm）

符号	测量基准面	简图
Q	基准外侧面和基准后端面	$f_1\pm0.08$　$l_1\pm0.08$
F	基准内侧面和基准后端面	$f_2\pm0.08$　$l_1\pm0.08$
B	基准内外侧面和基准后端面	$f_1\pm0.08$　$f_2\pm0.08$　$l_1\pm0.08$

（2）型式与尺寸（GB/T 5343.2—2007 摘录）　该标准修改采用了 ISO 5610：1998《带可转位刀片的单刃车刀和仿形车刀刀杆尺寸》（英文版）。规定了带可转位刀片的单刃车刀和仿形车刀型式和尺寸、基准点 K、标记示例、技术要求，推荐了优先选用的外圆车刀刀杆型式、标志和包装等基本要求。适用于普通车床和数控车床用可转位车刀。

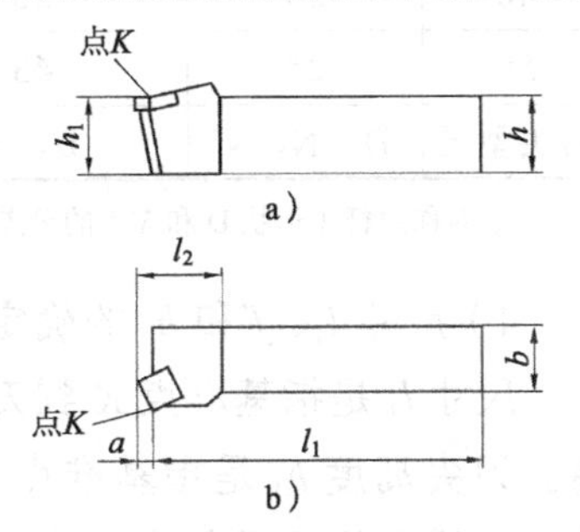

图 2-30　可转位车刀的柄部型式

1）柄部型式和尺寸。可转位车刀的柄部型式如图 2-30 所示，可转位车刀柄部尺寸见表 2-6。

表 2-6　可转位车刀柄部尺寸　　（单位：mm）

h（h13）		8	10	12	16	20	25	32	40	50
b	b=h	8	10	12	16	20	25	32	40	50
h13	b=0.8h		8	10	12	16	20	25	32	40
l_1	长刀杆	60	70	80	100	125	150	170	200	250
k16	短刀杆	40	50	60	70	80	100	125	150	
h_1（js14）		h_1=h								

2）头部长度尺寸 l_2（见图 2-30）。尺寸见表 2-7，表中刀头长度尺寸不适用于安装型式为 D 和 V 的菱形刀片（GB/T 5343.1—2007）可转位车刀。

表 2-7　可转位车刀头部尺寸 l_2　　（单位：mm）

刀片的内切圆直径	l_{2max}	刀片的内切圆直径	l_{2max}
6.35	25	15.875	40
9.525	32	19.05	45
12.7	36	25.4	50

3）刀头尺寸 f。其含义见图 2-29，尺寸系列见表 2-8 的规定。

表 2-8　可转位车刀刀头尺寸 f　　（单位：mm）

b	f				
	系列 1[①]	系列 2（$^{+0.5}_{0}$）	系列 3（$^{+0.5}_{0}$）	系列 4（$^{+0.5}_{0}$）	系列 5（$^{+0.5}_{0}$）
8	4	7	8.5	9	10
10	5	9	10.5	11	12
12	6	11	12.5	1	16
16	8	13	16.5	17	20
20	10	17	20.5	22	25
25	12.5	22	25.5	27	32
32	16	27	33	35	40
40	20	35	41	43	50
50	25	43	51	53	60
刀头型式	D、N、V	B，T	A	B	F、G、H、J、K、L、S

① 对称刀杆（形状 D 和 V）的公差 ±0.25。非对称刀杆（形状 N）的公差$^{+0.5}_{0}$。

4）尺寸 l_1、f 和 h_1 的确定，如下所述。

尺寸 l_1 是指基准点 K 到刀具柄部末端的距离。尺寸 f 是指基准点 K 到基准侧面的距离。刀尖高度 h_1 是指基准点 K 到安装面的距离。尺寸 l_1、f 和 h_1 是为了满足刀杆上基准刀片的安装而规定的，其中，基准点 K 的规定如下：

当 $\kappa_r \leqslant 90°$ 时（见图 2-31a、b），基准点 K 是主切削平面 P_s，平行于假定工作平面 P_f 且相切于刀尖圆弧的平面和包含前面 A_γ 的三个平面的交点。

当 $\kappa_r>90°$ 时（见图 2-31c、d），基准点 K 是平行于假定工作平面 P_f 且相切于刀尖圆弧的平面，垂直于假定工作平面 P_f 且相切于刀尖圆弧的平面和包含前面 A_γ 的三个平面的交点。

对于圆刀片刀的 D 型和 S 型刀杆按图 2-31e、f 定义。图 2-31e、f 所示的 K 点为通过刀片轴线的假定工作片面 P_f、与切削刃相切垂直于假定工作平面 P_f 的平面和基面 A_r 的交点。由于图 f 可以有两种进给方向，因此，有两个基点 K，具体以进给方向为参照。

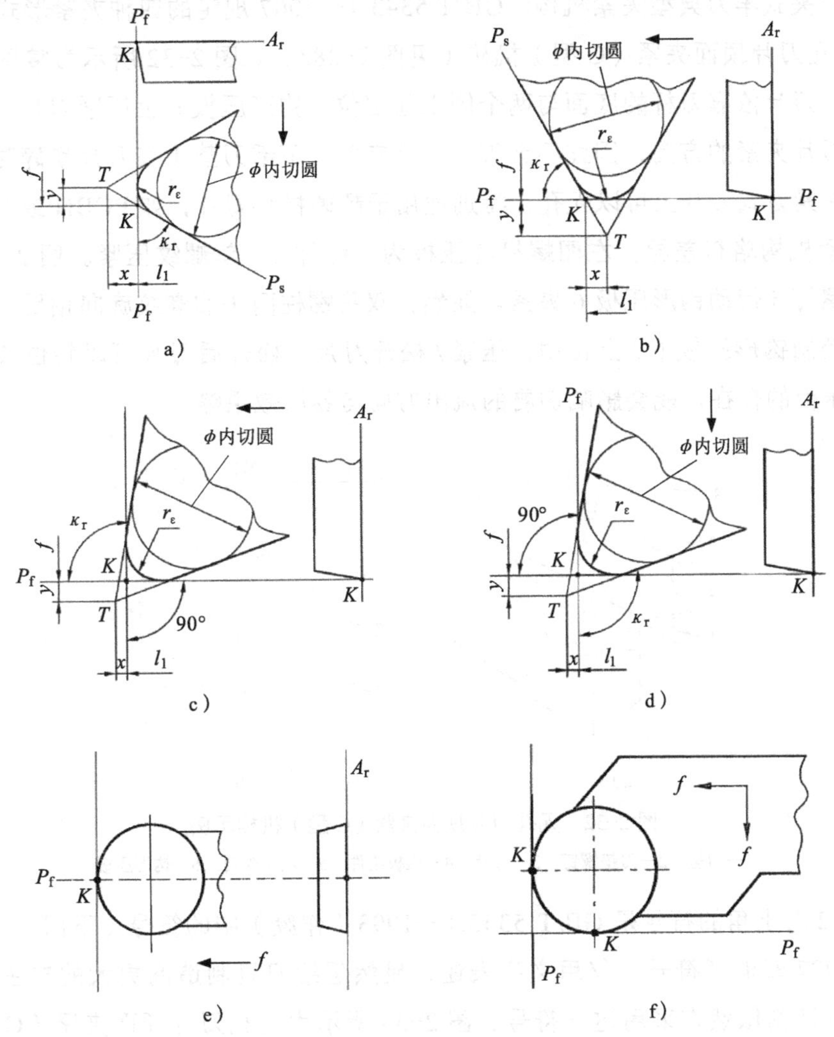

图 2-31　基准点 K 的确定

a）、b）$\kappa_r \leqslant 90°$　c）、d）$\kappa_r > 90°$　e）圆刀片 D 型刀杆　f）圆刀片 S 型刀杆

刀尖圆弧半径值与刀片内切圆直径的关系应符合表 2-9 的规定，否则，l_1 和 f 尺寸要进行修正，x，y 值是从规定点 K 至理论刀尖 T 在两个相互垂直方向的距离。

表 2-9　刀尖圆弧半径值与刀片内切圆直径的关系　　（单位：mm）

内切圆直径 ϕ	6.35	7.94	9.525	12.7	15.875	19.05	25.4
刀尖圆弧半径 r_ε	0.4		0.8		1.2		2.4

另外，在 GB/T 5343.2—2007 中还在表 2-1 的基础上，针对每种主偏角给出了相关刀片的组合型式，推荐了优先采用的 27 种刀杆型式，并给出了相应的结构参数供参考。

3. 机夹式外圆车刀刀片的夹紧机构及其新发展

（1）机夹式车刀典型夹紧机构　GB/T 5343.1—2007 规定的四种夹紧形式分析。

1）无孔刀片顶面夹紧（C 型）机构（见图 2-28a）。图 2-32 所示为常见 C 型夹紧机构示例，刀片依靠刀杆的底面与两个侧立面定位，钩形压板 6 上压紧刀片，切削力的方向是使刀片夹紧的方向，因此不会破坏刀片夹紧。下部刀垫 1 在刀片崩碎时可保护刀杆。这种夹紧方式刀片上可以无孔，特别适用于超硬材料刀片，如 PCBN 或 PCD 刀片。两图例夹紧机构略有差异，左图螺钉与压板为一组件 4，单螺纹压紧。图 2-32 右图所示为双头螺钉 5 带动钩形压板 6 夹紧。显然，双头螺柱两头的螺纹旋向相反，旋转双头螺柱，可控制钩形压板下 / 上移动，压紧 / 松开刀片，松开后刀片可以转位或更换。不足之处是压板的存在可能会影响切屑的流出方向与卷屑效果等。

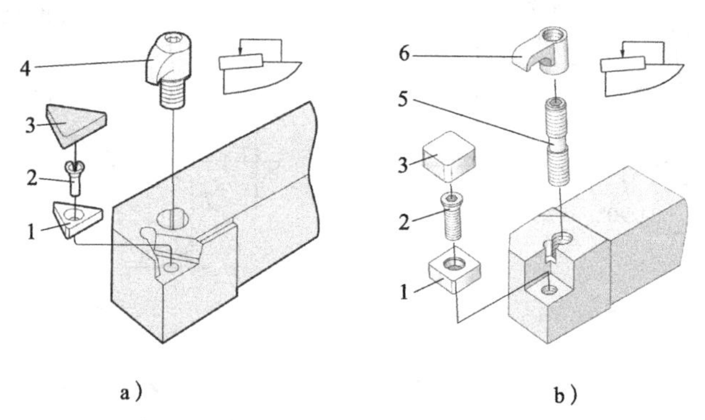

图 2-32　无孔刀片顶面夹紧（C 型）机构示例

1—刀垫　2—刀垫螺钉　3—刀片　4—压板组件　5—双头螺钉　6—钩形压板

图 2-32 右上角的符号是 GB/T 5343.1—1993（作废）中的符号（下同），在 GB/T 5343.1—2007 取消了符号，仅用文字表述，显然想给刀具制造商更大的自主权，但大部分刀具制造商依然在采用这一符号。图 2-33 所示为无孔刀片顶面夹紧（C 型）机构发展变化示例。图 2-33a 在刀片和压板之间增设了断屑器 2 或 3，使切屑形态可控。图 2-33b、c 所示刀片上设置与压板匹配的凹槽，使得压板夹固更为可靠，可适应更大范围的横向切削力方向的变化，如仿形车削。

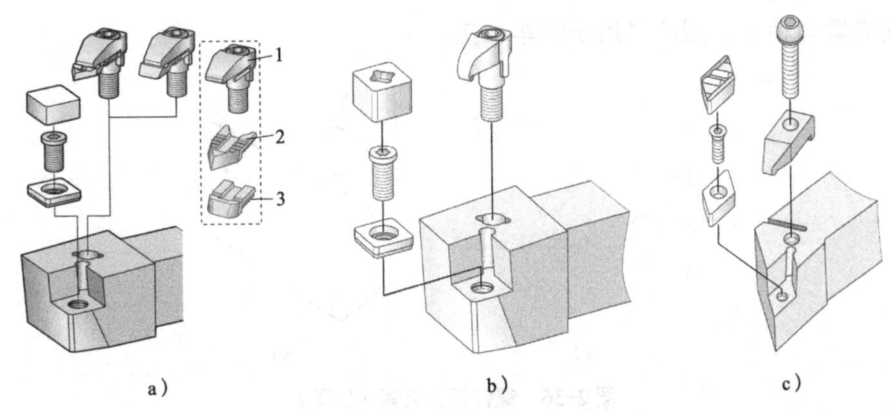

图 2-33 无孔刀片顶面夹紧（C 型）机构发展变化示例

a）增加断屑器 b）、c）刀片上增设定位凹槽

1—压板组件 2—断屑器Ⅰ 3—断屑器Ⅱ

2）顶面与孔夹紧（M 型）机构（见图 2-28b）。图 2-34a 所示为常见 M 型夹紧机构示例，采用螺钉锁销 2 横向与压板顶面组合夹紧，属复合夹紧，其夹紧可靠性高于纯压板的 C 型压紧，但刀片上必须有孔，可较好地适应粗车与半精车加工。图 2-34b 所示为其发展变化结构，夹紧方式略有变化，并可增设断屑器。

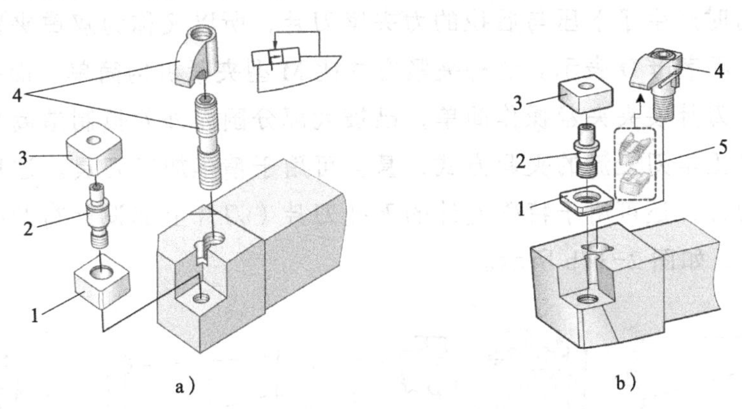

图 2-34 顶面与孔夹紧（M 型）机构示例

1—刀垫 2—螺钉锁销 3—刀片 4—夹紧机构 5—断屑器

3）孔夹紧（P 型）机构（见图 2-28c）。经典结构为杠杆夹紧机构，如图 2-35 所示，旋转夹紧螺钉 5 旋进 / 旋出，其上的沟槽带动杠杆 1 偏转夹紧 / 松开刀垫 2，挡垫的作用是固定刀垫，防止脱落。杠杆夹紧结构夹紧可靠，前面切屑流出顺畅，刀片固定孔为圆柱孔，适合半精车与精车加工。

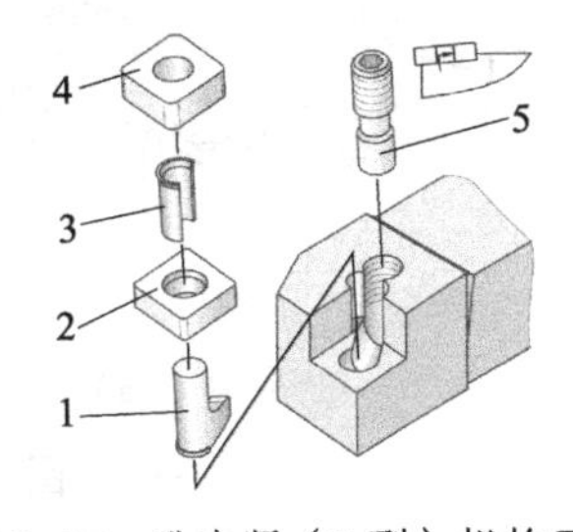

图 2-35 孔夹紧（P 型）机构示例

1—杠杆 2—刀垫 3—挡垫 4—刀片 5—夹紧螺钉

4）螺钉通孔夹紧（S 型）机构，如图 2-36 所示，刀片孔为沉孔，与螺钉头匹配，图 2-36a 所示为典型结构，包含刀垫 4 与刀垫螺钉 3，当结构尺寸较小时，可省略刀垫。

螺钉通孔夹紧力稍小，因此多用于精车加工。

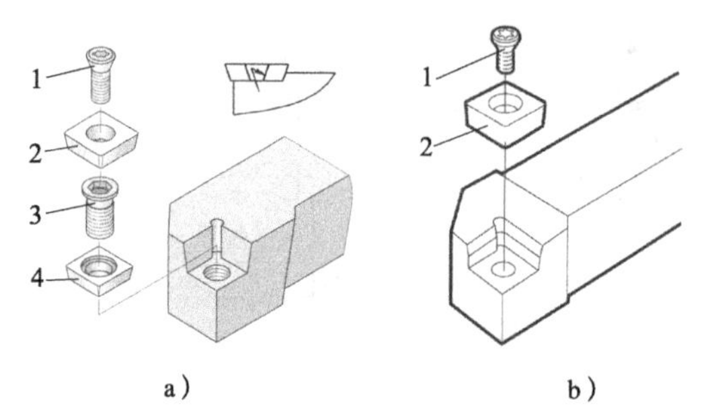

图 2-36　螺钉通孔夹紧（S 型）

1—夹紧螺钉　2—刀片　3—刀垫螺钉　4—刀垫

（2）机夹式车刀夹紧机构的新发展　主要指图 2-28 所示 4 种夹紧型式之外的夹紧机构。

图 2-37a 所示是上压紧机构的改进型，其改进之处有两点：一是压板 4 的后端与刀杆设计了一个斜面接触，夹紧螺钉 5 向下压紧压板时会产生一个横向后拉力；二是压板前端设计有个凸台，可与刀片 3 的孔匹配，在下压的同时可向后拉紧，即压板对刀片同时产生了下压与后拉的力夹紧刀片，所以又称为双重夹紧方式，大部分刀具制造商用字母 D 表示。这种夹紧方式比 M 型夹紧机构简单，而夹紧力与夹紧可靠性更好，刀片装夹夹紧操作简单，已被大部分国内外刀具制造商采用，作为粗加工和半精加工车刀主流的夹紧方式，甚至可用于精车加工刀具。这种夹紧方式除可用于有孔刀片，还可用于特殊设计的无孔刀片（刀片上部设计有凹槽），用于无孔刀片的夹紧，如图 2-37b 所示。

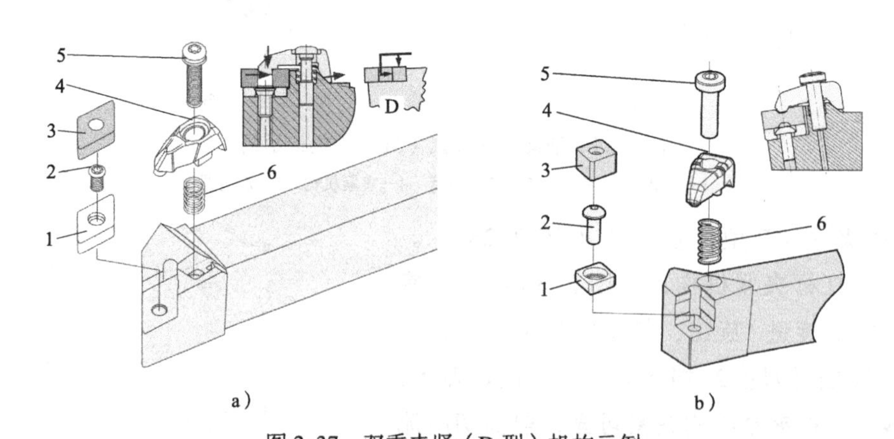

图 2-37　双重夹紧（D 型）机构示例

a）有孔刀片　b）无孔刀片

1—刀垫　2—刀垫螺钉　3—刀片　4—压板　5—夹紧螺钉　6—弹簧

图 2-38 所示为上压式夹紧机构的又一种改进型，其螺钉销 2 定位并承受横向力，锲钩夹紧组件 4 在夹紧螺钉作用下下压的同时产生横向推力和下压夹紧力夹紧刀片。这

种夹紧机构锁紧力强大，适合粗车加工。

图 2-39 所示为勾头销拉压夹紧机构，拉紧螺钉 3 施加拉紧力，通过勾头销 2、下压刀片实现刀片 1 的固定，图中刀片是图 2-22 所示 8 刃立装刀片的外圆车刀设计方案。

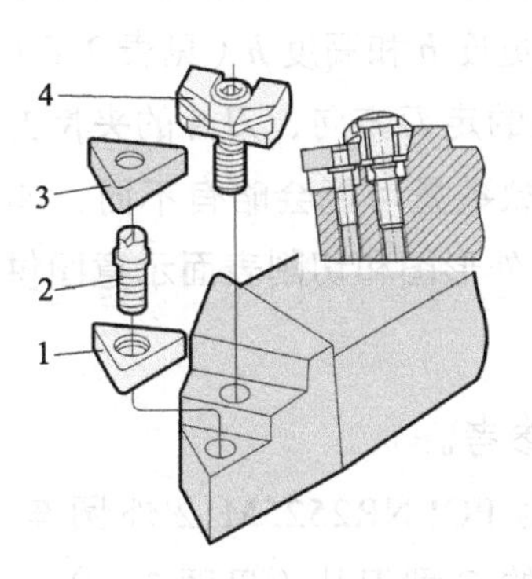

图 2-38　销楔式夹紧机构

1—刀垫　2—螺钉销　3—刀片　4—锲钩夹紧组件

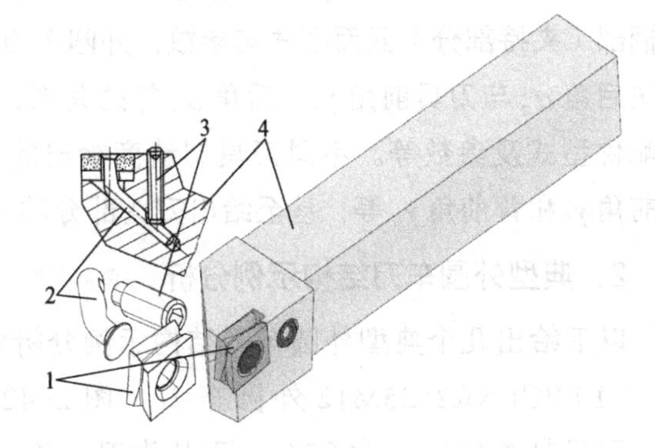

图 2-39　勾头销拉压夹紧机构

1—刀片　2—勾头销　3—拉紧螺钉　4—刀体

图 2-40 所示为螺钉夹紧机构的新型设计方式，其刀杆与刀片上设计有匹配的纵横凹凸的榫卯结构，可承受更大的横向切削力，比纯螺钉夹紧（S 型）机构的可靠性更好，不足之处是刀片相当于非标型。

图 2-41 所示为其他夹紧结构，供参考，不展开分析。

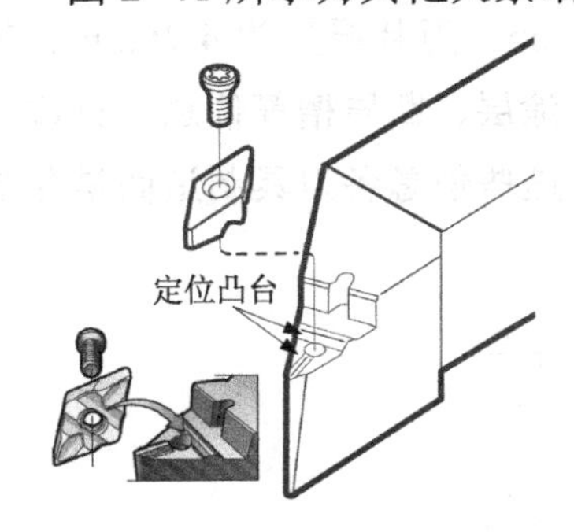

图 2-40　螺钉夹紧机构的新型设计方式

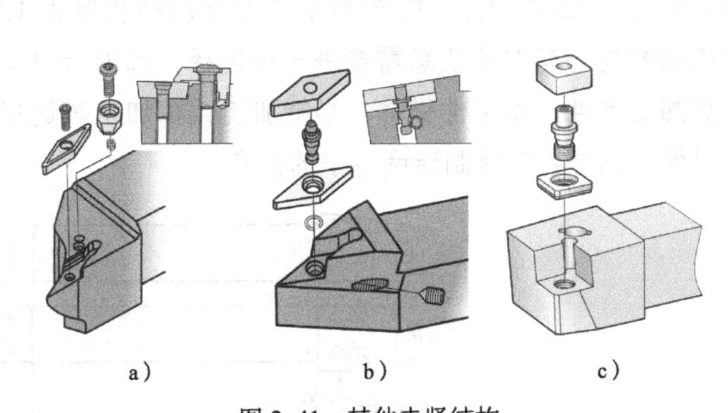

图 2-41　其他夹紧结构

a）“螺钉通孔 S+ 顶面 C”夹紧　b）P 型变种　c）螺钉锥销孔夹紧 P

2.2.2　常用外圆车刀的结构分析与应用

作为用户而言，数控车削加工的机夹可转位刀具主要是选用的问题，机械加工必要的技术基础加上前述介绍的机夹刀具知识构成了选用基础。

1．外圆车刀主要几何结构参数分析

数控车削刀具选用途径有两种：一是相关刀具手册，如参考文献 [1]、[4] 等；二是查阅刀具制造商的产品样本，这需要读者平时的积累与跟踪。

不管哪种方法，外圆车刀的选择还是有一些共性知识，目前而言，市场上的机夹式

外圆车刀的生产基本上还是与 GB/T 5343.1—2007 和 GB/T 5343.2—2007 吻合的，主要结构参数包括：①主偏角 κ_r，确定了刀头与刀片的结构、型式与参数，见表 2-1；②刀头结构参数，有刀头长度 l_2、刀尖高度 h_1、刀尖位置 f（见表 2-5）、刀具长度 l_1 等；③刀杆柄部（夹持部分）截面型式与参数，外圆车刀主要有宽度 b 和高度 h（见表 2-6）；④刀片法后角 α_n 与刀具前角 γ_o、后角 α_o 等的关系；⑤刀具的走刀方向、刀片的夹持方式与刀具配件型式及参数等。不同刀具制造商给出的选择参数数量可能会略有不同，如刀具的侧前角 γ_f 和背前角 γ_p 等，甚至给出刀头部分的 3D 结构外形图和切削表面示意图供参考。

2．典型外圆车刀结构示例分析

以下给出几个典型外圆车刀结构示例分析供研习参考。

（1）PCLNR2525M12 外圆车刀　图 2-42 所示为 PCLNR2525M12 外圆车刀。首先，可见其主偏角 κ_r 为 95°，刀片为刀尖角 ε_r=80° 的 C 型刀片（见图 2-4），自然副偏角 κ'_r=5°，因此这种车刀可车削外圆柱圆、端面等。图 2-42 所示的刀头型式对应表 2-1 的符号 L，即第 3 位；刀头与刀柄的参数有 l_2=28、f=32、h_1=25、b=h=25 等；刀片法后角 α_n 为 N（0°），由于刀具后角不能为 0°，因此刀片安装是前倾的，即侧前角 γ_f 和背前角 γ_p 均为负值，图中未示出；第 5 位 R 表示右手刀切削方向；第 6、7 位分别为 h_1=25、b=25；第 8 位 M 表示 l_1=150；第 9 位表示切削刃长度代号，查得的刀片型号为 CN □□ 1204 □□，隐含表示了刀片切削长度为 12.9mm，刀片厚度为 4.76mm。需要说明的是还有刀片信息需要进一步选择，如刀片材质、涂层、断屑槽等信息，具体可根据加工条件，如工件材料、半精加工或精加工等选择，这些信息各刀具制造商是存在差异的，也是各刀具制造商竞争的信息。

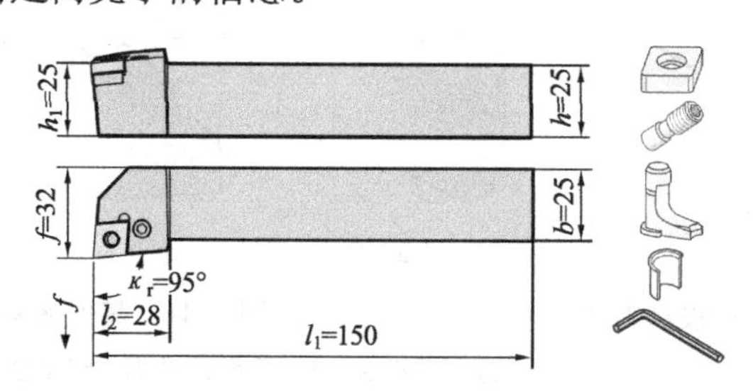

图 2-42　PCLNR2525M12 外圆车刀示例

（2）MWLNR3232P06 外圆车刀　图 2-43 所示为某刀具样本查得的外圆车刀。首先，可见其主偏角 κ_r 为 95°，W 型刀片的刀尖角 ε_r 为 80°（见表 1-4），副偏角 κ'_r 自然就是 5°，有三条切削刃可转位使用；左上角有一张切削表面与方向图示，显示其可从三个方向切削外圆与端面；样本除可查到 l_1、l_2、f、h_1、b、h 等参数值外，还可看到侧前角 γ_f 和背前角 γ_p 这两个反映切削外圆与端面的前角参数，因为刀片法后角 α_n 为 N（0°），所示这两个前角均为负值。从车刀型号也能看出一些信息，第 1 位 M 表示夹紧位顶面与孔复合夹紧，见图 2-34，样本上还可查的夹紧配件，如图右侧所示的示意图，并可查到配件的参数（图中未示出）；第 2 位 W 表示刀片形状为刀尖角为 80° 的等边不等角六边形，其刀片型号为 WN □□ 0604 □□隐含表示了切削刃长度 6.5mm 和刀片厚度 4.76mm；第 3 位 L 为刀头型式，见表 2-1；第 4 位 N 表示刀片法后角 α_n 为 0°，刀片型号中也可看到 N；第 5 位 R 表示右手刀；第 6、7 位分别为 h_1 和 b 参数；第 8 位 P 表示 l_1=170；第 9 位 06 表示切削刃长度为 6.5 的整数部分补前 0。这种夹紧型式的车刀可用于粗、半精和精车加工，另外是刀片的选择，可根据加工材料等选择断屑槽型式、刀片材质、涂层等。

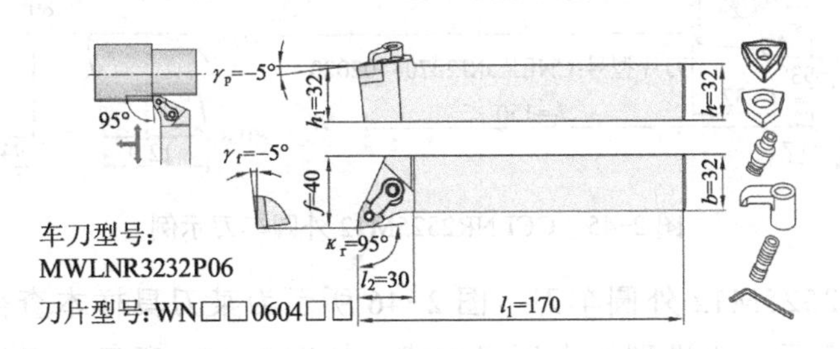

图 2-43　MWLNR3232P06 外圆车刀示例

（3）SDJCR2020K11 外圆车刀　图 2-44 所示为某刀具样本查得的外圆车刀。首先，可见其主偏角 κ_r 为 93°，刀具型号第 2 位 D 表示刀尖角 ε_r 为 55° 的菱形刀片，因此副偏角 κ_r' 为 32°。刀具型号第 3 位 J 表示如图所示的刀头型式，见表 2-1；第 4 位 C 表示刀片法后角 α_n 为 7°，因此水平放置后刀具仍然有后角 α，是精车刀具的常见设计；图形左上角切削方向提示显示了这种刀具可切入一定的凹槽；图形左下角给出了刀头的三维效果图，与刀具型号第 1 位 S 对应，为螺钉通孔夹紧，见图 2-36a 所示，其基本配件有刀垫、刀垫螺钉和刀片夹紧螺钉等。刀具型号的第 6、7 位 2020 分别与图中的 h_1 和 b 对应。第 8 位 K 表示 l_1=125。查阅样本中的刀片型号 DC □□ 11T308 得到的刀片尺寸如图 2-44 右下图所示，图 2-44 右上图显示的刀片及其槽型适合精车加工（槽型代号略）。

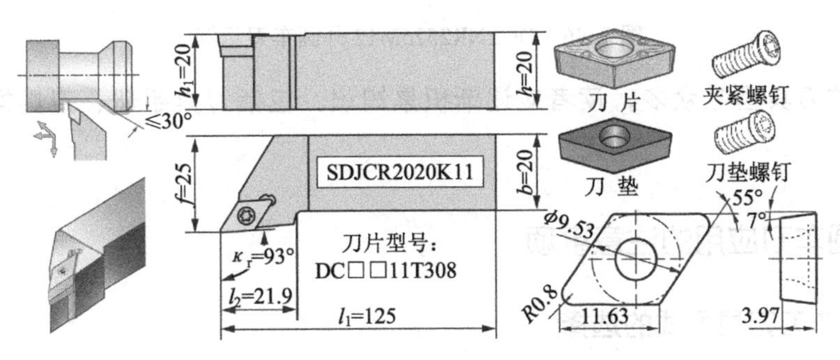

图 2-44　SDJCR2020K11 外圆车刀示例

（4）CCLNR2525M12 外圆车刀　图 2-45 所示为某刀具样本查得的陶瓷刀片外圆车刀。陶瓷刀片一般不做安装孔，必要时会做出凹槽，刀片型号第 4 位代号 X，其车刀夹紧方式多为上压紧方式（刀具型号第 1 位符号 C）等，该图的夹紧方式类似于图 2-33b，样本上还提供有断屑槽及其配套压板组件供选择，见图 2-33a。该陶瓷刀片型号后面的 T02020 表示的是切削刃倒棱的参数，是刀具制造商的编号规则，这里不详细谈。关于刀片型号的第 2 ～ 9 位含义基本同前分析，读者可自行研习。

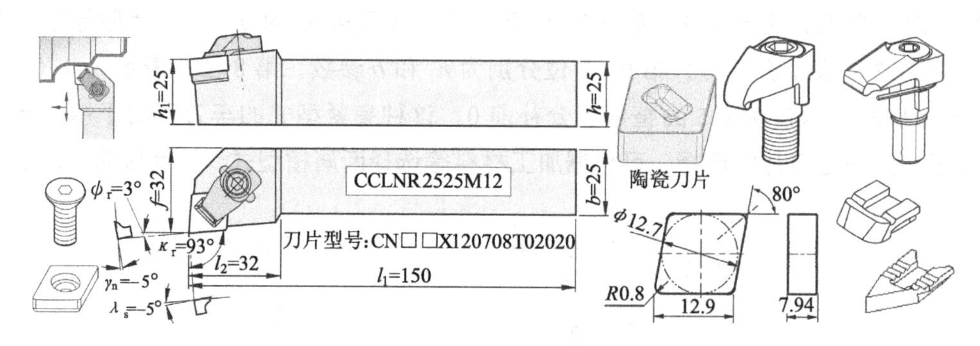

图 2-45　CCLNR2525M12 外圆车刀示例

（5）DCLNR2525M12 外圆车刀　图 2-46 所示为某刀具样本查得的外圆车刀。刀具型号第 1 位 D 表示为改进型的上压紧方式，如图 2-37a 所示。刀具左下角的刀尖放大图指明了刀位点的位置，对于机外对刀有所作用。图中还截取了刀具与刀片效果图、夹紧机构配件等。图中给出了刀具型号和刀片型号等信息，读者可根据以上知识自行分析。

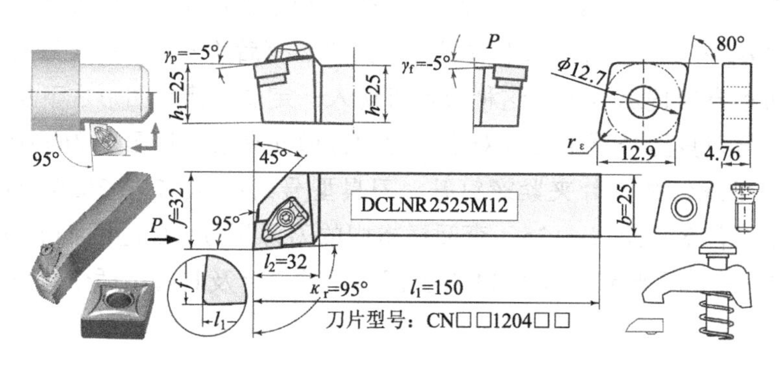

图 2-46　DCLNR2525M12 外圆车刀示例

实际中的刀具型号众多，读者应逐渐积累知识，包括刀具手册、刀具样本、实物刀具等。

2.2.3　外圆车刀应用的注意事项

1．外圆车刀刀具型式的选择

外圆车削加工是车削加工的基础，外圆车刀选择时的注意事项多于后续的内孔车刀、切槽与切断车刀以及螺纹车刀的选择，具有启迪性的效应。外圆车刀选择时应该思考的问题如下。

（1）刀杆的选择　外圆车刀刀杆部分主要包括以下问题：

1）与数控机床的接口问题。选择车刀首先必须确保刀具能够安全可靠地安装在所使用的数控机床上，各种数控车床的刀架是确定刀具安装的基础，刀架的型式决定了刀具的安装方式。目前而言，正方形和矩形截面刀体仍然是大部分数控车床外圆车削刀具首选的刀具安装方式。

2）刀尖安装高度尺寸。理想的刀具安装方式是刀具在机床刀架上安装时不需或尽可能少地使用垫铁安装，因此，刀尖安装高度 h_1（见图 2-30）必须与机床刀架相适应，一般而言，数控车床的使用说明书中均会提供推荐的刀尖安装高度尺寸。

3）刀杆型式的选择。机夹可转位车刀的刀杆从其作用看可认为是数控车床的标配和必备的机床附件，其具有一定的可重复使用性和通用性，作为数控车床的使用者，如何配备一套合理数量和型式的刀杆是一个系统工程的问题，不可能将所有车刀型式的刀杆均配齐，一般主要考虑自身加工产品材料与常见几何特征、产品的批量大小等因素。一般情况下要考虑以下的用途。

首先，必须考虑机械加工的工艺性质，如粗加工、半精加工与精加工，至少粗加工与精加工刀杆必须考虑。一般而言，0° 法后角刀片所配的刀杆多设计成负前角和负刃倾角刀杆（确保刀具的工作后角大于 0°），通过不同断屑槽的型式实现粗、精加工，0° 法后角刀片不仅切削刃强度好，且刀片可做成双面转位使用，增加了刀片的性价比。其刀片夹紧方式多选择夹紧力较大、夹紧可靠性好的 M 类复合夹紧方式或 P 类杠杆夹紧方式，这类刀杆的设计目标就是为了适应重载荷、断续车削等恶劣的工作环境，所以适用于粗车。当然通过刀片断屑槽的合理设计与选择，其同样可用于半精加工甚至精加工。而 S 类螺钉夹紧方式的外圆车刀刀杆，多采用非 0° 法后角的刀片 [如 C（7°）法后角]，设计成 0° 前角的刀杆（实际法后角则大于 0°），若再配上合适的断屑槽型和刀尖圆角等，其精加工效果是极佳的，因此其是精加工车削的常选刀杆型式。

其次，工件的几何特征是选择刀头部分几何形状与主偏角的主要依据。若加工零件多为外圆、端面和锥度等基本几何特征，则刀头的型式变化不会太大，但若考虑复杂形状轮廓，特别是曲线轮廓时，则头部型式的选择就需考虑选择具有仿形功能的刀尖角较小的刀片。一般而言，作为数控车削刀具，复杂轮廓曲线仿形加工是其特色之一，这类刀具的选择依据各人的编程与使用习惯选择。

关于工件材料的问题，其实际上涉及刀具材料和几何参数问题，一般而言，主要考虑常用的黑色碳素钢类材料，一般多选择硬质合金刀片，并且尽可能选择涂层硬质合金刀片。除非专业加工铝合金或高温合金等难加工材料，才会考虑配备相应的刀片甚至专业设计的刀杆。刀片材料的选择对切削用量的选择有极大的影响。

（2）刀片与刀具头部型式的选择　从宏观上看，主要是刀具主偏角和刀片刀尖角的组合，不同的组合型式，其加工的工件形状是不同的，如图 2-43 ～图 2-46 左上角走刀方向示意，大部分刀具制造商的车刀样本中会有这类选择的参考图例。主偏角的选择还会影响刀尖强度，以图 2-47 所示的外圆车削为例，当 κ_r>90° 时，刀尖先接触工件，容易崩刃；当 κ_r=90° 时，同时接触的切削刃长度大，切削力突变也不利于刀尖的保护；当 κ_r<90° 时，则是刀尖后切入，不容易崩刃。当然，刃倾角也会产生这类效果，如负刃倾角刀具就不易崩刃。

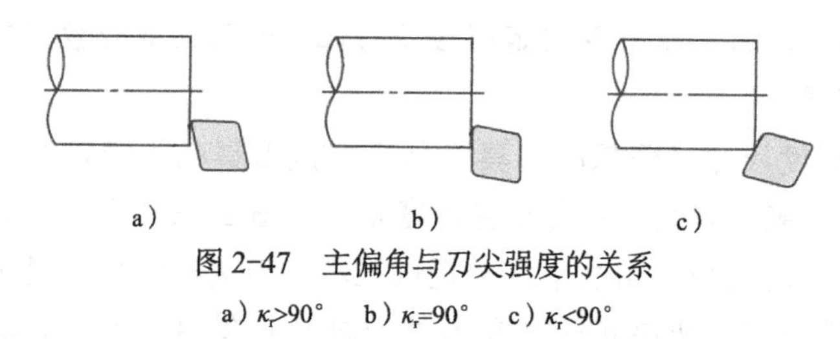

图 2-47　主偏角与刀尖强度的关系

a）$\kappa_r>90°$　b）$\kappa_r=90°$　c）$\kappa_r<90°$

除了上述极易宏观看到的问题外，细节也是刀具选择必须要考虑的问题。

1）刀片形状。不同的刀片形状，其强度是不同的，一般而言，刀尖角越大，刀片车削加工的强度就越好。图 2-48 所示为刀片形状与刀尖强度的关系，供参考。事实上，刀片形状还会产生其他影响，如图 2-48 中越往左边，刀尖角越大，吸收的切削热越多，刀具寿命也是会增加的。从产生振动的角度看，越往右变化，切削时产生的振动就越小。从抗热冲击的角度看，往左变化，切削温度低且变化小，同时刀片强度好，因此其抗冲击的能力就强。

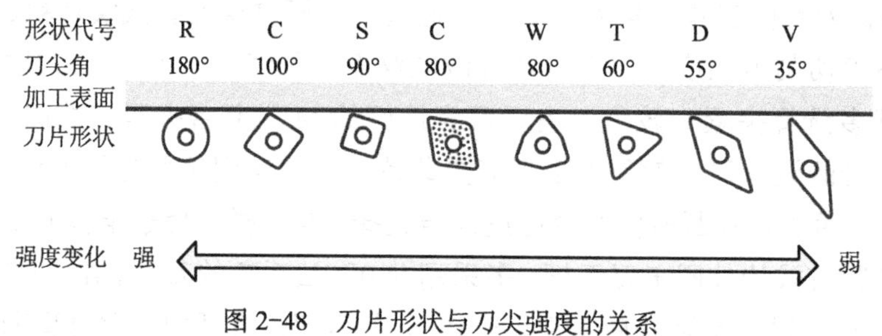

图 2-48　刀片形状与刀尖强度的关系

从有效可转位切削刃数看，S 型为 4，W 型和 T 型为 3，C 型、D 型和 V 型为 2。当然，在同等规格（内切圆直径相同）条件下，刀片的体积是不同的，这决定了刀片的成本，W 型刀片较好地兼顾了 S 型刀片刀尖角大和 T 型刀片体积小的特点，其综合性能较好。

若考虑刀片侧面的法后角，则是 0° 法后角刀片可设计成为双面使用，有效切削刃翻倍增加，同时，切削刃锲角最大，增加了切削刃的强度，所以粗加工刀具选用 0° 法后角刀片较多。

从切削仿形性能看，刀尖角小而主偏角一定的情况下，副偏角可做的更大，这有利于数控仿形加工，D 型和 V 型刀片最适合仿形车削加工。

从刀片用途看，C 型刀片可做成两种主偏角型式，这对减少刀片库存是有帮助的，这也是为什么这种刀片受欢迎的原因之一。

圆形（R 型）刀片是一种特殊设计的刀片，其有效切削刃始终为圆弧，可认为是刀尖圆弧较大的车刀加工。在进给量一定的情况下，刀尖圆弧半径增大有利于表面粗糙度理论值的减小，这对于高效精车加工是有利的，但其切削刃长容易造成振动，因此，粗加工时选用不多。

2）刀尖圆角。直接影响加工表面残留面积高度和刀尖强度，车削加工属单刃切削，刀尖以圆弧为主，评价参数是刀尖圆弧半径 r_ε。刀尖圆弧半径大则刀尖强度好这是不言而喻的。在进给量一定的情况下，刀尖圆弧半径大，则加工表面残留面积高度小，表面粗糙度值低。刀尖圆弧半径与表面粗糙度的关系如图 2-49 所示。

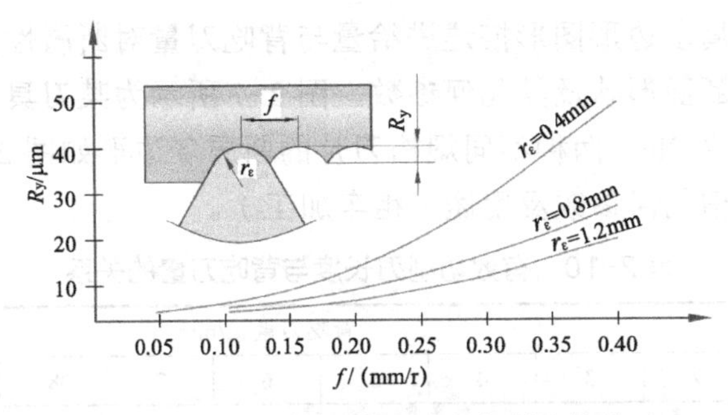

图 2-49　刀尖圆弧半径与表面粗糙度的关系

刀尖圆弧半径除直接影响加工表面粗糙度外，还对其他因素产生影响。较大的刀尖圆弧半径有利于提高刀具强度、提高进给速度，适用于粗加工大切深的场合，而较小的刀尖圆弧半径可减小刀具振动，减小径向切削分力，提高加工精度，多用于小切深的精车加工。

3）有效切削刃长度。每种刀片，都有一个刀片长度参数，其一般为刀片的长边长度，实际切削时，一般不可能用这个切削刃长度作为实际的切削刃进行加工，图 2-50 所示为推荐的刀片有效切削刃长度，刀片中部字母为刀片形状代号，l 为刀片长度参数，d 为刀片直径参数，l_a 为有效切削刃长度。一般 $l_a<l$，有效切削刃长度 l_a 适用于粗加工，连续稳定工作状态下正常使用。短时间也允许使用更大的切削刃长度，甚至整个刀片长度。有效切削刃长度一般可在刀具样本上查得。

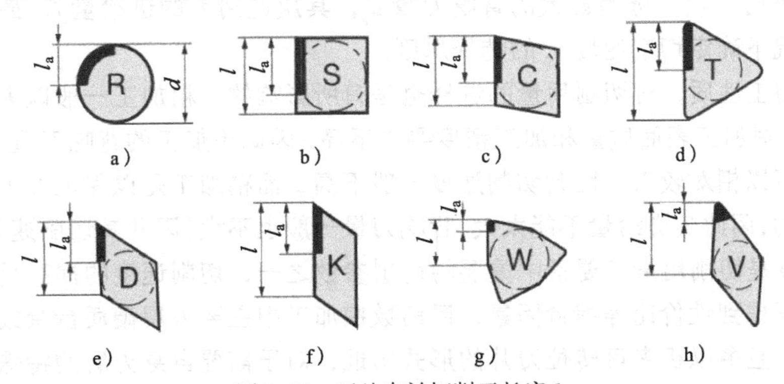

图 2-50　刀片有效切削刃长度 l_a

a）l_a=0.4d　b）l_a=2/3l　c）l_a=2/3l　d）l_a=1/2l　e）l_a=1/2l　f）l_a=1/2l　g）l_a=1/2l　h）l_a=1/2l

必须注意的是，有效切削刃长度不等于背吃刀量，其受主偏角的影响，如图 2-51 所示，$a_p=l_a\cos\kappa_r$。为简化计算，便于使用，可将其制作成表格供快速查阅，有效切削刃长度与背吃刀量的关系见表 2-10。

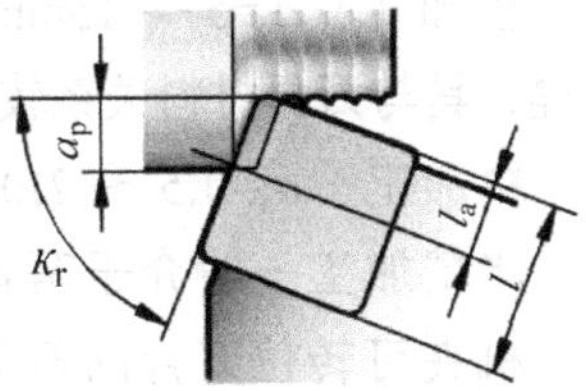

图 2-51　l_a 与 a_p 的关系

4）刀片断屑槽。作为某一具体的刀杆而言，刀片安装的前角和刃倾角等参数是一定的，唯有通过断屑槽的型式变化来改善性能，实现粗加工和精加工。断屑槽的具体参数往往是刀具制造商的商业秘密，其只是通过某一代号表明某刀片适用于粗加工、半精加工或精加工。有的厂家可能会给出更为详细的断屑多边形图形描述进给量与背吃刀量对断屑性能的影响。更为具体的可能会给出切削刃断面形状及其几何参数。图 2-7 所示为某刀具制造商的断屑槽选择信息，其断屑槽代号为 PR，两种不同规格刀片的断屑多边形如图 2-7a 所示，另外还给出了切削刃上的断屑槽几何参数及用途（粗车加工）。

表 2-10　有效切削刃长度与背吃刀量的关系

主偏角 κ_r/(°)	背吃刀量 a_p/mm										
	1	2	3	4	5	6	7	8	9	10	15
	有效切削刃长度 l_a/mm										
90	1	2	3	4	5	6	7	8	9	10	15
75（105）	1.05	2.1	3.1	4.1	5.2	6.2	7.3	8.3	9.5	11	16
60（120）	1.2	2.3	3.5	4.7	5.8	7	8.2	9.3	11	12	18
45（135）	1.4	2.9	4.3	5.7	7.1	8.5	10	12	13	15	22
30（150）	2	4	6	8	10	12	14	16	18	20	30
15（165）	4	8	12	16	20	24	27	31	35	39	58

2．切削用量的选择

所谓切削用量是指切削用量三要素，即切削速度 v_c、进给量 f 和背吃刀量 a_p。

从金属切削原理的理论分析可知，切削用量三要素中，切削速度 v_c 对刀具寿命的影响最大，进给量 f 的影响次之，背吃刀量 a_p 的影响最小。这样一个规律提醒我们，在选用切削用量时，优先选用最大的背吃刀量 a_p，其次选用大的进给量 f，最后在兼顾刀具寿命的情况下确定切削速度 v_c 的选择原则。

不同的加工性质，对切削用量的选择也是有所影响的，粗加工一般以去除金属材料为主要目的，对加工表面质量和加工精度要求不高，因此粗加工的背吃刀量要尽可能大，进给速度也可以相对较大，因此切削速度一般不高，而精加工是以保证加工精度和表面粗糙度为目的，因此其进给量不能太大，背吃刀量一般也不大，因此其切削速度相对较高。

切削速度是切削用量三要素中重要的切削参数之一，切削速度的提高受刀具材料的影响很大，考虑到性价比等综合因素，目前数控加工中主要采用硬质合金或涂层硬质合金刀具材料，且多以机夹可转位刀片的形式出现，对于需要自身刃磨的特殊车刀，可考虑选用高速钢车刀条材料。对于难加工的高硬度、高温合金材料可能会选用陶瓷或立方氮化硼等刀具材料。切削用量的选择多以试验数据或经验为主，其推荐的参数如下。

粗加工：a_p=5 ～ 15mm，f=0.5 ～ 1.5mm/r，切削速度则以刀具不出现非正常磨损为前提，其与刀具材料关系较大，硬质合金材料切削碳素钢材料一般取 v_c=150 ～ 300m/min。

精加工：a_p=0.5 ～ 2.0mm，f=0.1 ～ 0.3mm/r，v_c=200 ～ 450m/min 甚至更大。

半精加工一般介于两者之间，取值较为灵活。

机夹可转位刀片的刀尖圆弧半径是选择刀片应考虑的参数之一，正常车削情况下，要求背吃刀量大于刀尖圆弧半径值 r_ε，最小不得小于刀尖圆弧半径值的 2/3，进给量 f 不得超过圆弧半径的 1/2，粗加工时可适当增加，但不要超过刀尖圆弧半径的 80%。表 2-11 为不同刀尖圆弧半径推荐的最大进给量，供参考。

表 2-11　不同刀尖圆弧半径推荐的最大进给量　（单位：mm/r）

加工类型	负前角刀片					正前角刀片			
	刀尖圆弧半径 r_ε/mm					刀尖圆弧半径 r_ε/mm			
	0.4	0.8	1.2	1.6	2.4	0.2	0.4	0.8	1.2
精加工	0.25	0.4	0.5	0.7		0.1	0.2	0.3	0.4
半精加工	0.3	0.5	0.6	0.8	（1.0）	0.15	0.3	0.4	0.5
粗加工	0.3	0.6	0.8	1.0	1.5				

到目前为止，切削用量的选择还是基于实验数据制作的表格供用户选用，不同厂家由于刀片材料性能以及实验条件的差异等因素，推荐的数据可能略有差异，事实上，用户的使用条件也不可能完全等同于厂家的实验条件，因此，推荐的数据仅是一个参考依据，实际使用时还必须根据具体条件和自身习惯进行修正。表 2-12 为某厂推荐的部分外圆车削切削用量选用数据，供参考。

表 2-12　外圆车削切削用量推荐

ISO	材料		硬度 HBW	CVD 涂层硬质合金			PVD 涂层硬质合金			无涂层硬质合金	
				YBC151	YBC251	YBC351	YBG102	YBG202	YBG302	YC10	YC40
				进给量 /（mm/r）							
				0.1～0.6	0.1～0.8	0.1～0.6	0.2～0.4	0.1～0.6	0.05～0.8	0.1～0.4	0.1～0.5
				切削速度 /（m/min）							
P	碳素钢	w（C）=0.15%	125	200～430	190～430	160～380	220～460	180～380	165～360	165～360	145～300
		w（C）C=0.35%	150	180～380	180～410	150～300	210～440	170～300	150～280	150～280	130～220
		w（C）C=0.60%	200	150～330	150～350	130～260	180～380	150～260	130～240	130～240	80～180
	合金钢	退火	180	170～350	150～350	100～200	180～380	120～200	100～180	100～180	80～160
		淬硬	275	100～230	100～210	70～140	120～240	90～140	70～120	70～120	50～120
		淬硬	300	100～210	70～190	60～125	100～220	80～125	60～100	60～100	40～80
		淬硬	350	80～180	70～170	55～110	100～200	75～110	55～90	55～90	45～70
	高合金钢（退火）		200	150～320	120～260	80～175	150～290	100～175	80～155	80～155	60～135
	高合金钢（淬硬）		325	90～140	50～100	40～85	80～130	60～85	40～65	40～65	30～45
	铸钢（非合金）		180	120～240	100～200	75～135	125～230	95～135	75～115	75～115	55～95
	铸钢（低合金）		200	70～230	60～170	80～120	90～200	100～120	80～100	80～100	60～80
	铸钢（高合金）		225	70～160	50～140	55～95	80～170	55～95	55～95	55～95	35～75

ISO	材料		硬度 HBW	CVD 涂层硬质合金			PVD 涂层硬质合金			金属陶瓷	涂层金属陶瓷
				YBM151	YBM251		YBG202	YBG302		YNG151	YNG151C
				进给量 /（mm/r）							
				0.2～0.6	0.2～0.6		0.1～0.4	0.2～0.6		0.1～0.3	0.1～0.3
				切削速度 /（m/min）							
M	不锈钢	铁素体	180	180～280	140～250		190～300	150～250		220～330	210～350
		奥氏体	260	150～250	110～200		160～250	120～220		150～250	140～270
		马氏体	330	140～200	130～210		170～260	120～210		170～270	160～290

ISO	材料	硬度 HBW	CVD 涂层硬质合金					金属陶瓷	硬质合金	
			YBD052	YBD151	YBD102	YBD152	YBD252	YNG151	YC10	YC40
			进给量 /（mm/r）							
			0.1～0.4	0.1～0.6	0.1～0.4	0.1～0.5	0.1～0.8	0.1～0.4	0.1～0.3	0.1～0.4
			切削速度 /（m/min）							
K	可锻铸铁（铁素体）	130	230～350	210～315	220～330	105～320	170～250	160～280	90～150	45～105
	可锻铸铁（珠光体）	230	105～250	95～225	100～230	100～230	75～180	120～220	70～120	30～80
	低度铸铁	180	200～520	180～450	200～480	190～480	150～380	250～400	100～170	60～130
	高度铸铁	260	120～230	110～210	115～220	100～210	90～170	240～360	70～130	40～95
	球墨铸铁（铁素体）	160	150～310	140～285	150～300	140～290	110～220	190～330	80～140	45～115
	球墨铸铁（珠光体）	250	110～230	100～210	105～220	100～210	90～170	200～310	70～110	30～80

3．外圆车刀使用中出现的问题及其解决措施

表2-13列举了外圆车刀加工过程中可能出现的问题及其解决措施，供参考。

表2-13 外圆车刀加工过程中可能出现的问题及其解决措施

出现的问题	导致的后果	可能的原因	解决措施
后面磨损，沟槽磨损	后面迅速磨损导致加工表面粗糙和超差 沟槽磨损导致表面组织变差和崩刃	切削速度过大 进给不匹配 刀片牌号不正确 加工硬化材料	降低切削速度 调整进给量和背吃刀量（加大进给量） 选择正确的刀片牌号 选择更耐磨的刀片
切削刃出现细小缺口	切削刃出现细小缺口导致表面粗糙	刀片过脆 振动 进给量过大或背吃刀量过大 断续切削 切屑损坏	选择韧性好的刀片 刃口带负倒棱刀片 使用带断屑槽的刀片 增加系统刚性
前面磨损（月牙洼磨损）	月牙洼磨损会削弱刃口的强度 在切削刃后缘破裂导致加工表面粗糙	切削速度或进给量过大 刀片尖角偏小 刀片不耐磨 冷却不够充分	降低切削速度或进给量 选用正前角槽型刀片 选择更耐磨的刀片 增加冷却或加大切削液流量
塑性变形	周刃凹陷或侧面凹陷引起切屑控制变差或加工表面粗糙	切屑温度过高、切压力过大 基体软化 刀片涂层被破坏	降低切削速度 选择更耐磨的刀片 增加冷却
积屑瘤	积屑瘤导致加工表面粗糙，当它脱落时刃口会破损	切削速度过小 刀片前角偏小 缺少冷却或润滑 刀片牌号不正确	提高切削速度 加大刀片前角 增加冷却 选择正确的刀片牌号
崩刃	崩刃损坏刀片和工件	切削力过大 切削不够稳定 刀尖强度差 错误的断屑槽型	降低进给量或背吃刀量 选择韧性更好的刀片 选择刀尖角大的刀片 选择正确的断屑槽型
热裂	垂直于刃口的热裂裂纹会引起切削刃崩碎和加工表面粗糙	断续切削引起温度变化过大 切削液的供给量变化	断续切削不用切削液 增加切削液的供应量 切削液位置更准确

2.3 内孔车刀结构分析与类型

内孔车刀是主要用于加工已存在预孔的内轮廓回转体表面的车削刀具，可用于扩大孔径，获得所需的内回转体型面，或提高加工精度，减小表面粗糙度值等各种工序的加工。

内孔车削常常称为镗削，所以内孔车刀又称为镗刀。但镗孔的概念更为宽泛，包括工件固定不动，镗刀（主要为单刃刀具，但也有多刃镗刀）在旋转运动的同时轴向进给运动镗削出所需的孔。基于这种细微的差异，本书仍然采用内孔车刀这一术语。

2.3.1　内孔车刀基础知识

1．内孔车削特性分析

内孔车削与外圆车削差异性分析，从金属切削原理分析，内孔车削与外圆车削均属于单刃切削加工，当工件直径较大时，其车削性能基本相同，刀具选择与使用上的差异性并不明显。但大部分情况下，加工的孔径并不太大，特别是遇到较小孔径时，其与外圆车削相比需要考虑的问题就有一定的差异，其差异性可归结为以下几点。

1）刀杆刚性差。内孔车削加工由于受加工表面与空间位置的限制，其刀杆的直径必然小于工件内孔直径，且悬伸较长，导致车削刀具整体的刚性差，容易引起振动，影响加工质量。

2）排屑困难。为获得尽可能好的刀杆刚性，刀具的直径就不能太小，带来的问题之一就是排屑问题。内孔车削的排屑与切屑的形态以及工件上的预孔是否贯通等有关。内孔车削排屑途径如图 2-52 所示。对于管状的通孔，沿着进给的贯通方向排屑显然不受刀杆障碍的影响，而且切屑控制为连续不断的螺旋状切屑效果最佳，具体可通过调整合适的刃倾角、前角以及背吃刀量等参数控制。若是不连续切屑，也可考虑内冷却刀杆，借助切削液或压缩空气排屑。当然，沿刀具进给反方向排屑也是一条可选的途径。对于未贯通的不通孔，切屑只能沿刀具进给的反方向排出，孔径较大时自然排屑还是有可能的，或者也可使用内冷却刀杆，借助切削液冲刷带出，也不失为一种好方法，如图 2-53 所示。

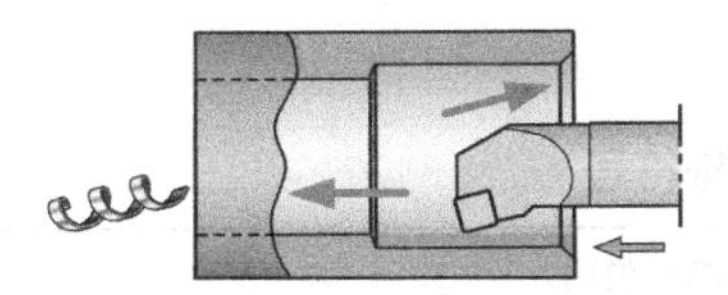

图 2-52　内孔车削排屑途径

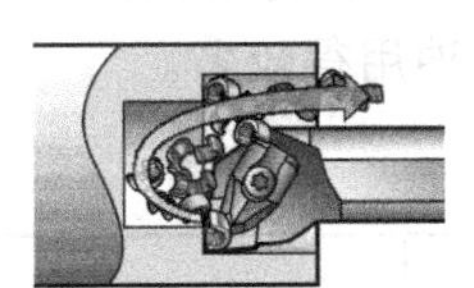

图 2-53　未贯通孔排屑

3）冷却问题。内孔车削的散热远不如外圆车削。常见的外冷却方式，切削液不易进入切削区域；较好的冷却方式是内冷却，切削液直接喷至切削区，切削液流出内孔的同时带出切屑，有利于冷却与排屑，但这要求选用内冷却刀杆，且机床刀架上要有切削液供给接口。

4）防止刀杆与孔壁碰撞。由于刀杆在孔内工作，其安全空间不大，同时，刀杆安装若偏低一点或刀杆变形导致刀尖偏低，会造成工作后角的减小，因此，内孔车削时刀杆的工作位置一般要求刀杆中心的水平位置与机床轴线等高，且刀尖宁高毋底（一般不超过 0.1mm），这样可较好地避免刀杆与工件孔内壁碰撞，同时也可减小振动和扎刀现象。

5）结构特点。虽然数控内孔车削的刀具结构仍以机夹可转位刀具为主，但对于孔径较小的内孔车刀，整体式结构有时也是必需的。

2．内孔车刀结构与型号分析

与外圆车刀类似，机夹式内孔车刀的基本尺寸取决于各种车刀的类型与型号，国外较为知名的厂家一般有自己的型号表示规则，但大部分厂家仍然是依据 ISO 6261：1995《装可转位刀片的镗刀杆（圆柱形）- 代号》进行型号表示。GB/T 20336—2006《装可转位刀片的镗刀杆（圆柱形）- 代号》等同采用了该 ISO 标准，相关参数参见 GB/T 20335—2006 或参考文献 [1]。

（1）型号表示规则（GB/T 20336—2006 摘录） 该标准规定了带标准尺寸 f（见 GB/T 20335—2006）、装可转位刀片的镗刀杆（圆柱柄刀杆）的代号表示规则。带矩形柄的可转位车刀、仿形车刀和刀夹的代号仍可按 GB/T 5343.1—2007 中的规定。

GB/T 20336—2006 规定镗刀杆的型号用 9 位符号，分别表示刀片和刀杆的尺寸和特征。除这 9 位外，制造厂为了更好地描述产品特征可以最多增加三个字母和（或）三个数字符号，但要用 - 将其与标准型号分开。

图 2-54 所示为某内孔车刀的型号表示规则示例。

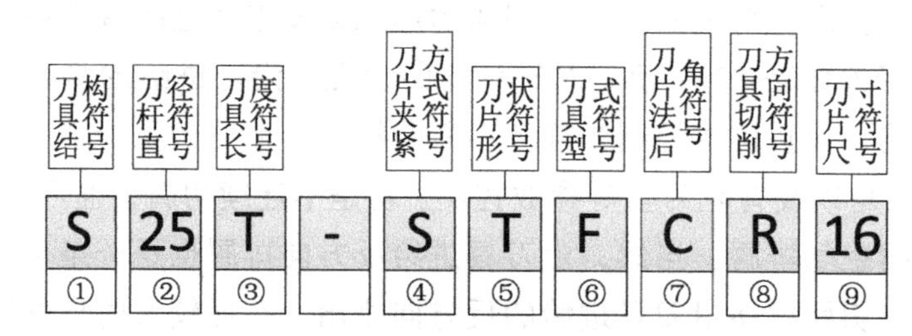

图 2-54 内孔车刀的型号表示规则示例

第①位：刀具结构符号，见表 2-14。该位符号所指的刀具即是指刀杆，其中 S、A、C、E 等几种用得较多。

表 2-14 刀具结构符号

字母符号	刀具结构说明
S	整体钢制刀具（全钢制刀杆）
A	带冷却孔的整体钢制刀具（S 型刀杆基础上增加冷却孔的刀杆）
B	带防振装置的整体钢制刀具（S 型刀杆基础上增加防振装置的刀杆）
D	带防振装置和冷却孔的整体钢制刀具（B 型刀杆基础上增加冷却孔的刀杆）
C	带钢制刀杆的硬质合金刀具（硬质合金刀杆、带钢头的刀杆）
E	带钢制刀杆和冷却孔的硬质合金刀具（C 型刀杆基础上增加冷却孔的刀杆）
F	带钢制刀杆和防振装置的硬质合金刀具（C 型刀杆基础上增加防振装置的刀杆）
G	带钢制刀杆、防振装置和冷却孔的硬质合金刀具（F 型刀杆基础上增加冷却孔的刀杆）
H	重金属刀具（用于大负载加工的刀杆）
J	带冷却孔的重金属刀具（H 型刀杆基础上增加冷却孔的刀杆）

第②位：刀杆直径符号，是用 mm 为单位的直径值，如果直径值是一位数，则在数字前加“0”。刀杆直径的定义参见 GB/T 20335—2006 的规定，见表 2-17。

第③位：刀具长度符号，见表 2-15，其中符号 X 为特殊长度，待定。刀具长度的定义参见 GB/T 20335—2006 的规定，见表 2-17 车刀简图中的尺寸 l_1 系列。

表 2-15 刀具长度 l_1 符号

字母符号	F	G	H	J	K	L	M	N	P	Q	R	S	T	U	V	W	Y	X
长度 /mm	80	90	100	110	125	140	150	160	170	180	200	250	300	350	400	450	500	待定

第④位：刀片夹紧方式符号，同外圆车刀第 1 位的规定，即字母符号为 C、M、P 和 S。各刀具制造商的夹紧方式也是与外圆车刀基本相同。

第⑤位：刀片形状符号，同外圆车刀第 2 位的规定。

第⑥位：刀具型式符号，相当于外圆车刀的刀头符号，GB/T 20336—2006 的规定见表 2-16。各刀具制造商的规定可能会有不同。

表 2-16 刀具型式符号

字母符号	刀具型式		字母符号	刀具型式	
F	90°	90° 主偏角，偏心柄，端面切削	S	45°	45° 主偏角，偏心柄，侧面切削和端面切削
K	75°	75° 主偏角，偏心柄，端面切削	U	93°	93° 主偏角，偏心柄，端面切削
L	95° 95°	二个切削刃均为 95° 主偏角，偏心柄，侧面切削和端面切削	W	60°	60° 主偏角，偏心柄，端面切削
P	117.5°	117.5° 主偏角，偏心柄，端面切削	Y	85°	85° 主偏角，偏心柄，端面切削
Q	107.5°	107.5° 主偏角，偏心柄，端面切削			

注：S 型刀具可安装圆形刀片（R 型）。

第⑦位：刀片法后角符号，同外圆车刀第 4 位的规定，见表 2-2。

第⑧位：刀具切削方向符号，分别用字母 R 和 L 表示左切削和右切削。内孔车刀切削方向如图 2-55 所示。

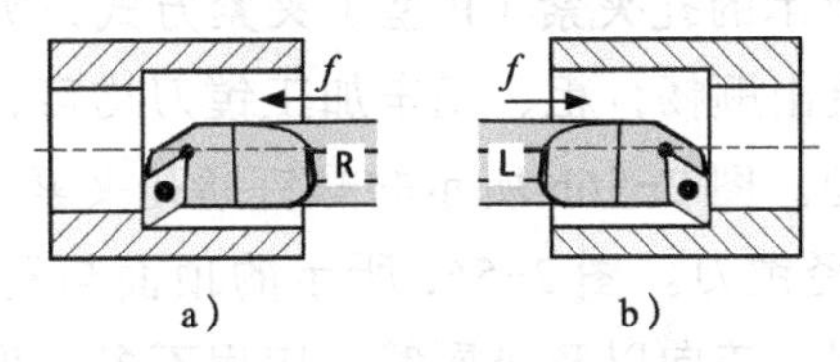

图 2-55 内孔车刀切削方向

第⑨位：刀片尺寸符号，与外圆车刀表示方法相同（第 9 位），见表 2-4。

（2）型式与尺寸（GB/T 20335—2006 摘录） GB/T 20335—2006《装可转位刀片的镗刀杆（圆柱形）- 尺寸》修改采用了 ISO：1998《装可转位刀片的镗刀杆尺寸》。

规定了装可转位刀片的整体钢制圆柱形镗杆的通用尺寸，并规定了优先采用的镗刀杆。该标准中镗刀杆的型号按 GB/T 20336—2006 中的规定。

1）内孔车刀基本尺寸见表 2-17。

表 2-17　内孔车刀基本尺寸　　（单位：mm）

车刀简图： $h_1=d/2$ $m=f+d/2$													
柄部直径	d	g7		08	10	12	16	20	25	32	40	50	60
刀具长度	l_1	k16	优先系列	80	100	125	150	180	200	250	300	350	400
			其次系列	100	125	150	200	250	300	350	400	450	500
尺寸	f	$^{0}_{-0.25}$		6	7	9	11	13	17	22	27	35	43
镗孔的最小直径 D_{min}				11	13	16	20	25	32	40	50	63	80

注：柄上可制出一个或多个削平面，由制造厂自定。

2）尺寸 l_1 和 f 的规定长度。尺寸 l_1 是指基准点 K 至刀柄末端的距离；尺寸 f 是指基准点 K 和镗刀杆轴线之间的距离。基准点 K 的定义同外圆车刀，见图 2-31 及其相关说明，其刀尖圆弧半径值有 3 个，即 0.4mm、0.8mm 和 1.2mm，其与内切圆直径值对应的关系见表 2-9。

另外，在 GB/T 20335—2006 中还在表 2-16 的基础上，推荐了优先采用的 9 种内孔车刀刀杆型式，并给出了相应的结构参数供参考。

3．机夹式内孔车刀夹紧机构与刀头结构分析

从理论上说，前述外圆车刀所用到的刀片夹紧方式在内孔车刀上都能够使用，但对于孔径较小的内孔车刀，受空间限制，夹紧方式选择上会略有偏向。

图 2-56 所示为内孔车刀标准夹紧机构示例，其夹紧原理参见前述外圆车刀部分相关内容。其中，图 2-56a 所示的孔夹紧（P 型）夹紧方式，夹紧力较大，可应用于单面或双面断屑槽刀片，切屑流出顺畅，粗、精车加工镗刀均可，内孔车刀应用广泛，不足之处是所需空间略大于 S 型。图 2-56b 所示的螺钉通孔夹紧（S 型）方式，结构紧凑，多用于精车刀具及较小孔径镗刀。图 2-56c 所示的顶面与孔夹紧（M 型）夹紧方式，由于压板的存在影响了切屑的流向以及排屑等，应用不多，但其夹紧力较大的优点使其在稍大尺寸镗杆中有所应用，但作为组合夹紧方式，其逐渐被双重夹紧（D 型）机构所替代。图 2-56d 所示的顶面夹紧（C 型）方式，主要用于不便制作固定孔的超硬材料刀片夹紧，且多为稍大孔径的镗刀。虽然这些夹紧机构标准配置似乎均有刀垫，同等条件下，加工小孔的镗刀有时不设计刀垫，目的是为了将刀头做得更为紧凑。

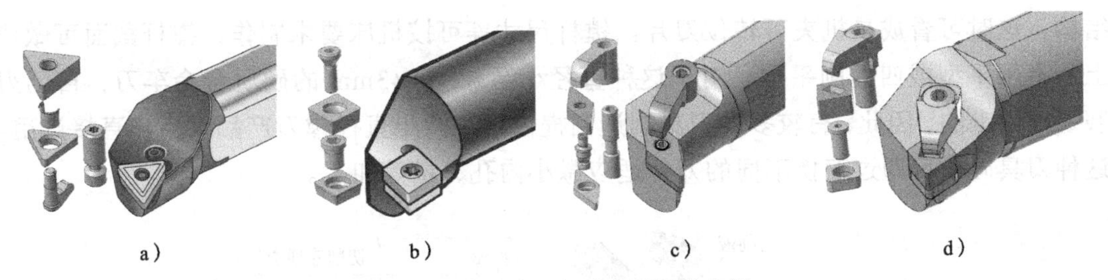

图 2-56　内孔车刀标准夹紧机构示例

a）孔夹紧（P 型）b）螺钉通孔夹紧（S 型）c）顶面与孔夹紧（M 型）d）顶面夹紧（C 型）

图 2-57 所示为新型的双重夹紧(D 型),夹紧原理分析见图 2-37a,其结构比图 2-56c 的 M 型更为紧凑,且夹紧力与可靠性都更优,自出现后就迅速被大部分刀具制造商采用,并作为内孔镗刀典型的夹紧机构之一。图 2-58 所示为销楔式夹紧机构应用示例，夹紧原理如图 2-38 所示。

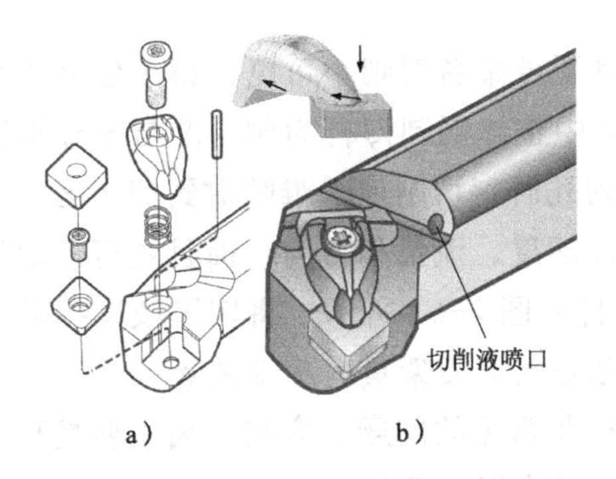

图 2-57　双重夹紧（D 型）机构

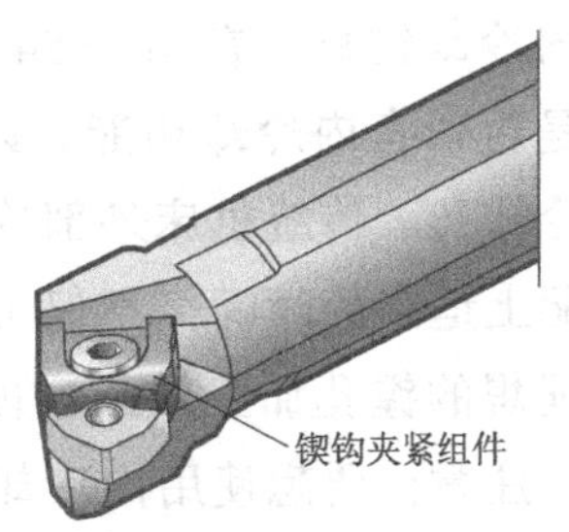

图 2-58　销楔式夹紧机构

图 2-23 所示的专用刀片，其中有用于车内孔镗刀的刀片（见图 2-23d ～ f），可用于小直径孔加工。由于这种刀片为非标刀片，因此各刀具制造商的型式会略有差异，且必须与其专用的镗杆匹配。图 2-59 所示为某厂小直径镗刀应用示例，其刀片型式有多种（图中仅示出一种），这种镗刀的镗孔直径 D_{min} 可达 8 ～ 10mm。这种刀具的应用通过变换不同的刀片可适应内孔、槽和螺纹等加工。

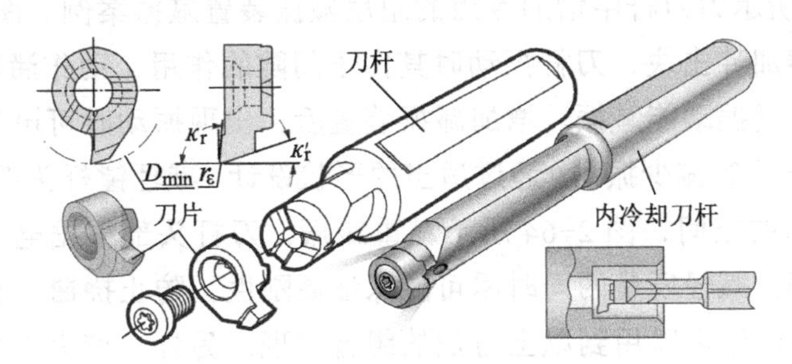

图 2-59　小直径镗刀应用示例

图 2-60 所示为微小直径镗刀应用示例，是图 2-24 所示微小直径整体硬质合金内孔车刀应用示例，这种整体式车刀可以看成是专用的机夹式刀片，有的厂家将其做成双头

结构，这时可看成是机夹可转位刀片。镗杆尺寸等可按机床要求制作，镗杆截面可做成上、下削平型或四面削平型。对于这种直径小至 $\phi2 \sim \phi3$mm 的硬质合金车刀，自己刃磨是很困难的，因此，有较多的刀具制造商提供这种微小直径镗刀产品供用户直接选用。这种刀具同样可通过变换不同的刀片适应微小内孔、槽等加工。

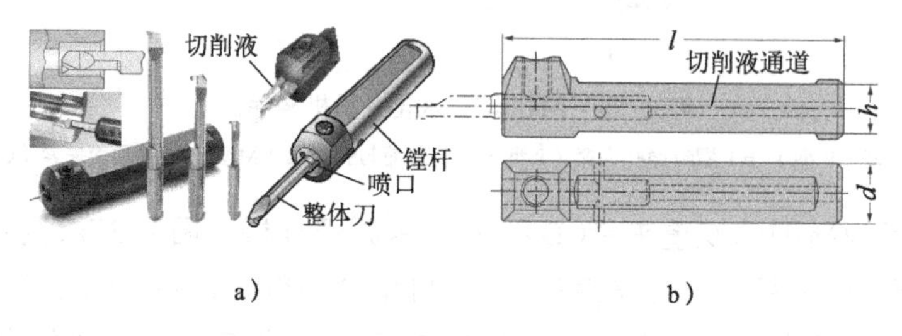

图 2-60　微小直径镗刀应用示例

4．内孔车刀镗杆结构分析

（1）内冷却镗杆　在图 2-54 所示刀具型号命名规则中可见，第 1 位字母符号就可表示镗杆是否带有内冷却功能。以表 2-14 中整体钢制刀杆为例，A 与 S 分别表示镗杆是否带内冷却孔。传统机床外部冷却加工内孔时，切削液很难喷射到加工区，采用内冷却镗杆，配上适当的喷嘴，不仅可控制水流速度、流量和方向，而且还可以起到排屑效果，达到理想的镗孔加工效果。内冷却刀杆如图 2-61 所示，将切屑液直接喷至切屑底部切削区。注意：要想使用内冷却镗刀必须是机床刀架具有冷却装置。

（2）减振镗杆　加工振动始终是内孔车削常见的问题，究其原因主要是孔加工镗杆不能做得太粗，目前解决镗孔振动的方法主要有以下几种：

1）增加刀杆的刚性减少振动。在表 2-14 中字母 C 表示硬质合金刀杆，但刀头由于加工的需要仍然是钢料制作。硬质合金刀杆刚性好，可有效减少振动，常用于 PCBN 或 PCD 等硬脆刀片的镗刀中。与钢制刀杆相比，同等几何参数下，刀杆装夹悬伸可多 1 倍。

2）增加减振装置减少振动。一般在刀杆内部加装专用的减振装置，这些减振装置的减振原理包括增加阻尼吸收振动能量减振，或增加振动方向反向的干扰力抵消振动力减振等。图 2-62 所示为刀杆中增加专用的阻尼减振装置减振案例。图 2-63 所示为干扰力减振，刀杆中增加冲击块，刀杆振动时其由于间隙的作用，动作滞后，产生与刀杆振动反向的撞击力消耗振动能减振。增加减振装置后，出现振动时可迅速衰减。

3）减轻头部质量等减少振动。通过适当的形状设计，减轻镗杆头部质量等减少振动，同时增大了容屑槽的空间，图 2-64 所示减重减振，刀杆头部根据电子计算机仿真设计并制造了两个凹槽，减轻质量的同时尽可能保证高刚性，防止挠曲，衰减振动。

关于减振刀杆，还可以用到以上方法的组合实现。另外，增大刀杆装夹长度（推荐大于 3 ～ 4 倍刀杆直径），尽可能减少刀杆悬伸长度等也可有效减少振动。

（3）刀杆截面及其细节设计　在表 2-17 中图示的刀杆截面是圆形的，但制造厂可以制出一个或多个削平面，这主要考虑刀具的安装，理论上刀尖与机床轴线须等高，刀杆上削出的平面有利于找正刀尖角向位置。对于圆形刀杆，可能会在外表面轴向方向加工小的V型槽或刻线等帮助刀具安装。另外，部分刀具制造商还会在刀杆的轴向位置刻出刻度标尺，帮助快速调整刀具伸出长度等。

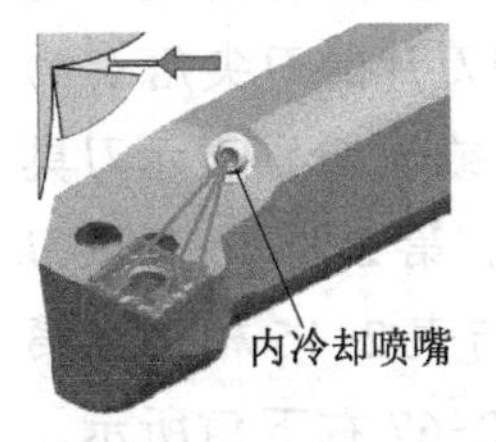

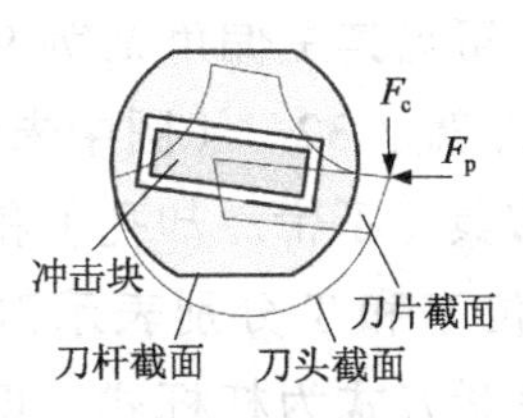

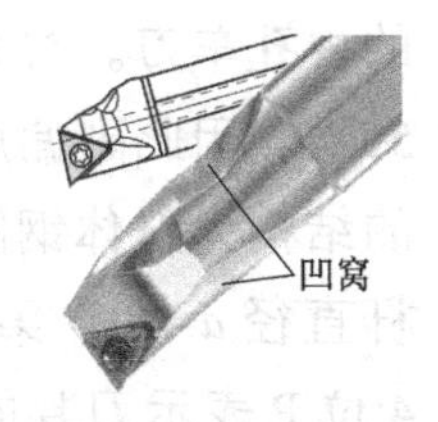

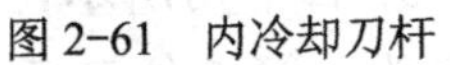

图2-61　内冷却刀杆　　图2-62　阻尼减振装置　　图2-63　干扰力减振　　图2-64　减重减振

5．内孔车刀安装简介

数控车刀与数控机床的连接取决于数控车床的刀架型式，目前为止，还没有一套较为通用的工具系统，经济型数控车床的刀架往往还是借用普通车床的四方刀架型式，图2-65所示为四方刀架内孔车刀安装示例，通过专用刀座，必要时使用刀套过渡安装刀具。后置数控车床刀架多为转塔式圆盘刀架，其刀具安装如图2-66所示。

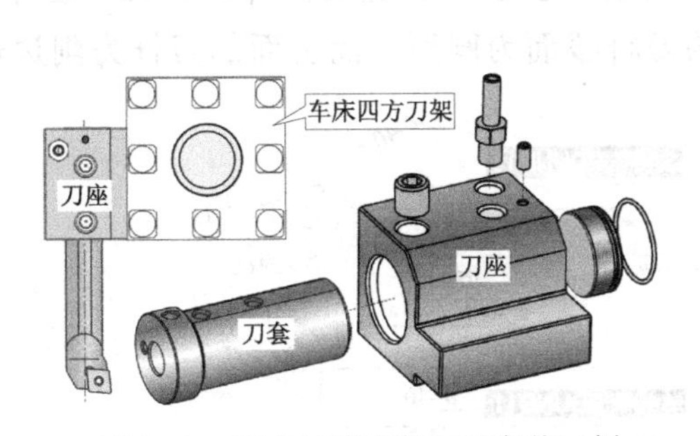

图2-65　四方刀架内孔车刀安装示例

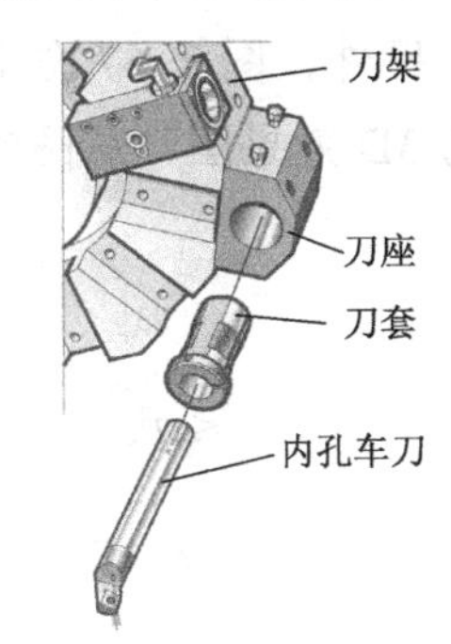

图2-66　转塔刀架安装示例

2.3.2　常用内孔车刀的结构分析与应用

内孔车刀选用思路与外圆车刀相似，也要具备以下知识。

1．内孔车刀主要几何结构参数分析

内孔车刀的选择途径同样有两种，可参考相关刀具手册，如参考文献[1]、[4]或刀具制造商的产品样本。目前而言，市场上的机夹式内孔车刀的生产基本上还是与GB/T 20336—2006和GB/T 20335—2006吻合的。主要结构参数包括：①主偏角κ_r，确定了刀头与刀片的结构、型式与参数，见表2-16；②刀头结构参数，刀尖位置f（见表2-17）、最小通孔加工直径D_{min}、刀尖高度h_1（一般等于刀杆直径的1/2，因此可以不标出）、刀具长度l_1等；③刀杆柄部（夹持部分）截面型式与参数，圆柱刀柄有柄部直径d，削边刀杆还需要标出刀杆高度h和宽度b等；④刀具相关角度，如刀具前角、后角和刃倾角等。同刀具制造商给出的选择参数可能会略有不同，甚至给出刀头部分的3D结构外形图等供参考。

2．典型内孔车刀结构分析示例

以下给出几个典型外圆车刀结构示例分析供研习参考。

（1）S/A40 □ -PDUNR □内孔车刀　图 2-67 所示为某刀具样本查得的两把相近的内孔车刀。首先，可见其主偏角 κ_r 为 93°，刀具型号第 5 位 D 型刀片的刀尖角 ε_r 为 55°，因此副偏角 κ'_r 就是 32°（图中未示出）。刀具型号第 1 位 S 或 A 分别表示刀具的结构为整体钢制刀具（不带冷却孔）和带冷却孔的整体钢制刀具。第 2 位 40 表示刀杆直径 d=40；第 3 位 V 和 T 分别表示刀具长度 l_1 为 400 和 300，与表 2-15 相符；第 4 位 P 表示刀片的夹紧方式为杠杆式，见图 2-56a，刀具配件如图 2-67 右下角所示，注意刀头刀片侧边比螺钉夹紧方式 S 多一个夹紧螺钉调整的内六角头；第 5 位 D 表示刀片是刀尖角 ε_r 为 55° 的菱形刀片；第 6 位 U 表示刀具型式是主偏角 κ_r 为 93°；第 7 位 N 表示刀片的法后角 α_n 为 0°；第 8 位 R 表示右手刀（见图 2-55）；第 9 位 15 和 11 分别表示刀具的刀片尺寸，样本查的刀片尺寸分别为 DN □□ 1506 □□和 DN □□ 1106 □□。P 型刀片夹紧方式结构紧凑，夹紧可靠，切屑流出顺畅，可用于粗、半精和精车加工，具体可根据加工材料与加工性质（粗、半精和精车加工）选择刀片断屑槽型。另外，图 2-67 左上角的切削方向图示显示刀具进给允许的方向，左下角显示有刀具的 3D 效果图，从图中可见下面的刀杆截面为圆形，而上面的刀杆为削边形。

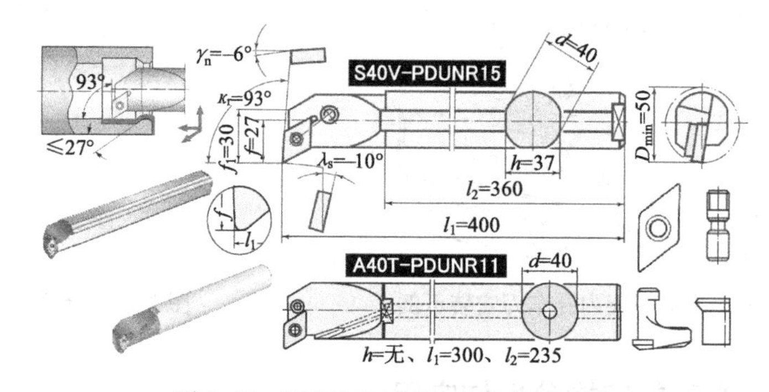

图 2-67　S25TPCLNR12 内孔车刀示例

（2）S20S-SCLCR09 内孔车刀　图 2-68 所示为参考文献 [1] 中查得的内孔车刀。首先，可见其主偏角 κ_r 为 95°，刀具型号第 5 位 C 型刀片的刀尖角 ε_r 为 80°，因此副偏角 κ'_r 就是 5°（图中未示出）。刀具型号第 1 位 S 显示其为整体钢制刀具（全钢制刀杆），不含内冷却通道。第 2、3 位表示了刀柄直径 d=20 和刀具长度 l_1=250（第 3 位 S，与表 2-15 相符），同时查表可知其他几何参数 f=13、h=18 等，镗孔最小加工直径 D_{min}=25 也与表 2-17 相符。另外图中还看到刀片进给前角 γ_f=0°，表示刀片水平安装。第 4 位 S 表示刀片的夹紧方式为螺钉夹紧，见图 2-56b，由于刀具直径较小，刀具未设计与制作刀垫等，因此刀具配件仅有夹紧螺钉。第 6 位刀头型式为 L 形（见表 2-16，与图中主偏角相符）。第 7 位 C 表示刀片法后角 α_n 为 7°。第 8 位 R 表示右手刀（见图 2-55）。第 9 位 09 表示刀片尺寸，参考文献 [1] 中查得其刀片型号为 CC □□ 09T3 □□，刀具左上角显示该刀具可能的走刀方向，显然可用于内孔与孔底端面加工。该刀具 S 型刀片夹紧，且无刀垫设计，结构紧凑，切屑流畅，不足之处是夹紧力稍小。主要用于半精和精车加工，刀片断屑槽的型号必须咨询刀具代理商或刀具样本获得。

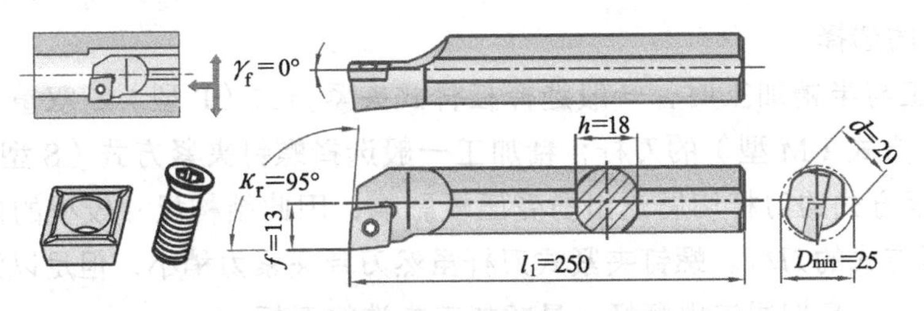

图 2-68　S20S-SCLCR09 内孔车刀示例

（3）D32T-DDUNR15 内孔车刀　图 2-69 所示为某刀具样本查得的内孔车刀。首先，可见其主偏角 κ_r 为 93°，刀具型号第 5 位 D 型刀片的刀尖角 ε_r 为 55°，因此副偏角 κ'_r 就是 32°（图中未示出）。刀具型号第 1 位 D 表示刀具的结构为带防振装置和冷却孔的整体钢制刀具（防振装置原理见图 2-63）。第 2 位 32 表示刀杆直径 d=32；第 3 位 T 表示刀具长度 l_1 为 300，与表 2-15 相符；第 4 位 D 表示刀片的夹紧方式为图 2-57 所示的双重夹紧（D 型），刀具配件如图 2-69 右下角所示；第 5 位 D 表示刀片是刀尖角 ε_r 为 55° 的菱形刀片；第 6 位 U 表示刀具型式是主偏角 κ_r 为 93°；第 7 位 N 表示刀片的法后角 α_n 为 0°；第 8 位 R 表示右手刀（见图 2-55）；第 9 位 15 表示刀具的刀片尺寸，样本查的刀片尺寸分别为 DN □□ 1506 ○○。D 型（双重夹紧）夹紧方式夹紧快速、可靠，夹紧力大，但因其为 D 型刀片，所以该内孔车刀推荐用于半精车加工，具体槽型的选择与刀具制造商有关。另外，图 2-69 左上角的切削方向示意图显示刀具进给允许的方向，显然其可用于内孔仿形车削。

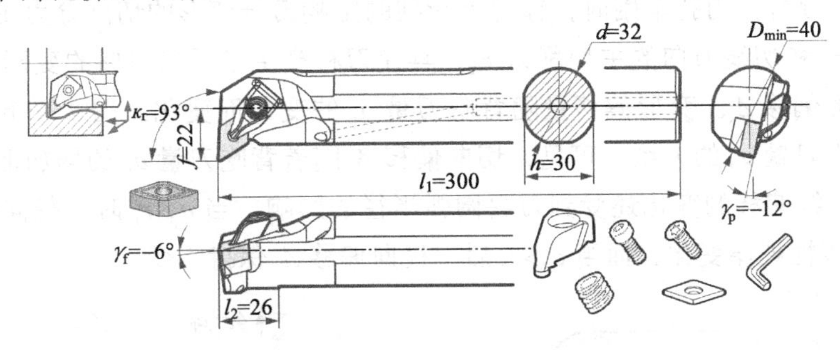

图 2-69　D32T-DDUNR15 内孔车刀示例

2.3.3　内孔车刀应用的注意事项

1．内孔车刀刀具型式的选择

内孔车削与外圆车削在原理上基本相同，因此，2.2.3 节中有关外圆车刀选择应考虑的某些问题对内孔车刀的选择也是通用的，如刀片形状与刀尖强度的关系，刀尖圆角半径与加工表面粗糙度的关系，刀片有效切削刃长度等。但内孔车削由于加工部位为内表面、空间位置受限等使得内孔车刀型式选择是有其一定的差异。内孔车刀选择时应考虑的问题如下：

（1）刀杆的选择

1）粗加工与半精加工时，一般选择杠杆式夹紧方式（P 型）、双重夹紧（D 型）和上压式夹紧方式（M 型）的刀杆；精加工一般选择螺钉夹紧方式（S 型）的刀杆。D 型和 M 型夹紧方式的刀杆切屑流出易受压板影响，因此结构尺寸较小的内圆车削最好选用 P 型夹紧方式的刀杆。螺钉夹紧式刀杆虽然刀片夹紧力稍小，但足以满足精加工和半精加工的要求，且切屑流出顺畅，是精加工常选的刀杆。

2）刀杆选择时要考虑刀片的断屑槽型的选择，由于国家标准未规定，因此各刀具制造商的型号不统一，具体以刀具制造商或代理商的推荐或刀具样本为准。

3）内孔加工孔的直径直接决定了刀具的径向尺寸，刀具型式参数中 $D_{\min}$ 是所车削内孔的最小尺寸。一般情况下，在不影响排屑的前提下，刀杆的直径越大越好。

4）内孔加工孔的深度直接决定了刀杆安装的伸出长度，间接决定了刀杆长度参数的选择，一般要求内孔车削时刀杆的伸出长度尽可能短。

5）振动是影响内孔车削质量的重要因素之一，就内孔车刀而言，伸出段的长径比是重要的影响因素，对于钢制刀杆，长径比一般不超过 4 较可靠。从防振性的角度看，整体钢制刀杆（S 型）的抗振性最差，硬质合金刀杆（C 型）由于材料的刚性较好使其具有较好的抗振性能，专业设计防振装置的刀杆的抗振和减振性最好，但刀具结构复杂。

（2）刀片与刀具头部型式的选择　内孔车削受加工空间位置的限制，刀杆不能取得较粗，自然刀杆的刚性较差，图 2-70 所示为内孔车削受力与变形分析。图 2-70a 所示为受力与变形分析，内孔车削时，镗刀上受到的影响刀杆变形的切削分力主要有径向方向的背向力 F_p 和切线方向的主切削力 F_c，其使刀杆产生了径向方向的变形偏移 Δ_r 和切向方向的变形偏移 Δ_t。变形偏移量随背吃刀量 a_p 的变化而变化。图 2-70b 所示为变形偏移 Δ 与背吃刀量 a_p 的关系，可见，切向偏移 Δ_t 随着背吃刀量 a_p 的增加而呈线性规律变化；而且切线偏移的变化还受到刀尖圆弧半径的影响，当 $a_p<r_\varepsilon$ 时，径向偏移 Δ_t 与背吃刀量 a_p 呈线性规律变化，而当 $a_p>r_\varepsilon$ 后，径向偏移 Δ_t 保持不变。

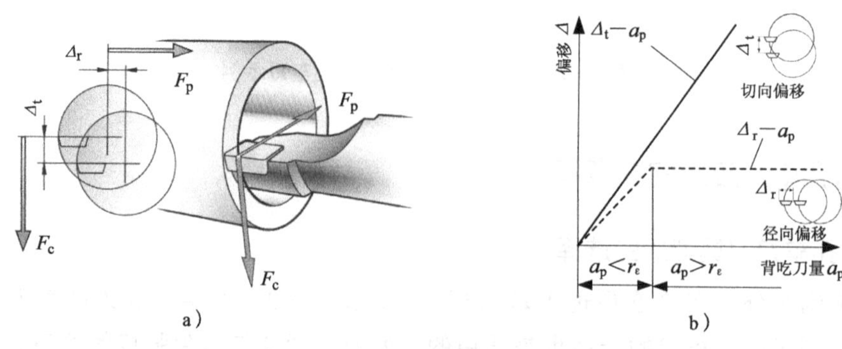

图 2-70　内孔车削受力与变形分析

a）受力与变形分析　b）偏移量与背吃刀量的关系

刀杆刚性差，变形量增加的结果是极易造成切削振动，影响切削加工质量。表 2-18 为刀片与刀具头部型式对切削振动的影响。内孔车削的主偏角尽可能选择 90° 左右，一般在 75° ～ 90° 之间，避免选择接近 45° 主偏角，大于 90° 主偏角更有利于减少振动。刀尖圆角的选择取决于工序性质，因为刀尖圆角太小，散热差，易磨损，所以粗加工的刀尖圆角还是不宜选的太小，况且粗加工时的背吃刀量一般远大于刀尖圆角半径，因此，此时刀尖圆角对切削振动的影响已经不甚明显。机夹式车刀实际切削的工作前角受刀片安装前角与断屑槽前角的综合影响，因此，其切削振动的影响要综合考虑。切削刃倒钝及其负倒棱等均会造成切削力的增加，其振动趋势也会有所增加。对于内孔车削而言，后面的磨损对径向切削力的影响比外圆车削更为明显，其对径向切削力和振动的影响显而易见。

表 2-18　刀片与刀具头部型式对切削振动的影响

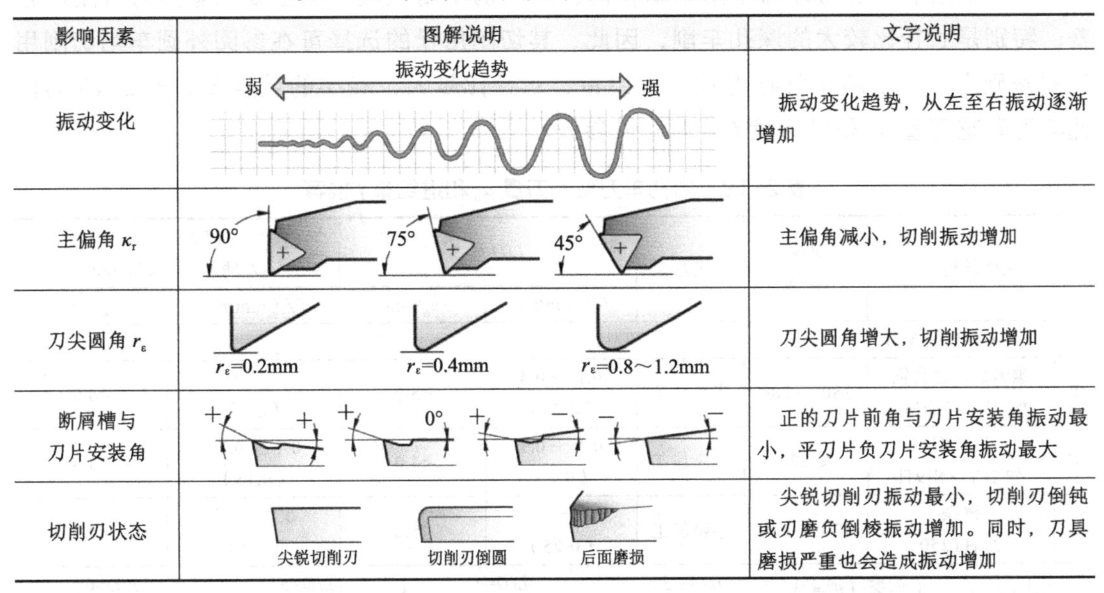

影响因素	图解说明	文字说明
振动变化	振动变化趋势 弱　强	振动变化趋势，从左至右振动逐渐增加
主偏角 κ_r	90°　75°　45°	主偏角减小，切削振动增加
刀尖圆角 r_ε	r_ε=0.2mm　r_ε=0.4mm　r_ε=0.8～1.2mm	刀尖圆角增大，切削振动增加
断屑槽与刀片安装角	+　+　+　0°　+　−　−　−	正的刀片前角与刀片安装角振动最小，平刀片负刀片安装角振动最大
切削刃状态	尖锐切削刃　切削刃倒圆　后面磨损	尖锐切削刃振动最小，切削刃倒钝或刃磨负倒棱振动增加。同时，刀具磨损严重也会造成振动增加

对于仿形车削加工，副偏角的大小有时对切削加工有较大的影响，图 2-71 所示为副偏角的选择，表示正常切削时副切削刃与加工轮廓之间的安全角必须大于 2°。

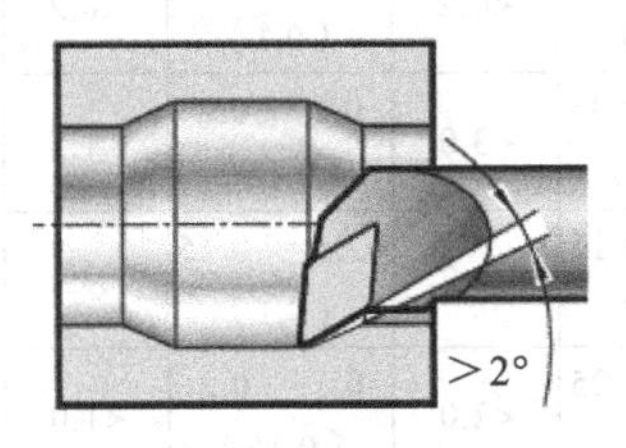

图 2-71　副偏角的选择

（3）内孔车刀的安装分析　内孔车刀安装必须注意以下几点：

1）刀杆装夹长度与悬伸长度。为保证刀杆安装的可靠，其装夹长度一般必须大于 3 ～ 4 倍的刀杆直径。刀杆装夹的悬伸长度应尽可能短，一般钢制刀杆（S 型）不超过刀杆直径的 4 倍，硬质合金刀杆（C 型）不超过刀杆直径的 6 倍，带防振装置的钢制刀杆（B 型）可达刀杆直径的 7～10 倍，带钢制刀杆和防振装置的硬质合金刀杆（F 型）可达刀具直径的 14 倍。

2）刀尖安装高度尽可能通过主轴中心，一般高度差不超过 ±0.1mm，考虑到刀杆切削时有向下变形的可能，因此刀尖安装高度宁高勿低。

3）对于内孔车刀而言，刀杆的直径随不同的加工直径而有所变化，因此其不能向外圆车刀一样用刀杆底面做安装基准，为保证刀杆中心与机床主轴中心重合，内孔车刀安装的定位基准一般设定在刀杆中心，图 2-65 和图 2-66 所示为四方和转塔刀架内孔车刀安装示例。参考文献 [1] 介绍了全功能型数控车床转塔刀架刀具安装示例，可参考。

2. 切削用量的选择

内孔车削的形态与外圆车削基本相同，影响切削用量选择的主要因素是刀杆刚性较差，特别是长径比较大的深孔车削，因此，其切削用量的选择可在参阅外圆车削切削用量的基础上，通过减小背吃刀量和进给量，长径比越大，减小的量越多。表 2-19 为内孔车刀背吃刀量 a_p 和进给量 f 推荐，供参考。

表 2-19　内孔车刀背吃刀量 a_p 和进给量 f 推荐

工件材料		硬度 HBW	加工形态	$L/D \leqslant 3$		$L/D=3 \sim 4$（刀柄直径 $\geqslant \phi 16$mm）	
				f/（mm/r）	a_p/mm	f/（mm/r）	a_p/mm
1．P 类夹紧内孔车刀							
P	碳素钢、合金钢 如 45、42CrMo	180～280	半精加工	0.1～0.4（0.25）	<5.0	0.1～0.3（0.2）	<4.0
M	不锈钢 如 1Cr18Ni9Ti	≤ 220	半精加工	0.1～0.3（0.2）	<4.0	0.1～0.25（0.15）	<3.0
K	铸铁 如 HT250	170～230	半精加工	0.1～0.4（0.25）	<5.0	0.1～0.3（0.2）	<4.0

工件材料		硬度 HBW	加工形态	$L/D \leqslant 3$		$L/D=4$		$L/D=5$		$L/D=6$	
				f/（mm/r）	a_p/mm	f/（mm/r）	a_p/mm	f/（mm/r）	a_p/mm	f/（mm/r）	a_p/mm
2．S 类夹紧内孔车刀											
P	碳素钢、合金钢 如 45、42CrMo	180～280	精加工	0.05～0.15（0.1）	<0.2	0.05～0.15（0.1）	<0.2				
			半精加工	0.15～0.35（0.25）	<3.0	0.1～0.2（0.15）	<1.5				
M	不锈钢 如 1Cr18Ni9Ti	≤ 220	精加工	0.05～0.15（0.1）	<0.2	0.05～0.15（0.1）	<0.2				
			半精加工	0.15～0.25（0.2）	<2.0	0.1～0.2（0.15）	<1.0				
N	铝合金		精加工	0.05～0.15（0.1）	<0.2	0.05～0.15（0.1）	<0.2	0.05～0.15（0.1）	≈0.15	0.05～0.15（0.1）	≈0.1
			半精加工	0.05～0.15（0.1）	<2.0	0.05～0.15（0.1）	<1.5	0.05～0.15（0.1）	≈1.0	0.05～0.15（0.1）	≈1.0

注：表中括号中的进给量为推荐参数值。

2.4 切断与切槽车刀的结构与类型

切断与切槽是车削加工中常见的加工形态，两者貌似相同，但实际是存在差异的。

从刀头结构而言，切断刀与切槽刀较为相似，基本具备切削部分宽度不大，前端为主切削刃，左、右各有一条副切削刃的特征。切削进给运动以径向切入为主、横向切削运动为辅。

切断主要指对直径不大的棒料或管材等在车床上利用切断刀具径向切入直至工件分离的加工工序（见图 2-72a、b），常用于零件切削完成前的最后一道工步。一般来说，切断的刀具运动较为简单，主要是径向进运动（一般未切至中心即可断落），其对切断件的端面不做太多要求，主要追求槽宽尽可能窄，以减少材料浪费，提高材料的利用率。

当切断过程中刀具不进给至中心切断工件时可认为是径向切槽。因此，径向切槽可认为是源于切断的加工工序。实际上，切槽的概念远高于切断，特别是数控车削技术的引入，通过控制切槽刀具按一定的轨迹运动可切削出外圆、端面和倒角等甚至形状较为复杂的槽型（见图 2-72c、d）。

即使是简单的切槽，往往对槽的宽度和底径有精度要求，同时槽的三个表面（一底两侧）的粗糙度也会有所要求，这已超出了切断的概念。若往深度进一步分析，切槽的内容更为丰富，包括加工位置的不同（外圆切槽、内孔切槽和端面切槽）、加工槽的深度（直接切入的浅槽与啄式切入的深槽）和宽度（单刀直接切入的窄槽和多刀切削拓宽的宽槽）的不同、槽型的不同（简单的矩形槽和复杂的阶梯槽甚至曲面槽等。

可以说，切槽加工的内涵远超切断，甚至拓展到车槽的境界，但其与外圆或内孔的仿形车削仍存在差异，切槽仿形车削的刀具仍然保留有切断刀具的特征，即刀具宽度较窄，前端为主切削刃，左右各一条副切削刃。正是基于这个特点，人们往往对车槽与切槽不做过多的区分，而统称为切槽，甚至将切断与切槽归属同一类型的加工形态。

图 2-72 所示为数控切断与切槽加工图例。

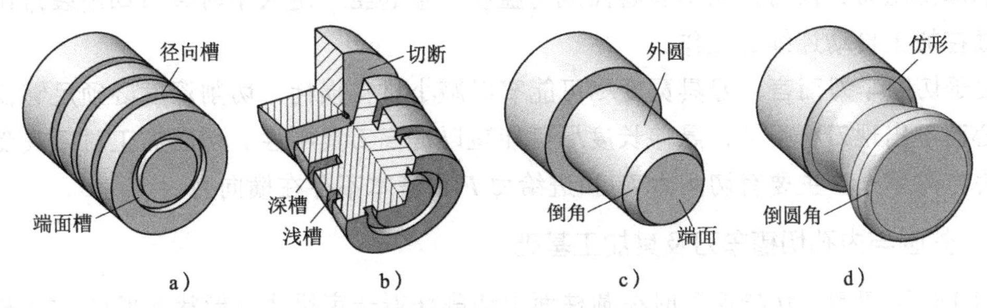

图 2-72　数控切断与切槽加工图例
a）径向、端面切槽与切断　b）剖切效果　c）槽刀车削　d）仿形车削

2.4.1 切断与切槽车刀基础知识

1. 切断车刀及其加工基础

切断是使用较窄的切断车刀径向进给至工件中心使棒料分离的工艺过程，如图 2-73

所示。切断加工的切削参数包括主轴转速 n 或切削速度 v_c 和进给量 f 等，切断过程中刀具的悬伸长度 L 不宜太长，以保证刀具的刚性，提高加工的稳定性。切断加工时，若转速 n 和进给量 f 不变时，随着刀具逐渐接近中心，工作后角 α_{oe} 逐渐减小，甚至出现负工作后角的情形，同时切削速度 v_c 也是逐渐减小的。负后角的出现使切削加工转化为后面的挤压加工，可能出现崩刃现象，同时，挤压的结果使得待切断部分歪斜，借助于旋转的离心力，一般刀具未移动至中心时待切断部分就切断落下。而切削速度的下降使切断端面的表面质量逐渐下降，甚至出现积屑瘤等。所以，切断加工后的端面一般要再进行端面加工。减小以上切削不足的措施是刀具接近中心时，进给量应逐渐减小，这种方法在数控加工时比较容易实现。

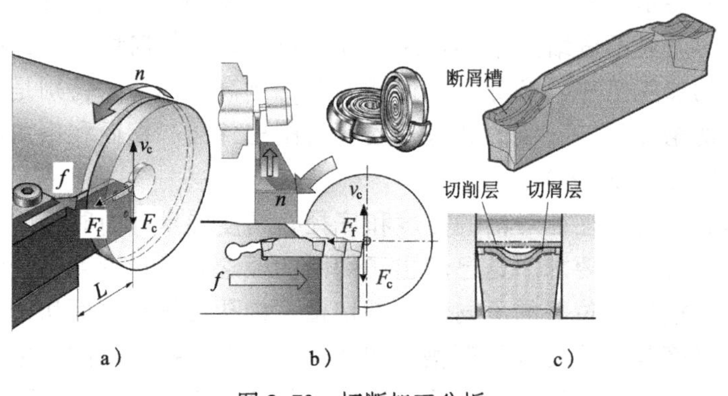

图 2-73　切断加工分析

切断加工还有一个问题是切屑形态的控制，如切屑为带状切屑易出现缠绕，影响切断加工的自动进行。同时切断加工的沟槽窄而深，切屑的流出易受到端面摩擦的影响而出现拥堵。大部分刀具制造商的切断车刀均是设置有合适的断屑槽给予解决，如图 2-73 所示的断屑槽，切断时控制切削向中部流动，使得切屑宽度小于切削宽度，减小切屑流出时的摩擦阻力，同时控制切屑卷曲成为盘状，盘卷至一定大小时会自动断裂排出，保证了数控加工自动连续的工作。

对于切断车刀而言，刀具宽度尽可能窄以减小材料损耗，切削深度必须足够抵达工件中心而不出现刀杆干涉，悬伸长度尽可能短以提高刀具刚性。切断加工时刀具受到的切削力方向单一，主要有切削力 F_c 和进给力 F_f，基本不存在横向力。

2．外圆与内孔切槽车刀及其加工基础

（1）外圆切槽　切槽加工时在圆柱面上切削获得一定尺寸与形状的槽型，如图 2-74 所示。外圆切槽是典型的切槽加工，其可分为切断式切槽与宽槽切槽加工。切断式切槽仅有径向进给运动，类似于切断加工，但刀具不切削至棒料中心且棒料不分离，切槽宽度取决于刀片宽度，如图 2-74 右上角示例，其切削参数有主轴转速 n 或切削速度 v_c、进给量 f_x 和切槽深度 a_r 等。对于宽度大于刀片宽度的槽型，一般可径向多刀切削或径向切削与轴向车削组合实现，如图 2-74 右下角示例，其切削参数有 n 或 v_c、进给量 f_z 和背吃刀量 a_p 等。

1）切断式切槽。切削深度、宽度和槽底直径的加工精度等是切断式切槽加工必须考虑的问题。切槽深度与刀杆和刀片型式有关，图 2-73 所示的普通直型式刀板的切削深度可调整至适当值，增强型刀板的切削深度与刀板结构尺寸有关。图 2-74 所示的整体式切槽刀的切削深度也与刀头结构尺寸等有关。对于图 2-8 所示的双头双刃切断与切槽刀片，其最大切削深度不宜超过尺寸 L_a，以避免待转位使用切削刃的副切削刃磨损。图 2-11 ～图 2-14 所示的切槽刀片的切槽深度一般均不大。切槽宽度取决于刀片宽度，一般专用的切槽刀片的宽度公差小于切断刀片 1 个数量级，具体可查阅刀具样本。另外，若副切削刃上设置有修光刃（见图 2-75）则可显著提高切槽宽度精度和槽侧壁表面质量。切槽加工刀位点的运动轨迹是一条阿基米德螺旋线，因此，进给到槽底时必须有一个进给暂停动作，确保工件旋转一圈以上，暂停时间可通过 NC 程序实现。另外，刀具安装是否垂直等也会影响切槽加工质量。

2）车削式切槽。对于大于刀片宽度切槽加工，常规的方法是径向多刀切削，但数控加工的出现，车削式切槽成为一种新的解决方案，掌握得当，其加工精度、表面粗糙度与效率俱佳。图 2-76 所示为切槽刀车削加工机理，刀具沿箭头方向轴向进给车削，由于切削力的作用，刀具产生一定的弹性变形，产生一个微小的工作副偏角 κ'_{re}，并起到修光刃的作用，加工表面质量较好，并可避免切削刃的摩擦，提高加工表面质量，减少刀具磨损，增大刀具寿命。显然，刀具的变形与进给量 f 和背吃刀量 a_p 有关，两者的比值 f/a_p 必须足够大才能产生这种效果，一般最大的背吃刀量 a_{pmax} 可取到刀片宽度的 75%。另外，刀具悬伸长度、刀片宽度、切削速度和工件材料性质等对刀具变形也有影响。切槽刀车削时，由于刀具变形的影响因素较多，因此必须通过试验测定，并通过刀具补偿给予修正，建议控制 Ra 值在 0.5μm 以下。

（2）内孔切槽　与外圆切槽方法与原理基本相同，注意事项与内孔车削基本相同，即排屑、冷却、刀杆刚性等问题，读者可自行总结。

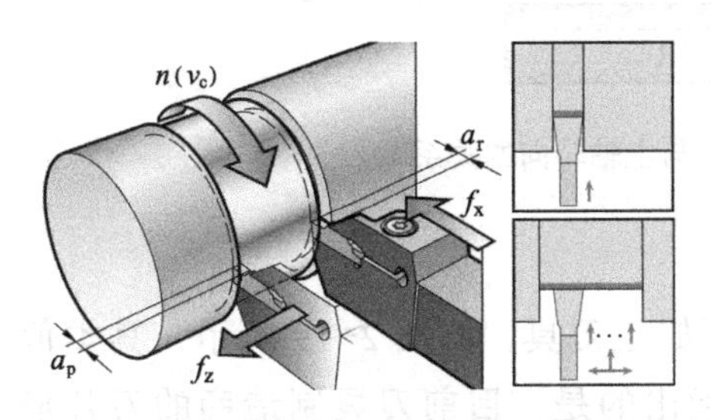

图 2-74　切槽加工分析

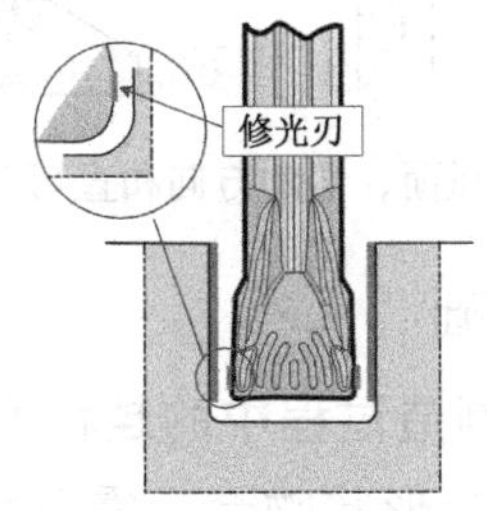

图 2-75　切槽刀修光刃

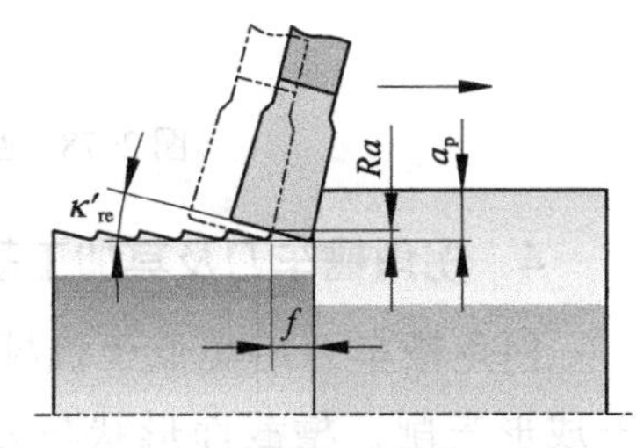

图 2-76　切槽刀车削加工机理

3．端面切槽车刀及其加工基础

端面切槽指在圆棒端平面上切出圆环槽的加工，以图 2-77b 所示的右手刀切槽加工为例，主轴带动工件正转 n，切槽刀轴向进给 f_z 可切入端面，若再径向进给 f_x 则可车削增加槽宽。由于端面槽为圆环槽，为保证刀具可靠进给，刀片夹持体必须是圆弧面，如图 2-77a 所示。由图 2-77a 可见，由于刀体的限制，其首刀端面切入的直径范围有所限制，即每一把端面切槽刀在刀具样本上均可查到其 D_{max} 和 D_{min}，分别是干涉临界点，超出这个范围就无法切入或损坏刀具。

端面切槽车按切削方向区分有右手刀（R）与左手刀（L），注意其与主轴旋转相配，如图 2-77b、c 所示，右手刀主轴正转，而左手刀主轴反转。

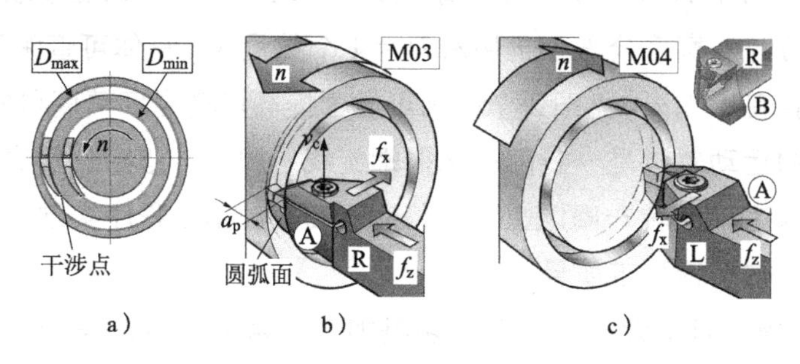

图 2-77　端面切槽加工分析

a）切削直径限制　b）右手刀切槽加工　c）左手刀切槽加工

端面切槽刀根据其圆弧面圆心位置不同，可分为 A、B 型两种，图 2-77b 所示为 A 型圆弧面示例，图 2-77c 右上角显示 B 型圆弧面则为右手刀（R）。另外，刀头有直型（0°）和 90° 弯头两种，这些型式均需考虑与主轴转向的关系，见图 2-78。当然，对于浅槽切槽，可以不考虑刀杆圆弧面，如图 2-78 右侧上、下两个圆刀杆直型刀头切槽刀。

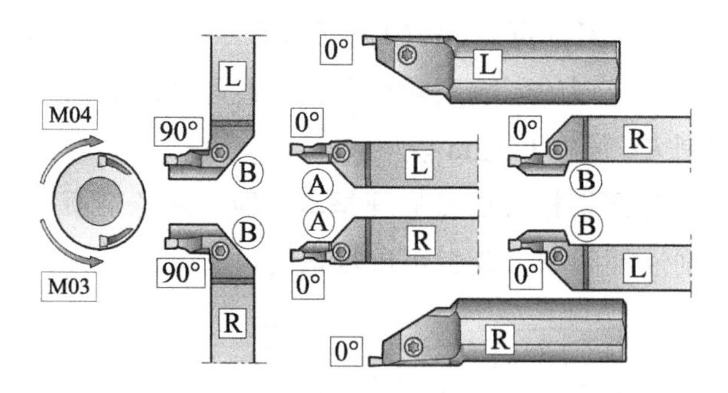

图 2-78　圆弧面、切削方向和直弯头与主轴转向的关系

4．拐角槽车刀及其加工基础

拐角槽车刀指类似于机械制造过程中的越程槽加工刀具，如图 2-79 所示，其类似于成形车削，槽截面形状与刀片形状吻合。需要指出的是，目前刀具制造商的刀片形状基本未按照 GB/T 6403.5—2008《砂轮越程槽》标准执行，但其加工结果是能达到越程槽的目的，如图 2-79 中圆形刀片加工示例中，刀具切入的最小深度超过两垂直轮廓线交点 0.5mm 以上即可。图 2-79 右图所示的刀片形状可加工出更接近 GB/T 6403.5—2008 的越程槽。另外，对于某些尺寸稍大的越程槽等可通过编程控制轨迹加工出接近 GB/T 6403.5—2008 的越程槽或退刀槽。

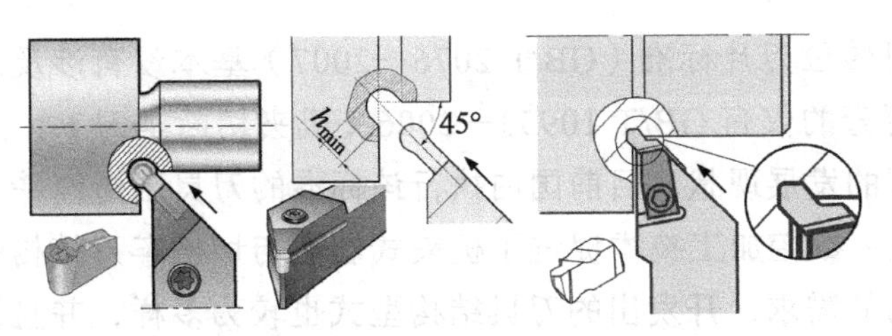

图 2-79　拐角槽车刀及其加工示例

5．仿形切槽车刀及其加工基础

仿形切槽车刀指全圆切削刃刀片的切槽刀，如图 2-80 所示。通用仿形切槽刀是通用切槽刀柄换上专用全圆切槽刀片构成的仿形切槽刀，如图 2-80a 所示。同时，为适应不同复杂曲面的需要，刀具制造商常常还会设计出不同弯头的专用仿形切槽刀，如图 2-80b 所示。

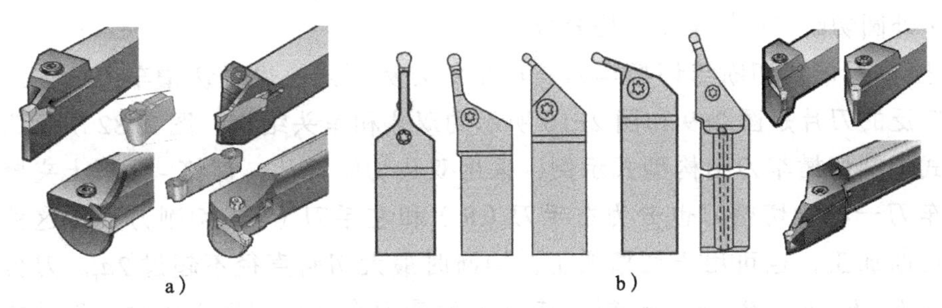

图 2-80　仿形切槽车刀

a）通用仿形切槽刀　b）专用仿形切槽刀

图 2-81 所示为仿形切槽刀加工示例。示例①显示复杂轮廓曲线的精车加工。示例②显示球头面的精车加工。实际上，仿形切槽刀也可进行粗车加工，只是其加工轨迹复杂，必须借助专业编程软件编程，例如 Mastercam 软件就专门开发有一个加工刀路——动态粗车加工策略，如图 2-81 中的示例③，上图为刀具轨迹，下图为加工仿真。示例④说明轮毂曲面车削加工可用仿形切槽刀进行粗、精加工。

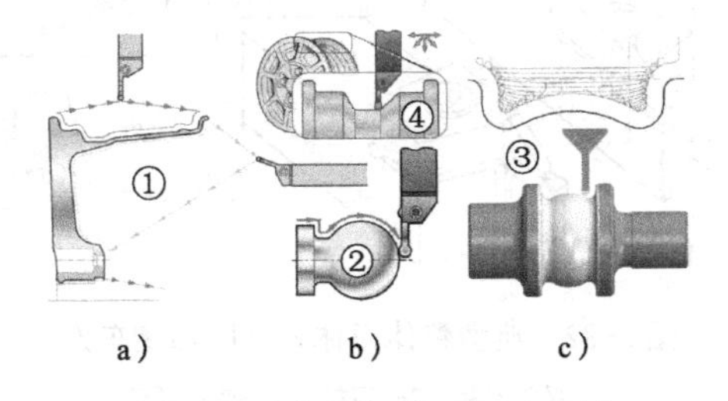

图 2-81　仿形切槽刀加工示例

2.4.2　常用切断与切槽车刀的结构分析与应用

与前述外圆车刀不同，切断与切槽车刀由于其结构的特殊性与多样性，现行的标准对其关注不多，如可转位刀片标准（GB/T 2076—2007）基本没有涉及这类刀片，即使是车刀标准，目前可查的仅有 GB/T 10953—2006《机夹切断车刀》，远不能满足现今数控切断与切槽车刀的发展现状，目前国内执行该标准的刀具制造商并不多见。

应当看到的是，数控加工技术促进了机夹式切断与切槽车刀结构的发展，同时刀具制造商为满足市场的需求，开发出的刀具结构型式也较为多样，并且还会提供各种刀具加工工艺应用指南，如切槽车刀车削槽加工工艺，若没有数控机床编程加工是难以实现的。由此可见，学习与选用切断与切槽刀具，要注意各刀具制造商的刀具结构与应用指南。另外，还需注意的是，切断与切槽刀具的结构与刀片的型式还有一定的关系。由于各刀具制造商关于机夹式切断和切槽刀片与刀具的型号编制规则各不相同，因此，以下撇开其型号编制规则。仅介绍与分析当前主流的切断与切槽车刀的结构及其新发展。

1．典型切断与切槽刀片

（1）外圆切断与切槽车刀结构分析

1）整体刀体式切断与切槽车刀是典型的刀具型式，也是切槽车刀的主流结构，应用最广泛的刀片是图 2-9 和图 2-10 所示的双头和单头结构。图 2-82 所示为典型整体刀体式外圆切槽车刀结构型式示例，采用双头切断刀片，螺钉 - 压板上夹紧方式，同外圆车刀一样，切槽刀也分为右手刀（R）和左手刀（L）切削方式。这种刀具既可用于切断加工，也可用于切槽加工，切断时最大切断直径不超过 $2a_r$。刀具的主要参数包括 h、b、h_1、B、a_r、α_n 等，其中 a_r 为最大允许径向切入深度，刀片的上、下面与刀杆上的刀片装夹槽为榫卯结构，各刀具制造商设计略有差异，图 2-82 中左上角刀片断面显示的刀片下部为 V 型榫，上部为半圆形榫，与刀体上对应断面形状的卯配合，使刀片装夹时既起到了自动对称定位装夹的效果，同时能够承受较大的横向力，适应横向车槽的目的。

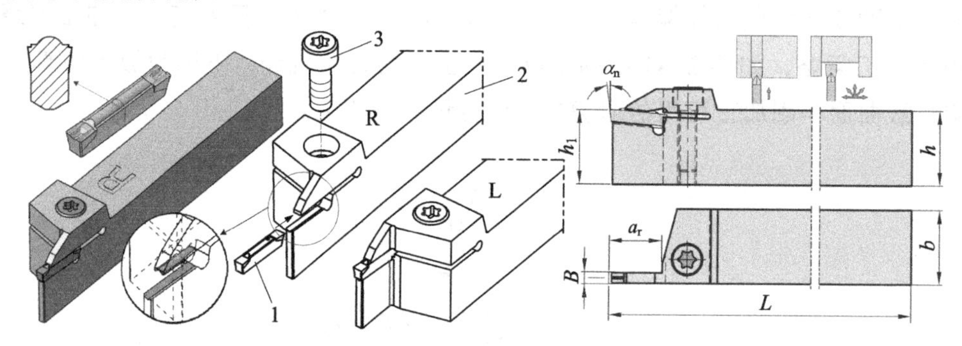

图 2-82　典型整体刀体式外圆切槽车刀

1—双头刀片　2—刀杆　3—夹紧螺钉

图 2-9 和图 2-10 所示的这类刀片必须考虑两个问题：一是装夹时具有自动对中定位功能；二是夹紧后能承受一定的横向切削力。其实现的原理是刀片上、下装夹面的榫卯结构并与刀杆相应装夹面匹配结合。图 2-83 所示为切断与切槽刀片装夹结构分析。图 2-83a 上图为上 / 下 V 卯结构，这是一种应用较为广泛的结构，如国外的山特维克（Sandvik）、瓦尔

特（Walter）、三菱（Mitsubishi）、住友（Sumitomo）、伊斯卡（Iscar）、特固克（taegutec）以及国内的株洲钻石切削刀具股份有限公司（简称株洲钻石）、成都千木（Kilowood）、森泰英格等。而图2-83a下图是上/下V卯结构的变种，是山特维克的专利设计，有外部大夹角V卯与中间小夹角V卯组合而成的复合卯结构，宽度较大的刀片使用。图2-83b为威迪亚（Widia）、肯纳等的上/下V榫结构。图2-83c为肯纳的上半圆榫/下V榫结构。图2-83d所示为泰珂洛（Tungaloy）的上/下半圆卯结构。图2-83e所示为山高（Seco）的上V卯/下V齿结构。单头刀片的上、下面一般也采用榫卯结构，如图2-83f上图所示的上/下V榫结构，近年来，又推出了后部增加榫卯结构的单头刀片，如图2-83f下图所示的后部V榫结构，这种刀片的加工稳定性得到进一步的提高。

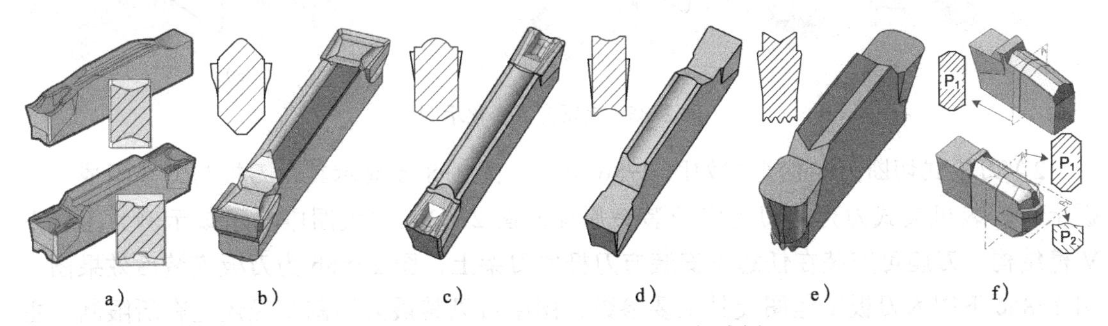

图2-83 切断与切槽刀片装夹结构分析

a）上/下（双）V卯 b）上/下V榫 c）上半圆榫/下V榫 d）上/下半圆卯 e）上V卯/下V齿 f）单头刀片

另外，刀具制造商还在图2-82的基础上开发出其他型式的整体刀体式切断与切槽刀变型，以下列举几个示例供参考。

图2-84所示为刀头增强型整体刀体式切断与切槽刀示例（以左手刀为例），适用于小宽度刀片、小直径工件加工，其最大切入深度受圆弧R_m（或D_m）限制。图2-84a所示是在图2-82的基础上增强刀头结构，而图2-84b所示采用了图2-10所示单头单刃切断刀片，并改变了夹紧螺钉的位置和方向，减小了头部结构尺寸，刀片榫卯结构上、下和后三面定位（见放大图）。

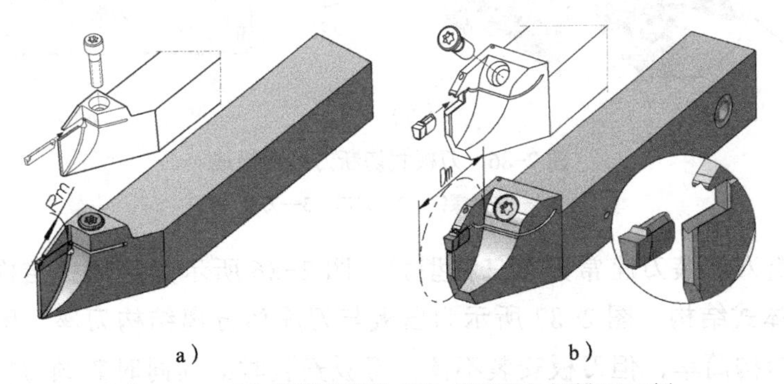

图2-84 刀头增强型整体刀体式切断与切槽刀示例

除上述典型结构的夹紧方式外，图2-85所示为夹紧方式变化示例。图2-85a为弹性上压紧方式，刀片为上、下和后三面V卯结构，刀片插入方向有小锥度，插入后靠弹性夹紧，必须使用专用工具安装与拆卸，这种刀具夹紧力稍小，建议仅用于径向进给的切断与切窄槽加工。图 2-85b、c 所示为压板上夹紧方式，图 2-85b 所示为双头刀片，图 2-85c 所示为单头刀片。上压板夹紧机构制造简单，但刀片横向变形刚度稍差，建议仅用于径向进给的窄槽和切断加工。

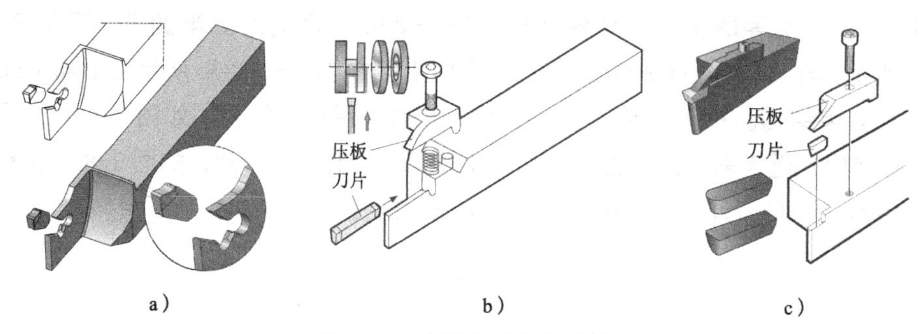

图 2-85　夹紧方式变化示例

2）刀板式切断刀结构组成如图 2-86 所示。图 2-86a 显示其由刀板与刀座组成，刀板上可安装机夹式刀片，刀片定位装夹原理同图 2-83，放大图中显示该示例为上、下 V 榫结构，刀座可安装在任意可安装方刀杆的刀架上，图 2-86b 为刀板安装后效果图。图 2-86c 下图为刀板工程图及其主要参数，图中可见其最大切割直径还是有所限制，主要考虑刀板切断时的稳定性等。图 2-86c 上图为刀座工程图，选择时其尺寸 h 与 b 要与车床刀架相匹配。这种刀座还可用于高速钢车刀条刃磨的整体式切断刀装夹。

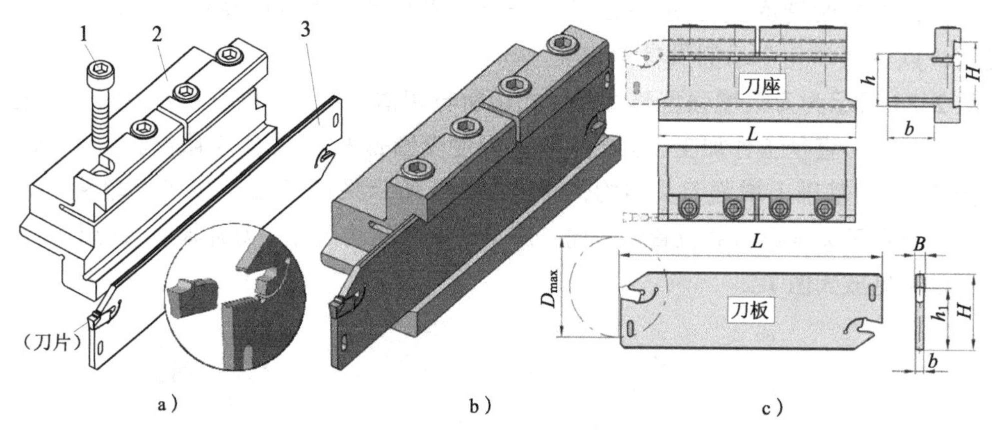

图 2-86　刀板式切断刀结构组成

1—夹紧螺钉　2—刀座　3—刀板

刀板式切断刀安装刀座常见有三种型式，图 2-86 所示为整体式结构刀座，其压板与刀座体为一体式结构。图 2-87 所示为压板与刀座体分离结构刀座。图 2-87a 为整体式压板结构，结构简单，但刀板安装不便，刀板安装时必须同时兼顾刀板与压板的位置是否合适。图 2-87b 所示为分离式压板结构，结构虽显复杂，但操作时各压板位置可控，刀板安装时仅需注意刀板的位置，刀板安装迅速可靠，注意图 2-87b 中的夹紧螺钉 1 为旋向不同的双头螺柱，实际使用时压板并不会退出压板凹槽中。

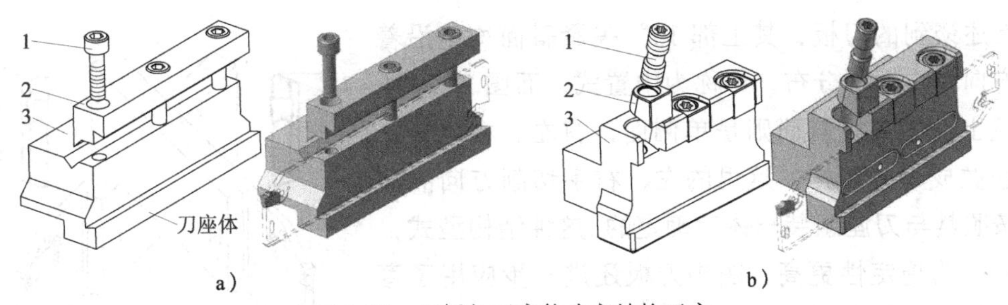

图 2-87　压板与刀座体分离结构刀座

a）整体式压板　b）分离式压板

1—夹紧螺钉　2—压板　3—刀座体

3）刀板式切断刀结构变化。刀板式切断刀结构较为活跃，各厂家推出的结构变化与分析如下。

① 刀板结构型式变化。图 2-86 所示的直式双头结构的刀板是最基本、最常见的刀板型式，刀板体厚度 b 均等，其厚度略小于刀片切槽宽度 B，双头结构可有效提升刀板体的使用寿命。图 2-88 所示为增强型切断刀板，刀板夹持部分厚度 b 大于刀头厚度 b_1，增强型刀板多用小宽度 B 切断刀板（3mm 以下），其与基本型等厚度刀板相比增加了刀板的刚性，可提高加工稳定性，但切断直径有所限制。图 2-88a 所示为垂直线增强结构，其最大切槽深度不受工件直径影响，通用性好，但刀板刚性稍差。图 2-88b 所示斜线增强结构，介于图 2-88a、c 之间，直线增强结构使得其加工更为简便。图 2-88c 所示圆弧增强结构，刀具刚性最好，但最大切断直径小于等于 2 倍的增强圆弧半径，若工件直径超过该值后，切槽深度随直径增加而减小，主要是下半段圆弧会出现干涉。

图 2-89 所示为螺钉上压紧切断刀板，类似于前述外圆车刀所用的螺钉上压板刀片夹紧结构，这种结构夹紧力较大，多用于 8mm 切槽宽度的大尺寸刀板上，这种结构的刀板不仅可用于径向进刀切槽与切断，还可用于轴向车槽加工。

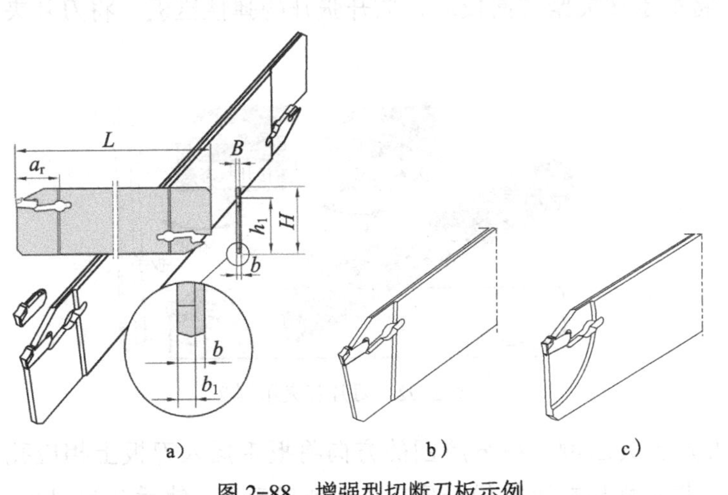

图 2-88　增强型切断刀板示例

a）垂直线增强　b）斜线增强　c）圆弧增强

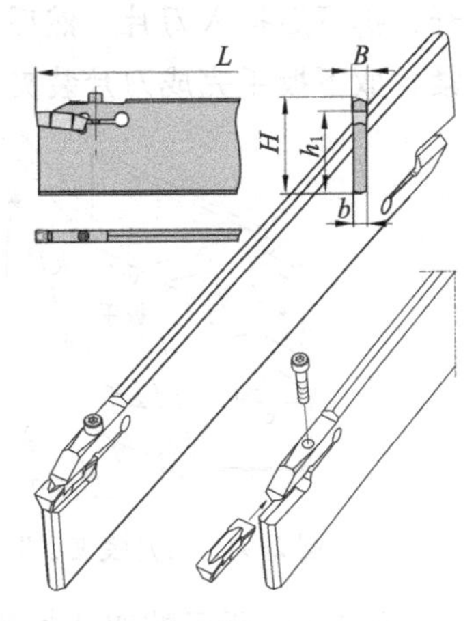

图 2-89　螺钉上压紧切断刀板

上述谈到的刀板，其上部 15° 夹紧斜面均是沿着板厚方向左右对称分布，可称为中置式，而图 2-90 所示刀板上部的夹紧斜面则是单侧面，有左、右之分，其一般做成单头结构，这里的左、右手切削方向的命名是按照其与刀座组装一体后确定的。这种结构型式，刀板夹紧的稳定性更高，图中刀板还进一步应用了直线增强结构，显然其加工稳定性较好，若在刀座上装夹时的伸出长度控制的尽可能短（取决于工件槽深），则可获得最佳的加工稳定性。

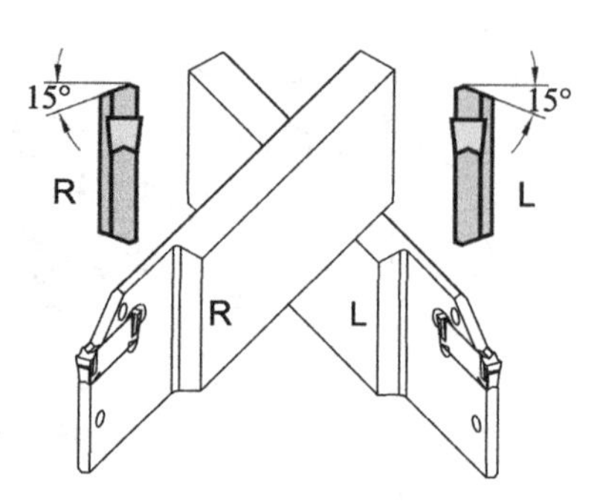

图 2-90　单侧面夹紧切断刀板

② 刀片结构型式变化。切断与切槽刀片有双头单、双刃与单头单刃型式，切断刀板也不例外，图 2-86 和图 2-88 所示为单头单刃刀片，其特别适合切断加工。而图 2-89 和图 2-90 所示为双头刀片，若切槽深度不超过对向刀头的副切削刃（见图 2-8），则使用双刃刀片可实现转位使用，否则，则选用双头单刃型式刀片。双头刀片由于装夹长度较长，因此承受的横向力比单头刀片略大，加工稳定性更好。

③ 刀片装刀方式变化。这是各刀具制造商较为活跃的设计之一，估计是出于专利保护的缘故，各刀具制造商往往都有自己的刀片装夹方式与配套的工具，图 2-91 ～ 96 所示为部分刀板刀片的装夹方式，供参考，具体以刀具制造商提供的工具与说明书为准。

图 2-91 所示为一种双头切断刀片装夹示例，装卸扳手为双偏心销式，可插入刀片上相应的安装孔，插入后按图示松开方向旋转扳手，带动偏心销旋转将刀片上部弹性压板略微张开，刀片即可取出或装入，装入后按夹紧方向旋转扳手，弹性压板弹性回复压住刀片，然后将扳手从刀片孔中抽出。

图 2-92 所示为一种双头切断刀片装夹示例，将扳手上两个固定销按夹紧状态图示插入上部孔和下部凸轮槽右侧部位，然后按松开方向扳动扳手，将上部弹性压板略微张开，拆下后换入刀片，然后，将把手按夹紧方向扳动，放开张开的弹性压板，将刀片夹紧，取下扳手完成刀片装夹。

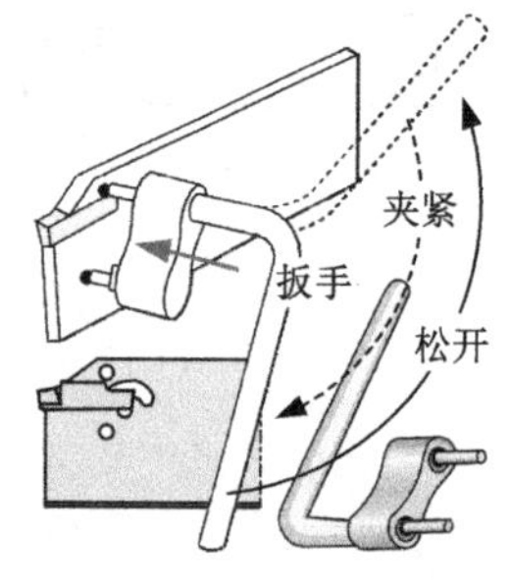

图 2-91　刀片装夹示例 1

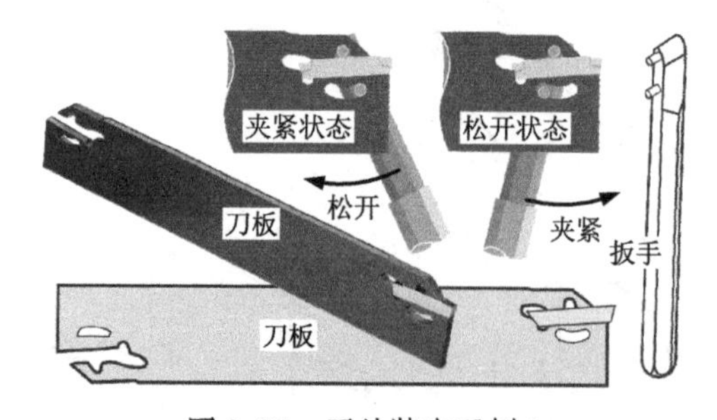

图 2-92　刀片装夹示例 2

图 2-93 所示的双头切断刀片装夹示例，按分解图的方向将扳手插入刀板上相应孔位，按松开箭头方向扳动扳手，将弹性压板上抬松开压板（不能松手），然后装卸刀片，装入刀片推至适当位置松开扳手，完成刀片安装。

图 2-94 所示为一种单头切断刀片的装夹示例，由图中可看出其装、卸刀片的原理。

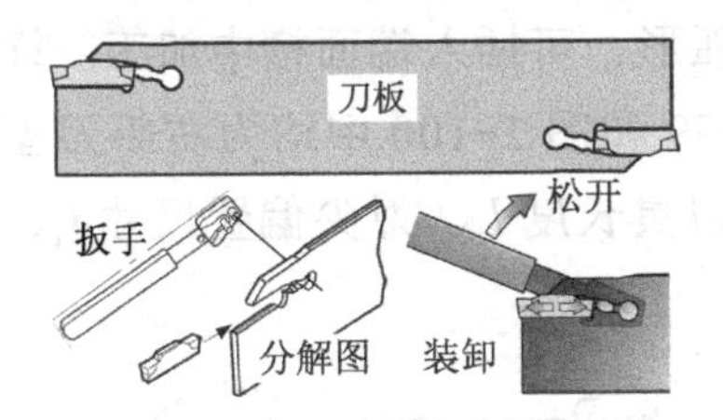

图 2-93　刀片装夹示例 3

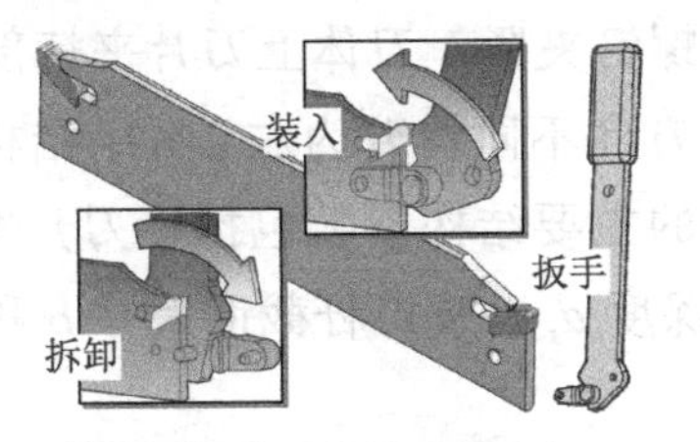

图 2-94　刀片装夹示例 4

图 2-95 所示的扳手工作部分为椭圆结构，插入刀板上相应孔，旋转可松开弹性压板，进行刀片的装、拆操作，然后反向旋转扳手夹紧刀片，取下扳手。图 2-96 采用软质的木榔头或橡胶榔头轻缓敲入，拆卸时采用专用扳手即可。

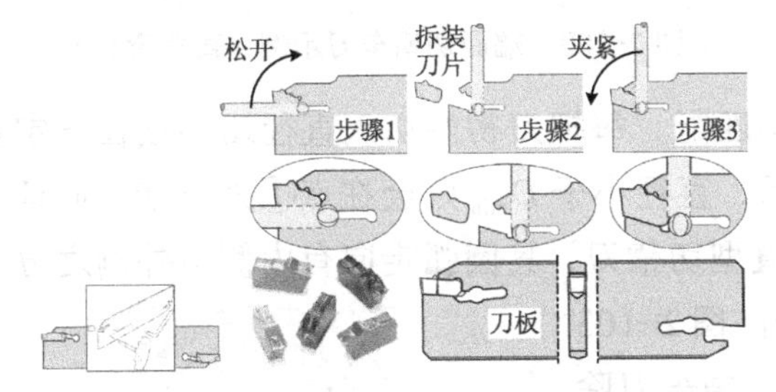

图 2-95　刀片装夹示例 5

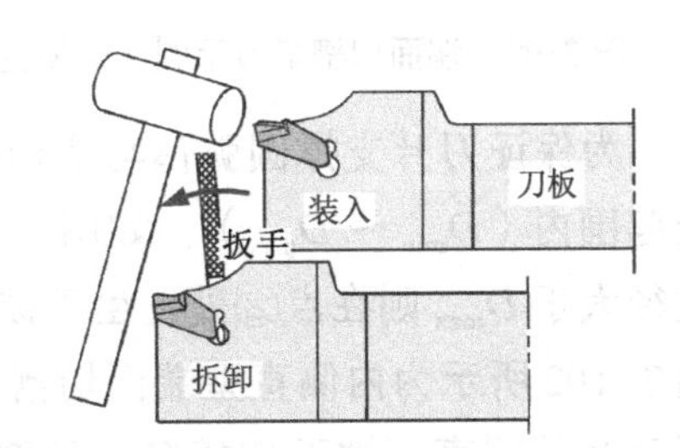

图 2-96　刀片装夹示例 6

（2）内孔切槽车刀结构分析　内孔切槽车刀结构与前述内孔车刀基本相同，仅刀头部分不同。图 2-97 所示的内孔切槽车刀为单头单刃机夹刀片，上 / 下 V 榫 + 尾部 V 榫结构，加工稳定可靠。夹紧螺钉的夹紧面为锥面结合，有利于螺钉防松，但增加了螺钉的拧紧力矩。图 2-98 所示为双头双刃机夹可转位刀片，上 / 下半圆卯结构，其径向尺寸稍大，但切槽深度可以做得稍大，且可承受较大的横向切削力。另外，内孔切槽刀可做成内冷却结构，图 2-98 为内冷却切槽车刀结构，尾部的密封盖为可选件，可用于不同管接头螺纹的连接。这两种内孔车槽刀均可径向进刀切槽和轴向车槽加工。内孔切槽车刀分左、右手结构，图 2-97 和图 2-98 所示均为右手刀（R）结构。

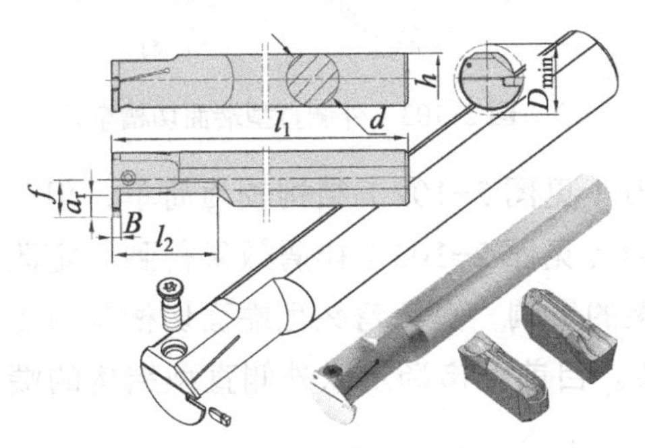

图 2-97　切槽镗刀示例 1

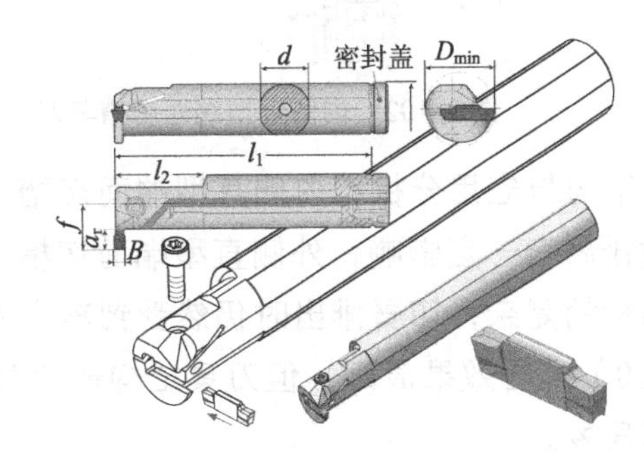

图 2-98　切槽镗刀示例 2

（3）端面切槽车刀结构分析　端面切槽车刀的进给方向是轴向，其加工出的槽侧壁是圆柱面，因此，端面车刀的刀体部分要与槽相适应。图 2-99 和图 2-100 所示分别为直型端面切槽车刀和直角弯头型端面切槽车刀示例，均采用双头刀片，整体式弹性上压紧结构，螺钉夹紧，刀体上刀片夹持部分为圆弧形，可插入端面槽中加工。端面切槽车刀按切削方向不同均分为左 / 右手结构，图 2-99 和图 2-100 中均为右手刀型式。端面切槽车刀的主要结构参数包括：刀片宽度 B、刀具长度 l_1、刀尖偏置尺寸 f_1、刀尖高度 h_1、切槽深度 a_r 以及刀杆截面尺寸 b 和 h 等。

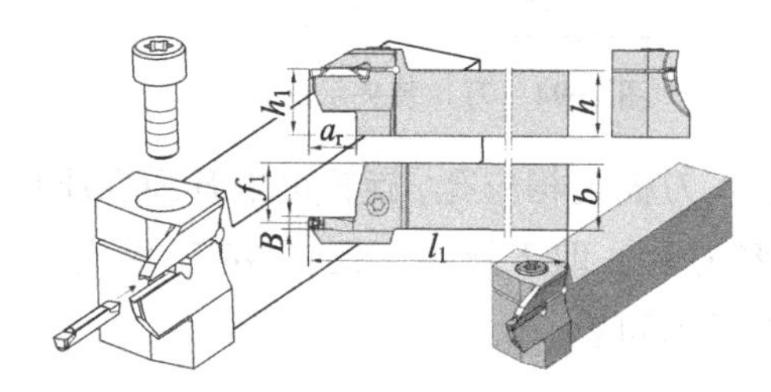

图 2-99　端面切槽车刀示例（外侧直型）

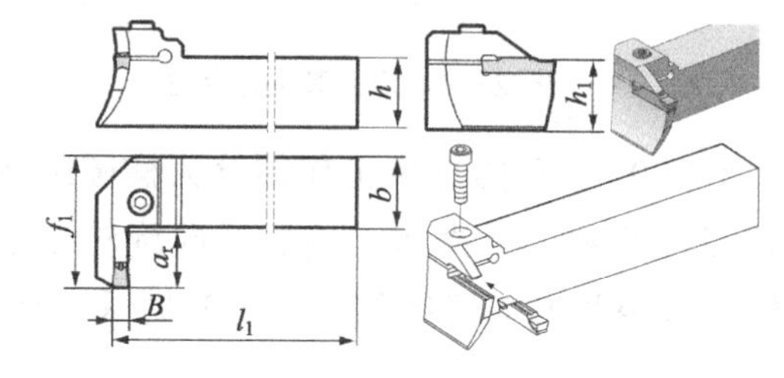

图 2-100　端面切槽车刀示例（直角弯头）

为保证刀片支撑圆弧体与所切槽圆弧相匹配，每把刀初始切入直径均必须在一定直径范围内（D_{min} ~ D_{max}），如图 2-101 所示，直径小于 D_{min} 则会在点①处干涉，同理，直径大于 D_{max} 则在点②处发生干涉。对于直型切槽刀，其圆弧走向有内侧与外侧之分，图 2-102 所示为内侧直型端面切槽车刀示例，图 2-103 所示为外侧直型端面切槽车刀示例。端面切槽车刀除图 2-99 所示的双头刀片外，还可采用单头刀片，见图 2-102 和图 2-103。单头刀片夹持长度较大，横向车削时可承受较大的切削力，而单头单片切入槽深时不易出现刀片与侧面干涉，切入深度较大。

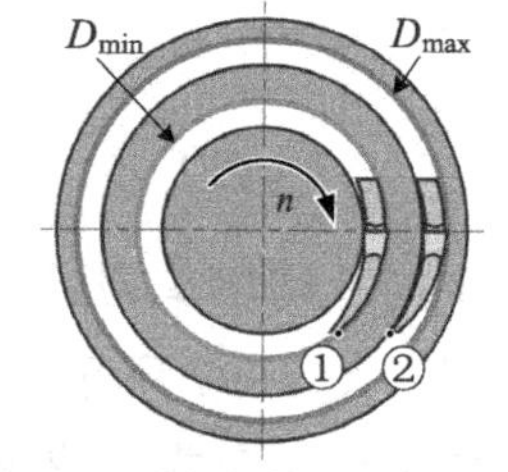

图 2-101　端面切槽车刀初始切入直径

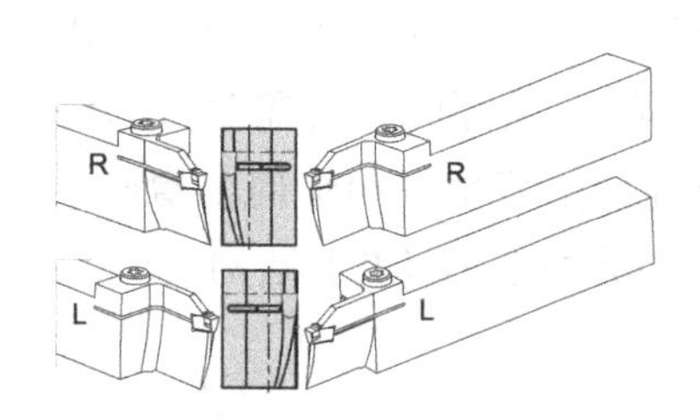

图 2-102　内侧直型端面切槽车刀

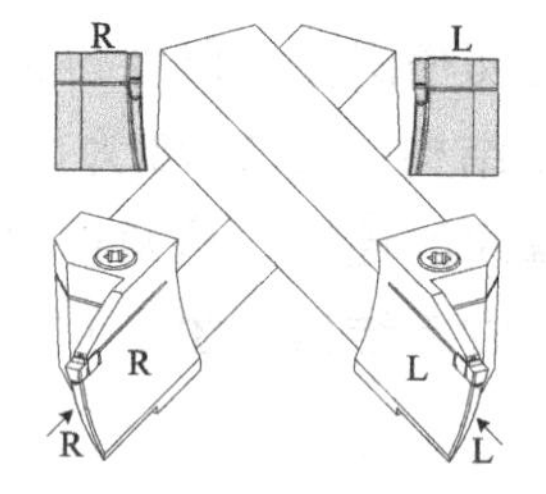

图 2-103　外侧直型端面切槽车刀

结构与应用分析：内侧直型端面切槽车刀（见图 2-102）结构较为简单，但车槽刀杆对排屑有一定影响；外侧直型端面切槽车刀（见图 2-103）排屑效果得到一定改善，但结构稍复杂，切屑排出时仍然受到车床刀架的影响；直角弯头型端面切槽车刀（见图 2-100）排屑效果最好，但刀具结构最为复杂。目前，市场上以外侧直型结构的端面切槽刀居多。

（4）模块式切槽与切断车刀结构分析　切槽车刀初看起来似乎简单，实际上，由于刀片宽度和切槽深度不同，其就有较多的参数规格；若进一步考虑端面切槽车刀加工直径范围的变化及内、外侧刀头结构等的变化，实际上，整体刀体式刀具的规格就变得很多。

基于这个现实，许多刀具制造商开发出模块式切槽车刀结构型式，其主要由刀柄、刀板和刀片三部分构成。图 2-104 所示为直型模块式外圆切槽车刀结构示例，其刀柄 2 的夹持部分类似于整体式切槽车刀的刀杆，但刀头部分为机械夹固的刀板，刀板有车外圆槽的直刀板 4 和端面切槽的外侧与内侧刀板 5 与 6，其车刀加工参数类似于相应的整体式切槽刀。刀片夹持部分取决于各刀具制造商自身的刀片结构与夹持方案。图 2-105 所示为直角弯头模块式切槽车刀，图 2-104 和图 2-105 均为单头刀片，也可采用双头刀片设计。

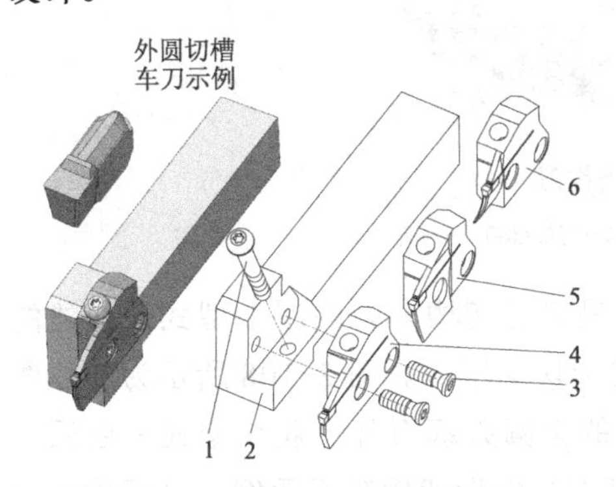

图 2-104　直型模块式外圆切槽车刀结构示例

1—夹紧螺钉　2—刀柄　3—刀板螺钉　4—直刀板　5—外侧刀板　6—内侧刀板

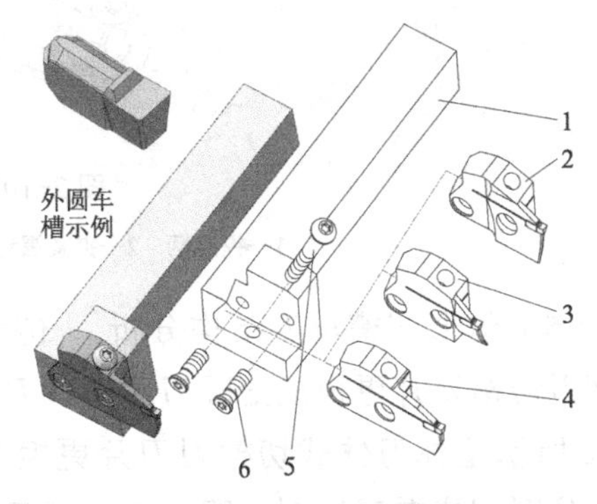

图 2-105　直角弯头模块式切槽车刀

1—刀柄　2—外侧刀板　3—夹紧螺钉　4—内侧刀板　5—直槽板　6—刀板螺钉

在模块式切槽刀中，直型和弯头刀柄以及刀板等均分为左、右手走刀结构，对于直型模块式刀柄，一般刀柄与刀板的左、右手结构对应，而弯头模块式切槽刀的刀柄与刀板则是对称对应的。图 2-106 所示为刀柄与刀板左、右手结构对照示例，可清晰看出这种关系，由图 2-106 可见，直型刀柄与刀板均为右手结构，而直角弯头刀柄为左手结构，其与右手刀板匹配。

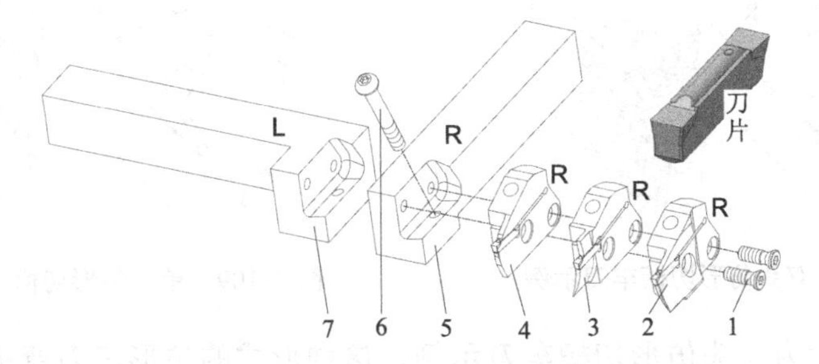

图 2-106　刀柄与刀板左、右手结构对照示例

1—刀板螺钉　2—右手外侧刀片　3—右手内侧刀片　4—右手直刀板　5—右手直型刀柄　6—夹紧螺钉　7—左手直角弯头刀柄

上述模块式切槽刀主要是以外圆与端面切槽加工为对象而设计的，对于内孔切槽刀，若做成模块式结构，主要是为了解决刀片宽度变化问题，切削深度的变化不如外圆切槽刀多，当然，也可安装端面外 / 内侧刀板加工端面槽，但功能与图 2-105 所示的直角弯头模块式切槽刀重叠，因此，制作内孔切槽镗刀的刀具制造商略少，但还是有厂家供应。图 2-107 所示为模块式切槽镗刀结构示例，其采用的是双头切槽刀片，其与直角弯头模

式化切槽车刀相比主要在镗刀柄夹持部分。

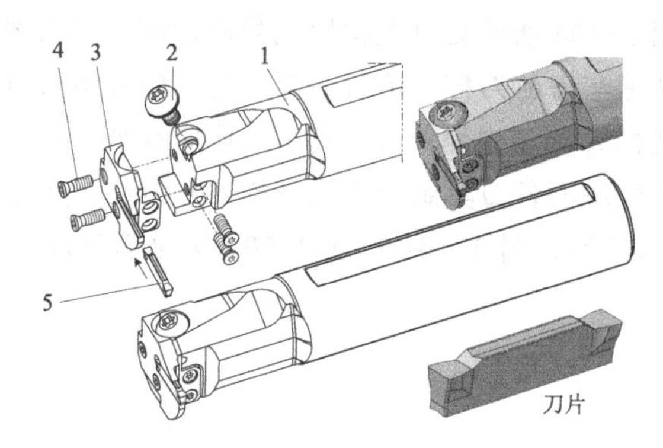

图 2-107　模块式切槽镗刀

1—镗刀柄　2—夹紧螺钉　3—直刀板　4—刀板螺钉　5—刀片

（5）仿形切槽车刀结构分析　仿形切槽车刀是普通切槽车刀的派生型式，前述的方廓刃切槽刀片更换成全圆刃廓切槽刀片即成为仿形切槽车刀。图 2-108 所示为前述图 2-82 所示整体刀体式切槽刀刀片更换为相应规格的全圆刃廓刀片（双头型式）后派生出的仿形切槽车刀示例。图 2-109 所示为单头切槽刀片仿形切槽车刀示例，是否仿形切槽刀取决于安装刀片的不同，若换上全圆刃廓刀片（单头型式）则可进行仿形切削加工。切槽刀片的主参数为刀片宽度 B，对于全圆刃廓切槽刀片而言，其圆刃廓直径即为刀片宽度。

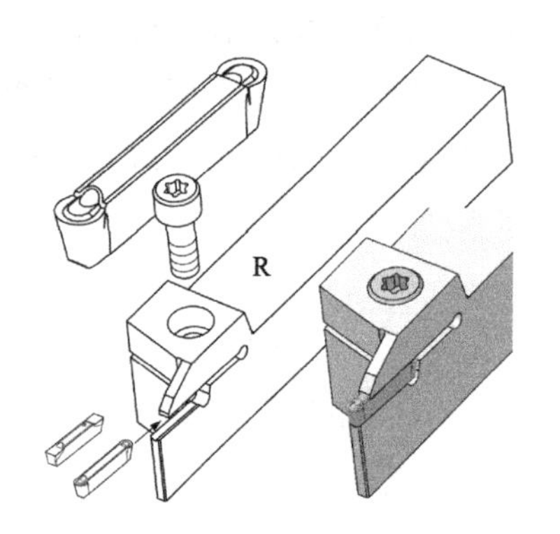

图 2-108　双头仿形切槽车刀示例

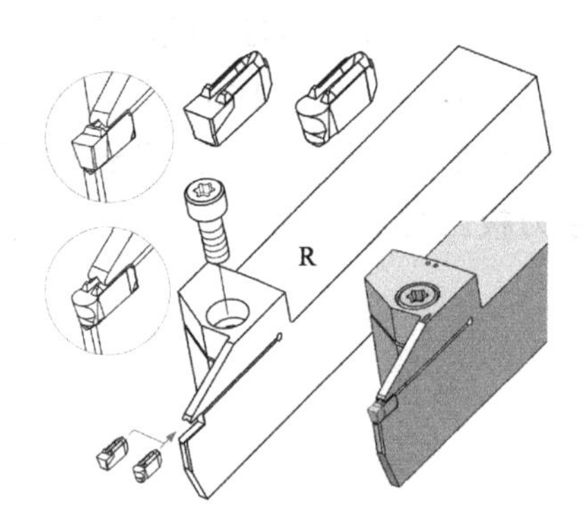

图 2-109　单头仿形切槽车刀示例

图 2-110 所示为弯头仿形切槽车刀示例，这种形式的仿形车刀弯头型式较多，可做成不同弯头角度灵活使用，见图 2-80，具体取决于各刀具制造商。另外，45° 弯头仿形车刀还常常作为退刀槽切槽车刀使用，见图 2-79。

（6）退刀槽切槽车刀结构分析　主要用于轴颈拐角根部清角，如图 2-79 所示。图 2-111 所示为图 2-79 右图加工原理所用刀具的结构示例，其刀尖角 ε_r 为 90°，中置结构，刀片为机夹可转位双头结构，上压板夹紧，刀片上部设计有斜置凹槽，在夹紧的同时会使刀片的定位面可靠贴合定位。

（7）内冷却切断与切槽车刀分析　内冷却方式始终是数控切削刀具追求的结构之一，特别是切槽与切断车刀，外冷却效果不如外圆车刀，因此内冷却方式更为重要，图 2-112 所示为某外圆切槽车刀内冷却系统示例，其提供了 4 个切削液进入的接口，接口 1 ～ 3 为螺纹接口，不用的接口可用堵头堵住，VID 接口是 VID 数控车削刀座（见 GB/T 19448.1 ～ GB/T 19448.8—2004）配合的冷却接口。切削液喷口直接对着刀片前面，默认直接喷向前面与切屑接触区，这是切削温度最高的部位，因此其冷却效果最佳。若前面断屑槽设计得当，可使切削液均匀地喷向整个主切削刃，进一步加强断屑效果。

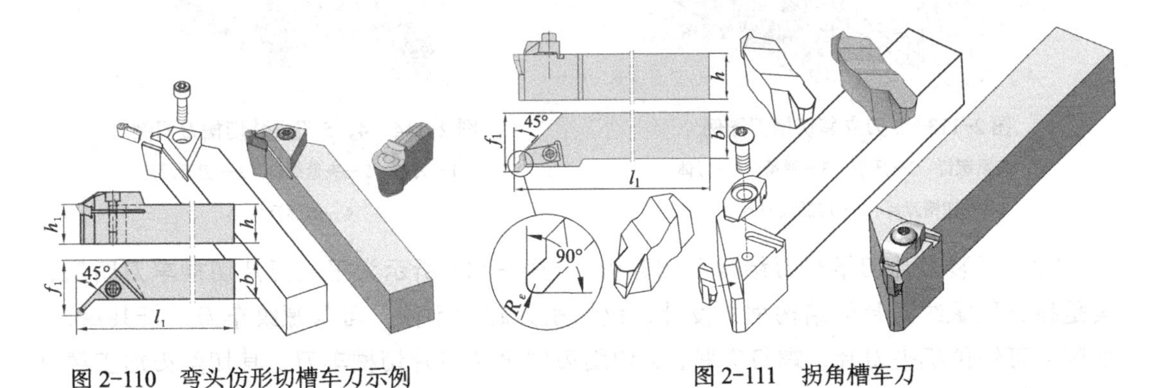

图 2-110　弯头仿形切槽车刀示例

图 2-111　拐角槽车刀

图 2-112　外圆切槽车刀内冷切系统示例

实际上内孔车刀，甚至刀板式切断车刀都有内冷却式结构示例。内冷却系统选择时要注意自身使用的数控车床刀架上是否有合适的切削液接口，同时注意刀具制造商提供的切削液软管与管接头的选用。

2．其他型式切槽车刀结构分析

除以上典型切断与切槽车刀外，多年的探索实践，各刀具制造商往往还会创新设计出某些其他结构型式的切槽与切断车刀，以下列举部分示例供学习参考。

（1）盘式立装刀片切槽车刀结构示例分析　图 2-113 所示为图 2-11 所示 3 刃切槽刀片立装切槽刀结构，其采用刀片外形定位，压板夹紧，弹簧 3 为松开压板时弹起压板，便于刀片安装。对于切槽宽度不大的切槽刀，由于横向力不大，可仅用螺钉夹紧刀片的结构型式。图 2-114 所示为 4、5 刃立装切槽刀图例。这种盘式立装刀片的切槽刀结构型式，有较多的刀具制造商生产，且切削刃数不同，常见的为 3 刃结构，多的达 5 刃型式。

这种切槽刀的通用性较好，如换用图 2-113 中的件 6 所示的切螺纹刀片，可方便地用于外螺纹车削加工；而换用图 2-114 中的件 4 所示的仿形刀片，可改造为仿形切槽车刀。

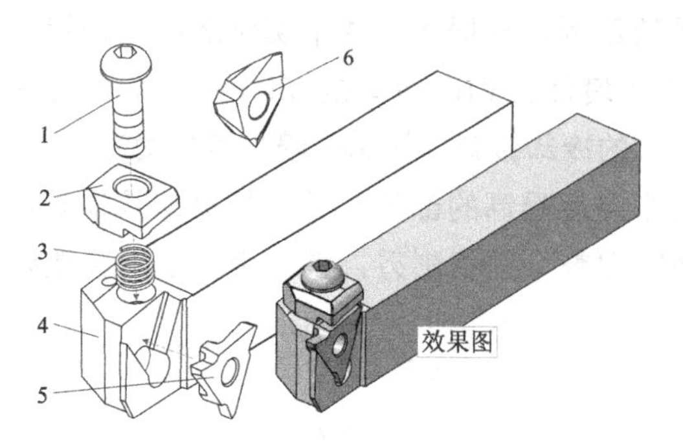

图 2-113　3 刃立装切槽刀图例

1—夹紧螺钉　2—压板　3—弹簧　4—刀体
5—切槽刀片　6—切螺纹刀片

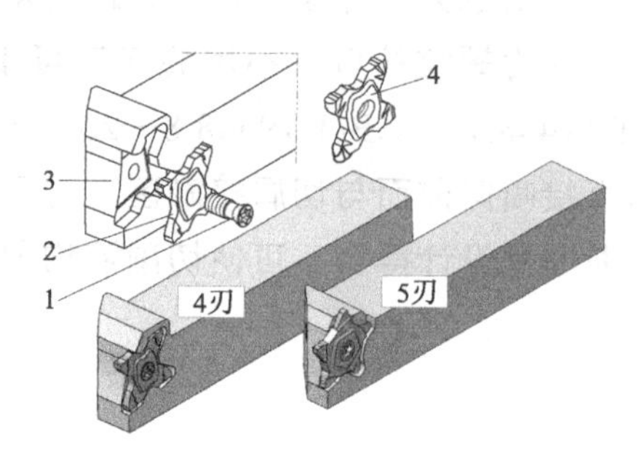

图 2-114　4、5 刃立装切槽刀图例

1—刀体　2—夹紧螺钉　3—切槽刀片
4—仿形刀片

（2）平装刀片切槽车刀结构示例分析　图 2-115 所示为平装刀片切槽车刀图例。其是按典型螺纹刀片的结构型式设计，仅切削刃廓形不同，可与螺纹车刀刀杆共用，3 切削刃可转位机夹刀片，螺钉夹紧，2 切削刃的平装刀片切槽车刀，其切削刃加工精度较高，适合浅槽，切削刃可做成多种型式，如切削弹性挡圈槽、O 型圈槽、螺纹空刀槽和圆弧槽等。

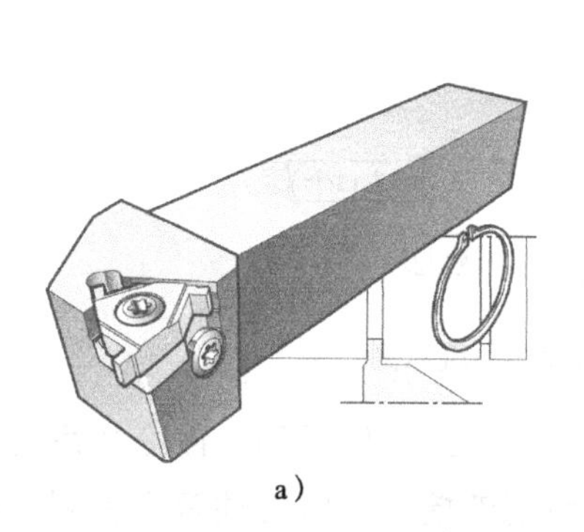

a）

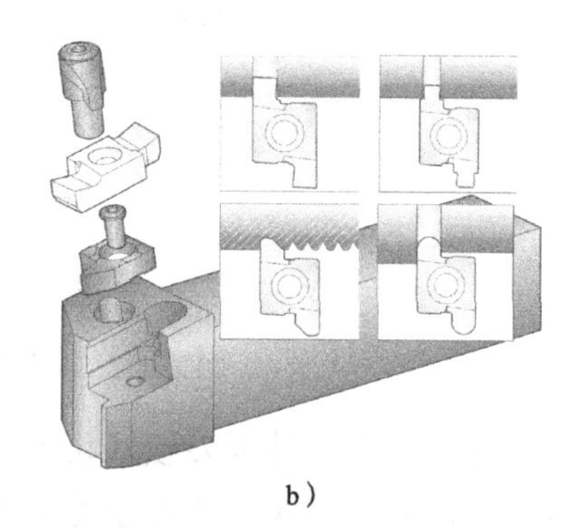

b）

图 2-115　平装刀片切槽车刀图例

a）3 刃平装切槽刀片　b）2 刃平装切槽刀片

（3）顶斜凹槽夹紧刀片切槽刀结构示例分析　图 2-14 所示的浅切槽可转位刀片，肯纳做得较好，其注册商标为 Top Notch™，图 2-116 所示为顶斜凹槽夹紧外圆切槽刀图例，压板下压力 F 作用在凹槽圆弧面上，下压的同时产生分力 F_1 和 F_2 使刀片与刀体刀片安装凹槽侧，后面可靠定位并夹紧。这种结构的切槽刀，其切削刃可变化为各种切槽刀片（见图 2-14），甚至可做成螺纹刀片（见图 2-19）。这种结构型式的切槽车刀同样存在内孔切槽刀，如图 2-117 所示。

（4）中小直径内孔切槽刀结构示例分析　对于中小直径内孔切槽，可采用图 2-59 所示的端部螺钉夹紧式内孔切槽刀具结构及装夹方式，换上相应的切槽刀片（见图

2-23），可实现中小直径内孔切槽加工。若采用图 2-60 的结构型式，换上相应的微小直径整体式机夹刀片（见图 2-24），可实现微小直径的内孔切槽加工。

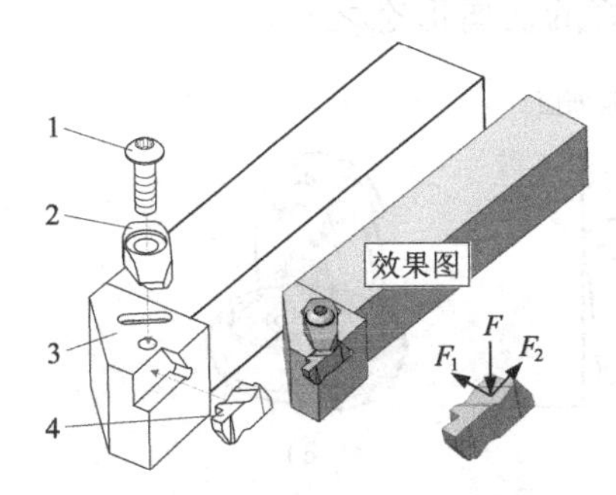

图 2-116　顶斜凹槽夹紧外圆切槽刀图例

1—刀片　2—刀体　3—压板　4—夹紧螺钉

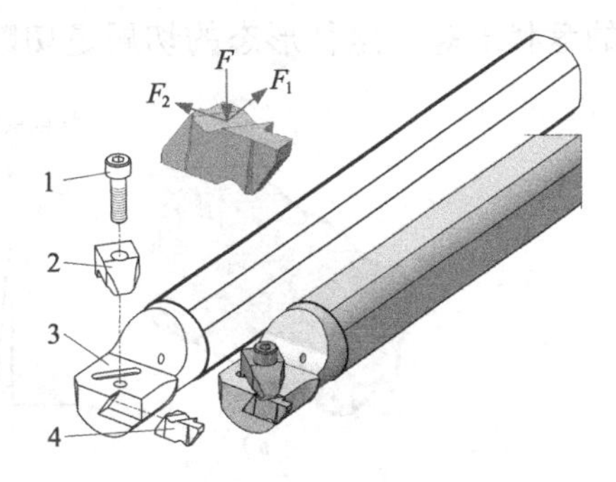

图 2-117　顶斜凹槽夹紧内孔切槽刀图例

1—刀片　2—刀体　3—压板　4—夹紧螺钉

2.4.3　切断与切槽车刀应用的注意事项

1．刀片结构型式的选择

刀片型式的选择要考虑加工工序性质——切断、切槽、车削和仿形车削等。

切断加工对加工槽的侧壁质量要求往往不高，主要考虑刀片宽度与切削深度，从材料利用率的角度看，切断加工尽可能选择较窄的刀片宽度，但刀片宽度窄，则刀片刚性和安装的稳定性差，因此，刀片宽度的选择要综合考虑切削深度。

双头双刃切断刀片（见图 2-8）可转位使用，性价比较高，通用性较好，优先选用，但其切削深度受到一定限制，使用时不得超过刀片的参数 L_a，如图 2-118 所示，否则，切断过程中可能造成另一端切削刃侧面不必要的副刀面磨损。而双头单刃切断刀片则不存在这个问题，切削深度较大。

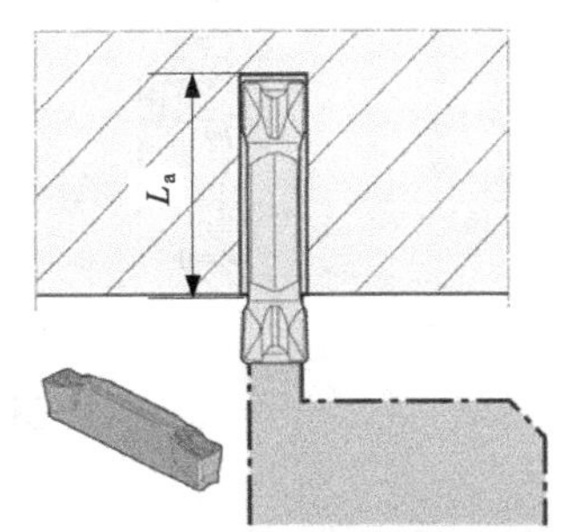

图 2-118　双头刀片切削深度限制

单头单刃切断刀片（见图 2-10）使用时虽然不存在双头单刃切断刀片的切削深度的限制，但其装夹长度较短，装夹稳定性稍差。当然，正是由于长度较短，使其在内孔直径不大的刀杆设计中成为其可选择的方案之一。

实心工件的半径基本决定刀片切削深度的参数选择，而管材工件，其切削深度只需考虑管壁厚度即可，若实际工件直径较小，或管壁厚度较薄时，属于浅切削深度切断，前述的浅切槽车刀也可以采用。

切断刀片的断屑槽设计一般可控制切屑的宽度小于加工槽的宽度，其不仅有利于切屑流出，且不会损伤槽侧壁。同时，由于切削刃左右对称，因此，其形成的带状切削卷曲成盘状，有利于排屑。图 2-119a 所示为切断刀片的断屑槽，其中间凹陷，当其切入工件后，切屑沿前面流出过程中，在凹槽的作用下，切屑断面长度变短，如图 2-119b 所示，同时，由于切削刃左右对称，因此，若形成带状切屑时，便会蜷曲为图 2-119c 所示的盘状形态，这种形态的切屑是切断加工较好的切屑形态之一。

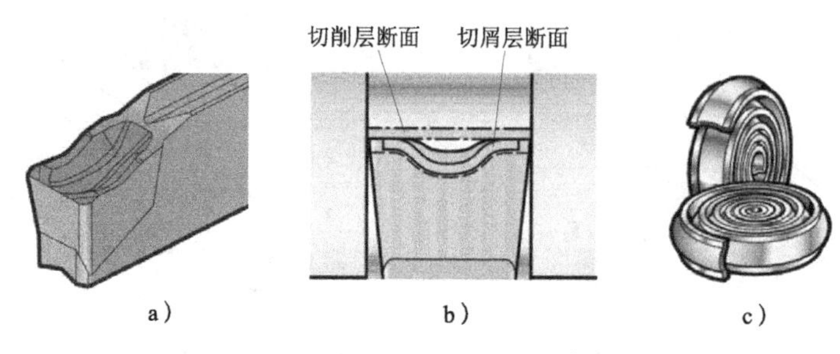

图 2-119　切断刀片断屑槽控制切屑原理

a）断屑槽　b）切削变形　c）盘状切屑形态

切断刀片的余偏角 ψ_r（见图 2-8 和图 2-10）可减小切断件毛刺，提高切断件质量，如图 2-120 所示。实心件切断，若余偏角等于零，则切削刃接近中心但未达到中心时工件在自重和离心力等作用下折断，切下的工件有一个较大的余量，但如果选用右切削方向（R 型）刀片，则余料可大为减小。管件切断，若余偏角等于零，则切下的管件会留下较多的毛刺，但若余偏角不等于零，则毛刺会大大减小。

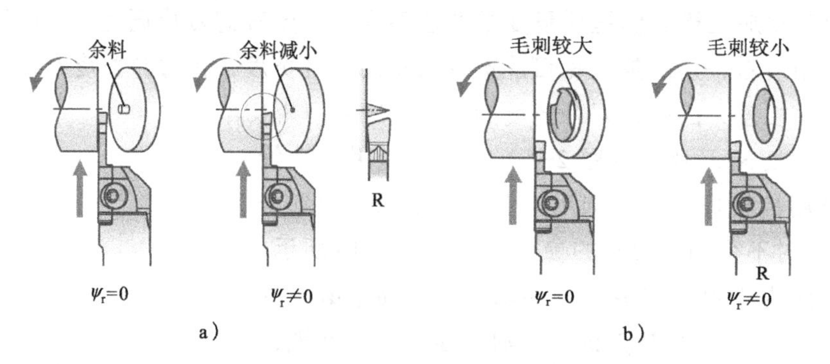

图 2-120　余偏角 ψ_r 对切断件毛刺的影响

a）实心件切断　b）管件切断

对于依靠刀片宽度实现精密切槽的刀片，不仅要求刀片宽度尺寸公差较小，同时，设置适当的修光刃（一段副偏角等于 0° 的副切削刃）对提高加工槽的质量是有利的，如图 2-121 所示。

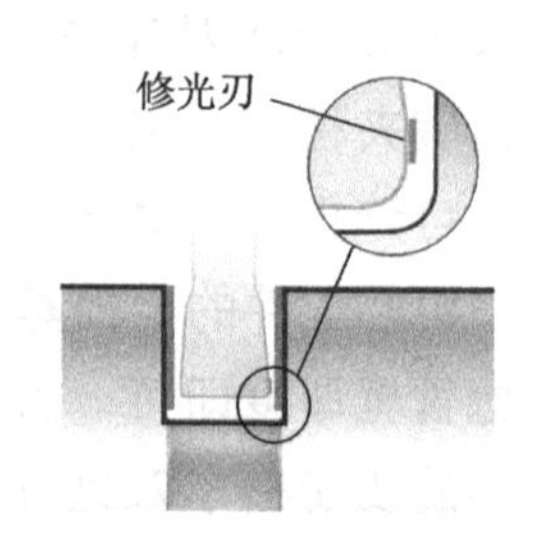

图 2-121　修光刃

刀尖是极易磨损的部位，适当加大刀尖圆角 r_ε 对于增加刀具寿命有极大帮助，因此，如无特殊要求，尽可能选用刀尖圆角稍大的刀片。

切槽车刀车削加工往往伴随有刀具轴向进给加工，这实际上已经过渡为切槽刀具的车削加工（见图 2-76），靠近刀尖处的副切削刃已经成为车削的主切削刃，因此，这种刀片的设计与纯切断刀片略有不同，一般可按厂家提供的说明选用。

切削刃为圆形的仿形刀片是专为曲率半径较大的曲面车削而设计的，但其并不是曲面车削的唯一选择，对于数控加工而言，直线切削刃的切断与切槽刀片同样可以实现曲面车削加工，特别是粗加工，可能效果更好。

2．刀具结构型式的选择

刀板式结构切断刀的悬伸长度可灵活控制，因此其适应性较好，特别是直径较大的工件切断。但其刀板较薄，刚性较差，且其刀片夹紧方式多为弹性自夹紧结构，使得其难以承担具有轴向进给的切槽与车削加工，其主要用于切断与窄槽加工。

整体式结构的切断与切槽刀刚性最好，刀片上、下部夹紧面都设计出榫卯结构（见图 2-83），且刀片夹紧多为螺钉夹紧，刀杆刚性好和刀片夹紧可靠，是切断与切槽刀具的主流结构，但其切削深度与刀具结构有关，可用于切断、切槽和车削加工。图 2-122 所示为整体式与刀板式结构应用。

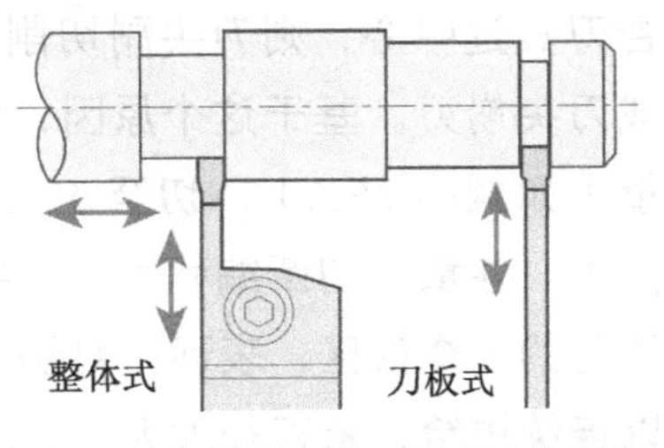

图 2-122　整体式与刀板式结构应用

模块式结构（见图 2-104 ～图 2-107）具有灵活多变，适应性强的特点，但其第一次投资大，且整体刚性略差，是切断与切槽加工的良好选择之一。

特殊设计的刀片，往往具有较为明确的使用特征，如图 2-59 所示结构型式内孔切槽车刀，其加工的孔径就远小于普通机夹式内孔切槽刀具。而图 2-60 所示结构型式的内孔切槽刀，其加工直径可做的非常小（现有资料可见其最小可至 $\phi2$ ～ $\phi3$mm）。

总体而言，刀具结构型式选择时优先选择 0° 主偏角的切断与切槽刀，刀杆截面尺寸尽可能大，刀片宽度尽可能大，且刀尖圆角尽可能大的切断与切槽车刀。

3．刀具安装注意事项

切断与切槽刀具安装的主要注意事项是刀尖高度和刀杆方向，如图 2-123 所示。刀尖安装高度一般要求与主轴中心等高，误差不超过 ±0.10mm，考虑到刀具变形，误差宁高勿低。刀具方向要求垂直工件轴线，可通过试切观察，推荐误差不超过 ±10′，或打表找正，公差控制在 0.10/100mm 内。

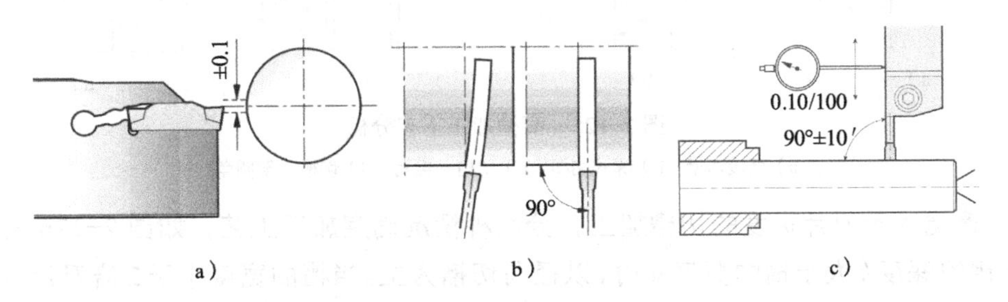

图 2-123　切断刀安装注意事项

a）刀尖高度　b）刀具方向　c）找正方法

4．切断与切槽加工典型工艺分析

（1）切断工艺分析　切断是车削加工的常见工艺，了解切断过程有助于使用切断刀具。以图 2-124 所示切断过程为例，随着刀具接近中心，其工作后角 α_{oe} 是逐渐减小的，工作后角的减小值与进给量和加工直径有关，接近中心时其工作后角接近于零，甚至出现负后角，因此，切断到最后阶段实际上往往是将工件挤断。当然，由于工件重量或离心力等外力的存在，刀具未进给切削至中心，工件已经自然断落。另外，若刀具过中心，则刀尖副切削刃处摩擦力反向，极易造成刀尖崩刃。基于这个原因，切断加工时刀具往往切至距中心 2mm 左右开始减小进给量（如减小 75%），切至 ϕ0.5 ～ ϕ1mm 左右便可退刀，工件依靠自重或离心力等自然落下。注意，切断编程时将刀尖切至中心（X0）甚至切过中心（如 X-1.0）是切断加工编程的一个误区，表现为对切断机理的理解肤浅。另外，对于切削深度不大的场合，可以连续进给，若直径太大，可考虑啄式进给（断续进给），这样有利于断屑与排屑。

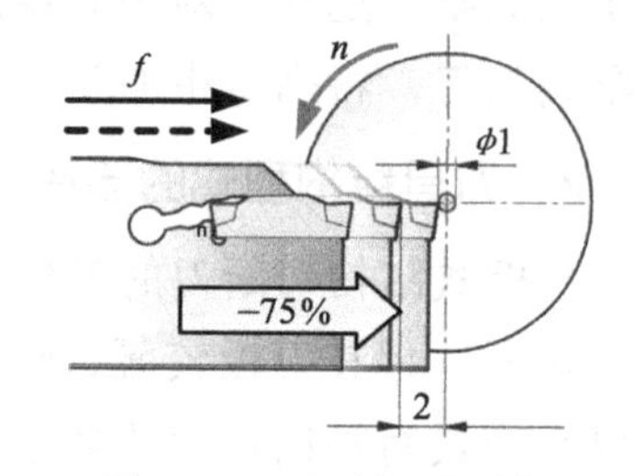

图 2-124　切断工艺分析

（2）切槽刀车削机理分析　切槽刀车削方式见图 2-76 及其分析。

（3）外圆槽典型加工工艺分析

1）窄槽加工，指槽宽等于刀片宽度的切槽加工，如图 2-125 所示，槽宽的尺寸由刀具宽度保证，因此应选择精度较高的切槽刀片，如果有修光刃（见图 2-121）效果更好。当切槽深度 h 小于槽宽 w 的 1.5 倍时，可考虑一刀直接切入成形，如图 2-125a 所示，为保证槽底直径的加工精度，切至槽底后，暂停 1 ～ 2s（一般不超过 3 圈）再退刀；若槽深大于槽宽的 1.5 倍时，建议采用啄式切入，如图 2-125b 所示。若槽口有倒角或倒圆角，则建议在同一个加工程序中完成，如图 2-125c、d 所示。

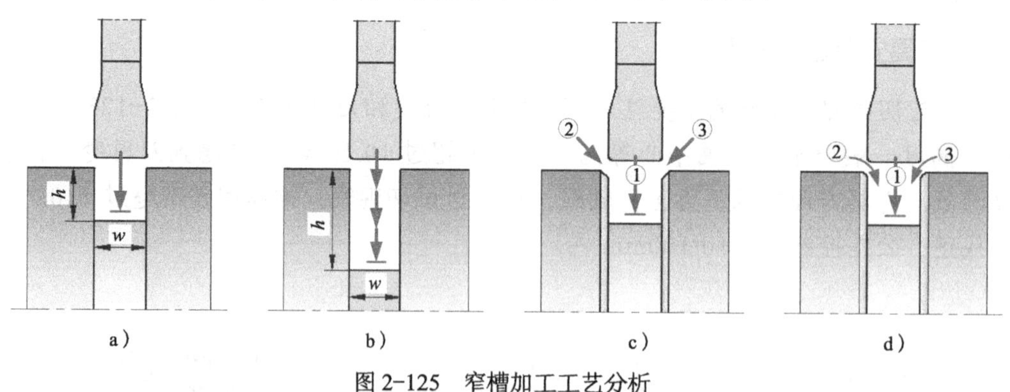

图 2-125　窄槽加工工艺分析

a）直接切槽　b）啄式切槽　c）切槽 + 倒角　d）切槽 + 倒圆角

2）槽宽大于刀片宽度的切槽加工，分两种情况确定加工工艺，如图 2-126 所示。

当槽的深度 h 大于槽的宽度 w 时，以径向切槽为主。当槽的宽度小于 2 倍刀片宽度时，可采用两刀完成，如图 2-126a 所示，但若按图 2-126b 所示的三刀加工，槽的宽度精度较高；当槽的宽度大于 2 倍刀片宽度时，可考虑 3 刀或 5 刀完成，如图 2-126c、d 所

示，注意中间的余量宽度必须小于刀片宽度减去 2 倍的刀尖圆角半径；当槽的深度较大时，优先选用径向分层加工，如图 2-126e 所示分两层加工示意，必要时也可多分几层，也可考虑图 2-126f 所示的方法，采用啄式切削，分三刀切槽。若后续不再安排精车工艺，则两侧壁切槽的退刀尽可能按进给速度退回，不要快速退回，或向槽内让刀退刀的方式退刀，且切至槽底时增加暂停动作，如图 2-126c 所示。若槽宽的精度要求较高时，或槽底转角大于刀尖圆角半径结构或倒角结构时，可留适当的加工余量，并按图 2-128 的工艺精车处理。

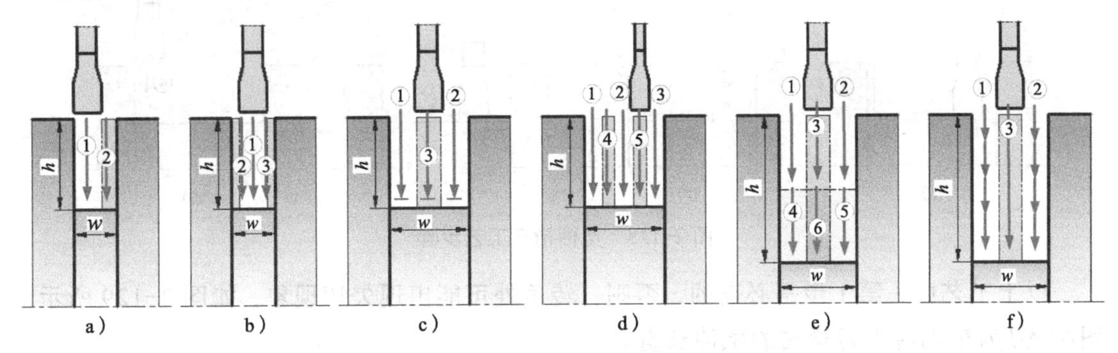

图 2-126　切宽槽工艺（$h>w$）

当槽的宽度 w 大于槽的深度 h 时，通常可采用车削加工，粗车采用轴向车削加工效率较高，如图 2-127 所示，然后安排一道精车加工工序。

图 2-127 所示的加工原理见图 2-76。由于切槽刀车削刀具有一定的弯曲变形，因此，其在下刀和两端的转换点要做适当的技术处理。首先，径向下刀至深度 0.75B（B 为切槽刀宽度）后，需径向回退 0.1mm 左右再转为轴向车削，如放大图 I 所示，这样可以补偿刀具轴向车削时刀具变形后的略微伸长；其次，在后续刀具反向车削转换点，其技术处理方式有两种，一种是直接反向回退 0.1 ～ 0.2mm，释放刀具变形，然后转为径向切入，如放大图 II 左所示；另一种是斜向回退（轴向距离保持 0.1 ～ 0.2mm），释放刀具变形，然后转为径向切入，如放大图 II 右所示。前一种方式在转换点切削刃磨损严重，建议采用后一种方式。下刀至 0.75B 仍然要回退 0.1mm 左右再转为轴向车削。由于槽深不可能完全等于切削深度 0.75B，所以，最后一刀的径向切削深度一般小于 0.75B。

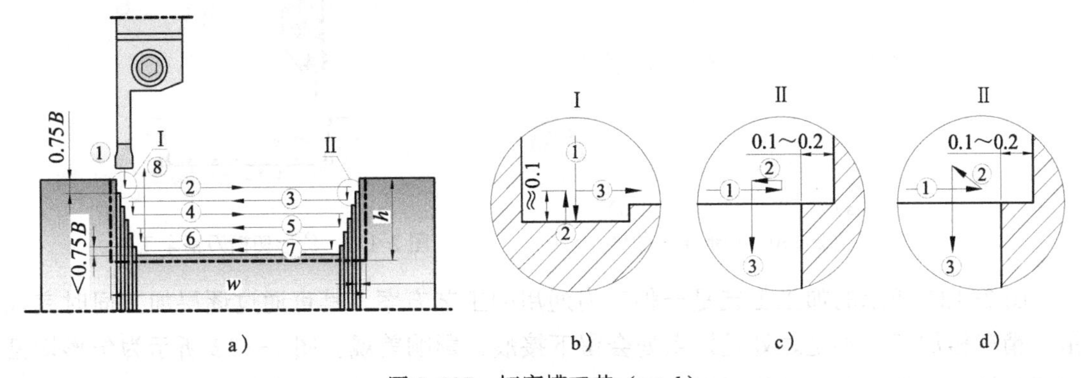

图 2-127　切宽槽工艺（$w>h$）

宽槽加工一般安排一道精车工序才能获得较好的加工质量，其切削工艺处理如图2-128所示。第1步，径向切削至槽底，刀片左侧距槽左侧壁距离小于刀片宽度；第2步，端面刃径向切削为主，至第1步的位置，但径向深度比实际槽深减少一个刀具弯曲时的略微伸长量；第3步，轴向车削槽底至槽右侧面不足刀片宽度的位置；第4步，径向车削槽右侧面及与底部的转角位置，这一刀，径向切削至槽底位置。注意，轴向车削时的伸长量通过试切后测量获得，通过刀具补偿实现伸长量的修正。

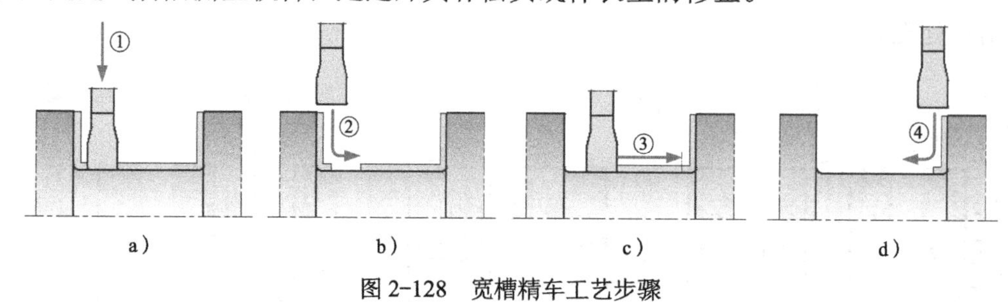

图2-128　宽槽精车工艺步骤

以上工艺中，第1步是必需的，否则，转角处可能出现欠切现象，如图2-129所示，图中Δd为车削时车刀弯曲的微伸长量。

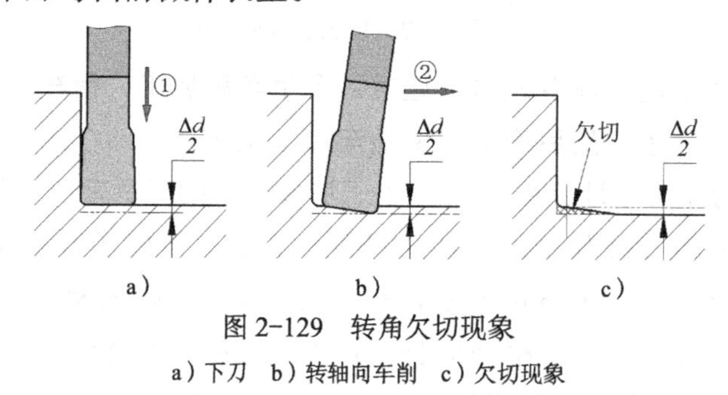

图2-129　转角欠切现象

a）下刀　b）转轴向车削　c）欠切现象

3）圆刀片仿形车削切槽加工，指刀片为R型的圆弧切削刃切槽刀，如图2-130所示，由于圆形切削刃本身具有副偏角，故不需靠变形产生副偏角，其使用时注意，背吃刀量a_p一般不超过圆弧刀片直径的40%较为安全。同样，由于不考虑刀具变形，其粗、精车工艺也略为简单，图2-131所示为仿形切槽刀推荐的粗车工艺，供参考。

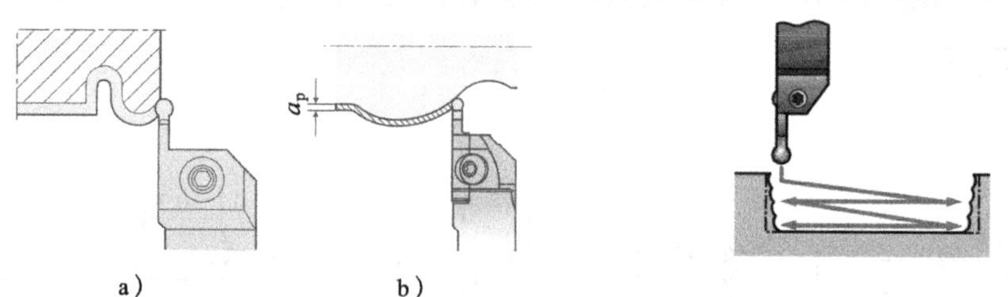

图2-130　仿形车削原理　　图2-131　仿形切槽刀粗车工艺

图2-131所示的加工工艺是一种较为通用的工艺方案，其可通过逐层加工同时完成粗、精车槽加工，不足之处是接点处会留下接痕，影响美观。图2-132所示为仿形切槽刀宽槽切削工艺。若要求较高时，可在精车时的最后一刀留下较小的加工余量，然后一

刀连续车削曲面，如图 2-133 所示，注意，这种工艺要求刀片圆弧切削刃大于 180°，且留下的切削余量（图中的 a_p）不能太大。

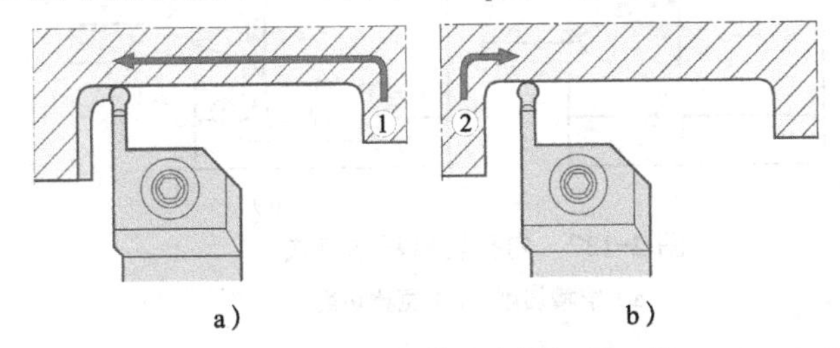

图 2-132　仿形切槽刀宽槽切削工艺

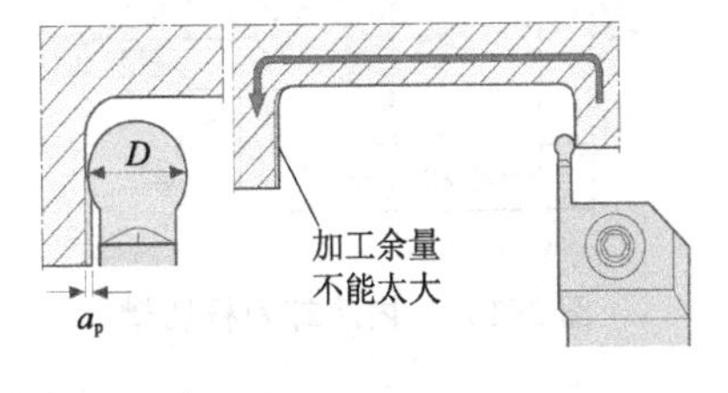

图 2-133　仿形切槽刀宽槽精车工艺

4）圆环现象及其解决措施。若切削具有阶梯槽底时处理不当，可能产生圆环现象，如图 2-134 所示。但若按图 2-135 所示的切削工艺便可消除圆环现象。

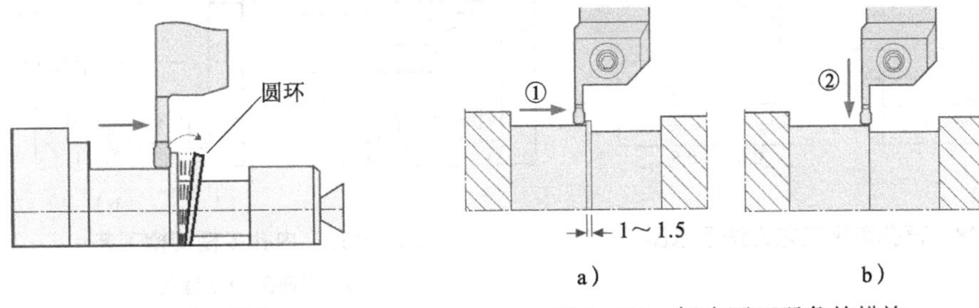

图 2-134　圆环现象　　图 2-135　解决圆环现象的措施

（4）内孔切槽典型加工工艺分析　内孔切槽除可参照外圆切槽工艺处理外，还需注意内孔切槽特有问题的处理，如切削液的应用、排屑、刀杆刚性等问题。

1）切削液的应用。切削加工中，切削液的应用始终是利大于弊的。内孔加工时借助切削液带出切屑是一种不错的选择。内孔加工如何使切削液准确喷射至加工区也是需要思考的问题。图 2-136 所示为内冷却刀杆切槽，其切削液通过杆内通道直达头部，分两路喷出，一路主要用于冲屑作用，另一路为冷却功能。切屑在切削液的辅助作用下跟随切削液的流向移动，对于通孔，切屑主要从前路通路①流出，对于不通孔，切屑的出路只有通路②，此时，刀杆的直径对排屑有一定的影响，太大，则切屑流出不畅，而太小则刀杆刚性差。作为冷却的切削液，通过调准喷嘴（图中未示出）使其准确可靠地喷射至切削区，特别是切屑与前面缝隙处效果更好。内孔切槽要求切削液的流量与压力尽可能大。

2）切削路径的规划。与外圆切槽类似，也有窄槽的径向切入为主和宽槽的轴向车削为主。内孔切槽基本方式如图 2-137 所示，两端头的处理也要考虑刀具的变形问题，如图 2-137b 图的动作②车削至左端时留一点端面余量，端头的动作③是斜向退刀再轴线移动至尺寸，然后再径向车削至底部，斜向退刀，再动作④轴线退刀。内孔切槽的不同之处是如何有效地排出切屑，主要区别在不通孔与通孔加工时的差异。

图 2-138 所示为不通孔车削工艺方法示意图，先从孔底处下刀，然后转为向孔口方向轴向车削，这样便于排屑，最后再径向车削两端。若是通孔，则从孔口向孔底轴线车削，见图 2-137。

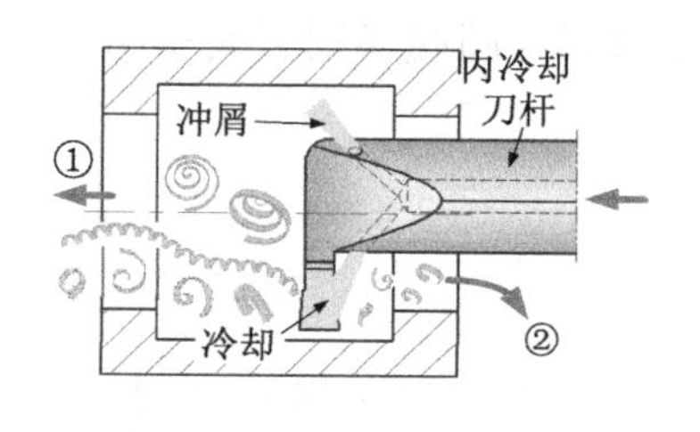

图 2-136 内冷却刀杆切槽

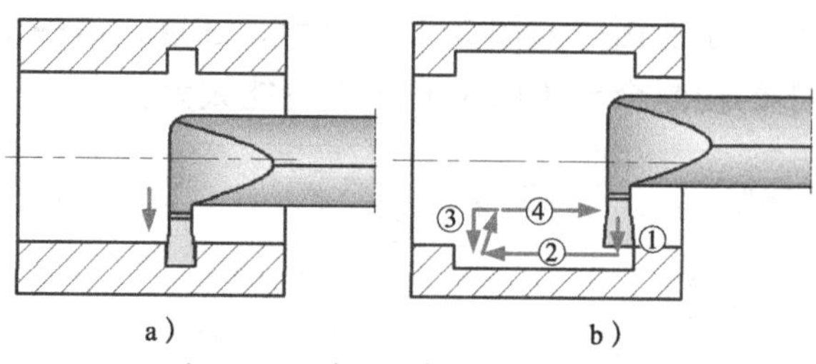

图 2-137 内孔切槽基本方式

a）窄槽切削 b）宽槽切削

图 2-139 所示为内孔多槽切槽工艺，不通孔从孔底往外逐槽切削，而通孔则从孔口向内逐渐切槽。

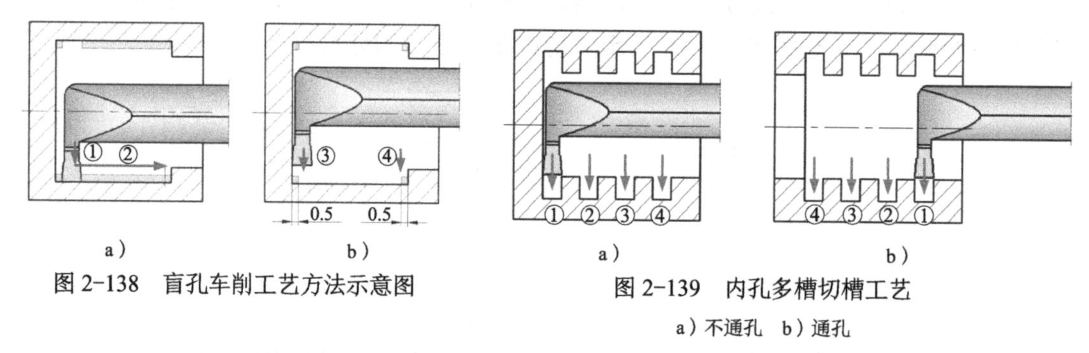

图 2-138 盲孔车削工艺方法示意图

图 2-139 内孔多槽切槽工艺

a）不通孔 b）通孔

对于需要多刀（粗）车的槽型，其工艺方法与外圆车削类似，图 2-140 所示为多刀切槽，根据槽宽的不同有 2 刀、3 刀或 5 刀切槽。图 2-141 所示为往复粗车槽示意图，这种车削工艺的优点是刀片左、右侧磨损均匀，使刀具寿命最大化。

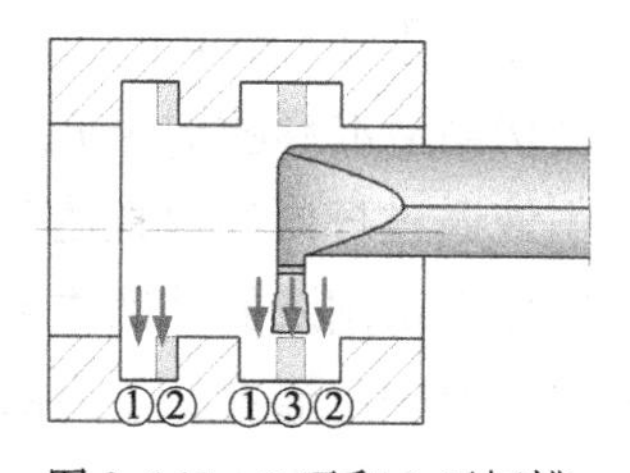

图 2-140 2 刀和 3 刀切槽

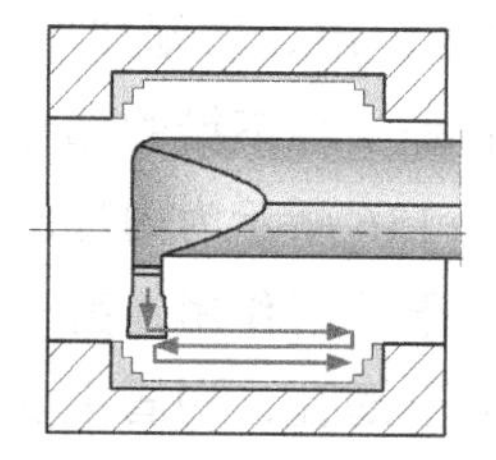
图 2-141 往复粗车槽示意图

3）切槽加工切屑型式的控制分析。一般而言，切屑控制为较短的 C 型切屑有利于切屑的排出，但通孔切槽车槽加工，有时连续的螺旋形切屑更有利于切屑从通孔中连续排出。

4）刀杆的选择。从内孔车削的角度而言，刀杆刚性控制是加工质量控制的主要因素之一，因此，刀杆的伸出长度尽可能短。刀杆的存在必然影响切屑从入口孔的排出，因此，若选用较细的刀杆，则建议选择刀片宽度和刀尖圆角较小的刀片，以减小径向切削力，提高加工的稳定性。

（5）端面槽典型加工工艺分析 其加工工艺与外圆切槽加工类似，但须注意每种规格的端面切槽刀存在一个加工范围（D_{min} ～ D_{max}），见图 2-101，选择不当可能出现干涉现象。端面槽加工工艺分析如下。

1）窄槽加工，即槽的宽度等于刀片宽度的切槽加工，这种工艺类似于外圆切槽加工（见图 2-125），但需注意确保槽的直径在刀具允许的范围内。当槽较浅时可直接切入，控制切屑为螺旋切屑型式的排屑效果较好，端面浅槽切削如图 2-142 所示。当槽较深时可考虑啄式切削，有利于断屑，端面深槽切削（啄式进给）如图 2-143 所示。

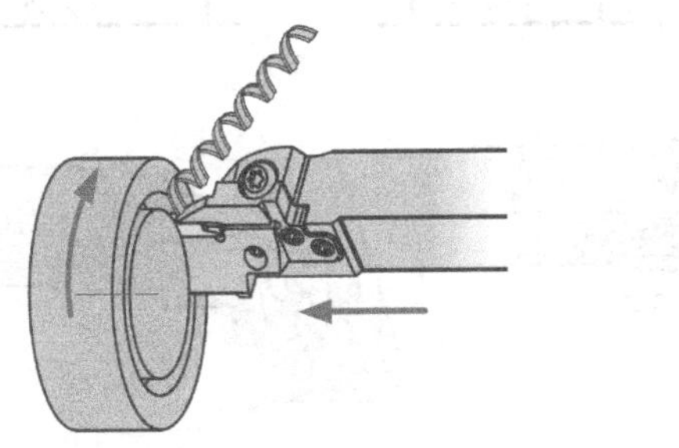

图 2-142　端面浅槽切削

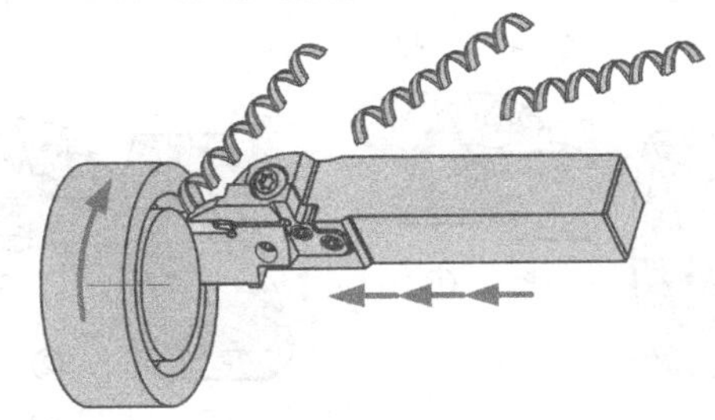

图 2-143　端面深槽切削（啄式进给）

2）宽槽加工，指槽的宽度大于刀片宽度的槽加工。

对于浅槽，多采用车槽方式加工，从外向内车削加工，浅宽槽车削工艺如图 2-144 所示，在深度方向上分三刀车削加工，其切屑多为较短的 C 型切屑。

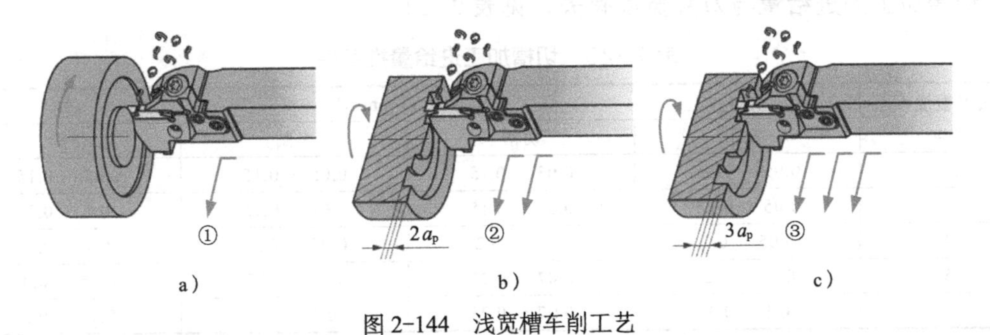

图 2-144　浅宽槽车削工艺

对于深槽，多采用插车切槽方式加工，如图 2-145 所示为深宽槽车削工艺，切屑多为螺旋状。注意，端面插车不同于外圆插车（见图 2-126），其是从外向内逐层连续插车，第 2 刀及其之后的插车背吃刀量一般取 0.6 ～ 0.8 倍的刀片宽度。

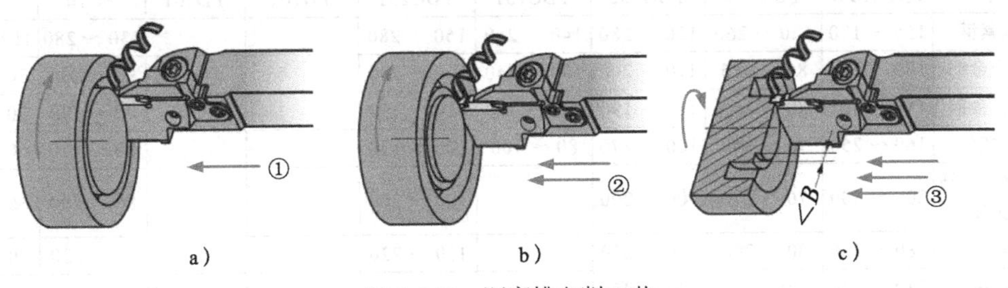

图 2-145　深宽槽车削工艺

3）槽精车加工，对于质量要求较高的端面宽槽加工，多安排一道精车工序，其加工原理与外圆车削相似。宽槽精车削工艺如图 2-146 所示。

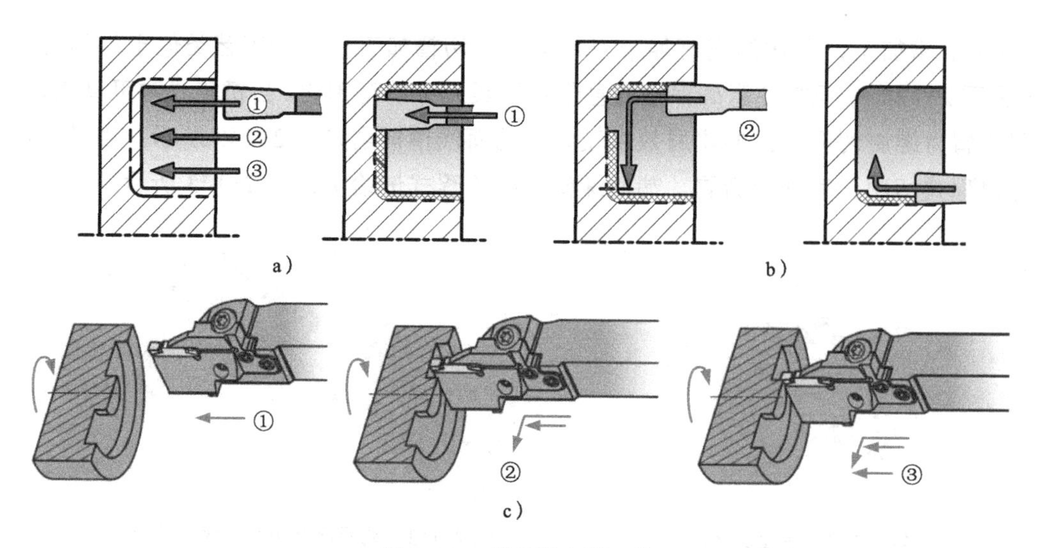

图 2-146　宽槽精车削工艺

a）宽槽粗车刀路　b）宽槽精车刀路　c）宽槽精车加工分解

5. 切削用量选择

切槽加工的进给量与刀片宽度有关，见表 2-20。

表 2-20　切槽加工进给量推荐值

刀片宽度 / mm	进给量 / （mm/r）			
	切断	切槽	车削	仿形
2.5	0.05 ～ 0.15	0.05 ～ 0.15	0.05 ～ 0.15	0.05 ～ 0.15
3	0.05 ～ 0.15	0.05 ～ 0.15	0.07 ～ 0.15	0.1 ～ 0.2
4	0.05 ～ 0.2	0.05 ～ 0.2	0.07 ～ 0.25	0.1 ～ 0.2
5	0.07 ～ 0.2	0.07 ～ 0.22	0.1 ～ 0.25	0.15 ～ 0.3
6	0.1 ～ 0.3	0.07 ～ 0.25	0.1 ～ 0.3	0.15 ～ 0.3

切槽加工的切削速度与刀片材料等有关，表 2-21 为国内某刀具制造商给出的推荐值，供参考。

表 2-21　切槽加工切削速度推荐值

工件材料		硬度 HBW	YBG302	YBG202	YBC151	YBC251	YD101	YD201	YC10	YC40
P	碳素钢	125 ～ 170	120 ～ 260	150 ～ 280	140 ～ 280	150 ～ 280			130 ～ 280	110 ～ 260
	低合金钢	180 ～ 275	80 ～ 175	110 ～ 200	100 ～ 240	110 ～ 200			90 ～ 200	70 ～ 175
	高合金钢	180 ～ 325	80 ～ 160	110 ～ 190	100 ～ 220	110 ～ 190			90 ～ 190	70 ～ 160
	铸钢	160 ～ 250	75 ～ 140	100 ～ 170	80 ～ 160	100 ～ 170			80 ～ 170	60 ～ 140
M	铁素体、马氏体	200 ～ 300	70 ～ 170	100 ～ 200		100 ～ 200			80 ～ 200	60 ～ 170
	奥氏体	180 ～ 300	80 ～ 200	110 ～ 220		110 ～ 220			90 ～ 220	70 ～ 200
K	可锻铸铁	130 ～ 230	100 ～ 200	130 ～ 220				90 ～ 160		
	灰铸铁	180 ～ 220	90 ～ 170	120 ～ 200				80 ～ 140		
	球墨铸铁	160 ～ 250	80 ～ 150	110 ～ 180				60 ～ 140		
N	铝合金						200 ～ 400			

注：表中所列切削用量适用于有切削液加工。对于内圆切削和端面切削，建议切削速度降低 30% ～ 40%。

6. 常见问题及解决措施

切断与切槽过程中，低速时，积屑瘤、后面磨损和切屑处理等是主要问题；高速时，塑性变形、前面和月牙洼磨损等是主要问题。表 2-22 为切断与切槽加工常见问题及解决措施，供参考。

表 2-22　切断与切槽加工常见问题及解决措施

问题与示意图	产生原因	解决措施
后面磨损	切削速度过快，耐磨性低	降低切削速度 选用更耐磨的材质或更硬的刀片
前面磨损（月牙洼）	进给速度过高时温度偏高而形成	使用切削液 选择涂层硬质合金刀片 降低切削速度与进给量
塑性变形	切削过热导致刀片硬度降低	使用切削液 选择更大刀尖圆角半径的刀片 降低切削速度和进给量
崩刃与破损	工件材质过硬，刀片负荷太大 刀片宽度过窄，槽型过弱 刀片材质过脆 不稳定的状况（如振动、刀片偏离中心过多、刀具悬伸过长等） 过高的切削参数	热处理降低工件材质硬度 选择更宽的刀片和更强壮的断屑槽及大的刀尖圆角半径 选择韧性更好的刀片材质 缩短悬伸长度，检查中心高度，降低切削速度和进给量
切削刃热裂纹	切削温度波动造成热应力过大	确保切削液流量的充足和恒定，否则，关闭切削液 降低切削速度和进给量
积屑瘤	切削刃温度过低 刀片槽型或材质选择不当	提高切削速度和 / 或进给量 选择具有更锋利刃口的槽型 选用涂层硬质合金刀片
加工表面质量差	切削速度和进给速度太小 切削系统刚性差产生加工振动 切深过浅（小于切削刃圆角）	高切削速度，适当加大进给量 使用切削液 提高切削系统刚性

2.5　螺纹车刀结构分析与应用

螺纹是机械工程中常见的几何特征之一，是在圆柱或圆锥母体表面上制出的沿着螺旋线形成的具有特定截面（牙型）的连续凸凹的几何结构。螺纹车削加工是中、小型工件上制作螺纹的常见方法之一，其是基于成形车削的原理，利用专用的螺纹车刀，在圆柱（锥或平面）上切除材料获得所需螺纹的几何特征，其牙型截面与车切削刃口吻合（基本相等）。

2.5.1 螺纹及螺纹车刀基础知识

1．螺纹基础知识

螺纹按母体形状不同分为圆柱螺纹、圆锥螺纹和端面（涡形）螺纹；按其在母体所处位置分为外螺纹、内螺纹；按其截面形状（牙型）分为三角形米制螺纹、管螺纹、矩形螺纹、梯形螺纹、锯齿形螺纹及其他特殊形状螺纹；按牙的大小分为粗牙螺纹和细牙螺纹等；按螺纹旋转方向分为左旋和右旋螺纹，右旋螺纹应用广泛；按螺旋线（又称为头）的数量多少分为单线、双线与多线（一般不超过4线）；按用途不同分为紧固螺纹、管螺纹、传动螺纹、专用螺纹等。

螺纹的主要几何参数（见图2-147）如下。

1）大径（外螺纹 d 或内螺纹 D）：与外螺纹牙顶或内螺纹牙底相重合的假想圆柱体直径。螺纹的公称直径即大径。

2）小径（外螺纹 d_1 或内螺纹 D_1）：与外螺纹牙底或内螺纹牙顶相重合的假想圆柱体直径。

3）中径（外螺纹 d_2 或内螺纹 D_2）：素线通过牙型上凸起和沟槽两者宽度相等的假想圆柱体直径。

4）线数（n）：形成螺纹的螺旋线数量。

5）螺距（P）：相邻牙在中径线上对应两点间的轴向距离。

6）导程（P_h）：同一螺旋线上相邻牙在中径线上对应两点间的轴向距离，$P_h=Pn$

7）牙型角（α）：螺纹牙型上相邻两牙侧间的夹角。

8）螺纹升角（ϕ）：中径圆柱上螺旋线的切线与垂直于螺纹轴线的平面之间的夹角，$\phi=\arctan(P_h/\pi d_2)$。

螺纹的公称直径一般以大径表示。螺纹已标准化，有米制和寸制两种。国际标准采用米制，我国也采用米制。

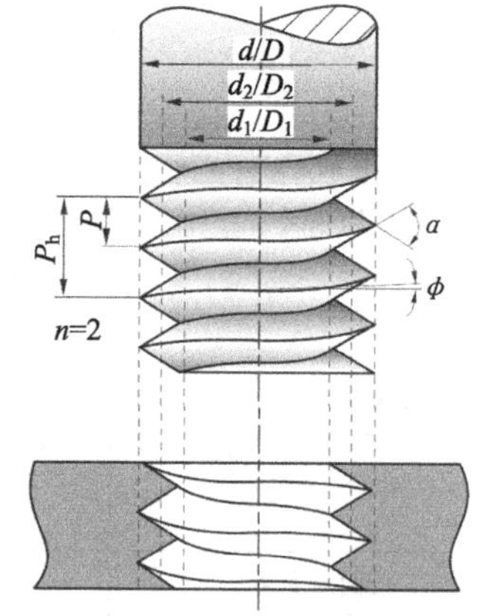

图2-147 螺纹主要参数

2．螺纹车刀的加工特点

（1）成形加工特点　螺纹车削属成形车削加工，其牙型截面主要由刀具切削部分的形状保证，常见的牙型主要有普通米制螺纹（紧固连接）、管螺纹（管件连接、密封和非密封）和梯形螺纹（机械传动）等。螺纹车削加工如图2-148所示。与普通车削类似，螺纹车削也分为外螺纹车削、内螺纹车削。车刀结构上，数控螺纹车刀设计也是采用机夹可转位不重磨型式，典型的螺纹车刀刀片为图2-15所示的平装三切削刃结构。

（2）螺纹车刀切削刃特点　螺纹车刀的切削刃形状是保证刀片牙型的关键，根据加工质量和效率等要求的不同，切削刃齿形可设计成全牙型、泛牙型和多齿型等，如图2-149所示。

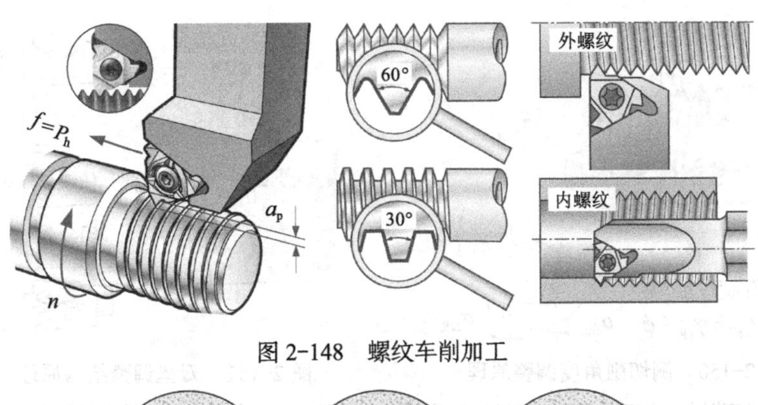

图 2-148　螺纹车削加工

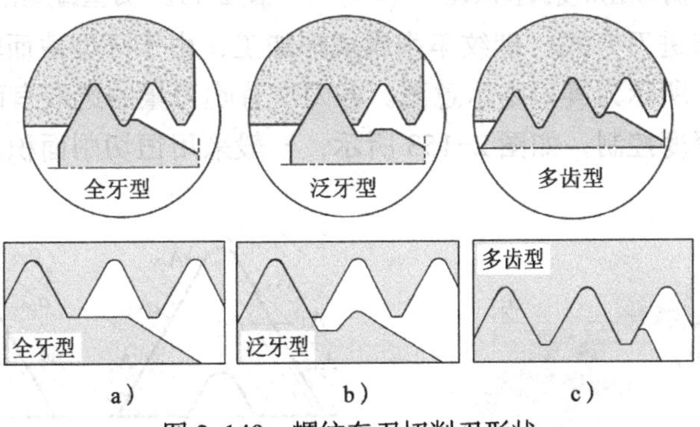

图 2-149　螺纹车刀切削刃形状

三种切削刃形状的特点分析：

1）泛牙型又称 V 牙型或局部牙型切削刃，其仅保证牙型角，不加工牙顶，通过控制切入深度可适应一定范围的不同螺距螺纹的加工，因此，可降低刀具库存从而降低生产成本。由于未加工牙顶，因此螺纹加工之前对螺纹大径或小径的加工精度要求稍高。另外，刀片刀尖圆角是以最小螺距的刀尖半径考虑，因此，刀具寿命相对较短。

2）全牙型切削刃是首选和常用的形状，其加工效率高，能确保正确的深度（牙型高度）、牙底和牙顶直径等，对螺纹车削前的坯料直径要求相对较低，所加工螺纹的强度较高。不足之处是每一螺距和牙型都单独需要一种刀片。为获得完整的牙型，牙顶一般预留 0.03 ～ 0.07mm 精加工余量。另外，这种刀片刀尖圆角一般比泛牙型切削刃更大，因此所需的走刀次数较少。

3）多齿型切削刃是在全牙型基础上增加了一个预加工刃，因此可减少螺纹加工的走刀次数，适合大批量生产的高效率螺纹加工。多齿型加工时的切入、切出长度应适当增加，切削力较大，要求刀具和机床的刚性较好。

（3）工作角度的变化与处理　由于螺纹车削的进给量恒等于螺纹的导程（或单牙螺纹的螺距），远大于普通外圆或内孔车削的进给量，为保证左、右切削刃工作角度的相等或相近，整体式螺纹车刀是通过调整左、右切削刃的刃磨角度实现，而机夹式螺纹车刀则是通过刀片偏转一个适当角度 ϕ 实现。侧切削角度调整原理如图 2-150 所示，具体来说就是更换不同角度 ϕ 的刀垫实现，各厂家给出的刀垫偏转角度略有差异。图 2-151 所示为刀垫调整结构原理，有 −2° ～ 4° 共 7 种刀垫供选用，标准刀垫为 1° 。

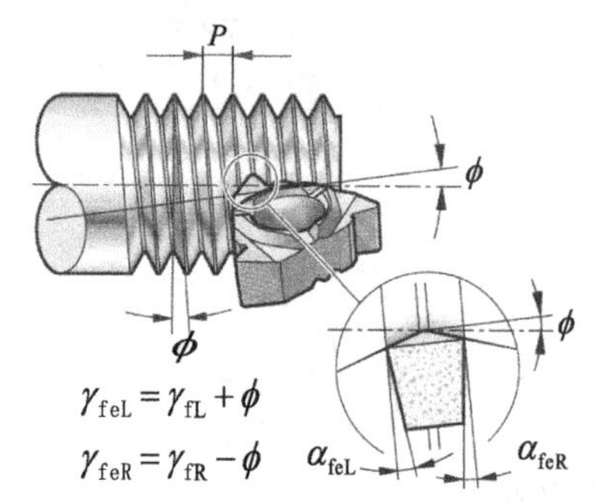

图 2-150　侧切削角度调整原理

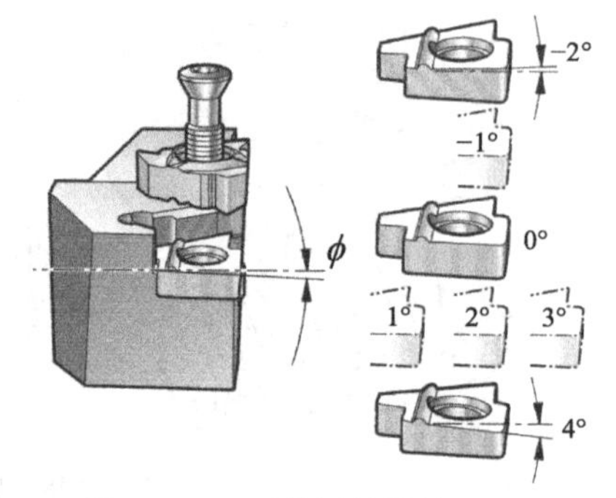

图 2-151　刀垫调整结构原理

（4）多刀切削与进刀方式　螺纹车削属成形加工，由于牙型截面较大，一般均需多刀切削而成，图 2-152 所示为其刀路示意图。各刀次背吃刀量的选取有两种方案——恒切削面积控制与恒切削深度控制，如图 2-153 所示，一般采用恒切削面积控制，可较好地保持切削力的稳定。

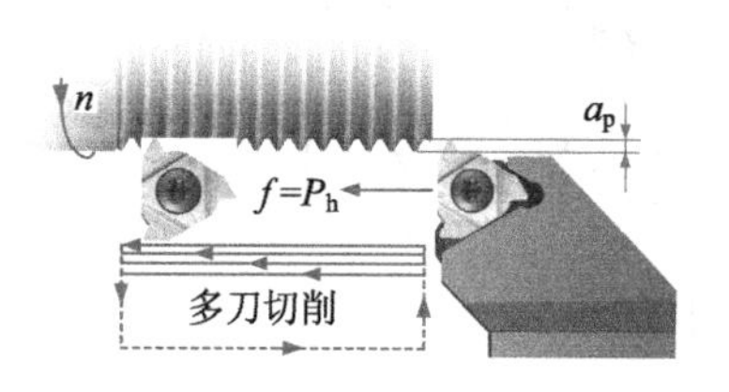

图 2-152　螺纹切削多刀车削刀路示意图

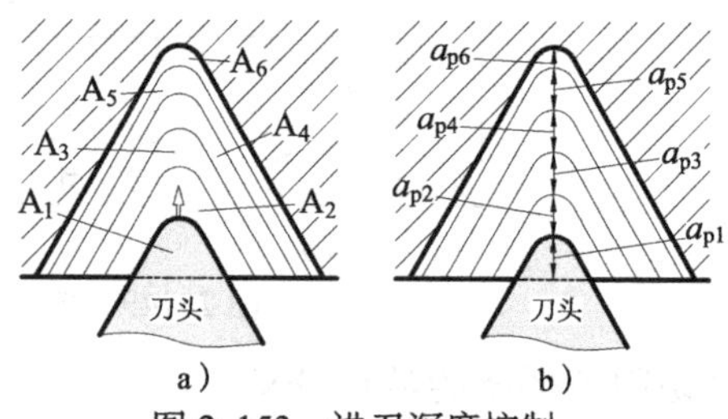

图 2-153　进刀深度控制

a）恒切削面积　b）恒切削深度

进刀方式也有多种，如图 2-154 所示。径向进刀（见图 2-154a）是基础的进给方式，编程简单，左、右切削刃后面磨损均匀，牙型与刀头的吻合度高，但切屑控制困难，可能产生振动，刀尖处负荷大且温度高。适合小螺距（导程）螺纹的加工以及多刀切削最后一刀的精加工。侧向进刀（见图 2-154b）属较为基础的进刀方式，有专用的复合固定循环指令编程，可降低切削力，切屑排出控制方便，但由于纯单侧刃切削，左、右侧切削刃磨损不均匀，右侧后面磨损大。适合稍大螺距（导程）螺纹的粗加工。改进式侧向进刀（见图 2-154c）由于进刀方向的略微变化，使得右侧切削刃也参与一定程度的切削，一定程度上抑制了右侧后面的磨损，减小了切削热，改善了侧向进刀的不足。左右侧交替进刀（见图 2-154d）的特点是左、右切削刃磨损均匀，能延长刀具的寿命，切屑排出控制方便，不足之处是编程稍显复杂。适用于大牙型、大螺距螺纹的加工，梯形螺纹车削加工常用这种进刀方式，在编程能力许可的情况下推荐使用。

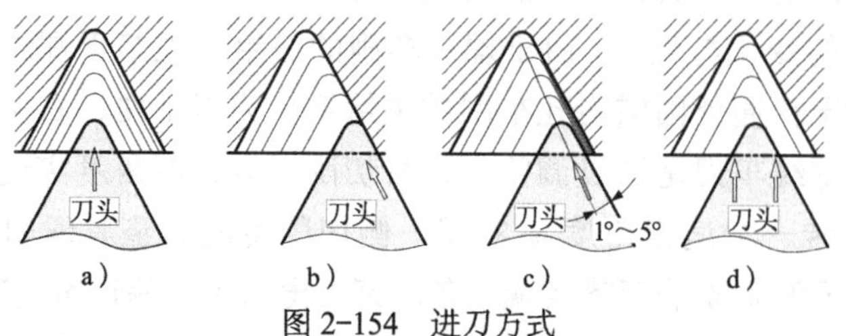

图 2-154　进刀方式

a）径向进刀　b）侧向进刀　c）改进式侧向进刀　d）左右侧交替进刀

（5）螺纹车削加工方式分析　螺纹车削加工方式与螺纹的旋向以及内、外螺纹有关，图 2-155 所示为右、左旋外、内螺纹车削加工时主轴转向、进给方向和右 / 左手螺纹车刀车削方式。图 2-155a 所示为右旋外螺纹前、后置刀架车床螺纹车削加工方式示例，前置刀架车床选用右手外螺纹车刀，主轴正转（M03），车刀运动方向接近卡盘，而后置刀架车床选用左手外螺纹车刀，主轴反转（M04），车刀运动方向远离卡盘。图 2-155c 所示为右旋内螺纹前、后置刀架车床螺纹车削加工方式示例，前置刀架车床选用右手内螺纹车刀，主轴正转（M03），车刀运动方向接近卡盘，而后置刀架车床选用左手内螺纹车刀，主轴反转（M04），车刀运动方向远离卡盘。

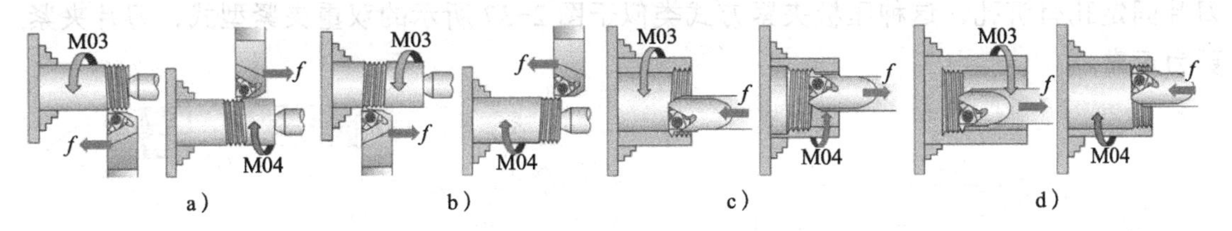

图 2-155　螺纹车削加工方式

a）右旋外螺纹　b）左旋外螺纹　c）右旋内螺纹　d）左旋内螺纹

图 2-155 所示车削加工时，刀具接近卡盘方向进给运动时，刀片安装刚性较好，不足之处是内螺纹加工排屑效果稍差。内螺纹车削时，刀具进给方向远离卡盘移动时，内螺纹加工排屑较好。螺纹车削加工时，还有刀杆反装的车削方式，见图 2-162。

2.5.2　常用螺纹车刀的结构分析

典型螺纹车刀的结构可认为有两种来源模式：一是来源于平装结构的外 / 内圆车刀，其刀片一般为 3 刃可转位平装刀片型式，见图 2-15；二是基于切槽刀结构发展而来的结构型式，其刀片一般为立装式结构，见图 2-19。

与切断和切槽刀相同的是，机夹式螺纹车刀及其刀片国家标准的制订远落后于螺纹车刀的发展现状。现行的国家标准基本未涉及机夹可转位不重磨螺纹车刀。学习与选用螺纹车刀基本按刀具制造商提供的资料进行。由于各刀具制造商关于机夹式螺纹车刀及其刀片的型号编制规则各不相同，因此，以下撇开其型号编制规则，仅介绍与分析当前主流的机夹式螺纹车刀及其新发展。

1．平装刀片式的螺纹车刀结构分析

平装刀片式机夹可转位螺纹车刀主要分为外螺纹和内螺纹车刀两大类，结构型式与外圆和内孔车刀基本相同，仅刀片型式相差较大。

（1）平装式外螺纹车刀结构分析　与外圆车刀结构相似，其主要几何参数包括：刀尖高度 h_1、刀尖位置 f、刀具长度 l_1、刀杆截面宽度 b 和高度 h 等，也有刀具制造商提供了刀尖位置参数（见图 2-157 中的刀尖放大图）。由于这种螺纹刀片的法后角一般均为

0°，因此，刀杆上的刀片装夹一般均有一个前倾角 γ_f，实际切削时的前角更多的是通过前刀片的断屑槽实现，多为 0°，以便于切削刃廓线的设计。机夹式螺纹车刀刀片的夹紧方式主要有螺纹夹紧与压板夹紧两种。另外要注意的是，外 / 内螺纹刀片与左 / 右切削方向的不同其刀片结构是有差异的（见图 2-17）。

图 2-156 所示为某外螺纹车刀结构，刀片为螺钉夹紧，螺纹车刀的刀垫不仅起到保护刀杆的作用，还可选用不同倾角 θ 的刀垫调整工作角度。

图 2-157 所示为某压板夹紧外螺纹车刀图例，其几何参数表达更为丰富。C 型挡圈卡扣在夹紧螺钉螺纹上部的沟槽中，松开夹紧螺钉的同时可提起压板，便于操作。由于刀片固定孔有沉孔，这种压板夹紧方式类似于图 2-37 所示的双重夹紧型式，刀片夹紧更为可靠。

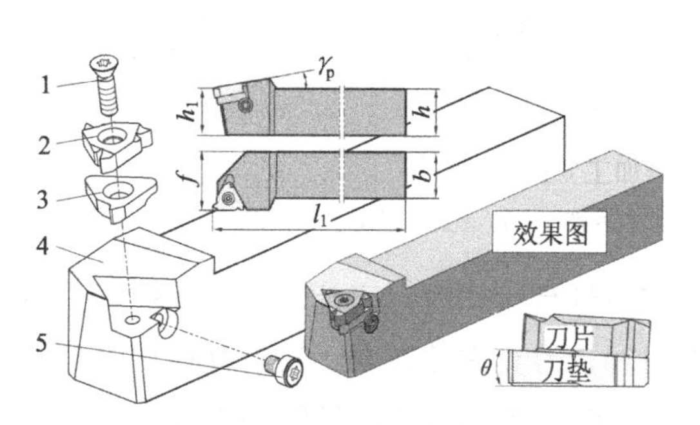

图 2-156　螺钉夹紧外螺纹车刀图例

1—夹紧螺钉　2—刀片　3—刀垫
4—刀杆　5—刀垫螺钉

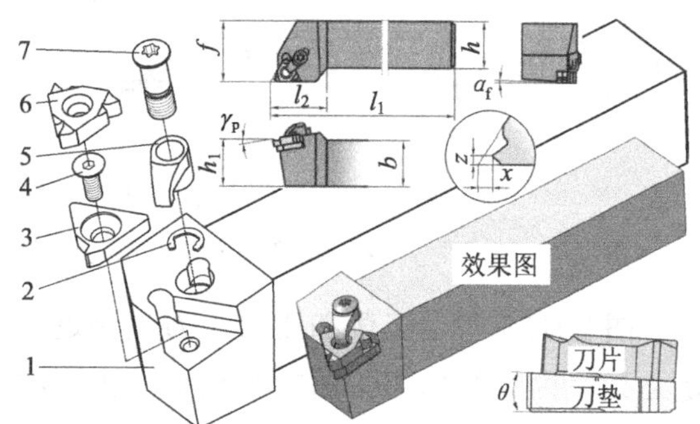

图 2-157　压板夹紧外螺纹车刀图例

1—刀杆　2—C 形挡圈　3—刀垫　4—刀垫螺钉
5—压板　6—刀片　7—夹紧螺钉

（2）平装式内螺纹车刀结构分析　平装式内螺纹车刀的夹紧方式主要是螺钉夹紧与压板夹紧两种。图 2-158 所示为某螺钉夹紧内螺纹车刀图例，其刀具结构与内螺纹车刀类似，几何参数见图 2-158。图 2-158 所示内螺纹车刀刀杆的削平面有三个，构造出了截面尺寸 h、b 和 d，D_{min} 指能够车削的最小螺纹孔径，也可选用倾斜的刀垫调整工作角度。

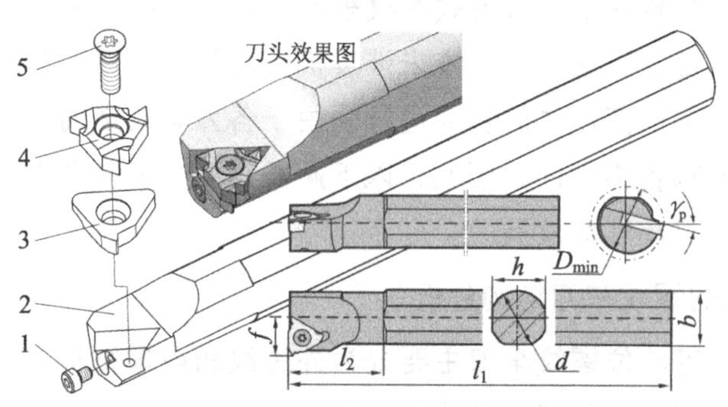

图 2-158　螺钉夹紧内螺纹车刀图例

1—刀垫螺钉　2—刀杆　3—刀垫　4—刀片　5—夹紧螺钉

图 2-159 所示为某压板夹紧内螺纹车刀图例，该车刀为内冷却结构，件 6 为切削液调节螺钉，其可调节喷射出切削液的流量甚至关闭。其刀杆以圆截面为主，上、下面切

削出平面，便于刀具安装并找正水平，故刀杆截面参数有 d 和 h。

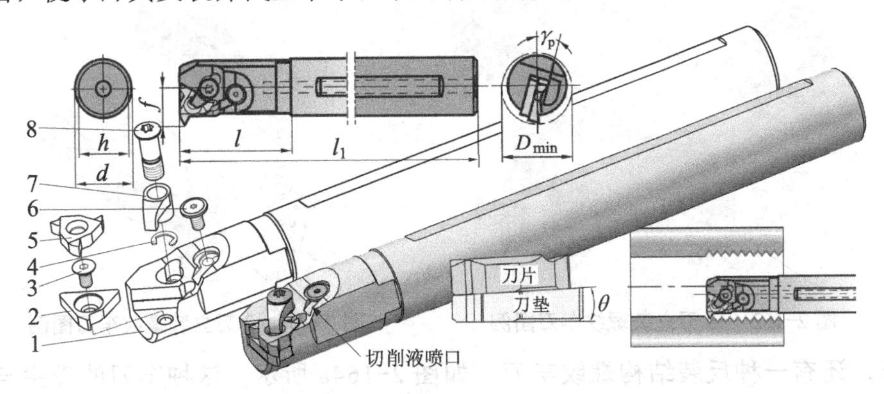

图 2-159　压板夹紧内螺纹车刀图例

1—刀杆　2—刀垫　3—刀垫螺钉　4—C 型挡圈　5—刀片　6—切削液调节螺钉　7—压板　8—夹紧螺钉

2．立装刀片型式的螺纹车刀结构分析

立装刀片机夹式螺纹车刀的结构与相关切槽车刀的结构类似，仅刀片刃口廓形不同。

图 2-160 和图 2-161 所示的外 / 内螺纹车刀与图 2-116 和图 2-117 所示的外圆 / 内孔切槽车刀，其刀杆基本通用，刀片的夹紧原理与方式相同，仅刀片切削刃口廓线不同。图 2-160 中刀杆上安装的是全牙型螺纹刀片，刀具外部是可装卸的其他刀片，从左至右分别为泛牙型三角牙型、梯形牙型螺纹刀片和切槽刀片。图 2-160 右下角放大图显示压紧力 F 压在刀片顶面斜凹槽上会产生分力 F_1 和 F_2，使得刀片可靠的与三个定位面接触，实现刀片的可靠安装。图 2-161 等同于图 2-117 的槽刀片更换为螺纹刀片获得内螺纹车刀。

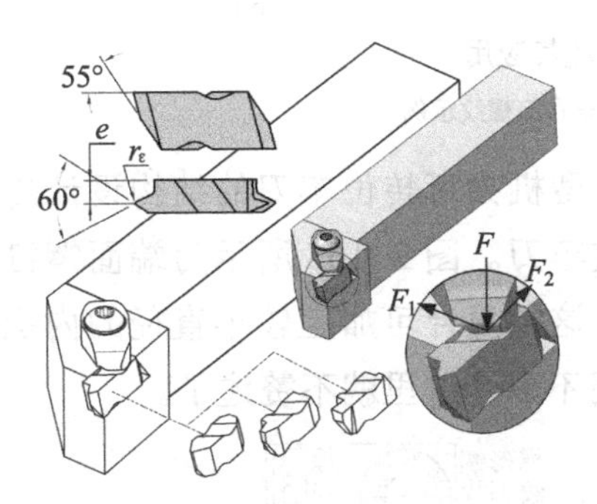

图 2-160　顶面斜凹槽夹紧外螺纹车刀图例

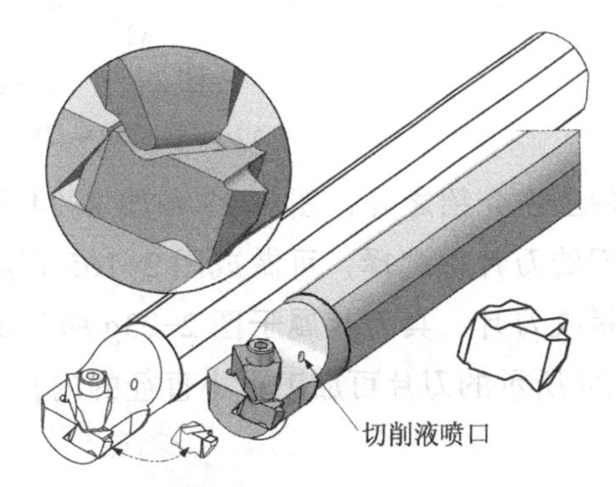

图 2-161　顶面斜凹槽夹紧内螺纹车刀图例

图 2-162 所示为 10 刃立装螺纹车刀图例，其设计思想与图 2-113、图 2-114 所示的切槽刀图例相同，但刀片设计更为巧妙，刀片除可以绕轴线旋转，还可翻面，形成了多达 10 条切削刃，其性价比极高，刀片制作时分别在两个面刻出数字 0 ～ 4 和 5 ～ 9，便于辅助转位记录。

由以上图例可见，切槽刀刀片的刃口变换均可制作出螺纹车刀。图 2-163 所示为 2 刃立装螺纹车刀图例。

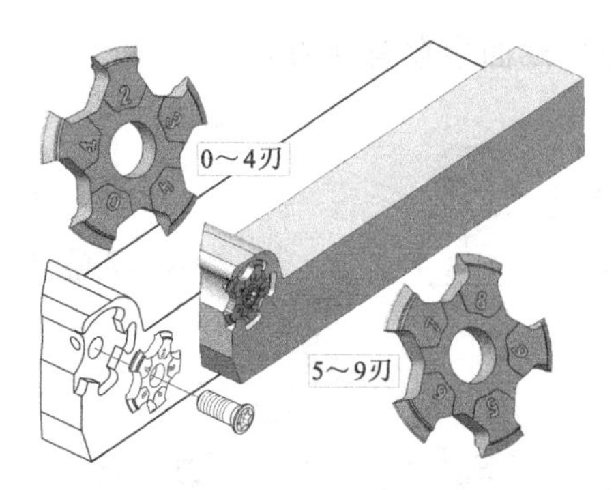

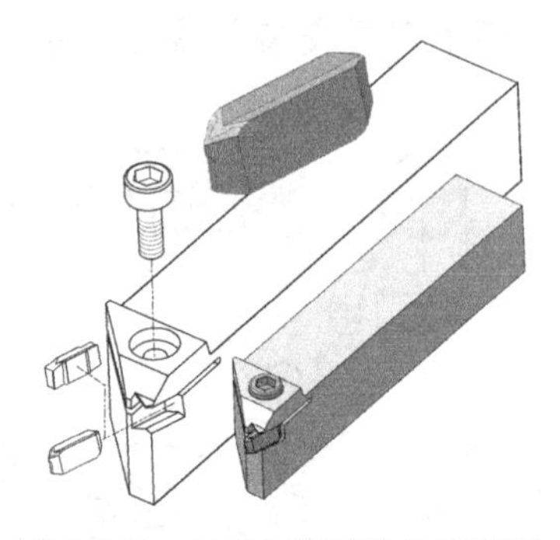

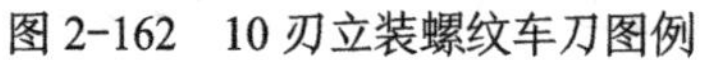

图 2-162　10 刃立装螺纹车刀图例　　图 2-163　2 刃立装螺纹车刀图例

另外，还有一种反装结构螺纹车刀，如图 2-164a 所示，这种车刀的刀尖与刀杆下表面等高，在后置刀架上反装后刀尖正好通过工件中心。图 2-164b 所示为其应用图例，其对应图 2-155a 左图的右旋螺纹车削，当其采用反装螺纹车刀并反装在后置刀架上，则其进给方向与正装车刀相同（注意其与图 2-155a 右图的差异）。

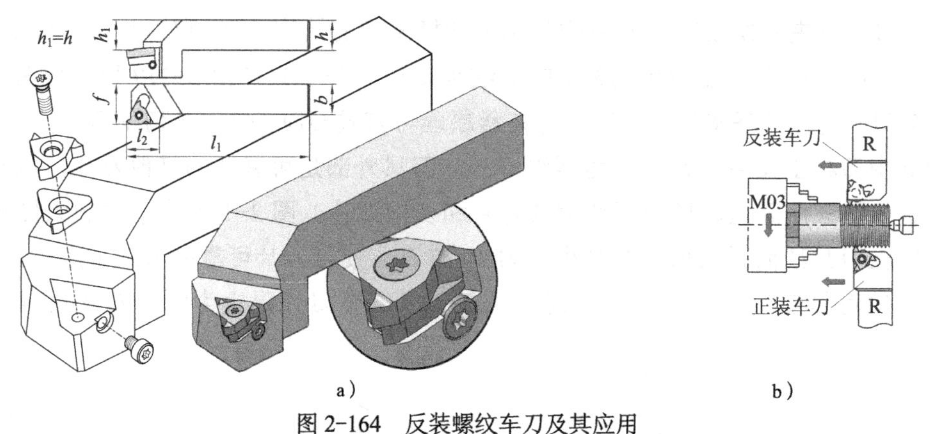

图 2-164　反装螺纹车刀及其应用

a）反装外螺纹车刀结构型式　b）车右旋螺纹示例

除上述介绍之外，图 2-23 和图 2-24 所示的小型机夹可转位车刀的结构设计均有螺纹车刀的刀片供选择，可做成图 2-165 相应的螺纹车刀。图 2-165 所示为端面螺钉夹紧式内螺纹刀片，其刀片属于图 2-23g 所示的刀片，这种刀片可加工较小直径的内螺纹。图 2-24 所示的刀片可加工更小直径的内孔，但应用不多，这里就不赘述了。

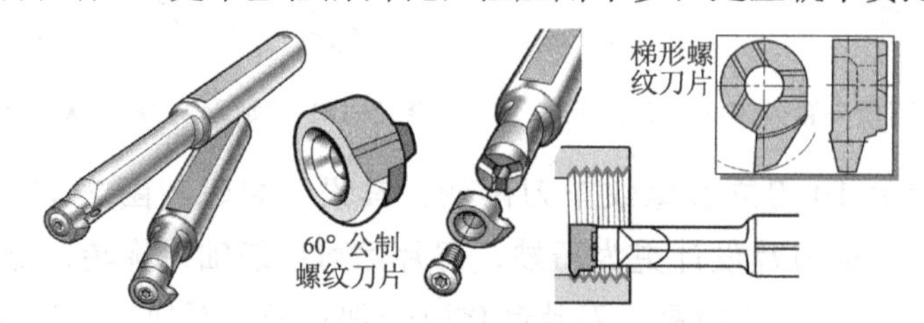

图 2-165　端面螺钉夹紧式内螺纹刀片

2.5.3　螺纹车刀的应用及注意事项

螺纹车刀应用时主要考虑以下问题。

1．螺纹车削加工方式的选择

车削螺纹时首先要熟悉螺纹的切削方式，见图2-155。要考虑的因素包括外/内螺纹、螺纹旋向（左/右旋）、机床刀架位置（前置/后置刀架）等。例如，最常见的右旋外螺纹、前置刀架车床车削加工，常选择图2-155a左图所示的加工方式，即右手螺纹车刀，主轴正转，刀具进给方向朝向主轴。若是后置刀架机床，则必须按图2-155a右图加工，即左手螺纹车刀，主轴反转，刀具进给方向远离主轴。当然，对于后置刀架机床加工右旋外螺纹，也可考虑选用反装右手外螺纹车刀加工，见图2-164，这时主轴正转，刀具进给方向则是朝向主轴。

同理，常见的右旋内螺纹、前置刀架车床车削加工，则选用图2-125c左图，即右手螺纹车刀，主轴正转，刀具进给方向朝向主轴。这种加工方式生成的切屑是朝向孔底，若为通孔螺纹车削，则切削从主轴后端排出，问题不大，若为不通孔车削，图2-125c右图的加工方式似乎更好，即后置刀架车床车削加工，其切屑流向是朝向孔口外，排屑更为顺畅，但这时需选择左手螺纹车刀，主轴反转，刀具进给方向远离主轴。当然，图2-125c左图切削方式，选用内冷却刀杆，见图2-159和图2-161，其切削可从刀杆内从切削液喷口喷向刀尖部位，同时不通孔加工时切削液只能从孔口流出，具有辅助排屑的效果，见图2-53。

2．螺纹车刀的选择

螺纹车削加工主要为外螺纹与内螺纹加工，作为车削刀具，按切削方向不同，可分为右手刀（R）和左手刀（L）之分，同时要注意，其有相应切削方向的刀片匹配，见图2-17，这里不再赘述。螺纹车刀选择时分两方面考虑——刀片与刀杆。

（1）螺纹刀片的选择　首先是切削刃形状与刀片结构，一般加工主要在全牙型与泛牙型之间考虑，见图2-149。选择泛牙型刀片，刀片通用性较好，性价比高，应用较多，若更注重牙型质量，则考虑选择全牙型刀片。从市场购买性看，选用平装式机夹可转位不重磨刀片较好。其次，选择刀片的同时需关注刀片的主要参数，见图2-15，主要是刀片尺寸 d，虽然其与刀杆的选择相关，但遇到两种以上选择时，可考虑多种刀杆选择同一种规定尺寸 d 的刀片，便于通用。当然，必要时关注一下刀尖位置参数 x 和 z，对数控加工编程与对刀有所帮助。第三，螺纹刀片前面断屑槽的型式也是不容忽视的项目，这一点只能参照刀具制造商提供的资料选择。需要提醒注意的是，内、外螺纹刀片是不能混用的。

（2）刀杆的选择　主要依据机床刀架而定，市场上安装方截面刀杆的刀架较为常见，外螺纹车刀一般直接按机床说明书的规格选择，内螺纹参见内孔车刀的原理选择即可。特定接口刀架的选择，类似于数控铣床的刀柄选择原理。要注意所使用车床刀架上是否有切削液供应接口，如何实现内冷却刀杆的供液，必要时选择具有内冷却功能的车刀刀杆。

3．刀垫选择

刀垫是用于调整工作角度变化的部件，其调整原理见图2-151。默认标准刀垫的偏

转角 ϕ 一般为 1°～1.5°（各刀具制造商给出的推荐值略有差异），另外，提供一定数量不同偏转角 ϕ 的刀垫供选择，角度增量一般为 1°，个别刀具制造商还提供有 0.5° 增量规格的刀垫。刀垫的选择有两种方法，如下所述：

（1）计算法　按升角计算公式 $\phi=\arctan(P_h/\pi d_2)$ 计算，然后选择。

（2）图表法　刀垫选择如图 2-166 所示，根据工件直径 D 和螺距 P，借助图表查询升角，然后选择刀垫。大于 5° 升角的螺纹不宜用车削的方法加工（可采用螺纹铣削加工），刀具制造商不提供可选附件，除非定制，标准刀垫一般做成 1° 或 1.5°。

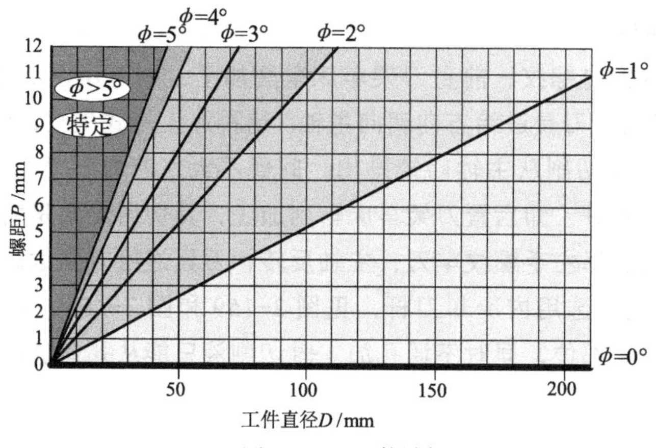

图 2-166　刀垫选择

注意：

1）实际选择时以刀具制造商提供的刀垫规格进行选择，各刀具制造商提供的刀垫规格、数量等略有差异，如图 2-151 所示为增量为 1° 的刀垫套件，也有刀具制造商刀垫规格为 -1.5°、-0.5°、0°、0.5°、1.5°、2.5°、3.5°、4.5°。当然，刀具制造商产品样本上一般也具有刀垫选择图表。

2）内螺纹加工时刀垫角度与图 2-166 数值相同，符号相反，即为负值。

4．多刀切削进刀深度问题

螺纹车削一般均需多刀车削，其必须掌握的知识如下：

（1）螺纹车削多刀切削基本原理　螺纹车削属于成形车削加工，若一刀车削出来必然导致切削面积 A_c 太大，故螺纹车削加工一般均需多刀车削加工完成，见图 2-152；为保证切削过程的稳定，一般采用恒切削面积切削法，见图 2-153。

（2）多刀切削进刀深度的控制　由于螺纹车削多为恒面积车削原理，因此每一刀切削深度是逐渐减小的。但要注意的是，由于刀具切削刃钝圆半径 r_n 的存在，最小切削深度不宜太小，一般不小于 0.05～0.1mm，韧性大的难加工材料取大值。

多刀切削深度的确定方法有两种，如下所述：

1）计算法。按照恒切削面积切削的原理的计算公式为

$$\Delta a_{pn}=\frac{a_p}{\sqrt{n_{ap}-1}}\sqrt{K}$$

式中　Δa_{pn}——第 n 刀的背吃刀量；

a_p——总背吃刀量（牙型深度）；

n_{ap}——总走刀次数；

K——第 1 刀取 0.3，第 2 刀后取“2–1”，第 3 刀后的第 n 刀为“n–1”。

对于螺纹车削，车削加工的总背吃刀量 a_p（牙型高度）约 6/8 倍牙型高度 H，大约等于 0.649 倍的螺距 P，即 a_p=0.649P。

总走刀次数 n_{ap} 按经验确定，可参照表 2–23 的推荐值选取。

表 2–23　螺纹加工总走刀次数推荐值

螺距 /mm	0.50 ～ 0.80	1.00	1.25 ～ 1.50	1.75 ～ 2.00	2.50	3.00 ～ 3.50	4.00 ～ 5.00	5.50 ～ 6.00
次数 /n_{ap}	4	5	6	8	10	12	14	16

例如某米制螺纹，螺距为 2mm，牙型高度为 1.299mm，则其计算过程如下：

首先，由表 2–23 可知，总走刀次数 n_{ap} 可取 8 次。然后按公式计算，计算过程与结果见表 2–24。

表 2–24　走刀顺序与背吃刀量计算结果

走刀顺序 n	背吃刀量计算值 Δa_{pn}/mm	实际背吃刀量（半径值）$[\Delta a_{pn}-\Delta a_{p(n-1)}]$/mm	实际进给量（直径值）$2[\Delta a_{pn}-\Delta a_{p(n-1)}]$/mm
第 1 刀	$\Delta a_{p1}=\frac{1.299}{\sqrt{8-1}}\times\sqrt{0.3}=0.269$	0.269	0.538
第 2 刀	$\Delta a_{p2}=\frac{1.299}{\sqrt{8-1}}\times\sqrt{2-1}=0.491$	0.222	0.484
第 3 刀	$\Delta a_{p3}=\frac{1.299}{\sqrt{8-1}}\times\sqrt{3-1}=0.694$	0.203	0.406
第 4 刀	$\Delta a_{p4}=\frac{1.299}{\sqrt{8-1}}\times\sqrt{4-1}=0.850$	0.156	0.312
第 5 刀	$\Delta a_{p5}=\frac{1.299}{\sqrt{8-1}}\times\sqrt{5-1}=0.981$	0.132	0.264
第 6 刀	$\Delta a_{p6}=\frac{1.299}{\sqrt{8-1}}\times\sqrt{6-1}=1.097$	0.116	0.232
第 7 刀	$\Delta a_{p7}=\frac{1.299}{\sqrt{8-1}}\times\sqrt{7-1}=1.202$	0.105	0.210
第 8 刀	$\Delta a_{p8}=\frac{1.299}{\sqrt{8-1}}\times\sqrt{8-1}=1.298$	0.096	0.192

2）查表法，以上计算方法较为繁琐，刀具制造商一般会按以上原理制作出表格供用户快速确定，表 2–25 所示为某刀具制造商推荐的 60°牙型角外螺纹车削时进给走刀次数与每刀背吃刀量，供参考。

表 2-25　60° 牙型角外螺纹车削时进给走刀次数与每刀背吃刀量推荐值　（单位：mm）

螺距		0.5	0.6	0.7	0.75	0.8	1.0	1.25	1.5	1.75	2.0	2.0	3.0	3.5	4.0	4.5	5.0	5.5	6.0
牙型深度		0.34	0.40	0.47	0.50	0.54	0.67	0.80	0.94	0.114	0.128	0.158	0.189	0.220	0.250	0.280	0.312	0.341	0.372
进给走刀次数与每刀背吃刀量（半径值）	16																	0.10	0.10
	15																	0.12	0.12
	14														0.08	0.10	0.10	0.13	0.14
	13														0.11	0.12	0.12	0.13	0.15
	12												0.08	0.08	0.12	0.13	0.15	0.15	0.16
	11												0.10	0.11	0.12	0.14	0.16	0.16	0.18
	10											0.08	0.11	0.12	0.13	0.15	0.17	0.17	0.19
	9											0.11	0.12	0.14	0.14	0.16	0.18	0.18	0.20
	8									0.08	0.08	0.11	0.12	0.14	0.15	0.17	0.19	0.19	0.21
	7									0.10	0.11	0.12	0.13	0.15	0.16	0.18	0.20	0.20	0.22
	6							0.08	0.08	0.10	0.12	0.13	0.14	0.17	0.17	0.20	0.22	0.22	0.24
	5						0.08	0.10	0.12	0.12	0.14	0.15	0.16	0.18	0.19	0.22	0.24	0.24	0.27
	4	0.07	0.07	0.07	0.07	0.08	0.11	0.11	0.14	0.14	0.16	0.17	0.18	0.21	0.22	0.24	0.27	0.27	0.30
	3	0.07	0.08	0.10	0.11	0.12	0.13	0.14	0.17	0.17	0.18	0.20	0.21	0.25	0.25	0.28	0.32	0.32	0.35
	2	0.09	0.11	0.14	0.15	0.16	0.16	0.17	0.21	0.21	0.24	0.24	0.26	0.31	0.32	0.34	0.39	0.40	0.43
	1	0.11	0.14	0.16	0.17	0.18	0.19	0.20	0.22	0.22	0.25	0.27	0.28	0.34	0.34	0.37	0.41	0.43	0.46

表 2-26 为某刀具制造商推荐的 60° 牙型角内螺纹车削时进给走刀次数与每刀背吃刀量，供参考。

表 2-26　60° 牙型角内螺纹车削时进给走刀次数与每刀背吃刀量推荐值（单位：mm）

螺距		0.5	0.6	0.7	0.75	0.8	1.0	1.25	1.5	1.75	2.0	2.0	3.0	3.5	4.0	4.5	5.0	5.5	6.0
牙型深度		0.34	0.38	0.44	0.48	0.51	0.63	0.77	0.90	0.107	0.120	0.149	0.177	0.204	0.232	0.262	0.289	0.320	0.346
进给走刀次数与每刀背吃刀量（半径值）	16																	0.10	0.10
	15																	0.12	0.12
	14														0.08	0.10	0.10	0.12	0.13
	13														0.10	0.11	0.12	0.13	0.14
	12												0.08	0.08	0.10	0.12	0.14	0.14	0.15
	11												0.09	0.10	0.11	0.12	0.14	0.14	0.15
	10											0.08	0.10	0.11	0.12	0.13	0.15	0.15	0.16
	9											0.10	0.10	0.12	0.12	0.14	0.15	0.16	0.18
	8									0.08	0.08	0.10	0.11	0.13	0.13	0.15	0.16	0.17	0.19
	7									0.09	0.10	0.11	0.12	0.14	0.14	0.16	0.17	0.18	0.20
	6							0.08	0.08	0.09	0.11	0.12	0.13	0.15	0.15	0.19	0.20	0.20	0.22
	5						0.08	0.09	0.11	0.10	0.12	0.13	0.14	0.17	0.18	0.21	0.22	0.22	0.24
	4	0.07	0.07	0.07	0.07	0.07	0.09	0.10	0.13	0.13	0.14	0.15	0.16	0.19	0.21	0.23	0.25	0.26	0.28
	3	0.07	008	0.08	0.10	0.11	0.11	0.13	0.15	0.15	0.17	0.18	0.20	0.23	0.24	0.27	0.30	0.32	0.35
	2	0.09	0.11	0.13	0.14	0.15	0.16	0.17	0.21	0.21	0.23	0.25	0.26	0.30	0.31	0.33	0.38	0.38	0.41
	1	0.11	0.12	0.16	0.17	0.18	0.19	0.20	0.22	0.22	0.25	0.27	0.28	0.32	0.33	0.36	41	0.41	0.44

注意：

① 表 2-26 中所列的背吃刀量适用于常见中等硬度的碳素钢材料，材料强度大时需增大进给走刀次数，并减小切削背吃刀量。

② 螺距减小则切削速度应相应减小，反之亦然。

（3）多刀切削的思考　由以上分析可见，计算值与查表值略有差异。其实不需多虑，实际上各刀具制造商的推荐也是存在差异的。事实上，以上推荐值主要是保证多刀切削时切削力的稳定，少量的差异对切削力的变化影响不大，更不会影响螺纹的径向尺寸，因为数控加工径向尺寸的保证是可以通过调整刀具 X 向位置补偿参数保证，且只与最后一刀关系较大。多刀次数的确定应该更多的根据现场加工条件判断是否合适。

5．切削速度与进给量的选择

切削速度是切削用量的重要参数，主要由刀片材料确定，进给量必须等于螺纹导程。对于螺纹车削加工，其进给速度远大于外 / 内圆车削，因此，切削速度可适当减小，一般取 100 ～ 150m/min 即可，具体以刀具制造商推荐参数为准，若要延长刀具寿命，还可适当降低切削速度。

6．数控车削进刀方式与加工编程指令分析

图 2-154 所示的数控车削螺纹进刀方式直接影响到编程轨迹，其中图 2-154b ～ d 方式每刀切削起点的 Z 坐标是略有变化的。而螺纹编程指令主要有三个，基本编程指令 G32、单刀车削固定循环指令 G92 和多刀车削固定循环指令 G76。一般而言，用 G76 编程指令可较为方便地实现侧向和改进式侧向进刀方式。G92 指令具有编程方便的特点，手工编程可快速实现径向进刀方式编程。左右交替进刀主要用于梯形螺纹车削加工，一般借助编程软件自动编程较为方便，这时采用 G92 或 G32 均可。

7．常见问题及解决措施

表 2-27 为螺纹车削加工常见问题及解决措施，供参考。

表 2-27　螺纹车削加工常见问题及解决措施

问题与示意图	产生原因	解决措施
规则的后面刀面磨损	切削速度太高 切削液供给不足 切削深度 a_p 太小	降低切削速度 增加切削液供给 减少切削次数增大每刀切削深度
规则的后面刀面磨损	刀垫的偏转角度 ϕ 选择不当 进刀方式选择不当 走刀次数太多	选择合适偏转角度的刀垫 选择改进式侧向进刀方式 增大切削深度 a_p
裂纹	温度急剧变化 不规则或不充足的切削液供应导致热冲击	减小第 1 刀切削深度 关闭切削液，或保证充足的切削液供应

（续）

问题与示意图	产生原因	解决措施
崩碎	积屑瘤脱落 工件或机床刚性不足产生振动	提高切削速度 提高工艺系统刚性，如缩短刀杆悬伸长度等
积屑瘤	切削速度太低 材料黏性过高，如不锈钢、铝合金等	提高切削速度 大幅度提高切削速度，若出现过热则增大切削液供给
塑性变形	切削液供给不足 切削速度太高致过热 由于每刀切削深度太大而使切削热和切削温度太高	增加切削液供给量 降低切削速度 增加切削次数而减小切削深度
破裂	进刀深度太大导致切削力太大	增加切削次数减小进刀深度
螺纹表面粗糙	切削速度太低 切削深度太小 刀垫的偏转角度 ϕ 与螺旋角不匹配 侧向进给进刀方式 切削温度偏高	提高切削速度 减小切削次数增大切削深度 选择合适偏转角度 ϕ 的刀垫 选用改进式侧向进刀方式 增大切削液供应量
牙型不正确	刀片选择不当（牙型角不正确） 装刀高度偏差太大或刀具垂直度不正确	选择正确牙型的刀片 调整装刀高度与垂直度
螺纹深度不够	切削刃磨损过度 刀具安装高度不正确 刀片选择不正确	更换新切削刃或换新刀片 调整装刀高度，确保装刀中心高度误差不大于 0.1mm

第 3 章

数控铣削刀具的结构分析与应用

所谓铣削加工，是指在铣削机床上以其主轴带动铣刀作旋转主运动，工件或铣刀作进给运动对工件进行去除材料，获得所需形状、尺寸和表面粗糙度要求的一种加工工艺方法。铣削加工一般为多齿刀具加工，生产效率高，应用广泛，可加工平面、曲面、沟槽、螺纹等各式表面，是金属切削加工的主要方法之一。传统的铣削加工又称普通铣削加工，一般是在普通铣床上进行，其各进给运动轴不联动，只能加工较为简单的形状表面。借助于成形铣刀、机床夹具或机床附件等，才可加工一些较为特殊的复杂零件表面。现代的数控铣削加工多在数控铣床或加工中心上进行，其各进给轴为数控系统控制、多轴联动驱动的自动化加工，可加工较为复杂的曲线运动，实现各式复杂表面的加工，随着机床联动坐标轴数量的增加，其加工复杂曲面的适应性更强。

3.1 数控铣削刀具基础

数控铣削刀具，顾名思义是基于数控铣床或加工中心使用的切削刀具，其必须适应数控铣削加工的特点。多轴联动的自动化加工（含自动换刀等）特点，即要求刀具具有能够横向、轴向或两者联动的加工特性；广泛的复杂曲面加工使得圆角或球头立铣刀应用更多；连续的自动化加工，要求刀具的寿命尽可能长，尺寸精度高且稳定，能够适应现代应用日益广泛的高速切削加工，因此，硬质合金刀具材料，加以涂层技术的机夹可转位不重磨刀具成为主流，整体式刀具也选用寿命较长的高性能高速钢、粉末冶金高速钢或整体硬质合金材料，加以涂层技术可延长寿命；自动换刀特性要求刀具专业化生产，一致性好，换刀后尽可能少的调整操作使得刀具以专业化加工为主，几乎很少有操作者磨刀。如此种种特性的要求，催生了数控铣削刀具的产生与发展，促进了数控加工刀具体系的形成，各刀具制造商标称的“数控加工刀具”已可见并逐渐被人们接受与认可。

3.1.1 数控铣削刀具的特点

分析数控铣削加工，可以看出数控铣削刀具具有以下特点：

（1）具有与普通铣削共性的特点　数控铣削加工仍属铣削加工范畴，普通铣削加工的很多特点依然存在。

1）铣削加工属断续切削，冲击载荷较大，易发生振动，刀齿的切削厚度和切削面积在切削过程中是变化的，因此，其切削力变化相对较大。

2）铣削时参加工作的切削刃长度较长，铣削面积较大，单位时间内金属切除率较高。

3）传统的铣削方式，如圆周铣削的顺铣与逆铣，端面铣削的对称铣与不对称铣削仍然是分析数控铣削加工工艺的基础。

4）经济加工精度与表面粗糙度基本仍为 IT9 ～ IT7 和 Ra12.5 ～ 1.6μm。但随着高精度数控机床与高性能刀具的不断发展，这个参数肯定是要变化的。

（2）超出普通铣削的特点　数控机床的自动化程度高、多轴联动等特点，赋予了其超出普通铣削的特点。

1）数控加工运动轨迹、进给速度和主轴转速的可控性好，为减小普通铣削冲击振动与切削力变化提供了可能。

2）数控机床进给传动滚珠丝杠的预紧技术，使丝杠间隙几乎为零，因此，数控铣削过程中的顺铣与逆铣的使用限制变的弱化，甚至在同一表面上混用的情况比比皆是。

3）先进的数控铣削机床与数控刀具技术，以及高速切削加工的高转速、小切深、快进给的加工特点，使得数控铣削加工的精度不断提高，表面粗糙度值越来越小。

4）数控铣削加工广泛应用于复杂曲面的加工，使得铣削加工能够完成工件的大部分表面加工。

（3）对刀具材料的要求　数控加工的特点以及加工经济性的要求使得数控铣削刀具在材料的选择上有其自身特点。

1）数控铣削加工首选的刀具材料为硬质合金，并广泛应用涂层硬质合金刀具。

2）在尺寸较小、结构复杂的立铣刀和钻头等刀具方面，高速钢刀具材料是常用的刀具材料。但近年来，高性能高速钢、粉末冶金高速钢和整体硬质合金刀立铣刀和钻头等也开始得到较广泛的应用。

3）对于特殊的需要，可考虑采用先进的刀具材料，如立方氮化硼、陶瓷、聚晶金刚石等刀具材料，但要注意其使用时的自身特殊的要求。

（4）刀具结构上的特点　数控铣削加工刀具结构的特点表现为：

1）以机夹可转位不重磨刀具结构为主流，必要时采用整体刀具结构。

2）球头铣刀和圆角铣刀广泛应用。

3）数控铣削加工刀具轨迹的可编程控制，使得刀具的切入 / 切出方式和下刀 / 提刀方式变得丰富多样，端面切削刃延伸至中心的立铣刀出现并逐渐成为立式数控铣刀的专有特点。

（5）与数控铣削机床的联系特点　数控铣刀与数控铣床或加工中心的主轴连接的内容和专业化程度等远高于普通铣床，选择数控铣刀必须关注所使用的数控机床主轴结构与换刀要求，刀柄和拉钉等必须严格按机床要求选取，刀柄系列的数量配备应考虑经济性，必要时考虑较为完整的工具系统。

3.1.2　数控铣削加工方式分析

深刻理解铣削方式，对铣削加工与铣刀选择有极大的帮助，是从事数控铣削加工不可或缺的知识。

1．端面铣削的铣削方式——对称与不对称铣削

用面铣刀铣削平面是端面铣削的典型示例，依据铣刀与工件加工面的相对位置（或称为吃刀关系）不同分为两种铣削方式——对称铣削与不对称铣削，如图 3-1 所示，其中不对称铣削又细分为不对称顺铣与不对称逆铣。

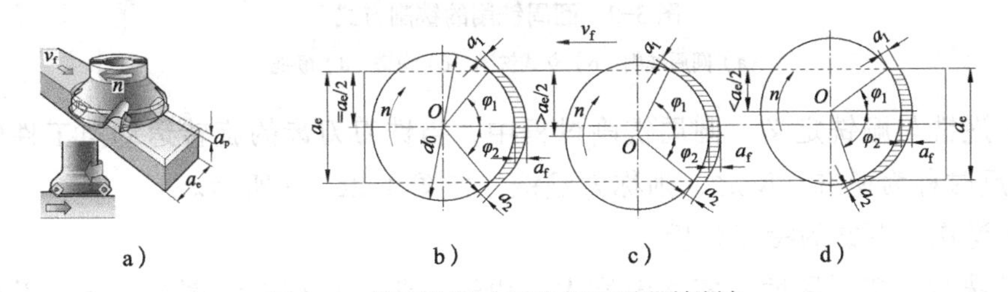

图 3-1　端面铣削（对称与不对称铣削）

a）端面铣削图例　b）对称铣削　c）不对称逆铣　d）不对称顺铣

（1）端面铣削方式定义

1）对称铣削：铣刀的中心线通过铣削宽度 a_e 的对称线，如图 3-1b 所示。若铣刀直径大于工件宽度，即 $d_0>a_e$，则切入量与切出量相等，即 $a_1=a_2$。

2）不对称铣削：铣刀的中心线偏离铣削宽度 a_e 的对称线。按其偏离位置的不同可细分为不对称逆铣与不对称顺铣，如图 3-1c、d 所示。显然，切入量与切出量不相等。不对称逆铣时，其切入量小于切出量，即 $a_1<a_2$；而不对称顺铣时，其切入量大于切出量，即 $a_1>a_2$。

（2）端面铣削的特点

1）对称铣削时，铣刀每个刀齿的切入与切出厚度 h_D（切入厚度与切入量成正比）相等，但工件受到的横向力最大，引起的冲击振动较大，对加工不利，实际中应用不多。

2）不对称逆铣，铣刀的切入段相当于逆铣，铣削过程平稳，整个切削过程逆铣所占的比例较大，应用较多，广泛用于普通碳素钢和高强度低合金钢的加工。

3）不对称顺铣，铣刀的切出段相当于顺铣，整个切削过程顺铣所占的比例较大，加工表面切削变形小，切削不锈钢和耐热钢等效果较好。该铣削方式可能出现铣削方向的切削分力与进给运动方向同向的问题，虽然数控机床进给丝杠间隙基本为零，但仍然会对铣削进给运动的平稳性造成一定影响，因此，其铣削平稳性略低于不对称逆铣。

2．圆周铣削的铣削方式——逆铣与顺铣

圆周铣削是基于铣刀圆柱面上的切削刃进行切削，如图 3-2a、b 所示。典型的圆柱铣刀圆周铣削相当于主偏角 $\kappa_r=90°$ 时的端铣切削。立铣刀铣削沟槽可看成是对称铣削，而铣侧面则可看成是不对称铣削。实际中，圆周铣削的切削刃往往较长，并存在

较大的螺旋角（相当于刃倾角），使得其被当作一种铣削方式而存在。圆周铣削的铣削方式——逆铣与顺铣是铣削加工与刀具选择不可或缺的基础知识。

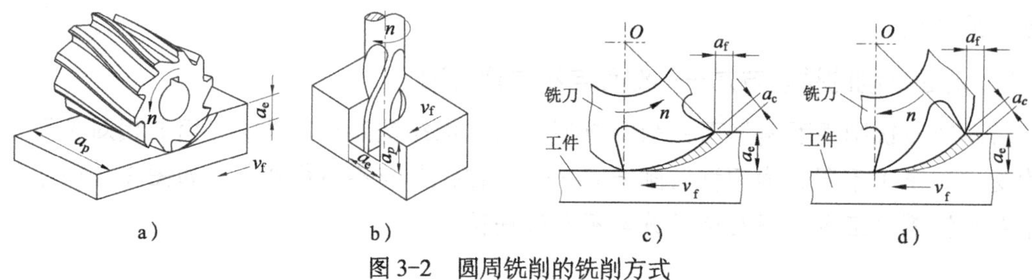

图 3-2　圆周铣削的铣削方式

a）圆周铣削　b）立式铣削　c）逆铣　d）顺铣

（1）逆铣与顺铣定义　圆周铣削过程中，当铣刀刀齿的旋转运动与工件的进给运动方向相反时称为逆铣，反之，则称为顺铣，如图 3-2c、d 所示。

（2）逆铣与顺铣的特点分析

1）逆铣时，切削厚度从零逐渐增大，由于刀齿刃口存在钝圆半径 r_n，刀齿切入的过程实质上是挤压、滑擦，然后再切入，造成表面加工硬化严重、表面粗糙，周期性振动加大、刀具磨损剧烈。

2）顺铣时，刀齿从最大的切削厚度开始，避免了逆铣时的挤压、滑擦，提高了刀具寿命，改善了加工表面质量。同时，刀齿对工件产生有压紧方向的分力，有助于减小工件的上下振动。但顺铣时水平方向的分力与进给方向相同，若丝杠存在间隙，则可能出现工件窜动，表面质量下降，甚至引起打刀现象。同时，若工件表面存在硬皮等对刀具也是不利的。

一般情况下，逆铣用于粗铣加工，精铣加工一般选择顺铣方式。由于数控机床的进给丝杠一般为滚珠丝杠，且进行了预紧处理，顺铣时的工件窜动现象不易出现，故数控铣削的粗铣与半精铣加工对逆铣与顺铣方式的要求并不明显，但从加工表面质量看，精铣加工仍然建议采用顺铣方式加工。

3. 数控铣削加工中的其他铣削方式

以上端面铣削与圆周铣削是两种基础的铣削方式，主要用于平面铣削与轮廓铣削。数控铣削的特点是刀具的运动轨迹可以通过编程实现，因此其铣削方式比普通铣削更为丰富多样，如插铣、斜坡铣削、螺旋铣削、摆线铣削及其组合应用和专用的铣削方式——曲面型腔与型芯铣削和螺纹铣削等。

4. 数控铣削过程的铣削方式分析

数控铣削过程不同于普通铣削的单轴移动为主的特点。数控机床一般具有多轴联动功能，铣削运动的轨迹可方便地通过编程实现，因此有其自身特点。

对于圆柱平端面立铣刀，其工作平面的切入、切出方式常常采用切线切入切出，本身就较为平稳，逆铣与顺铣方式可方便地通过编程实现。而轴向的直接下刀方式以刀具的端面切削刃为主，其切削变形较为复杂，一般不宜太深。若工件上未钻预孔，则多采用斜坡下刀或螺旋下刀，这时的切削加工实际上是以圆周铣削为主并包含适量端面切削的铣削方式。

对于圆角铣刀和球头立铣刀，一般主要用于曲面的半精铣与精铣加工，其背吃刀量一般（轴向切削深度）不大于圆角半径，因此其近似于端铣的不对称铣削方式，只是球头铣刀的顶点是一个切削速度为零的点，尽量避免用于加工，当然只有五轴联动数控机床才可能完全回避这点的切削加工。

对于数控面铣刀平面铣削，其不对称铣削方式的选择可以通过编程合理规划。

对于螺纹铣削加工，虽然属于成形铣削加工，但也可将其简化为圆周铣削进行考虑。

3.1.3　数控铣削加工刀具的种类与特点

数控铣削加工刀具的种类从不同的角度表述有不同的分类方法。

1．按刀齿结构与齿背加工方法分类

可分为尖齿铣刀与铲背铣刀，后者主要用于成形铣刀的设计与加工，在数控加工中应用不多。

2．按结构型式分类

数控铣削刀具常见的结构型式主要有整体式与机夹可转位式，另外焊接式铣刀也有一定的应用，如图 3-3 所示。

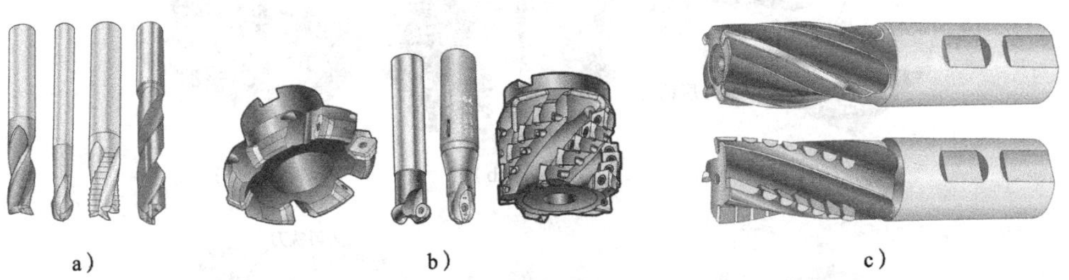

图 3-3　铣刀的结构型式

a）整体式　b）机夹可转位式　c）焊接式

整体式铣刀一般用于尺寸较小、切削刃复杂的铣刀制作，其材料以高速钢为主，近年来广泛采用整体硬质合金材料制作，并通过工作部分的涂层处理可延长刀具寿命。

机夹可转位刀具的工作部分（刀片）通过机械夹固的方式固定在刀体上，刀片一般具有多个切削刃，可以转位使用；刀片材料以硬质合金居多，一般通过涂层处理延长刀片寿命；考虑到硬质合金的加工特性，刀片形状尽可能简单，必要时可以用多个刀片模拟出复杂的切削刃，如图 3-3b 中多刀片模拟出的螺旋圆周切削刃。机夹式铣刀在数控加工中应用广泛。

焊接式铣刀主要用于切削刃形状简单、尺寸偏小不便制作夹固机构的铣刀，由于刀体不便重复利用，且存在焊接应力等不足，在数控加工中应用不多。

3．数控加工常用铣刀结构分析

数控加工中使用的铣刀主要是尖齿铣刀，其一般包括面铣刀、立铣刀、模具铣刀和三面刃槽铣刀等，以及特殊用途的铣刀，如螺纹铣刀等，如图 3-4 所示。

这里的面铣刀特指端面铣削刀具，如图 3-4a 所示。立铣刀中的平底圆柱铣刀也是可以铣削平面的，但由于刀具直径稍小，多用于面积稍小，或同时存在侧面加工的阶梯平面等。

立铣刀可泛指以圆柱面切削刃为主进行切削加工的铣刀，狭义地说特指平底圆柱立铣刀（机夹刀具中常称为方肩铣刀），其可进行阶梯面、侧面和沟槽等的加工，如图 3-4b、c 所示。

模具铣刀特指型面加工的立铣刀，属于立铣刀的范畴，应用广泛，主要有球头立铣刀（简称球头铣刀、球刀）和圆倒角立铣刀（简称圆角铣刀，又称圆鼻铣刀），如图 3-4d、e 所示。早期的模具铣刀还可见圆锥球头铣刀和圆锥平底铣刀等，但数控加工应用不多，数控加工中主要为圆柱球头或圆柱圆角立铣刀。

数控铣削中用到的槽铣刀主要是三面刃铣刀和锯片铣刀等，如图 3-4f 所示。三面刃铣刀主要以圆周铣削方式铣槽，其可较好地保证槽宽与槽侧面表面粗糙度，而锯片铣刀主要用于切断，其加工槽的宽度尺寸精度和侧面表面粗糙度均不佳。两者选用的差异性主要在于对加工槽宽及侧面是否有尺寸与表面粗糙度要求。

另外，在数控铣削加工中，螺纹较大或不便车床装夹的场合，常用螺纹铣刀铣削螺纹。

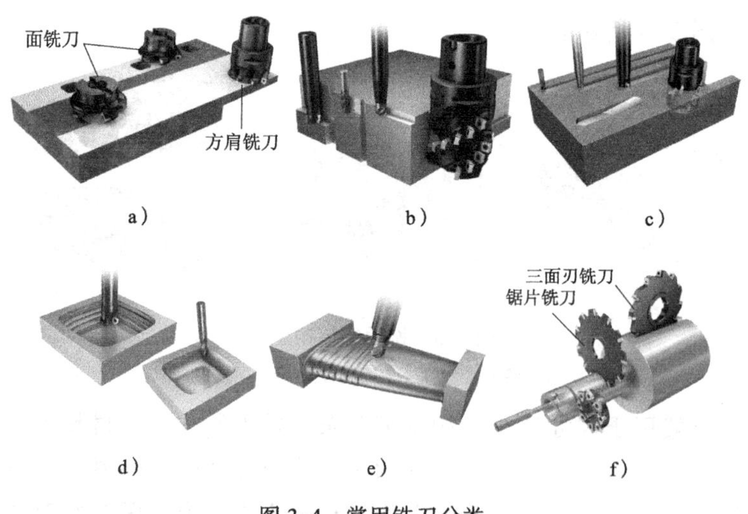

图 3-4　常用铣刀分类

a）面铣刀　b）、c）立铣刀　d）、e）模具铣刀　f）槽铣刀

4．按铣刀工作部分材料分类

数控铣刀按刀具或刀片的材料不同可分为高速钢铣刀、硬质合金铣刀、陶瓷铣刀、立方氮化硼铣刀、金刚石铣刀和涂层材料铣刀（如涂层高速钢刀具、涂层硬质合金刀具……）等。

3.1.4　机夹可转位铣刀刀片夹固方式分析

机夹可转位铣刀在数控加工实践中广泛采用，机夹式铣刀刀片及其紧固方式是选择与使用铣刀必备的知识。

1．机夹可转位数控铣刀刀片分析

机夹式数控铣刀的刀片制作依然必须遵循 GB/T 2076—2007 的相关规定。但仍然有部分标准之外的刀片，如球头铣刀、螺纹铣刀刀片等。

（1）标准刀片示例分析　图 3-5 所示为机夹可转位铣削刀片型号表示规则及示例。图 3-5b 刀片的含义包括：①位 S 表示正方形刀片，图中 $d=l$；②位 D 表示刀片法后角为 15°；③位 C 表示刀片主要尺寸允许偏差等级代号，见表 1-6；④位 T 表示单面有固定沉孔，单面有断屑槽；⑤位“12”表示切削刃长度 l 的长度值 12.7 舍去小数部分后的数字；⑥位“04”表示刀片厚度 s 的 4.76 舍去小数部分后的数字十位数字补“0”；⑦位表示刀片具有修光刃（修光刃长度 b_s=2.7）的刀尖字母代号，P 表示修光刃的主偏角 κ_r 为 90°，D 表示修光刃法后角 α'_n 为 15°；⑧位 F 表示刀片切削刃截面形状为尖锐切削刃；⑨ R 表示切削方向为右切，即主轴正转。后面的两位 L 和 E 是刀具制造商自己给出的代号，这里不详尽解释。

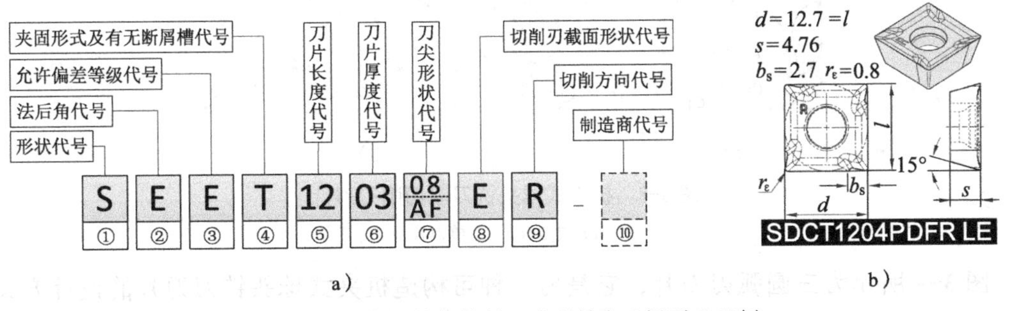

a）　　b）

图 3-5　机夹可转位铣削刀片型号表示规则及示例

a）表示规则　b）刀片示例

图 3-6 所示为部分常用标准铣削刀片的形状及其代号，供参考。

对于数控铣刀的切削方向（左 / 右手）问题，表 1-13 的示意图对应具体的刀具如图 3-7 所示，右切刀 R 对应主轴正转的铣削加工，左切刀则相反，显然，右切刀 R 用得更多。

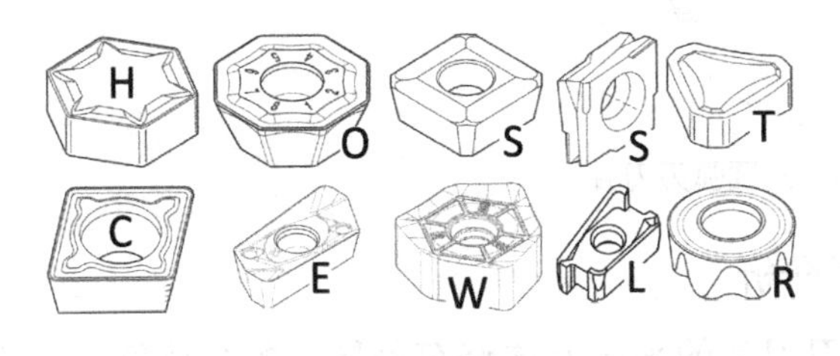

图 3-6　部分常用标准铣削刀片的形状及其代号

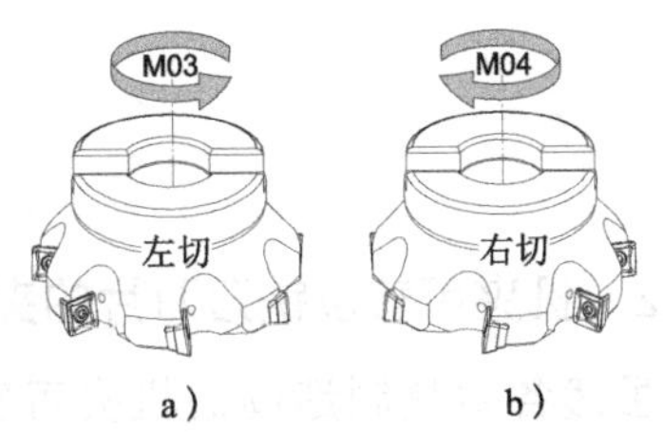

图 3-7　机夹式铣刀切削方向示例

（2）典型非标准铣刀刀片结构分析　与数控车刀类似，机夹式数控铣刀刀片也有部分标准没有囊括的型式。典型刀片为机夹式球头铣刀刀片，国家标准中没有合适的形状和型式，因此，各刀具制造商均有自己的实现方案，图 3-8 所示为当前应用较为广泛的机夹式球头铣刀双切削刃刀片设计方案，图 3-8a 所示为双刀片设计方案，刀片类似于柳叶形，有两条圆弧半径相同但非原点对称的圆弧 c_1 和 c_2，安装时也是有差异的，圆弧 c_1 构成过中心的圆弧段切削刃，而圆弧 c_2 的切削刃则不能过中心，但可平衡切削力且提高切削效率，由于两片刀片构成切削刃，因此刀具直径不能做的太小，一般为 ϕ16 ～ ϕ20mm 以上。图 3-8b 所示为单刀片设计方案，两切削刃设计在一块切削刀片上，如此刀具直径可做的更小，最小达 ϕ10mm，单刀片方案的刀片设计，各刀具制造商的设计方案变化较大，变化处包括刀片后部的定位部和前部的切削刃廓线，图中给出了两种不同的定位方案，切削刃的变化主要集中两圆弧刃的球头刀片和带刀尖圆角的平底刀片或圆角铣刀刀片方案，还有带冷却水槽的内冷却刀片设计方案，见图 3-8b 右下角两刀片。

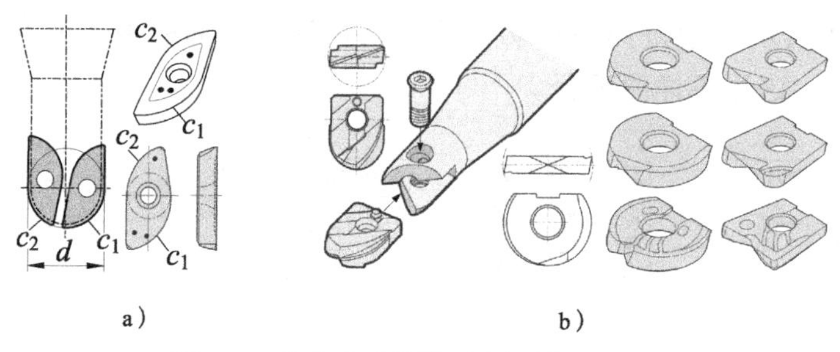

图 3-8　机夹式球头铣刀双切削刃刀片
a）双刀片　b）单刀片

图 3-9 所示为三圆弧刃刀片，它是另一种可构造机夹式球头铣刀刀片的设计方案，其由三条半径为 R 的圆弧构成一个近似三棱形形状的刀片，其切削刃为圆弧形。

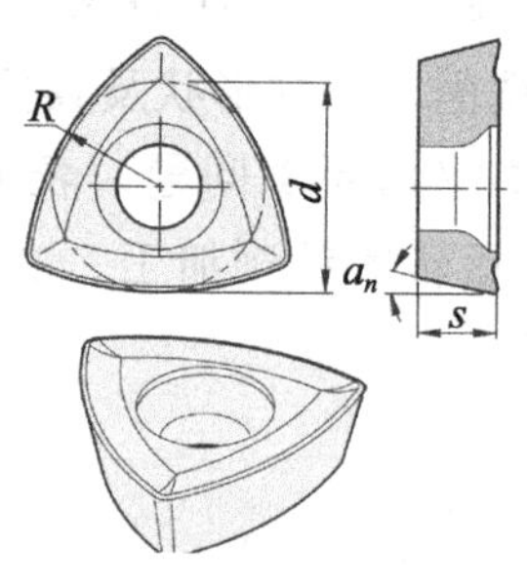

图 3-9　三圆弧刃刀片

2．机夹可转位铣刀刀片的夹固方式分析

虽然各刀具制造商的机夹可转位铣刀刀片的夹固方式略有差异、各有特色，但归纳总结其原理，刀片的夹固方式主要有楔块夹紧、压板夹紧、螺钉夹紧和勾销夹紧等，表 3-1 为机夹可转位铣刀刀片夹固方式分析，供参考。

表 3-1 机夹可转位铣刀刀片夹固方式分析

夹固方式	结构原理简图	特点
螺钉楔块夹紧（前压式）		楔块顶面凹弧形结构利于排屑，刀片下面刀垫保护刀体，双头压紧螺钉左、右旋螺纹，实现楔块夹紧 优点：结构简单，夹紧力大，刀片转位方便 缺点：楔块上螺钉孔影响排屑，容屑空间较小，刀片底面定位对刀片厚度精度要求高
螺钉楔块夹紧（后压式）		刀片前部容屑空间较大，楔块在刀片底刀面夹紧并可兼起刀垫作用 优点：结构简单，楔块替代刀垫，有利于排布较多刀齿，刀片前面定位避免刀片的厚度偏差影响刀齿的径向跳动 缺点：夹紧力的方向与切削力的方向相反，楔块强度要求高
拉杆楔块夹紧		用拉杆和楔块整体设计，结构紧凑，拧紧螺母夹紧刀片，松开螺母并轻轻敲击拉杆便于松开刀片，适用于密齿铣刀结构 优点：结构紧凑，制造方便，夹紧牢靠 缺点：排屑不流畅，经常敲击拉杆后端易损坏拉杆
弹簧楔块夹紧		当需更换或转位刀片时，可用杠杆插入刀体上环形槽内，压下拉杆、压缩弹簧，放开后靠弹簧自动夹紧，适用于密齿铣刀结构 优点：结构紧凑，夹紧力稳定，刀体不易变形，更换刀片或转位迅速 缺点：结构复杂，制造精度要求很高
螺钉楔块夹紧（上压式）		优点：结构简单，制造容易，夹紧可靠，承受很大的切削力刀片也不会松动或窜动 缺点：刀片位置不可调整，刀片槽的位置精度要求很严
蘑菇头螺钉压紧		蘑菇头螺钉将刀片压在刀体定位槽内，夹紧力方向与主切削力方向一致 特点：结构合理，夹持牢靠，无径向、轴向窜动，转位迅速

（续）

夹固方式	结构原理简图	特点
螺钉沉头夹紧		沉头螺钉直接夹紧带沉孔的刀片，螺钉孔与刀片沉孔偏心 e 取 0.1 ～ 0.2mm，确保刀片刀体结合紧密。另一种方法是螺钉孔轴线与对刀片孔轴向倾斜约 2° 优点：结构简单，零件少，排屑通畅，夹紧可靠 缺点：刀片位置精度不能调整，要求制造精度很高，夹紧力相对较小，切屑力升高造成较大的变形会影响刀片的拆卸
螺钉端面夹紧		圆头螺钉端面夹紧刀片，夹紧元件突出刀片平面，影响排屑。 优点：结果简单，夹紧可靠 缺点：排屑不好，定位精度不高，夹紧力相对较小
压紧销夹紧		沿切削力方向用螺钉通过压紧销将刀片压向刀片槽的定位面。特别适于粗加工可转位面铣刀 优点：排屑效果好，即使切屑温度升高造成的变形也不会影响螺钉的拆卸，故刀片拆装方便可靠 缺点：结构复杂，要求精度很高，制造比较困难
弹性壁夹紧		拧紧螺钉时，螺钉头部的锥体将刀体的弹性壁压向刀片平面，将刀片压紧在刀片槽内 优点：结构简单，便于制造 缺点：压紧力小，刚性差，容易损坏

3. 刀片的安装方式分析

机夹可转位铣刀刀片在刀体上的安装方式有平装和立装两种，如图 3-10 所示。所谓平装是指刀片沿刀体的径向排列安装，而立装是指刀片沿刀体的切向排列安装。刀片在刀体上的安装方式不同，可转位铣刀刀片的夹紧机构、刀片的受力情况、使用刚性、适用场合等也不同。

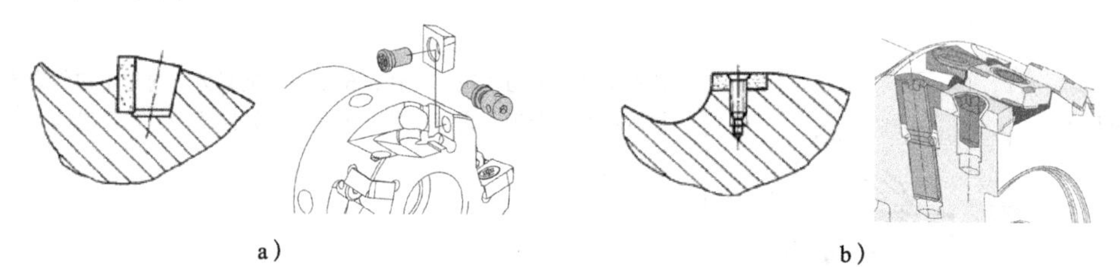

a）　　　b）

图 3-10　刀片的安装方式

a）平装　b）立装

安装方式特性分析：

（1）平装　这种刀片安装方式使用最为广泛，其优点是：

1）刀片安装和受力的支承面大。

2）用楔块在刀片的前面或后面压紧，刀片夹紧牢靠。

3）刀片后面装有刀垫或楔块，打刀时，不易损坏铣刀刀体。

4）拧松楔块的螺钉，刀片即可取出，刀片转位或更换都很方便。

（2）立装　这种刀片安装方式更多地用于重型可转位铣刀，其优点是：

1）刀片切向排列，刀片本身承受切削力的截面大。

2）刀片采用切削力夹紧，只用一个螺钉将刀片固定在刀体上，结构简单，容屑槽大，排屑通畅。

3）刀片后面允许较宽的磨损区，相邻刀片不易崩刃和损坏。

4）结构简单，无须储存多种夹紧备件。

缺点是：必须使用有孔的刀片，刀片转位或更换必须将螺钉拧下。

3.2 面铣刀的结构分析与应用

面铣刀顾名思义是以铣刀端面铣削平面为主的铣刀，狭义理解的面铣刀可认为是铣削大区域的平面几何特征的铣刀，加工时刀具允许超越加工平面边界，如图3-11所示的A面，这种刀具的主偏角不受限制，一般小于90°；但对于图3-11所示的阶梯平面B的铣削加工，当铣削面积B足够大时，自然也会选择面铣刀加工，只是要考虑铣刀的主偏角κ_r与阶梯面的匹配问题。考虑到加工效率的问题，面铣刀的直径D一般较大，因此，套式结构自然就成为面铣刀的主流结构之一。因此，广义的理解，面铣刀指适应加工较大平面，以端面铣削为主的套式结构的铣削刀具。

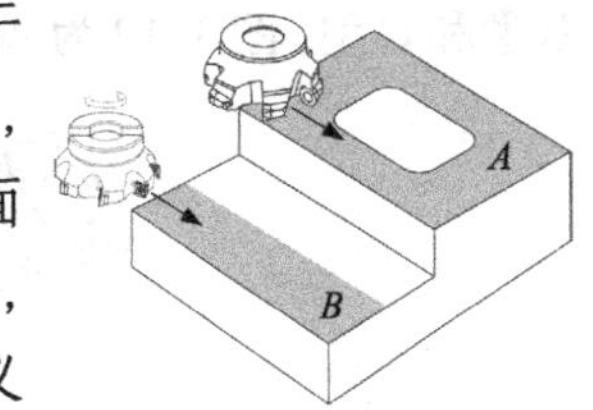

图3-11　面铣削方式

3.2.1 面铣刀的种类与典型结构

1. 面铣刀的种类

由于面铣刀的体积较大，因此，整体式结构几乎不予考虑。即使是整体焊接式结构，由于刀体材料难以重复使用，目前也已很少应用。

焊接－夹固式面铣刀是先将刀片焊接在小刀头上，然后再将小刀头用机械夹固的方式安装在可重复使用的刀体上的一种结构型式。其主要应用于早期的普通铣削平面加工。

镶齿套式面铣刀是采用底面为90°锯齿斜锲式结构（锲角较小，具有自锁功能）的刀片，将其镶嵌在刀体上相应结构型式的镶槽中，利用刀体材料的弹性变形与自锁后的摩擦力夹紧，并在设计上确保切削力使刀片更紧。这种刀片由于加工精度高，刀片材料多以高速钢为主，因此，多用于中低速切削，自从硬质合金刀片为主的机夹可转位铣刀出现后，镶齿式铣刀便逐渐退出市场，其在数控刀具系列中不被看好，几乎少见数控刀具制造商推荐该结构式数控铣刀。

机夹可转位面铣刀是当前数控面铣刀的主流产品，其刀片具有可转位、不重磨、可更换、专业化生产等特点，专业化生产模式保证了各种先进刀具材料与涂层技术得到有效利用，各种专用几何参数的面铣刀型号使得人们不必过多地关注切削加工中几何参数——主偏角 κ_r、前角 γ_o、后角 α_o 和刃倾角 λ_s 等的选择。优异的切削使用性使其成为各刀具制造商主导刀具系列之一。

2. 面铣刀的结构分析

面铣刀的结构取决于各刀具制造商的设计，但大部分还是相同的，以下列举部分结构，供学习时参考。

图 3-12 所示为螺钉沉头夹紧刀片的面铣刀结构、原理及其外形，其刀片为螺钉沉头夹紧方式，平装姿态。面铣刀刀片的材料与断屑槽的型式查刀具制造商的产品样本获得，不同刀具制造商的命名方法会略有不同，图中刀垫 2 的作用是刀片 4 破损时起到保护刀体 1 的作用，对于某些较小型的面铣刀，有时不设置刀垫。另外，这种刀具若将 1 ～ 2 片刀片更换为修光刃刀片，可进一步提高加工面加工质量，减小表面粗糙度值。注意，刀具的螺钉都必须使用配套的扳手。该刀具主偏角 κ_r 为 45° ，可较好地分配轴向和径向切削分力，是一款通用性较好的面铣刀型式。面铣刀根据直径 D 的大小，安装接口有 A 型、B 型和 C 型，图 3-12 为 A 型。考虑到刀片螺钉扳手的应用，这种刀具的刀齿数不能做得太密。

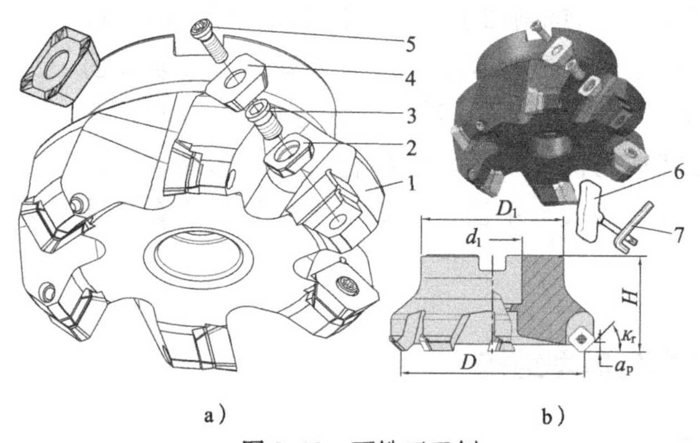

图 3-12　面铣刀示例 1

1—刀体　2—刀垫　3—刀垫螺钉　4—刀片　5—刀片螺钉　6—刀片螺钉扳手　7—刀垫螺钉扳手

图 3-13 所示的面铣刀，刀片为螺钉沉头夹紧，但没有刀垫，可以采用优质刀体材料自我保护。该刀具最大的特点是采用了 H 型的六角形刀片，且刀片双面均有切削刃，因此，实际可转位切削刃多达 12 条，具有很高的性价比。图 3-13 中的主偏角 κ_r 为 45° 型式，另外，还有 15° 和 60° 的刀具型式，前者是应用小切削深度的大进给高速加工，后者可得到较大的最大背吃刀量 a_{pmax}。同上所述，其安装接口有 A 型、B 型和 C 型，图 3-13 为 B 型。更有甚者，可将刀片设计为 O 型的八角形刀片，其切削刃多达 16 条。当然，双面切削刃的刀片，其法后角只能是 0° ，若要设计为非 0° 的法后角刀片，则只能做

成单面切削刃刀片。

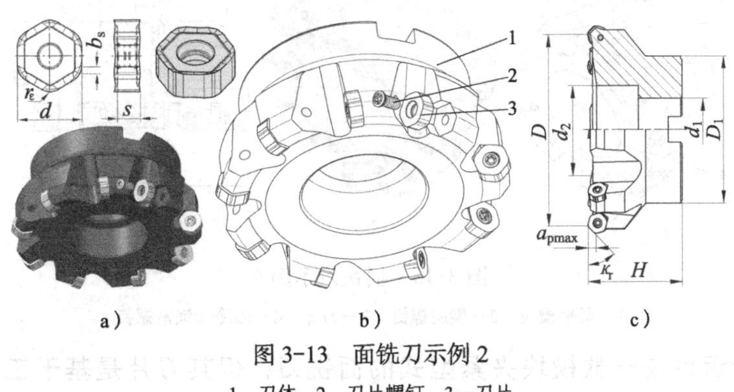

图 3-13　面铣刀示例 2

1—刀体　2—刀片螺钉　3—刀片

图 3-14 所示的面铣刀，刀片采用楔块夹紧，夹紧力较大，是一款应用广泛的夹紧方式，其楔块螺钉 1 为双头螺钉，两端螺纹可做成螺距不等的差动螺纹或旋向为左、右旋的双头螺钉。该刀具齿数较密，因此未设置刀垫，楔块 2 上部的圆弧有利于切屑的卷曲与排出。刀具的刀片 3 为 S 型的四方形型式，并采用了双面切削刃设计，因此，实际可转位切削刃多达 8 条，具有较高的性价比。主偏角 κ_r 为 84° 型式，刀具安装接口为 A 型。楔块夹紧式面铣刀的刀片可以不需要中心的固定孔。

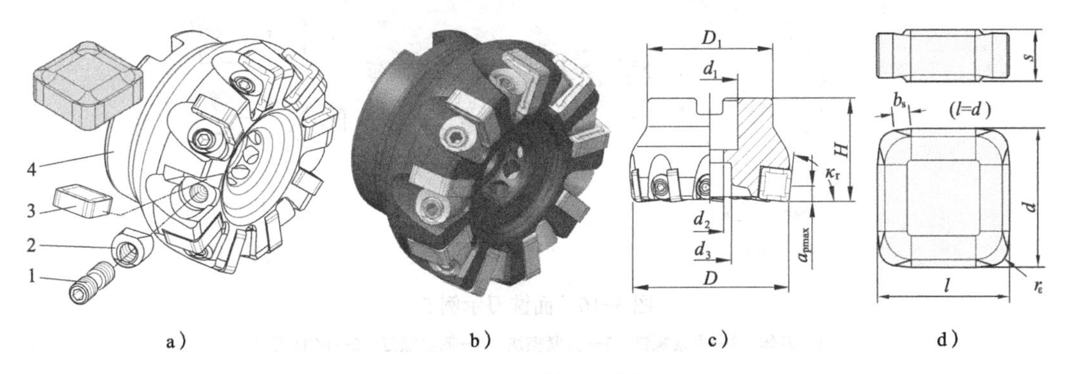

图 3-14　面铣刀示例 3

1—楔块螺钉　2—夹紧楔块　3—刀片　4—刀体

图 3-15 所示也是一款楔块夹紧型式的面铣刀，类似于图 2-14 的结构，但增加了 2 片可调整刀片伸出高度的楔块调整机构（调整楔块 1 和楔块螺钉 2，图中对称方向的调整机构未显示），这两片刀片可精确控制伸出高度，注意到刀片本身有一段直线修光刃，在装上面铣刀后其与加工面平行，若有两片刀片能精确调整高度，其加工面的表面粗糙度值可减小很多。另外，该刀具结构设计上还有一个中心孔供液，内冷却设计特点，即将面铣刀通用的刀具锁紧固定螺钉设计为图中的件 4，其结构参见右侧刀具工程图，上部的箭头为切削液入口，至孔底分四路横向分流，进入内冷却锁紧螺钉与刀体之间的缝隙，然后沿锥面缝隙放射状喷射到刀具与工件表面（见图 3-15 右侧工作图下部箭头），并横向经过刀片工作刃水平放射状喷射出去，起到冷却与冲屑的作用。

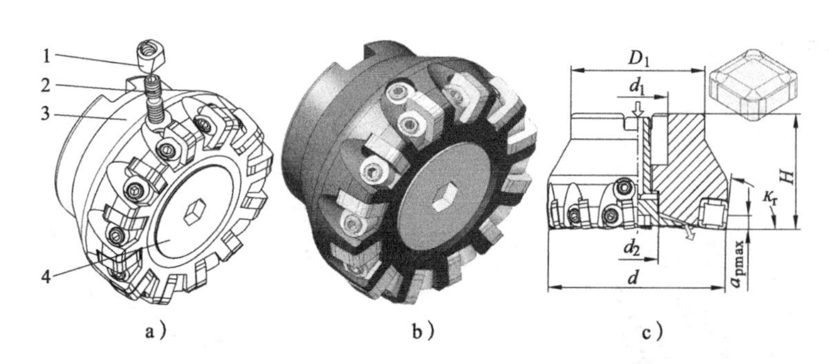

图 3-15　面铣刀示例 4

1—调整楔块　2—楔块螺钉　3—刀体　4—内冷却锁紧螺钉

图 3-16 所示也是一款楔块夹紧型式的面铣刀，但其刀片是基于工作部分焊接有 PCD 超硬材料的 PCD 刀片，适合加工铝合金材料，可用于粗加工、半精加工与精加工，加工刀片为右上角所示的具有刀尖圆角 r_ε 和修光刃 b_s 的 PCD 刀片，另外，在精加工时，还可以配上 1 ～ 2 片修光刃较长的刮光刃刀片（右下角刀片）。为了提高加工精度和表面质量，每一片刀片的伸出长度都是可调的。

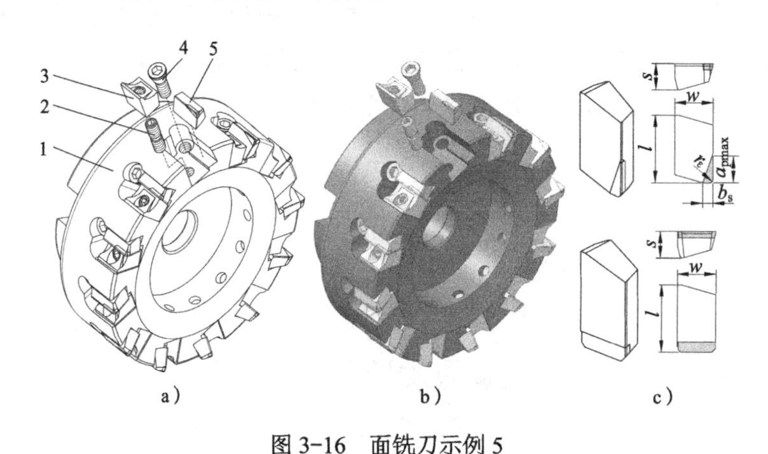

图 3-16　面铣刀示例 5

1—刀体　2—夹紧螺钉　3—夹紧楔块　4—调整螺钉　5—PCD 刀片

图 3-17 所示的面铣刀是将刀片、刀片螺钉与刀片固定座设置成为一个组合体的刀夹 3（也称机夹式小刀头），这种设计思路借鉴了传统焊接式小刀头的机夹式面铣刀的设计思路，但这里改为了机夹式小刀头（刀夹 3）。这种设计仅需考虑刀夹的安装尺寸一致即可，刀夹可设计成适应各种刀片形状以及不同主偏角等结构型式，极大地扩大了面铣刀的应用范围，图 3-17 中给出了几例刀夹供参考。另外，图 3-17 所示的面铣刀还设计有刀夹轴向位置精确调整的楔块机构（调整楔块 5 和楔块螺钉 4），可精确地调整各刀夹的伸出高度，因此这种面铣刀是一款从粗铣到精铣的通用型刀具。当然，这种刀夹式结构占用的空间较大，因此，一般制作直径较大的面铣刀，图 3-17 所示面铣刀的接口型号为 C 型接口。

图 3-18 所示为立装刀片的面铣刀，采用螺钉沉孔夹紧方式，刀片立装，适合铸铁等加工。该面铣刀采用四方形立装刀片，共 8 条切削刃，性价比较高，同时配备有修光刀片，可较好地提高加工表面质量。

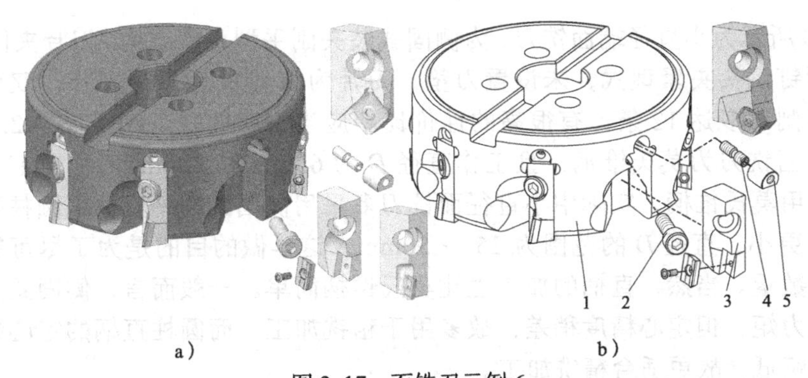

图 3-17　面铣刀示例 6

1—刀体　2—刀夹螺钉　3—刀夹（含刀片和螺钉）　4—楔块螺钉　5—调整楔块

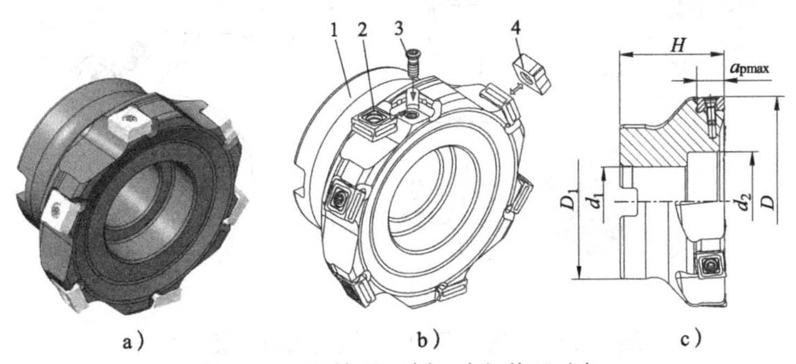

图 3-18　面铣刀示例 7（立装刀片）

1—刀体　2—刀片　3—刀片螺钉　4—修光刀片

图 3-19 所示为立装刀片面铣刀，刀片 6 仍然采用四方形立装型式，共 8 条切削刃。但夹紧机构为压紧销夹紧，如图中序号①指定的部位，每片刀片一套夹紧机构，夹紧套件包括压紧销 5 和压紧螺钉 4，压紧销穿过刀片 6 的中心固定孔，然后插入刀体上的销孔（序号③处），然后，从序号④处拧紧压紧螺钉，压在压紧销的缺口处，拉紧刀片，这种夹紧机构虽然结构复杂，但夹紧可靠性好。另外，在每把面铣刀上，还设置有一个刀片高度调整机构（序号②处），其包括调整螺钉 1、调整主体 2 和螺钉座 3，调整机构安装在序号⑤所指的安装孔中，精加工时，可将其对应的刀片更换为修光刃刀片，并调整的略高于其他刀片，起到对加工面精修的效果。调整机构的工作原理是调整主体 2 上开有一个槽，调整螺钉拧入螺钉座上，随着螺钉的拧入，将缝隙撑开，推动刀片沿高度方向微小位移。

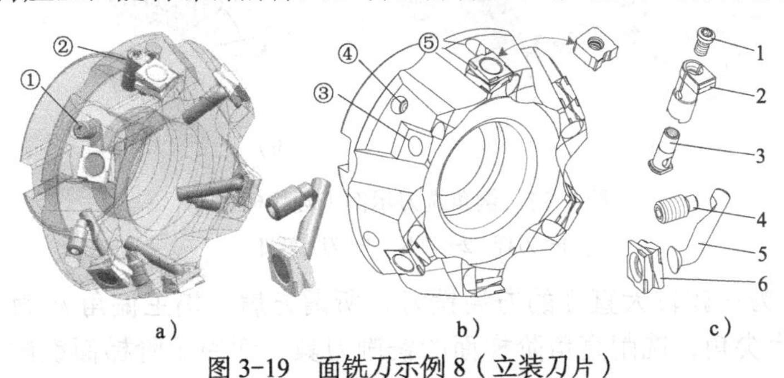

图 3-19　面铣刀示例 8（立装刀片）

1—调整螺钉　2—调整主体　3—螺钉座　4—压紧螺钉　5—压紧销　6—刀片

图 3-20 所示为小直径端面铣刀，为侧固式装夹削平型直柄结构。刀片夹固与图 3-13 类似，为螺钉沉头夹紧型式，未设置刀垫，刀片为 H 型的六角形刀片，双面切削刃，即可转位切削刃多达 12 条，有很高的性价比。应当说明的是，GB/T 5342.2—2006 规定的小直径面铣刀为莫氏锥柄，且工作直径 D 为 63mm 和 80mm 两种规定，而数控刀具一般较少用莫氏锥柄，实际中小直径面铣刀多采用侧固式削平直柄或圆柱直柄，且刀具直径做得更小，直径 D 的范围为 25 ～ 50mm，这样做的目的是为了尽可能地减少刀柄的规格与数量。当然，直柄的加工也比莫氏锥柄简单。一般而言，侧固式削平直柄可传递更大的力矩，但定心精度稍差，故多用于粗铣加工，而圆柱直柄的定心精度高，但传递的力矩略低，故更适合精铣加工。

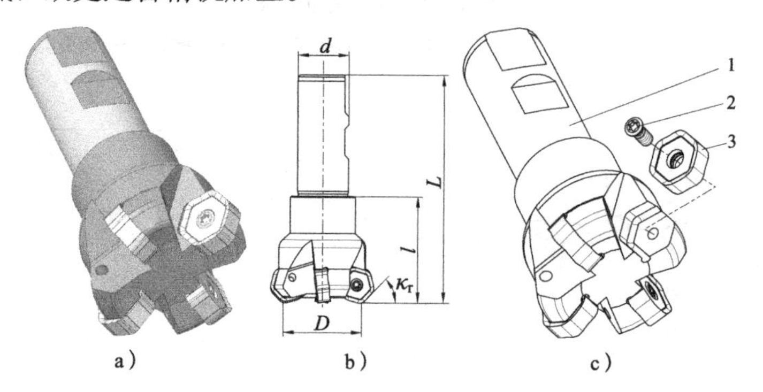

图 3-20　面铣刀示例 9（侧固式削平直柄）

1—刀杆　2—刀片螺钉　3—刀片

图 3-21 所示为倒角铣刀，这种刀具的切削刃工作原理接近于端面铣刀，而刀具刀体与夹持部分接近于机夹式立铣刀，因此，其是介于端面铣刀与立铣刀之间的刀具，不同刀具制造商归类不同，这里暂且将其归为端面铣刀。图 3-21 中倒角铣刀的夹持部分为圆柱直柄，工作部分采用螺钉夹紧刀片的结构型式，结构简单实用。刀片数量与刀具直径 D 有关。倒角铣刀的主偏角 κ_r 常用的为 45°，另外还有 30° 和 60° 的规格供选用。

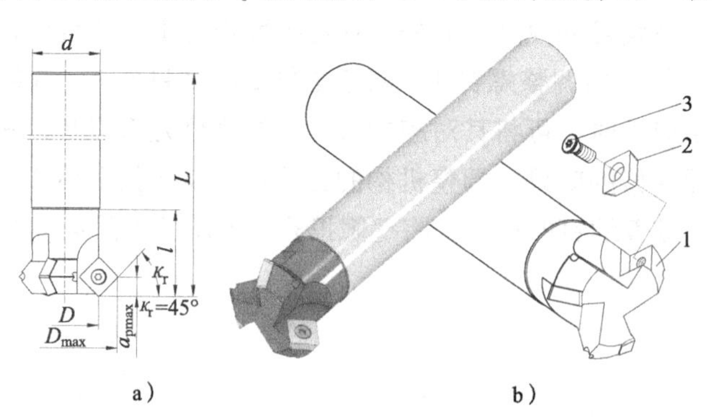

图 3-21　倒角铣刀示例（圆柱柄）

1—刀杆　2—刀片　3—刀片螺钉

图 3-22 所示为一款较大直径的方肩铣刀，所谓方肩，指主偏角 κ_r 为 90°，圆周切削刃为主，刀尖为尖角，铣削直角阶梯面的铣削刀具，适用于阶梯面铣削（见图 3-11）和型芯与型腔等三维型面的分层粗铣加工，对于图 3-22 所示的大直径方肩铣削（B 型

接口套式结构），显然归入面铣刀似乎更合理。图 3-22 所示的面铣刀，其刀片形状为 A 型的平行四边形，单面双切削刃结构，前面的结构形状设计得非常适用于圆周切削刃阶梯垂直面铣削加工。

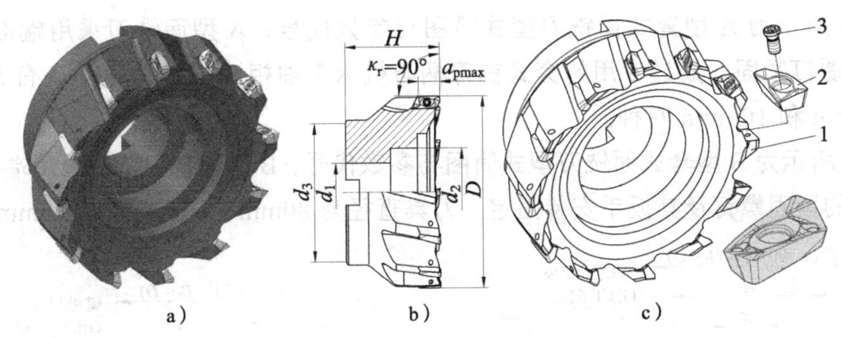

图 3-22　方肩（面）铣刀示例（B 型接口）

1—刀体　2—刀片　3—刀片螺钉

图 3-23 所示为圆形刀片（形状代号 R），套式结构的仿形铣削刀具，属于圆角铣削刀具类型，适合铣削曲率较小的曲面半精铣或精铣加工。对于刀具直径 D 较大的套式结构铣刀，可采用小切深大进给方式铣削平面，其当量主偏角较小（见图 3-117），因此，面铣削加工时也可以考虑圆形刀片的仿形铣削刀具。

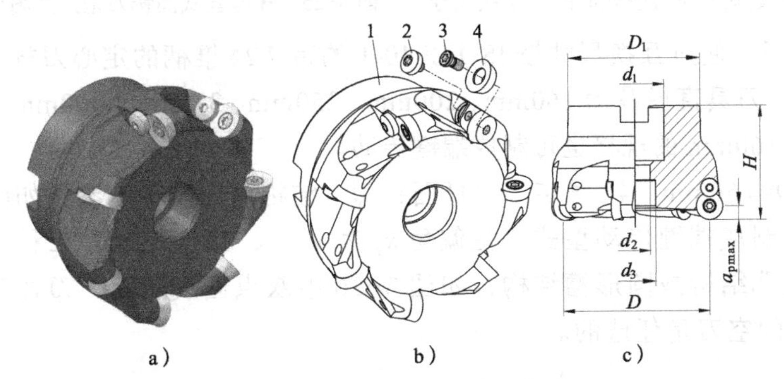

图 3-23　仿形（面）铣刀示例（A 型接口）

1—刀体　2—压紧螺钉　3—刀片螺钉　4—刀片

以上介绍了部分面铣刀的结构，供学习参考。实际中，各刀具制造商的面铣刀结构还是有所差异，并有自身特点，读者可在实际工作中，逐渐学习积累。

3.2.2　面铣刀的结构、参数与应用

1．标准面铣刀结构分析

关于面铣刀的国家标准有 GB/T 5342.1—2006《可转位面铣刀　第 1 部分：套式面铣刀》、GB/T 5342.2—2006《可转位面铣刀　第 2 部分：莫氏锥柄面铣刀》和 GB/T 5342.3—2006《可转位面铣刀　第 3 部分：技术条件》，关于结构及其参数部分主要集中于前两项标准。

（1）套式面铣刀的型式与尺寸　GB/T 5342.1—2006 中对套式面铣刀按其安装固定方式不同分为 A、B、C 三种，适用于主偏角为 45°、75°、90° 的面铣刀。GB/T 5342.1—2006 修改采用了 ISO 6462:1983《可转位面铣刀　尺寸》。

图 3-24 所示为 A 型套式面铣刀型式简图与参数代号，A 型面铣刀采用端键传动，内六角沉头螺钉紧固，通过专用的套式铣刀柄与机床主轴相连，刀具直径 D 有 50mm、63mm、80mm 和 100mm 四种。

图 3-25 所示为 B 型套式面铣刀型式简图与参数代号，B 型面铣刀依然采用端键传动，但采用专用的紧固螺钉及其扳手安装固定，刀具直径为 80mm、100mm 和 125mm 三种。

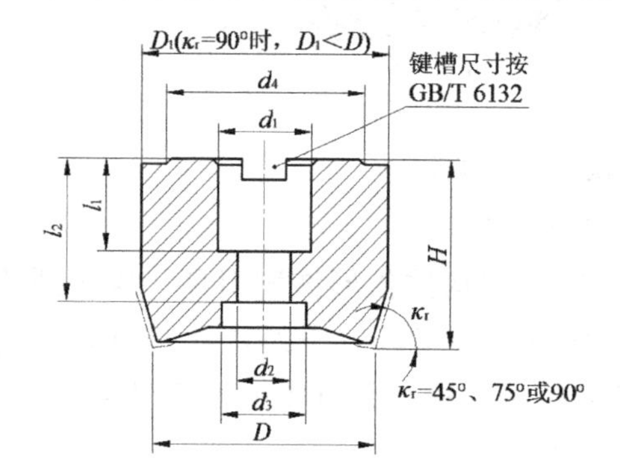

图 3-24　A 型套式面铣刀型式简图与参数代号

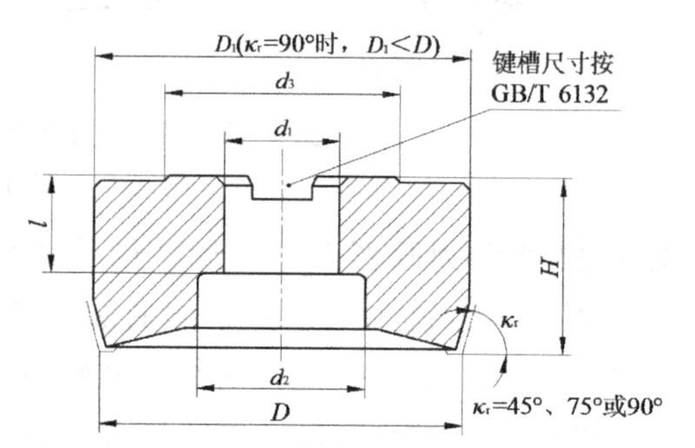

图 3-25　B 型套式面铣刀型式简图与参数代号

C 型面铣刀，通过互换尺寸按 ISO 2940-1 的带 7:24 锥柄的定心刀杆，用螺钉固定在铣床主轴上，刀具直径 D 为 160mm、200mm、250mm、315mm、400mm 和 500mm 等。其中，直径为 160mm 的规格也可制成端键传动。

1）直径 D=160mm，40 号定心刀杆面铣刀，结构简图及基本参数如图 3-26 所示。这种铣刀也可制成端键传动型式；主偏角 κ_r 为 45°、75°、90° 三种；铣刀体可制成带螺钉头沉孔结构或圆形槽结构，如图 3-26 中双点画线所示；刀体背面上直径为“$\phi 90_{最小}$”处的空刀是任选的。

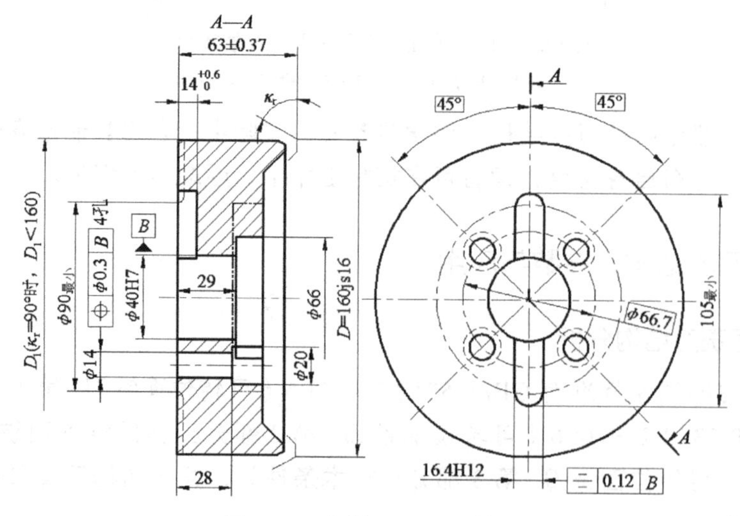

图 3-26　直径 160mm 面铣刀

2）直径 D=200mm 和 250mm，50 号定心刀杆面铣刀，结构简图及基本参数如图 3-27 所示。主偏角 κ_r 为 45°、75°、90° 三种；铣刀体可制成带螺钉头沉孔结构或圆形槽结构；定心孔尺寸 l 和 d_2 由制造商自定；刀体背面上直径为“$\phi130_{最小}$”处的空刀是任选的。

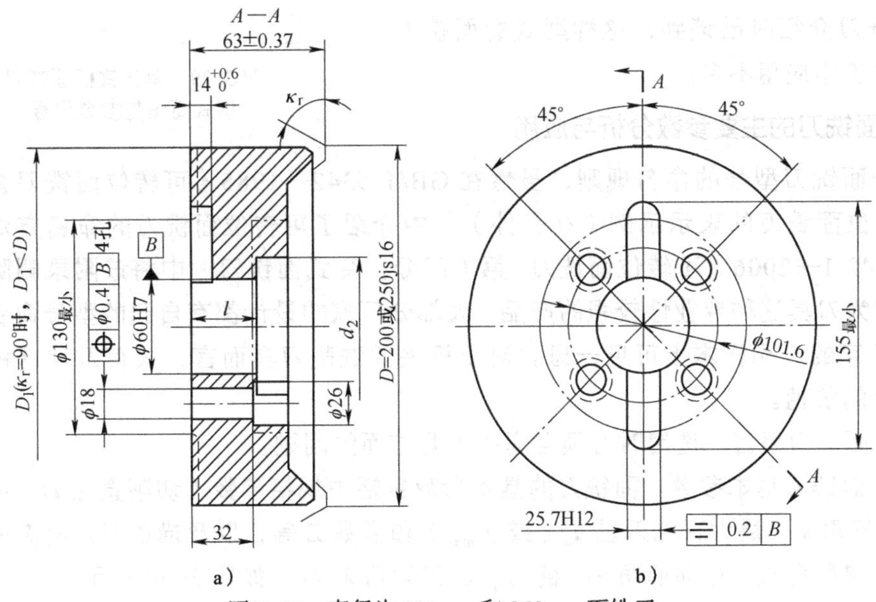

图 3-27　直径为 200mm 和 250mm 面铣刀

3）直径 D=315mm、400mm 和 500mm，60 号定心刀杆面铣刀，结构简图及基本参数如图 3-28 所示。主偏角 κ_r 为 45°、75°、90° 三种；铣刀体可制成带螺钉头沉孔结构或圆形槽结构；定心孔尺寸 l 和 d_2 由制造商自定；刀体背面上直径为“$\phi225_{最小}$”处的空刀是任选的。

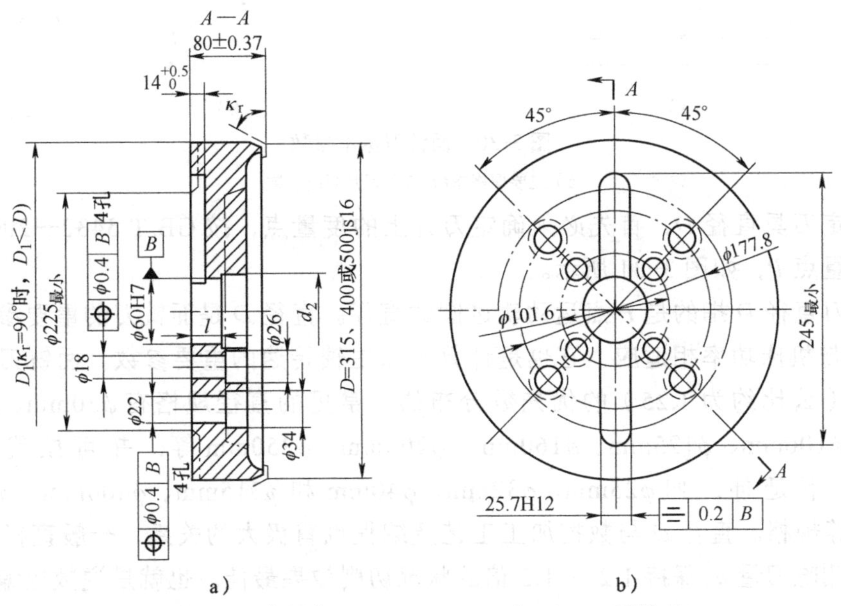

图 3-28　直径为 315mm、400mm 和 500mm 面铣刀

（2）莫氏锥柄面铣刀的型式与尺寸　GB/T 5342.2—2006 规定了莫氏锥柄面铣刀的基本尺寸，刀具直径为 63mm 和 80mm 两种型式，型式简图与参数代号如图 3-29 所示。前述图 3-20 直柄面铣刀介绍时已谈到，这种型式的面铣刀在数控加工中应用不多。

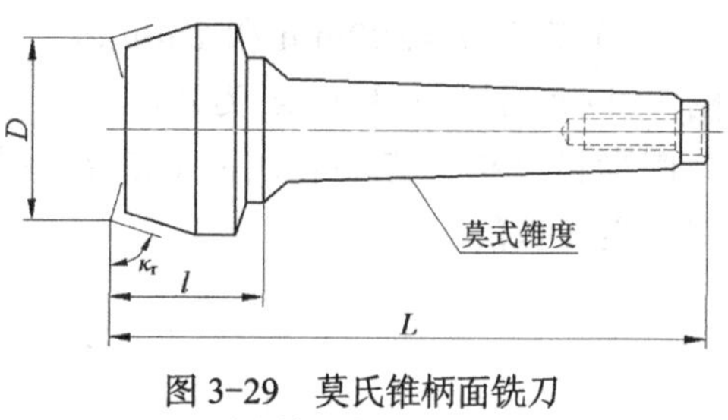

图 3-29　莫氏锥柄面铣刀型式简图与参数代号

2．面铣刀的主要参数分析与应用

关于面铣刀型号的命名规则，虽然在 GB/T 5342—1985《可转位面铣刀》的附录 A“可转位面铣刀的表示示例（补充件）”中介绍了可转位面铣刀的命名方法，但在 GB/T 5342.1—2006《可转位面铣刀　第 1 部分：套式面铣刀》中将该附录删除了，实际上，作为刀具这种专业性较强的产品，大部分厂家的设计都有自己的型号命名规则，这在各厂家的产品样本上可见一斑。对于机夹式铣削刀具而言，只有刀片这种耗材才有标准化的价值。

对于面铣刀而言，选用时必须考虑以下几方面的问题。

（1）面铣刀基本参数　面铣刀的基本参数包括主规格参数（切削直径 D，简称直径 D），主偏角 κ_r，最大背吃刀量 a_p（或 a_{pmax}）和齿数 Z 等，以及描述刀片姿态的几何角度，如轴向前角 γ_p、径向前角 γ_f、前角 γ_o、刃倾角 λ_s 等，如图 3-30 所示。

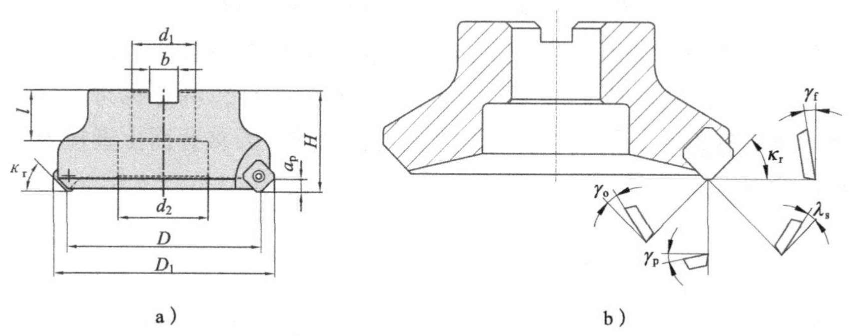

图 3-30　面铣刀基本参数

a）主要规格参数　b）刀片姿态参数

要确定刀具直径 D，首先必须确定刀片上的度量点，按 GB/T 5432—2006 定义了明确的测量点 P，如图 3-31 所示。

面铣刀直径 D 指的是 P 点运动轨迹圆的直径。直径 D 是面铣刀的重要参数之一，其大小要与机床功率相适应，它也是计算机床主轴转速的重要参数。面铣刀直径是按 $R10$ 系列（公比约为 1.25）的优先数分布的，常见的直径规格有 ϕ50mm、ϕ63mm、ϕ80mm、ϕ100mm、ϕ125mm、ϕ160mm、ϕ200mm、ϕ250mm 等，并可按优先数 $R10$ 系列上、下延伸，如 ϕ25mm、ϕ32mm、ϕ40mm 和 ϕ315mm、ϕ400mm、ϕ500mm、ϕ630mm 等规格。直径 D 与数控加工工艺及编程也有极大的关系，一般直径 D 以端面铣削参数侧吃刀量 a_e 保持 1.2 ～ 1.5 倍的状况切削效果最佳。也就是说数控编程面铣削时刀具轨迹的行距一般取刀具直径的 65% ～ 85%。

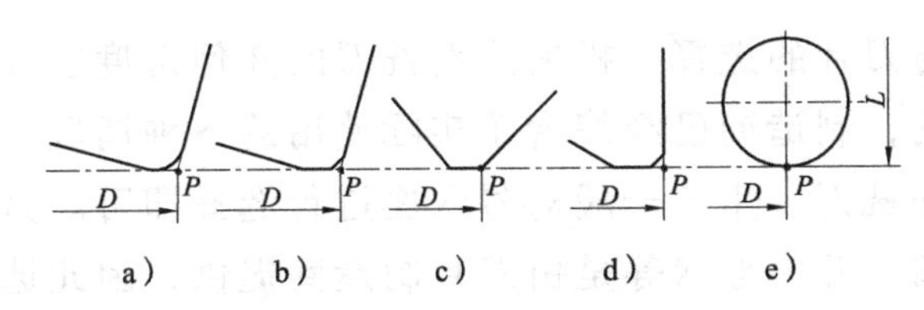

图 3-31　面铣刀的测量点

a）带圆弧刀尖　b）～d）带修光刃刀尖　e）圆刀片

依据主偏角的定义可知面铣刀的主偏角 κ_r 是切削刃在基面上的投影与端面之间的夹角，如图 3-30 所示。在进给速度一定的情况下，主偏角减小，则切削厚度 h_D 减小，而切削宽度 b_D 增加；主偏角对切削分力的影响也是很大的，主偏角减小，则进给力增大，而背向力减小，较小的背向力可使面铣削的材料切入更为平稳，但对于厚度方向工件刚性较差的薄壁件面铣削时，较大的进给力容易引起振动。面铣刀典型的主偏角是 45°、90° 和 10°，另外，60°、75°、55° 和 88° 等主偏角也可见到。主偏角的选择除阶梯面的几何特征约束外，更多的还是考虑工艺因素，见表 3-7。

最大背吃刀量 a_p 是面铣刀每刀切削时最大允许的切削深度，当刀片切削刃长度和主偏角确定后，其参数值可计算获得，但为了避免计算，大部分刀具样本上会给出该值。

齿数 Z 直接决定了面铣刀刀齿排列的疏密程度，其对容屑槽的大小、切削效率的高低、切削加工的平稳性和切削用量的计算等均有所影响。齿数与齿距存在一定的对应关系，根据齿距或同等直径下齿数的不同，常分为粗齿、中齿和细齿（也有称为疏齿、密齿和超密齿等）。齿的疏密现在尚无统一的定量标准，现有资料上可见用每英寸直径上所含齿数多少作为评定的依据，面铣刀刀齿密度见表 3-2。面铣刀刀齿密度的特点与适用范围见表 3-3。粗齿刀具由于齿数少，切削振动会增加，故有时将刀齿设计为不等距结构，减小振动。

表 3-2　面铣刀刀齿密度

刀具类型	刀齿密度 /（齿数 /in）		
	粗齿	中齿	细齿
一般面铣刀	1.2 ～ 1.5	1.6 ～ 2.0	2.2 ～ 2.7
刀片立装面铣刀	1.0 ～ 1.5	2.0 ～ 3.0	4.0 ～ 5.0

表 3-3　面铣刀刀齿密度的特点与适用范围

刀齿密度类型	特点	适用范围
粗齿	刀齿容屑空间大，同时参加工作的次数较少，冲击振动大，降低转速可降低机床功率消耗	以粗加工为主，适用于粗、精铣长切屑的工件加工，并可适用于机床功率不足的场合
中齿	容屑槽大小适中，兼顾切削平稳性与切削效率，各项性能适中	粗、精加工均可，应用广泛，适合一般用途，可用于大部分材料的加工，如粗铣铸铁的短切屑材料及半精铣或精铣长切屑材料
细齿	同时参加切削的齿数较多，每次进给量小，容屑空间有限，刀体强度稍差	适合精加工以及工件刚性较差的薄壁件等加工

（2）几何角度与刀片的选择　机夹式面铣刀的几何角度主要是通过刀片在刀体上的安装姿态决定的，制造商已经综合了实际使用的各种情况，将其按不同的组合制造出不同系列的面铣刀，用户一般对号入座进行选择即可。另外，有很多刀具的切削参数，如断屑槽、刀尖形状等是由刀片制造商提供，因此选择面铣刀必须了解这些知识。

1）面铣刀常用几何角度及其组合。面铣刀的各种几何角度的定义可参见 GB/T 12204—2010 或参考文献 [1] 等。面铣刀选用时主要考虑的刀具角度有轴向前角（即背前角）、径向前角（即侧前角）、主偏角或余偏角、刃倾角等。

面铣刀选择主要几何角度及功效见表 3-4。

表 3-4　面铣刀选择主要几何角度及功效

图例	名称	功用	效果
	轴向前角 γ_f	决定切屑排出方向	角度为负时排屑性能好
	径向前角 γ_p	决定切削轻快与否	角度为正时切削性能好
	主偏角 κ_r	决定切屑厚度	κ_r↑→切屑厚度↑，κ_r↓→切屑厚度↓
	前角 γ_o	决定切削轻快与否	γ_o↑→切削性能好，切削刃强度低 γ_o↓→切削性能差，切削刃强度高
	刃倾角 λ_s	决定切屑排出方向	角度为正时，排屑性能好，切削刃强度低 角度为负时，排屑性能差，切削刃强度高

面铣刀轴向与径向前角的组合类型及特性见表 3-5。由于影响前角数值具体取值的因素较多，未给出具体值，实际中可以刀具产品样本为准。依据角度的具体值选取刀具需要较为专业的刀具知识，实际中的刀具样本大都是按不同组合类型适用的加工特点和范围推荐用户选用。

表 3-5　面铣刀轴向与径向前角的组合类型及特性

组合类型	示意图	适合加工材料		特性
双正前角（$+\gamma_p$，$+\gamma_f$）		P	√	切削刃口锋利，切削力与切削变形小，切削功耗低 适合钢及有色金属的一般铣削加工，如粗铣和精铣，特别适合铣削强度较低和较软的材料以及容易加工硬化的材料。机床功率小，工艺系统差时优先选用 切削刃尤其刀尖处强度低，不适合冲击较为严重的铣削加工。刀片尽可单面使用，易产生排屑不畅问题
		K	√	
		M		
双负前角（$-\gamma_p$，$-\gamma_f$）		P		刀片可双面使用，进行性好。切削刃强度高，耐冲击，不宜崩刃。适合粗铣和断续切削，特别适合铸铁和淬硬工件的铣削加工 刃口锋利度略差，由于负前角至切屑下压，排屑不畅，不适于加工长切屑的钢件及不锈钢等韧性材料
		K	√	
		M		

（续）

组合类型	示意图	适合加工材料		特性
正负前角（$+\gamma_p$，$-\gamma_f$）		P	√	这种组合类型兼有以上两者的特点，为通用型的结构 由于正轴向前角和正的刃倾角，切屑排出流畅 负的径向前角是切削刃强度高，切削性能较好，通用性强 适合加工钢件、铸铁、不锈钢和有色金属等，特别适合加工铣削深度较大的工件
		K	√	
		M	√	

注：可转位面铣刀不适宜采用负正前角组合（$-\gamma_p$，$+\gamma_f$），因为这种组合会使排屑困难，切削刃脆弱易崩刃，加工表面粗糙。

面铣刀主偏角 κ_r 对切削加工性能的影响包括：径向与轴向分力、切削厚度和最大切削深度 a_p（最大背吃刀量）等。

主偏角 κ_r 对轴向分力 F_x 与径向分力 F_y 的影响。图 3-32 所示为单个刀齿的切削层平面中的受力分析。

$$F_x=F_d\cos\kappa_r$$

$$F_y=F_d\sin\kappa_r$$

式中　F_d——单个刀齿切削层平面中的切削分力；

F_x——单个刀齿的轴向切削分力；

F_y——单个刀齿的径向切削分力。

面铣削加工是多刀齿加工，所有齿的合力在过主轴中心平面上可得到一个分力 F_D，如图 3-33 所示，这个合力也同样可以分解为轴向分力与径向分力，其受主偏角 κ_r 的影响规律与单个刀齿相同，即主偏角增加，则径向分力增加，而轴向分力减小。注意，径向分力增加，则力矩 L 也会增加，最终造成主轴受到较大的弯矩，这对机床主轴寿命以及加工过程中的振动均会产生影响。

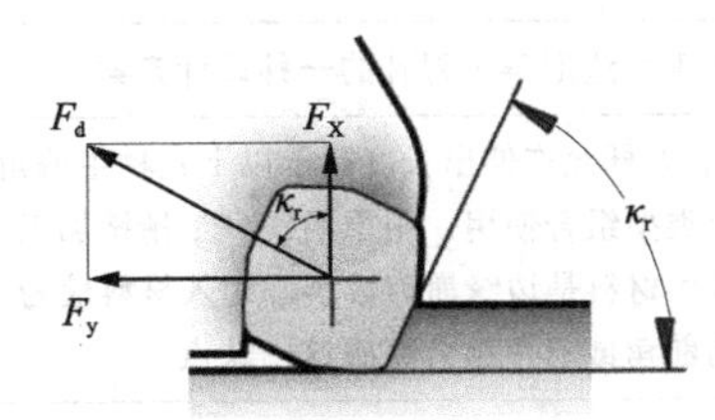

图 3-32　单个刀齿的切削层平面中的受力分析

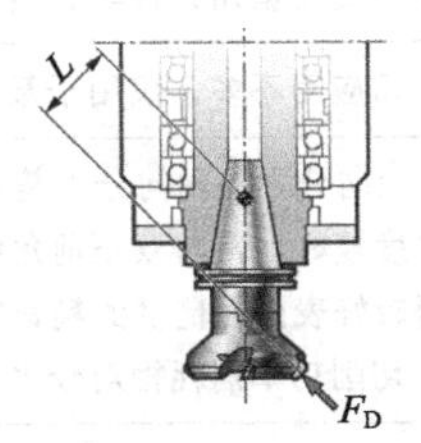

图 3-33　切削分力

主偏角对最大切削厚度的影响见表 3-6。随着主偏角的减小，切削厚度也相应减小，但圆刀片特别，其切削厚度随背吃刀量 a_p 的变化而变化，其最大允许的背吃刀量为刀片半径。

面铣刀主偏角的典型值是 45°、90° 和 10°，60°、75° 也应用广泛，另外，88° 和 55° 主偏角也可见到，圆刀片面铣刀作为一种特殊设计应用也较为广泛。主偏角的选择除阶梯面的几何特征约束外，更多的还是考虑工艺因素，表 3-7 为面铣刀常见主偏角的特点及应用。

表 3-6　主偏角对最大切削厚度的影响

主偏角 κ_r	最大切削厚度 h_D/mm	备注	图注
90°	$h_D=f_z$	最大切削厚度的计算公式为 $h_D=f_z\sin\kappa_r$ 式中　f_z——每齿进给量（mm/Z）	
75°	$h_D=0.97f_z$		
60°	$h_D=0.86f_z$		
45°	$h_D=0.807f_z$		
10°	$h_D=0.18f_z$		
圆刀片（刀片直径 d）	$h_D=\dfrac{\sqrt{d^2\times\left(d-2a_p\right)\times f_z}}{d}$		

注：表中所列的最大切削厚度是指进给方向上的切削厚度

表 3-7　面铣刀常见主偏角的特点及应用

主偏角	特点及应用
90°	优点：可铣削 90° 直角的阶梯几何特征；轴向切削力较小，可铣削强度低、刚性差的薄壁件或装夹刚性差的零件；在刀片尺寸一定的情况下，可获得尽可能大的最大背吃刀量 a_p 缺点：径向进给分力最大，容易引起冲击振动，造成工件边缘崩损；在同等每齿进给量的情况下，切削面积最大，造成刀片承受的切削力最大；加工表面粗糙度值稍大，故一般仅用于粗铣或半精等
88°	优点：作为 90° 主偏角的一种修正方案，当选用正方形刀片时可获得较大的刀尖强度，同时兼顾必要的副偏角，经济性较好 缺点：不能准确的保证 90° 直角的阶梯几何特征
75°	较为常用的主偏角，常与双负前角组合类型组合使用，用于各种材料的粗铣、半精铣，也可用于精铣硬、脆材料的精铣加工
60°	较为常用的主偏角，常与正负前角组合类型组合使用，用于各种材料的粗铣、半精铣，甚至精铣加工
55°	该主偏角应用不多，仅用于某些特定几何形状（如正六边形等）刀片的一种设计方案
45°	优点：径向分力与轴向分力基本相同，通用性较好，刀杆允许伸出长度高于以上几种主偏角，应用最为广泛；切削刃强度较好，常与双正前角组合和正负前角组合类型组合使用，用于粗铣、半精铣加工，增加修光刃刀片后可获得较好表面粗糙度的精铣加工；铣削铸铁等脆性材料是边缘崩刃较小，切入材料较为平稳 缺点：切削功率消耗相对较大，常通过选择合适的前角或前角组合克服这一缺点
10°	一种专用于小切深、大进给的高速面铣削以及插铣面铣刀的主偏角方案 优点：切削厚度较小，适用于大进给高速切削加工（小切深、大进给、高转速）；径向分力较小，以轴向切削分力为主，复合插铣加工所需的工艺要求 缺点：最大允许背吃刀量较小，不适于常规的粗铣加工（大切深、慢走刀、低转速）
圆刀片	优点：切削刃可转位次数较多，刀片寿命长；既可用于片面铣削，也可较好地适应小曲率曲面的仿形铣削加工，通用性较好；大切深加工时可适应传统的粗、半精铣加工，小切深加工时又具有高速铣削加工的特性 缺点：圆弧形切削刃导致切削变形复杂，切削力稍大，但切屑能卷曲的更为紧凑而有利排屑；切削刃上无修光刃，加工表面粗糙度值稍大

在刀片切削刃长度一定的情况下，主偏角对最大允许的背吃刀量 a_p（切削深度）有

所影响，其计算关系式为

$$a_p = l_f \sin\kappa_r$$

式中 l_f——刀片最大允许的切削刃长度（mm）。

2）面铣刀刀片的选择。刀片选择涉及刀片材料、形状、刀尖形状以及前面形状（如断屑槽）等内容。

刀片形状决定了刀片的强度与可转位次数等，面铣刀常见刀片形状及应用示例见表3-8。

表3-8 面铣刀常见刀片形状及应用示例

刀片形状		 135°	 120°			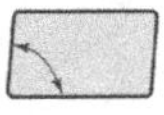	 80°	
				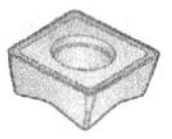	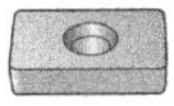			
应用示例	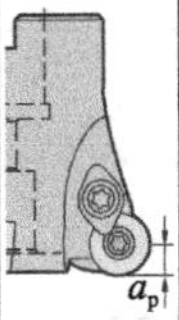 a_p	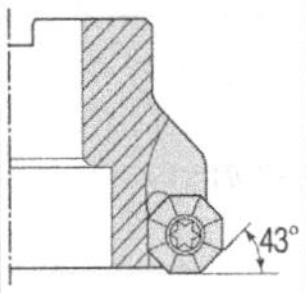 43°	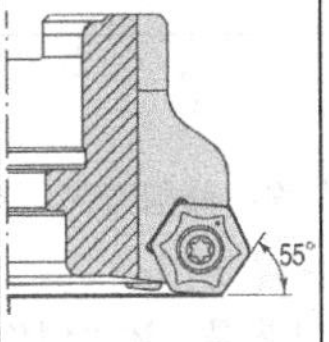 55°	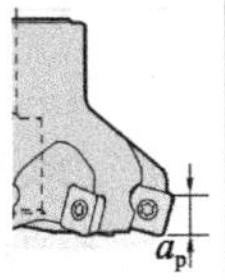 a_p	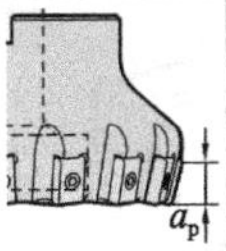 a_p	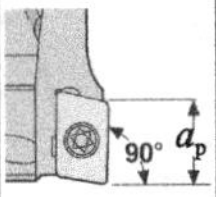 90° a_p	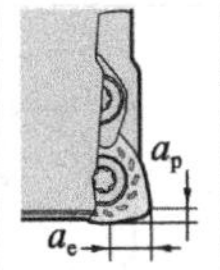 a_p a_e	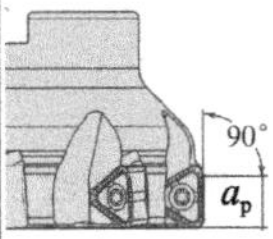 90° a_p
主偏角示例		45°、43° 40°	60°、55° 45°	90°、88° 75°、 60°、45°	60°、75° （刀片立装）	90°	10°、11° 90°	90°、45°
刀尖强度	增强 ←→ 减弱							

面铣刀加工为多刃切削，铣削过程基本属断续切削，因此，有必要加强刀尖强度，如采用修圆刀尖或倒角刀尖；同时，为了提高加工表面质量，又常常在副切削刃靠近刀尖处修磨出一段副偏角为0°或接近0°的修光刃 b_s。注意到刀片代号中修光刃的长度是表达不出来的，因此这部分内容还是要以刀具厂商的产品样本为准，面铣刀常见刀尖形状及其选择时要考虑的刀尖参数见表3-9。

表3-9 面铣刀常见刀尖形状及其选择时要考虑的刀尖参数

刀尖形状（参数）	图例	说明
圆角（刀尖圆弧半径 r_ε）	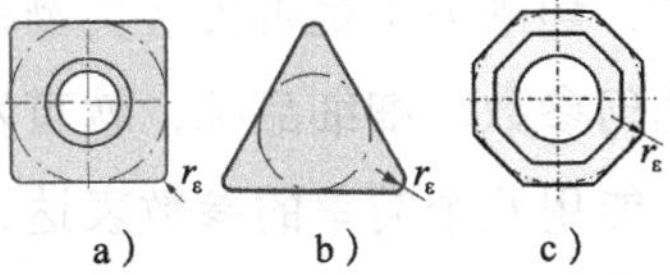 r_ε r_ε r_ε a） b） c）	刀尖名称：修圆刀尖，无修光刃 特点： 1）刀尖强度好，但刃磨稍复杂，通用性好 2）不受主轴旋向限制，左、右旋通用 3）加工表面残留面积较大，表面粗糙度值大

（续）

刀尖形状（参数）	图例	说明
单折线（倒角刀尖长度 b_ε）	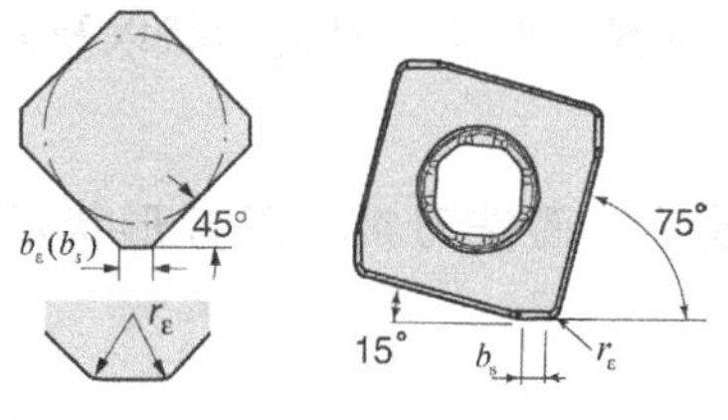	刀尖名称：倒角刀尖，无修光刃（实际中常将拐角修圆），也可将刀尖折线当作修光刃设计 特点： 1）刀尖刃磨方便，刀片旋转位置适当可兼起修光刃的作用 2）不受主轴旋向限制，左、右旋通用 3）若每齿进给量小于修光刃长度，则表面质量较好
双折线（倒角刀尖长度 b_ε 和修光刃长度 b_s）	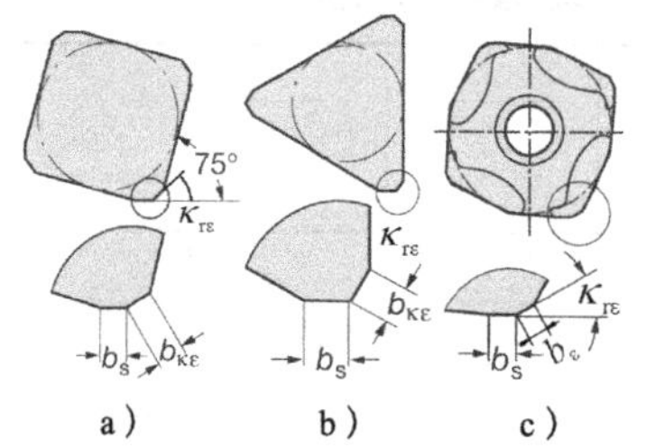 a）　b）　c）	刀尖名称：倒角刀尖，修光刃 特点： 1）刀尖与修光刃均为直线，刀尖刃磨方便 2）刀尖与修光刃分开设计，可充分兼顾各自需求 3）修光刃角度必须合力设计，确保刀片工作位置与加工面平齐 4）若每齿进给量小于修光刃长度，则表面质量较好
圆弧 - 直线（刀尖圆弧半径 r_ε 和修光刃长度 b_s）	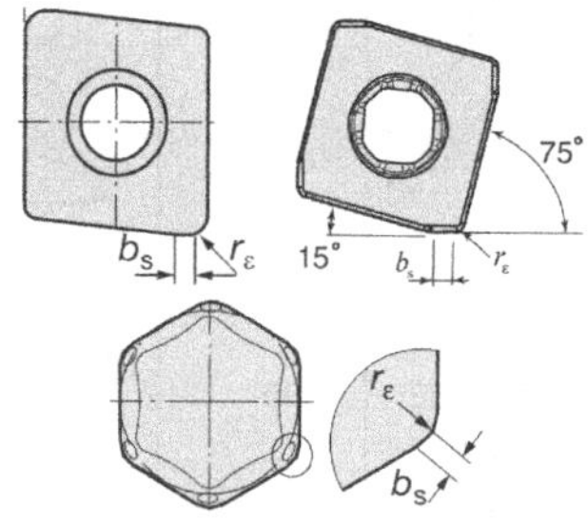	刀尖名称：修圆刀尖，修光刃 特点： 1）可认为是上述“倒角刀尖 + 修光刃”的变种 2）圆角刀尖强度更佳，但刃磨稍困难 3）同“倒角刀尖 + 修光刃”的第 3、4 条
三折线（倒角刀尖长度 b_ε 和修光刃长度 b_s）	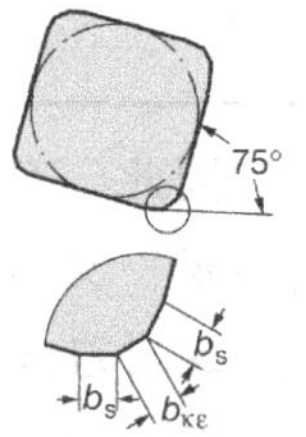	刀尖名称：倒角刀尖，双修光刃 特点： 1）刀尖与修光刃均为直线，刀尖刃磨方便 2）刀尖与修光刃分开设计，可充分兼顾各自需求 3）对称的刀尖设计可做成左、右旋向通用的刀片 4）同“倒角刀尖 + 修光刃”的第 3、4 条

刀片选择时还有断屑槽与切削刃断面形状（如倒棱等）的选择，这两个参数基本集中在前面上，GB/T 2076—2007 规定的刀片代号的第④位仅仅规定是否有断屑槽，但未规定断屑槽的具体形状与参数，注意到机夹可转位刀片一般均为粉末冶金的方法制造，且为了兼顾切削刃处各点的断屑性能，其前面的断屑槽远比手工刃磨刀具的断屑槽复杂得多，不同厂家刀片的断屑槽是有差异的。同样，切削刃上是否刃磨负倒棱在刀片代号的第⑧位有所表示，但其不能表达出负倒棱的几何参数。细细品味，就可发现，这两个参数对切削过程的影响是复杂而微妙的，甚至不能用几个简单的参数表达，各刀具制造商在这方面的研究是有所投入的，同时，具体的参数也是有所保留的，这些也是造成各

厂家刀片性能差异的原因之一。那这部分参数如何选择呢？笔者认为，应该根据切削原理的基础知识参照刀具样本选择。

关于断屑槽，用户不能刃磨，就按厂家推荐的形状确定，事实上，同样的断屑槽，不同的切削用量和材料性能，其断屑效果也是不一样的，因此具体切屑形态的控制可通过加工时切削用量的调整进行控制。而我们知道，负倒棱的存在是可以增加切削刃强度的，刃口部适当的倒圆角，对延长刀具寿命也是有帮助的。

按照以上知识，回到刀具产品样本上我们就可以总结出选择方法。大部分刀具制造商将以上断屑槽与负倒棱的具体数值隐含而用切削过程的负荷轻重来表示。有的用字母代号在刀片代号的第⑧位或第⑨位表达，也有的会配上相应的图解增加用户的定性选择依据。图 3-34 所示为山特维克面铣刀断屑槽及其负倒棱选择的图例及参数。由图 3-34a ～ c 可见，其断屑槽还是非常复杂与丰富的，上述切削刃放大圆中分别用 L、M 和 H 表示切削工况为轻型切削、中型切削和重型切削，一般选择中型切削，注意其负倒棱的表达也是有所区别的。图 3-34d 则表达了更多信息，左边的 M 和 E 表达切削刃的锋利程度（相当于刃口是否倒圆角，其中 E 更锋利），右边的 M、H 和 L 的含义与前三图相同，表示切削负荷的轻与重，中间的 x 是表达加工材料的 ISO 类型（如 P、M、K 等），这些字母代号均会在刀片代号的相应位表示（注意山特维克的刀片代号表达与 GB/T 2076—2007 不同）。

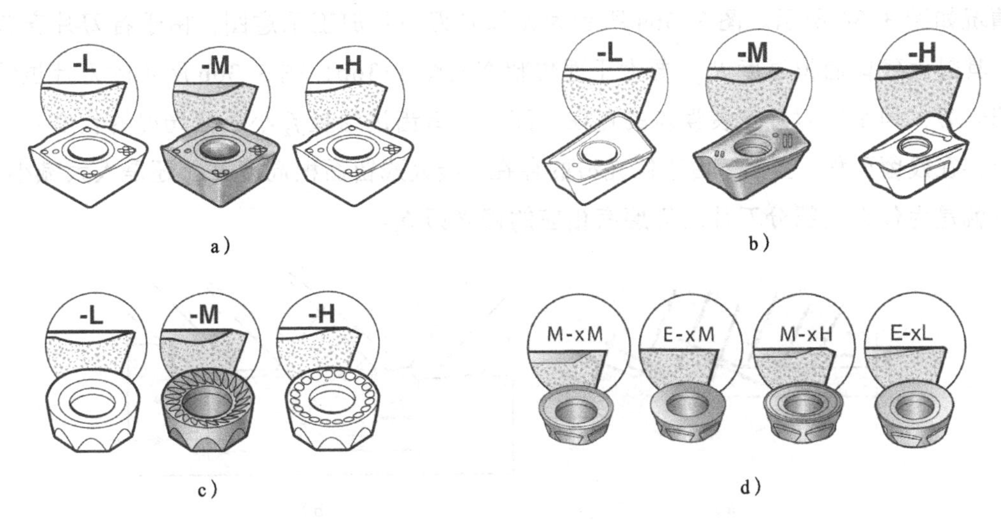

图 3-34　山特维克（Sandvik）面铣刀断屑槽及其负倒棱选择的图例及参数

a）正方形刀片　b）平行四边形刀片　c）、d）圆形刀片

3）面铣削表面质量及其控制。面铣削加工为多刀加工，即使是各刀片处于理想的等高位置，由于刀尖存在圆角或存在一定的副偏角，加工表面也会存在一定的残留面积，图 3-35 所示为理想状态的铣削表面，为单齿加工的残留面积情况，通过几何关系可得

出残留面积的高度 R_{max} 为

圆刀尖：
$$R_{max}=\frac{f_z^2}{8r_\varepsilon}$$

尖刀尖：
$$R_{max}=\frac{\tan\kappa_r\ \tan\kappa_r'}{\tan\kappa_r+\tan\kappa'}\times f_z$$

式中 R_{max}——残留面积高度；

f_z——每齿进给量；

r_ε——刀尖圆角半径；

κ_r——主偏角；

κ'_r——副偏角。

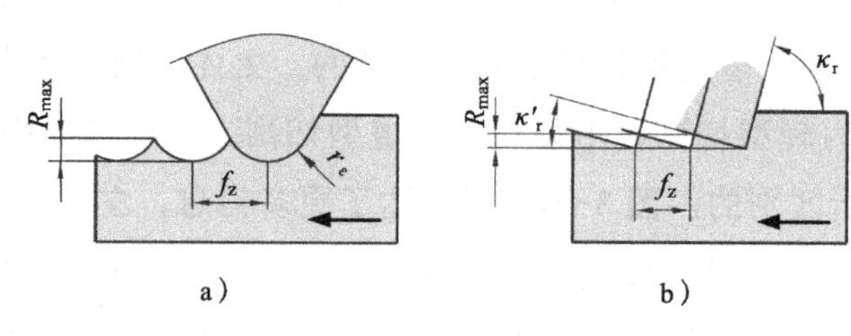

图 3-35 理想状态的铣削表面

a）圆刀尖 b）尖刀尖

实际的情况为多齿加工，且各刀齿由于安装误差，必然存在高度误差，其加工表面的情况如图 3-36 所示。图 3-36a 所示为无修光刃刀片加工示意图，由于各刀片安装误差，其最大残留面积高度 R_{max} 要大于理想状态的图 3-36b；图 3-36b 所示的刀片虽然带有修光刃，但由于刀片安装误差的存在，即使是每齿进给量 f_z 小于修光刃的长度 b_s，仍然会存在残留面积，当然，由于修光刃的存在，最大残留面积高度 R_{max} 还是大大减小了，这也就是为什么大部分刀片均刃磨有相应的修光刃 b_s。

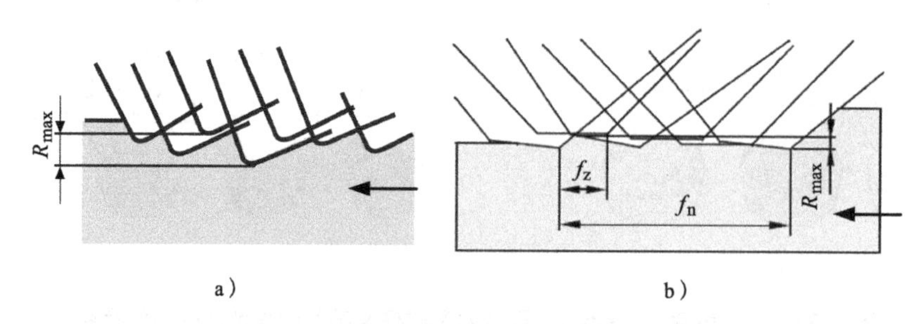

图 3-36 实际的铣削表面

a）无修光刃 b）有修光刃

为提高面铣削的表面质量，降低表面粗糙度值，用于精铣加工的面铣刀常常通过安装 1 ～ 2 片修光刃较长的刮光刀片（也称为修光刀片）进行加工，图 3-37a 所示为主偏角为 45° 面铣刀切削刀片及其刮光刀片示意图，以边长为 13.4mm 规格的刀片为例，其切削刀片（左图）的修光刃 b_{s1}=2mm 左右，而刮光刀片（右图）的修光刃 b_{s2}=8.2mm。图 3-37b 所示为其安装示意及其与加工平面的关系。图 3-37c 所示为刮光刀片加工表面示意图，刮光刀片安装时要求比切削刀片高出 0.03 ～ 0.05mm（甚至达 0.1mm）。刮光刀片的修光刃一般为直线，也有做成曲率很小（曲率半径 R 达 400 ～ 500mm）的圆弧刃。刮光刀片多为一个修光刃，但也有做成两个修光刃的，如图 3-38 所示，图 3-38a 所示为泰珂洛公司的主偏角为 75° 的正方形刀片的切削刀片及其单修光刃和双修光刃刮光刀片，这种型式较为通用。图 3-38b 所示为山特维克的主偏角为 65° 的正方形刀片的切削刀片及其单修光刃和双修光刃刮光刀片，实际的刮光刃刀片还很多（见图 3-18 的立装刮光刀片 4），可参阅相关产品样本。图 3-19 面铣刀中还给出了立装式刮光刀片的示例。一般来说，一个刀盘仅装一片刮光刀片即可，但当刀盘直径比较大时或刀盘的每转进给量大于修光刃长度时，可考虑安装 2 ～ 3 片修光刀片。

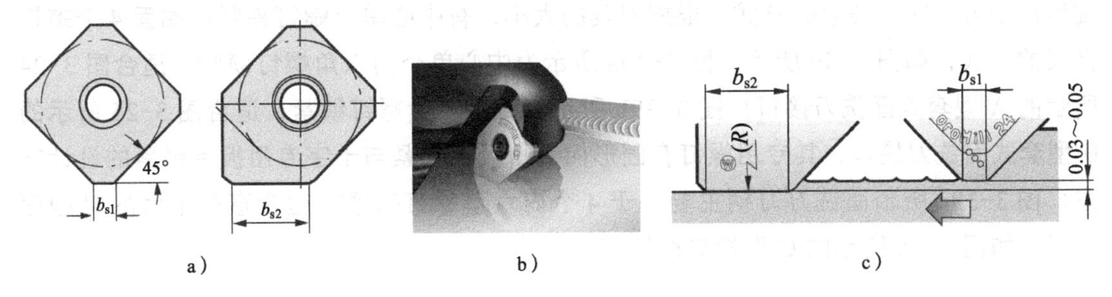

图 3-37　刮光刀片及其应用

a）普通刀片与刮光刀片　b）刮光刀片的安装　c）加工应用

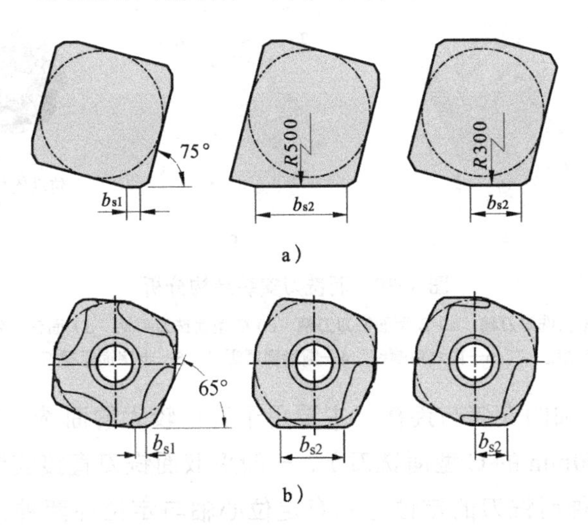

图 3-38　刮光刀片修光刃示例（切削刀片 + 单、双修光刃刮光刀片）

a）κ_r=75° 刮光刀片　b）κ_r=65° 刮光刀片

（3）机夹式面铣刀附件　选择与使用机夹式刀具，其附带的刀具附件信息也是必须关注的，因为，研读这些信息有助于理解刀片的夹固原理与使用方法，同时，其有些属于易损件，损坏后的外购也是必需的。以图 3-12 的面铣刀为例，其刀具附件包括刀垫螺钉扳手 7 和刀片螺钉扳手 6，以及刀垫 2、刀片螺钉 5 等，楔块夹紧式机夹式刀具的楔块、楔块螺钉（双头螺钉）等也是常见的刀具附件。值得一提的是，机夹式刀具的相关螺钉必须使用其原厂配套的相关扳手，否则，容易导致固定不可靠和螺纹滑丝等现象。关于面铣刀附件，请参阅各厂的产品样本。

3．面铣刀的安装与连接

这里仅介绍套式面铣刀与机床主轴的安装与连接问题，关于莫氏锥柄面铣刀和圆柱直柄及削平直柄面铣刀的安装与连接方法与立铣刀相似。所谓铣刀的安装是指如何将铣刀准确可靠地与机床主轴紧固连接，并确保其在切削力等外力的作用下能够可靠的进行切削加工。

（1）基于套式面铣刀刀柄的安装与连接　面铣刀刀柄一般采用圆柱端面定位，端键传递动力，螺钉夹紧的方式，根据刀具的大小，有中心单个螺钉夹紧与端面 4 个螺钉夹紧的方式，如图 3-39 所示。图 3-39a 所示为中心单个内六角螺钉锁紧，适合图 3-24 所示的 A 型套式面铣刀接口；图 3-39b 所示为专用锁紧螺钉锁紧，适合图 3-25 所示的 B 型套式面铣刀接口，其专用螺钉有圆形内六角扳手锁紧与十字专用扳手锁紧的设计方案；图 3-39c 所示面铣刀刀柄主要基于 4 个内六角螺钉锁紧，适合直径不大的 C 型面铣刀，如图 3-26 所示的 C 型接口面铣刀。

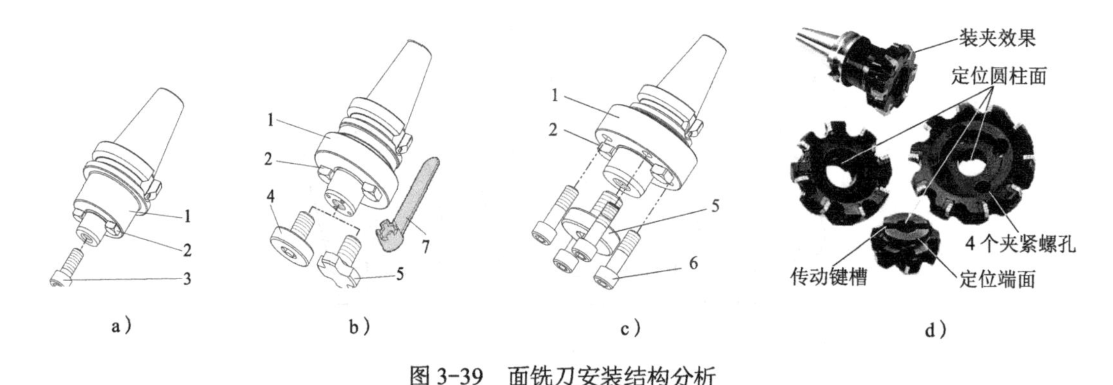

图 3-39　面铣刀安装结构分析

a）A 型面铣刀刀柄　b）B 型面铣刀刀柄　c）C 型面铣刀刀柄　d）面铣刀效果图

1—刀柄本体　2—传动键　3、6—内六角螺钉　4—圆形锁紧螺钉　5—十字锁紧螺钉　7—十字锁紧螺钉扳手

（2）基于机床主轴的安装与连接　主要用于直径较大的面铣刀安装（GB/T 5342—2006 中 D=160 ～ 500mm 的 C 型面铣刀），一般采取面铣刀直接安装在主轴上的方式，如图 3-40 所示。这种面铣刀的定位方式有定位心轴与定位环两种，螺钉孔的分布圆直径随主轴锥孔的大小而不同，一般 40、50 和 60 锥度号分别对应 ϕ66.7mm、ϕ101.6mm 和 ϕ177.8mm。有关主轴端面的结构与尺寸可参见 GB/T 3837—2001《7:24 手动换刀刀柄圆锥》等。定位环的结构与尺寸必须自行设计，同时面铣刀安装面也必须做相应的变化。

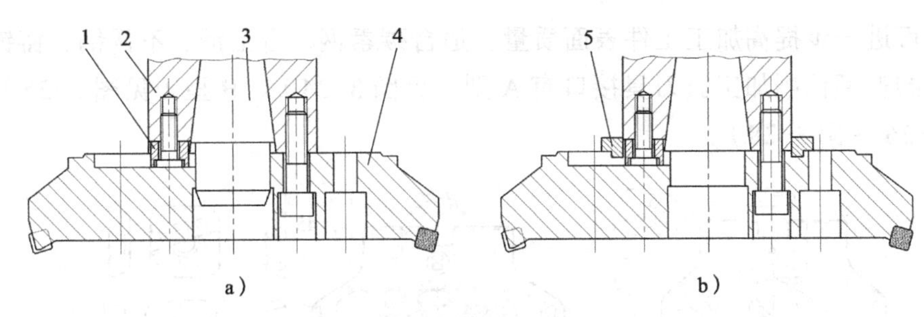

图 3-40　面铣刀与主轴的连接方法

a）定位心轴定位　b）定位环定位

1—端面键　2—主轴　3—定位心轴　4—面铣刀　5—定位环

（3）基于过渡盘的安装与连接　部分刀具制造商针对大直径面铣刀的安装连接，设计有专用的快速安装过渡盘，如图 3-41 所示，图中面铣刀为非标设计的接口。图 3-41a 所示为单螺钉锁紧盘锁紧，锁紧盘 4 与面铣刀 3 的刀体有径向凹、凸对应，面铣刀装入后旋转一定角度，拧紧锁紧螺钉 5 后即可。图 3-41b 所示为多螺钉盘锁紧，面铣刀 3 刀体上开有圆弧槽，且一段圆弧直径大于锁紧螺钉 5 的直径，刀体装入锁紧螺钉头后，旋转一定角度，拧紧锁紧螺钉即可，多螺钉锁紧方式的锁紧力更大。

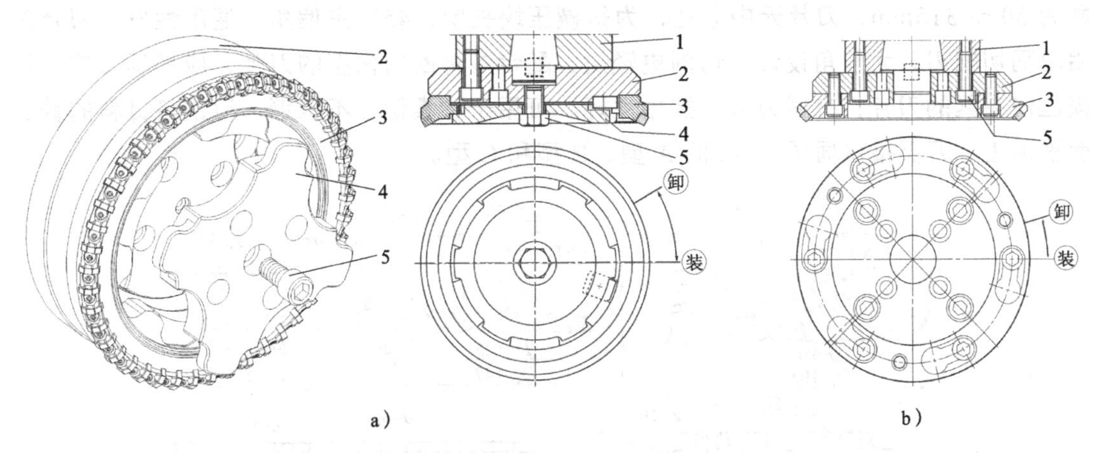

图 3-41　面铣刀与主轴的连接方法

a）单螺钉锁紧盘锁紧　b）多螺钉盘锁紧

1—主轴　2—过渡盘　3—面铣刀　4—锁紧盘　5—锁紧螺钉

关于面铣刀的安装接口，国内刀具制造商的面铣刀基本执行 GB/T 5342.1—2006 的规定，而国外刀具制造商则有所差异。另外，莫氏锥柄面铣刀数控刀具基本不做，而做成圆柱直柄或圆柱削边直柄型式。

4．部分商品化面铣刀分析

图 3-42 所示为一款四方形单面带中心孔刀片的国产面铣刀产品。刀具直径 D 的范围为 50 ～ 315mm，刀片为螺钉夹紧式，45° 主偏角，通用性好。刀片采用单面切削刃，大前角设计，切削更轻快，配合多种断屑槽型的刀片，应用领域广。配合小曲率修光

刃刀片，可进一步提高加工工件表面质量。适合碳素钢、合金钢、不锈钢、铸铁、铝合金等材料的普通铣削加工。刀具接口有 A 型（见图 3-24）、B 型（见图 3-25）和 C 型（见图 3-26 ～图 3-28）。

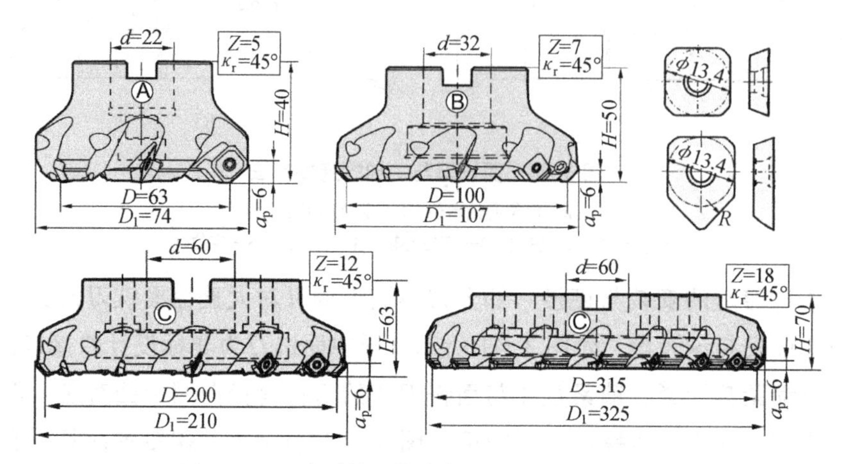

图 3-42　四方形单面带中心孔刀片的国产面铣刀

图 3-43 所示为一款四方形单面无中心孔刀片的国产面铣刀产品。刀具直径 D 的范围为 50 ～ 315mm，刀片无中心孔，为斜楔压块夹紧，45° 主偏角，通用性好。刀片采用单面切削刃，大前角设计，切削更轻快，配合多种断屑槽型的刀片，应用领域广。斜楔压块夹紧的刀片，夹紧力大，抗振性好。可用于碳素钢、不锈钢、铸铁等材料的普通面铣加工。刀具接口同图 3-42 的 A 型、B 型和 C 型。

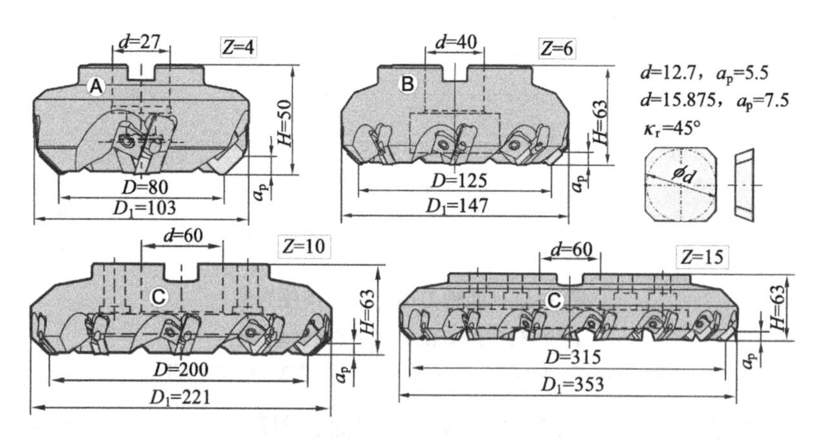

图 3-43　四方形单面无中心孔刀片的国产面铣刀

图 3-44 所示为一款八方形双面刀片的国产面铣刀产品。八方形双面型刀片，具有 16 个可转位刃口，性价比极高。刀具采用双负结构（轴向前角、径向前角均为负值）及超厚刀片使刀具安全性高，整体抗冲击性能优异。刀具自修光性能优良，尤其是在高进给量的情况下，修光效果明显。45° 主偏角设计，通用性好。刀具结构有套式与削边直柄两种结构型式，直径 D 为 25 ～ 315mm，其中削边直柄型面铣刀直径 D 为 25 ～ 50mm，套式面铣刀直径 D 为 50 ～ 315mm，并有多种断屑槽型，适应性广泛。

刀具接口除标准的 A 型、B 型和 C 型（图中仅摘录了 B 型）外，还有削边直柄型结构。

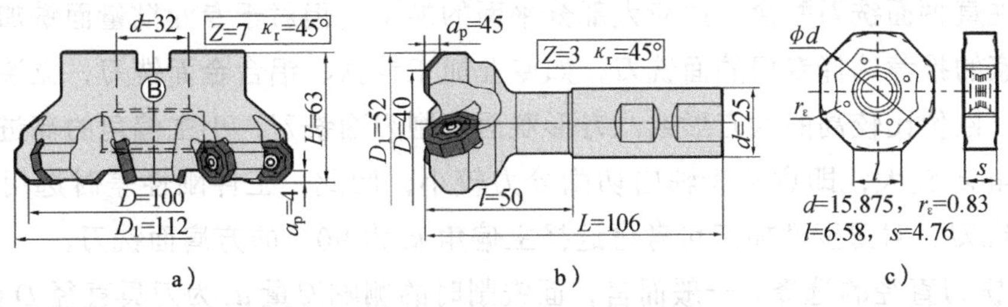

图 3-44　八方形双面刀片的国产面铣刀

图 3-45 所示为一款矩形立装刀片的国产面铣刀产品。采用矩形立装刀片型式，60° 主偏角，螺钉沉孔夹紧刀片，装夹简单方便。刀具双正前角设计，能有效降低切削力，刀片立装，适应大切深、重载加工，可用于碳素钢和合金钢等材料的重切削面铣加工。刀具直径 D 为 125 ～ 400mm，并有多种断屑槽型，适应性广泛。刀具接口有标准的 B 型和 C 型，

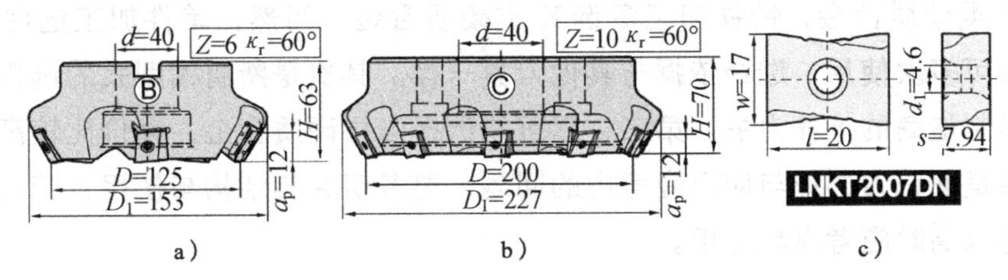

图 3-45　矩形立装刀片的国产面铣刀

以上摘录了国内刀具制造商少量典型常用和特色的面铣刀产品供学习参考。从国内刀具制造商网站及刀具样本看，目前国内面铣刀的刀具结构与国外相差不大，基本可满足生产使用。

3.2.3　面铣刀应用的注意事项

1. 面铣刀的选择

面铣削加工是数控加工不可避免的加工工艺，面铣刀选择要考虑以下几方面因素：

1）刀具的结构型式。套式面铣刀是首选的刀具型式，但要考虑机床的功率、工作台面的大小、机床主轴锥度型式与规格等，套式铣刀需要通过专用刀柄与机床主轴连接。因此选择面铣刀的同时必须考虑是否有现成的刀柄或是否需要新购置刀柄。中、小型机床一般选择 A 型或 B 型接口的面铣刀即可。

2）通用与专用刀具型式。对于单件小批量，加工件不固定的场合，尽可能选择通用性较好的面铣刀，如主偏角 κ_r 为 45° 可较好的分配径向与进给力，通用性较好，单面切削刃，正前角面铣刀可较好的适应粗、精铣加工，是单件小批量的常用选择，若小

型机床仅需选择A型面铣刀即可，中型机床可增选B型面铣刀，必要时可再增选一把削边或圆柱直柄面铣刀配合，适应大部分平面的加工。但对于专业批量面铣加工时，可考虑按厂家的推荐选择专用的面铣刀，如专业加工铸铁、铝合金面铣刀，立装刀片的重载面铣刀，性价比较高的六方形或八方形双面切削刃面铣刀，小主偏角的高进给面铣刀等。主偏角 κ_r 较大，即意味着轴向切削分力较小，因此，工件刚性差时选用较大主偏角 κ_r 的面铣刀，对薄壁件加工可考虑选择主偏角 κ_r 为90° 的方肩面铣刀。

3）面铣刀直径的选择。一般而言，面铣削时的侧吃刀量 a_e 为刀具直径 D 的75%较好，此时优先选用不对称顺铣加工，这是批量面铣加工选择刀具直径的依据。但单件生产，加工件不确定时，可根据刀具直径 D 通过编程控制侧吃刀量 a_e。当侧吃刀量 a_e 较小时，建议采用不对称逆铣，避开刀尖先接触工件，保护刀尖。实际上，小直径的面铣刀通过编程铣削大平面，比大直径面铣刀减少走刀铣削更为灵活，因此，不确定加工面的单件小批量加工选择小直径面铣刀更为灵活，且能更好地满足机床功率等要求。

4）刀片的选择。首先是刀片材料的选择，依据工件材料选择，如碳素钢类塑性材料多选用P类硬质合金，铸铁加工多选K类硬质合金，当然，单件加工选用通用性M类硬质合金可多次使用，选择依据与其他刀具一样。其次是断屑槽型式的选择，这一点必须以刀具制造商的推荐为主。第三，尽可能选择涂层硬质合金，性价比较高。修光刀片及其应用是面铣刀选择与应用应考虑的问题，要多研究其结构与使用，若对加工面的表面质量要求高时应考虑其选用。

5）刀具齿数疏密的选择。在面铣刀系列中，有时会出现同样直径面铣刀有不同刀片齿数 z 的现象，这就是刀具齿数疏密的问题，一般而言，标准齿数面铣刀考虑加工的通用性，齿数不会太多，齿数少，则意味着容屑槽空间大，适应性较好，但带来的问题就是加工的平稳性稍差，特别是侧吃刀量 a_e 小于刀具直径 D 的75%，甚至50%时，建议选择齿数稍多的密齿面铣刀。

6）刀柄长度的选择。优先选择长度较短的刀柄，以提高工艺系统的刚性。

内冷却面铣刀的问题，内冷却方式的冷却效果很好，这是大家都知道的常识，然而，内冷却方式要求机床主轴具有内冷却功能，当前而言，国产数控铣床及其刀具在这方面还存在不足，因此，如若用不上内冷却方式，建议在面铣刀及其刀柄选择时不考虑这个问题，因为其价格是不一样的。

2．切削用量的确定

切削用量的选择是一个复杂的问题，影响因素较多，如机床功率、刀片材料、工件材料，甚至各人的使用经验，建议参照所选刀具制造商推荐的数据初步确定，然后再根据加工现场的具体情况进行修整，注意到刀具制造商推荐的切削用量往往是加工效率较高的参数，若要获得较高的刀具寿命，应适当降低切削速度等。表3-10列举了某45° 主偏角面铣刀的切削用量推荐参数，供参考。

表3-10　面铣刀的切削用量推荐参数

被加工材料		硬度HBW	刀片牌号	切削速度 v_c /（m/min）	每齿进给量 f_z/（mm/z）		
					精加工	半精加工	粗加工
P	低碳钢	≤180	YBM251 YBC301	270（220～350）	0.15	0.2	0.3
			YBG202	270（220～360）	0.15	0.2	0.3
			YBG302	230（170～350）	0.15	0.2	0.3
	高碳钢、合金钢	180～280	YBM251 YBC301	240（180～350）	0.15	0.2	0.3
			YBG202	240（180～350）	0.15	0.2	0.3
			YBG302	220（150～330）	0.15	0.2	0.3
	合金工具钢	>280～350	YBM251 YBC301	220（150～300）	0.15	0.2	0.3
			YBG202	220（170～340）	0.15	0.2	0.3
			YBG302	190（130～300）	0.15	0.2	0.3
M	不锈钢	≤270	YBM251	150（120～240）	0.15	0.2（0.1～0.3）	
			YBG202	160（110～270）	0.15	0.2（0.1～0.3）	
			YBG302	140（100～250）	0.15	0.2（0.1～0.3）	
K	铸铁	180～250	YBG102	210（120～300）	0.15	0.2	0.3
			YBD152	240（180～300）	0.15	0.2	0.3
N	铝合金		YD101	300	0.25（0.1～0.4）		
			YD201	300			
S	高温合金	≤400	YBG102	50（20～60）	0.1	0.15（0.1～0.3）	
			YBG202	40（20～50）	0.1	0.15（0.1～0.3）	

注：1．表中所列的进给量可在±50%范围内调整。

2．表中的刀片材料为涂层硬质合金。

3．面铣刀使用出现的问题及其解决措施

表3-11列举了面铣刀使用过程中可能出现的问题及其解决措施，供参考。

表3-11　面铣刀使用过程中可能出现的问题及其解决措施

序号	问题	产生原因	解决措施
1	后面磨损过快	正常情况下后面磨损均匀，磨损量达一定程度应该转位或更换刀片，否则继续使用可能出现崩刃现象。但若磨损过快则要考虑解决	1）加大每齿进给量 2）降低切削速度 3）选择更耐磨的刀片材料 4）使用涂层硬质合金 5）增加切削液，降低切削温度
2	前面月牙洼磨损	主要出现在铣削韧性好，长切屑钢件上，缓慢出现的月牙洼磨损是正常现象。但磨损过快，则可能导致刃口破损	1）降低切削速度，减小每齿进给量和背吃刀量 2）选择耐磨性更好的刀具材料 3）选用涂层硬质合金刀片 4）适当增加刀具前角

（续）

序号	问题	产生原因	解决措施
3	刀片崩刃	轻微崩刃仍可继续使用，但会使刀具磨损加剧。严重崩刃，甚至影响使用则需解决	1）提高切削速度，减小进给量 2）选择韧性更好的刀具材料 3）减小主偏角，增大后角 4）增大切削刃圆角和倒棱结构与参数 5）提高工艺系统刚性，减少振动 6）增加或减小切削速度，避开积屑瘤
4	热裂纹损伤	温度变化造成的垂直于切削刃的裂纹。裂纹扩展太深会出现刀具破损而影响刀具寿命	1）降低切削速度，减小进给量和背吃刀量 2）换用较小直径的铣刀，减小热应力 3）选择韧性更好的刀具材料 4）选择涂层刀片，减小摩擦 5）不使用切削液或供给充足的切削液
5	机械应力裂纹	由于切削力太大或断续切削冲击较大等机械外力造成刀片出现的平行于切削刃的裂纹或破损 铣削出口处的厚切屑最易产生较大的机械应力	1）选用韧性好的刀片材料 2）减小切削面积（减小背吃刀量和每齿进给量），降低切削刃的切削力 3）改变铣削的侧吃刀量，或用顺铣替代逆铣 4）切削刃的倒圆或负倒棱，增加切削刃强度 5）提高工件装夹刚性，减小振动
6	热塑性变形	切削区域的高温、高压造成的塑性变形。硬质合金常规材料加工一般不易出现热塑性变形	1）降低切屑速度，减少切削热 2）减小每齿进给量等，减小刀片切削负荷 3）选择硬度更高的刀具材料，最好选用图层刀片，减小摩擦
7	刀片边界磨损或崩刃	工件表面硬皮、夹渣等硬度较高的表面，或加工硬化趋势明显的不锈钢材料等的加工	1）选用耐磨性更好的刀具材料 2）选用涂层刀片 3）适当减小主偏角 4）切削刃倒圆或倒棱，增加切削刃强度
8	产生积屑瘤	铣削塑性、韧性大的材料易出现粘刀而产生积屑瘤，积屑瘤的频繁产生与脱落，会带走部分大片材料形成崩刃等现象	1）提高或降低切削速度，避开积屑瘤的产生 2）选用涂层刀片，减小切削摩擦 3）选用较大前角的刀具 4）减小切削刃倒棱 5）使用切削液，特别是选用润滑性好的切削液
9	刀具破损	工件材料硬度太大 加工系统刚性不足	1）选择韧性更好的刀片材料 2）检查并改善工艺系统的刚性 3）减小每次进给量，减小刀片切削负荷 4）工件材料的退火处理
10	加工振动大	装夹不牢固 刀具悬伸过长 机床传动系统间隙较大 其他引起振动的因素	1）减小切削速度、进给量和背吃刀量 2）增大刀具前角和主偏角 3）选用不等距刀齿的面铣刀 4）选用直径稍小、悬伸长度较短的面铣刀 5）调整消除传动间隙 6）改变主轴转速，消除谐振 7）检查刀具或工件安装是否牢固 8）采用逆铣方式
11	加工表面粗糙度值大	铣刀刀齿轴线跳动过大 每转进给量过大 振动现象 切削刃出现积屑瘤	1）调整刀片装夹精度，减小刀齿轴向跳动 2）提高切削速度、减小背吃刀量和进给量 3）选用刮光刀片并确保进给量小于修光刃长度 4）使用前角大、锋利性好的铣刀 5）选用抗粘结性好的刀片，如涂层刀片或金属陶瓷 6）消除振动 7）刀片转位或更换，获得新的切削刃
12	铣削工件边缘有毛刺或塌边	刀片刃口不锋利 切削抗力过大	1）刀片转位或更换，获得新的切削刃 2）避免使用刃口修圆或倒棱的刀片 3）减小每齿的切削负荷 4）改变切入和切出角度 5）选用主偏角较小的铣刀

4．面铣刀刀片的装卸与调整

面铣刀刀片的装卸依据不同的刀片夹紧原理而略有不同，但其装卸时要注意几个问题：

1）螺钉的装卸尽可能使用原厂匹配的调整扳手，如图 3-46 所示，以避免螺纹滑丝。

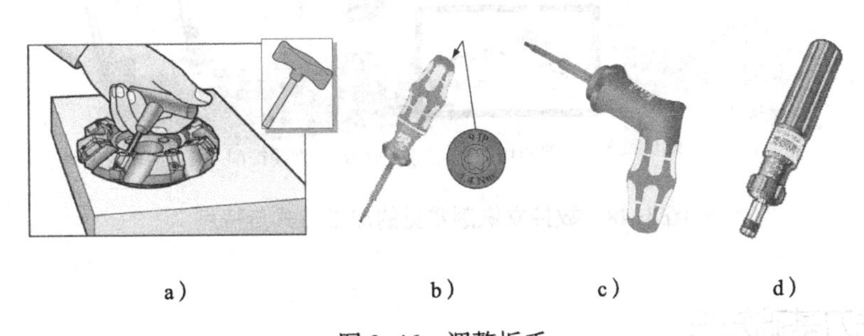

图 3-46　调整扳手

a）专用 T 型扳手　b、c）定力矩扳手　d）力矩可调扳手

2）刀片的跳动参数控制尽可能借助于百分表精确调节，调刀仪原理及应用如图 3-47 所示。图 3-47a 所示为专用调刀仪的工作原理，图 3-47b ～ d 所示为调刀仪的应用——检测轴向跳动、调节高度差和夹紧刀片。

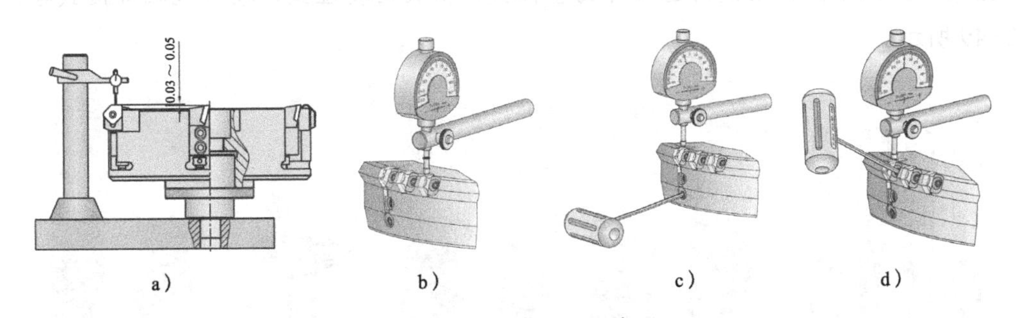

图 3-47　调刀仪原理及应用

a）调刀仪原理　b）检测　c）调整　d）夹紧

3.3　立铣刀的结构分析与应用

立铣刀是数控加工应用广泛的刀具之一，在数控加工中极为活跃，几乎可适应各种规则几何特征以及复杂曲面的加工，可加工二维轮廓、三维型芯与型腔表面等。数控加工刀具轨迹可灵活编程实现，因此，数控刀具必须适应复杂轨迹加工的要求。图 3-48 所示为数控立铣削常见的加工方式与特点，可见其比前述的端面铣削和圆周铣削要复杂得多，数控立铣刀多以圆周切削刃为主切削刃，即圆周切削加工用得较多，但数控加工三维编程的特点，使得其加工中常常是圆周切削刃与端面切削刃均需参加切削。

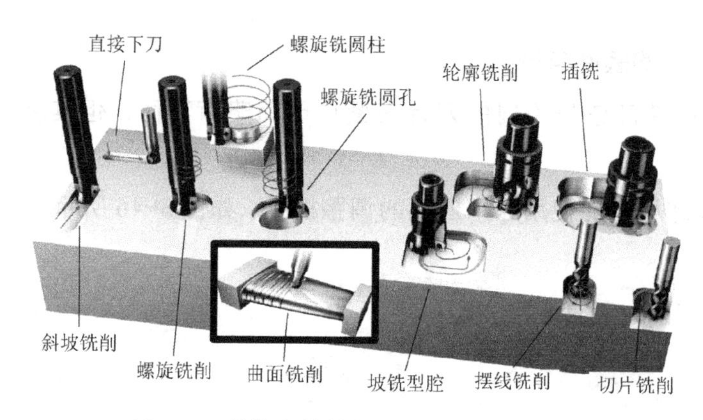

图 3-48 数控立铣削常见的加工方式与特点

3.3.1 立铣刀基础知识

1．立铣刀的种类

立铣刀从刀齿结构而言，几乎均属于尖齿铣刀，这种整体式尖齿铣刀磨损后的重磨一般主要刃磨后面。

按结构型式不同，立铣刀也可分为整体式、机夹可转位式、模块式和焊接式等，如图 3-49 所示。

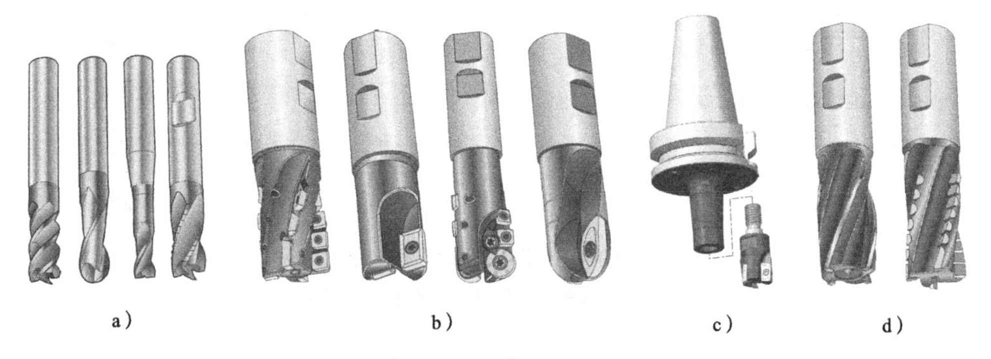

图 3-49 立铣刀的种类

a）整体式 b）机夹可转位式 c）模块式 d）焊接式

整体式立铣刀多用于结构尺寸较小、刃口较为复杂、不便于设置机械夹紧机构夹持刀片的场合，刀具材料过去主要为高速钢，近年来，为适应数控加工寿命要求高的特点，粉末冶金高速钢和整体式硬质合金材料的立铣刀也较为普遍。另外，涂层技术在整体式刀具中也得到较为普遍的应用。

机夹可转位立铣刀是数控加工首选的刀具结构之一，一般结构尺寸稍大，有足够空间结构的刀具均已出现了机夹可转位立铣刀。机夹式立铣刀的刀片材料以涂层硬质合金为主流，必要时可选择金属陶瓷和 PCD 等高硬度材料。

在整体硬质合金刀具出现之前，焊接式立铣刀还是有一定的应用价值，因为其焊接在刀体上的切削刃材料多为硬质合金。但是，随着机夹式立铣刀和整体式硬质合金立铣刀的出现，其逐渐淡出市场，特别是数控加工中已应用不多。近年来，焊接式立铣刀主要集中在较为昂贵刀具材料的刀具上，如 PCD 刀片的焊接式立铣刀片。

近年来，数控立铣刀出现了模块式的刀具结构，如图 3-49c 所示，其刀头部分单独设计，通过螺纹等接口与刀杆连接。刀头部分同样有整体式与机夹式两种，整体式刀头其结构可做的更小，这时的刀头可理解为机夹可转位刀片。即使是机夹式，也可大大减少刀杆的配置数量，使刀具应用的综合成本得到降低。

按刀头几何特征不同分，立铣刀可分为圆柱（平底）立铣刀（机夹式平底立铣刀多称为方肩铣刀）、圆角（平底）立铣刀和球头立铣刀等，见图 3-51。

若按立铣刀切削刃的多少不同分，立铣刀还可分为粗齿、中齿和细齿立铣刀，分别应用于粗铣、半精铣和精铣加工。

另外，还有一些突出特点的立铣刀分类名称，如键槽铣刀、插铣立铣刀、倒角立铣刀、雕刻立铣刀、大进给（又称为高进给）铣刀、螺旋立铣刀、平头钻（锪孔立铣刀）、T 型槽立铣刀、切槽立铣刀等。

2．整体式立铣刀的结构分析

整体式立铣刀按其作用不同可分为切削部分、颈部和柄部三大部分，如图 3-50 所示。

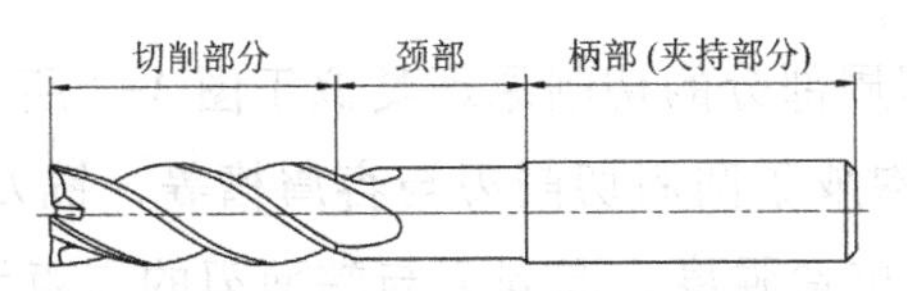

图 3-50　整体式立铣刀的结构组成

（1）切削部分　它是立铣刀的主要部分，其主要根据加工特征与切削原理等进行设计。其可细分为端头与圆周两部分。

1）端头部分结构。按轮廓形状不同可分为平底（又称为锋刃平头）、圆角、球头三种常见型式以及倒角头等，如图 3-51 所示。当 $R=d/2$ 时称为球头，当 $R<d/2$ 时称为圆角头，另外，也可定制刀尖为倒角的倒角头铣刀。理论上平头铣刀的刀尖半径 $R=0$，但实际中为增强刀尖强度，常常会对刀尖修磨一个非常小的倒角 b_{ε} 或倒圆 r_{ε}。

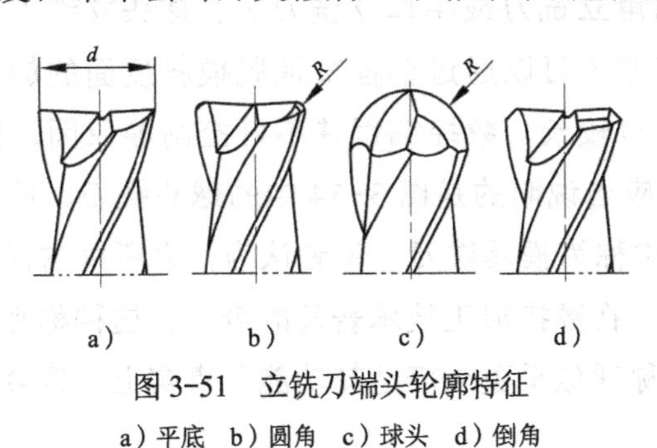

图 3-51　立铣刀端头轮廓特征

a）平底　b）圆角　c）球头　d）倒角

端头部分端面切削刃的结构（见图 3-52），是确定立铣刀是否可轴向进给切削的重要因素，早年的圆柱立铣刀，由于制作工艺的缘故，常常在端面开有中心孔，造成端面切削刃不能延伸至中心，因此直接垂直下刀的深度受到极大限制（普通铣削对垂直进给切削的要求也不强烈）。近年来，随着数控加工对端面切削刃切削性能的要求，立铣刀端面刃的制作工艺发生了变化，其取消了中心孔结构，并确保至少一条端面切削刃延伸至中心，使得垂直下刀的性能大大提高。二刃和四刃中有两条刃延伸至中心，而三刃也有一条延伸至中心。必须注意的是，端面切削刃越靠近中心，切削性能越差。

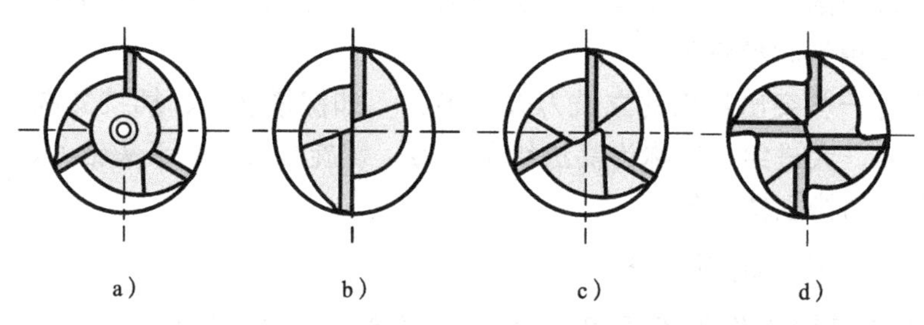

图 3-52 立铣刀端面切削刃结构

a）带中心孔 b）二刃 c）三刃 d）四刃

2）圆周部分结构。圆周部分的切削原理类似于图 3-2 所示的圆周铣削，其结构如图 3-53 所示，其螺旋槽构成了圆周切削刃与容屑槽等，铣刀芯部直径 d' 的大小影响到容屑槽的大小与铣刀的抗弯强度，圆周刃与端面刃的交点为刀尖，铣刀直径 d 和长度 l 是切削部分的主要参数，螺旋角 β 相当于刃倾角，影响圆周切削刃的锋利性与切削稳定性等。

切削部分结构型式如图 3-54 所示。圆周部分按轮廓形状不同有圆柱与圆锥两种型式。

以上圆柱与端面的结构型式，配以圆柱与端面的过渡变化构成了数控立铣刀切削部分的常见结构型式。分别可称为圆柱平底立铣刀（简称平底立铣刀或简称立铣刀）、圆角头立铣刀（又称圆角立铣刀或牛鼻立铣刀）、球头立铣刀、圆锥立铣刀、圆锥球头立铣刀等。由于数控加工可以通过编程实现脱模斜度面的加工，且锥度铣刀切削拔模面，同时切削的圆锥刃较长，数控编程并不好控制等原因，圆锥形立铣刀在数控加工中的应用并不广泛。应当说明的是图 3-54 中的球头铣刀、圆锥铣刀和圆锥球头铣刀在 GB/T 20773—2006 中称为模具铣刀，笔者认为，之所以这样称呼是由于其加工曲面和脱模斜度的功能较强，在数控加工技术普及的今天，这种称呼显然不能全面概括其功能，因此，仅以其特征称呼似乎更能表达其功能，事实上，现今用数控铣刀称呼更贴近实际。

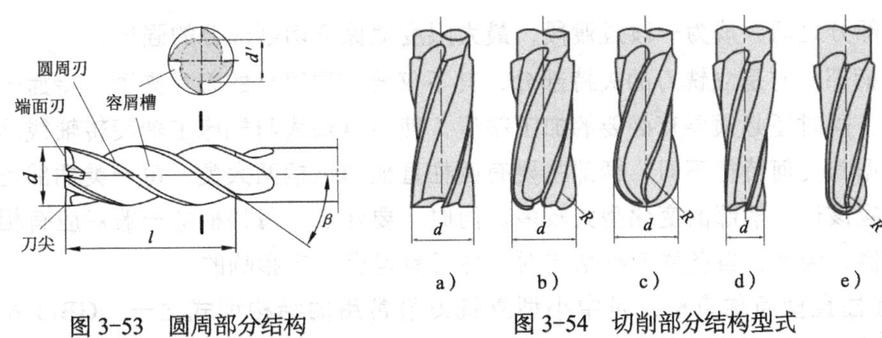

图 3-53　圆周部分结构

图 3-54　切削部分结构型式

a）平底　b）圆角　c）球头　d）圆锥　e）圆锥球头

在粗加工工序中，若圆周部分同时参加切削的切削刃较长时，其切削的断屑与排屑将可能产生问题，因此圆柱平底立铣刀的圆周切削刃有被处理为波形刃的型式，如图 3-55 所示，GB/T 14328—2008《粗加工立铣刀》中有关于粗铣立铣刀及其波形的规定，标准中规定的波形刃开设在后面上（即圆柱面上），有正弦波形刃或梯形曲线波形刃。采用波形刃铣刀加工具有切削平稳，切削力减小，刀具寿命长，切削效率高等优点。

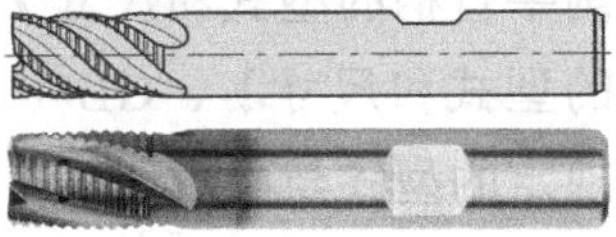

图 3-55　粗铣立铣刀

3）立铣刀的主要几何参数如图 3-56 所示。图 3-56a 所示为较为完整的几何参数标注，一般包括圆周切削刃与端面切削刃的刀具角度，法前角 γ_n 与法后角 α_n 的标注主要是为了表达容屑槽的加工参数。现代数控刀具，为了增大容屑槽的空间，其后面往往设置成两个后面，如图 3-56b 所示。

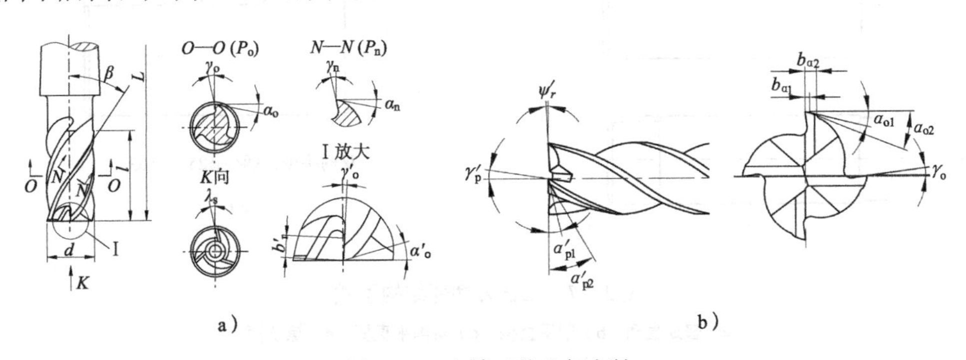

图 3-56　立铣刀的几何参数

a）传统立铣刀　b）数控立铣刀

（2）颈部　它是切削部分与刀柄部分的过渡部分。对于小直径的直柄立铣刀，常将其与刀柄融为一体，但大部分情况，颈部的过渡作用还是必须的。对于直径稍大的铣刀，以及刀柄为非圆柱的型式（如各式锥柄等），其过渡的存在价值就显得有必要了，这种铣刀的过渡颈部一般略小于柄部（或切削部分）。同时，对于切削部分与柄部材料不同的立铣刀，其焊接部位就设置在颈部的适当部位，为提高刀具的抗疲劳强度，颈部与柄部和切削部分一般制作成圆角或圆锥过渡。对直径微小的立铣刀，柄部直径一般介于柄部与切削部分之间，成为一段过渡段，最大限度地保证切削部分的强度。

（3）柄部　它是立铣刀的夹持部分，其不仅要实现可靠的刀具夹紧，传递一定的力矩和动力，同时还必须要有必要的加工精度，使刀具轴线与机床主轴旋转轴线尽可能误差小。根据其几何特征不同，柄部主要有圆柱直柄和锥柄两大类，每一类柄部还可以继续细分，应该说，柄部的变化型式较多。同时，要注意，每种柄部一般对应有相应型式的夹持刀柄，因此，自备的刀柄结构对选择刀具是有一定影响的。

1）圆柱直柄简称直柄，是中小型立铣刀最常用的结构型式之一，GB/T 6117.1—2010《立铣刀　第1部分：直柄立铣刀》规定的直柄按GB/T 6131.1—2006《铣刀直柄　第1部分：普通直柄的型式和尺寸》、GB/T 6131.2—2006《铣刀直柄　第2部分：削平直柄的型式和尺寸》、GB/T 6131.3—1996《铣刀直柄　第3部分：2°斜削平直柄的型式和尺寸》、GB/T 6131.4—2006《铣刀直柄　第4部分：螺纹柄的型式和尺寸》规定的型式与参数组织生产，共有四种型式：普通直柄、削平直柄、斜削平直柄和螺纹柄，如图3-57所示，其中，数控加工刀具常用普通直柄与削平直柄两种型式。直柄立铣刀在数控加工中应用最为广泛。

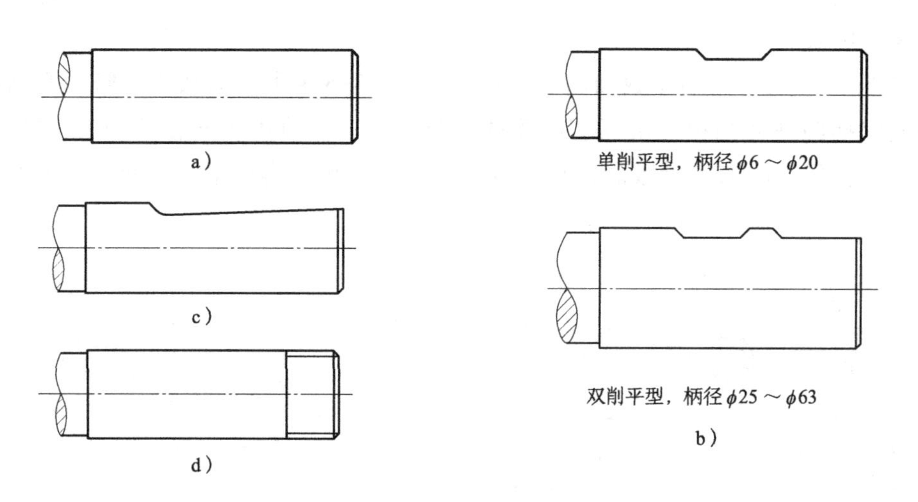

图3-57　立铣刀柄部结构型式

a）普通直柄　b）削平直柄　c）斜削平直柄　d）螺纹柄

2）锥柄，包括莫氏锥柄与7:24锥柄两种。

GB/T 6117.2—2010《立铣刀 第2部分：莫氏锥柄立铣刀》中规定莫氏锥柄立铣刀的柄部按GB/T 1443—1996（该标准已作废，被GB/T 1443—2016所取代）或GB 4133—1984的规定组织生产，图3-58所示为GB/T 1443—2016规定的用于立铣刀的无扁尾莫氏锥柄结构，其尾部带有螺纹孔。GB/T 1443—2016中的莫氏锥柄规格共有0～6号七种，实际中用的较多的是1～5号。在数控加工中，莫氏锥柄立铣刀必须通过专用的无扁尾莫氏圆锥孔刀柄与数控机床的7:24

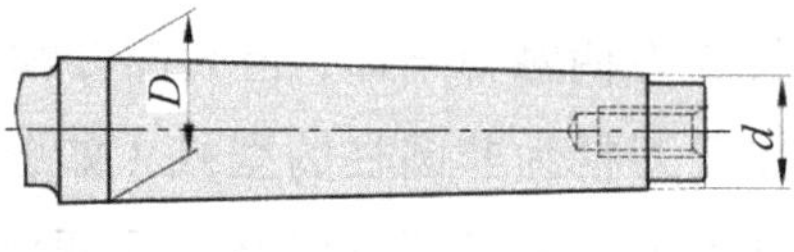

图3-58　无扁尾莫氏锥柄

主轴锥孔相连，而且每种规格的莫氏锥柄号必须配备一个刀柄，显然增加了机床附件的成本，况且这种莫氏锥柄的制造成本高于直柄，且铣刀装配麻烦，因此，这种莫氏锥柄的立铣刀在数控加工中应用不多。正是由于刀柄的配备问题，前述谈到的莫氏锥柄面铣刀，在数控加工中也没有太多的应用。

GB/T 6117.3—2010《立铣刀 第3部分：7:24锥柄立铣刀》中规定了7:24锥柄立铣刀的柄部按GB/T 3837—2001《7:24手动换刀刀柄圆锥》规定的尺寸组织生产，这种锥柄与实际中的大部分数控机床的主轴锥孔不匹配，因此，这种柄部的整体式立铣刀在数控加工中基本无法使用。注意，7:24锥柄的机夹式立铣刀在数控刀具中还是有所应用，只是锥柄的型号不同，多为BT型与JT型7:24锥柄，如图3-101所示的立铣刀柄部为JT型7:24锥柄。

（4）键槽铣刀与雕铣刀切削部分分析

1）键槽铣刀，顾名思义是专为圆柱形工件圆柱面上键槽加工而设计的铣刀，这种铣刀具有轮廓铣削功能的同时有较强的垂直下刀功能，且轴向铣削深度不大，因此其端面刃要求过中心，早年的键槽铣刀的圆周切削刃为螺旋形，如图3-59所示，有直柄与莫氏锥柄两种型式，对应GB/T 1112—2012《键槽铣刀》新式键槽铣刀。键槽铣刀由于端切削功能较强而一直被数控加工选用，目前市场上仍然有以这种名称称呼的立铣刀。键槽铣刀在数控加工中不仅可用于键槽铣削，还广泛的作为圆柱平底立铣刀用于阶梯面铣削、平键键槽等矩形断面的槽铣削、内外轮廓的二维铣削和三维曲面的粗铣加工等。

GB/T 1112.1～3—1997（已作废）等效采用ISO标准，对GB 1112—1981与GB 1113—1981标准进行了修改并代替，其分为直柄、锥柄键槽铣刀和技术条件三部分，GB/T 1112—2012则将1997年版的三部分标准合并修订，长度增加了推荐系列，锥柄铣刀直径系列中增加了6、7、8、38四种规格，切削部分的型式发生了较大的变化，图3-60所示为新式键槽铣刀（2012年版标准）中普通直柄、削平直柄和莫氏锥柄三种新式键槽铣刀的型式，可见其容屑槽为直槽。GB/T 1112—2012的键槽铣刀的柄部型式包括图3-57所示的四种型式以及莫氏锥柄型式共五种，它们的切削部分型式基本相同。显然，新式键槽铣刀的结构纯粹的铣削键槽还是可以的，但与旧式键槽铣刀具有的圆柱立铣刀功能相比，其应用范围受到了较大的限制，这可能是旧式键槽铣刀一直未退出市场的原因之一吧。

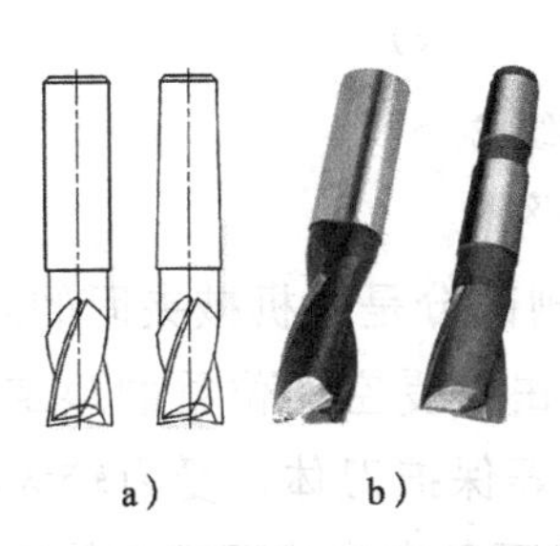

图3-59　旧式键槽铣刀

a）工程图　b）实物图

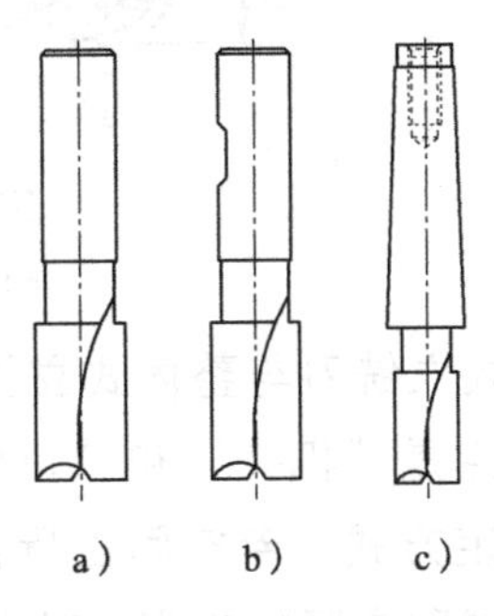

图3-60　新式键槽铣刀

a）直柄　b）削平　c）莫氏锥柄

2）雕刻铣刀。数控雕铣机（又称为雕刻机）的出现催生了雕刻铣刀（简称雕刻刀）的出现，雕刻刀的种类较多，这里仅就其与传统铣刀差异较大且应用广泛的单刃雕刻刀进行介绍。数控雕刻加工由于某些细微部分加工的需要，其刀具直径 d 一般非常小（最小达 $\phi0.2$mm），且刀具锥角 $\alpha/2$ 也不宜太大，最小一般达 10°，同时价格还不能太高，当然其雕刻加工件的精度一般也不是太高。图 3-61 所示为单刃雕刻刀常见的型式之一，这种单刃雕刻刀的特点是刃磨方便，过去多作为手工刃磨成形铣刀的结构型式，只是现在做成为一种专用的刀具品种而投放市场，其刀尖除图中的平底外，还有球头的型式。

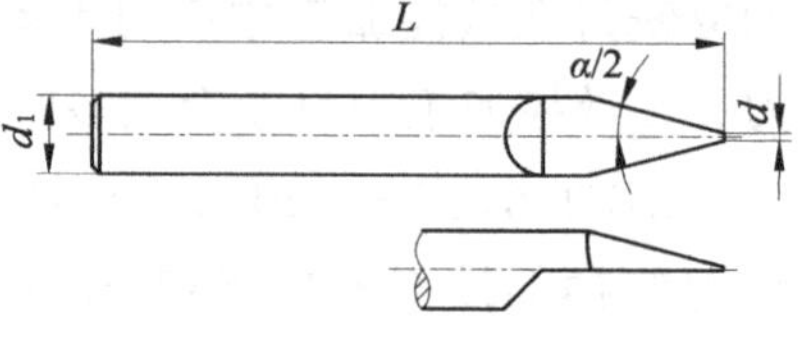

图 3-61　单刃雕刻刀

整体式立铣刀的材料主要为高速钢（如 W6Mo5Cr4V2），为适应数控加工的需要近年整体式立铣刀也大量开始采用硬质合金，并对工作部分进行涂层处理。

3．机夹式立铣刀的结构分析

机夹式立铣刀是机夹可转位不重磨立铣刀的简称。按结构特点可分为刀体与刀片两大部分；按作用不同也可分为柄部、颈部与切削部分三部分，只是切削部分为可转位刀片通过机械方式夹固在刀体上，即“刀体 + 刀片”等于切削部分，如图 3-62 所示。机夹式立铣刀的柄部结构型式与整体式立铣刀基本相同，颈部的设计也大致相同，切削部分完全的创新成了机械夹固、可转位和更换的结构模式。因此，学习与选用机夹式立铣刀，仅需重点研究切削部分的刀片与夹固方式即可。

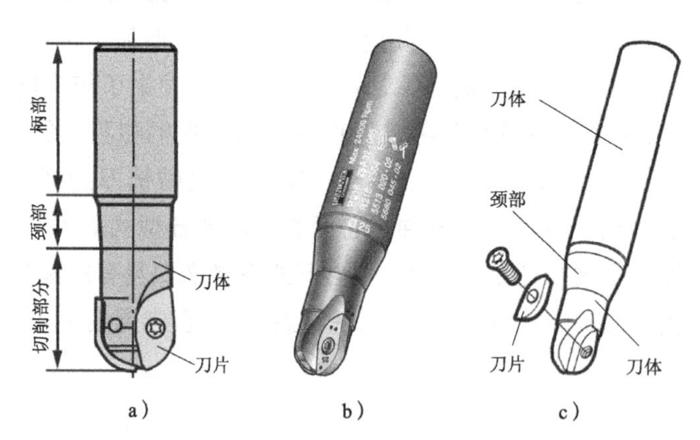

图 3-62　机夹式立铣刀的结构组成

a）结构组成　b）整体效果　c）爆炸效果

机夹式立铣刀与整体式立铣刀的最大差异在于切削部分是由机械夹固的刀片构成，其主要特点是“机夹”和“可转位”。机夹式立铣刀由于受空间位置的限定，多为螺钉夹紧固定方式，若空间位置许可的话，会增加刀垫等保护刀体，受力较大的铣刀有增加压板辅助夹紧的方案，对于套式结构的立铣刀，仍可见有套式面铣刀的夹固方式。图 3-63 所示为螺钉夹紧，图 3-64 所示为螺钉夹紧（含刀垫），刀片下部设置了一个刀垫，可有效保护刀体，延长其使用寿命。图 3-65a 所示为纯压板夹紧，刀片未用螺孔紧固，这种夹紧方式切屑流出受一定影响，应用并不广泛；图 3-65b 所示为螺钉夹紧为主，辅助压板夹紧，又称为复合夹紧，其夹紧力较大。图 3-66 所示为套式结构立铣刀（方肩铣刀），采用斜楔夹紧刀片，夹紧力较大且可靠性好。

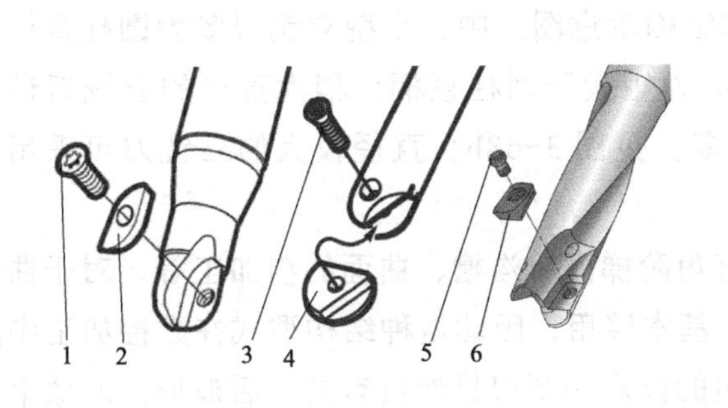

图 3-63　螺钉夹紧

1、3、5—刀片螺钉　2、4、6—刀片

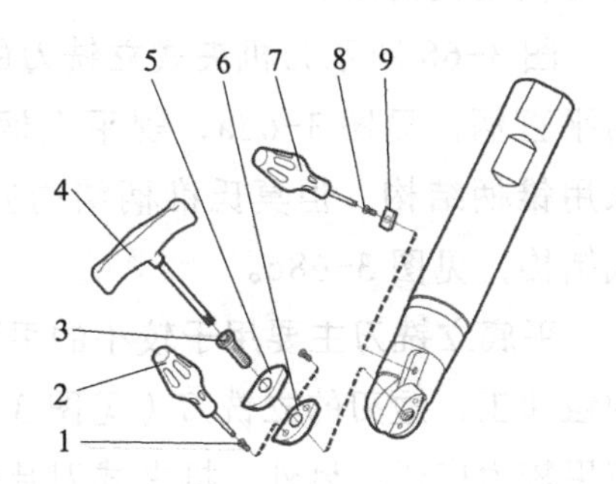

图 3-64　螺钉夹紧（含刀垫）

1—刀垫螺钉　2、4、7—扳手　3、8—刀片螺钉　5—球头刀片　6—刀垫　9—圆周刃刀片

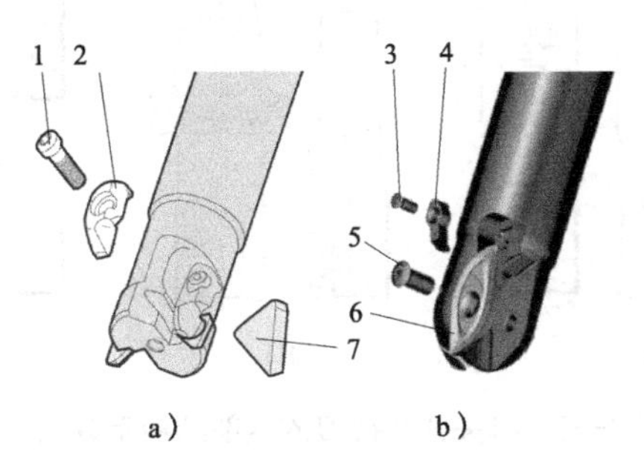

图 3-65　压板夹紧

a）纯压板夹紧　b）螺钉＋压板夹紧

1、3—压板螺钉　2、4—压板　5—刀片螺钉　6、7—刀片

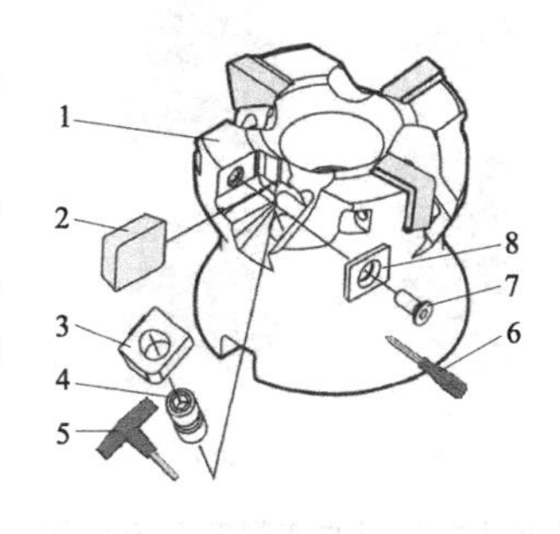

图 3-66　套式结构立铣刀斜楔夹紧

1—刀体　2—刀片　3—楔块　4—双头螺钉　5、6—扳手　7—刀垫螺钉　8—刀垫

立铣刀的应用功能必须尽可能实现整体式立铣刀所具有的功能，就目前市场上的机夹式立铣刀而言，端头的轮廓形状基本能模拟出平底、圆角头和球头，倒角头的机夹式立铣刀也是比较容易实现的。而对于圆周部分而言，机夹式立铣刀一般仅模拟圆柱形轮廓，因此机夹式立铣刀主要有圆柱（平底）立铣刀、圆角立铣刀和球头立铣刀三类以及一些特殊需求的立铣刀，如倒角立铣刀、钻铣刀等。

机夹式立铣刀的刀片编号规则仍遵循 GB/T 2076—2007 的规定，只是球头铣刀等少量刀片形状特殊（见图 3-8 和图 3-9 等），各厂家往往进一步开发了自己的刀片并给予了相应的刀片编号，可认为是非标准刀片。

（1）机夹圆柱式立铣刀　又称为平底立铣刀，简称立铣刀，其几何特征为平底锋尖刃端头，圆周圆柱结构，圆周切削刃为主切削刃。平底端部多采用平行四边形、正方形或长方形刀片实现，而圆周切削刃则采用长方形或正方形刀片模拟。

图 3-67 所示为机夹式立铣刀的切削部分示意图，图 3-67a 为正方形刀片构成了

端面刃与较短的圆周刃，以铣削较浅的阶梯、沟槽等为主，而图 3-67b 在圆周刃上螺旋式的布置了多个刀片，模拟出整体式立铣刀的螺旋式圆周切削刃，图 3-67c 所示为直径稍大的套式圆柱立铣刀示意图，这种结构仅仅只存在刀体部分，其需通过套式铣刀刀柄安装使用。

图 3-68 所示为机夹式立铣刀的柄部结构示意图。中、小型立铣刀多为圆柱直柄或削平直柄，见图 3-68a，削平直柄传递的力矩大于圆柱直柄；稍大直径的立铣刀还可采用锥柄结构，但莫氏锥柄结构应用不多，见图 3-68b；直径较大的立铣刀可采用套式结构，见图 3-68c。

平底立铣刀主要用于较小的平面、直角阶梯面、沟槽、曲面的粗加工等，对于曲面的粗加工，短刃的立铣刀（见图 3-68a）基本够用，因此这种结构型式在数控加工中的应用较为广泛。另外，机夹式刀片模拟出的圆周切削刃显然具有前、后波形刃的效果，根据其外貌结构人们通常将这种立铣刀称为玉米铣刀。

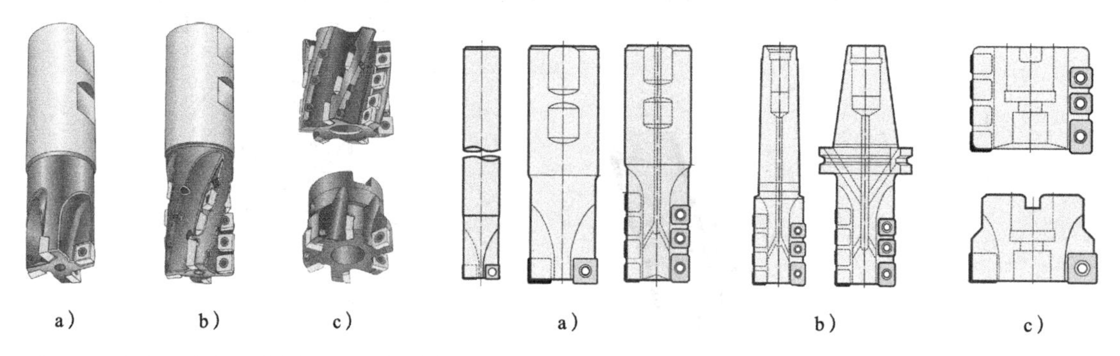

图 3-67　机夹式立铣刀的切削部分示意图
a）短周刃　b）长周刃　c）套式

图 3-68　机夹式立铣刀的柄部结构示意图
a）直柄　b）锥柄　c）套式

图 3-67 是立铣刀的基本型式，其端面切削刃未过中心，轴向下刀切削受到一定的限制，下面再来看几例刀片布置型式可能模拟出的立铣刀型式。图 3-69 所示为机夹式键槽铣刀设计，相当于两刃立铣刀，其刀片 1 和刀片 2 构成了过中心端面刃，刀片 2 同时构成了部分圆周刃，而刀片 3 则进一步加长了圆周切削刃长度，切削较深时可保护刀柄。

图 3-70 所示为端面过中心立铣刀，刀片 1 与刀片 2 构成过中心的切削刃，刀片 2、3、4 合作构成了圆周切削刃，这种立铣刀的轴向下刀与横向切削功能均较强。图 3-71 所示为钻铣刀，所谓钻铣，必须具备钻削不通孔的功能，图 3-71 中为两种不同刀片构造的钻铣刀，左图刀片 2 称为内刃刀片，其端面切削刃过中心，是主切削刃，刀片 1 称为外刃刀片，构造端面外侧与圆周切削刃。图 3-71 中图的内刃由一个等边不等角六边形刀片 3 构造，其余与左图相同。作为钻铣刀，显然端面切削刃是主切削刃，主要用于轴向下刀切削（称为钻铣）。图 3-69 ～图 3-71 所示的立铣刀均属于特殊设计，各厂家设计有所差异，且还有其他型式的设计，这里不赘述。

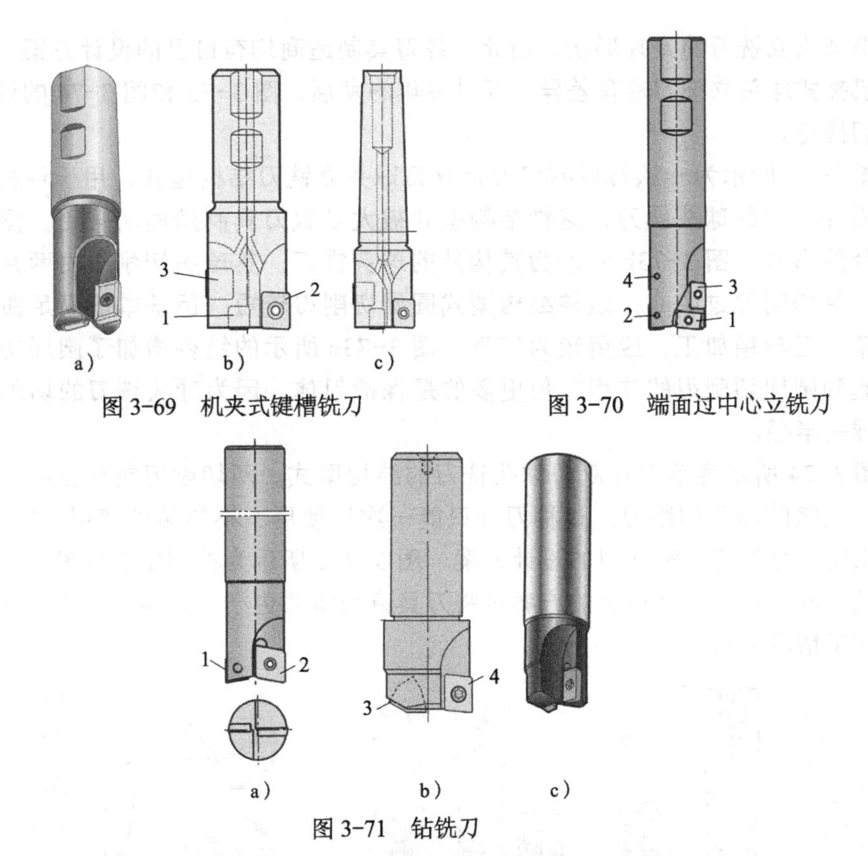

图 3-69 机夹式键槽铣刀

图 3-70 端面过中心立铣刀

图 3-71 钻铣刀

（2）机夹式圆角头立铣刀 圆角头的模拟一般采用圆形刀片，若需要圆周切削刃，则采用正方形或长方形刀片安装在圆柱面上。图 3-72 所示为机夹式圆角立铣刀的结构组成。图 3-72a 仅用圆形刀片模拟出圆角头，柄部结构有削平直柄和莫氏锥柄型式等，图 3-72b 则继续在圆柱上安装刀片实现了一定长度的圆周切削刃，图 3-72c 为套式圆角头立铣刀，实际上与圆角面铣刀类似，只是人们通常将直径较小的面铣刀称为立铣刀而已。圆角立铣刀广泛用于曲面的半精加工与曲率不大曲面的精加工，显然，图 3-72 的结构基本能满足要求，因此这种结构型式应用广泛。

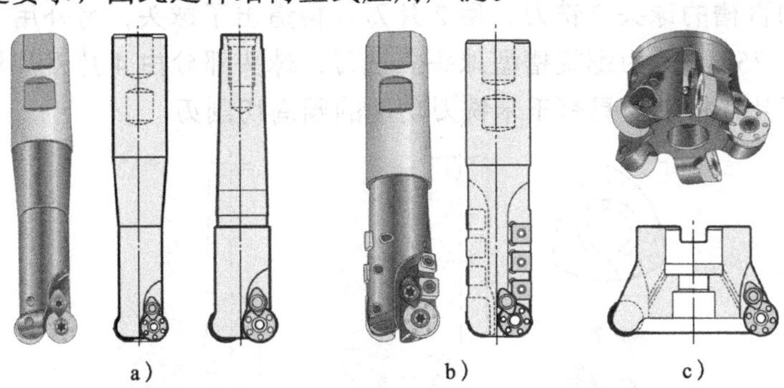

图 3-72 机夹式圆角立铣刀的结构组成

a）圆角头 b）圆角头 + 圆周刃 c）套式圆角头

（3）机夹式球头立铣刀 在 GB/T 2076—2007 的刀片型号规则标准中，没有适用于模拟球头立铣刀的刀片形状，因此，各刀具制造商均有自己的设计方案，各刀具制造商的机夹式球头立铣刀略有差异，经过多年的发展，图 3-73 和图 3-74 的设计方案可以被人们接受。

图 3-73 所示为一款常见的双刀片双刃球头立铣刀结构型式，用一种特殊设计的柳叶形刀片构造的球头铣刀，这种结构型式被大多数刀具制造商所采用。图 3-73a 所示为刀片的形状；图 3-73b 所示为其构造的球头铣刀，其球头切削刃由两片刀片构成，其中一片切削刃过中心，这种结构型式圆周切削刃较短，但基本能满足曲面仿形铣削的半精加工与精加工，应用较为广泛；图 3-73c 所示的结构增加了圆周切削刃，其虽然可起到圆周切削刃的作用，但更多的是保护刀体，因为球头铣刀的切削深度一般不超过球头半径。

图 3-74 所示为单刀片双刃球头铣刀的结构型式。两切削刃制作在同一片刀片上，构成了完整的球头切削刃。这种刀片只能一次性使用，不能转位使用。图 3-74a、b 所示为山特维克的刀片和铣刀的设计方案，图 3-74c 所示为株洲钻石的设计方案。这种两条圆弧刃设计在同一材料上的方案可将刀具直径做的更小，且两切削刃的对称性更好，因此加工精度更高。

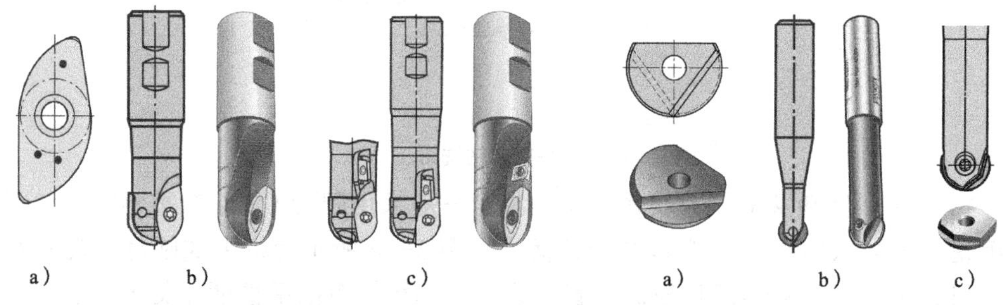

图 3-73　机夹式球头立铣刀结构型式（Ⅰ）

a）刀片　b）球头　c）球头 + 圆周

图 3-74　机夹式球头立铣刀结构型式（Ⅱ）

a）刀片　b）铣刀结构　c）铣刀 + 刀片

图 3-75 所示为一款圆弧三角形刀片构造的球头立铣刀的结构型式，其刀片为 3 条圆弧等于铣刀圆角半径 R 的刀片，沿球头圆周均布，之间用小圆弧倒圆，见图 3-75a。图 3-75b 所示为直槽的球头立铣刀，用 2 片刀片构造出了球头，另外用 3 片刀片模拟圆周切削刃。图 3-75c 所示为螺旋槽型球头立铣刀，球头部分由 4 片刀片构造，圆柱部分沿螺旋槽布置刀片，构造出具有玉米铣刀功能的圆周切削刃。

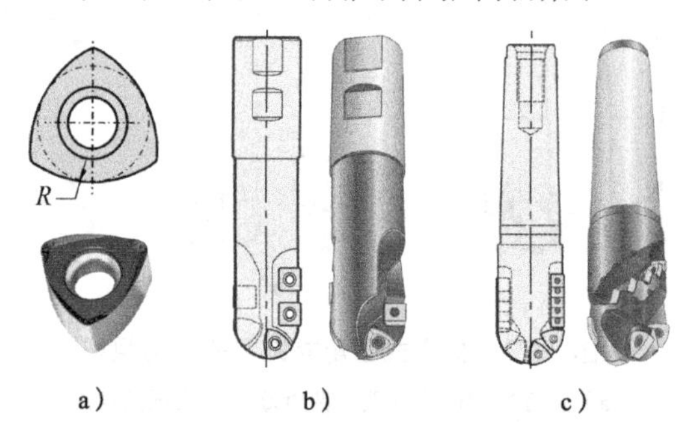

图 3-75　机夹式球头立铣刀结构型式（Ⅲ）

a）刀片　b）球头 + 直槽　c）球头 + 螺旋槽

图 3-76 所示为一款单刀片单刃球头立铣刀，其刀片由三段圆心角大于 90° 的圆弧构成的类似三角形刀片，刀片为螺钉夹固。图 3-77 所示为模块式球头立铣刀，模块式立铣刀通过螺纹与模块式圆柱直柄相连，模块式立铣刀工作部分与整体式立铣刀基本相同，因此其切削性能优于图 3-74 所示的单刀片双刃球头立铣刀。模块式球头立铣刀的刀头可做成多刃结构，也可做成圆角与平底立铣刀结构，变化较为丰富，并采取整体硬质合金材料，涂层处理，可提高刀具性能，这种模块式立铣刀的设计方案被越来越多地应用到实际生产中。

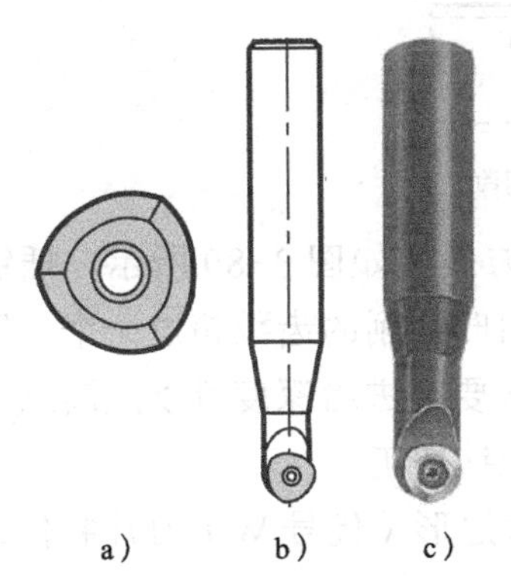

图 3-76　机夹式球头立铣刀结构型式（Ⅳ）

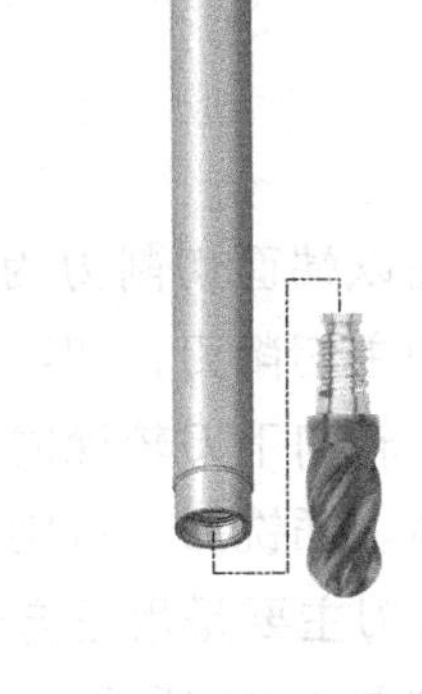

图 3-77　机夹式球头立铣刀结构型式（Ⅴ）

（4）其他型式的机夹式立铣刀　除了上述根据切削部分几何特征分类的三种立铣刀外，还有一些专用的以其特点命名的立铣刀。

1）倒角立铣刀，顾名思义是主要用于倒角加工的刀具，图 3-78 所示为常见的倒角立铣刀结构型式，有机夹可转位不重磨式和整体式，甚至模块式倒角刀。图 3-78a 所示的机夹式倒角刀在前文给出了一把 45° 倒角刀图例，这种刀具不同刀具制造商的分类略有不同。机夹式倒角刀根据尺寸大小的不同，其刀片的数量有所不同，最少有单片的，倒角刀中主偏角 κ_r 为 45°、30° 和 60° 的一般均系列化。另外，还有整体式倒角刀，甚至模块式倒角刀均有供应。

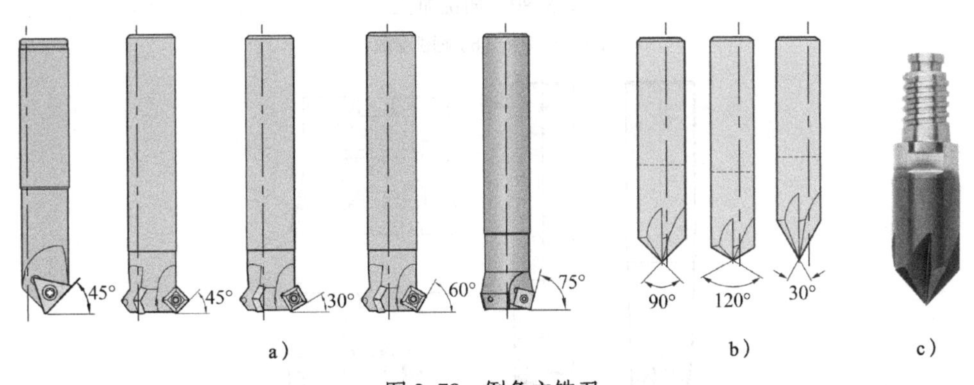

图 3-78　倒角立铣刀

a）机夹式倒角刀　b）整体式倒角刀　c）模块式倒角刀

2）插铣与大进给立铣刀。大进给切削指进给速度 v_f 较高的铣削方式，如图 3-79 所示，大进给切削加工的完整称呼是高转速、小切深、大进给加工，其主偏角 κ_r 一般较小，为 10°～15°，加工过程中的切削力主要分解到轴向方向，由于刀具和主轴的轴向刚性较高，因此加工过程更稳定，大进给切削方式可用于高速铣削、螺旋铣削等加工。

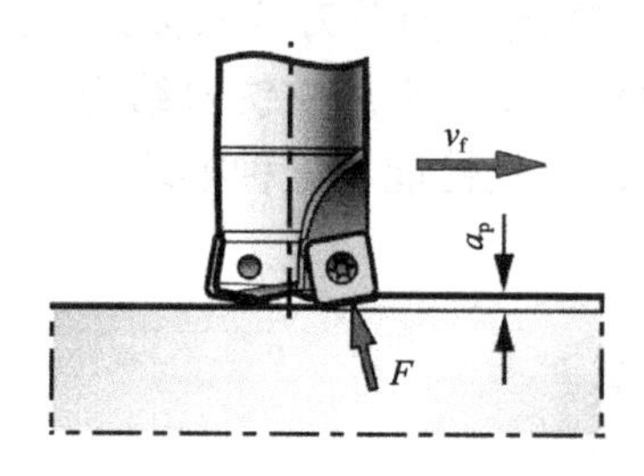

图 3-79　高速大进给切削

插铣是指以端面切削刃为主的轴向进给的切削方式，如图 3-80 所示。插铣加工的端面切削刃为主切削刃，切削力以进给力为主，且同时切削的齿数超过一个，因此切削加工更稳定，轴向下刀较深时，可采用啄式下刀，必要时进给深度可以逐渐减小，以利于断屑与排屑。插铣加工特别适合去除材料为主的粗铣加工。

插铣立铣刀主要是用正方形刀片或等边不等角六边形（代号 W）刀片制作，直柄与套式结构，如图 3-81 所示。

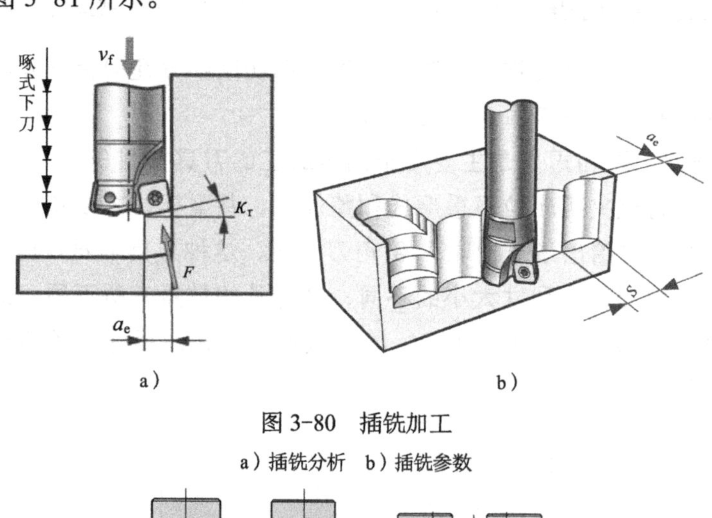

图 3-80　插铣加工

a）插铣分析　b）插铣参数

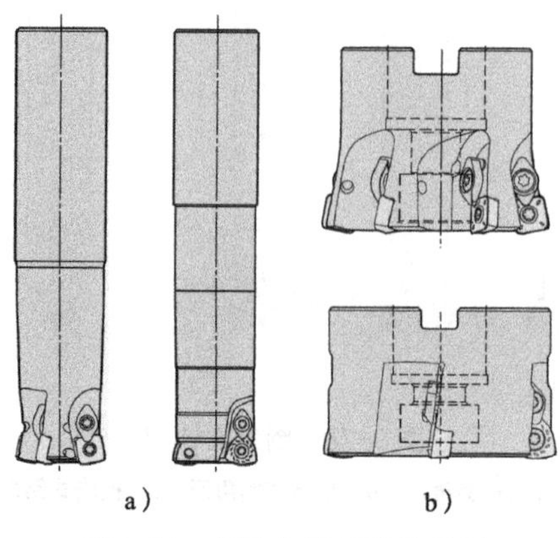

图 3-81　插铣立铣刀结构示例

3）可换头螺旋立铣刀。所谓可换头螺旋立铣刀指其端部一段可更换的立铣刀。图3-82所示为一种可换头螺旋立铣刀的结构示例，其可换头采用方形的榫卯结构定位与传力，螺钉夹紧，使其定位可靠，传递的力矩更大。可换头的设计方案，可使较为容易损坏的头部得以修复，进一步提高铣刀的使用寿命。若可换头设计成不同的结构型式，如球头、端刃过中心等方案，可进一步扩大立铣刀的使用范围。

4）专业化的刀具制造，使得创新型刀具设计思想更容易变为现实。

① 内冷却刀具。图3-83所示为单刀片双刃机夹式球头立铣刀内冷却系统设计示例，其切削液通过刀杆中心孔道，经过刀片上的冷却通道喷射到切削刃上，实现高效、精准的冷却。关于内冷却铣刀，国外刀具制造商做得较好，应该与其机床主轴具有内冷却功能的机床应用较为广泛有关。

② 机夹式刀片的拓展设计。以图3-83所示的机夹式铣刀为例，其刀片可按图3-84所示方式拓展设计，使得这种刀具可方便的变换为球头、圆角、圆柱平底和倒角型机夹式立铣刀，同时，通过前面的变化可构造出不同刃倾角的端面刃，标准的端面刃刃倾角为0°，如图3-84a所示。而图3-84b所示为刃倾角不等于0°的端面刃，类似于螺旋切削刃，刀尖也是可以变化的，可做成不同尺寸的倒圆角或倒角型式，如图3-84c所示。

图3-82 可换头螺旋立铣刀

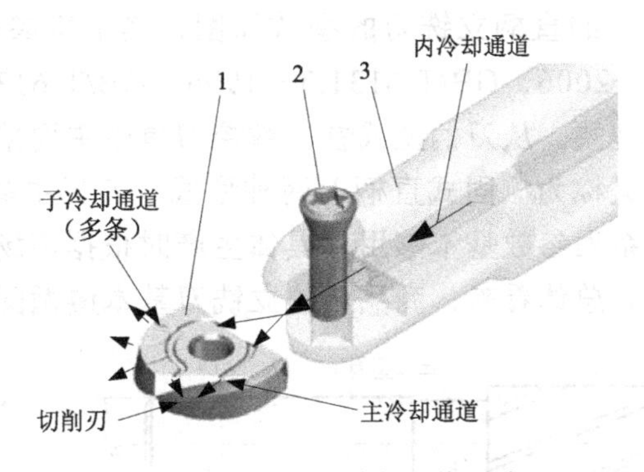

图3-83 内冷却系统设计
1—刀片 2—螺钉 3—刀体

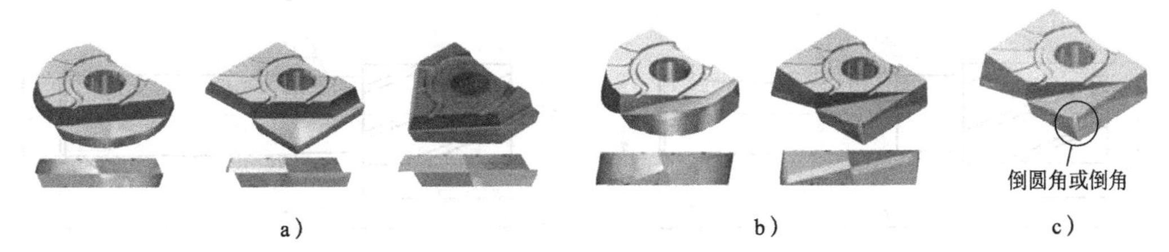

图3-84 刀片拓展设计
a）轮廓变化 b）前面变化 c）刀尖变化

③ 模块式立铣刀设计。前面已经谈到过模块式立铣刀案例，如图 3-49c 所示的机夹式模块式平底铣刀 +BT 型模块式刀杆的设计方案，图 3-77 所示的模块式整体式球头立铣刀 + 模块式直柄刀杆的设计方案，细心体会，其创新设计的潜力是巨大的。首先，刀杆部分可做成 BT、JT、HSK 直接与机床相连的模块式刀杆，也可做成通用型的圆柱直柄、削边直柄、莫氏直柄等模块式刀杆；其次，模块式切削部分可按机夹式铣刀或整体式铣刀型式设计，因此，几乎可制造出机夹式与整体式的各种结构型式的立铣刀。模块式立铣刀的设计核心是刀杆与刀头的螺纹连接部分，这是各刀具制造商独有的设计与制造技术，直接决定了模块式立铣刀的应用。同时，细细品味，可感觉出模块式整体式立铣刀何尝不可理解为机夹式立铣刀的刀片。

3.3.2 常用立铣刀的结构分析与应用

1．立铣刀相关国家标准分析

列举部分与立铣刀有关的国家标准，供学习参考，详尽的参数值可查阅相关标准或参考资料。

（1）立铣刀　GB/T 6117—2010《立铣刀》修改采用了国际标准 ISO 1641:2003，立铣刀的四个标准为 GB/T 6117.1 ～ 3—2010 和 GB/T 6118—2010，分别是直柄、莫氏锥柄、7:24 锥柄立铣刀及技术条件。这四个标准是有关立铣刀的基础标准。

1）GB/T 6117.1—2010《立铣刀　第 1 部分：直柄立铣刀》。图 3-85 所示为该标准中谈及的直柄立铣刀的型式简图，其柄部参数遵循 GB/T 6131.1 ～ 4—2006、GB/T 6131.2—2006、GB/T 6131.3—1996、GB/T 6131.4—2006 的规定。关于立铣刀标准中的刀具型式，从刀柄型式看，数控刀具中主要采用普通直柄（又称为圆柱直柄）和削平直柄（又称为侧固式直柄）两种型式；刀具主参数 d 的范围为 $\phi1.9$ ～ $\phi75$mm，标准中规定的系列参数基本够用，具体生产时根据市场等因素有所取舍，但未涉及的参数可接受定制。总体看来，商品化的立铣刀基本遵循国家标准的要求。

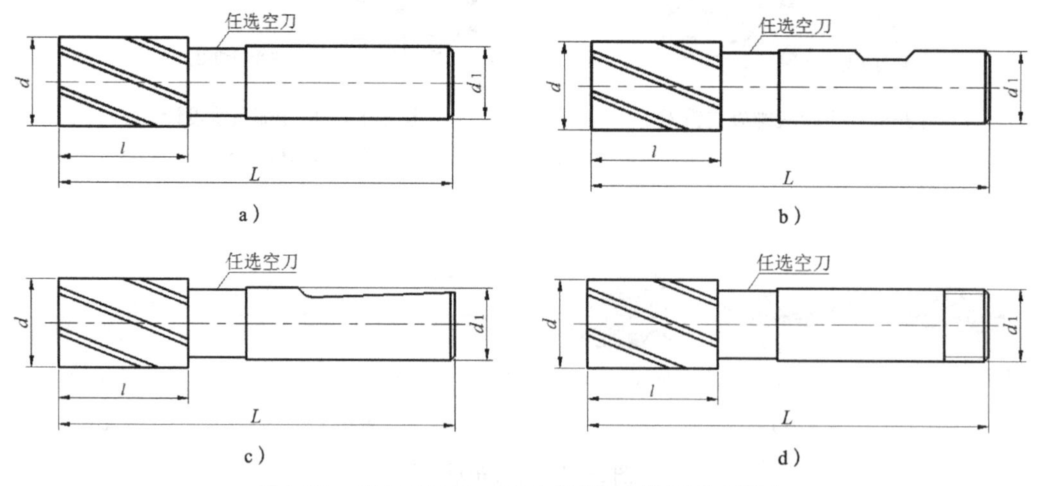

图 3-85　GB/T 6117.1—2010 中直柄立铣刀型式简图

a）普通直柄　b）削平直柄　c）2° 斜削平直柄　d）螺纹直柄

2）GB/T 6117.2—2010《立铣刀　第 2 部分：莫氏锥柄立铣刀》。标准中的刀具型式简图如图 3-86 所示，有Ⅰ型和Ⅱ型两种型式，刀具主参数 d 的范围为 $\phi5$ ～ $\phi75$mm。莫氏锥柄立铣刀在数控加工刀具中应用不多。

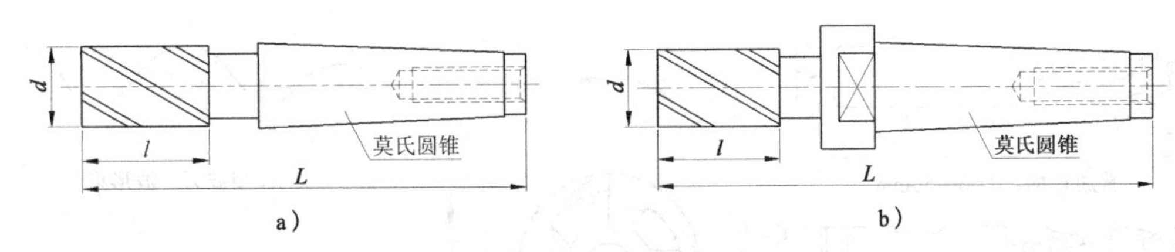

图 3-86　GB/T 6117.2—2010 中莫氏锥柄立铣刀型式简图

a）Ⅰ型　b）Ⅱ型

3）GB/T 6117.3—2010《立铣刀　第 3 部分：7:24 锥柄立铣刀》。该标准规定的是手动换刀 7:24 锥柄立铣刀，不属于数控立铣刀的范畴。

4）GB/T 6118—2010《立铣刀　技术条件》。规定了立铣刀设计与制造时的尺寸和位置公差、材料和硬度、外观和表面粗糙度以及标志和包装方面的要求。国家标准中规定的立铣刀的刀具材料一般选用高速钢 W6Mo5Cr4V2 或 W6Mo5Cr4V2Al，直径稍大的立铣刀的柄部可采用 45 钢焊接制作。但从数控加工刀具的要求与技术进步看，这个要求有所滞后。近年来，数控刀具多采用整体硬质合金材料以及刀具涂层技术。

（2）整体硬质合金立铣刀　GB/T 16770—2008《整体硬质合金直柄立铣刀》修改采用各类 ISO 10911:1994，该标准分两部分——型式和尺寸、技术规范。GB/T 16770.1—2008《整体硬质合金直柄立铣刀　第 1 部分：型式与尺寸》规定了直径 1 ～ 20mm 的整体硬质合金直柄立铣刀的型式与尺寸，刀具型式简图如图 3-87 所示，直径尺寸 d_1 的范围为 $\phi2.0$ ～ $\phi20.0$mm。这个标准基本被大部分数控刀具制造商所采用。

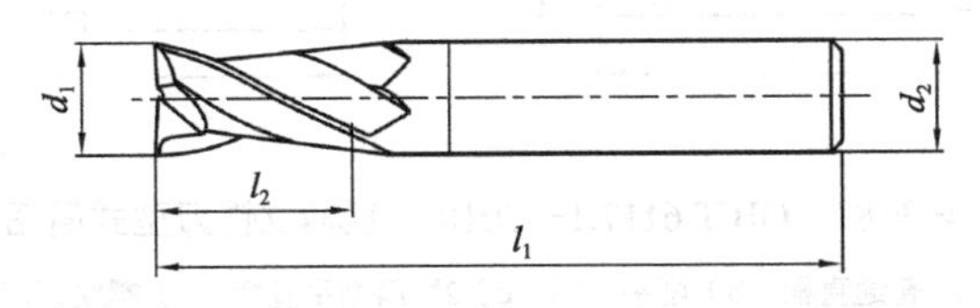

图 3-87　整体硬质合金直柄立铣刀型式简图

（3）粗加工立铣刀　GB/T 14328—2008《粗加工立铣刀》规定了普通直柄、削平直柄和莫氏锥粗加工立铣刀的型式与尺寸、技术要求等，图 3-88 所示为粗加工立铣刀的型式简图，标准规定了这两种型式波刃均可制作成 A 型或 B 型，标准规定的刀具主参数 d 的范围为 $\phi6$ ～ $\phi50$mm。关于莫氏锥柄粗加工立铣刀，数控刀具用得不多，有兴趣的读者可查阅相关标准或参考资料。

（4）键槽铣刀　GB/T 1112—2012《键槽铣刀》对 GB/T 1112.1 ～ 1112.3—1997 进行了合并修订，参考了 ISO 1641-1:2003 和 ISO 1641-2:2011（不等效采用），规定了普通直柄键槽铣刀、削平直柄键槽铣刀、2° 斜削平直柄键槽铣刀、螺纹柄键槽铣刀和莫氏锥柄键槽铣刀的型式、尺寸、标记和技术条件等基本要求，图 3-89 所示为标准中的型式简图，该标准适用于直径为 2 ～ 63mm 的键槽铣刀。标准中的刀具材料要求是高速钢 W6Mo5Cr4V2 等，淬火硬度不低于 62HRC，这比数控刀具的发展现状略显滞后。

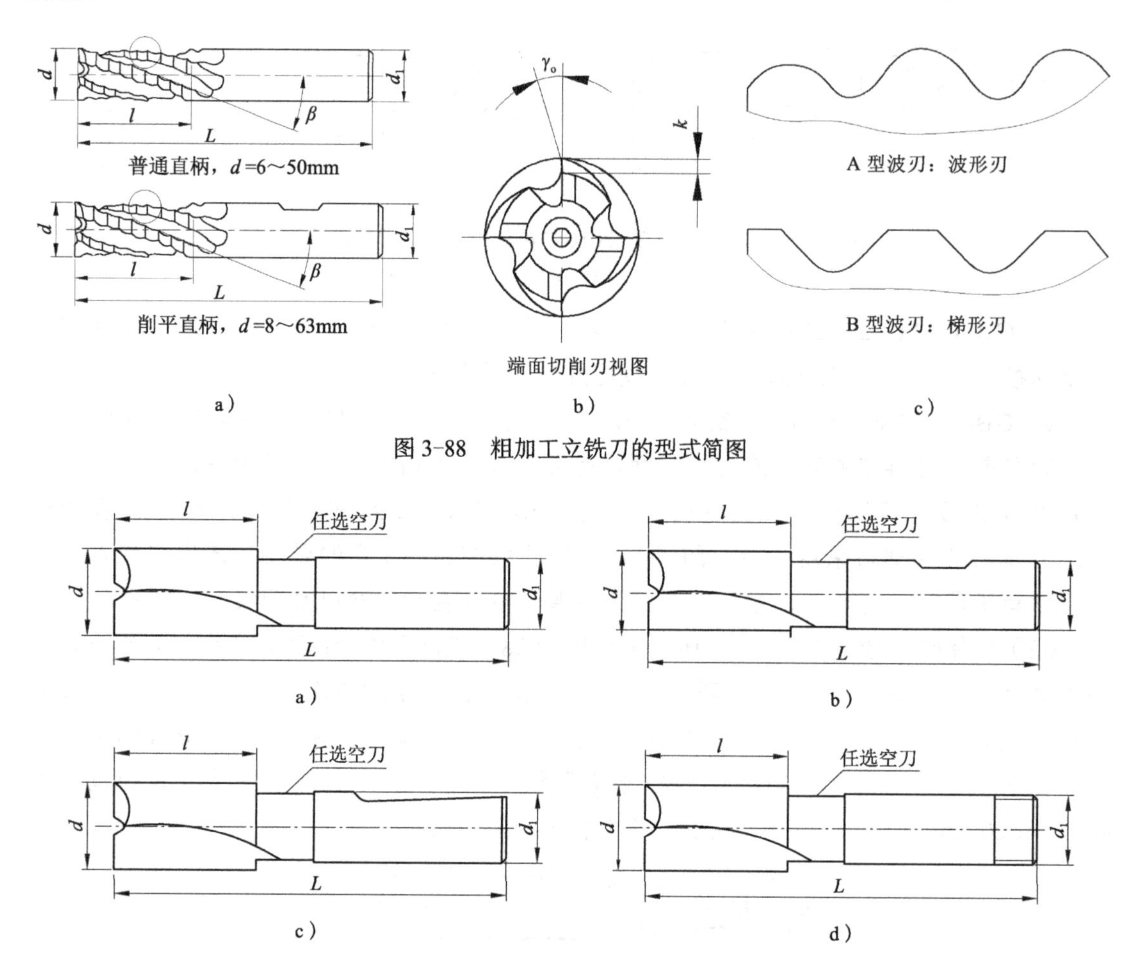

图 3-88　粗加工立铣刀的型式简图

图 3-89　GB/T 6117.1—2010 中直柄立铣刀型式简图

a）普通直柄　b）削平直柄　c）2° 斜削平直柄　d）螺纹直柄

从现有市场情况看，这个标准的直槽型容屑槽型式并未被市场所接受，也可理解为该标准对切削刃的型式未做具体规定。市场上整体式键槽铣刀的容屑槽大部分仍沿用 GB 1112—1981《直柄键槽铣刀》（已作废）和 GB 1113—1981《锥柄键槽铣刀》（已作废）规定的型式。在数控加工刀具中，很多数控立铣刀的端刃过中心，能够适应垂直下刀的功能，且数控加工可通过编程斜坡铣削键槽，因此现有的数控刀具中专用的键槽铣刀并不多见。

（5）模具铣刀　主要适合加工型面复杂模具型腔和型芯，其切削部分主要包括球头立铣刀、圆锥形立铣刀、圆锥球头立铣刀三大类型，柄部结构主要有普通直柄、削平直柄和莫氏锥柄，适合加工模具的曲面、圆弧拐角、拔模斜度等，这应该是已经具备现代数控加工立铣刀的雏形，仅缺少圆角头立铣刀。从模具国际标准的发展看，最早出现的模具铣刀标准是 GB 6136.1 ～ 6136.9—1986 与 GB 6137—1986 共 10 个标准，然后是 JB/T 7666.1 ～ 7666.10—1999，最新的模具铣刀标准是 GB/T 20773—2006。前两个标准对刀具的型式、尺寸参数甚至刀具的主要几何角度都给出了一定的规定，而 GB/T 20773—2006 则仅对刀具的型式、尺寸参数等做了规定，对刀具角度未涉及。从这个标准的变化可见，模具铣刀的国家标准将更多的权限交给了刀具制造商，特别是刀具角度这种直接决定刀具性能的参数，各厂家一定有自己的特点，事实上，模具制造已经是数控加工技术主要应用的领域，而数控加工模具型面的刀具主要是平底圆柱、球头与圆角铣刀，侧面上的拔模斜度已不需要专用的刀具铣削加工，这也看出即使最接近数控刀具特点的模具铣刀依然不能较为完整的满足数控加工刀具的要求，且该标准的内容篇幅较多，因此，这里不详细分析。从数控加工的角度看，现行各刀具制造商关于球头铣刀、圆角铣刀的内容更为丰富与完整。

（6）机夹可转位立铣刀　GB/T 5340—2006《可转位立铣刀》修改采用了国际标准 ISO 6262:1982，其包括三个标准 GB/T 5340.1 ～ 5340.3—2006，分别是削平直柄、莫氏锥柄机夹式立铣刀及其技术条件，该标准规定的可转位立铣刀的切削刃较短（一般为一个刀片的有效切削刃长度），因此背吃刀量较小。图 3-90 所示为 GB/T 5340.1—2006《可转位立铣刀 第 1 部分：削平直柄立铣刀》的刀具型式简图，其主参数 D 的范围为 12 ～ 50mm。GB/T 5340.2—2006《可转位立铣刀 第 2 部分 莫氏锥柄立铣刀》的主参数与削平直柄是一致的，仅柄部参数不同，且数控刀具中用的不多。实际上，机夹可转位立铣刀是数控立铣刀主要的发展型式，结构型式远比 GB/T 5340—2006 规定的多，但刀柄的型式主要集中在圆柱直柄和削平直柄两种类型，直径较大时也会做成套式结构。

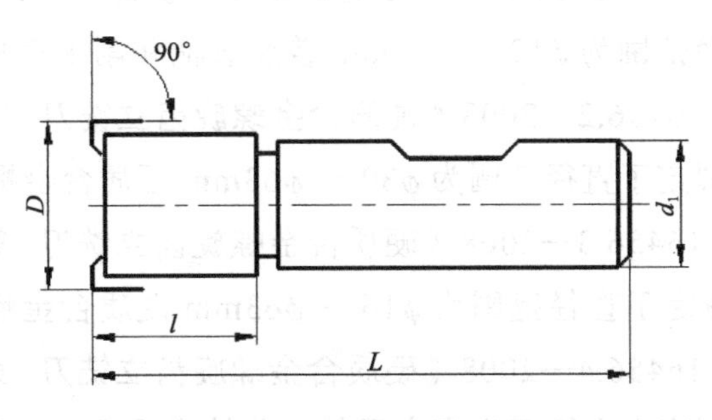

图 3-90　机夹可转位立铣刀型式简图

（7）机夹可转位螺旋立铣刀　GB/T 14298—2008《可转位螺旋立铣刀》规定了削平直柄、莫氏锥柄、7:24 锥柄可转位螺旋立铣刀和套式可转位螺旋立铣刀的型式与尺寸参数、外观和表面粗糙度、材料和硬度、标志和包装的基本要求，适用于直径为 ϕ32 ～ ϕ125mm 可转位螺旋立铣刀，图 3-91 所示为该标准中的刀具型式简图。该标准规定的立铣刀相对 GB/T 5340—2006 规定的立铣刀的切削刃较长，其用多个刀片模拟螺旋切削刃，并具有类似波形刃立铣刀分屑的特点。由于螺旋立铣刀切削力较大，且尺寸较大，所以现行数控刀具中的刀具型式基本包含了除莫氏锥柄的其他三种型式。

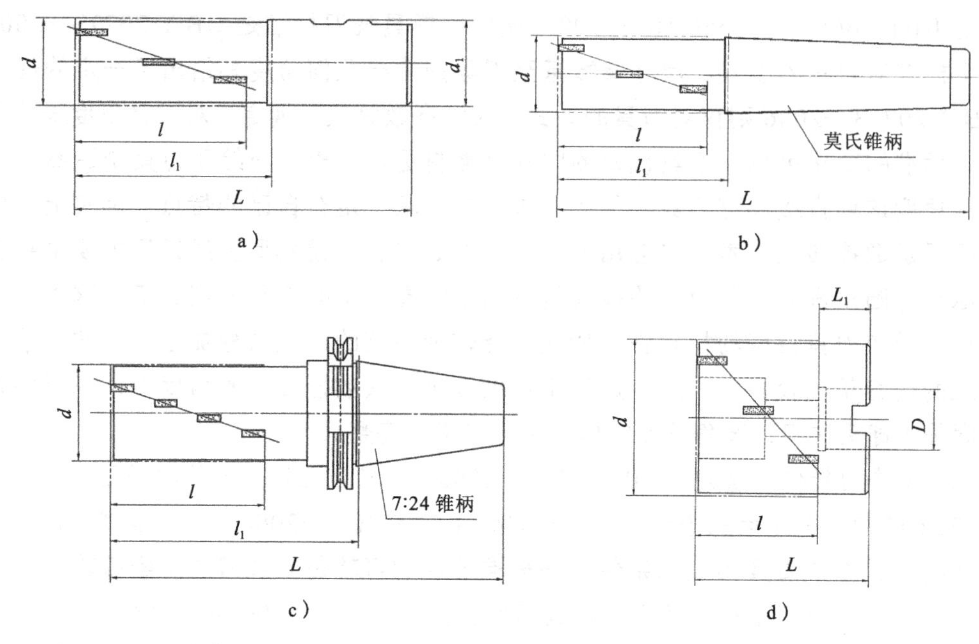

图 3-91　GB/T 14298—2008 中可转位螺旋立铣刀型式简图

a）削平直柄　b）莫氏锥柄　c）7:24 锥柄　d）套式

（8）焊接式立铣刀　GB/T 16456—2008《硬质合金螺旋齿立铣刀》修改采用了 ISO 10145:1993 制定了该标准，该标准分为四个部分（GB/T 16456.1 ～ 16456.4—2008），分别规定了直柄、7:24 锥柄、莫氏锥柄焊接式螺旋立铣刀的型式和尺寸及其技术条件。GB/T 16456.1—2008《硬质合金螺旋齿立铣刀　第 1 部分：直柄立铣刀　型式和尺寸》规定了直径范围为 ϕ12 ～ ϕ40mm 普通直柄和削平直柄硬质合金螺旋立铣刀的型式和尺寸；GB/T 16456.2—2008《硬质合金螺旋齿立铣刀　第 2 部分：7:24 锥柄立铣刀　型式和尺寸》规定了直径范围为 ϕ32 ～ ϕ63mm 硬质合金螺旋齿 7:24 锥柄立铣刀的型式和尺寸；GB/T 16456.3—2008《硬质合金螺旋齿立铣刀　第 3 部分：莫氏锥柄立铣刀　型式和尺寸》规定了直径范围为 ϕ16 ～ ϕ63mm 硬质合金螺旋齿莫氏锥柄立铣刀的型式和尺寸；GB/T 16456.4—2008《硬质合金螺旋齿立铣刀　第 4 部分：技术条件》主要规定了以上三种螺旋齿立铣刀生产方面的一些技术要求。由于焊接式刀具型式逐渐淡出数控刀具市场，因此，这里不作介绍。

以上列举了部分立铣刀方面的国家标准，这些标准基本均是含“T”的推荐性标准，且有些标准规定的并不很具体，留有部分内容给刀具制造商处理，这是专业性较强的标准发展的必然，不可能技术水平存在差异的厂家做出符合同样标准的相同产品。另外，有部分数控加工中应用不多的刀具未编进来，如整体式套式立铣刀等。

2．典型整体立铣刀结构分析

图 3-92 所示为常见的整体式平底立铣刀（简称立铣刀）型式简图，是中小型立铣

刀的常见结构。图 3-92a 所示为 2 刃结构，两端面刃全部延伸至中心，直径较小时切削部分与柄部直径锥度过渡，一般情况则做成等径，粗铣加工为主，结构简单，通用性较好。图 3-92b 所示为 3 刃立铣刀，其有一条端面切削刃延伸至中心，可粗铣加工、精铣加工，通用性较好。图 3-92c 上图为多刃（4 刃及 4 刃以上），切削刃较多且螺旋角较大，以精铣加工为主；图 3-92c 下图为小径立铣刀常见结构，切削部分与刀柄部分有明显的锥度过渡，且切削部分 l 的长度较短。

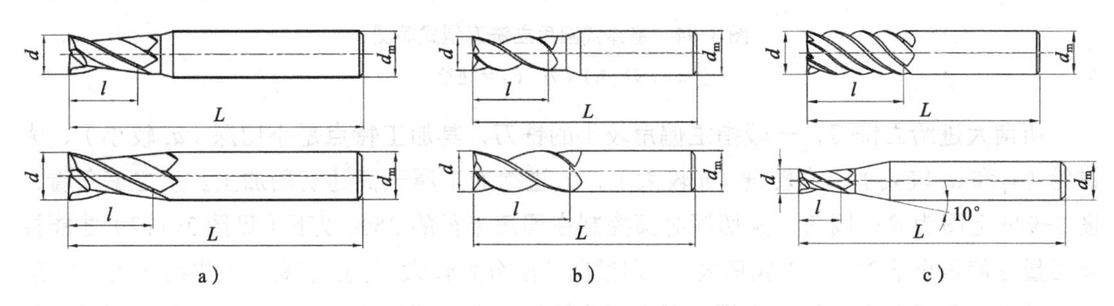

图 3-92　整体式平底立铣刀型式简图

a）2 刃　b）3 刃　c）4 刃及 4 刃以上

图 3-93 所示为常见的整体式球头立铣刀型式简图，图中球头半径 R 等于直径 d 的一半，是中小型球头立铣刀的常见结构。图 3-93a 所示为 2 刃结构，两圆弧刃全部延伸至中心，直径较小时切削部分与柄部直径锥度过渡，一般情况则做成等径，粗铣加工为主，结构简单，通用性较好。图 3-93b 所示为 4 刃立铣刀，其有一对圆弧刃延伸至中心，精铣加工效果较好，通用性较好。图 3-93c 上图为锥颈过渡的球头铣刀，总成 L 较长时效果较好；图 3-93c 下图为小径球头立铣刀常见结构，切削部分与刀柄部分有明显的锥度过渡，且切削部分 l 的长度较短。注意，3 刃的球头铣刀用得不多，因为其只能做到一个切削刃过中心，且 3 刃球头刀的结构与制造明显比 2 刃困难。

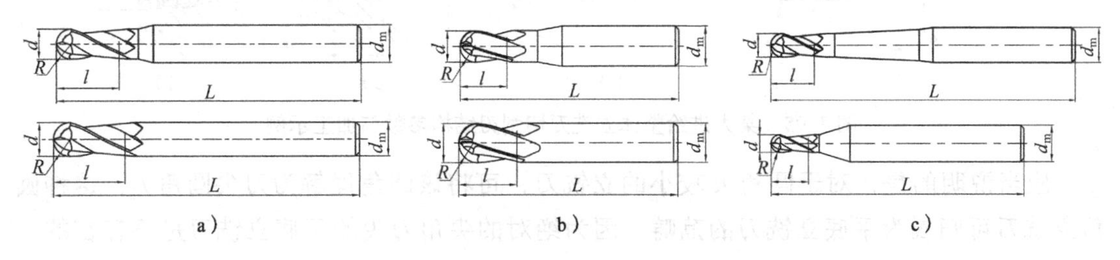

图 3-93　整体式球头立铣刀型式简图

a）2 刃　b）4 刃　c）小径

图 3-94 所示为常见的整体式圆角立铣刀型式简图，图中圆角半径 R 小于直径 d 的一半。图 3-94a 所示为 2 刃结构，两圆弧刃全部延伸至中心。图 3-94b 所示为 4 刃立铣刀，其有一对圆弧刃延伸至中心。图 3-94c 所示为大进给整体式立铣刀，上图为圆角立铣刀，4 刃型式，圆角 R 大约等于刀具直径 d 的 1/5 ～ 1/4，下图为特殊设计的整体大进给立铣刀，6 切削刃型式，切削刃参数见图 3-95。

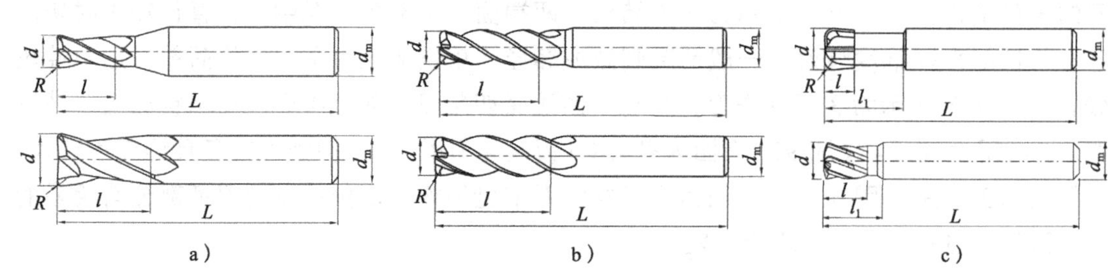

图 3-94　整体式圆角立铣刀型式简图

a）2 刃　b）4 刃　c）大进给

所谓大进给立铣刀，一般指主偏角较小的铣刀，其加工特点是小切深（a_p 较小）、大进给（v_f 和 a_e 较大）、高转速（n 较大），大进给加工属于高速切削加工。从主偏角看，图 3-94c 上图为等径圆角，其切深必须控制在圆角半径的 25% 以下（见图 3-117）才能控制当量主偏角小于 21°，主偏角太大，则横向切削分力较大，不适宜高速大进给切削，当然，其比球头铣刀高速大进给加工好，因为球头铣刀存在半径接近中心时切削速度接近于 0 的问题。而图 3-94c 下图的切削刃结构，见图 3-95，其主切削刃是底部一段半径 R 较大的圆弧构成，这种设计只要切削深度控制在 a_{pmax} 以下，则主偏角不大，且变化不大，可较好地将切削力分解到刀具轴向方向，因此，非常适合大进给铣削加工。图 3-95 中，主切削刃圆弧 R 的圆心位置在直径 d' 以内，因此，整个切削刃不存在主偏角等于 0 的情形，切削性能明显优于圆角和球头立铣刀进行大进给高速加工。图 3-95 中 r 为数控编程用半径。

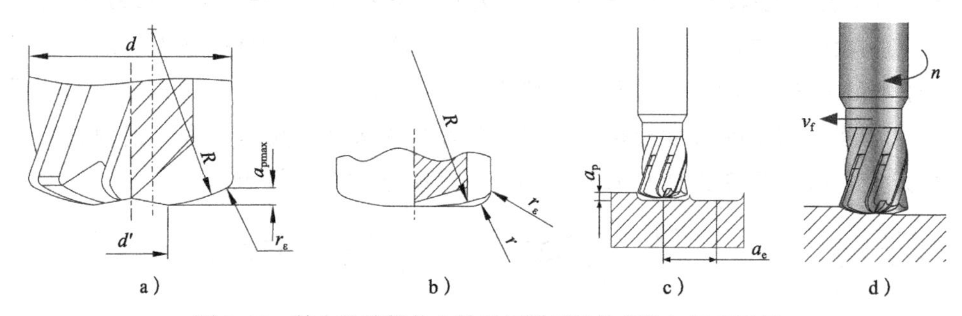

图 3-95　某大进给整体立铣刀切削刃结构参数与加工示例

应当说明的是，对于圆角 R 较小的立铣刀，可将该圆角理解为刀尖圆角 $r_ε$，这种圆角立铣刀可归属为平底立铣刀的范畴，因为绝对的尖角刀尖的平底立铣刀是不存在的，且刀尖倒圆角或倒角可延长刀具寿命等。

3．典型机夹式立铣刀结构分析

机夹式平底立铣刀又称为方肩铣刀，是基于机夹可转位刀片构造出的平底立铣刀。其装夹部位为普通（圆柱）直柄、削平直柄和套式等型式。

图 3-96 所示为机夹式直柄平底立铣刀图例。图 3-96a 所示为普通直柄平底立铣刀图例，采用平行四边形刀片，螺钉沉孔夹固刀片，这种铣刀不同刀片的数量有所不同，最少的为 1 片刀片，最小直径 D 可做到 12mm，图 3-96 中刀片数量为 3（也可称齿数

Z=3），最大切深 a_{pmax} 根据刀片的大小而定，刀具长度有标准与加长型供选择。图 3-96b、c 所示为削边直柄平底立铣刀图例，根据柄部直径的不同，分为单削边与双削边型柄部，其他部分与圆柱直柄基本相同。圆柱直柄的装夹刀柄相对方便，且装夹精度高，但靠摩擦力传递力矩，传递力矩略小。削边直柄每种规格的刀柄必须要有相应刀柄，安装时存在偏心，同轴度略差，但传递的力矩较大。根据刀具制造商的不同，刀具最大直径 D 做的略有不同，最大可达 63mm。

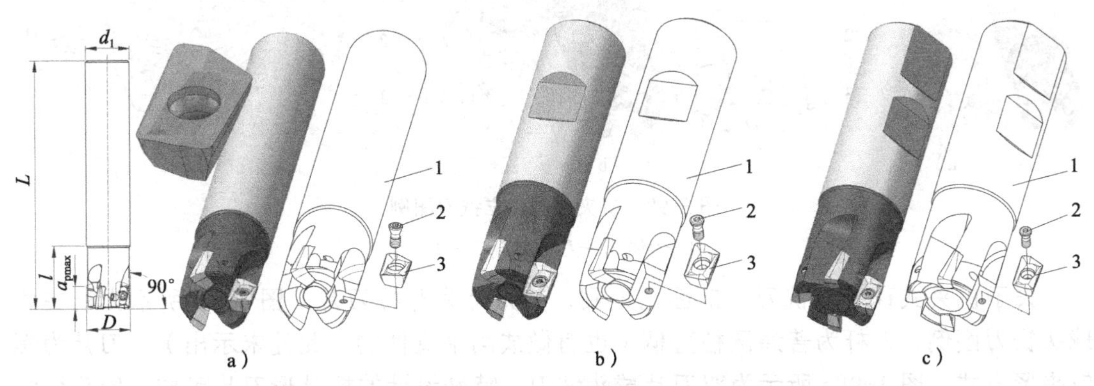

图 3-96　机夹式直柄平底立铣刀图例

a）普通直柄　b）单削边直柄　c）双削边直柄

1—刀杆　2—刀片螺钉　3—刀片

对于直径 D 较大的机夹式立铣刀，一般跳过莫氏锥柄的结构型式，而直接用套式结构，图 3-97 所示为套式平底机夹式立铣刀图例，从其结构上看，其与端面铣刀相同，但从刀片及其主切削刃（圆周切削刃）来看，其又归属于平底立铣刀的范畴。但若按刀具制造商习惯性的方肩铣刀来称呼，其仅仅是从刀刃结构表述，本书从应用角度出发，若刀具直径 D 不大时，仍可将其归属为平底立铣刀的范畴，实际上读者可不必拘泥于其称呼，重点关注数控铣刀的结构型式及其变化规律。

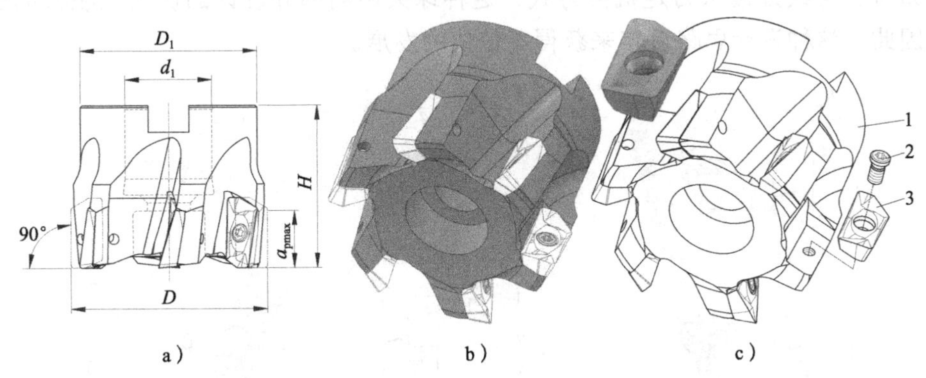

图 3-97　套式平底机夹式立铣刀图例

1—刀体　2—刀片螺钉　3—刀片

与整体式铣刀类似，机夹式立铣刀同样有圆角铣刀型式，图 3-98 所示为机夹式圆角立铣刀图例。其与平底立铣刀的结构型式一样，也分为普通直柄、削平直柄和套式结构。其与机夹式平底立铣刀的差异主要在刀片上，机夹式圆角铣刀的刀片为圆形（R型），其切削部分的几何参数主要是刀片半径 R，最大切削深度 a_{pmax} 等于刀片半径。

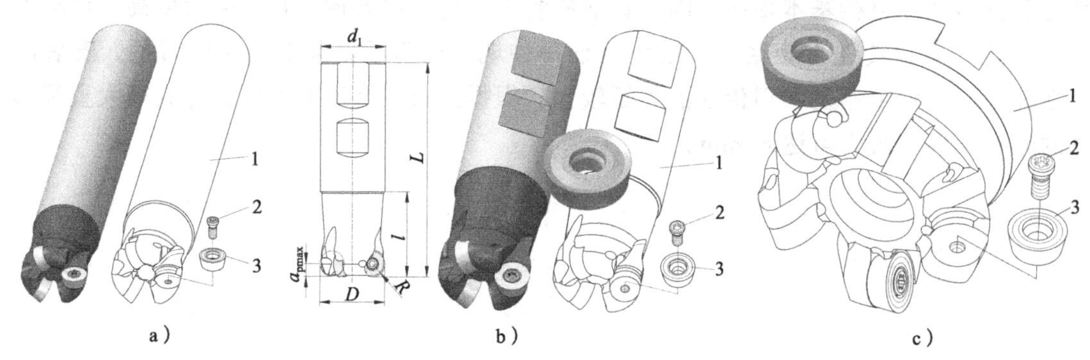

图 3-98 机夹式圆角立铣刀图例

1—刀体 2—刀片螺钉 3—刀片

关于机夹式球头立铣刀，前面已谈到，其刀片为非标刀片。图 3-99 所示为机夹式球头铣刀图例，刀杆为普通圆柱直柄（也有做成削平直柄的，此处未示出），刀片为螺钉夹紧方式。图 3-99a 所示为双刀片球头铣刀，特殊设计的柳叶形刀片可构成球头切削刃，且有一条切削刃过中心，这种刀具型式现在已经被大多数刀具制造商所接受并生产，该例刀具的刀片伸出高度可调，因此，可获得较高精度的球头铣刀。图 3-99b 所示为单刀片球头铣刀，单个刀片同时制作出了两条对称的球头切削刃，这种刀具型式比双刀片出现的略晚，但也开始有较多的刀具制造商开始生产，并得到了拓展性设计，如更换为图中的标识①所示刀片即可构造成平底立铣刀。由于结构的原因，这种单刀片的结构型式可做的直径 D 更小。球头铣刀的主要几何参数包括刀具直径 D 和最大切削深度 a_{pmax} 等。从结构型式看，图 3-99 所示的结构型式，仍然跳不出刀片的“片”的思路，若进一步创新思想，按图 3-77 所示的模块式设计制作机夹式球头铣刀，将球头模块理解为机夹可换式刀片，螺纹连接认为是机夹方式，这种球头切削部分设计的切削性能将优于片状刀片，因此，这种设计思路近年来获得了较快的发展。

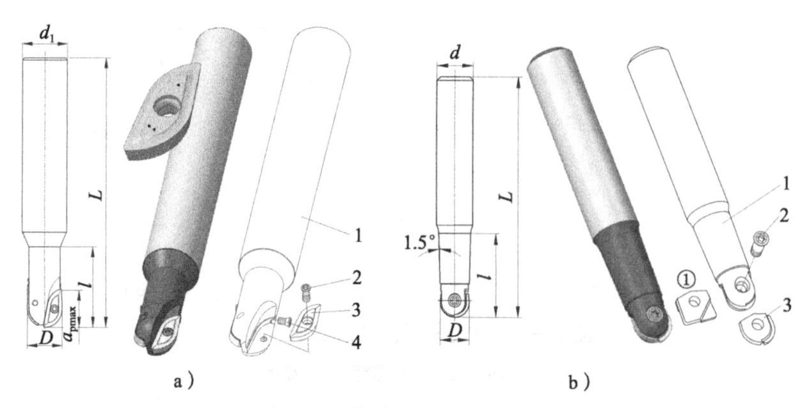

图 3-99 机夹式球头铣刀图例

a）双刀片 b）单刀片

1—刀杆 2—刀片螺钉 3—刀片 4—调节螺钉

图 3-100 所示为机夹可转位螺旋刃立铣刀图例，其刀片沿着螺旋线型式布置，构建出具有螺旋刃功能的圆周切削刃，提高切削加工的平稳性，这种型式的立铣刀与之前的单层齿方肩立铣刀相比，极大地提高了最大切削深度 a_{pmax}，且这种机夹式立铣刀具有前述粗铣刀分屑的效果，提高加工效率，可用于圆周切削刃铣削为主的粗铣和半精铣加工，加工侧壁较大的竖直边效果更明显，可用于铣槽、轮廓铣削、斜坡和螺旋铣削等加工。关于结构型式，与前述的方肩铣刀相同，有普通直柄、削平直柄和套式结构等型式，刀具的主要几何参数也基本相同，仅是 a_{pmax} 较大。

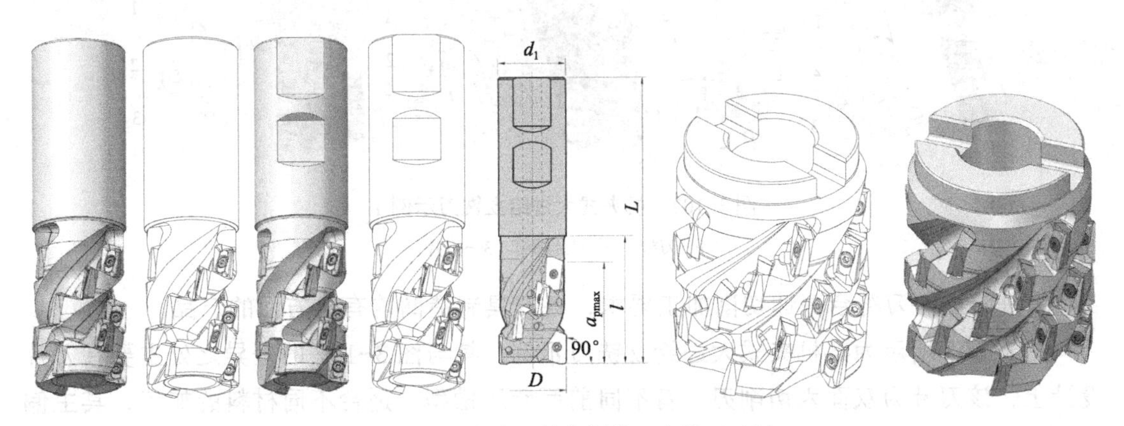

图 3-100　机夹可转位螺旋刃立铣刀图例

图 3-101 所示为机夹可换头螺旋刃立铣刀图例，该图采用 7:24 刀柄，可直接与数控机床主轴相连，刀具工作部分分为两部分，铣刀主体 1 部分类似于螺旋立铣刀设计，但端面有与可换头连接的接口设计，本例采用中心圆柱 - 端面定位，配合圆柱销角向定位，与可换头 2 相应部分安装连接，中心内六角螺钉 3 紧固连接，同时圆柱销设计了 4 个，用于承担切削力力矩。这种可换头螺旋刃立铣刀设计型式，将刀具容易损坏的部分做成可更换部分，可进一步降低维护成本，提高性价比。

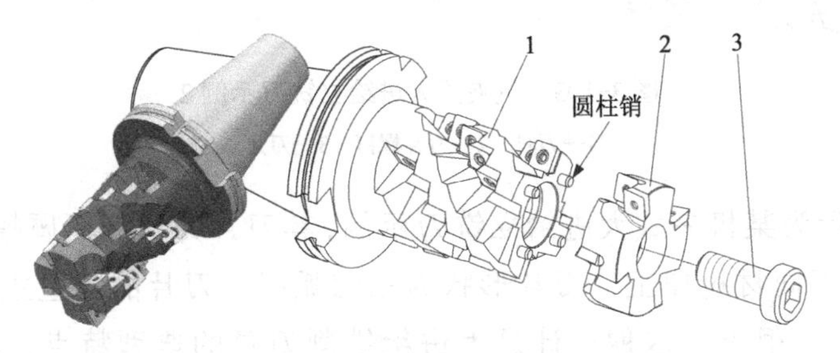

图 3-101　机夹可换头螺旋刃立铣刀图例
1—铣刀主体　2—可换头　3—紧固螺钉

图 3-102 所示为某机夹式大进给立铣刀示例，其同样有普通直柄、削平直柄和套式结构型式。该刀具采用单面刀片，具有四条可转位切削刃，刀具为正前角设计，端面切削刃为主切削刃，刀片主偏角很小，因此切削分力以进给力为主，因此可大进给切削（v_f

和 a_e 可较大），极大的提高了切削效率，且加工表面质量好。有多种硬质合金材料与多种前面断屑槽型供选择，可加工钢、不锈钢、铸铁、铝合金等多种材料，可铣削平面、型腔、螺旋铣削甚至插铣等加工，加工范围广泛。

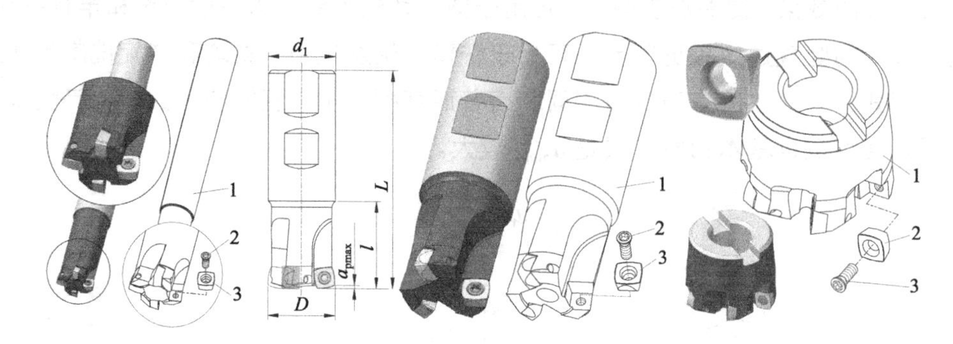

图 3-102　机夹式大进给立铣刀示例 1

1—刀杆　2—刀片螺钉　3—刀片

大进给立铣刀符合高速切削加工要求，各刀具制造商均有这方面的产品。

图 3-103 所示为某机夹式大进给立铣刀示例，其与图 3-102 的差异之处主要在刀片设计上，该刀片为双面六切削刃，有不同前面断屑槽型，适合不同材料的加工，其主偏角 κ_r 较小（12°）。这种型式的刀具同样有普通直柄、削平直柄和套式结构型式。

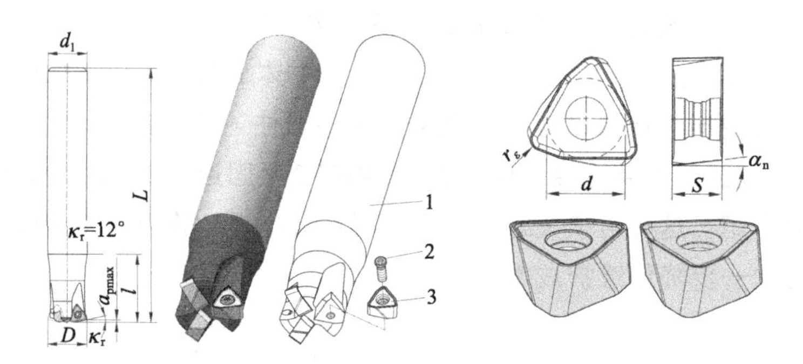

图 3-103　机夹式大进给立铣刀示例 2

1—刀杆　2—刀片螺钉　3—刀片

图 3-104 所示为某机夹式大进给立铣刀示例，其刀片为单面断屑槽（切削刃）刀片，有不同槽型适应不同材料加工，刀片形状为三圆弧刃，刀片的当量主偏角很小，因此最大切削深度 a_{pmax} 很小，这种设计是大进给铣削刀具的典型特点，其可实现大进给切削（v_f 和 a_e 可较大），适合平面、曲率较小的曲面、斜坡铣削、螺旋铣削甚至插铣加工。

图 3-105 所示为立装刀片方肩立铣刀示例，套式型式结构，刀片有四条切削刃。立装刀片的刀体强度更好，切削刃强度好，刀片安装与转位方便，可适应更大切削力的加工。立装刀片对机床的功率要求可降低，因此具有更高的进给率性能，即使在小功率机

床上也表现出色。

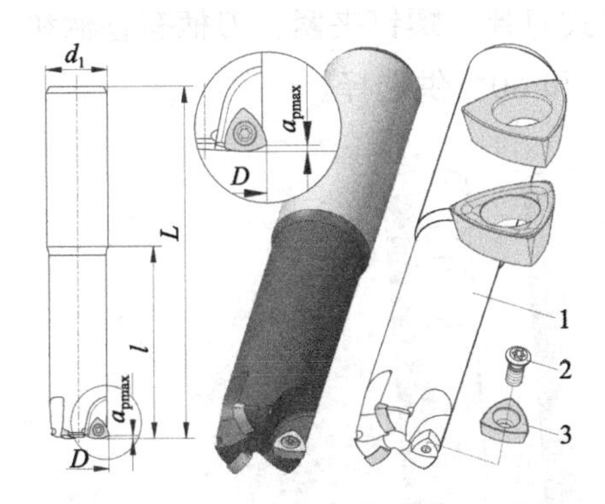

图 3-104　机夹式大进给立铣刀示例 3

1—刀体　2—刀片螺钉　3—刀片

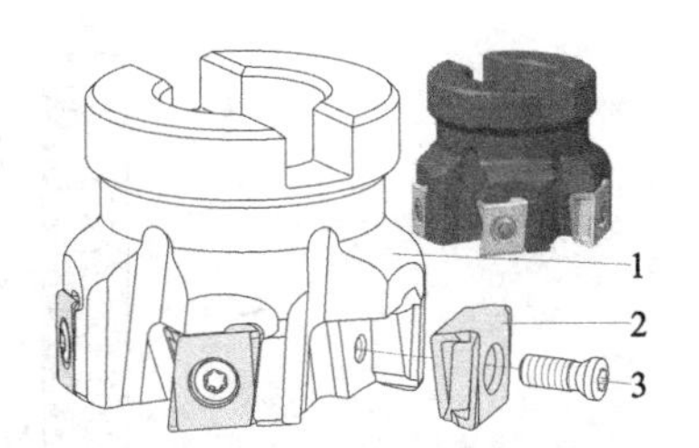

图 3-105　立装刀片方肩立铣刀示例

1—刀体　2—刀片　3—刀片螺钉

图 3-106 所示为机夹式插铣立铣刀示例，其特点是端面切削刃为主切削刃。图 3-106a 所示由正方形单面刀片构成，螺钉沉孔紧固刀片，端面切削刃为主切削刃，圆周切削刃为副切削刃。但主偏角 κ_r 极小（1.5°），这样一种设计，使得其极其适合轴向下刀进给加工（插铣），铣削过程中的横向分力极小，插铣加工稳定性好。主偏角虽小，但其存在使得副切削刃不易磨损。另外，刀杆上的容屑槽处设计有垂直槽，有利于控制切屑向上流向排出。

图 3-106b 所示插铣刀，其端面切削刃过中心，使得其不仅可进行插铣加工，还可进行不通孔下刀加工，故又称为钻铣刀。其端面刃的构成与刀具直径有关，刀具直径较小时，用一片长方形的刀片横置即可实现端面刃过中心。若直径稍大时，则在对面再补充一块正方形刀片辅助实现端面刃过中心。该刀具由于其圆柱面螺旋布置有刀片，因此也可作为前述的平底圆柱立铣刀，显然，该刀具即可横向进给铣削，也可轴向下刀铣削，并可不通孔钻孔，可说是多功能铣刀。

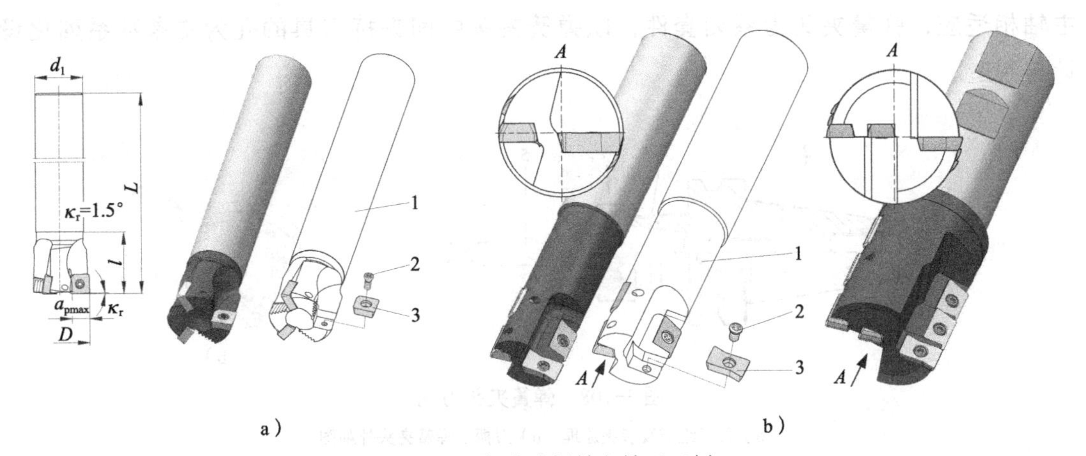

图 3-106　机夹式插铣立铣刀示例

a）插铣刀　b）插 / 钻铣刀

1—刀体　2—刀片螺钉　3—刀片

立装刀片倒角立铣刀如图 3-107 所示，该倒角铣刀为专用倒角铣削铣刀，从刀具结构分类，应属于立铣刀范畴。刀具为 4 齿、立式刀片、螺钉夹紧，刀柄有直柄和削平直柄两种，刀具主偏角为 45°，另外，还有 30° 和 60° 供选择。

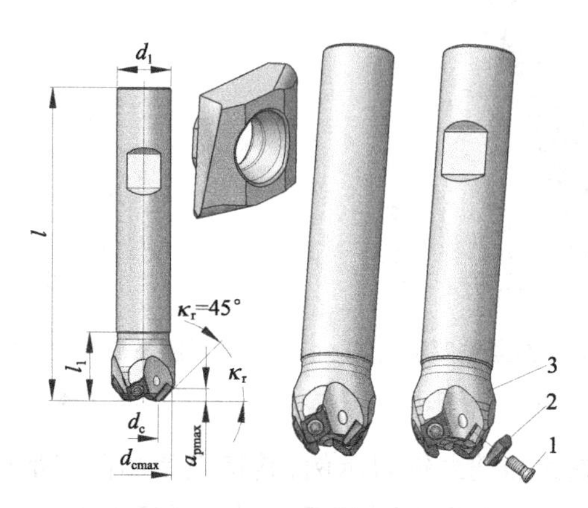

图 3-107　立装刀片倒角立铣刀示例

1—刀片螺钉　2—刀片　3—刀杆

立铣刀的结构型式随刀具制造商不同而存在差异，但刀具布置型式基本相同，读者可多观察实际刀具，逐步理解与体会其设计精髓。

4．立铣刀的安装与连接

纵观数控机床的工具系统可见，适合的立铣刀柄部主要是普通直柄、削平直柄、莫氏锥柄（逐渐淡出数控刀具市场）三种，套式立铣刀的安装与面铣刀相同，7:24 锥柄是直接与机床主轴相连安装的，因此其选用必须与机床主轴的锥柄规格相适应。

图 3-108 所示为数控机床常用的弹簧夹头刀柄，主要用于尺寸不大的普通直柄立铣刀装夹。每一个刀柄必须有一个拉钉，刀柄体的锥柄部型式与规格必须与数控机床主轴相适应，弹簧夹头为系列套件，以弹簧夹头中间夹持刀具的孔为主参数系列化设计与制造。

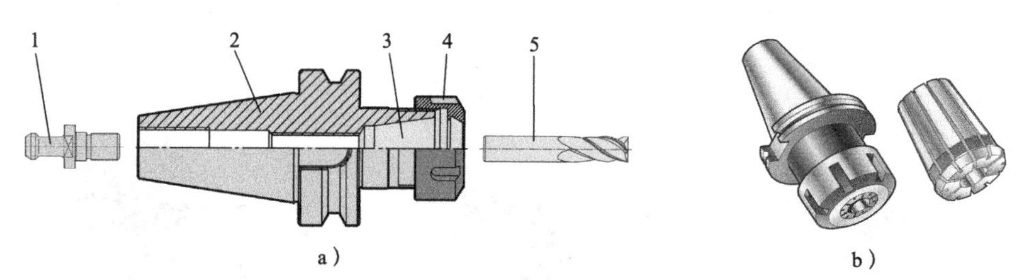

图 3-108　弹簧夹头刀柄

a）刀柄组成及装夹原理　b）刀柄及弹簧夹头外观图

1—拉钉　2—刀柄体　3—ER 弹簧夹头　4—锁紧螺母　5—普通直柄立铣刀

图 3-109 所示为强力铣夹头刀柄，用于直柄铣刀的装夹刀柄，其夹持力更大，且适

应的刀具直径范围比弹簧夹头刀柄要大，可更好地适应机夹式直柄立铣刀的装夹。

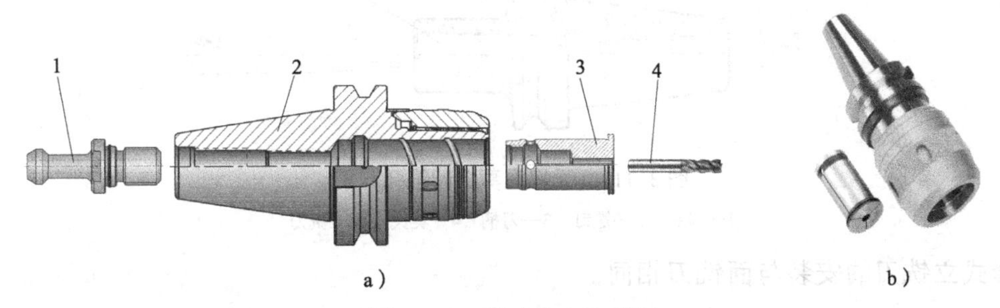

图 3-109 强力铣夹头刀柄

a）刀柄组成及装夹原理 b）刀柄及弹性夹套夹头外观图

1—拉钉 2—刀柄体 3—弹性夹套 4—普通直柄立铣刀

图 3-110 所示为削平型立铣刀的侧固定刀柄（也称为削平型刀柄），分 A 型、B 型两种，分别用于单削平和双削平柄部的立铣刀装夹。

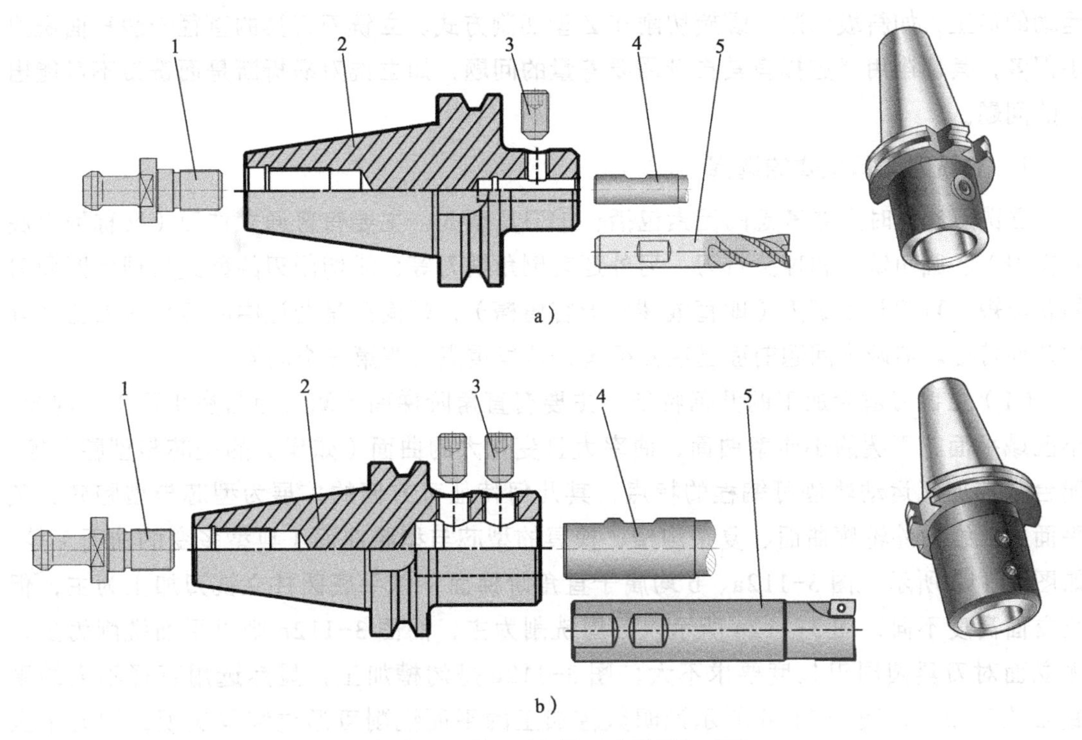

图 3-110 削平型立铣刀的侧固定刀柄

a）A 型（单削平柄部） b）B 型（双削平柄部）

1—拉钉 2—刀柄 3—螺钉 4—柄部 5—铣刀

图 3-111 所示为无扁尾莫氏圆锥孔刀柄，主要用于莫氏圆锥柄刀具的安装，刀柄与刀具的莫氏圆锥号必须匹配。由于莫氏锥柄制造成本高，且每一个莫氏锥柄号必须要有一个刀柄，因此数控刀具都尽量不用莫氏锥柄。

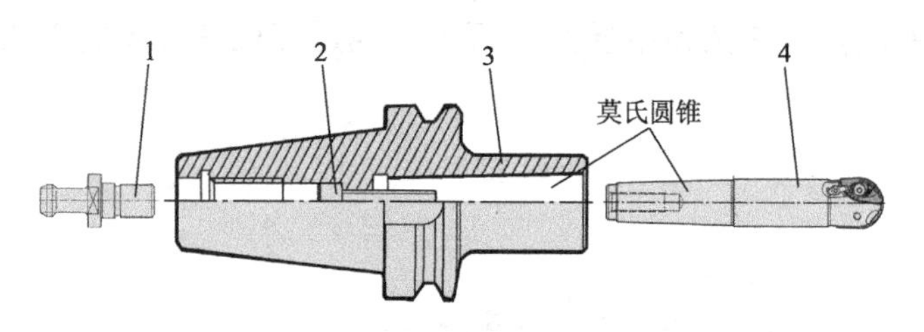

图 3-111　无扁尾莫氏圆锥孔刀柄

1—拉钉　2—螺钉　3—刀柄　4—莫氏锥柄立铣刀

套式立铣刀的安装与面铣刀相同。

3.3.3　立铣刀应用的注意事项

立铣刀由圆周切削刃与端面切削刃及其过渡圆弧刃等构成多样的切削刃，决定了其铣削功能多于面铣刀，端面刃过中心的立铣刀增强了其垂直下刀切削的功能，数控机床运动轨迹可编程的特点，丰富了立铣刀的加工能力，常常出现横向进给与轴向进给合成运动的加工，如斜坡切削、螺旋切削和 Z 型切削方式。立铣刀刀具的直径一般较面铣刀小得多，其切削用量选择有其自身需要考量的问题，如立铣刀易折断是面铣刀不可能出现的问题。

1. 立铣刀刀具型式的选择

立铣刀选择时主要考虑的因素包括：①刀具型式，主要有普通立铣刀（又称为平底立铣刀）、圆角铣刀和球头铣刀，另外还有倒角铣刀等；②切削刃的型式表现为圆周刃的长与短、直刃与螺旋刃（即直或螺旋形容屑槽），端面刃是否过中心等；③加工部分的几何特征。前两个问题前面已经介绍过，这里重点说明第三个问题。

（1）立铣刀适合加工的几何特征　主要有直角阶梯面（侧立面与底平面）、沟槽、小区域平面、平缓的小曲率曲面、曲率大且变化大的曲面（如模具的型芯与型腔）等。配合数控加工运动轨迹可编程的特点，其几何特征可方便的扩展为型芯与型腔底、顶平面、二维内外轮廓曲面、复杂沟槽、模具的型芯与型腔曲面（典型多变的曲面）等，如图 3-112 所示。图 3-112a、b 均属于直角阶梯面，以平底圆柱立铣刀加工为主，但侧立面高度不同，图 3-112a 所示以圆周铣削为主，而图 3-112b 则以平面铣削为主，侧立面对刀具圆周刃长度要求不大；图 3-112c 是沟槽加工，显然选用直径不大的平底立铣刀加工；图 3-112d 所示说明数控加工的平面铣削可通过编程实现，因此小区域不规则平面用立铣刀加工有时更好；图 3-112e 所示为小曲率曲面半精加工或精加工，优先选择圆角铣刀，可避免球头铣刀中心速度为零的切削情况；图 3-112f 所示曲率大且变化大时的精铣加工一般选择球头铣刀；图 3-112g 所示的轮廓铣削是阶梯面铣削的延伸，一般选择平底立铣刀；图 3-112h 是二维内轮廓铣削，显然选择平底圆柱立铣刀，但要考虑下刀工艺与刀具的选择，若型腔尺寸较小时，可能要考虑端刃过中心的立铣刀，垂直下刀切入；图 3-112i 所示为倒角加工，显然选用主偏角合适的倒角立铣刀有利于程序的编制；图3-112j是二维轮廓与曲面的组合，包括上表面的小区域平面铣削、中间层的二维铣削和轮廓外的曲面铣削，刀具选择更为丰富；图3-112k所示的型芯与型腔铣削是典型的复杂曲面铣削，一般用平底立铣刀粗铣、圆角立铣刀半精铣、球头立铣刀精铣；图3-112m所示的闭式凸轮槽加工，最后一刀的精铣必须使用刀具直径等于槽宽的平底立铣刀才能更好地模拟凸轮的工作原理，达到使用目的。

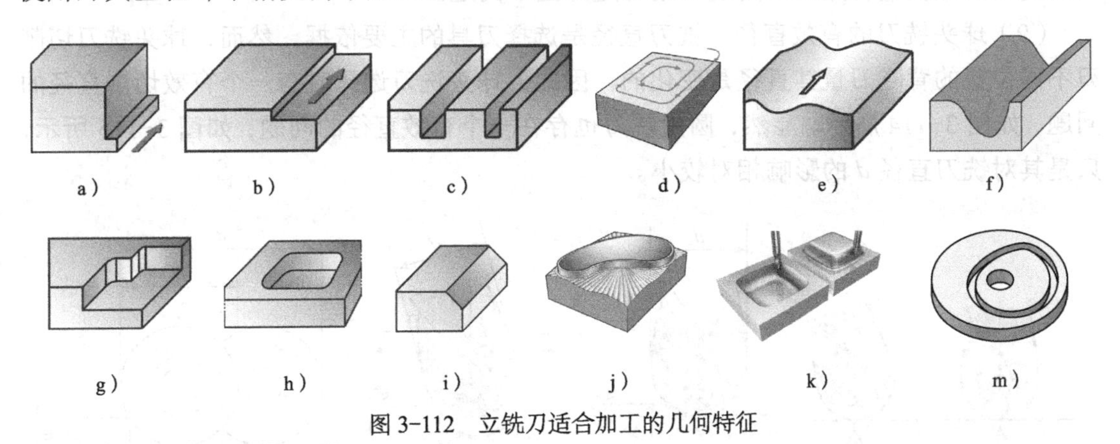

图3-112　立铣刀适合加工的几何特征

（2）机夹式铣刀与整体铣刀的选择　每一种立铣刀有其自身的设计特点，机夹式立铣刀由于刀片与刀体分开设计，刀片可转位和不重磨更换，因此综合经济性较好，优先选用，其不足之处是体积不宜做的太小。对于直径规格较小的立铣刀宜选用整体式立铣刀为主，但其刀具折断问题容易发生，要注意切削用量的选择。

（3）模块式铣刀选择的问题　模块式立铣刀是近年来兴起的一种刀具结构型式，由于其刀头是按整体或机夹式型式设计，因此切削性能基本不变，但其工作部分与柄部分开制造，可进一步降低成本，对于切削表面经常变化的生产，可考虑选用这种铣刀，但要考虑当地市场购买性的问题。

（4）切削刃长度的合理选用　切削刃长度表示其圆周铣削最大允许的切削深度（最大背吃刀量a_{pmax}），但不是每次铣削时按这个尺寸选择背吃刀量一次铣削侧立壁面，事实上，粗铣时深度方向分层铣削往往是更好的工艺方案。当然，精铣时用较长圆周切削刃的立铣刀一次铣出侧壁面能较好地保证加工精度和表面质量。

（5）立铣刀的螺旋角　相当于刃倾角，其对加工质量和刀具寿命有很大的影响。30°左右螺旋角是常用的角度，螺旋角增大，切削力会减小，加工过程稳定，加工表面质量提高，刀具寿命提高。但从刀具制造的角度而言，螺旋角增大，则制造成本会增加。

（6）立铣刀使用　安装时的悬伸长度应尽可能短，否则容易出现变形与振动，甚至折断现象。

（7）硬质合金刀具铣削时一般尽可能不使用切削液　原因是硬质合金材料的抗热冲击性差，若冷却不均匀易造成刀片崩裂，其次，对于铣削铸铁等碎末屑较多的材料时，碎末可能随着切削液通道流动，堵塞切削液管路，污染切削液。当然，若温度太高时还是要使用切削液的，但使用时注意流量一定要充足。

（8）球头立铣刀的切削问题　球头立铣刀往往是曲面精加工首选的刀具，但其使用时常常出现致命的弱点，即刀心处可能切削速度为零的现象，如图 3-113 所示，这点的切削实际上已经转化为挤压变形，严重影响表面质量。对于三轴立式数控铣床，若加工面出现水平面时，必然出现刀心点切削速度为零的问题，当然，若是五轴数控加工中心，通过适当的编程偏转适当的角度，则可避免这个问题。

（9）球头铣刀的有效直径　铣刀直径是选择刀具的主要依据，然而，球头铣刀切削刃不同位置的背吃刀量其直径是变化的，因此，球头铣刀选择时有一个有效切削直径的问题，如图 3-114 所示。显然，圆角铣刀也存在一个有效直径的问题，如图 3-115 所示，只是其对铣刀直径 d 的影响相对较小。

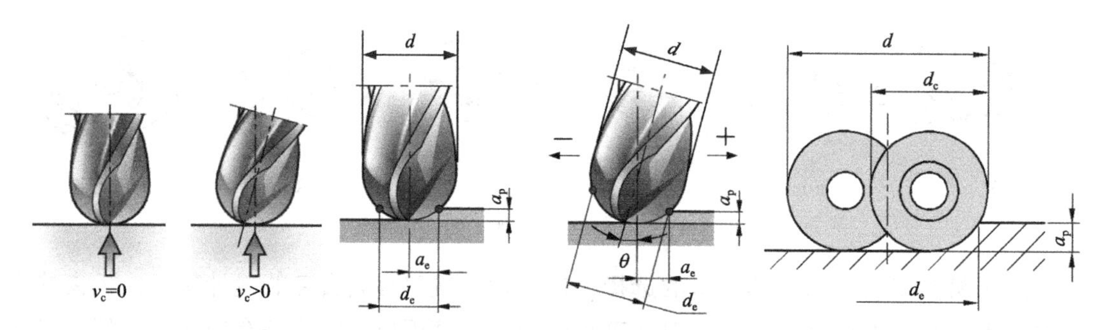

图 3-113　球头铣刀速度为零示意图　图 3-114　球头铣刀有效直径　图 3-115　圆角铣刀有效直径

球头铣刀的有效直径：$d_e = 2\sqrt{a_p(d - a_p)}$

圆角铣刀的有效直径：$d_e = d\sin\left[\theta \pm \arccos\left(\dfrac{d - a_p}{d}\right)\right]$

式中　d_e——球头或圆角铣刀的有效直径；

d——球头或圆角铣刀的系列直径；

a_p——球头或圆角铣刀铣削的实际背吃刀量；

θ——球头铣刀铣削时的偏转角度。

不同背吃刀量所对应的有效直径可根据图 3-116 确定。

（10）球头铣刀主偏角的分析　球头铣刀与圆角铣刀的圆弧切削刃上各点的主偏角与背吃刀量之间存在一定的关系，如图 3-117 所示。一般情况下其最大允许的背吃刀量等于圆弧切削刃的半径（即 $a_{pmax}=R$），当背吃刀量为 a_{pmax} 的 50% 时的主偏角为 30°，此时的横向切削分力只有轴向切削分力的 57.7%，当背吃刀量为 a_{pmax} 的 25% 时的主偏角为 21°，其横向切削分力只有轴向切削分力的 38.4%，这种变化趋势有利于小切深、大进给的高速加工，所以球头铣刀和圆角铣刀适合曲面的半精铣和精铣加工，且尽可能将背吃刀量控制在球头半径的 50% 以下，采取大进给高转速的加工方式。同时注意，由于球头铣刀的直径一般较小，主要用于精铣加工，因此建议实际切削时尽可能控制其圆周刃不要参加切削工作，否则很容易出现折断刀具的现象，这一点在数控自动编程中可通过模拟仿真观察控制。

（11）球头铣刀铣削时残留面积的分析　球头铣刀铣削时，残留面积是必然存在的（见图 3-118），一般用残留面积高度表示，见图 3-118a 中的 R_y，其残留面积高度的计算式为

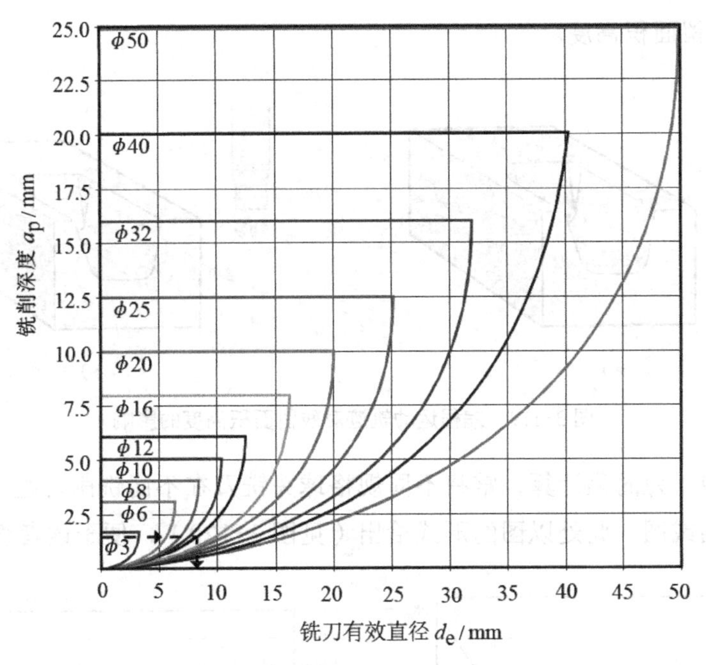

图 3-116　背吃刀量与有效直径的关系

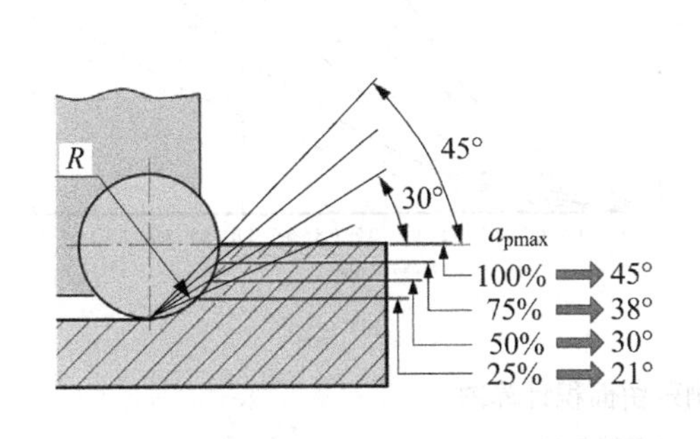

图 3-117　圆弧切削刃主偏角与背吃刀量的关系

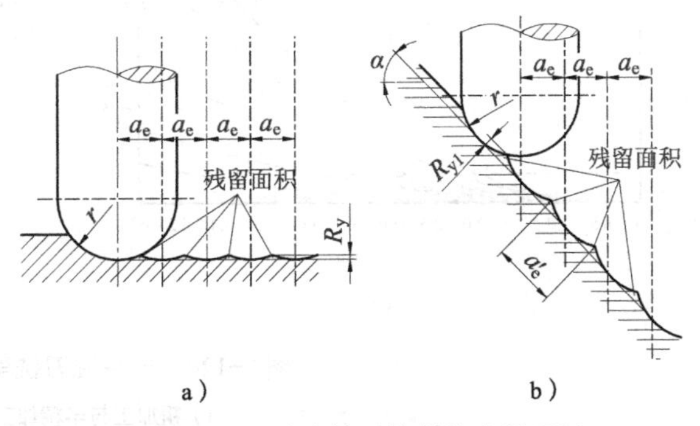

图 3-118　球头铣刀铣削的残留面积

a）铣削平面　b）铣削斜面

铣削平面时 $R_y = r - \sqrt{r^2 - \left(\frac{a_e}{2}\right)^2}$

铣削斜面时 $R_{y1} = r - \sqrt{r^2 - \left(\frac{a'_e}{2}\right)^2} = r - \sqrt{r^2 - \left(\frac{a_e}{2\cos\alpha}\right)^2}$

式中　R_y 和 R_{y1}——分别为铣削平面与铣削斜面时残留面积高度（mm）；

r——球头铣刀球头半径（mm）；

a_e——侧吃刀量，实际上为刀具路径的行距（mm）。

以上公式说明，在切削行距 a_e 一定的条件下，斜面铣削的残留面积高度大于平面铣削的残留面积高度，这个结论对数控铣削刀具路径的规划具有指导意义，如图 3-119 所示，在切削行距 a_e 和球头半径 R 相同的条件下，图 3-119a 的残留面积高度必然小于图 3-119b 的残留面积高度。

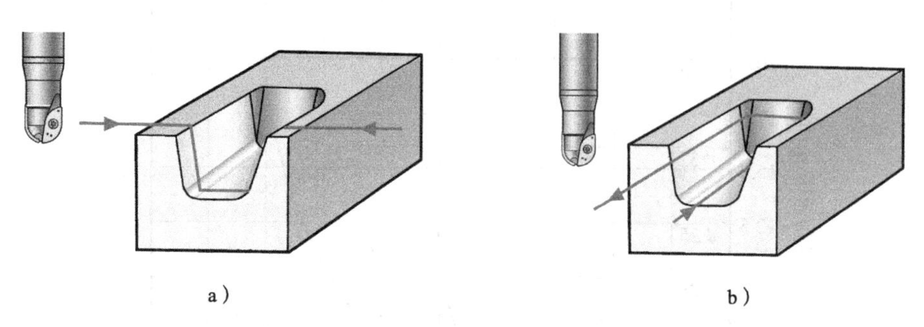

图 3-119 编程运动轨迹对残留面积高度的影响

实际加工中，为简化计算，常将不同规格球头铣刀在不同铣削行距下的残留面积制作成相应的表格或图，此处以图的形式给出（见图 3-120），便于读者查询。

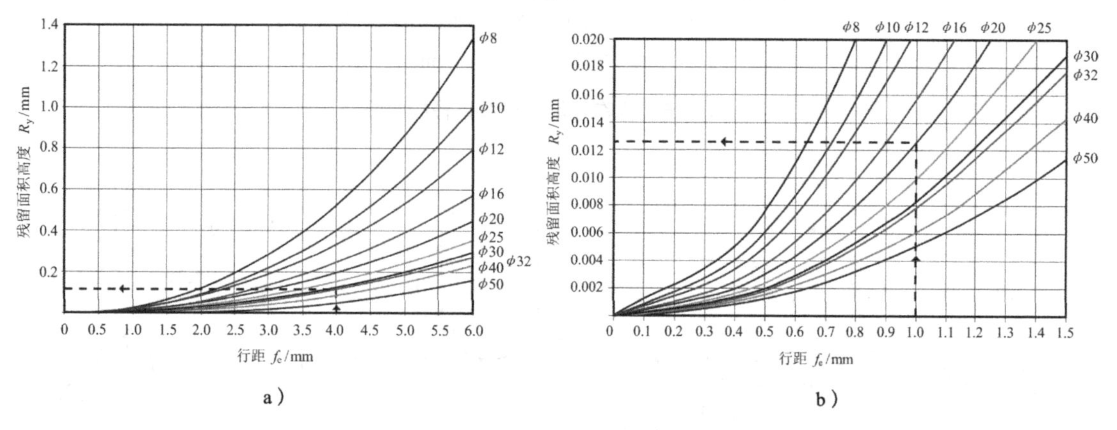

图 3-120 球头铣刀铣削残留面积计算图

a）粗加工与半精加工 b）精加工

（12）依据加工性质选择刀具 一般而言，平底的圆柱立铣刀，以圆周切削刃切削为主，切削性能最好；圆角铣刀由于最大背吃刀量相对较小，且圆弧刃切削的金属变形量相对较大与复杂，切削性能次之，但其适宜小切深、大进给的高速铣削；球头铣刀由于可能出现刀心切削速度等于零的问题，且越靠近刀心，切削速度越小，切削性能越差，因此其切削性能最差，但复杂曲面的精铣加工离不开球头铣刀，因此就加工性质而言，有以下几点选择建议：

1）二维铣削、小区域平面和沟槽等一般选择平底的立铣刀。虽然数控铣床的传动丝杠为预紧无间隙设计，传统铣削顺铣打刀的现象不易出现，但从表面加工质量的角度看，笔者仍然建议粗铣时用逆铣，精铣时用顺铣的加工方式。

2）三维曲面且曲率不大时，以立铣刀分层粗铣，去除材料，圆角铣刀半精铣和精铣完成加工。

3）三维曲面且曲率大且变化大时，以立铣刀分层粗铣，去除材料，圆角铣刀半精铣，留下小且尽可能均匀的精铣余量，球头铣刀进行精铣加工。

2．切削用量的选择

切削用量的选择始终是一个模糊的经验性的问题，影响因素较多，很难有一个统一的标准供选用，只能提供一些原则性问题或大致的推荐值，根据具体情况与各人的经验给予修正，比如，面铣刀切削用量选择过大时，可能出现机床动力不足的现象，这时可通过修改切削用量给予解决，对刀具的损害不至于太大。但立铣刀，特别是直径较小的整体立铣刀，则以出现折断为最终标志，虽然可以减小切削用量给予解决，但刀具折断不可逆的事实却是存在的。篇幅所限，这里仅介绍切削用量的选择原则，具体的切削参数建议按所选刀具制造商推荐的数值选择，并根据具体情况与使用经验给予修正。数控加工立铣刀切削用量的选择原则，可归纳为以下几点：

1）背吃刀量 a_p 的选择。平底的圆柱立铣刀，其背吃刀量一般不超过刀具直径的 1.0 ～ 1.5 倍，球头和圆角铣刀的背吃刀量不宜超过球头（或圆角的）半径，建议采用球头（或圆角的）半径的一半或更小进行小切深、大进给的高速铣削加工。当然，二维铣削侧立壁面的精铣加工还是应该考虑在深度方向上一刀铣出。

2）侧吃刀量 a_e 的选择。对于粗铣加工，一般用平底圆柱立铣刀，其侧吃刀量一般取刀具直径的 50% ～ 75%，尽可能高效的去除工件材料，精铣加工不受此限制。球头铣刀则按最小残留面积高度值为依据选择。

3）数控铣削加工编程所需的进给量是进给速度，而刀具选择时是以每齿进给量为依据的，必须掌握其换算关系式。

粗铣时，必须确保每齿承受的载荷不至于造成刀齿崩裂，同时，必须确保切除量不至于阻塞容屑槽。

精铣时则以表面质量符合要求为前提，适当增大螺旋角有利于提高加工质量。

4）切削速度的选择是保证刀具寿命的前提下，尽可能选择较大的切削速度。切削速度的选择与刀具材料有密切的关系，硬质合金材料的切削速度一般比高速钢高 4 ～ 5 倍，如高速钢立铣刀的切削速度一般为 15 ～ 30m/min，而硬质合金材料的立铣刀可达 130 ～ 140m/min。

3．立铣刀使用出现的问题及其解决措施

表 3-12 列举了立铣刀使用过程中可能出现的问题及其解决措施，供参考。

表 3-12　立铣刀使用过程中可能出现的问题及其解决措施

常见问题 \ 解决方法		刀具材料选择	切削条件							刀具形状			机床装夹				
							切削液										
		选择涂层铣刀	切削速度	进给量	切削深度	切削方向（顺铣/逆铣）	增大切削液量	非水溶性切削液体	干式或湿式	螺旋角	刃数	铣刀直径	减少刀具悬伸量	提高刀具安装精度	更换夹头	提高夹紧力	提高工件安装刚性
刀具折断	立铣刀折断			↓	↓						↓	↑	✓		✓	✓	
切削刃损伤	切削刃磨损较快	✓	↓	↑		顺		✓				↑					
	崩刃		↓	↓	↓	顺			干				✓		✓		✓
	切屑粘结严重	✓					✓		湿	↑							
加工精度	表面质量差		↑	↓	↓			✓	湿					✓			
	起伏			↓	↓					↓	↑	↑		✓	✓		
	侧面不平			↓	↓	逆		✓		↑	↑	↑	✓				
	毛刺及崩碎、剥落			↓	↓					↓							
	振动较大		↓	↑						↑	↓	↑	✓		✓	✓	✓
切屑处理	切屑排出不畅			↓	↓		✓				↓						
其他		1）切削刃磨损过大时，容易导致铣刀折断或加工面精度变差，此时需要对刀具进行重磨 2）刀具悬伸量应尽可能短															

3.4　圆盘型槽铣刀的结构分析与应用

3.4.1　圆盘型槽铣刀基础知识

1．圆盘型槽铣刀概述

槽是机械零件中常见的几何特征，虽然前述的立铣刀也能够铣削槽型，但当槽较窄、较深，立铣刀刚性差的问题将导致生产率不高、加工精度稍差甚至无法加工等问题，显然圆盘型式的槽铣刀可较好地克服立铣刀的不足。

圆盘式槽铣刀与立铣刀铣槽相比，其差异还是明显的，首先是结构型式明显差异，圆盘铣刀为长径比较小的盘式结构，切削加工时的切削力与刀具刚性较好的方向重合，在窄、深槽加工时的效果明显，而立铣刀的切削力会使刀杆产生明显的变形，影响加工质量；其次是刀具齿数差异，圆盘铣刀齿数不受直径限制，可明显多于立铣刀，因此加工效率高；第三是主切削刃加工面差异，圆盘铣刀主切削刃加工的是槽底面，三面刃铣刀可通过合理设计副切削刃加工槽侧面，而立铣刀主切削刃加工的是槽侧面，端面刃加工的槽底质量不高，因此圆盘槽铣刀的加工质量更好；第四是机夹式铣刀刀片布置空间问题，铣槽用小直径立铣刀可能只能选择整体式结构，而圆盘铣刀刀片布置空间大，可方便地设计成机夹可转位型式，这是符合数控加工刀具的发展方向的，因此，近年来数控圆盘式槽铣刀多采用机夹可转位结构型式。

当然圆盘式槽铣刀结构尺寸较大，空间位置受限的场合则设计为圆直柄刀杆端面布局切削刃的结构型式，这种结构型式的刀具也可归属为立铣刀的范畴。

图3-121所示为圆盘型槽铣刀的常见刀具型式与加工几何特征。典型的圆盘槽铣刀是锯片铣刀和三面刃铣刀，前者主要用于分离性的切断加工，其槽加工时的精度不高，槽侧面表面粗糙度值较大，主要用于切断加工，其名称意义明确。后者主要用于加工槽，这种槽几何特征是槽的宽度远小于槽的长度和深度，三面刃铣刀加工槽的精度和表面质量较好，而变异型两面刃铣刀可用于加工阶梯面或平面（类似于方肩平底铣刀铣平面）。另外，多个圆盘槽铣刀组合使用，在加工多槽、阶梯面时可极大地提高加工效率。

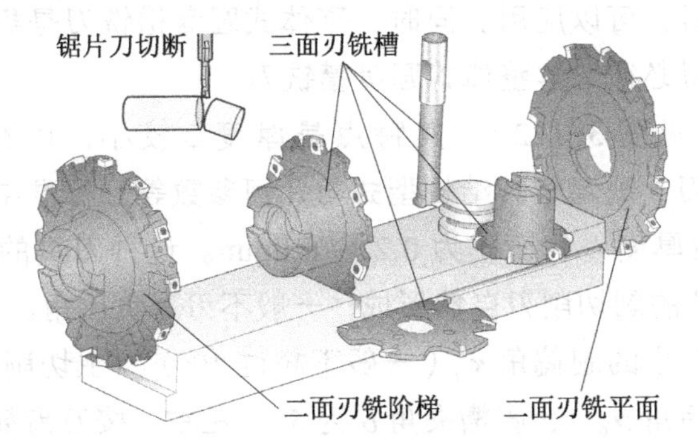

图3-121 圆盘型槽铣刀的常见刀具型式与加工几何特征

2. 圆盘型槽铣刀的种类

圆盘型槽铣刀简称槽铣刀，根据结构、安装、接口型式与切削刃数等不同而有不同的分类方式。

按铣刀的结构不同可分为整体式、焊接式、镶齿式和机夹式。整体式铣刀结构紧凑，但刀体不可重复利用，多用于较小尺寸的铣刀；焊接式铣刀切削部分与刀体采用不同材料，可兼顾刀具寿命与成本，但刀体一般不回收利用；镶齿式铣刀刀体虽然可回收，但每次更换刀齿后一般要刃磨，一定程度上限制了其应用；机夹式铣刀的刀片可迅速更换，且不重磨，更换刀齿可直接使用，刀体可重复使用，只是其单件成本稍高，但综合成本依然较低。数控加工中一般主要使用机夹式和整体式槽铣刀。

机夹式槽铣刀按刀片的安装与工作方式可分为平装与立装方式，立装型式还可细分为径向立装与侧向立装方式。

按刀具安装接口结构不同可分为平键心轴式和端键套式（A型、B型、C型）接口型式，平键心轴型式刀具通过专用的三面刃铣刀刀柄与机床安装，其接口为圆柱形并依靠径向平键传递力矩；而端键套式型式的圆盘铣刀的接口与前述的面铣刀刀柄相同，依靠端面键传递力矩。

按切削刃数不同可分为锯片铣刀（单面刃）、尖齿槽铣刀（单面刃）、两面刃铣刀和三面刃铣刀。锯片铣刀其设计的功能就是切割或切断，其对切割槽的两侧面及槽宽没有要求，一般仅设计一个圆周切削刃。三面刃则包括圆周切削刃与两侧的端面切削刃，由于其刚性远优于立铣刀，因此其加工槽的效果非常好。两面刃铣刀包含圆周切削刃与一侧的端面切削刃，用于切削阶梯面或平面加工。两面刃铣刀按侧面刃位置不同分为左手刀与右手刀。

3.4.2 圆盘型槽铣刀的结构分析与应用

1．整体圆盘型槽铣刀的结构分析

整体式圆盘槽铣刀在普通铣削加工就有应用，由于其价格低廉，尺寸较小，因此在批量不大的数控加工时，可以应用。同时，整体式圆盘槽铣刀是机夹式槽铣刀的基础，学习机夹式圆盘槽铣刀必须了解整体式圆盘槽铣刀。

（1）锯片铣刀（见图 3-122） 其特点是厚度 L 较小，以减小材料损耗。GB/T 6120—2012《锯片铣刀》规定了其结构型式与几何参数等。标准中规定的直径 d 系列为 $\phi20\sim\phi315$mm，对应厚度 L 的变化为 0.2 ～ 6.0mm。这种刀具的主切削刃为圆周刃，一般为直齿结构，两侧的副切削刃自然形成，一般不刃磨负后角。为减小两侧面（后面）的摩擦，常常刃磨出较小的副偏角 κ'_r（一般不超过 40′），主切削刃一般刃磨出 10° 左右的前角 γ_o 和适当的后角 α_o，容屑槽夹角 θ 为 55° 左右。按刀齿数量的多少分为粗齿、中齿和细齿三种，其容屑槽及刀具参数略有不同，直径 $d\geqslant80$mm，且厚度 L<3mm 时，允许不做支撑台 d_1；直径 $d\geqslant80$mm，且厚度 $L\geqslant3$mm 时，刀尖错齿倒角。

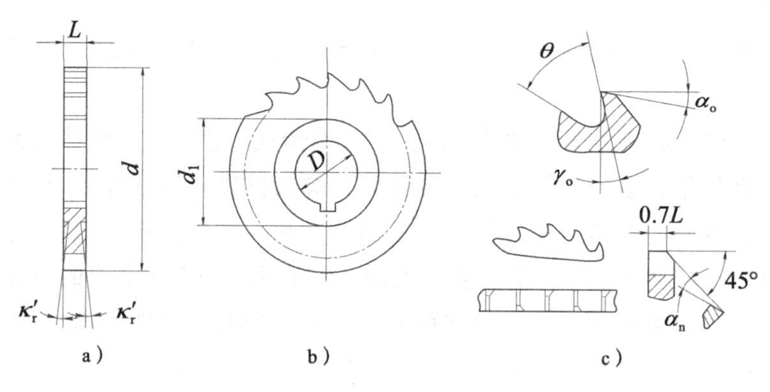

图 3-122 锯片铣刀

按照以上结构可知，其实际上相当于单刃槽铣刀，其加工的槽宽尺寸精度不可能太高，且槽侧面的表面质量也不会太好，因此一般不称其为槽铣刀。

（2）尖齿槽铣刀（见图 3-123） 它是典型的单面刃铣刀，GB/T 1119.1—2002《尖齿槽铣刀 第 1 部分：型式和尺寸》、GB/T 1119.2—2002《尖齿槽铣刀 第 2 部分：技术条件》是关于尖齿槽铣刀的国家标准，标准中规定的直径 d 系列为

$\phi50\sim\phi200$mm，对应的厚度 L 为 8 ～ 32mm，刀具加工槽的精度为 H9。该铣刀切削部分的几何参数与锯片铣刀基本相同，仅是副切削刃制作出了一段副偏角等于 0 的修光刃 b_r，使其加工槽的质量得到了一定的提升。

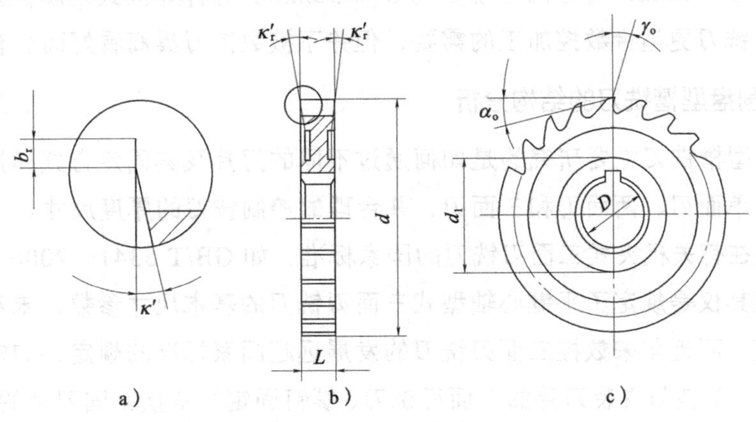

图 3-123　尖齿槽铣刀

（3）三面刃铣刀（见图 3-124）　GB/T 6119—2012《三面刃铣刀》是关于尖齿槽铣刀的国家标准，其规定的直径 d 和对应的厚度 L 变化与 GB/T 1119.1—2002 和 GB/T 1119.2—2002 基本相同。三面刃铣刀是典型的槽铣刀，其圆周面与两端面的三条切削刃均专门刃磨有后角，使得刃口锋利，切削质量好。三面刃铣刀可分为直齿三面刃铣刀和错齿三面刃铣刀，后者的圆周刃相当于有了刃倾角，而两侧的切削刃又相当于有了前角，因此，其切削刃的锋利性好于直齿三面刃铣刀。三面刃铣刀不仅可以铣削沟槽，还可以铣削阶梯面甚至平面。

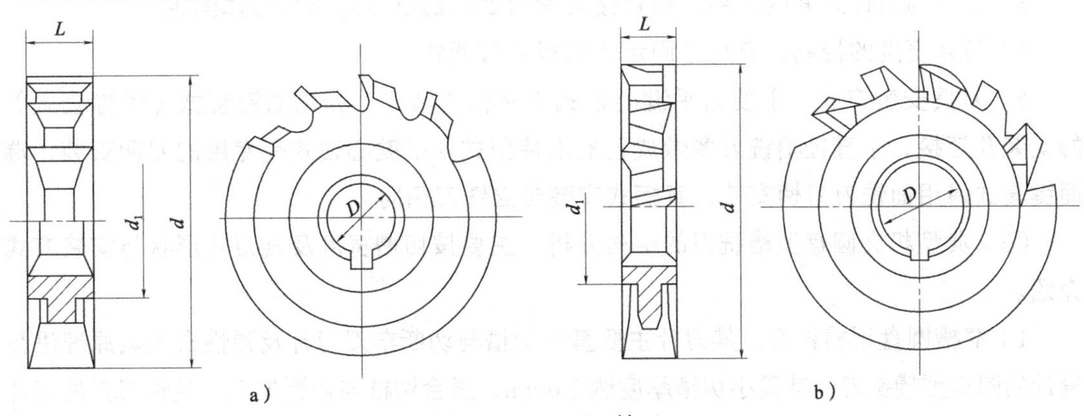

图 3-124　三面刃铣刀

a）直齿三面刃铣刀　b）错齿三面刃铣刀

以上整体式槽铣刀的详细介绍可参见相关标准或参考文献 [1]，整体式圆盘铣刀的接口型式均为平键心轴型式，刀具材料多为高速钢 W6Mo5Cr4V2，硬度为 63 ～ 66HRC，由于刀具寿命不长，在数控加工中使用略显不足，在批量生产时的槽铣削加工也略显不足，近年来，为适应数控加工的需要，数控加工的圆盘槽铣刀主要以机夹可转位型式为主。

另外，还有一个国家标准是GB/T 9062—2006《硬质合金错齿三面刃铣刀》，其规定了焊接式结构的硬质合金错齿三面刃铣刀的型式和尺寸等参数，标准中规定的直径d系列为$\phi63\sim\phi250$mm，对应的厚度L为$8\sim32$mm。这种焊接式硬质合金铣刀虽然比整体式三面刃铣刀更适合数控加工的需要，但并不被数控刀具商看好而少有生产。

2．机夹圆盘型槽铣刀的结构分析

机夹圆盘型槽铣刀主要研究的是如何通过不同的刀片及其固定方式模拟出上述整体式锯片铣刀、单面刃、两面刃和三面刃，并合理的控制铣刀的厚度尺寸。

虽然也存在有关机夹式三面刃铣刀的国家标准，如GB/T 5341—2006《可转位三面刃铣刀》，但其仅是规定了平键心轴型式三面刃铣刀的基本尺寸参数，未对刀片及其连接型式做规定，而近年来数控三面刃铣刀的发展远超国家标准的规定，如端键套式接口的三面刃铣刀、平装与立装刀片的三面刃铣刀、螺钉固定与斜楔紧固刀片的三面刃铣刀、宽度可调型式的三面刃铣刀等。因此学习与选用机夹圆盘型槽铣刀还是要多关注刀具制造商的资料。

（1）机夹圆盘型槽铣刀的特点分析

1）刀片的安装位置，有平装式与立装式两种，立装型式可细分为径向立装与侧向立装。

2）刀片的固定方式，主要有弹性压板自夹紧、螺钉夹紧式、螺钉斜锲夹紧式和螺钉压板夹紧式等。

3）刀片与刀体之间的关系，有直接夹紧固定和通过刀片座与刀体固定。

4）刀片宽度的控制，有尺寸固定式和尺寸可调式。

5）刀具安装方式，主要有平键心轴式（简称心轴式）和端面键套式（简称套式）的安装孔连接，小直径槽铣刀多做成直柄连接型式。平键心轴式有专用的刀柄安装，端面键套式借用面铣刀刀柄安装，直柄式安装与立铣刀相同。

（2）典型机夹圆盘型槽铣刀的结构分析　主要按切槽宽度及其刀片形状与安装方式介绍。

1）窄槽圆盘型槽铣刀，其刀片主要基于切槽与切断车刀刀片及弹性自夹紧原理进行设计的圆盘型槽铣刀，其最小切槽厚度达1.6mm，适合切槽与切断加工，这种刀具的刀片为非标设计，弹性自夹紧的结构原理也存在差异，所需的刀片装夹扳手也是专用配套的。

图3-125所示为一款典型的窄槽圆盘型槽铣刀，平键心轴式安装型式，其刀片型式类似于前述切断车刀的双头切槽刀片，刀片为上/下V卯结构定位，弹性自夹紧方式，能承受一定的横向切削力，刀片前面设计有专用的断屑槽型，适应不同材料的加工。刀具主要几何参数有刀具直径D和厚度L以及心轴孔尺寸d_1和安装尺寸H与D_1等，心轴孔有两个键槽，一个对着一个刀齿，另一个设置在两个刀齿中间位置。

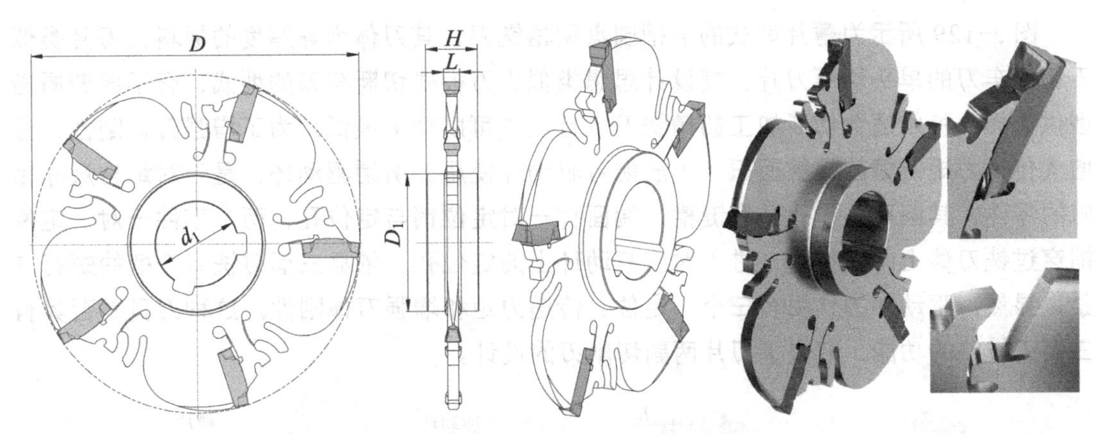

图 3-125　窄槽圆盘型槽铣刀示例 1

图 3-126 所示为端键套式型式的窄槽圆盘型槽铣刀，其与图 3-125 型式的刀具结构上的差异主要集中在刀具的安装型式上，套式结构的刀柄与面铣刀刀柄通用。套式结构圆盘槽铣刀的刀具刚性，特别是刀具整体刚性优于平键心轴结构型式，当然刀体成本增高了。

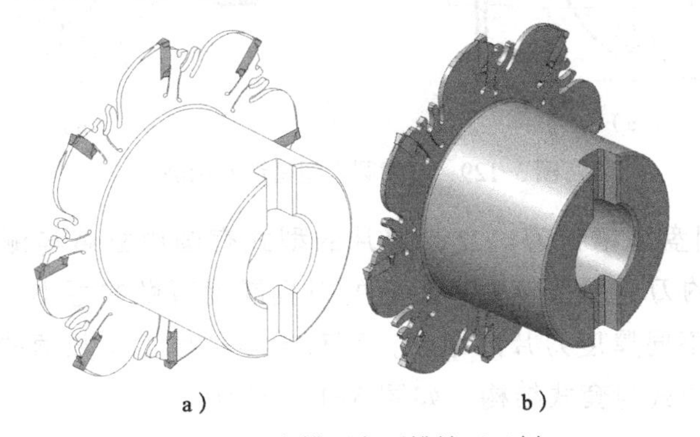

图 3-126　窄槽圆盘型槽铣刀示例 2

图 3-127 所示为单头刀片的心轴安装式窄槽圆盘型槽铣刀，其与图 3-125 的差异主要是刀片，一般而言，刀片有多种断屑槽型供用户选择，如图中的三种槽型。图 3-128 所示窄槽圆盘型槽铣刀的特点是刀片夹紧增加了螺钉锁紧功能，其夹紧力可比图 3-137 所示的弹性自夹紧方式的夹紧力更大。

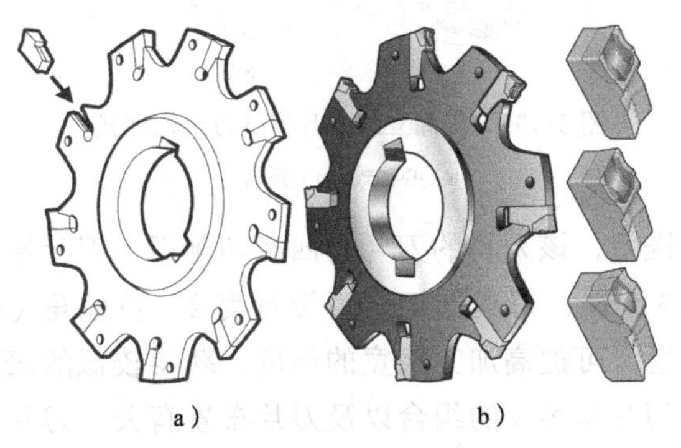

图 3-127　窄槽圆盘型槽铣刀示例 3

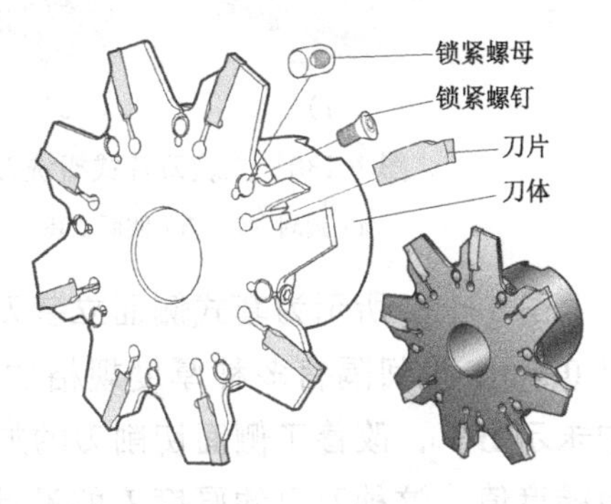

图 3-128　窄槽圆盘型槽铣刀示例 4

图 3-129 所示为薄片型式的窄槽圆盘型槽铣刀，其刀体为等厚度的板料，刀片类似于切槽车刀的单头切断刀片，其设计思想类似于刀板式切断车刀的型式，有不同断屑槽型供选择，特别适合切断加工的槽铣刀，且成本可以降至最低。为了增强刀体刚性，且增大传递力矩键槽的接触面积，一般配合驱动环使用。所谓驱动环，是一对结构尺寸相同的零件，其圆环体内孔开有键槽，端面有一对定位销与定位孔，两个零件一对，定位销穿过铣刀体上的定位孔，进入对应驱动环上的定位孔，依靠三面刃铣刀刀柄的螺钉夹紧，显然，驱动环的作用有三个，定位、传递力矩和增强刀体刚性。这种刀具是否具有三面刃铣刀的功能，取决于刀片两副切削刃的设计。

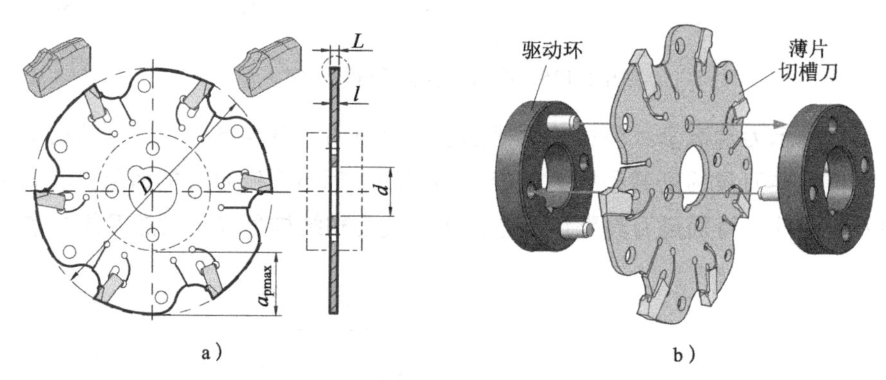

图 3-129　窄槽圆盘型槽铣刀示例 5

2）立装刀片圆盘型槽铣刀。立装刀片的型式有圆周立装与侧面立装两种，如图 3-130 所示，前者的刀具厚度较大，后者的刀具厚度可做的更小，适合宽度不大的直槽加工，通过选择不同厚度刀片的组合，可获得多种厚度参数值的槽铣刀。立装式圆盘槽铣刀同样有心轴式与套式结构，如图 3-131 所示。

图 3-130　立装刀片式槽铣刀

a）圆周立装　b）侧面立装

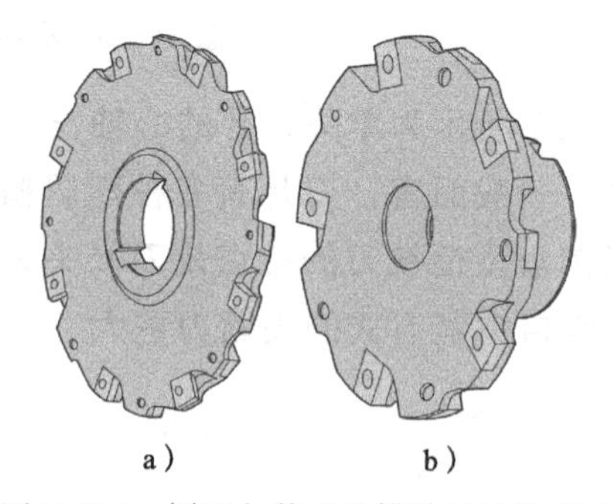

图 3-131　侧面立装刀片槽铣刀结构型式

a）心轴式　b）套式

图 3-132 所示为套式侧面立装刀片槽铣刀，该刀具的刀片有四条切削刃，刀片厚度以 0.5mm 为间隔有多种厚度规格的刀片供选择，刀具副切削刃设置有 2° 负偏角（图中未示出），改善了侧面切削刃的加工质量，可提高加工槽宽的精度，获得较低的表面粗糙度值。这种刀具的厚度 L 的设计值与刀片厚度 s 的组合以及刀片布置有关，刀片布置为左、中、右的布置型式，刀具厚度 L 可达刀片厚度 $3s$ 的 90% 左右，若想设计的厚

度 L 较小时，则刀片可采取左、右的布置型式。

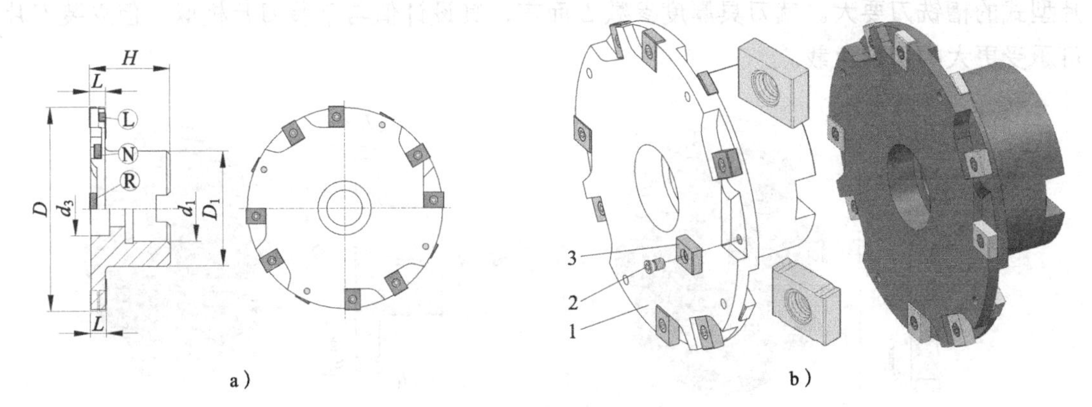

图 3-132 套式侧面立装刀片槽铣刀示例

a）工程图 b）3D 效果图

1—刀体 2—刀片螺钉 3—刀片

图 3-133 所示为 2 款心轴式的侧面立装刀片式三面刃槽铣刀示例，图 3-133a 的刀片为左、中、右布置型式，刀具厚度 L 可做的稍微大一点。而图 3-133b 的刀片为左、右布置型式，刀具厚度 L 可做的稍微小一点。另外，这两款槽铣刀的刀片螺钉固定孔不是直接做到刀盘上，而是另外做了一个螺纹衬套，这样，若刀盘螺钉固定孔的螺纹滑丝损坏，则仅需更换螺纹衬套，可延长刀盘的使用寿命。

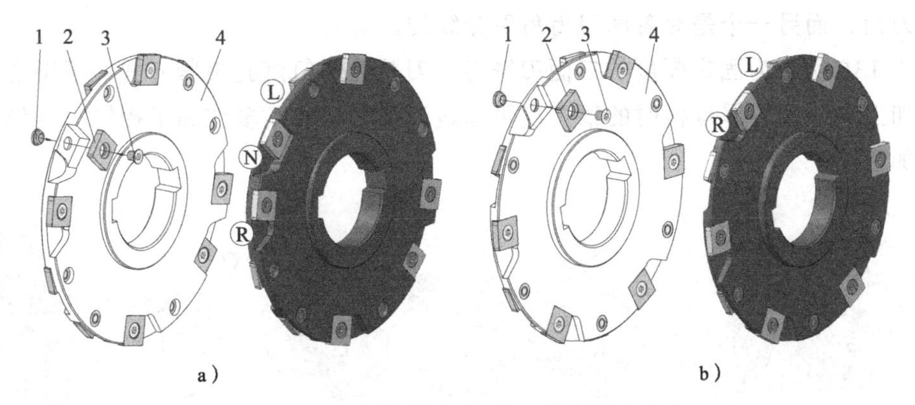

图 3-133 心轴式侧面立装刀片槽铣刀示例

a）刀片左、中、右布置 b）刀片左、右布置

1—螺纹衬套 2—刀片 3—刀片螺钉 4—刀盘

侧面立装刀片型式的槽铣刀，主要还是应用于宽度不大的矩形直槽的加工，刀具厚度 L 值可通过不同刀片的组合获得有级调整的多种规格。这种刀具一般有三条切削刃同时切削，即三面刃槽铣刀。当然，这种刀具型式，切削加工时可承受较大的横向切削力，因此可通过刀具的轴向位移，进行扩大槽宽的加工，即可以当作两面刃铣刀的加工。所以加工槽宽的精度和槽侧立面与底面的表面粗糙度均可获得较好的控制，是直槽加工不错的刀具选择方案之一。

图 3-134 所示为圆周立装刀片槽铣刀示例，显然，其刀具厚度 L 一般比侧面立装刀片型式的槽铣刀要大。就刀具厚度参数 L 而言，其设计值与平装刀片相似，但立装刀片可承受更大的切削负载。

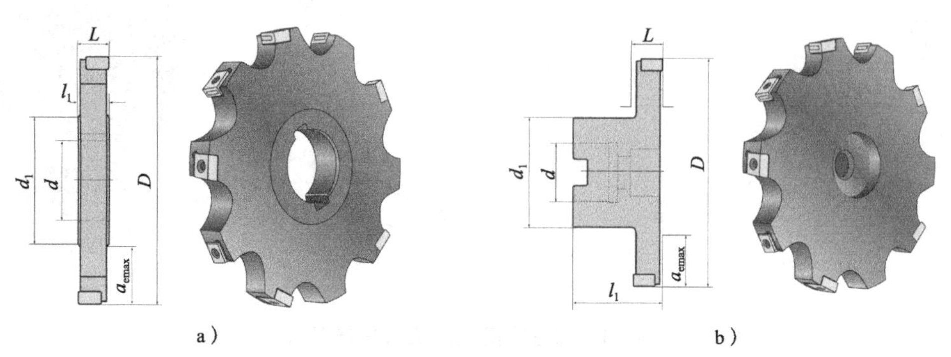

图 3-134　圆周立装刀片槽铣刀示例

a）平键心轴结构　b）端面键套式结构

3）平装刀片圆盘型槽铣刀。图 3-135 所示为其结构类型与切削方向示意图，通俗的说是套式与心轴式结构槽铣刀以及对应的三面刃（无方向 N）、两面刃（右手 R 和左手 L）槽铣刀，三面刃铣刀功能完整，应用较多。读者可仔细品味其中概念的差异，包括：套式与心轴式结构，三面刃与两面刃的差异，两面刃中的左手刀（L）与右手刀（R）区分以及各种刀具加工面的数量等概念。注意到心轴式结构内孔键槽有两个，一个是对着某一刀齿，而另一个是对着两刀齿角平分线的。

图 3-136 所示为固定厚度的三面刃铣刀，刀片为螺钉沉孔夹紧方式，平键心轴结构型式，加工大于刀具厚度槽时的槽宽度可通过刀具轴向移动多次加工控制，类似于两面刃铣刀加工。

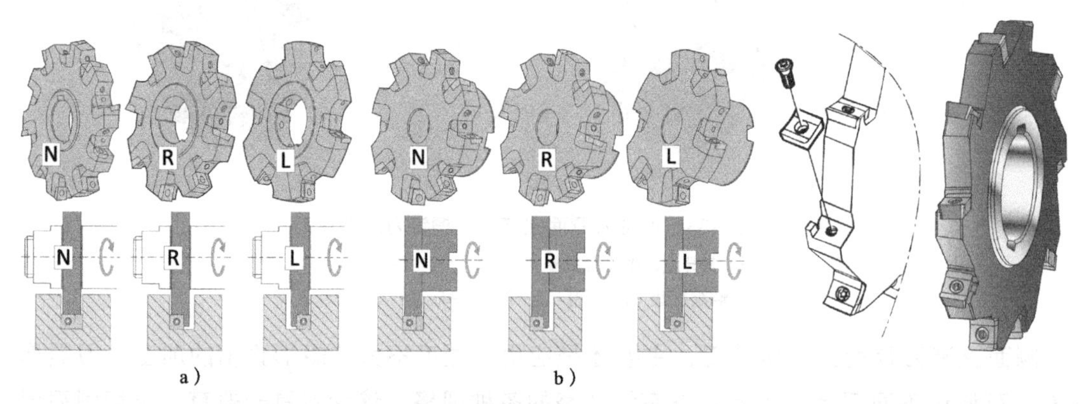

图 3-135　平装刀片圆盘型槽铣刀结构类型与切削方向示意图　图 3-136　固定厚度的三面刃铣刀示例

a）平键心轴结构　b）端面键套式结构

平装刀片厚度可调型式的圆盘型槽铣刀一般用于加工稍宽的直槽等，且多将刀片装在刀夹上，这样刀片的形状可灵活变化，而刀体是通用的，同时，刀夹可轴向移动调整刀具厚度，图 3-137 所示为其结构示意图，刀片 6 通过刀夹 7 与刀体相连，刀夹与刀体的装配连接参数是固定的，但刀夹通过刀片螺钉 5 可与不同形状的刀片固定，实际上就是刀具的刀片可有多种选择方案。刀夹与刀体有锯齿槽匹配，固定可靠且可厚度方向调整移动，刀夹通过斜楔机构夹紧。这类刀具的厚度 L 均可在一定范围内无级调节。

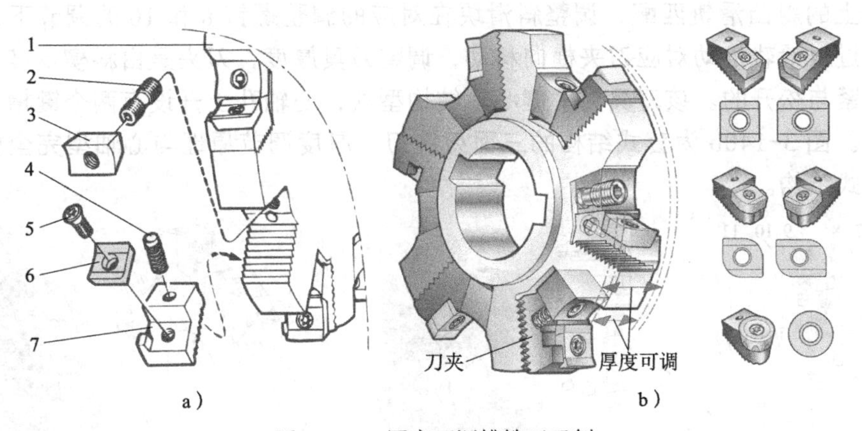

图 3-137　厚度可调槽铣刀示例

1—刀体　2—斜楔螺钉　3—斜楔　4—预紧弹簧　5—刀片螺钉　6—刀片　7—刀夹

这种三面刃铣刀通过选择合适的刀片、刀夹和刀体等可实现不同断面形状，不同切削刃数的组合，如图 3-138 所示。

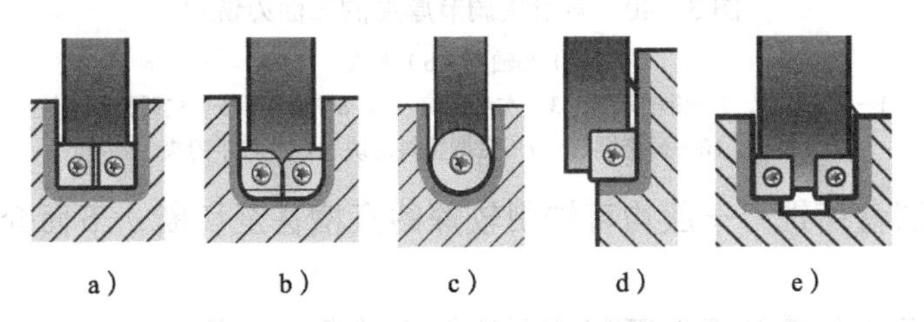

图 3-138　三面刃铣刀的功能组合

a）直角　b）圆角　c）圆弧　d）两面刃　e）不完整三面刃

图 3-137 所示的三面刃铣刀的刀夹需靠外力敲击调节，实际中还有其他调节方式，如图 3-139 所示显示了偏心螺钉调节和螺钉调节示意图。

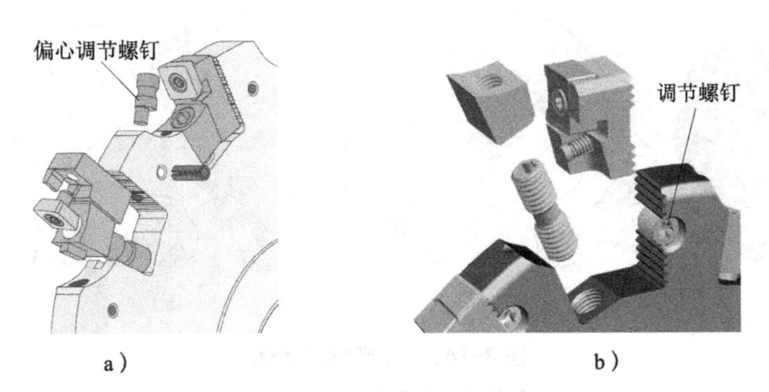

图 3-139　刀夹调节机构

a）偏心螺钉调节　b）螺钉调节

图 3-140 所示为斜滑块调节厚度的三面刃铣刀，图 3-140a 为心轴式结构，包括结

构原理、整体效果与工程图。工程图显示刀具的厚度可调（$L_{min} \sim L_{max}$），其余几何参数包括刀具直径 D、心轴孔径 d_1、刀台直径 D_1、厚度 H。切削刀片固定在刀夹上，包括左手刀夹 3 和右手刀夹 11，刀夹后面开有斜槽，与对应的左调整斜滑块 5 和右调整斜滑块 9 上的斜凸滑轨匹配，调整斜滑块在对应的调整螺钉 6 和 10 的调节下，可上下移动，通过斜滑轨推动对应刀夹横向移动，调整刀具厚度，刀夹是由斜楔及其对应的斜楔螺钉夹紧与松开的。该刀具为平键心轴结构型式，心轴孔上开设有两个键槽，其布局要求同前。图 3-140b 为套式结构的三面刃铣刀，厚度调节原理与心轴型完全相同，仅接口为套式结构。

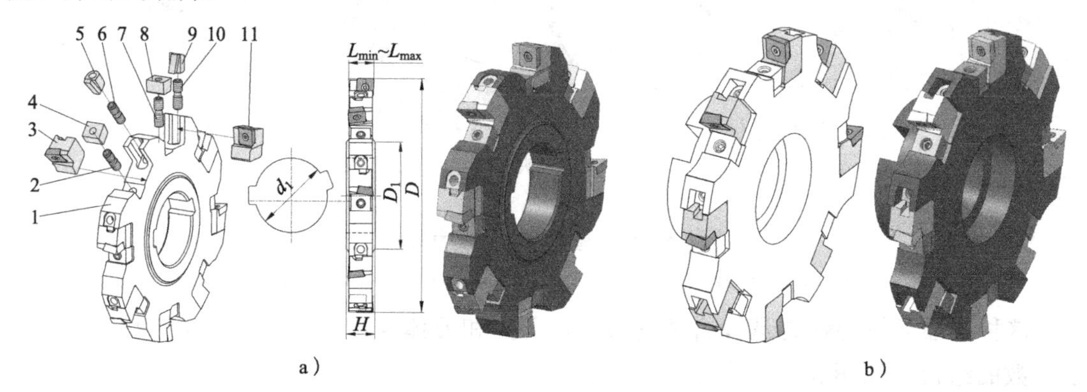

图 3-140 斜滑块调节厚度的三面刃铣刀

a）心轴型 b）套式

1—刀体 2、7—斜楔螺钉 3—左手刀夹 4、8—斜楔 5—左调整斜滑块

6、10—调整螺钉 9—右调整斜滑块 11—右手刀夹

以上典型的圆盘槽铣刀一般均可铣削较深的直槽甚至切断，下面介绍几款特殊的槽铣刀。

图 3-141 所示为浅槽铣刀，可归属于立铣刀的范畴。图 3-141a、b 的刀片均采用了车刀中应用的立装式三刃切槽刀片，仅安装接口有差异，直径大一点的一般为套式结构，而直径小一点的则采用直柄结构。图 3-141c 所示为整体式刀片中心与刀杆同轴结构，刀片有 3 齿，不存在转位使用问题，这种设计特别适用于小直径浅槽切槽加工。

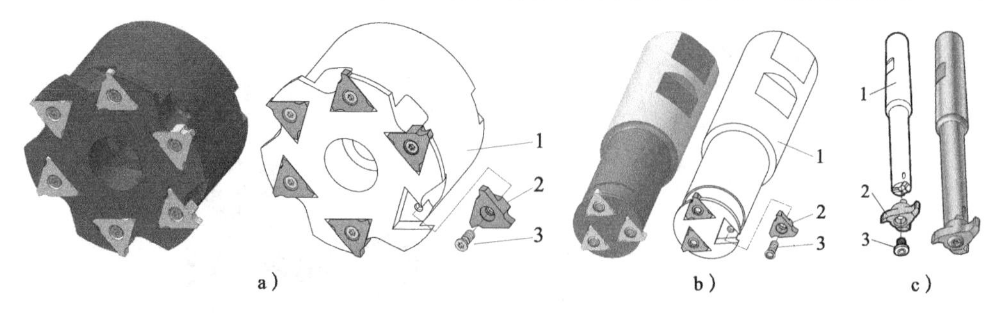

图 3-141 浅槽铣刀示例

a）套式 b）削平直柄 c）整体刀片

1—刀体（杆） 2—刀片 3—刀片螺钉

图 3-142 所示为机夹可转位 T 型槽铣刀，削边型直柄，采用刀尖角为 80° 的菱形

刀片，正前角断屑槽刀片，刀具为四刀片结构，上、下各一对构成所需的切削深度 a_p，实现梯形槽宽度的控制，刀片为螺钉沉孔固定，注意刀杆上安装刀片的容屑槽有意未贯通，以增加刀杆的强度。对于直径较小的 T 型槽铣刀，也有做成两刀片结构。

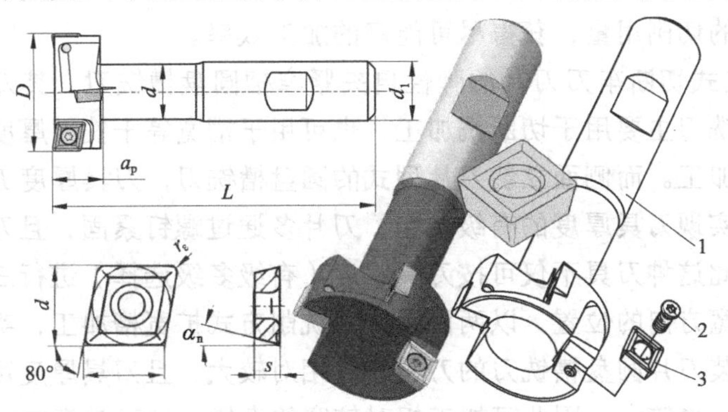

图 3-142　机夹可转位 T 型槽铣刀

1—刀体　2—刀片螺钉　3—刀片

3．圆盘型槽铣刀的安装与连接

圆盘型槽铣刀的安装接口主要有心轴式与套式两种，后者与面铣刀共用刀柄，另外一种直柄式浅槽和 T 型槽铣刀与立铣刀相同，因此，这里仅介绍心轴型圆盘槽铣刀的安装与连接——三面刃铣刀刀柄。

图 3-143 所示为心轴型式三面刃铣刀刀柄组成与安装原理，熟悉卧式铣床刀具装夹原理的读者可清楚地看出，其装夹部分的原理基本相同，仅刀柄与数控机床主轴的接口部分不同。由于各种圆盘槽铣刀的刀盘厚度 H 存在差异，因此垫圈 3 的作用与存在就显得必要了。

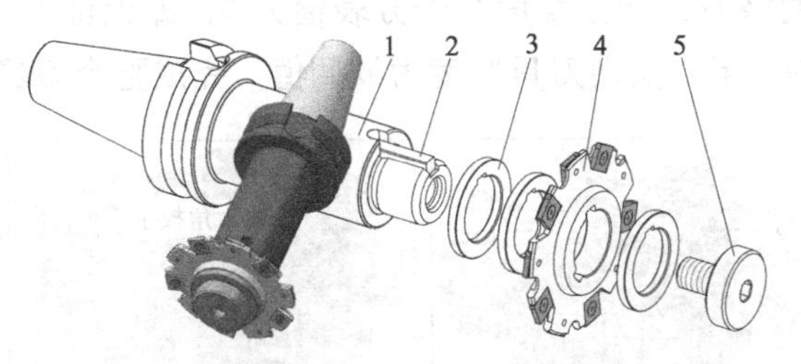

图 3-143　心轴型式三面刃铣刀刀柄组成与安装原理

1—刀柄体　2—平键　3—垫圈　4—三面刃铣刀　5—锁紧螺钉

3.4.3　圆盘型槽铣刀应用的注意事项

圆盘型槽铣刀使用时应注意以下问题：

1）整体式与机夹式槽铣刀的选择。由于整体式槽铣刀价格较低，因此，对于单件小批量以及平时槽特征加工不多的用户，选用整体式槽铣刀为主。反之，选用机夹式槽铣刀。

2）机夹式槽铣刀刀具制造商的选择。机夹式槽铣刀一般不具有通用性，因此选择刀具制造商时要考虑该刀具制造商的信誉、当地购买性等因素，确保长期应用的可能。

3）刀具型式的选择。平键心轴式圆盘槽铣刀是槽铣刀的主要选择，其性价比较高，应用方便，但需配置专用的安装刀柄。端键套式槽铣刀与面铣刀共用刀柄，且刀具刚性好，可应用较大的切削用量，获得尽可能高的加工效率。

4）基于机夹式切断车刀刀片的弹性自夹紧窄槽圆盘槽铣刀，其刀片宽度较小，因此制作的圆盘槽铣刀主要用于切断铣加工，也可用于槽宽等于铣刀厚度 L 的窄槽加工，属于定尺寸槽宽加工。而侧面立装刀片型式的圆盘槽铣刀，刀具厚度 L 可通过选择不同厚度刀片的组合实现刀具厚度的有级调整，刀片多通过螺钉紧固，且刀体可承受一定的横向作用力，因此这种刀具不仅可按刀具厚度（有级多级选择）进行三面刃铣槽加工，且可控制刀具槽宽方向的位置，以两面刃铣刀铣削方式扩宽槽加工，实现不同宽度直槽的铣削加工。平装刀片圆盘槽铣刀的刀具厚度相对较大，且刀具厚度可在一定范围内无级调节，刀体刚性也较大，因此可加工相对较宽的直槽，加工效率较高。

5）圆盘铣刀刀具厚度调整说明。前述平装刀片圆盘槽铣刀的刀具厚度 L 可调是应用的必须，各刀具制造商根据自身的刀具特点会有专门的说明，图 3-144 所示为某偏心调节式三面刃铣刀刀具厚度调节示例。

调整刀具厚度，要求在刀具预调仪或专用调整台上进行，图 3-144a 为一专用调整台。调整前先计算刀片的伸出高度，其等于刀具厚度 L（欲调值）与刀体厚度差值的一半。调整时，首先用夹紧扳手预紧刀夹第一个刀片（略压紧，但可移动），然后以刀体上表面为基准，用内六角扳手旋转偏心调节螺钉，调整刀夹带动刀片，确保刀片伸出高度等于刀具厚度与刀体厚度差值的一半，然后回转偏心螺钉脱离与刀夹的接触，再旋转夹紧扳手利用斜楔锁紧刀夹和刀片，最后将千分表调至 0 值作为参照基准，完成第一个刀片伸出高度的调整；依次调整同侧的其他刀片伸出高度至千分表值为 0，即等高即可；翻转刀具调整另一侧所有刀片的伸出高度，调整刀片伸出高度至千分表值为 0，即保证刀片伸出高度值等于刀具厚度与刀体厚度差值的一半，实现刀具厚度为欲调值，完成整个刀具厚度的调整。

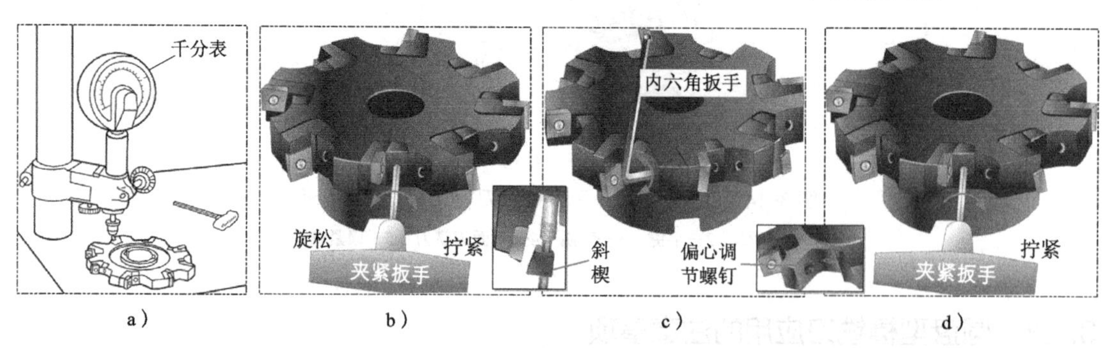

图 3-144　刀具厚度调节示例

6）心轴式圆盘槽铣刀内孔键槽的应用。前述心轴式槽铣刀结构时谈到其内孔有两个键槽，其布局规则是一个键对着一个刀齿，另一个键槽对着的是某两个刀齿角度平分线位置上，这种布局的键槽，在单刀加工时随便用哪个键槽均可，但多刀组合使用时，相邻两刀具的刀齿错开半个刀齿距布置，如图 3-145 中的刀具①③与刀具②④，可有效减小振动，提高加工质量。

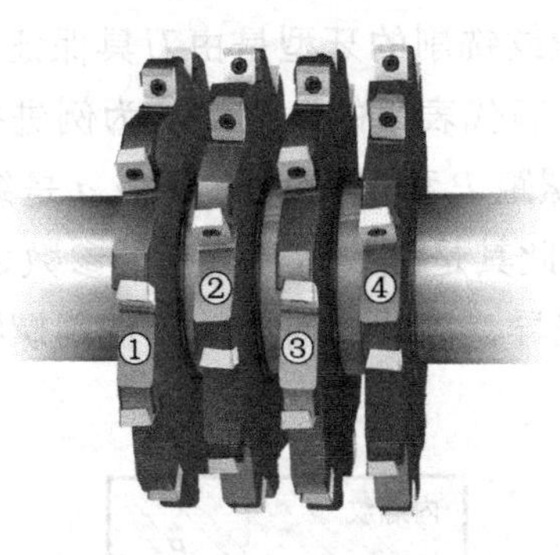

图 3-145　槽铣刀组合应用

3.5　螺纹铣削刀具的结构分析与应用

螺纹在机械工程中很常见，应用广泛。螺纹的加工工艺较多，如基于塑性变形的滚压螺纹与搓螺纹；基于切削加工的车削、铣削、攻螺纹与套丝、螺纹磨削、螺纹研磨等。

3.5.1　螺纹铣削刀具基础知识

1．概述

螺纹数控铣削是基于数控机床三轴联动，控制螺纹刀具按螺旋线运动，从而铣削出螺纹的一种加工方法。螺纹数控铣削加工仍属于成形铣削加工，其牙型断面尺寸靠刀具保证，但其不属于定尺寸刀具加工，其螺纹直径依靠数控程序控制刀具运动实现。

螺纹铣削加工具有以下优点：

1）加工效率高，加工成本低，特别在中、大尺寸螺纹加工方面效果明显。

2）加工精度高，加工直径尺寸可调，方便加工控制，且加工表面质量好。

3）加工通用性好。包括刀具通用性较好，特别是单牙螺纹铣刀，通用性不受螺距限制。工件形状不受结构、大小、内外螺纹等因素影响。

4）刀具寿命长，不存在丝锥折断取出困难的问题。

5）一把螺纹铣刀可铣削不同旋转方向、不同直径甚至不同螺距的螺纹。

6）对退刀槽没有严格的要求，甚至可以不需要退刀槽。

7）高硬度难加工材料加工时，铣削螺纹比攻螺纹加工效果更好。

8）加工中、小尺寸的螺纹效率不及攻螺纹加工高。

总之，在数控加工技术普及的今天，数控铣削加工螺纹的工艺方法将会得到更广泛的普及与应用。

2．螺纹铣削基础知识

螺纹是在圆柱或圆锥母体表面上制出的沿着螺旋线形成的具有特定截面（牙型）的

连续凸起部分。螺纹铣削加工是通过切除相邻牙型之间的材料获得。

（1）螺纹的牙型特点　螺纹铣削的牙型是由刀具保证的，而螺纹铣削的运动轨迹编程是通用的，因此，这里以具有代表性的普通螺纹为例进行介绍。图 3-146 所示为内、外螺纹的牙型及基本参数，螺距 P 和径向尺寸 D 或 d 是编程时必定用到的参数，其中螺距 P 是系列化了的参数，因此其是螺纹刀具选择的参数之一。注意到普通米制螺纹内、外螺纹的牙型顶部是有一点差异，因此，需要精确铣削螺纹牙顶的螺纹铣刀时要分内、外螺纹的。

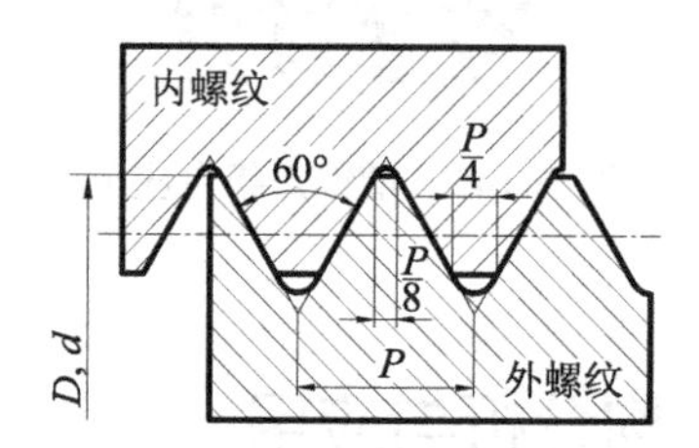

图 3-146　米制螺纹牙型特点

（2）螺纹数控铣削的基本原理　螺纹数控编程的基本指令是螺旋插补指令，其加工原理是刀具的旋转运动为主运动（相当于自转），刀具旋转的同时还绕工件的轴线做螺旋进给运动（相当于公转），进而将螺纹铣出，见表 3-13。

表 3-13　螺纹铣削加工原理

<table>
<tr><td>外螺纹铣削</td><td>n
v_f
右旋螺纹
顺时针进给，顺铣</td><td>n
v_f
左旋螺纹
逆时针进给，逆铣</td><td>n
v_f
右旋螺纹
逆时针进给，逆铣</td><td>n
v_f
左旋螺纹
顺时针进给，顺铣</td></tr>
<tr><td>内螺纹铣削</td><td>n
v_f
右旋螺纹
顺时针进给，逆铣</td><td>n
v_f
左旋螺纹
逆时针进给，顺铣</td><td>n
v_f
右旋螺纹
逆时针进给，顺铣</td><td>n
v_f
左旋螺纹
顺时针进给，逆铣</td></tr>
</table>

显然，表 3-13 中主轴的转速 n 的大小和方向都不变，通过合理的选择螺旋运动的旋向和轴向移动距离与方向即可加工出相应的螺纹。

（3）螺纹铣削的基本动作分析　基于以上介绍的螺纹铣削原理，选定合适的铣削刀具轨迹，即可得出螺纹铣削的加工方法。图 3-147 所示为右旋内螺纹铣削动作分析图，选用的刀具轨迹为逆时针进给，顺铣方式进行加工。假设已完成螺纹底孔加工，其铣削加工步骤如下。

工步 1：刀具快速定位至螺纹孔上表面安全高度，即螺纹切削的起始点。

工步 2：快速下刀至铣削起始点高度。

工步 3：横向切入至螺纹直径处。

工步 4：整圈螺纹插补铣削一圈螺纹。

工步 5：横向切出。

工步 6：快速提刀至螺纹上表面安全高度，螺纹切削的结束点。

以上为多牙螺纹铣刀螺纹铣削的方法，若是单牙螺纹铣刀，则工步 4 必须铣削多圈，直至铣出全部螺纹。另外，工步 3 和工步 5 的铣刀切入 / 切出方法还可以不同，比如先直线插补一段距离，起动刀具半径补偿，然后 1/4 螺旋圆弧切线切入铣削螺纹，1/4 螺旋圆弧切线切出后，直线插补至中心，取消刀具半径补偿。当然也可以直线切线切入 / 切出（仅适用于外螺纹铣削），这种切入 / 切出方法铣出的螺纹质量更高。

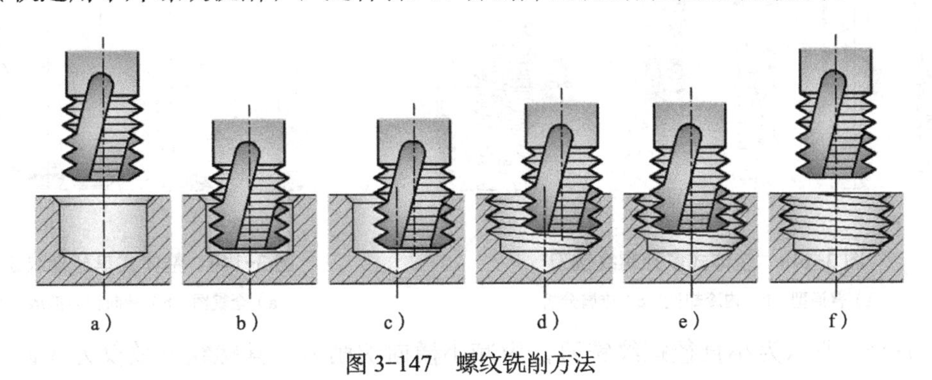

图 3-147　螺纹铣削方法

a）工步 1　b）工步 2　c）工步 3　d）工步 4　e）工步 5　f）工步 6

3.5.2　螺纹铣刀的种类与结构分析

螺纹铣刀的种类同其他刀具一样，也有不同的类型。按照结构型式不同有整体式与机夹式之分；按照铣刀上螺纹有效牙数的不同有单牙与多牙之分；按照牙型的不同有普通米制螺纹、梯形螺纹、管螺纹铣刀等；按功能不同可分为单一螺纹铣削铣刀、倒角 - 铣螺纹复合铣刀和钻孔 - 倒角 - 铣螺纹复合铣刀等。

1．整体式螺纹铣刀

整体式螺纹铣刀主要用于直径较小的内螺纹加工，其应用较多的是多牙螺纹铣刀，但也可见单牙螺纹铣刀型式。

图 3-148 所示为整体式多牙螺纹铣刀结构示意图，这种铣刀的结构似乎与丝锥相同，但实际上与丝锥完全不同，丝锥的切削牙尖（相当于刀尖）是按螺旋线分布的，而螺纹铣刀的牙尖则是在轴线法平面中按圆形分布的。图 3-148a 所示为普通型的整体螺纹铣

刀，有螺旋槽与直槽两种，螺旋槽切削性能更好，因此应用较多，而直槽型简单，也有应用。图 3-148b 所示为内冷却型螺纹铣刀，有轴向型和径向型两种，轴向型适合不通孔螺纹铣削，切削液将切屑强制反向排出，如图 3-148c 上图所示，径向型适合通孔螺纹铣削，切屑直接被切削液前向冲出，如图 3-148c 下图所示。多牙螺纹铣刀牙型的螺距是固定的，因此仅能适用于相同螺距螺纹的铣削，铣削螺纹质量较好。

图 3-149 所示为整体式单牙螺纹铣刀结构示意图，由于同时工作的刀齿数大为减少，其径向切削分力较小，多用于深孔螺纹铣削加工。单牙螺纹铣刀铣削螺纹不受螺距限制，只要牙型高度满足要求即可，但螺距精度与机床精度有关。

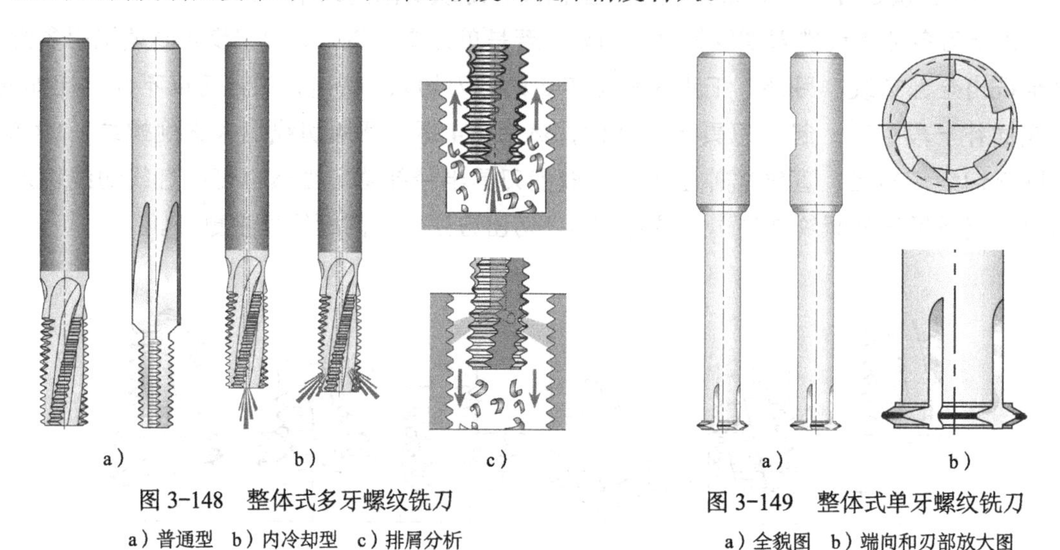

图 3-148　整体式多牙螺纹铣刀

a）普通型　b）内冷却型　c）排屑分析

图 3-149　整体式单牙螺纹铣刀

a）全貌图　b）端向和刃部放大图

图 3-150 所示为小直径螺纹铣刀，为减小横向切削力，其螺纹牙数仅为 3 齿，但仍属于多牙螺纹铣刀，这种铣刀前部细长悬伸长度可达刀具直径的 3 倍。图 3-151 所示为小直径硬材料螺纹铣刀，其牙数仅有 2 个，且前面的为粗铣切削刃，后面的为精铣切削刃，其有效牙数只能算一个，所以属于单牙螺纹铣刀。

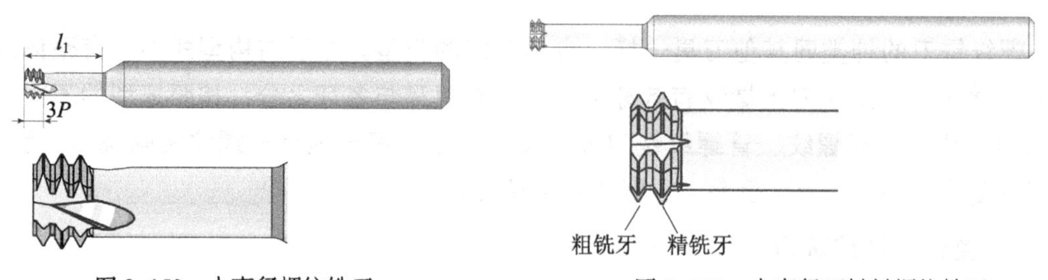

图 3-150　小直径螺纹铣刀

图 3-151　小直径硬材料螺纹铣刀

图 3-152 所示为复合了倒角功能的螺纹铣刀，其切削部分的后部复合了倒角切削刃。图 3-153 所示为倒角铣螺纹工步顺序，铣刀首先快速定位至孔中心处；第 2 步下刀，横向切入圆弧插补铣倒角，横向退回至中心；第 3 步，横向螺旋圆弧切入，螺旋插补铣削螺纹，螺旋圆弧切出完成功螺纹铣削。

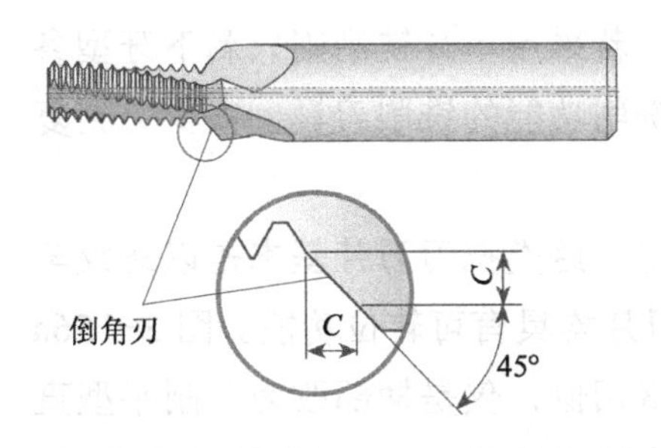

图 3-152　倒角 - 铣螺纹复合铣刀

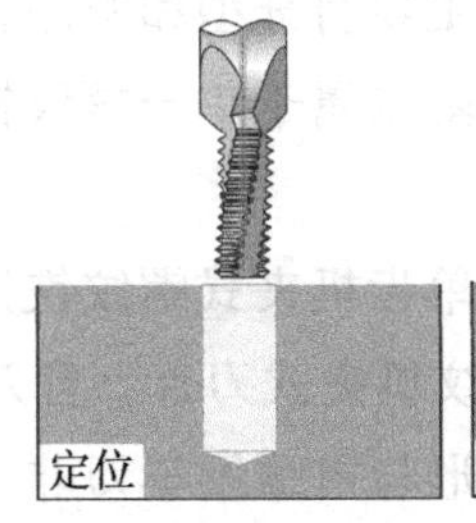

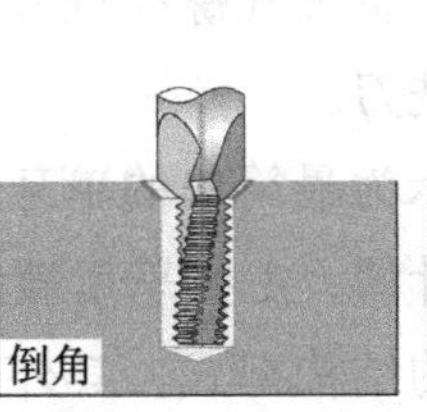

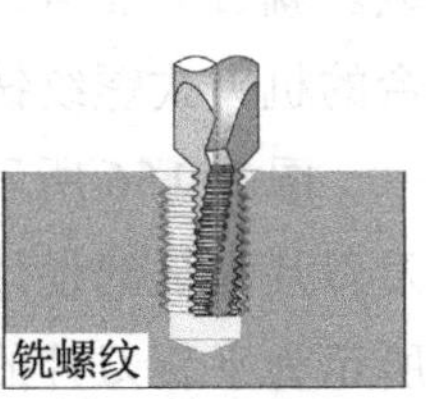

图 3-153　倒角铣螺纹复合铣削原理

图 3-154 所示为钻孔 - 倒角 - 铣螺纹复合铣刀，这种铣刀将钻孔、倒角与铣螺纹复合在一把刀具上，可对无预孔的工件一次性地完成钻孔、倒角和铣螺纹三工步加工。

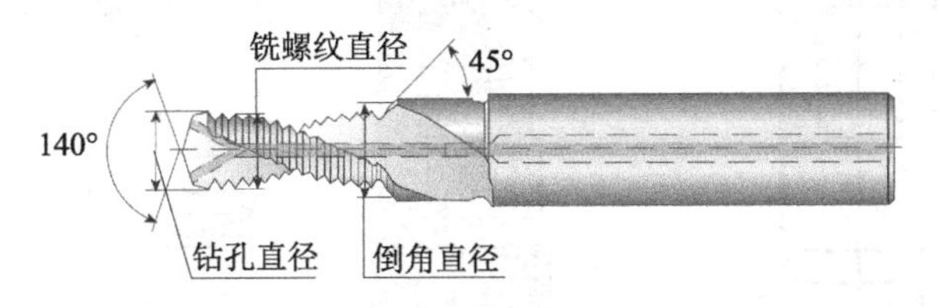

图 3-154　钻孔 - 倒角 - 铣螺纹复合铣刀

图 3-155 所示为钻孔 - 倒角 - 铣螺纹复合铣刀加工原理，第 1 步，刀具快速定位至孔中心上部安全距离处；第 2 步，进给下刀，完成钻孔与倒角加工；第 3 步，抬刀适当距离（1 ～ 2 个螺距），做好铣削螺纹准备；第 4 步，螺旋圆弧切线切入；第 5 步，螺旋插补铣螺纹；第 6 步，螺旋圆弧切线切出；第 7 步，提刀，退出，完成铣螺纹加工。

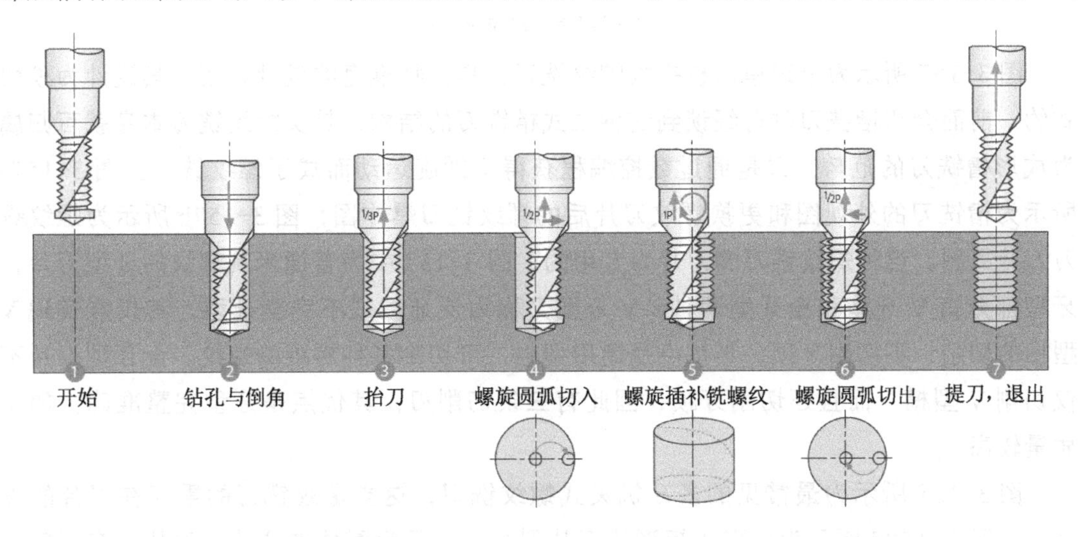

图 3-155　钻孔 - 倒角 - 铣螺纹复合铣刀加工原理示意图

2．机夹式螺纹铣刀

螺纹牙型的铣削属成形铣削，机夹式螺纹铣刀必须通过合适的刀片实现成形铣削。

螺纹铣削加工时与刀具相关的参数主要有牙型和螺距，若采用单牙铣削则只剩下牙型参数。就目前而言，机夹式螺纹铣刀基本属于单一螺纹铣削功能的铣削刀具，很少见到复合的机夹式螺纹铣刀。

图 3-156 所示为最简单的单牙单齿机夹式螺纹铣刀，这类铣刀刀片基本是以螺纹车刀刀片为基础设计的，主要采用螺纹机夹式刀片，且刀片均具有可转位功能。图 3-156a 所示为平装刀片的结构型式，其外形与内螺纹车刀非常相似，仅是柄部改为了削平型直柄结构。图 3-156b 所示为基于立装刀片浅槽铣刀型式的螺纹铣刀，右上图为刀片的型式，右下图为刀片安装示意图。这种型式的螺纹铣刀由于结构简单，生产的厂商较多。

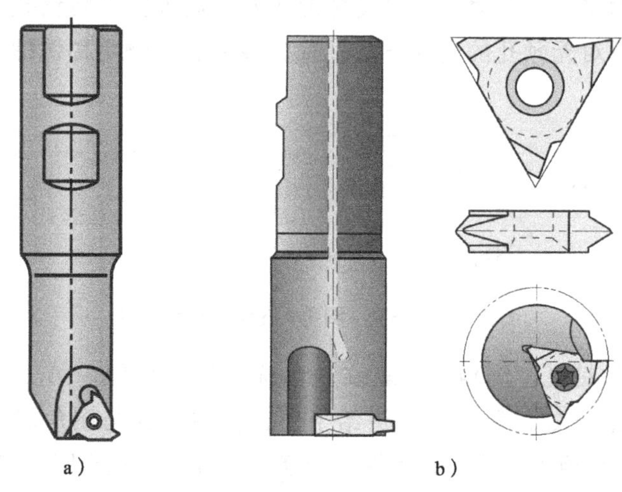

图 3-156　单牙单齿机夹式螺纹铣刀

a）平装刀片　b）立装刀片

图 3-157 所示为单牙单齿机夹式螺纹铣刀，是山特维克的设计方案，其设计为模块式的，前面介绍槽铣刀时曾经谈到这种立式槽铣刀的结构，其实螺纹铣刀本身就可归属为成形槽铣刀的范畴，只是通过数控编程获得了螺旋运动而成了螺纹铣刀。图 3-157a 所示为槽铣刀的外观图和更换螺纹刀片后的螺纹铣刀爆炸图；图 3-157b 所示为螺纹铣刀刀片简图。这种螺纹铣刀的刀片为专用的，图 3-157 中为普通米制螺纹的牙型刀片，牙型部分有 V 牙型和全牙型两种，V 牙型又称为泛牙型或不完全牙型，其仅能实现 V 型槽的切削，不切削牙顶，其优点是通用型强，可切削多种螺距的螺纹。全牙型刀片不仅切削 V 型槽，而且还切削牙顶，因此有三条切削刃，其优点是牙型完整准确，加工质量较高。

图 3-158 所示为最常见的多牙机夹式螺纹铣刀，这类螺纹铣刀的重点在刀片的设计上，图 3-158d 所示为外形为矩形的刀片型式，左图为圆柱螺纹铣削刀片，有两条有效切削刃，可转位使用，右图为圆锥螺纹的铣削刀片，仅有一条有效切削刃，因此不可转位。刀具的型式有削边直柄和套式等型式，刀齿有单齿和多齿等（即单刀片和多刀片）。

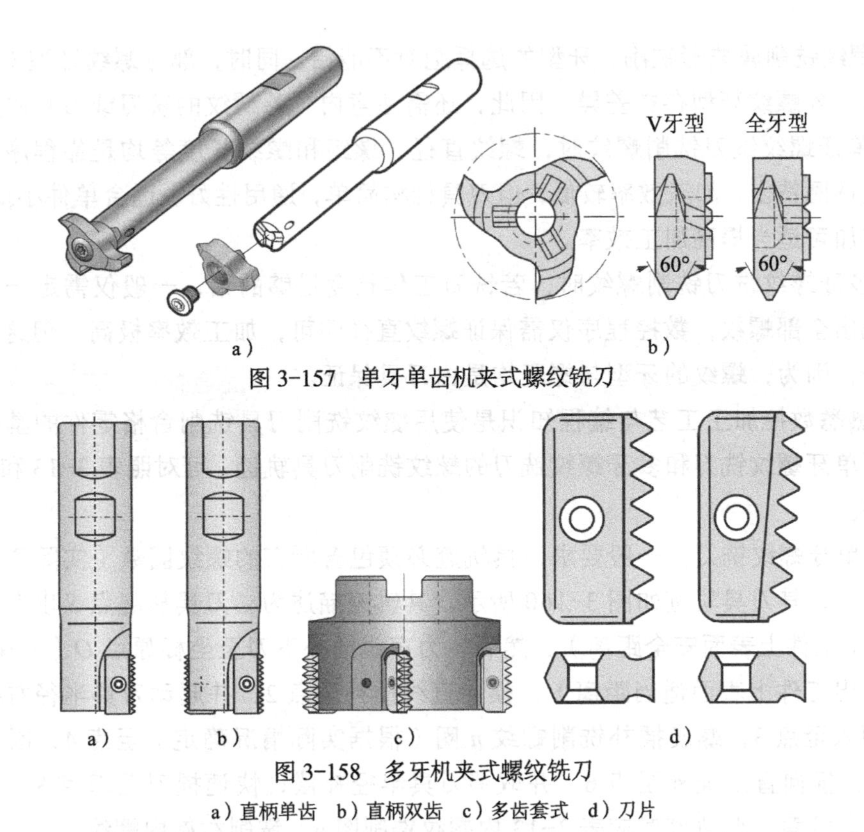

图 3-157　单牙单齿机夹式螺纹铣刀

图 3-158　多牙机夹式螺纹铣刀

a）直柄单齿　b）直柄双齿　c）多齿套式　d）刀片

多牙螺纹铣刀的结构差异主要集中在刀片的型式与刀片的布置上，图 3-159 所示为多牙机夹式螺纹铣刀。

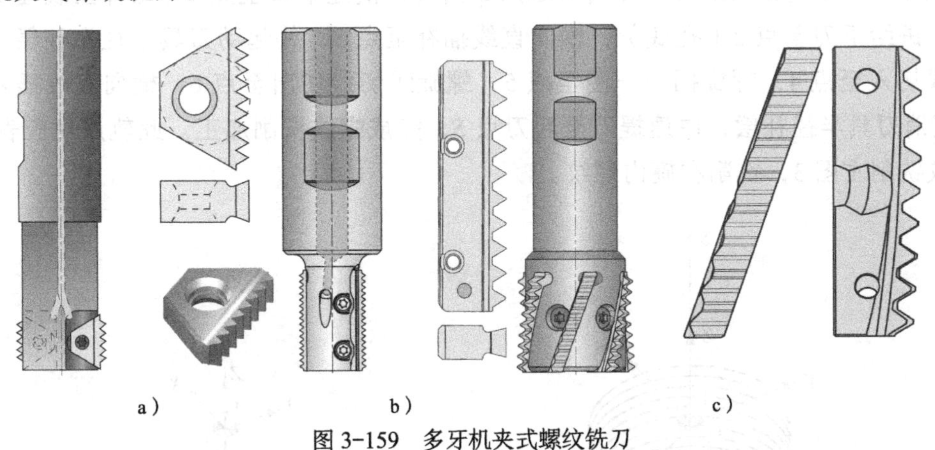

图 3-159　多牙机夹式螺纹铣刀

a）梯形刀片直槽　b）长条形刀片直槽　c）长条形螺旋槽

机夹式螺纹铣刀的型式较多，各厂的刀具会各有特点，具体以厂家产品样本为准。

3.5.3　螺纹铣刀应用的注意事项

使用螺纹铣刀必须熟悉数控加工与编程知识，选择时的注意事项如下：

1）螺纹铣削属成形铣削，牙型的选择绝对不能错。同时，部分螺纹牙型（如米制螺纹）的内、外螺纹牙型存在差异，因此，还需注意内、外螺纹的铣刀或刀片的选择。

2）单牙螺纹铣刀铣削螺纹时，螺纹直径、螺距和螺纹长度等均是靠程序保证，且其螺纹是逐圈铣出，加工效率较低，但刀具结构简单，通用性好，适合单件小批量生产。齿数的增加可适当提高加工效率。

3）多牙螺纹铣刀铣削螺纹时，若铣刀工作长度足够的话，一般仅需走一整圈螺旋线即可铣出全部螺纹，数控程序仅需保证螺纹直径即可，加工效率极高，但这种刀具的通用性差，因为，螺纹的牙型与螺距均是由刀具保证。

4）熟悉数控加工工艺与编程知识是使用螺纹铣削刀具铣削合格零件的基础。下面详细介绍单牙螺纹铣刀和多牙螺纹铣刀的螺纹铣削刀具轨迹，可对照表 3-13 和图 3-147 进行理解。

对于单牙螺纹铣刀，一般要求刀具轨迹必须包含所有的螺纹圈数（实际还需加上空走的圈数），其刀具轨迹如图 3-160 所示。其轨迹描述为：刀具从起点 S 出发，快速下刀至点 1（工件上表面安全距离），然后转为直线插补下刀至坐标原点 O（为保险起见，原点应高出工件上表面适当距离），横向直线插补至点 2，并起动刀具半径右补偿，圆弧切线切入至点 3，螺旋插补铣削螺纹 n 圈（根据实际情况确定）至点 4，圆弧切线切出至点 5，横向直线插补至点 6，并取消刀具半径补偿，快速提刀至起点 S，完成螺纹铣削加工。注意，此轨迹对应表 3-13 内螺纹铣削图 a，铣削右旋内螺纹。

对于多牙螺纹铣刀，刀具一般仅需铣削一圈即可完成螺纹铣削，其刀具轨迹如图 3-161 所示。其轨迹描述为：刀具从起点 S 出发，快速下刀至点 1（工件上表面安全距离），进给下刀至点 2（孔底），横向直线插补至点 3，并起动刀具半径左补偿，螺旋线切线切入至点 4，螺旋插补一圈至点 5，螺旋线切线切出至点 6，横向直线插补至点 7 并取消刀具半径补偿，快速提刀至起刀点 S，完成螺纹铣削加工。此轨迹对应表 3-13 内螺纹铣削左图 3，铣削右旋内螺纹。

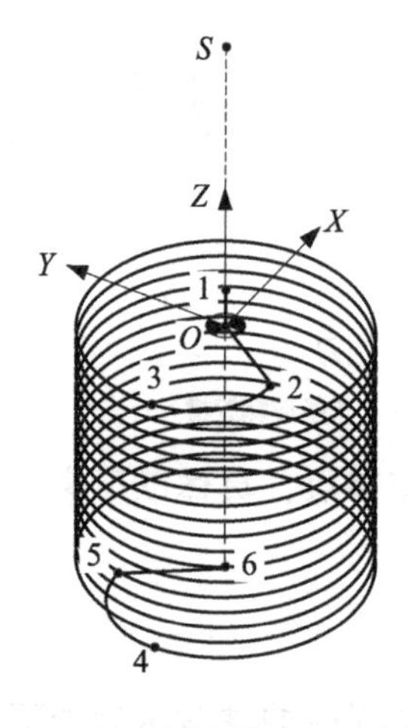

图 3-160　单牙螺纹铣刀刀具轨迹

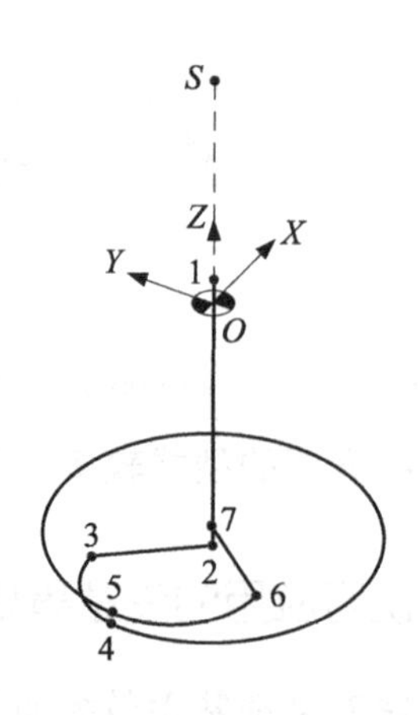

图 3-161　多牙螺纹铣刀刀具轨迹

以上轨迹中有几个关键点。首先，刀具半径补偿功能的应用是控制螺纹直径精度的必须；其次，多牙铣刀螺纹铣削时刀具的切入与切出必须是螺旋线，确保切点处两线相切，否则，接点处的加工质量不是很好，当然，对于单牙螺纹刀具铣削，用平面圆弧切入切出即可，因为这两个接点几乎都在有效螺纹之外；第三，多牙螺纹铣削时，若铣刀有效牙型长度小于待铣削螺纹长度，则需轴向适当距离再增加螺纹铣削次数。

关于刀具切入切出问题，以上圆弧（或螺旋线）切入是经典的编程方法，但编程稍微复杂，实际中还可以采取径向直接切入切出或直线切线切入切出（仅限于外螺纹铣削）的方法。

5）螺旋插补铣削螺纹时，螺旋插补指令中的进给速度指的是刀具中心的移动速度，千万不能用螺纹的直径进行计算，否则可能出现较大的误差，这在小直径内螺纹铣削时尤其要注意换算。

6）螺纹铣削与其他立铣刀使用时类似，刀具的悬伸长度尽可能短，否则刀具的完全变形都可能对螺纹的加工精度产生较大的影响。

第4章

数控孔加工刀具的结构分析与应用

4.1 孔的几何特征分析及其加工刀具

机械中的孔多指圆柱形内表面的几何特征，其几何构造可认为是素线绕轴线旋转的回转面，基本的孔特征是等径光孔，主要几何参数为直径与长度。实际中的孔均属于基本孔的同胚变换与组合。如通孔、不通孔、阶梯孔，等径直孔与锥孔，光孔与螺纹孔，孔窝、沉孔、孔倒角。这些同胚变化可以是直素线，角度与多段组合的变化，也可以是素线形状的变化（如螺纹孔）。从孔的几何构造看，实际中的孔也可以看成是直孔和锥孔及其组合的变化。

从机械设计的角度看，孔不仅要考虑基本几何参数值，还需考虑其参数值的精度（特别是孔的直径公差等级）与表面粗糙度。

从孔的加工方法来看，孔径值及其公差等级和表面粗糙度是确定孔加工方法选择的主要因素，同时，孔的绝对值和孔的长径比对加工方法的选择影响也是很大的，另外，孔的切入和切出面角度、形状、几何质量、所加工孔是否与其他孔相交等也是孔加工应考虑的因素。

孔常见的切削加工方法有定尺寸刀具加工与轨迹铣削加工法，后一种加工方法一般多为数控车削或铣削的方式实现。定尺寸刀具常见的加工方法有钻、扩、铰、镗、锪、攻螺纹等，高质量的孔加工方法还有内圆磨、珩磨、研磨，滚压等。本章重点介绍钻、扩、铰、镗、锪、攻螺纹等加工方法所用的加工刀具，其对应的刀具主要有钻头（麻花钻和机夹可转位钻头等），铰刀（主要为机用铰刀，包括机夹式铰刀），镗刀（粗镗和精镗镗刀等）和丝锥等。

光孔加工是机械制造中常见的加工方法，孔常见的加工方案见表 4-1。

数控加工的高效、自动化特点，对孔加工刀具提出了多于传统加工刀具的要求，使得数控孔加工刀具有其特定的要求，如刀具材料尽可能寿命长，刀具结构可能的话尽量采用机夹可转位式，孔加工冷却是否考虑内冷却方式，刀柄部分要考虑与数控机床刀柄和主轴的联系等。

表 4-1　孔常见的加工方案（长径比 < 5）

孔的精度	加工条件	
	在实体上加工孔	预先制作出孔底
H13 ～ H12	一次钻孔	扩孔或粗镗孔
H11	孔径≤ 10mm，一次钻孔 孔径 >10 ～ 30mm，钻孔—扩孔 孔径 >30 ～ 80mm，钻孔—扩孔或钻孔—扩孔—镗孔	孔径≤ 80mm，粗扩—精扩或粗镗—精镗，或根据余量一次扩孔或镗孔 孔径 >80mm，铣孔
H10 ～ H9	孔径≤ 10mm，钻孔—铰孔 孔径 >10 ～ 30mm，钻孔—扩孔—铰孔 孔径 >30 ～ 80mm，钻孔—扩孔—镗孔	孔径≤ 80mm，粗镗孔—精镗孔 孔径 >80mm，粗铣孔—精铣孔或粗铣孔—精铣孔
H8 ～ H7	孔径≤ 10mm，钻孔—扩孔—铰孔 孔径 >10 ～ 30mm，扩孔—粗铰—精铰 孔径 >30 ～ 80mm，钻孔—扩孔—粗镗—精镗	孔径≤ 80mm，粗镗孔—半精镗孔—精镗孔
孔位置精度要求高时	钻孔窝→钻孔→孔的后续加工	粗镗孔→半精镗孔→精镗孔
螺纹孔	钻螺纹底孔→倒角→攻螺纹	镗螺纹底孔→铣螺纹（孔径较大时）

4.2　整体式钻孔加工刀具的结构分析与应用

钻孔加工是指在实体材料上加工孔的工艺方法，主要为钻孔与扩孔加工工艺，另外，为配合特定工艺的需要，还派生有钻定心孔窝、钻中心孔、钻阶梯孔、钻螺纹底孔等。各种钻孔工艺方法一般具有对应的加工刀具。中、小尺寸的孔多采用整体式结构的孔加工刀具。

图 4-1a 所示为基本的钻孔工艺，毛坯为实体材料，常见的为钻通孔与不通孔，最常见的刀具是麻花钻头；图 4-1b 所示为扩孔工艺，其是对前期所钻孔的进一步扩大，对应的刀具称为扩孔钻。

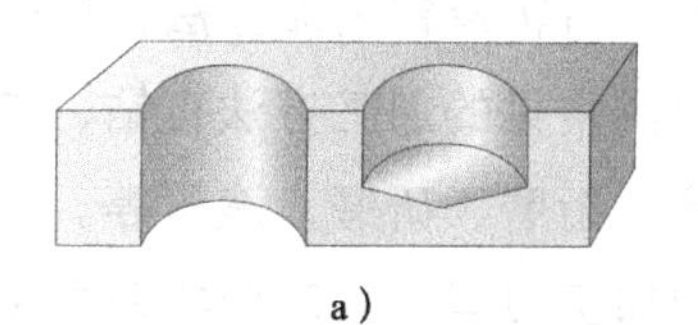
a）

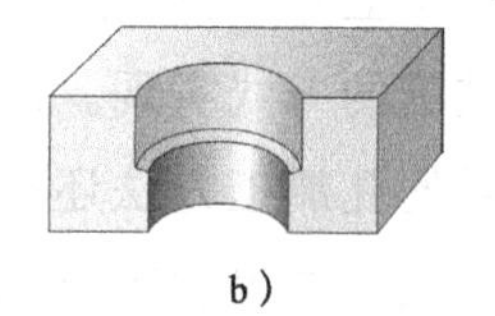
b）

图 4-1　钻孔与扩孔

a）钻（通、不通）孔　b）扩孔

图 4-2 所示为钻孔工艺的拓展，图 4-2a 所示为钻定位孔窝工艺，其主要用于位置度要求较高的孔钻孔前的预定位，其对应的刀具称为定心钻头，有多种锥角供选择。图 4-2b 所示为钻阶梯孔工艺，阶梯转折面有锥面和平面等，所对应的刀具称为阶梯钻头。图 4-2c 为钻中心孔工艺，图中从左至右分别为不带护锥、带护锥与弧形（R 型）型式，中心孔主要用于车削加工的辅助支撑定位孔，数控钻孔加工中也常见中心孔替代定心钻

用于定位孔窝加工示例。图 4-2d 所示为钻螺纹底孔工艺，螺纹底孔除了孔径必须与相应规格的螺纹匹配外，一般孔口要倒角，其加工工艺可以用专用的攻螺纹前钻孔用阶梯麻花钻头（类似于阶梯钻）一次性加工外，还可以选用直径匹配的通用麻花钻先钻孔后倒角的工艺。另外，锪钻也属于钻孔工艺。

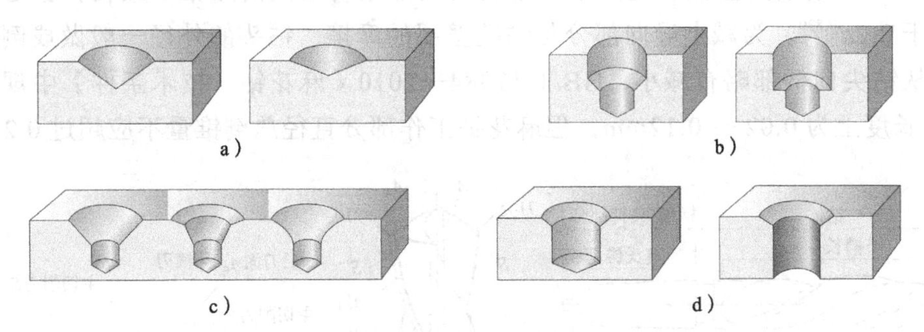

图 4-2　钻孔工艺拓展

a）钻定位孔窝　b）钻阶梯孔　c）钻中心孔　d）钻螺纹底孔

4.2.1　整体式钻孔刀具基础知识

1．普通麻花钻结构分析

钻孔刀具俗称为钻头，中小尺寸的钻孔刀具多采用整体式结构，麻花钻是其中应用广泛的典型刀具结构之一，各种结构型式的刀具在切削原理上与其有太多相似之处，现代数控加工刀具基本也是在其结构基础上的发展变化。

（1）麻花钻的结构组成与分析　普通麻花钻是传统机械制造广泛应用的钻孔加工主流刀具产品，也称为标准麻花钻，简称麻花钻。钻头材料以高速钢 W6Mo5Cr4V2 或 W18Cr4V 为主。为提高麻花钻的性能，也有采用高硬度的新型高速钢材料。为降低刀具成本，钻体上的螺旋槽多采用热轧工艺成形，并配合后续的精加工等。由于其价格低廉，市场购买性好，在数控加工中仍然大量使用。图 4-3 所示为普通麻花钻的结构组成，其可分为钻体（工作部分）和柄部（夹持部分），钻体部分开设有两条螺旋形的容屑槽，钻体前部通过刃磨后面自然形成钻尖（切削部分），圆柱部分为副后面，为减小摩擦，刃磨有第 2 副后面，保留有较窄的副后面（刃带），其副后角为 0°，起到钻削导向作用，麻花钻工作部分结构分析如图 4-4 所示。柄部为钻头与机床的联系部分，并传递力矩和进给力。小直径钻头常做成圆柱柄，大直径钻头多做成带扁尾莫氏锥柄，另外还有削平型、斜削平型和尾部带榫形扁尾的圆柱直柄等。不同的柄部必须选用相应的刀柄夹持。空刀（又称为颈部）属钻体部分，是钻体与柄部的过渡部分，也可不设置，这时颈部的结构显得不甚明显。关于麻花钻结构及各部分名称可参阅 GB/T 20954—2007《金属切削刀具　麻花钻术语》。

图 4-4 中，其前面 A_γ 由两条螺旋槽构成，后面 A_α 常见的为可重磨的两个圆锥面。副后面为圆柱面，为减小与钻孔侧壁的摩擦，其设计为两部分，第 1 副后面 $A'_{\alpha1}$ 实质上

是一条宽度 b'_{α} 较小的副后角 α'_{f} 为零的刃带。麻花钻的主切削刃 S 和副切削刃 S' 各有两条，刀尖自然也有两个。与其他刀具不同的是，麻花钻有一条两个主后面相交的横刃，以及中间部分连接两切削刃的钻芯，钻芯厚度（又称为钻芯圆）是一个假想的圆，直径约为 0.15 倍钻头直径，是一个从钻尖向柄部略有增大的顺锥形结构，钻芯直径一般不小于 $0.2d^{0.830}$。为减小导向部分与钻孔壁部的摩擦，钻头的外径一般做成倒锥形结构，即从钻尖向柄部略有减小，GB/T 17984—2010《麻花钻　技术条件》中规定：每 100mm 长度上为 0.02 ～ 0.12mm，但麻花钻工作部分直径总倒锥量不应超过 0.25mm。

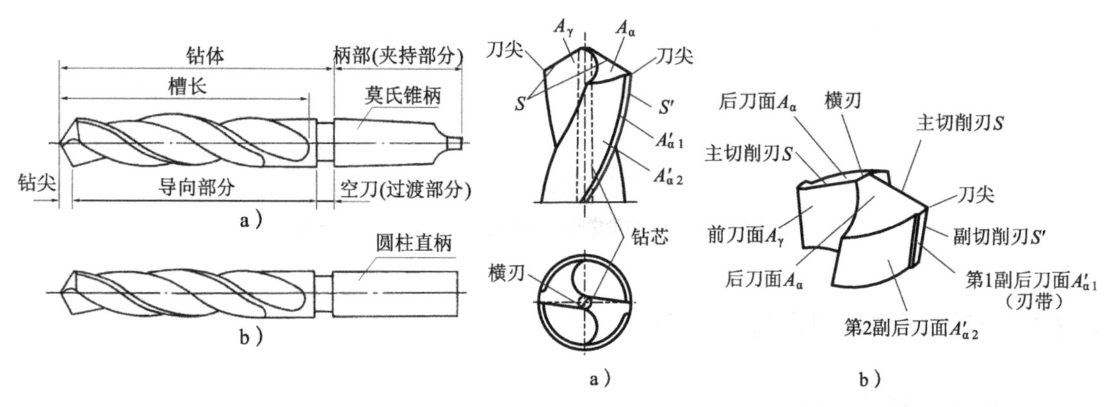

图 4-3　普通麻花钻的结构组成

a）莫氏锥柄麻花钻　b）直柄麻花钻

图 4-4　麻花钻工作部分结构分析

a）2D 视图　b）3D 视图

（2）麻花钻的几何参数分析　图 4-5 所示为麻花钻的两个主要基准面——基面 P_{r} 和切削平面 P_{s} 示意图，图中示出的是主切削刃上 A 点的基面 P_{rA} 和切削平面 P_{sA}，注意到基面是包含钻头轴线的平面，麻花钻主切削刃上各点的基面和切削平面的位置是变化的。

图 4-6 所示为麻花钻的螺旋角，顶角 2ϕ 是两个主切削刃在基面上投影的夹角，普通麻花钻顶角 $2\phi\approx116°\sim118°$，增大顶角可减小轴向进给力，提高孔加工精度，故现代的硬质合金材料麻花钻多取顶角 $2\phi=140°$ 左右。

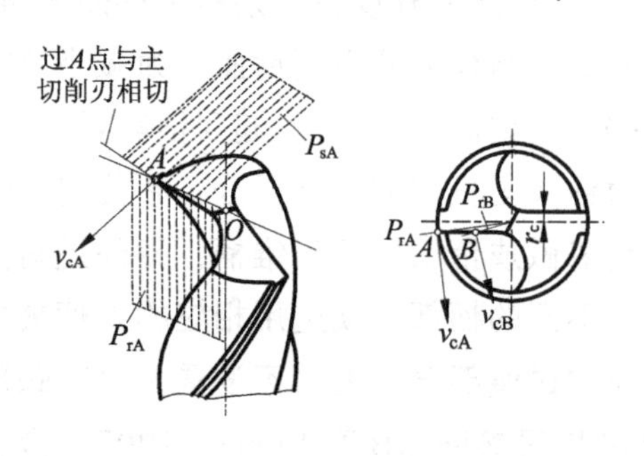

图 4-5　麻花钻的基面和切削平面

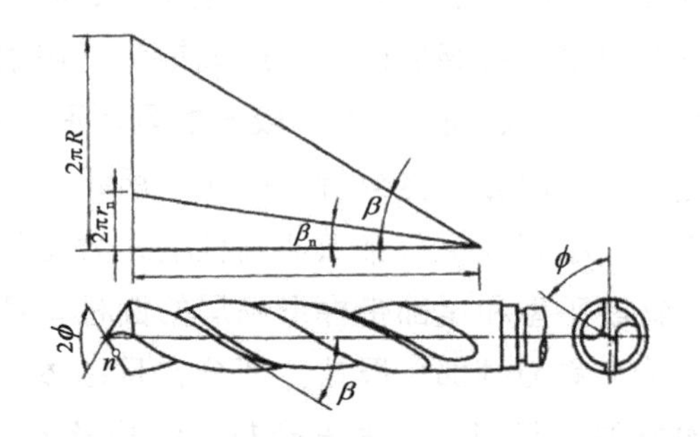

图 4-6　麻花钻的螺旋角

螺旋角 β 是钻头外圆柱面上螺旋线的切线与轴线的夹角，图 4-6 为螺旋线展开图，螺旋角的计算式为

$$\tan\beta=\frac{2\pi R}{P_h} \quad 和 \quad \tan\beta_n=\frac{2\pi r_n}{P_h}=\frac{r_n}{R}\tan\beta$$

式中　R——钻头半径（mm）；

P_h——螺旋导程（mm）；

r_n——主切削刃上任意点 n 的半径（mm）。

由图 4-6 及其计算式可见，主切削刃上各点的螺旋角 β 是不同的，直径越小，螺旋角越小。注意到螺旋角实际上是进给前角 γ_{f_o} 螺旋角大则钻头锋利，但切削刃强度低，散热差，容易磨损。标准麻花钻的螺旋角，直径在 ϕ9mm 以下的 β=19° ～ 30°，直径 ϕ9 ～ ϕ100mm 的麻花钻 β=30° 或更大，直径越大螺旋角越大。螺旋角的大小直接影响主切削刃的形状，标准麻花钻在顶角 2ϕ=118° 时主切削刃近似直线，当顶角 2ϕ >118° 时，两主切削刃向后刀片方向内凹，反之，则向前面方向外凸。

图 4-7 所示为麻花钻的几何角度。

刃倾角 λ_s 和端面刃倾角 λ_t。由于麻花钻的主切削刃不通过轴线，必然存在刃倾角 λ_s。刃倾角 λ_s 是切削平面中度量的主切削刃 S 与基面 P_r 的夹角，由于主切削刃上各点的基面 P_{rn} 是变化的，因此主切削刃上各点刃倾角 λ_{sn} 也是变化的，图 4-7 所示向视图 P_s 显示的是主切削刃最外缘处的刃倾角 λ_s，注意到麻花钻的刃倾角是负值。端面刃倾角 λ_{tn} 是在垂直于钻头轴线平面（端面）中度量的刃倾角，其是主切削刃 S 与基面 P_r 在端面中投影的夹角，主切削刃上任意点 n 的端面刃倾角为 λ_{tn}。

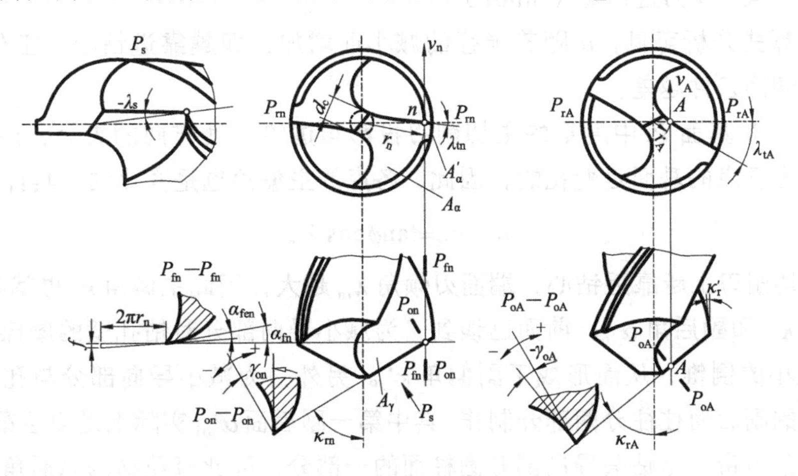

图 4-7　麻花钻的几何角度

前角 γ_o，是在正交平面 P_o 内度量的前面 A_γ 与基面 P_r 之间的夹角。主切削刃上任意点 n 处的前角 γ_{on} 计算式为

$$\tan\gamma_{on}=\frac{\tan\beta_n}{\sin\kappa_{rn}}+\tan\lambda_{tn}\cos\kappa_{rn}$$

式中　β_n——主切削刃上任意点 n 的螺旋角；

κ_{rn}——主切削刃上任意点 n 的主偏角；

λ_{tn}——主切削刃上任意点 n 的端面刃倾角。

分析计算式可见，主切削刃上的前角变化很大，从外缘到钻心，由于 β 逐渐减小，前角逐渐减小，其变化范围为 $-30°\sim30°$，转折点大约在 1/3 钻头直径处，因此各点的切削性能相差很大。

后角 α_f，基于麻花钻的主运动为旋转运动，其后角一般用假定工作平面内的侧后角 α_f 描述，能较好地描述钻头后面与加工表面的摩擦关系，其实质是过任意点 n 的圆柱面切平面内的后角，测量时以千分表抵住切削刃 n 点后面，然后使钻头转动一小角度 $\Delta\theta$，依千分表读数值的变化量 Δh 就可以近似得出后角 α_f 的值，即

$$\tan\alpha_{fn}=\frac{\Delta h}{\Delta\theta\cdot r_n}$$

由计算式可见，越靠近钻心，后角越大。若考虑到钻头的轴向进给运动，则工作侧后角 α_{fen} 的计算式为

$$\alpha_{fen}=\alpha_{fn}-\mu$$

式中 α_{fn}——主切削刃上任意点 n 的侧后角；

μ——主切削刃上任意点 n 的合成切削速度角，即主运动方向与合成运动方向之间的夹角。也是钻削时螺旋运动的升角，其计算式为 $\mu=\arctan(f/2\pi r_n)$，其中 f 为进给量（mm/r）。

以上计算式分析可见，μ 随着半径的减小而增加，即越靠近钻心，工作侧后角 α_{fe} 减小越多，切削条件越差。

主偏角 κ_r 是基面 P_r 中度量的主切削刃投影与进给运动方向的夹角，注意到图 4-7 中主切削刃上各点的基面是变化的，因此，各点的主偏角也是变化的，其计算式为

$$\tan\kappa_{rn}=\tan\phi\cos\lambda_{tn}$$

由于主切削刃上越靠近钻心，端面刃倾角 λ_{tn} 越大，因此主偏角 κ_r 也就越小。

副偏角 κ'_r 和副后角 α'_o。前面已谈到，为减小导向部分对钻孔壁的摩擦，钻头的外径做出了微小的倒锥，从而形成了副偏角 κ'_r。另外，为减小导向部分与孔壁的摩擦，普通麻花钻的副后面往往分两部分制作，其中第一副后面 α'_{o1} 实际上是刃磨第二后面 α'_{o2} 后留下的一条刃带，是钻头导向部分圆柱面的一部分，因此麻花钻的副后角实际上是等于零的，即 $\alpha'_o=\alpha'_{o1}=0$。

麻花钻还有一个特殊的必须引起注意的几何结构——横刃 S_ψ，如图 4-8 所示。横刃是两个主后面的相交线构成的切削刃，b_ψ 是横刃长度，在端面投影上，横刃与主切削刃 S 之间的夹角称为横刃斜角 ψ（其补角称为横刃角，图中未示出），标准麻花钻的横刃斜角 $\psi=50°\sim55°$，横刃斜角越小，则后角越大，横刃长度 b_ψ 越长，横刃的长度与钻芯圆直径成正比。横刃最大的问题是一个大的负前角，普通麻花钻的 $\gamma_{o\psi}=-60°\sim-54°$，横刃后角 $\alpha_{o\psi}\approx90°-|\gamma_{o\psi}|$，如此大的负前角切削，造成钻削过程中的切削变形实际上是一个

极大的挤压变形，产生极大的轴向抗力，约占总进给力的 1/2 以上，标准麻花钻为减小轴向切削抗力，一般钻芯圆直径均不大。由于横刃的切削条件极差，对加工孔的尺寸精度影响也大，因此，修磨横刃是普通麻花钻用户以及数控刀具厂商非常注重的问题。

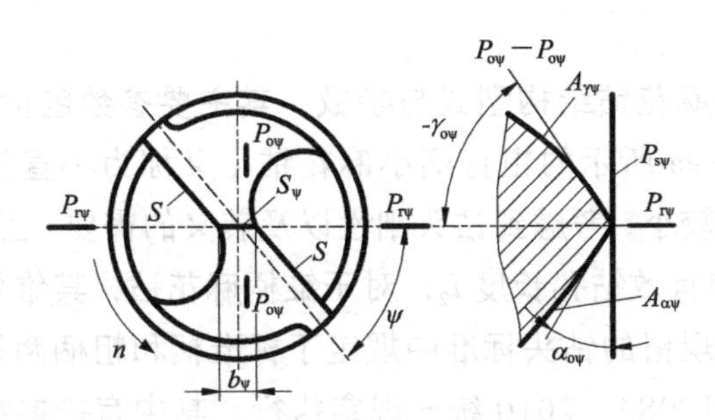

图 4-8　麻花钻的横刃角度

S_ψ、S—横刃、主切削刃　$P_{r\psi}$、$P_{s\psi}$—横刃基面与切削平面　$A_{\gamma\psi}$、$A_{\alpha\psi}$—横刃前面与后面

$\gamma_{o\psi}$、$\alpha_{o\psi}$—横刃前角（负值）与后角　b_ψ—横刃长度　ψ—横刃斜角

（3）普通麻花钻的缺点分析　基于以上分析，可以看出标准麻花钻存在以下不足，这些不足之处，正是钻头结构型式与性能改进的着重点。

1）主切削刃较长，且各点的前角、刃倾角、切削速度和方向各不相同，相差较大，造成各点的切屑流出方向不同，互相牵制不利于切屑的卷曲，并有侧向挤压使切屑产生附加变形，不利切屑的卷曲。

2）切削性能差，前角变化较大，且会出现负前角切削，切削条件极差。横刃处极大的负前角切削，产生很大的进给力。同时较长的横刃影响钻头的定心效果，造成钻孔质量的下降。在钻通孔时，当横刃切出材料瞬间进给力突然下降，引起切削振动，甚至折断钻头。因此，钻通的瞬间建议减小进给量。

3）主切削刃较长，切削宽度较大，且各点切屑流出速度和方向相差很大，不利于切屑的卷曲和排出，处理不当易造成切屑堵塞。同时切屑沿螺旋槽流出，影响切削液进入加工区。

4）刀尖磨损快。麻花钻的刀尖是主、副切削刃的交点（见图 4-4），该点切削速度最大，副后角为零，同时刀具楔角小，其结果是摩擦大，切削热高，散热条件差，造成刀尖极易磨损。

5）两条刃磨不对称的切削刃钻出孔的尺寸精度不高。

另外，普通麻花钻外冷却方式，钻尖切削加工时冷却效果较差，除非不断提刀。

传统制造中使用的普通麻花钻，多由使用者通过不同的刃磨改进切削性能，参考文献 [18] 是一本经典的普通麻花钻切削性能刃磨改进的图书，可参考。

2．与麻花钻相关的国家标准分析

前述关于麻花钻术语的 GB/T 20954—2007 是认识与准确表述麻花钻的基础。本节介绍部分与标准麻花钻结构及其参数相关的国家标准，国内市场上大部分的普通麻花钻基本遵循国家标准生产，这也是为什么普通麻花钻也称为标准麻花钻的原因之一。

1）常见直柄麻花钻类 GB/T 6135.1 ～ 6135.4—2008、锥柄麻花钻类 GB/T 1438.1 ～ 1438.4—2008 和麻花钻技术条件 GB/T 17984—2010 规范了国内市场上普通麻花钻的生产。

图 4-9 所示为标准麻花钻结构型式与参数，其主要参数包括钻头直径 d、总长 l 和沟槽长度 l_1。对于图 4-9a 所示的粗直柄小麻花钻（又称为小直径或微径麻花钻），由于钻尖与导向部分直径较小，考虑到钻头刚性以及装夹的需要，工作部分长度尽可能短，因此还有柄部直径 d_1 和有效钻孔长度 l_2；对于锥柄麻花钻，其锥柄部分还有锥柄部分的莫氏圆锥号参数。同一规格的钻头标准中规定了标准柄和粗柄两种莫氏锥柄号规格，其他方面的参数由 GB/T 17984—2010 统一规定执行，其中有些参数允许制造厂自定或供需双方协议制造，如螺旋角等。国家标准规定的标准麻花钻材料一般为 W6Mo5Cr4V2 或其他同等性能的普通高速钢或高性能高速钢制造。实际上，从性价比的角度看，在数控加工中，整体硬质合金材料的钻头优于高速钢材料的钻头，同时，图 4-9b 所示的直柄麻花钻的圆柱直柄直径与钻体部分直径相等。在传统制造中，钻夹头装夹是没有问题，但在自动化连续的数控加工中，其夹紧的可靠性不高。莫氏锥柄多用于直径稍大的钻头，而数控加工一般不用较大直径的麻花钻，且莫氏锥柄的装夹可靠性与轴向精度也不高，导致数控加工锥柄麻花钻用得不多。细心的读者还可以发现，较多标准麻花钻不适应数控加工的问题，如刀具材料、钻头是否重磨等，由此可见，国家标准的相关规定有些是落后于市场发展的需要。

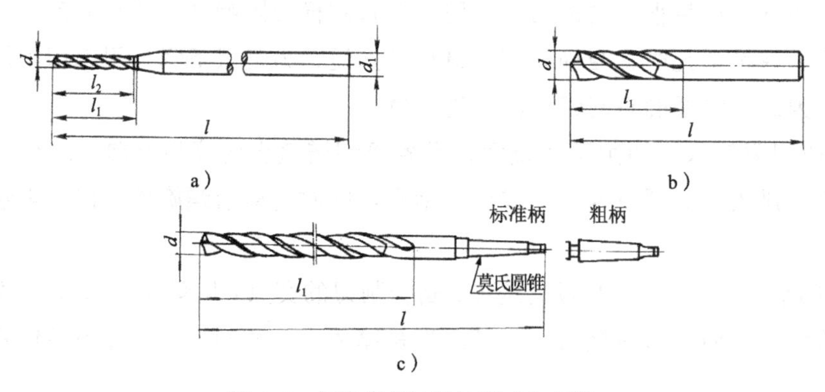

图 4-9　标准麻花钻结构型式与参数

a）粗直柄小麻花钻　b）直柄（长、超长）麻花钻　c）锥柄（长、超长）麻花钻

标准麻花钻的直径 d 系列增量规律分析。钻头直径 d 的增量规律与直径参数系列是用户感兴趣的信息，标准中给出了相关规定，以指导生产和使用。如 GB/T 6135.1—2008 规定了粗直柄小麻花钻的直径 d 系列范围为 0.10 ～ 0.35mm，直径增量 0.01（公差），共 26 个规格数；GB/T 6135.2—2008 规定了直柄短麻花钻的直径 d 范围在 0.50 ～ 13.80mm 之间的钻头直径有 0.50、0.80、1.00、1.20、1.50、1.80、…、13.00、13.20、13.50、13.8 等共 54 种直径规格数。同理，直径范围在 14.00 ～ 31.75mm 之

间的钻头直径有 14.00、14.25、14.50、14.75、…、31.00、31.25、31.5、31.75 共 72 种直径规格数。直柄麻花钻直径在 0.20 ～ 0.98mm 之间有 31 个规格，直径在 1.00 ～ 2.95mm 之间有 40 个规格，直径在 3.00 ～ 13.90mm 之间有 110 个规格，直径在 14.00 ～ 15.75mm 之间有 8 个规格，直径在 16.00 ～ 20.00mm 之间有 9 个规格等。关于标准麻花钻的钻头直径系列详细参数可参阅相关国家标准或参考文献 [1]。

2）扩孔钻的国家标准。GB/T 4256—2004《直柄和莫氏锥柄扩孔钻》、GB/T 4257—2004《扩孔钻 技术条件》等。整体式扩孔钻在数控加工中应用不多，更多的是用机夹式钻孔刀具加工。

3）阶梯麻花钻的国家标准。阶梯麻花钻类似于复合钻头，主要用于攻螺纹前底孔加工，钻孔的同时能完成孔口倒角加工。GB/T 6138.1—2007 规定了 M3 ～ M14 普通螺纹攻螺纹前钻孔用直柄阶梯麻花钻的型式与尺寸，其中直柄钻有圆柱直柄和带扁尾直柄两种型式。GB/T 6138.2—2007 规定了 M8 ～ M30 普通螺纹攻螺纹前钻孔用莫氏锥柄阶梯麻花钻的型式与尺寸。直柄 / 锥柄阶梯麻花钻的型式与参数如图 4-10 所示。参数有钻孔直径 d_1、锪孔直径 d_2、总长度 l、沟槽长度 l_1、钻孔长度 l_2 和锪孔锥角 ϕ 等，锥柄钻多一个锥柄莫氏锥度号。关于普通螺纹攻螺纹前钻孔直径，GB/T 20330—2006《攻丝前钻孔用麻花钻直径》规定了钻螺纹底孔的麻花钻直径，包括普通螺纹（粗牙和细牙系列）、寸制螺纹（UNC 和 UNF）以及管螺纹等。

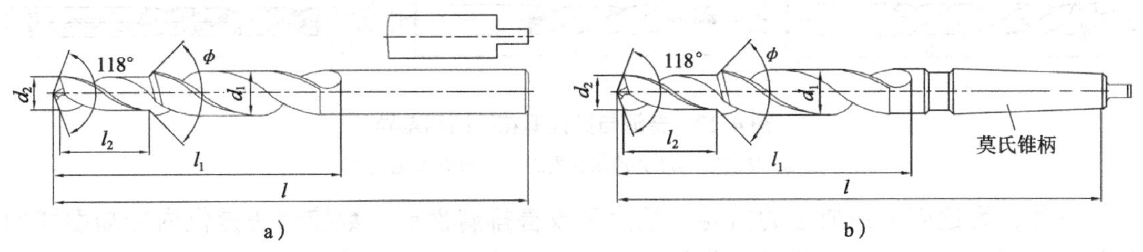

图 4-10　直柄 / 锥柄阶梯麻花钻的型式与参数

a）直柄　b）锥柄

4）定心钻的国家标准。GB/T 17112—1997《定心钻》规定了顶角为 90° 和 120° 顶角的高速钢和硬质合金定心钻的尺寸和技术要求，定心钻结构型式与尺寸如图 4-11 所示。

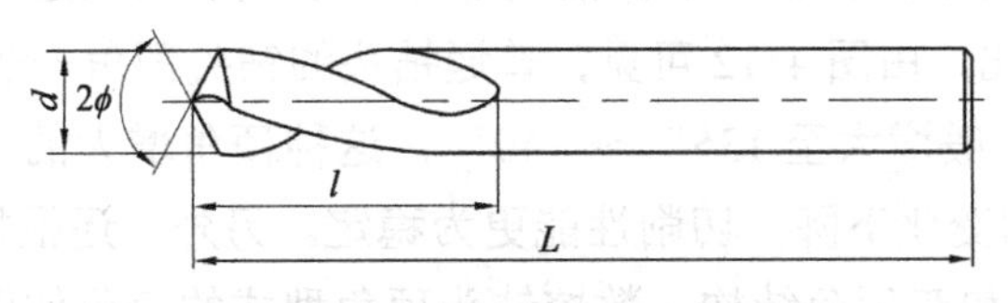

图 4-11　定心钻结构型式与尺寸

另外，在实际生产中，常常用中心钻代替定心钻进行点钻加工，GB/T 6078—2016《中心钻》规定了加工 GB/T 145—2001《中心孔》中规定的 A 型、B 型、R 型中心孔钻削刀具及其中心钻的技术条件。

4.2.2 常用整体式数控钻孔刀具结构分析与应用

1．数控加工整体式钻孔刀具结构分析

与传统的高速钢普通麻花钻头相比，数控钻头以专业化生产的型式呈现给用户，对钻头的刀具材料与涂层、几何参数、刀具结构、冷却方式和专业应用等进行改进与固化，以适应数控加工刀具对钻头的要求。整体式钻头是中小尺寸钻头（ϕ20mm 以下）常见的孔加工刀具。

（1）刀具材料与涂层技术　数控加工整体麻花钻的刀具材料基本上以硬质合金为主，专业化生产，提供常见的碳素钢、铸铁、不锈钢、有色金属、耐热合金、高硬度钢等多种材料及牌号的硬质合金钻头。并且，大部分专业厂还提供 TiN（氮化钛）、TiAlN（氮铝化钛）甚至金刚石等多种涂层钻头，极大地提高了切削速度和刀具寿命等性能。

（2）钻头总体结构的改进　为适应数控加工装夹的需要，数控钻头的夹持部分必须考虑数控刀柄装夹的需要，因此数控加工整体式钻头的夹持柄直径与长度要独立设计，明显的差异是圆柱直柄为主流，圆柄直径与钻体直径不同等特点，普通与数控麻花钻结构差异如图 4-12 所示，大部分情况下 $d_1 \neq d$。

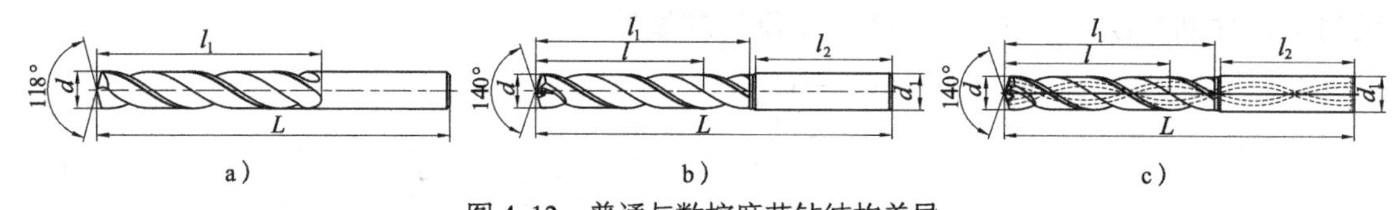

图 4-12　普通与数控麻花钻结构差异

a）普通钻　b）外冷却数控钻　c）内冷却数控钻

另外，为适应高速加工的需要，且为了改善排屑性能，数控钻头提供内冷却型式的钻头，如图 4-12c 所示，当然，数控机床要有内冷却功能。钻孔加工时，切屑沿螺旋槽流出，传统的外冷却方式，切削液很难进入切削区域，使钻头寿命缩短，内冷式钻头切削液直接进入钻尖加工区，极大地改善了冷却效果，同时，切削液沿螺旋槽流出，又大大改善了排屑性能，非常适合数控加工自动化的需要，可见，内冷结构设计实现了冷却与排屑的双赢。

（3）钻尖修磨　数控加工麻花钻在钻尖部分做了较多的改进设计。

1）钻尖顶角的变化，由图 4-12 可见，普通钻头的钻尖顶角一般为 116° ～ 118° ，而通用的数控刀具顶角一般增大至 135° ～ 140° ，这种顶角增大的结果，使得主切削刃全长上切削前角与后角的变化下降，切削性能更为稳定。另外，还根据特殊需要设计出平底（相当于 180° 顶角）和双顶角结构，数控钻头顶角型式的变化如图 4-13 所示。图 4-13a 所示为 140° 单顶角钻，注意主偏角 κ_r 等于顶角 2ϕ 的一半。这种顶角配合前面与横刃修磨可获得较好的切削性能，因此应用广泛；图 4-13b 所示为平底钻，可认为是 180° 顶角，配合前面与横刃修磨，刀尖略倒角加强刀尖强度，是其具有两刃平底铣刀的功能，可用于平底孔一次性加工、斜面或曲面上钻孔等；图 4-13c 所示为双顶角结构（又称为蜡烛型或

烛台型），中心顶角 $2\phi_1$ 较小，可起到定心的效果，外侧顶角可根据需要设计，若顶角 2ϕ 小于 180°，则以钻孔为主，若以主偏角 κ_r 表述，即 $\kappa_r<90°$，则钻孔性能好，若 κ_r 接近 90°，则钻通孔时，钻通出口处的毛刺较小，若用在复合材料加工时孔的加工质量较好，若 $\kappa_r>90°$（如增加至 100°），则在薄板加工时的孔加工精度较好。

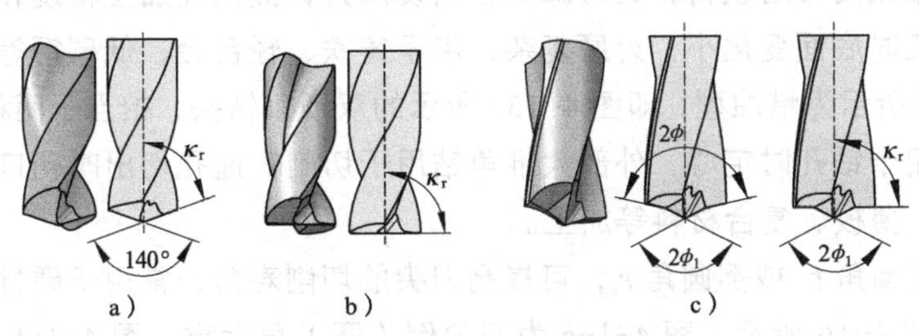

图 4-13　数控钻头顶角型式的变化

a）单顶角钻　b）平底钻　c）双顶角钻

2）横刃修磨。麻花钻的横刃是普通麻花钻的致命弱点之一，在普通钻头使用时，技术比较好的钳工师傅均较好地掌握了横刃的修磨技术，修磨横刃后的普通麻花钻，切削性能会优于新购买的钻头。数控麻花钻将横刃修磨技术专业化研究并基于专用磨刀机刃磨，使刃口修磨专业一致。当然，由于横刃修磨技术专业性较强，没有标准约束，因此，各刀具制造商钻头的横刃修磨部位、形状等略有差异，具体以刀具制造商的结构型式为主。图 4-14 所示为某刀具制造商列举的数控钻头横刃修磨示意图，图 4-14a 所示为 X 型，修磨大幅降低轴向切削抗力，切入性提高，钻心直径大时有效，用于一般加工或深孔加工等；图 4-14b 所示为 XR 型，修磨切入性比 X 型稍差，但切削刃强度高，工件材料适用范围广，使用寿命长，可用于一般加工或不锈钢钻孔；图 4-14c 所示为 S 型，横刃修磨容易，一般用得较多，特别是普通麻花钻传统加工中常常手工修磨的型式，数控刀具均专业刃磨，可用于钢、铸铁及有色金属的一般加工；图 4-14d 所示为 N 型，横刃修磨钻心直径较大时有效。

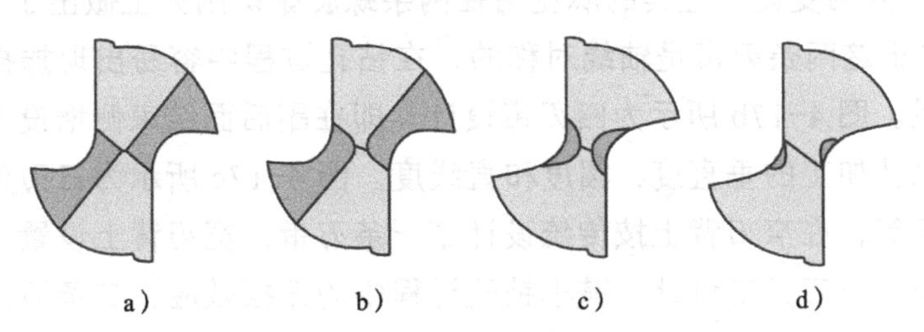

图 4-14　数控钻头横刃修磨示意图

a）X 型　b）XR 型　c）S 型　d）N 型

3）后面刃磨型式，后面刃磨与切削刃形状如图 4-15 所示。图 4-15a 所示为圆锥后面，其从外周向中心的后角逐渐增大，锥顶角与容屑槽螺旋角控制得当，切削刃为直线，适合软、硬材料的加工，应用广泛。图 4-15b 所示为两平面后面，刃磨方便，且切入性能良好，常用于小直径钻头。图 4-15c 所示为三平面后面，其中第三个后面与横刃刃磨合并一起刃磨，因此，基本无横刃（横刃很短），钻孔定心度好，所钻孔直径精度高，但刃磨稍复杂，用于孔加工精度高的钻头。图 4-15d 所示为螺旋面后面，是在圆锥面磨削的基础上形成非常规螺旋，可增大钻头中心附近的后角，横刃为 S 型，钻孔定心和孔加工精度较好，但刃磨复杂，用于高精度孔加工钻头。图 4-15e 所示为凸圆弧切削刃，其是通过减小锥顶角刃磨获得，其可减少轴向切削力，提高孔加工精度和降低表面粗糙度值，通孔加工时底面变化小，刃磨复杂，用于铸铁、轻合金、低碳钢等易切削材料的加工。图 4-15f 所示为蜡烛型，即图 4-13c 所示的双顶角钻头，相当于两种钻头的组合，中部小锥角钻用于钻孔时定心，外部大锥角钻用于切削，通孔切出时孔口质量较好，用于软金属材料、薄板、复合材料等加工。

第四是刀尖倒角 b_ε 或倒圆角 r_ε，可提高刀尖的切削寿命，常用于硬材料与难加工材料的钻头，如图 4-16 所示，图 4-16a 为刀尖倒（圆）角示意，图 4-16b 为某品牌难加工材料钻头实例，注意其还进行了横刃与前面修磨。

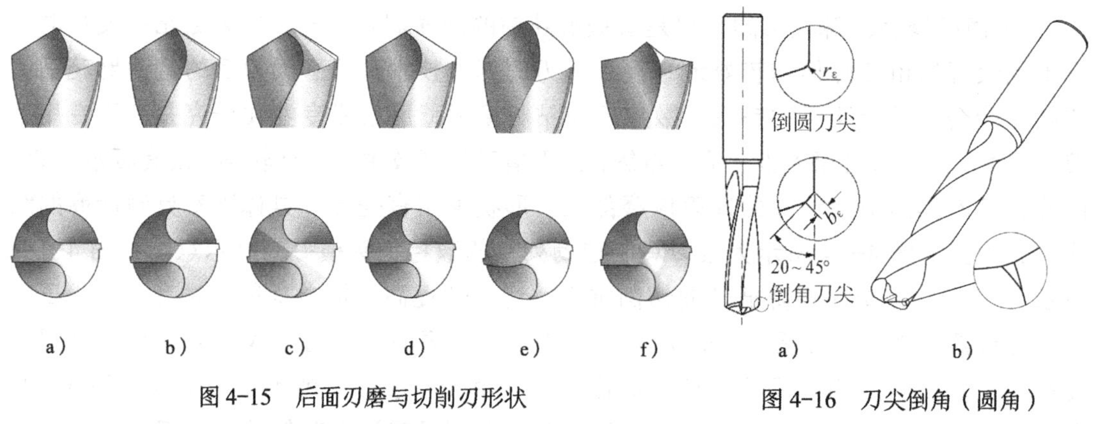

图 4-15　后面刃磨与切削刃形状
a）圆锥后面　b）两平面后面　c）三平面后面
d）螺旋面后面　e）凸圆弧切削刃　f）蜡烛型

图 4-16　刀尖倒角（圆角）

（4）导向部分的变化　经典的麻花钻在两条螺旋副切削刃上做出了一小段刃带（见图 4-17a），由于这两条刃带是轴线对称的，在钻孔过程中容易出现振摆，影响加工稳定性与钻孔质量。图 4-17b 所示为四刃带设计，即在副后面结束侧增设了刃带，可有效减少振摆，提高孔加工的垂直度、圆度和直线度。图 4-17c 所示为三刃带设计，其副切削刃刃背宽度不等，在窄刃背上按传统设计了一条刃带，宽刃背上设置了两条刃带，新多出来的刃带类似于四刃带设计，减小钻孔过程中的振摆效应，三条刃带非原点对称，进一步减低振摆，从而提高钻孔加工精度（圆度、直线度和垂直度）。图 4-17d 所示为无刃带设计，其在前（2～3）d 长度上对副后面进行铲背磨削，剩余螺旋槽部分直径缩小 0.5mm 左右，或整个有效导向长度上对副后面进行铲背磨削，基本做到无刃带，极大地减少摩擦和发热，延长钻头的寿命。

（5）切削刃数的增加　在两刃钻头的基础上，为提高加工效率，刀具制造商还推出了整体硬质合金三刃麻花钻，同时加大容屑槽的截面尺寸，以利于快速排屑，另外，三切削刃有利于加工稳定性，可获得更好的钻孔质量。

（6）容屑槽与钻芯变化　数控钻头的专业化生产，使得刀具制造商能根据需要调整螺旋容屑槽的形状与钻芯变化设计，以图 4-18 为例，图 4-18a 所示为常规螺旋角（30°左右）钻头，但加大了钻芯直径，增加钻头的刚性和强度，以适应数控加工切削用量较大的需求，加大钻芯造成横刃长度增加的负面影响通过横刃修磨消除。图 4-18b 在图 4-18a 变化的基础上，改善了容屑槽截面，如容屑槽截面线将图 4-18a 尖角部分改为圆弧过渡，在钻头刚性下降不多的情况下，增大了容屑槽的截面积，改善了切屑排出的效果。图 4-18c 所示不仅增大了钻芯直径，改善了容屑槽截面，还减小了容屑槽的螺旋角，且钻芯直径进一步增加，将钻头的刚性做的较大，适应硬材料的加工。图 4-18d 为直（容屑）槽钻，其钻芯做的较大，采用四刃带导向设计，修磨横刃与内冷却等设计，做到较好的自定心能力，较高的钻孔精度和直线度、位置度、圆度以及表面粗糙度等质量指标。总之，较大钻芯直径是数控钻头的特点之一，一般在钻头直径的 30% 左右，最大可见有近 50% 的设计方案。

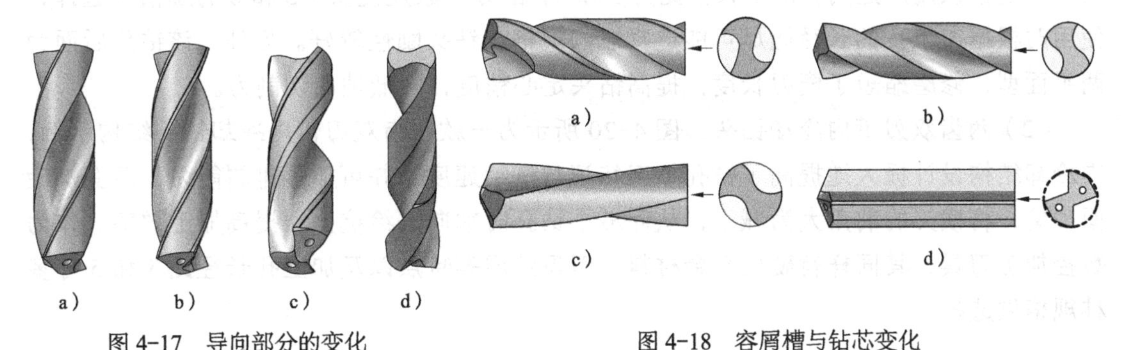

图 4-17　导向部分的变化

a）双刃带　b）四刃带　c）三刃带　d）无刃带

图 4-18　容屑槽与钻芯变化

a）加大钻芯　b）改进容屑槽截面　c）减小螺旋角　d）直槽

（7）加工孔长径比的专业设计　由于数控加工尽可能不自己刃磨刀具，即使是钻头这种传统加工场合经常是自行刃磨的刀具，数控加工由于钻尖部分结构复杂以及涂层等因素，一般尽可能不自行刃磨，即使磨钝后需要刃磨的话，一般也提供给专业刀具制造商进行，基于这个原因，刀具制造商在设计与生产时，常常根据所加工孔的长径比（L/D）提供相应的钻头规格，常见的长径比规格有 1.5、3、5、8、12、15、20、30、40 等，长径比参数对钻头结构设计也是有所影响的。需要注意的是，刀具的最大钻孔深度 l_c（见图 4-19）比长径比所确定的钻孔深度 L 略微大一点，主要考虑排屑和少量重磨等因素。

（8）传统钻头的数控化　传统刀具的材料以通用高速钢（W6Mo5Cr4V2）普通机床加工为主，为适应数控加工的需要，首先，在刀具材料上选用高性能高速钢、粉末冶金高速钢等，配合刀具涂层技术，专业化厂家生产；其次，刀具结构要适应数控加工刀具的需要，如图 4-12 谈到的钻柄直径要考虑数控机床的装夹，一般与切削部分的直径不同，适当增加钻头顶角，同时修磨横刃等；第三，焊接式钻头也是高速钢钻头与整体硬质合金钻头之间的过渡产品，也是数控加工钻头的备选方案之一。

（9）数控孔加工钻头主要几何参数　主要参数包括钻尖顶角 2ϕ、钻头切削直径 d_c

和最大有效切削刃长度 l_c、螺旋槽长度 l_1、圆柄直径 d_1 和长度 l_2 以及总长 l，见图 4-19。注意，最大有效切削刃长度 l_c 一般稍大于钻孔加工长径比 L/D 参数中的长度 L。

2．典型数控整体式钻孔刀具结构示例与分析

整体式钻孔刀具依然是数控加工中、小型光孔加工的主要刀具型式，但由于专业化生产以及数控加工长寿命、高精度等特点，其与过去普通机床传统高速钢刀具在结构上还是有较大的区别，由于钻头顶尖、螺旋槽等刃磨专业化生产一般要用到专用机床，因此，各刀具制造商的结构还是略有差异，以下列举几例数控整体式钻孔刀具，供学习参考。

（1）两齿双刃带外冷却钻头　图 4-19 所示为一款两齿双刃带外冷却钻头结构示例，其结构较为典型，顶角 2ϕ 为 140°，圆柄直径与钻体直径不相等，钻体直径 d_c 按加工需要分级的较细，而圆柄直径 d_1 按刀柄装夹直径分级，数量较少。加工孔长径比 L/D 有多种规格供用户选用，常用长径比为 3 和 5，部分厂家还提供 1.5 和 8 的规格供选择，使用时根据加工孔的长径比尽可能选择短的规格，钻头刚性较好。另外，该钻头后面为两平面型，修磨缩短了横刃长度，提高钻头定心精度，降低轴向切削力。

（2）两齿双刃带内冷却钻头　图 4-20 所示为一款两齿双刃带内冷却钻头结构示例，内冷却结构设计极大地提高了钻孔加工转速与进给速度，并可加强排屑能力，后面螺旋面刃磨，将横刃的前角大为减小，从而减小钻孔时轴向进给抗力，提高加工效率。作为数控加工刀具，其同样有硬质合金材料、刀具涂层等特点以及加工孔长径比 3 和 5 等多种规格供选择。

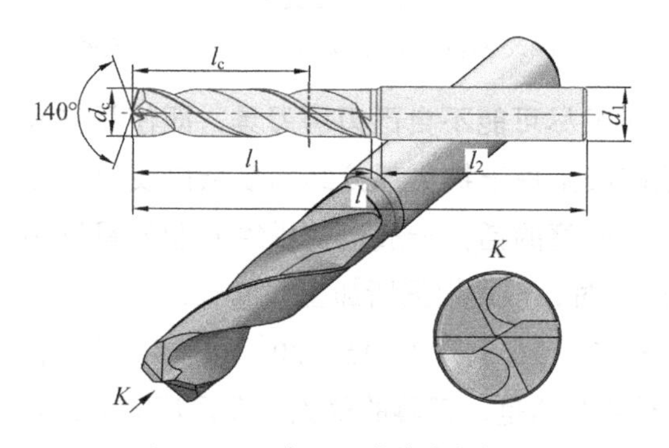

图 4-19　两齿双刃带外冷却钻头

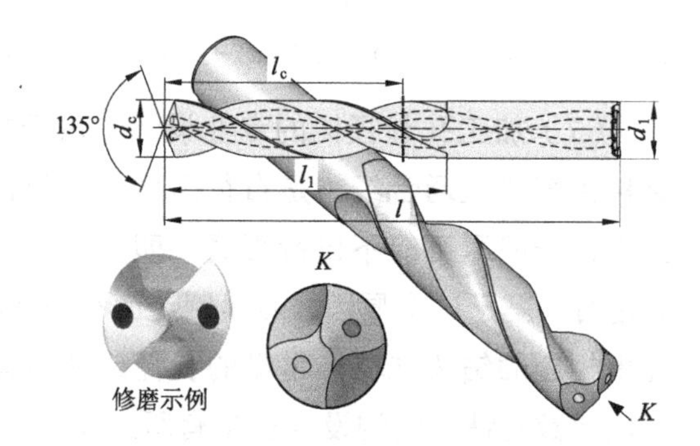

图 4-20　两齿双刃带内冷却钻头

（3）两齿无刃带钻头　图 4-21 所示为一款两齿无刃带钻头结构示例，其副后面铲背出极小的副后角，图示为长径比 L/D 较小的钻头结构，采用了全切削长度刃磨副后角，对于长径比较长的钻头，可以靠钻尖部分有限长度刃磨副后角，后端部分直接将直径磨小 0.5mm 左右。由图 4-21 可见其修磨了横刃，并且有内冷却和外冷却刀具结构供选择。无刃带钻头较适合小径钻头的制造。

（4）两齿不对称三刃带钻头　图 4-22 所示为一款两齿不对称三刃带钻头结构示例，图中左上角俯视图上两箭头所指为主切削刃，其中一个副切削刃仅有一个刃带（见

图 4-22 ①），且其刃背稍短。另一边副切削刃的刃背稍长，并且设置了两条刃带（见图 4-22 ②和③）。图 4-22 中为内冷却结构，后面与横刃修磨同图 4-20，刀具长径比有 3、5 和 8 三种规格供选择。不对称两齿三刃带结构可极大地提高钻孔加工过程中钻头的摆动，提高钻头加工的稳定性，避免刃带崩刃，极大地提高了孔加工精度（圆柱度、等径度以及孔垂直度等），同时，图 4-22 所示的钻尖刃磨结构，可减小钻孔加工轴向抗力，内冷却设计有助于冷却与排屑，刀尖倒角有助于提高刀具寿命，另外，硬质合金材质与刀具涂层技术，均使得钻孔加工切削用量更大，加工效率更高，刀具寿命更长。

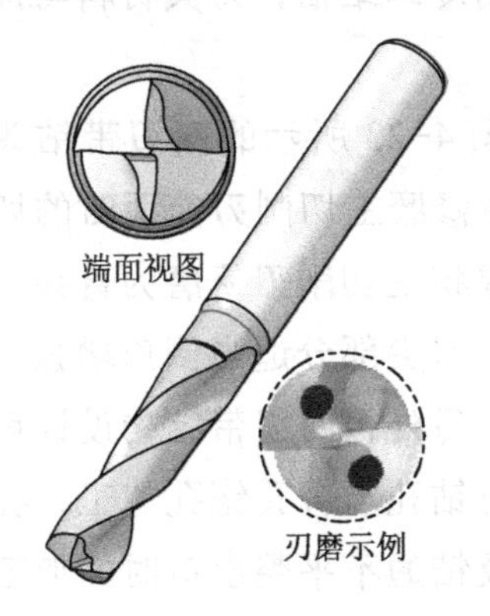

图 4-21　两齿无刃带钻头

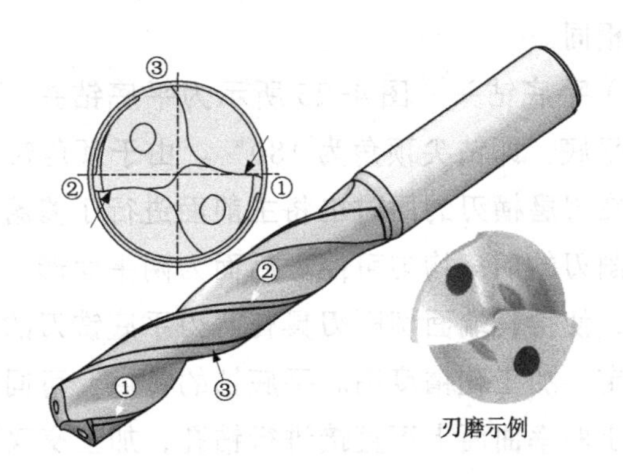

图 4-22　两齿不对称三刃带钻头

（5）两齿四刃带钻头　图 4-23 所示为两齿四刃带钻头示例，四刃带相比两刃带可有效增强钻孔加工时钻头的稳定性和加工孔的精度，如加工通孔时钻通瞬间切削力变化影响小，孔加工的直线度、垂直度和圆柱度等精度高。从图 4-23a 所示的工程图可见其顶角为 140°、刀具切削直径 d_c 与刀柄直径 d_1 不等，钻尖的横刃进行了修磨，缩短了横刃长度，并改善了靠近中心部分主切削刃的前角。同时，钻孔加工长径比 L/D 有 3、5、8 三种规格供选择，内冷却是数控加工钻孔刀具的首选方案，当对于长径比较小（L/D=3 和 5）的钻头，也有外冷却结构供选择，如图 4-23b 上图所示。注意钻孔加工长径比 L/D 不等于刀具切削参数 l_c/d_c。另外，硬质合金材质与刀具涂层特性基本存在。

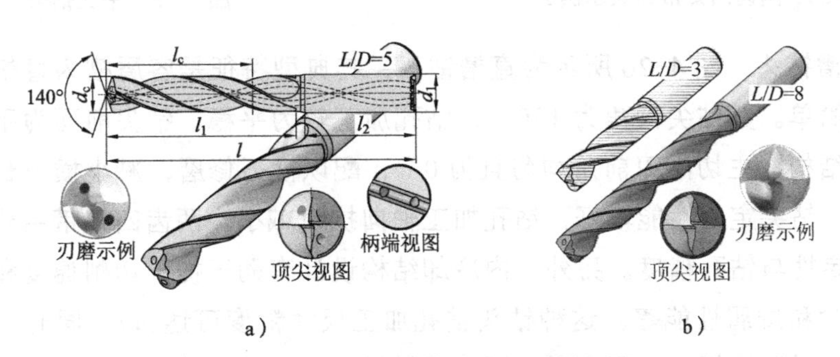

图 4-23　两齿四刃带钻头示例 1

a）L/D=5，内冷却　b）L/D=3，外冷却和 L/D=8，外冷却

图 4-24 所示为另一款两齿四刃带钻头示例，其与图 4-23 钻头的差异主要在钻尖修磨结构上。图 4-23 所示钻头的钻尖的主后面为圆锥面，刃磨形成的横刃为直线，且数控钻的钻芯一般较大，因此通过修磨横刃缩短横刃长度，同时使主切削刃靠近中心的负前角减小，这种顶尖结构定心性更好，钻孔加工的轴向抗力更小。图 4-24 钻头的主后面为螺旋面结构，其在刃磨后面的同时修磨了横刃的侧面，即减小了横刃的负前角，使得横刃显得更为锋利，同时，该顶尖进一步修磨了主切削刃靠近中心前面，使主切削刃靠近中心的负前角减小，从而进一步改善了主切削刃的切削性能，通过这些顶尖刃磨工艺，使得钻孔加工时的轴向切削抗力大为减小。其他内冷却结构，刀具材料与涂层技术与前述相同。

（6）平底钻头　图 4-25 所示为平底钻头，其与图 4-23 所示的四刃带钻头相比，钻尖为平底，即钻尖顶角为 180° 。由于顶角较大，为修磨主切削刃前面时的切削刃内凹形，在刃磨横刃的同时也将主前面进行了修磨，不仅将主切削刃修磨为直线，同时使得主切削刃的前角均匀可控。后面为两平面形，同时，刀尖部分适当倒角增强。如此种种修磨，使得其端面切削刃具有两刃平底铣刀的特性。另外，四刃带结构设计可使钻孔加工稳定、加工孔精度高。平底钻的特点：可同时进行钻孔与沉孔锪孔加工，在小斜度斜面和小曲率曲面上可直接进行钻孔，加工交叉孔以及钻通不平整出口时的加工稳定性更好，钻出孔的垂直度、圆柱度和直线度等精度参数更好。

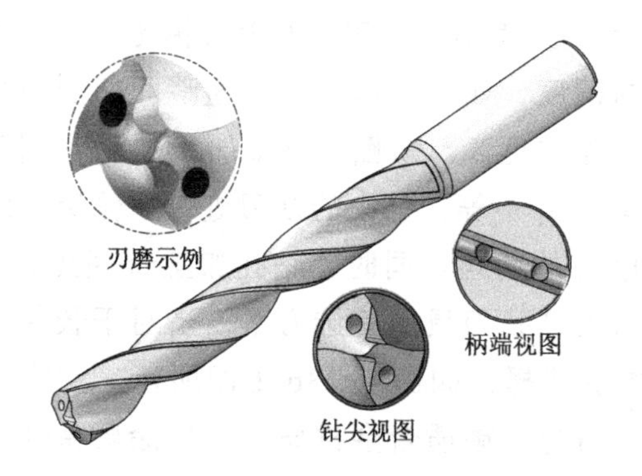

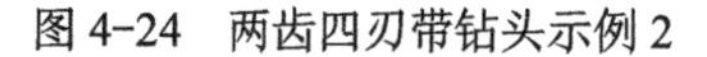
图 4-24　两齿四刃带钻头示例 2

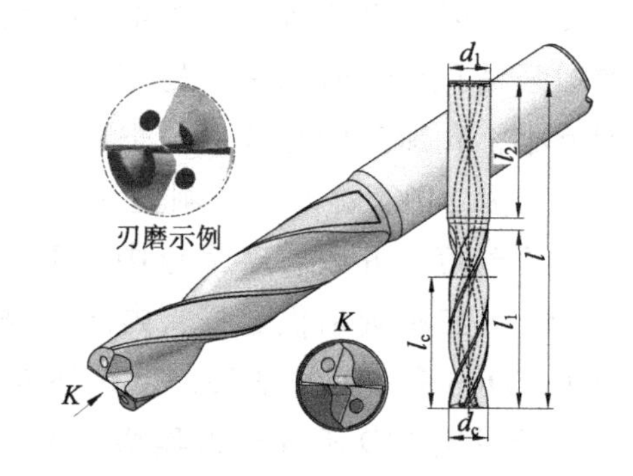

图 4-25　平底钻头

（7）直槽钻头　图 4-26 所示为直槽钻头，其典型特征是容屑槽为直槽，显然其制造工艺变得简单。其钻尖顶角为 130° ，钻孔加工较为平稳。钻尖前面为平面，主后面为两平面型结构，主切削刃前角均匀且为 0° ，配以横刃修磨，减小横刃长度，使得钻尖更为锋利，钻尖定心性能较好，钻孔加工轴向抗力减小。两齿四刃带结构设计，增加钻孔加工稳定性与钻孔精度。另外，内冷却结构设计有助于提高切削速度和进给速度，提高刀具寿命和排屑性能等。这种钻头钻孔加工尺寸精度可达 H7，同时，加工孔的位置精度和表面质量较好，主要应用于短切屑材料，如铸铁、普通铝合金、高硅铝合金等材料的钻孔加工。这种直槽式结构还可方便地做成阶梯钻结构。

（8）小直径麻花钻头　图 4-27 所示为小直径麻花钻头，GB/T 6135.1—2008 称为粗直柄小麻花钻，由于工作部分的切削直径 d_c 很小，为增加钻头刚性，且便于装夹，一般均做成小直径粗柄结构型式。关于小直径的定义各刀具制造商的理解与定义有所不同，因此最小直径及其直径范围略有差异，一般为 $\phi1 \sim \phi2$mm，但也可见有最小做至 $\phi0.1$mm 的情形。小直径钻头由于结构原因，一般仅有外冷却结构型式。

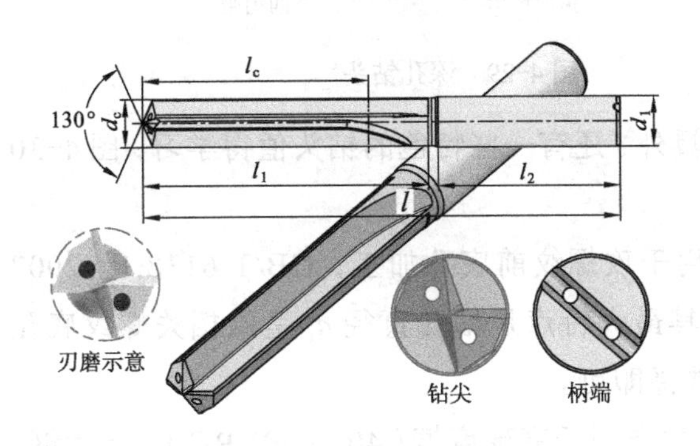

图 4-26　直槽钻头

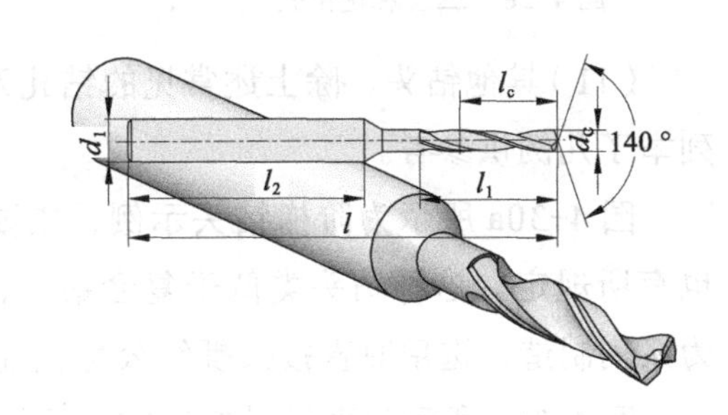

图 4-27　小直径麻花钻头

（9）三齿麻花钻头　图 4-28 所示为三齿麻花钻头，其结构类似于麻花钻，但有三条切削刃（三齿），这样一种变化增强了钻孔的定心效果和加工可靠性，加工孔的质量更高，钻孔后孔径的扩大量显著减小。同时，切削刃的增加可提高进给量，从而提高加工效率。在同等进给量条件下，较两刃麻花钻的切削变形小，加工硬化降低，有利于后续的铰孔、攻螺纹刀具寿命的提高。当然，三刃钻的容屑槽相对较小，因此多用于切屑较小的铸铁、铝合金等工件材料的加工。各刀具制造商的钻尖设计有所差异。图 4-28 左上角的钻尖修磨结构，其顶角为 130°，螺旋后面，并修磨了横刃；图 4-28 右下角的钻尖修磨结构，其顶角为 150°，三平面型后面，其第三后面与横刃修磨等融为一体，图中三个孔显示其为内冷却结构设计。

（10）深孔钻头　在 GB/T 6135.3—2008 和 GB/T 6135.4—2008 中规定了长和超长高速钢麻花钻头的长度与直径参数，但该标准是以钻头为对象直接规定钻头的参数，不如现今数控刀具制造商以加工孔的长径比为选择参数的实用。图 4-29 所示为深孔钻头，以加工孔的长径比为对象进行分类，一般而言长径比大于 8 以后的孔均可称为深孔，以肯纳的分类为例，其长径比为 12 的称为长型钻头，而长径比大于 15 的称为深孔钻，其可直接选择的深孔钻的长径比有 15、20、30、40 等，这种深孔钻在先用定心钻和普通麻花钻钻一预孔之后，再用其深孔钻一次性加工到位。①作为深孔钻，内冷却结构实际是必须的；②钻尖及其横刃修磨结构也是其必须考虑的问题，不同加工材料，不同刀具制造商在横刃修磨结构上会略有差异；③如何保证钻孔不歪斜也是必须考虑的问题，以肯纳的钻头为例，长型钻全长为四刃带设计，而深孔钻则是前面有限长度内设计为四刃带设计，后端则适当缩小直径、减小摩擦。

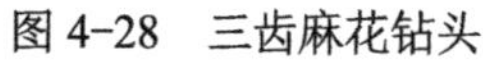

图 4-28　三齿麻花钻头

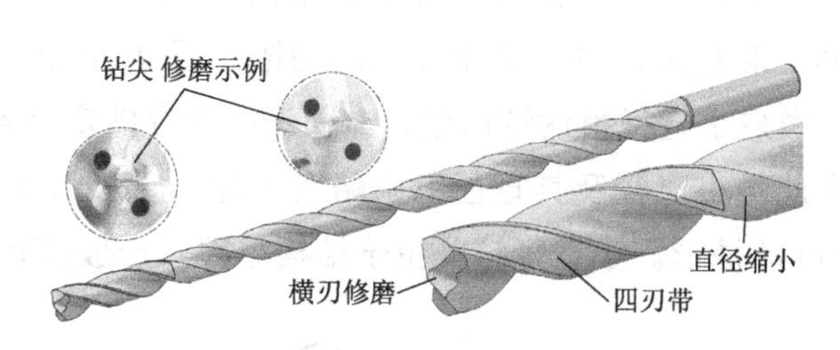

图 4-29　深孔钻头

（11）其他钻头　除上述常见的钻孔刀具外，还有一些特色的钻头值得学习，图 4-30 列举了几例供参考。

图 4-30a 所示为阶梯钻头示例，主要用于攻螺纹前底孔加工，GB/T 6138.1—2007 也有所规定。这种钻头类似于复合钻头，其最大特点是钻孔直径 d_c 是以相关螺纹底孔为系列制造，选用时直接按螺纹公称直径选择即可。

图 4-30b 所示为硬材料加工钻头示例，主要用于高硬度钢（40 ～ 60HRC）、高锰钢、耐热钢、冷硬铸铁等材料的加工，最高硬度甚至可达 65 HRC，其特点是钻尖顶角略大于 140°，减小了螺旋角（15° 左右），增大钻芯，提高钻头刚性，修磨横刃减小切削抗力，修磨刀尖增加倒角过渡刃，延长刀具寿命。当然，刀具材料和涂层选择也是必需的。另外，使用时必须保证充足的切削液供给，如有可能，尽可能选择内冷式的钻头结构（图中未示出）。

图 4-30c 所示为定心钻头（又称为点钻头）示例，主要用于钻孔前的预定位孔窝的加工，其典型特点是螺旋槽较短，因此钻头整体刚性较好，提高孔的位置加工精度，定心钻一般不做刃带和外径倒锥，GB/T 17112—1997 对其也有相关规定。定心钻除可钻孔窝外，还可对孔锪钻倒角，甚至可铣削倒角。另外，选择合适的顶角并控制适当的深度还可直接加工出后续钻孔的倒角。

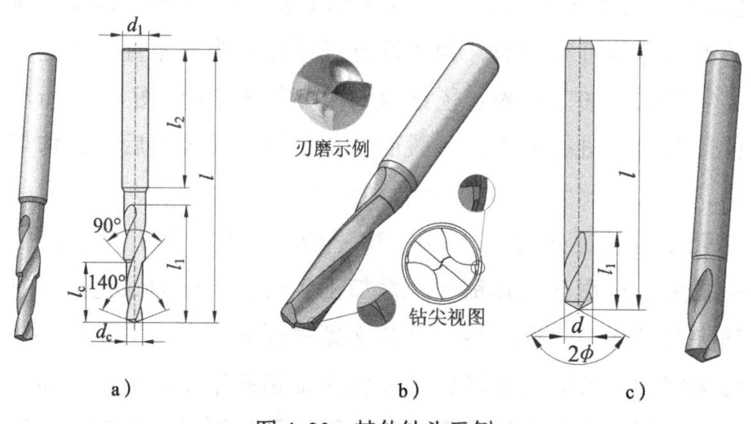

图 4-30　其他钻头示例

a）阶梯钻头　b）硬材料加工钻头　c）定心钻头

4.2.3　整体式孔加工刀具应用的注意事项

在机械制造中，孔的钻削加工约占 25% 左右。随着数控加工机床特别是加工中心的普及与应用，对孔加工刀具提出了新的要求，传统的基于高速钢材料的标准麻花钻及其结构型式已显现出许多不足，从近年来各刀具制造商标称为数控加工刀具样本中孔加工刀具的结构型式及材料选用上可见一斑。虽然数控刀具中机夹式刀具是数控加工刀具的主流趋势，但对于直径较小（ϕ20mm 以下）的孔加工而言，整体式刀具仍然是应用广泛的孔加工刀具型式之一，鉴于标准麻花钻在实际中仍然有着广泛的应用，本节在介绍麻花钻国家标准基础上，进一步介绍部分商品化的适合数控孔加工刀具，希望从业者逐渐了解数控孔加工整体式钻头的应用与传统麻花钻的差异。

1．整体式孔加工刀具型式的选择

对于直径不大的孔（≤ ϕ20mm）加工而言，整体式结构仍然是首选的刀具型式。数控加工的特性要求整体式孔加工刀具寿命长、加工效率高、可靠性高、通用性好、专业化生产。数控加工的工艺特点使得传统刀具的某些结构型式显得不适宜，如数控加工一般不采用整体式扩孔钻扩孔加工；带扁尾莫氏锥柄钻头由于装夹可靠性差而在数控加工中应用较少；数控加工一般不用含有钻套的传统钻模使得数控定心钻得到更广泛的应用；专业化生产的模式使得刀具制造商更看重钻尖部分（修磨横刃、更多的后面结构型式等）的设计与制造，给使用者以更多的选择思考空间，并减少钻头刃磨的技术性要求。总而言之，数控加工整体式孔加工刀具选择与传统刀具还是有许多不同之处，归结起来为以下几点注意事项。

（1）尽可能采用硬质合金钻孔刀具　对于批量不大的零件孔加工刀具，选择传统的麻花钻有时是可以接受的，但对于批量较大的零件，随着刀具寿命的延长，换刀和对刀等时间可大大减少，硬质合金钻孔刀具的综合经济效益显然优于高速钢钻头。

（2）尽可能直接选用专业厂家生产的钻削刀具，逐步摒弃自身手工刃磨钻头的理念　传统的标准麻花钻，其后面多为圆锥形结构，自身手工刃磨还是可以考虑的，但即使这样，仍然要求刃磨者有一定的专业知识与刃磨技巧，且主切削刃的对称性不可能很高，必然造成孔加工质量（孔位置与直径精度、垂直度与直线度等）下降以及表面粗糙度值的升高。而专业厂家生产的钻头，多为专业设计与专机刃磨，其修磨横刃和双平面型后面等其他专用的切削部分的结构型式，使得手工刃磨合格质量的难度进一步提高。另外，专业厂生产的孔加工刀具往往还具有不同螺旋角和刀尖修磨、刃口倒钝等处理的专用刀具，对于特定的加工效果可有更为显著的提高。既然不准备刃磨，孔加工刀具的长度就以孔深（长径比 L/D）为选择依据。专业厂生产的数控孔加工刀具多为硬质合金材料，配以其推荐的切削用量，可使加工效率最大化。

（3）切削液与内冷却钻头的选用　内冷式钻头可将切削液直接送入加工区，并沿螺旋槽排出，辅助切屑的排出，对钻削加工特别是深孔加工十分有利，因此，如果条件允许的话，应优先选用内冷式钻头。内冷式钻头切削液的供应方法有两种：一种是机床主轴本身具有切削液供给，通过刀柄中心孔直接供液，如图 4-31a 所示；另一种是选用具有旋转供液装置的专用刀柄（旋转式外转内冷却刀柄），如图 4-31b 所示。若使用外冷式钻头，则一般采用两股切削液，其中至少保证一股直接喷射到孔口处，另一股喷射稍高部位钻头上。外冷式钻孔建议孔深不大于 5 倍的孔径（即 $L/D \leqslant 5$）。

一般而言，内冷式供液时，其供液压力为 0.5 ～ 1MPa（直径小于 ϕ5mm 的钻头可提高至 2 ～ 3MPa），流量为 1.5 ～ 4L/min，供液系统必须安装过滤网，切削液应定期更换，防止细小的切屑颗粒堵塞冷却通道，造成钻头折断，对小直径的钻头尤为重要。外冷式供液则必须保证足够的压力和流量，尽量避免切削液供给中断现象。铸铁、铝合金等短切屑材料以及孔深小于 3 倍直径的浅孔可考虑干切削，但刀具寿命会缩短。不锈钢、耐热钢等韧性大、硬度高的材料以及孔深大于 3 倍直径的深孔钻削尽可能使用切削液。油性切削液或添加极性添加剂的乳化液有助于提高刀具寿命和加工质量。

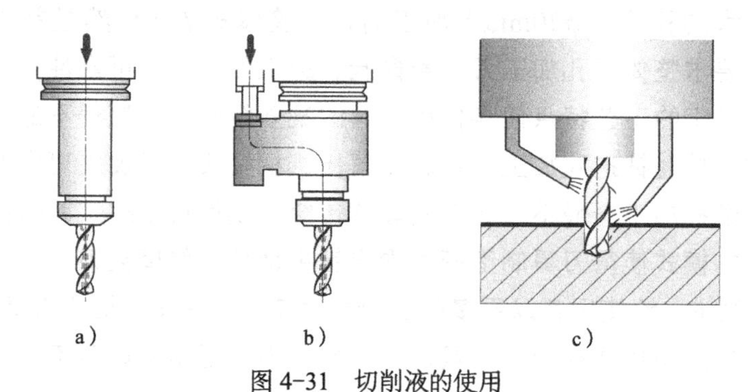

a） b） c）

图 4-31 切削液的使用

a）内冷式钻头主轴供液 b）内冷式钻头刀柄供液 c）外冷式钻头

（4）切屑的控制与排屑 钻削加工由于主切削刃上各点的切屑变形不同，切屑是以钻头旋转中心为顶点的圆锥螺旋状，如图 4-32a 所示。增大进给量有助于切屑成细小形状的倾向，但过大时切削力增加较多，不利于切削钻孔的正常进行。通过调整主轴转速和进给量，可获得不同的切屑形态，如图 4-32b 所示。最佳的切屑形态是较短的 C 型圆锥状切屑；较短的螺旋状切屑还是可以接受的；但较长的螺旋状切屑易堵塞在螺旋槽中，不利于切屑的排出，即使排出也可能出现缠绕钻头的现象，数控加工尽量避免；初始的切屑形态或浅孔钻削，由于在孔外卷曲可能连续，这也是可以接受的。

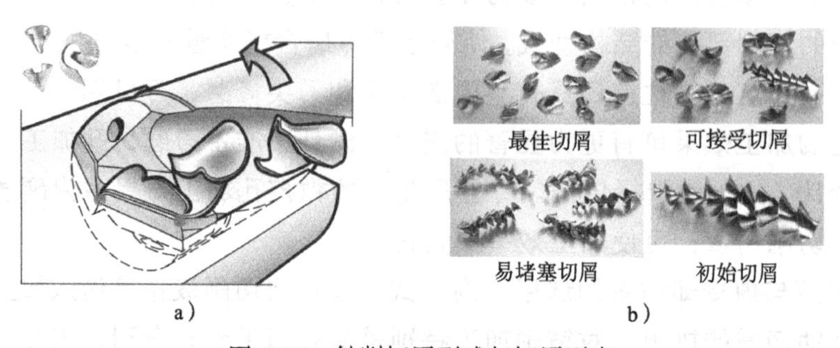

a） b）

图 4-32 钻削切屑形成与切屑形态

a）钻削切削与典型切屑 b）不同钻削切屑形态

铸铁等脆性材料进给量较小时切屑以崩碎形态为主，除非内冷却液借助切削液的流出排出，否则也是难以自然排出的（深孔加工尤为明显），因此应适当的增大进给量。

对于车床钻孔类刀具固定工件旋转的加工方式，若切屑能够呈带状或适当的螺旋状沿螺旋槽连续不断的排出，由于不出现切屑缠绕现象，反而是一种较好的切屑形态。

钻削加工过程中，可靠的切屑排出是正常加工的保证，钻削切屑的识别与控制，最佳的方式是通过现场观察切屑形态，监听切削的声音和加工过程的稳定性等，通过调整切削速度和进给量进行控制。

（5）数控加工尽量不用扩孔钻或钻头扩孔　前述分析可知，钻头主切削刃越靠近外缘前角越大，有利于带状切屑的倾向，其结果是出现切屑缠绕刀具影响钻削正常进行，因此，切削碳素钢类的塑性金属，数控加工不推荐用扩孔钻或钻头钻削扩孔加工。除非是铸铁类以崩碎切屑为主的钻削加工，可以考虑钻削扩孔加工。

（6）整体式孔加工刀具（钻头）的装夹与刀具结构型式的选择　数控加工整体式钻头的柄部主要为圆柱直柄型式，少量有削边直柄型式，这里主要介绍圆柱直柄钻头的装夹型式。图 4-33 所示为数控机床圆直柄钻头装夹刀柄示例。图 4-33a 所示为直柄钻头结构型式；图 4-33b 所示为数控机床装夹钻头的钻夹头刀柄型式，其钻头装夹部分的装夹原理与普通台钻的钻夹头相同，用于直柄钻头的装夹，但由于其钻头夹紧点仅为三个卡爪夹紧，且夹紧力不大，因此夹紧可靠性稍差，连续长时间自动化加工可能出现装夹松脱，其优点主要在于对直柄的尺寸及精度基本无要求，主要用于传统高速钢钻头装夹，数控加工建议少用；图 4-33c 所示为 ER 弹性夹头刀柄，通过选用不同规格的弹性夹头（见图 4-33c 右下角）实现不同柄径钻头的钻夹，这种刀柄与直柄铣刀通用，选用方便，其夹紧效果完全等同于直柄铣刀装夹，属于数控钻头基本的装夹方式；图 4-33d 所示为强力夹头刀柄，其也是借用数控直柄铣刀装夹的刀柄，这种刀柄的夹紧力比图 4-33c 所示的 ER 弹性夹头更大，更为可靠；图 4-33e 所示为液压夹紧刀柄，其基于液性材料传递压力使夹头内孔部分产生变形而进行夹紧，其不仅夹紧力大，且装夹精度高，是批量生产数控钻头首选的装夹方式，不足之处是刀柄价格稍高，且对钻头柄部直径精度要求较高；图 4-33f 所示为热涨装夹刀柄（又称为热套刀柄、热缩刀柄等），其基于专用的装夹设备加热刀柄装夹部分，使其热膨胀后装入钻头，冷却后刀柄收缩夹紧钻头，这种刀柄装夹可靠，夹紧力大，装夹精度高，非常适合数控钻头的装夹。不足之处是需要配置专用热涨设备，钻头柄部精度要求高，刀柄规格数量稍多等，也是批量生产数控钻头常见的装夹方式之一。在图 4-33 中，数控加工优先级选择顺序为：液压夹紧刀柄→热涨装夹刀柄→强力夹头刀柄→ ER 弹性夹头刀柄→钻夹头刀柄，其中钻夹头刀柄仅用于传统高速钢钻头、单件小批量加工场合。当然，若按价格从低到高的排序则为：钻夹头刀柄→ ER 弹性夹头刀柄→强力夹头刀柄→液压夹紧刀柄→热涨装夹刀柄。整体式钻头选择尽量避免削平型柄部和莫氏锥柄钻头，虽然也能选择到相应的刀柄。

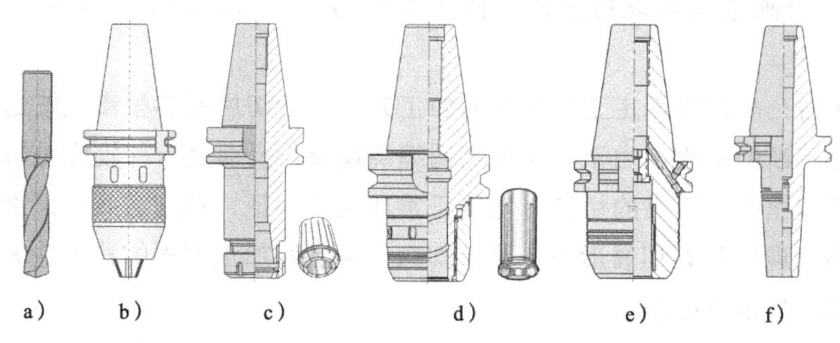

图 4-33　数控机床圆直柄钻头装夹刀柄示例

a）直柄钻头　b）钻夹头刀柄　c）ER 弹性夹头刀柄　d）强力夹头刀柄　e）液压夹紧刀柄　f）热涨装夹刀柄

钻头装夹时的注意事项，以 ER 弹性夹头刀柄装夹为例，如图 4-34 所示，钻头长度的选择应尽可能短，但必须确保钻至孔底时螺旋槽仍需超出工件上表面 1.5 倍直径以上，装夹时最好具有伸出长度调节螺钉，可精确调节钻头轴向位置，如图 4-34a 所示；装夹的钻头进行圆跳动检测（见图 4-34b），圆跳动误差不大于 0.02mm，全跳动误差不大于 0.04mm；钻头柄部直径不得陷入弹性卡簧（见图 4-34c），否则可能造成弹性夹头破碎或热涨刀柄的变形等。

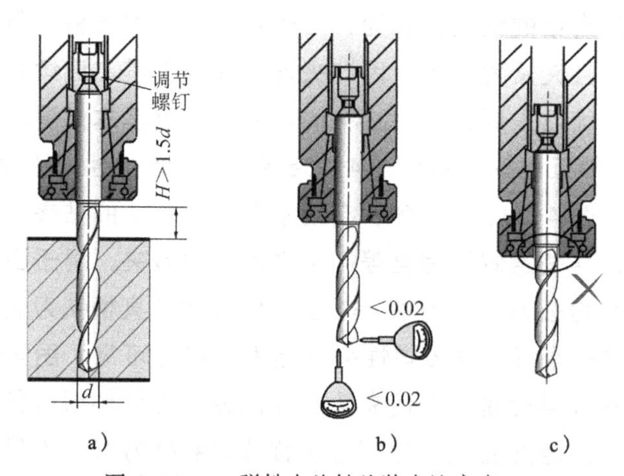

图 4-34　ER 弹性夹头钻头装夹注意事项

a）装夹与长度选择　b）圆跳动检测　c）错误装夹示例

（7）广泛采用定心钻预钻定位孔窝提高孔的位置加工精度　传统钻孔加工，常常采用具有钻套的钻夹具通过钻套对钻头的引导，快速、准确地钻孔加工。而数控机床自身具有较高的定位精度而不用钻套引导，但考虑到钻头本身刚性差等因素，常常先用定心钻预钻定位孔窝，然后再改用钻头钻孔，以保证孔的位置精度，小孔深孔钻工艺图解（外冷却）如图 4-35 所示。若孔的深度小于 2 ～ 3 倍的孔径，钻孔面已加工且较为平整时，选用原厂刃磨且较短的钻头可省去定心钻预钻孔窝的工序，加工孔长径比稍大时，可考虑啄式钻孔方式。

（8）关于长或超长钻头深孔钻削工艺　深孔加工要用到长或超长钻头钻孔，其钻削工艺非常重要，一般采用内冷却式钻头，分步进行，图 4-36 所示为深孔钻削工艺图解（内冷却）。

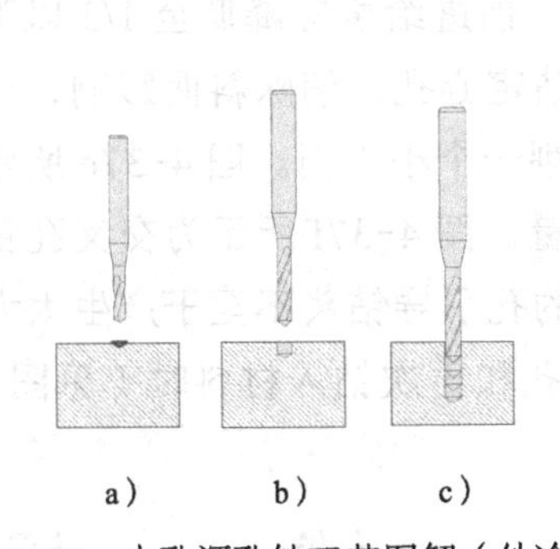

图 4-35　小孔深孔钻工艺图解（外冷却）
a）钻定位孔窝　b）预钻孔　c）啄式钻孔

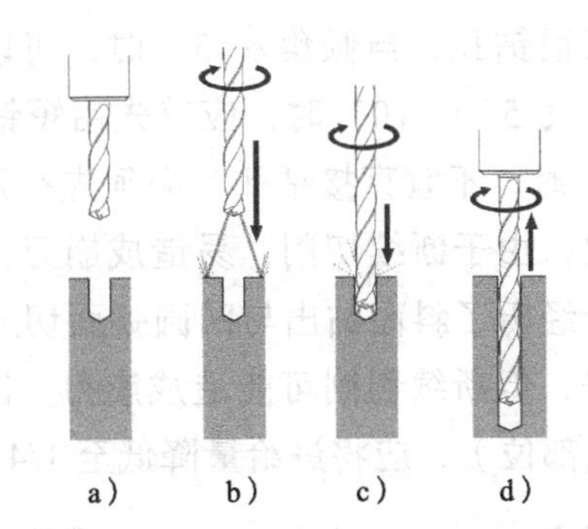

图 4-36　深孔钻削工艺图解（内冷却）
a）预钻孔　b）低速进入　c）深孔钻削　d）退刀

1）预钻孔。一般用刚性好的普通钻头预钻定位孔，孔深为 2 倍左右的孔径（必须确保第 2 步副切削刃完全进入预钻孔），最好选用顶角稍大的钻头钻孔（如 140°），钻头悬伸长度尽可能短，提高孔的定位精度和尺寸精度，必要时可增加钻定位孔窝的工序。

2）低速进入。换用长型或深孔钻头，低转速（不超过正常钻孔转速的一半，确保钻头不出现偏摆），低进给速度进入预孔至孔底 0.5 ～ 1.0mm 距离处，尽量避免用 G00 快速进给速度进入。

3）深孔钻削。在第 2 步钻头未接触孔底的情况下，提高转速、降低进给量转为正常钻孔切削用量钻削至所需孔深，注意专用的深孔钻头可以不选用啄式钻削，以提高加工稳定性，必须采用内冷却钻头加工，确保排屑可靠。切削用量建议采用刀具制造商推荐的参数。

4）钻后退刀。首选按钻削深度退刀 0.5 ～ 1.0mm，然后减低转速并适当提高进给速度退刀至第 2 步的位置处，再转为第 2 步稳定的进入的进给量退出长钻头。

注意，长钻头钻孔，进入孔之前和退出孔之后的转速不宜太高，避免出现钻头偏摆振动；钻削过程中尽可能稳定，因此尽量不用啄式钻孔方式排屑，而选用内冷却方式冷却并可靠排屑，因此切削液的供应稳定、连续并有一定的压力，避免出现冷却孔的堵塞，排屑不畅极易造成钻头折断。超长深孔钻头钻孔可将深孔钻削分 2 步，先用长钻头钻孔，然后换用超长钻头钻孔。若工件表面不平整或有稍大的斜度，可预先铣削出一个小平面；若钻通孔，特别是通孔面为斜面时，应减小进给量（减小至 50% 左右），防止损伤切削刃。

对于小直径深孔加工，由于钻头一般为外冷却型式，因此，只能通过啄式钻孔方式排屑，但为避免钻头刚性差、定位精度差而影响钻孔质量等，一般也采取先预钻定心孔然后钻削的工艺方式，必要时增加钻定心孔窝的工步，如图 4-35 所示。

（9）工件几何结构特征对钻孔工艺的影响　钻孔加工刀具刚性差，图 4-37 所示的情况加工不甚稳定，一般应将进给量降低至正常钻孔进给量的 30% ～ 40%。图 4-37a 所示为加工表面不平整，钻头定位不准确并可能造成崩刃，初期进给量应降低至 30% 以下。图 4-37b 所示为凸圆弧面，当 R 大于 4 倍钻头直径，且钻头轴线为法线方向时，可进行钻孔加工，但钻入时进给量应降低至 1/2 以下。图 4-37c 所示为凹圆弧面，当 R 大于 15 倍钻头直径，可以钻削加工，但钻入时进给量应降低至 1/3 以下。图 4-37d 所示为倾斜表面钻孔，当倾角 $\alpha<5°$ 时，可以直接钻削加工，但进给量应降低至 1/3 以下；当倾角 α 为 5°～10° 时，应首先用短钻头或定心钻预钻定心孔，消除斜面影响；当倾角 $\alpha>10°$ 时，不宜直接钻孔，必须先在开始钻削之前铣削一个小平面。图 4-37e 所示为斜面钻出，由于断续切削，易造成崩刃，建议减小进给量。图 4-37f 所示为交叉孔钻削，相当于经历了斜面钻出与凹圆弧面切入，虽然有前期的孔引导钻头不至于产生太大的位置误差，但断续切削可能造成崩刃，因此在钻入交叉孔和再次钻入材料时（见图 4-37f 中圈出部位），应将进给量降低至 1/4 左右。

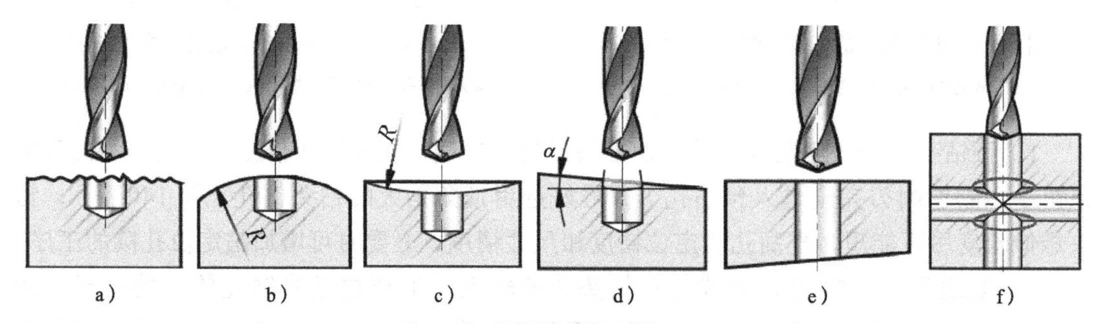

图 4-37　需减小进给量的工况

a）加工表面不平整　b）凸圆弧面　c）凹圆弧面　d）倾斜表面钻孔　e）斜面钻出　f）交叉孔钻削

图 4-38 所示为工件表面处理的示例，当凸面半径较小时，可采用定心钻预钻孔窝，当斜面倾角较大时，可预先铣削出小的平面。图 4-39 所示的情形，钻头受到的横向力太大，尽量避免采用，若欲加工，图 4-39a 所示必须预先铣削出小的钻孔平面，图 4-39b 所示可减小进给量处理。

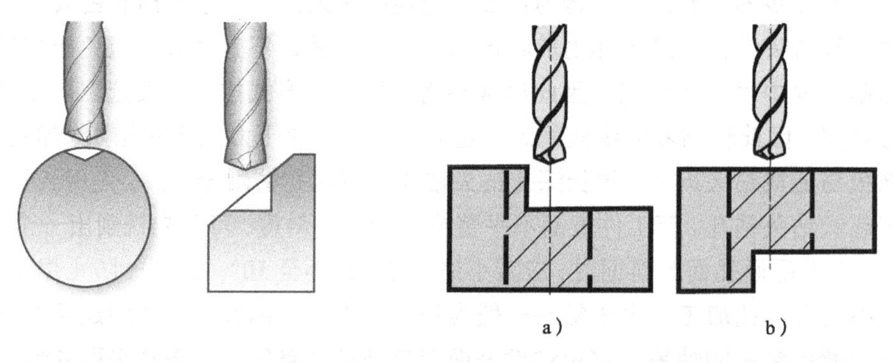

图 4-38　工件表面处理

图 4-39　尽量避免的工况

图 4-40 所示示例，由于工件较薄，刚性不足，若装夹不当可能造成工件振动，图 4-40a 所示工件出现明显变形，产生振动，影响加工；图 4-40b 所示在钻孔部位增加支撑，提高装夹刚性进行钻孔，减小振动。

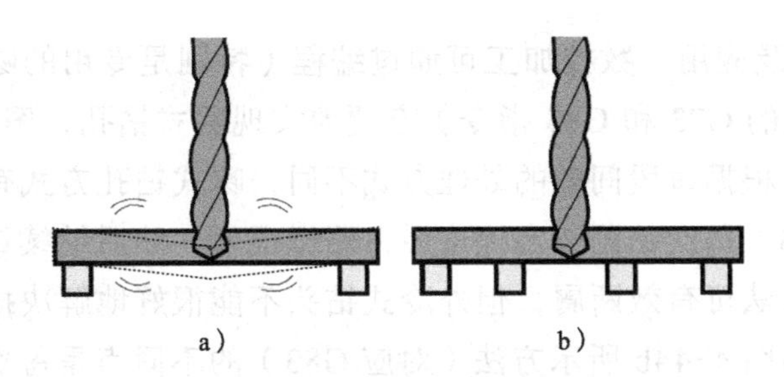

图 4-40　工件刚性不足的处理方法

（10）阶梯钻应用　用于螺纹底孔及孔口倒角一次性加工可提高效率，如图 4-41a 所示；但倒角部分切入时，会出现切削力突增，且可能出现带状切屑缠绕钻头，如图 4-41b 所示，影响后续的自动加工；对于通孔加工，如图 4-41c 所示，可在倒角部分切入时减小或增大进给量，以控制切屑形态，但对于不通孔加工，由于要兼顾钻孔质量，若无法避免切屑缠绕钻头现象，建议可改变加工工艺，即先钻孔，然后用锪钻倒角。

（11）阶梯孔加工　若采用专用的复合钻一次加工，效率较高，但必须定制钻头，如图 4-42a 所示，常见的加工方法是分两步钻削，即先钻大孔，然后钻小孔，如图 4-42b 所示，第二步钻孔时钻头的顶角应小于第一步钻头的顶角，如图 4-42c 所示，以保证第二步钻削时钻尖先接触工件，这样钻削平稳且不易崩刃。对于数控加工而言，还可以先钻孔，然后镗孔或螺旋铣削大孔的方法加工。

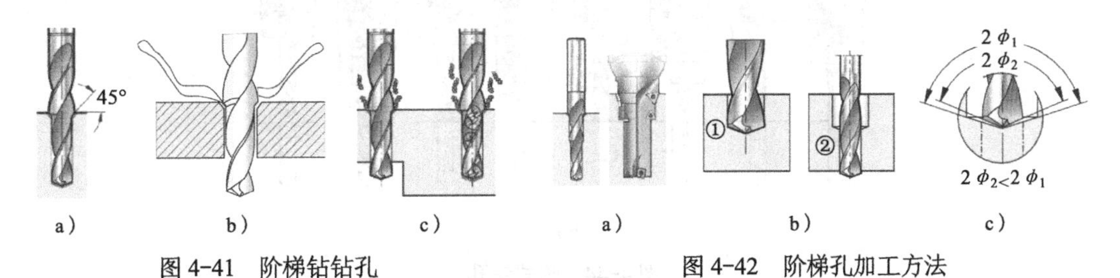

图 4-41　阶梯钻钻孔

a）应用示例　b）带状切屑　c）通孔与不通孔

图 4-42　阶梯孔加工方法

a）复合钻加工　b）两步加工　c）两步加工注意事项

（12）堆叠钻孔　堆叠钻孔及处理如图 4-43 所示，是厚度不大的工件提高加工效率的可选方案。堆叠钻孔的关键是尽量减小堆叠板之间的间隙，间隙的存在出现断续切削，影响排屑效果，可能引起崩刃现象，处理的方法是板件之间垫厚度为 0.5 ～ 1mm 的工业纸，以平整不规则位置和减小振动；另一种方法是将板件多点可靠夹紧或焊接在一起。

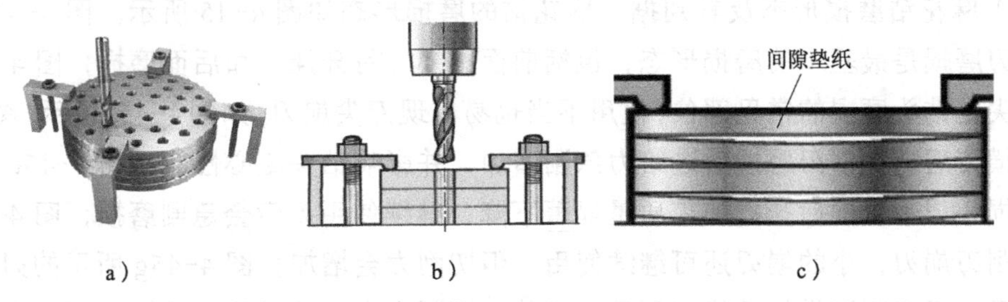

图 4-43　堆叠钻孔及处理

（13）啄式钻孔及应用　数控加工可通过编程（特别是专用的啄式加工指令编程，如 FANUC 铣削系统的 G73 和 G83 指令）方便地实现啄式钻孔，图 4-44 所示啄式钻孔指间歇式逐段钻孔，根据每段间歇的处理方式不同，啄式钻孔方式有两种，图 4-44a 所示的方法（对应 G73）每次钻削一定深度后，略微提刀，然后继续钻削下一段，直至孔底然后返回，这种方法可有效断屑，但外冷式钻头不能很好地解决排屑与冷却问题，优点是加工效率高；而图 4-44b 所示方法（对应 G83）的不同点是每次钻削一定深度后均提刀至工件表面（即孔外），然后快速下刀接近上道钻孔孔底前转为进给钻孔，其不仅可断屑，且排屑效果好，外冷却时切削液可更好的进入孔底，不足之处是加工效率略低。若采用内冷却式钻头，则可考虑不用啄式钻孔方式。

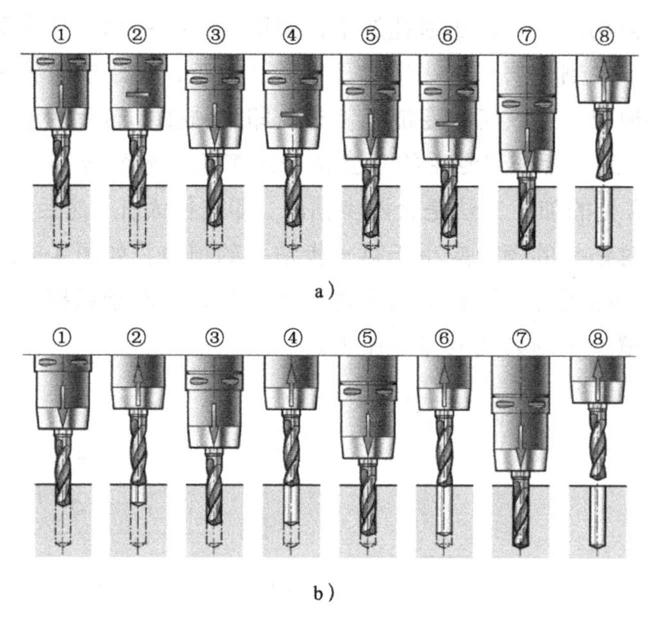

图 4-44　啄式钻孔

a）断屑式啄钻（G73）　b）排屑式啄钻（G83）

（14）切削用量的选择　切削用量的选择，涉及工件材料、刀具材料及其涂层、机床功率等因素，建议参照刀具制造商推荐的参数并结合自身机床等选择与确定。

2. 整体式孔加工刀具使用出现的问题及其解决措施

（1）麻花钻磨损形态及其判据　麻花钻的磨损形态如图 4-45 所示。图 4-45a 所示的切削刃磨损是最基本的磨损形态，包括前面磨损（月牙洼）和后面磨损；图 4-45b 所示的刀尖是钻头磨损的常见部位，使用不当也易出现刀尖崩刃，如图 4-45f 所示；图 4-45c 所示的横刃磨损，横刃磨损后进给力急剧增加，并影响钻头定心性能；图 4-45d 所示为刃带磨损，刃带磨损后孔的加工质量显著下降，继续使用刃带会急剧磨损；图 4-45e 所示为切削刃崩刃，小的崩刃还可继续使用，但切削力会增加；图 4-45g 所示的刃带热裂纹主要是由于切削液供给不稳定所致。另外，切削力太大还可能造成钻头折断现象。

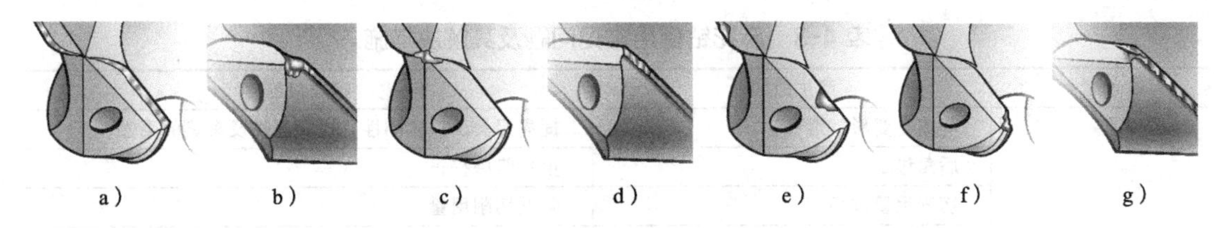

图4-45　麻花钻的磨损形态

a）切削刃磨损　b）刀尖磨损　c）横刃磨损　d）刃带磨损　e）切削刃崩刃　f）刀尖崩刃　g）刃带热裂纹

钻头磨损必须及时更换，其磨钝标准常用前面月牙洼宽度 *KB* 或后面磨损宽度 *VB* 作为判据，如图4-46所示。表4-2为某刀具制造商推荐的麻花钻磨钝标准，供参考。

除了前、后刀片面磨钝标准外，有时也可用其他判据判断，如刀尖磨损验证，磨损宽度达到整个刃带宽度 b_{α}（见图4-47a）；刃带部分出现1～2条进给摩擦痕迹（见图4-47b）或崩刃、热裂纹等缺陷；与加工初期相比，切削功率增加了30%左右；孔加工质量明显下降，出现切削声音等非正常现象等。当然，以操作者经验，依据钻孔加工时孔壁面加工质量、钻削加工过程中的声音和振动、钻头磨损速度是否加快等因素确定磨钝指标也是实际中常见的判断方法。

（2）钻头使用常见问题及其解决措施　表4-3列举了麻花钻使用常见问题及其解决措施。

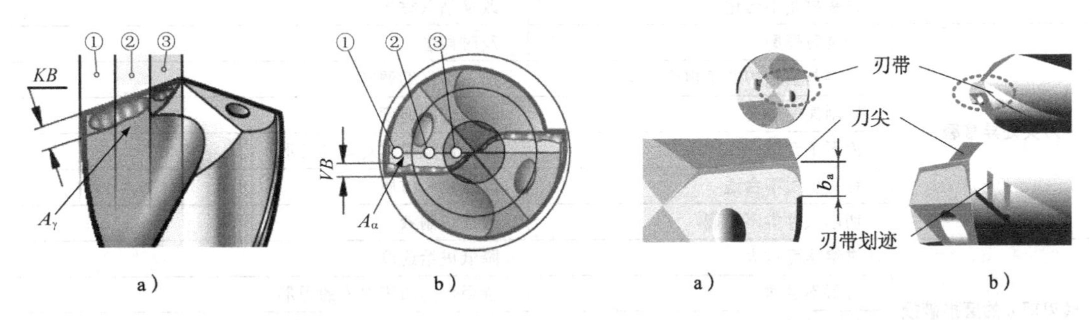

图4-46　钻头磨钝标准

a）前面磨损 *KB*　b）后面磨损 *VB*

图4-47　钻头磨钝其他判据

表4-2　麻花钻磨钝标准

钻头直径/mm	后面磨损 *VB*/mm			前面（月牙洼）磨损 *KB*/mm		
	区域①	区域②	区域③	区域①	区域②	区域③
3.00～6.00	0.20	0.20	0.20	0.20	0.20	0.20
6.01～10.00	0.20	0.20	0.25	0.25	0.25	0.25
10.01～14.00	0.25	0.25	0.25	0.30	0.30	0.30
14.01～17.00	0.25	0.25	0.30	0.30	0.30	0.30
17.01～20.00	0.30	0.30	0.35	0.35	0.35	0.35

表 4-3　麻花钻使用常见问题及其解决措施

问题	产生原因	解决措施
钻头折断	弯曲、变形、滑移	提高刀具、机床刚性，提高工件及夹具的刚性
	后角过小	重新修磨校正
	切削用量过高	降低切削用量
	钻头磨损	重新刃磨
	切屑堵塞	重选钻头（容屑槽型、螺旋角等） 重选加工方法（进给速度的调整，采用分步阶梯方式等）
	切入性不好	提高刀具和机床的刚性 提高工件和夹具的刚性 采用切入性好的钻尖形式 预钻中心孔 先把切削平面调整或加工成水平面 加导向套或钻模
钻尖破损	钻头材质不合适	改换钻头材质
	被加工材料中有硬组织或硬块	分析研究被加工材料的性能或换工件材质 改变切削参数（切削速度、进给速度 / 加工方法）
	切削用量过高	降低切削用量
	切削液供给不足	改变切削液供给方法，增加流量
切削刃崩刃	钻头装夹精度不好 主轴本身跳动量大	选择精度高的刀柄及夹具 校正主轴
	切削速度、进给速度过高	降低切削速度、进给速度
	后角过大	重新修磨校正
	钻头材质不合适	改换钻头材质
刀尖处异常磨损	未及时修磨	及时修磨
	顶尖与主轴中心不重合（车床）	加工前仔细调整
	切削速度过高	降低切削速度
	刃形不合适	选用合适加工对象的刃形
	钻头材质不合适	改换钻头材质
	切削液种类不正确	改换切削液
横刃部分的磨损破损	进给速度过大	降低进给速度
	刃形不合适	选用合适加工对象的刃形
	钻头材质不合适	改换钻头材质
	后角过小	重新修磨
刃带棱面粘结	刃口磨损过大，发热过大	重新修磨
	切削液供给不足	改变切削液供给方法，增加流量
	切削液种类不合适	改变切削液种类
	被切削材料过软	改换钻头或加工方法
振动较大	后角大	重新修磨
	钻头刚性不足	提高钻头刚性
切屑缠绕	切屑过长，切削滞留	重新考虑加工方法、切削条件及钻头选型
钻头单侧磨损	顶尖与主轴中心不重合（车床）	加工前仔细调整
	钻头装夹不良	仔细装夹，控制径向跳动量

（3）钻孔质量常见问题及其解决措施　表 4-4 列举了钻孔质量常见问题及其解决措施，供参考。

表 4-4　钻孔质量常见问题及其解决措施

问题	产生原因	解决措施
孔径扩大	钻头装夹不好 主轴本身跳动量过大	选择精度高的刀柄及夹具 校正主轴 每次装夹钻头时，仔细测量与调整
	顶角不对称 钻头跳动过大 横刃偏心	修磨刀具 修磨后检查精度
多孔加工孔径的一致性较差	顶角不对称 钻头跳动过大 横刃偏心 刃带棱面磨损过大	选择精度高的刀柄及夹具 校正主轴 每次装夹钻头时，仔细测量与调整
	钻头装夹不好 主轴本身跳动量大 工件装夹不牢固	选择精度高的刀柄及夹具 校正主轴 每次装夹钻头时，仔细测量与调整
	进给量过大	降低进给速度
	切削液供给不足	改变切削液供给方法，增加流量
多孔加工孔的位置精度较差	机床主轴重复定位精度低 钻头装夹不好 主轴本身跳动量大	提高机床重复定位精度 选择精度高的刀柄及夹具 校正主轴 每次装夹钻头时，仔细测量与调整
	被加工表面与进给方向不垂直	将被加工表面调整成与进给方向垂直
	顶尖与轴心不重合（车床）	加工前仔细调整
孔加工的直线度和垂直度差	刀具磨损过大	重新修磨
	中心孔精度不好	提高中心孔位置精度
	顶角不对称 钻头跳动过大 横刃偏心	修磨刀具 修磨后检查精度
	被切削平面不平 顶尖与轴心不重合（车床）	调整为水平面或预加工为水平面 预钻中心孔
孔的圆度较差	顶角不对称 钻头跳动过大 横刃偏心	修磨刀具 修磨后检查精度
	钻头装夹不好 主轴本身跳动量大 工件装夹不牢固	选择精度高的刀柄及夹具 校正主轴 每次装夹钻头时，仔细测量与调整
	后角过大	重新修磨切削刃
	钻头刚性不足	提高钻头刚性
孔的表面质量差	修磨不当	重新修磨校正
	切削液供给不足或型号不匹配	改变切削液供给方法，增加流量 采用润滑性好的切削油
	钻头装夹不好 主轴本身跳动量大	选择精度高的刀柄及夹具 校正主轴
	进给速度过大	降低进给速度
	切削刃磨损过大 刃带棱面粘结严重	重新修磨切削刃 使用涂层钻头
	切削阻塞	重选钻头（容屑槽型、螺旋角等） 重选加工方法（进给速度的调整，采用分步阶梯方式等）
孔的圆柱度较差	顶角不对称 钻头跳动量过大 横刃偏心 刃带棱面磨损过大	重修磨刀具 修磨后检查精度
	进给速度过低	提高进给速度

4.3 机夹可转位钻孔加工刀具的结构分析与应用

机夹可转位钻孔加工刀具具有机夹式刀具的共同特点，从加工综合性能而言明显优于整体式钻孔加工刀具，是数控钻孔加工的首选刀具，但由于其价格较高，在实际中的应用仍然受到一定的限制。

4.3.1 机夹式钻孔刀具的种类与结构分析

1．机夹式钻孔加工刀具的种类与结构

机夹可转位不重磨设计思想始终是数控刀具的发展方向，最先出现的机夹式钻孔刀具是基于通用刀片的双刀片机夹式钻头，如图 4-48a 所示，然而，受刀片尺寸和结构限制，钻头加工直径 d_c 难以做的太小而无法与整体式钻头比试，其钻尖部分的结构与整体式麻花钻存在较大的差异，如没有明显的钻尖顶部，定心效果稍差，这种机夹式钻头留有比较明显的机夹式铣刀的身影。为更好的替代整体式钻头，发展出了可换头单刀片机夹式钻头，如图 4-48b 所示，这种可换头机夹钻的钻尖部分较好的模拟与继承了整体式钻头钻尖的结构，并可做成不同的钻尖结构，较好的匹配了整体式钻头的功能，实现了真正意义上的机夹式钻头结构，这种机夹式钻头的设计思路一出现，就迅速被各大刀具制造商接受与发展，出现了多种不同的结构型式。另外，为适应大批量生产的需要，人们还设计出许多复合式机夹钻头，如图 4-48c 所示的“钻孔—倒角”和“钻孔—锪沉孔”复合钻孔加工刀具。

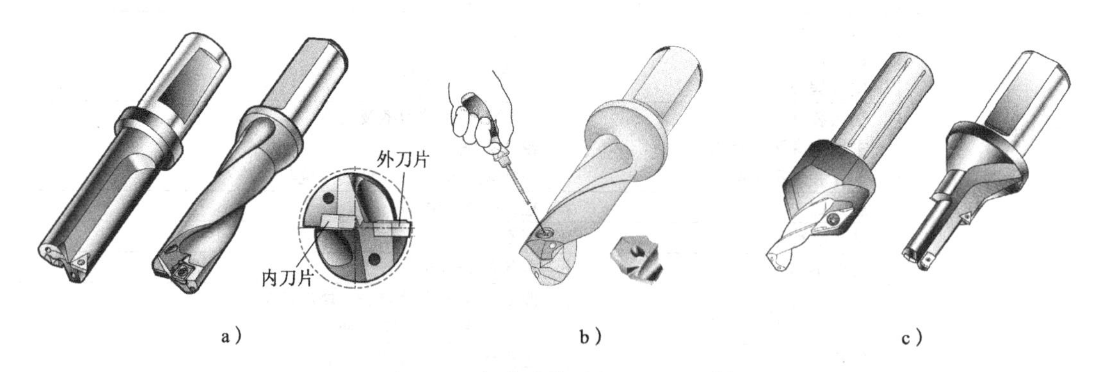

图 4-48　机夹式钻孔加工刀具示例

a）双刀片机夹式钻头　b）可换头单刀片机夹式钻头　c）复合式机夹钻头

机夹式钻孔刀具的钻体部分基本与整体式钻头相同，容屑槽以螺旋槽为主流，也有直槽结构，直槽结构加工方便，但综合应用性能不如螺旋槽强，因此，机夹式钻头大部分为螺旋槽型式。

机夹式钻头的钻柄部分多以削平直柄和 2° 斜削平直柄结构，大部分在圆柄根部做有阶梯端面，这种接头又称为凸缘式结构。斜削平直柄配合端面凸缘的结构装夹可靠性极好，多用于稍大直径机夹式钻头的首选。另外，双刀片钻头常用于车床钻孔，即刀具

静止，工件旋转型式，这时，凸缘外表面正对外削平面位置做出了一个平面和标记，便于装夹指示，如图 4-60 所示。

可换头单刀片机夹式钻头的刀片，钻尖部分的结构可较好的模拟整体式钻头的钻尖结构，图 4-49 列举了几个示例供参考，图 4-49a 所示为典型的锥顶结构，锥角一般为 130° ～ 140°；图 4-49b 所示钻尖倒角增加刀具寿命；图 4-49c 所示为双锥顶角结构，中心锥角顶角较小，钻孔定心精度好，外部锥顶角较大，轴向切削力减小；图 4-49d 所示为平底结构，且中心有一小的钻尖定心。以上四种钻尖均修磨了横刃，具有专业数控钻头的特征。

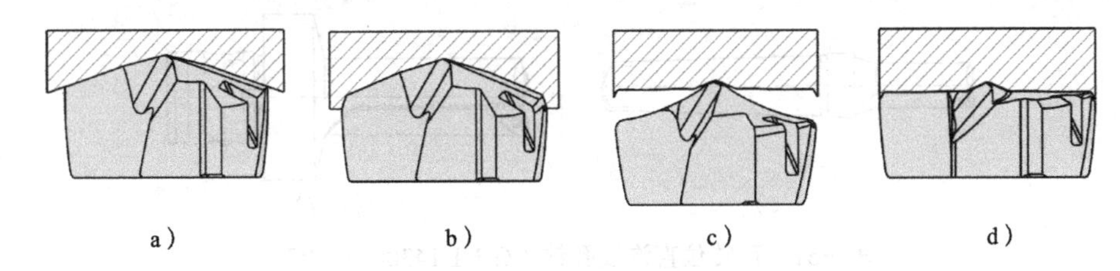

图 4-49　可换头单刀片钻尖结构示例

a）典型锥顶　b）钻尖倒角　c）双锥顶角　d）锥顶平底

复合式机夹式钻孔刀具的多工序复合以生产需要为主，一般需单独订货生产。

2．机夹式钻孔刀具国家标准分析

机夹式可转位钻孔刀具的国家标准主要有：GB/T 14299—2007《可转位螺旋沟浅孔钻》和 GB/T 14300—2007《可转位直沟浅孔钻》。GB/T 14299—2007 和 GB/T 14300—2007 分别规定了 2° 斜削平直柄、斜削平型平直柄、莫氏扁尾锥柄和 TMG21 柄可转位螺旋沟槽和直沟槽浅孔钻的型式和尺寸等，适用于直径 $\phi16$ ～ $\phi82$mm，钻孔深度不大于钻头直径的 3 倍和 2 倍，内冷却式硬质合金可转位刀片的浅孔钻。图 4-50 和图 4-51 所示为国家标准规定的各种浅孔钻型式简图，其主要参数包括：钻头直径 d、总长 L、容屑槽有效长度 L_1 和柄部直径 d_1、莫氏圆锥号或 TMG21 柄规格参数。

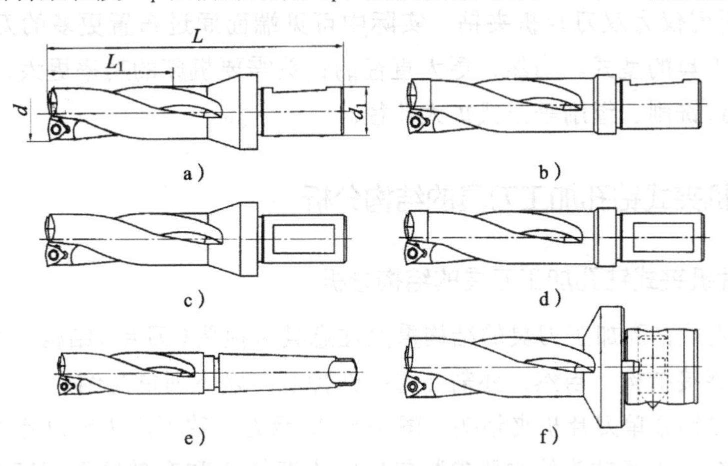

图 4-50　可转位螺旋沟浅孔钻（GB/T 14299—2007）

a、b）2° 斜削平直柄　c、d）斜削型平直柄　e）莫氏扁尾锥柄　f）TMG21 柄

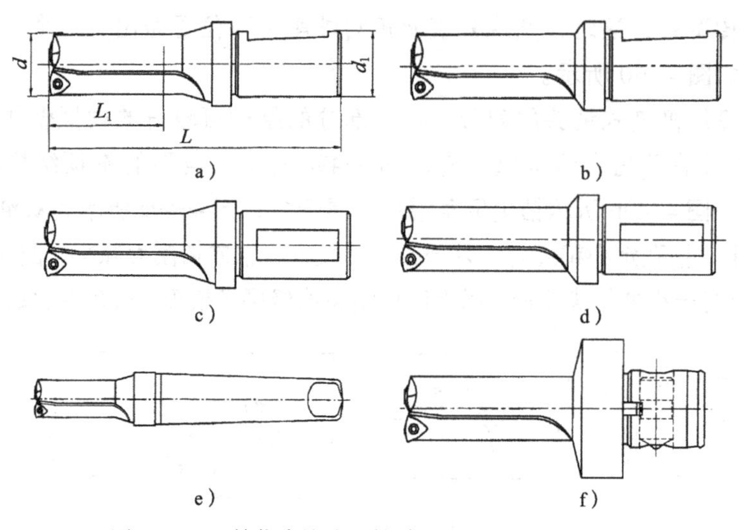

图 4-51　可转位直沟浅孔钻（GB/T 14300—2007）

a、b）2° 斜削平直柄　c、d）斜削型平直柄　e）莫氏扁尾锥柄　f）TMG21 柄

关于柄部结构型式，直柄削平型钻头应用较多，莫氏锥柄在数控加工中不推荐采用，而 TMG21 柄是 GB/T 25668—2010《镗铣类模块式工具系统》推荐的柄部型式。国内外很多刀具制造商采用的标准不同或有自己的工具系统。实际中螺旋沟槽机夹式钻头用得较多，关于机夹式钻头国家标准的相关参数规定，可参阅具体标准或参考资料。

从现有标准看，这个标准远不能满足实际数控刀具的发展，表现为：

1）仅有双刀片机夹式钻头的结构型式与参数。目前未见有可换头单刀片机夹式钻头的国家标准。

2）标准中为浅孔钻，建议钻孔长径比为 3 或 2，然而，实际上各刀具制造商通过钻体部分的结构优化设计和内冷却设计，可提供长径比大于 3 的机夹式钻头，从制造商的资料可看到长径比可达 5 ～ 8，甚至更大。

3）标准所列仅为双刀片机夹钻，实际中可见端面通过布置更多的刀片实现更大直径机夹式钻孔刀具的型式。当然，更大直径的钻头需要机床的功率更大，实际中应用并不多，且可通过铣削、镗削等方式扩大孔径。

4.3.2　典型机夹式钻孔加工刀具的结构分析

1．单刀片机夹式钻孔加工刀具的结构分析

单刀片机夹式钻孔加工刀具的结构重点注意其可换头（刀片）结构以及其与钻杆（又称为钻体）的连接结构，当然，还需注意柄部特点，以下列举几例供学习参考。

（1）外侧自锁紧单刀片机夹钻头　图 4-52 所示为一款可换头单刀片机夹式钻头结构示例，上半部分示出了钻头的主要参数包括钻头直径 d_c 和有效钻孔深度 l_c（有效钻孔深度 l_c 是小于螺旋槽长度 l_1 的）、柄部直径 d_1、长度 l_2、总长 l 等，削平部分的参数一般不

用表达，其符合相关标准。该款钻头的刀片与整体式钻头基本相同，包括钻尖锥角 2ϕ 为 140°，横刃修磨，刀尖倒角等均可看出。刀片与刀杆为圆柱定位，刀片与刀体在外侧有两个斜楔自锁紧，刀片装入并顺时针旋转，通过斜楔锁紧，刀片上对称布置有扳手槽，通过专用扳手（图中未示出）旋紧和松开，切削力产生的力矩使得刀片更为锁紧，因此，刀片更换方便，可直接在机床上拆装。刀柄为削平型圆直柄凸缘型结构。刀具长径比有 1.5、3、5 和 8 等多种，刀具直径为 $\phi8 \sim \phi27$mm，有内、外冷却式结构供选用，一般长径比较大时基本为内冷却式结构。

图 4-53 所示为同款型号的变化型式，其刀片为平底结构，钻尖中心有一小钻尖定心，柄部为整体式钻头常见的圆柱直柄。

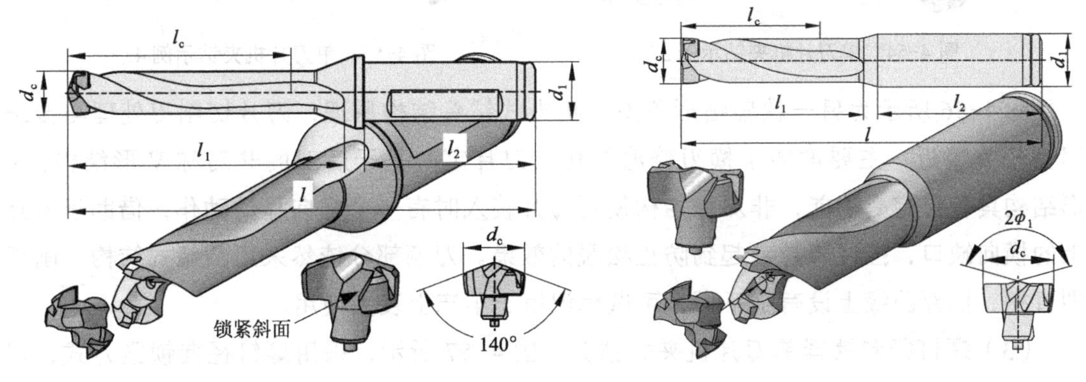

图 4-52　单刀片机夹钻示例 1　　图 4-53　单刀片机夹钻示例 2

（2）扁钻形单刀片机夹式钻头　扁钻是传统整体钻孔刀具家族中的一员，切削部分为扁平体，主切削刃通过刃磨主后面自然形成，同时产生横刃，同理，刃磨副圆周面上的副后面形成副后角与副偏角。扁钻形单刀片机夹式钻头便是基于扁钻结构原理发展而来的钻头。图 4-54 ～图 4-56 所示为三款扁钻形结构刀片的机夹式钻头结构示例。

图 4-54 所示为某款扁钻形单刀片机夹式钻头结构原理，扁钻前面刃磨成波浪型面获得曲线型主切削刃，使得外部主切削刃为负刃倾角，往中心发展又转位正刃倾角，中心横刃通过修磨缩短，从而获得较好的综合切削性能。装夹面锯齿结构设计，保证刀片径向安装精度，并防止加工过程中的横向错位移动，从而保证孔加工精度。刀柄采用削平直柄结构，确保传递较大的力矩，整体结构简单实用。从刀具制造商资料可见其加工直径 d_c 范围为 $\phi8 \sim \phi27$mm，加工孔长径比有 3、5 和 8 等多种，通过刀片几何参数优化、材质和涂层等变化，可实现碳素钢、不锈钢和铸铁等加工。

图 4-55 所示为另一款扁钻形单刀片机夹式钻头结构原理，其刀片部分模拟出整体式钻头钻尖结构，即前面刃磨为螺旋槽，采用了横刃修磨的经典横刃处理技术，设计有双顶尖结构等。刀片采用后部圆柱定位及拉紧。刀杆上有两个螺钉，前端螺钉正对着刀片尾部圆柱杆上的缺口进行拉紧，另一螺纹为松刀片用，旋松锁紧螺钉后，向内旋入螺钉可将刀片挤出松脱。刀柄部分采用经典的削平直柄，法兰结构，装夹刚性

好。刀具整体结构简单，刀片更换方便。从刀具制造商资料可见其加工直径 d_c 范围为 $\phi16\sim\phi38$mm，加工孔长径比有 3、5 和 8 等多种。

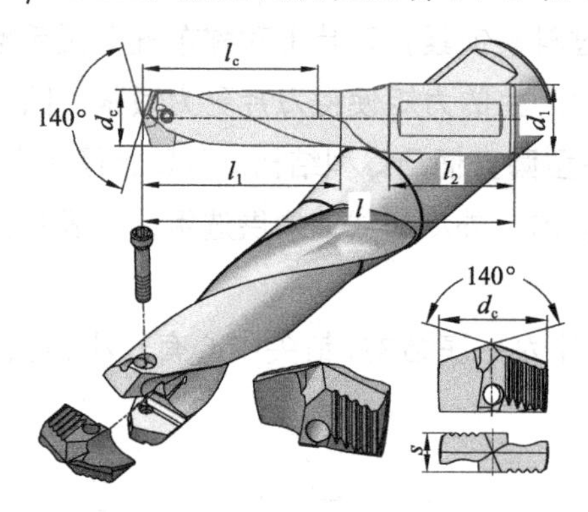

图 4-54　单刀片机夹钻示例 3

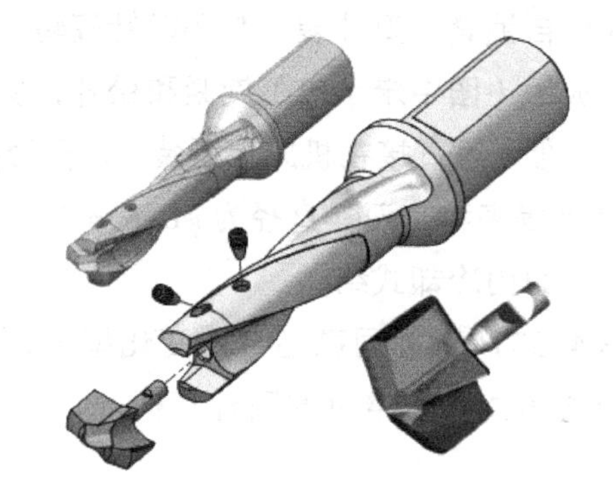
图 4-55　单刀片机夹钻示例 4

图 4-56 所示为另一款扁钻形单刀片机夹式钻头结构原理，刀片切削刃处理与传统扁钻较为接近，主要增加了横刃修磨结构。刀片定心基于后部的非对称 V 形结构，V 形结构具有自定心功能，非对称结构使得刀片装入时有一个横向移动动作，借助于刀片上的横向缺口，挂住刀片，起到防止松脱的效果。刀柄部分依然采用凸缘式结构、削平型直柄，柄部凸缘上设有削平面，可做标记用于车床上装夹使用。

（3）螺钉径向锁紧单刀片机夹式钻头　图 4-57 所示，采用螺钉径向锁紧方式，刀片 1 的底部有凸起短圆柱，与刀杆 2 上相应位置的浅孔配合径向定心定位，刀杆上开有弹性槽，刀片轴向插入并右旋定位后，旋紧锁紧螺钉 3，锁紧刀片，然后旋入防松螺母 4，防止锁紧螺钉松动。该款刀片前面为曲面型式，获得类似图 4-54 刀片主切削刃，后面双平面型式，横刃修磨，具备整体式数控钻头的基本特征。柄部为削平直柄结构，可传递较大的力矩。从刀具制造商资料可见其加工直径 d_c 范围为 $\phi10\sim\phi18$mm，加工孔长径比有 1.5、3、5 和 8 等多种规格。

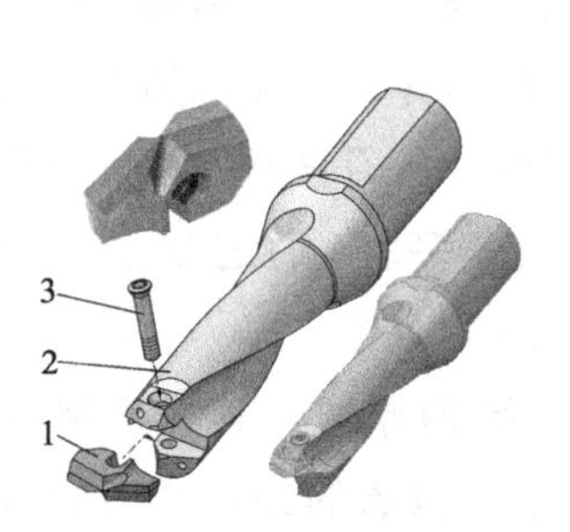

图 4-56　单刀片机夹钻示例 5

1—刀片　2—刀杆　3—螺钉

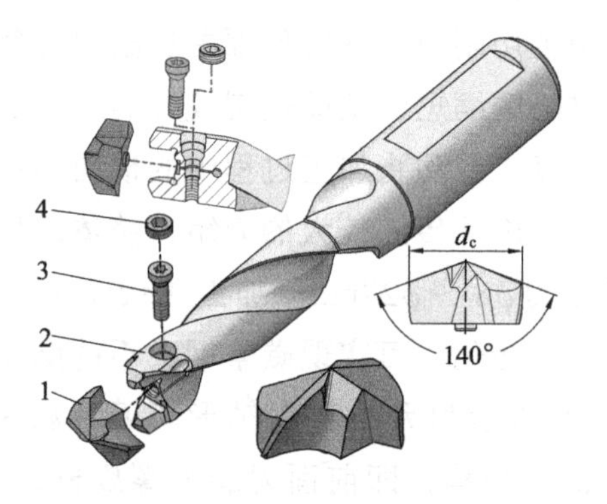

图 4-57　单刀片机夹钻示例 6

1—刀片　2—刀杆　3—螺钉　4—防松螺母

（4）榫卯锁紧单刀片机夹式钻头　单刀片机夹钻头如图 4-58 和图 4-59 所示。以

图 4-58 为例，其刀片钻尖有多种型式，图示的刀片结构复杂但切削性能较好，主后面为两阶梯型面，横刃很短，钻尖双顶角结构，兼顾定心精度与轴向切削抗力；副后面为双刃带结构（共 4 刃带），钻孔直线度等较好，刀片底部有一短圆柱定位面，可与钻杆相应圆柱沉孔配合定位。圆柱定位面与刀杆径向布置有两条对称的榫卯结构，榫在刀片上，卯在刀杆圆内壁上，刀片榫对着缺口插入到底后右旋实现榫卯结合，锁紧刀片。刀片上做有扳手槽，基于专用扳手旋转拧动刀片。这种结构的刀杆刚性与强度更好。刀柄部分为凸缘式结构，削平直柄型式。依照刀具制造商资料可见其加工直径 d_c 范围为 $\phi10 \sim \phi26$mm，加工孔长径比有 1.5、3、5、8 和 12 等多种规格。

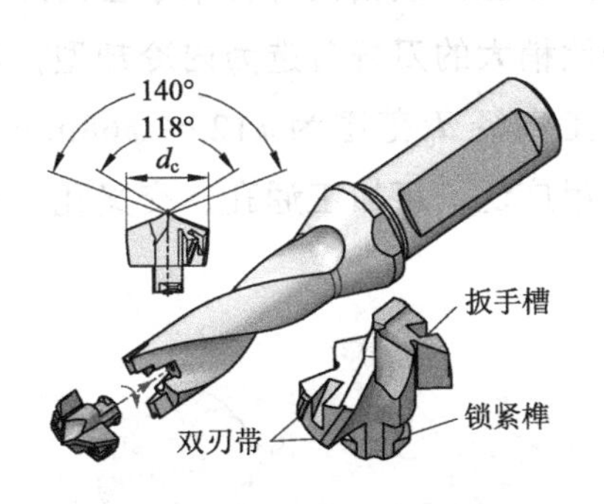

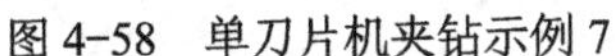
图 4-58　单刀片机夹钻示例 7

图 4-59　单刀片机夹钻示例 8

图 4-59 所示的单刀片机夹钻示例，其刀片固定方式也是榫卯结构，锁紧原理与图 4-58 基本相同。该钻头刀片钻尖设计与整体式钻头基本相同，钻柄结构为圆柱直柄。

2．双刀片机夹式钻孔加工刀具的结构分析

双刀片机夹式钻孔加工刀具的结构型式较为成熟，一般由内、外两片刀片构成，其中内刀片略过刀具轴心，刀片装夹以螺钉夹紧为主，由于刀具直径稍大，因此柄部结构大部分为凸缘式结构，削平或 2° 斜削平直柄型式。注意刀片的形状以及布置，以下列举几例供学习参考。双刀片机夹可转位钻头的端面切削刃为主切削刃，内刀片内切削刃略过钻头中心（轴线），外切削刃外刀尖控制钻孔直径，内刀片外刀尖轨迹圆直径大于外刀片内刀尖轨迹圆直径，确保两刀片加工区域略有重叠。

（1）双刀片机夹可转位钻头示例 1（见图 4-60）　该钻头为典型的两刀片机夹可转位钻头，内、外两片同规格的 S 形刀片，螺钉夹紧，但为兼顾内、外刀片寿命相同，可将内、外刀片的材质、涂层和断屑槽等选择不同种类，各刀具制造商钻头性能的差异主要在刀片材质与涂层性能和断屑槽型式上。图 4-60 所示的四方形刀片具有 4 条可转位切削刃，性价比高，通用性好。图 4-60a 所示钻头的主要参数包括钻头直径 d_c、有效钻孔深度 l_c、刀柄直径 d_1 和刀具总长 l 等，其端面 K 向视图可见刀片布置情况，其外刀片刃倾角为 0，内刀片为负刃倾角（角度值各厂商略有差异）。刀片材质、涂层和断屑

槽等有多种规格供选择，以适应不同加工材料的需要。刀杆容屑槽为螺旋槽，柄部为凸缘式结构削平直柄型式，内冷却刀杆，刀柄凸缘除正对外刀片正面铣有一小平面，中心刻有一小段 V 形标记，用于装刀时判断柄部削平位置。从刀具制造商资料可见其加工直径 d_c 范围为 $\phi17 \sim \phi63$mm，加工孔长径比有 2、3、4、5、6 等多种规格。

（2）双刀片机夹可转位钻头示例 2（见图 4-61）　该钻头的内、外刀片为专门设计的形状，均为四方形刀片的变异形状，这种刀片的四方形直边改为了转折线，有利于分屑，提高加工性能，图 4-61b 右上角显示了内、外刀片布置及切削示例，可明显看出内刀片过中心，内、外刀片切削区域存在重叠，外刀片确定加工孔径。这些刀片配以材质、涂层、断屑槽型等变化可适应不同工件材料的加工。该钻头刀杆未示出内冷却孔，实际中有外、内冷却型刀杆，特别是加工孔长径比稍大的刀杆首选为内冷却型，刀柄结构与图 4-60 相同。从刀具制造商资料可见其加工直径 d_c 范围为 $\phi12 \sim \phi68$mm，加工孔长径比有 2、3、4 和 5 等多种规格。该钻头应用广泛，可加工通孔、交叉孔、斜面进出孔、凹面加工等。

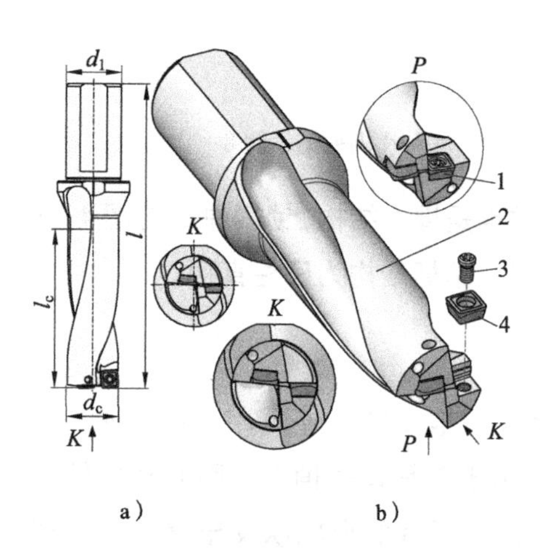

图 4-60　双刀片机夹可转位钻头示例 1

1—内刀片　2—刀杆　3—刀片螺钉　4—外刀片

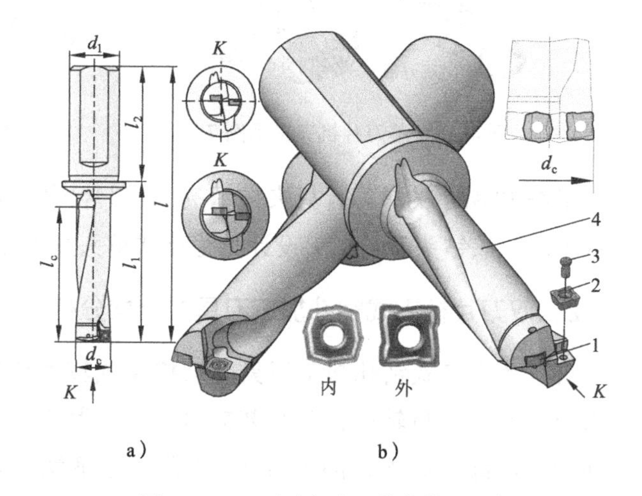

图 4-61　双刀片机夹可转位钻头示例 2

1—内刀片　2—外刀片　3—刀片螺钉　4—刀杆

（3）双刀片机夹可转位钻头示例 3（见图 4-62）　图 4-62 中两者的差异主要在直柄部分，图 4-62a 所示为削平直柄，而图 4-62b 为 2° 斜削平直柄。该钻头的刀片采用内、外相同规格的近似矩形的专用刀片，端面主切削刃为短边，近似于一个非对称大夹角 V 型刃，侧面副切削刃为直线，副后面有一段后角为 0° 的平面模拟钻头刃带，前面断屑槽有多种不同加工材料设计型式，刀片的整个设计是针对小直径机夹式钻头设计的，在小尺寸钻孔过程中具有极好的稳定性，包括平稳切入、切削力低、进给率高等特性，切屑以短屑为主。刀具制造商资料显示该钻头加工直径 d_c 范围为 $\phi12.5 \sim \phi24$mm，加工孔长径比规格为 2、3、4 等多种规格。

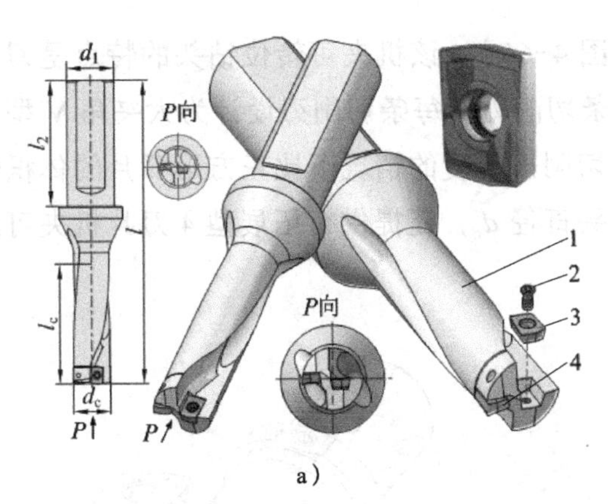

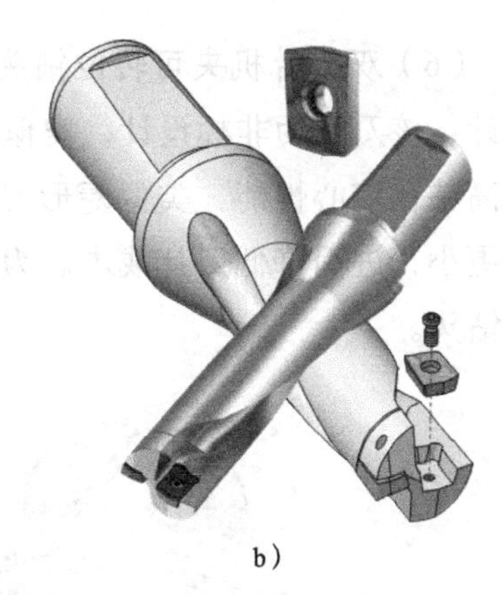

图 4-62　双刀片机夹可转位钻头示例 3

a）削平直柄　b）2° 斜削平直柄

1—刀杆　2—刀片螺钉　3—外刀片　4—内刀片

（4）双刀片机夹可转位钻头示例 4（见图 4-63）　该钻头的内、外刀片形状不同，外刀片为正方形（S 型），内刀片为等边不等角六边形（W 型），S 型刀片的性价比高，经济适用，W 型刀片定心性能好，两者集成在同一钻头上，兼顾经济性与加工精度，因此具有高的加工效率和好的加工质量。该钻头配以机夹可转位钻头通用的设计特点，如内冷却刀杆和螺旋形容屑槽；适应不同加工材料的刀片材质、涂层和断屑槽选择；通用的凸缘结构削平直柄装夹柄，使得其具有较好的通用性；可加工碳素钢、不锈钢以及铸铁，甚至非金属材料，各种复杂结构孔加工等。从刀具制造商资料可见其加工直径 d_c 范围为 ϕ14 ～ ϕ55mm，加工孔长径比有 2、3、4 和 5 等多种规格。

（5）双刀片机夹可转位钻头示例 5（见图 4-64）　该钻头的内、外刀片均采用相同规格的等边不等角六边形（W 型）刀片，具有极高的定心性能，可获得极佳的孔加工精度。每片刀片可转位 3 次，性价比较高。从刀具制造商资料可见其加工直径 d_c 范围为 ϕ24 ～ ϕ82mm，加工孔长径比有 2.5 和 4 两种标准规格，其余长径比需要定制。

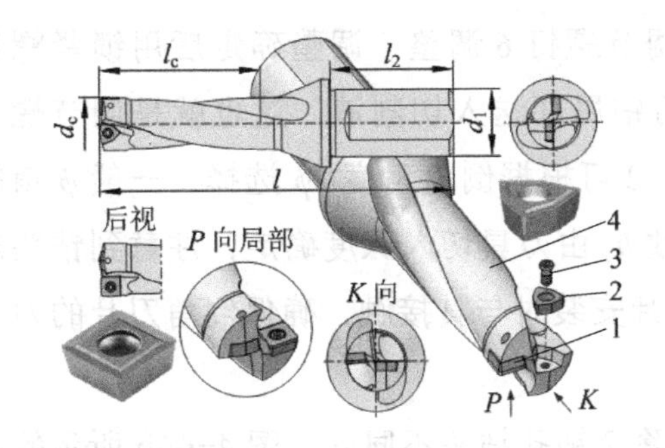

图 4-63　双刀片机夹可转位钻头示例 4

1—内刀片　2—外刀片　3—刀片螺钉　4—刀杆

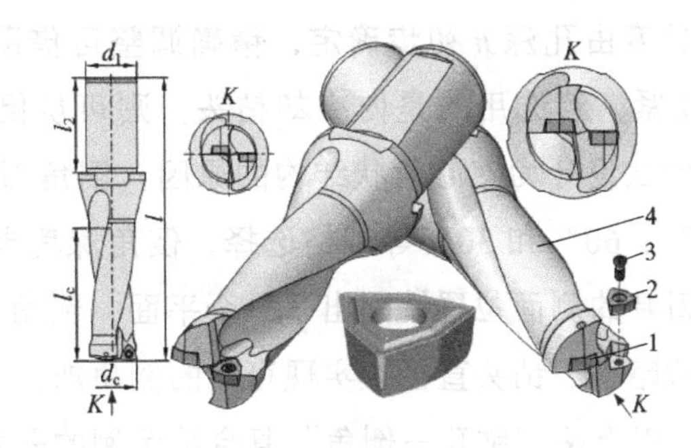

图 4-64　双刀片机夹可转位钻头示例 5

1—内刀片　2—外刀片　3—刀片螺钉　4—刀杆

（6）双刀片机夹可转位钻头示例 6（见图 4-65） 该机夹可转位钻头的特点是刀片设计，该刀片为非标设计，类似菱形，有 4 条切削刃，每条切削刃设计为大夹角 V 型，提高钻孔定心性能，类似菱形刀片可在保证切削刃长度的情况下比正方形刀片的体积做得更小，进而降低刀片成本。为获的较大钻头直径 d_c，还提供有拓展型 4 刀片机夹可装位钻头。

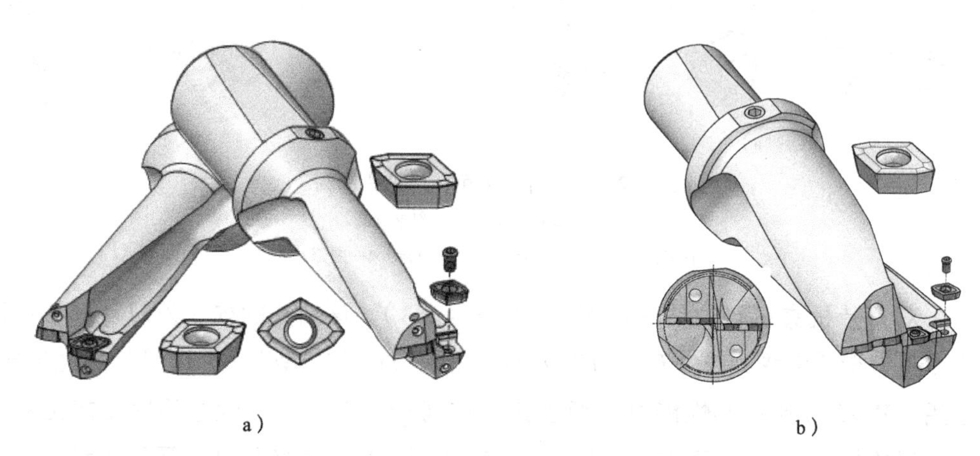

a） b）

图 4-65 双刀片机夹可转位钻头示例 6

a）2 刀片 b）4 刀片

3．复合机夹式钻孔加工刀具的结构分析

复合钻指将两种或两种以上的孔加工钻头组合在一起同时进行加工的孔加工刀具，复合的目的是为了提高加工效率。复合钻以专业订制为主，但对于应用广泛的复合钻头，也有做成通用性的复合钻供应市场。以下仅介绍两款“钻孔—倒角”复合钻。

图 4-66 所示为组合式“钻孔—倒角”复合钻示例，其钻孔钻头与倒角钻体分离式设计，钻头可机夹式（见图 4-66a）或整体式（见图 4-66b）。机夹式钻头 1 的加工直径 d_c 可根据钻孔需要选用，当然，倒角钻刀体 4 也有相应的匹配规格供选用，钻头伸出长度由孔深 h 初步确定，精确调整可借助调节螺钉 6 调整，调整确定后用锁紧螺钉 5 锁紧，若选用的是内冷却钻头，则可从倒角钻尾部送入切削液，这也就是调节螺钉为什么设计为空心管状结构的原因，倒角刀片 2 可根据倒角角度 2ϕ 选择，一般 ϕ 角有 45°、60°和 30°等规格选择，倒角深度参数 h_1 由刀具切入深度确定，注意到钻头对应刀片的侧面位置铣削出了一个平面，倒角刀片安装时与其接触，确保倒角刀片的刀尖位置略小于钻头直径，实现可靠的倒角加工。

以上两“钻孔－倒角”复合钻示例的差异除了钻孔钻头不同外，图 4-66b 所示的调节螺钉后部新增加了一个防松锁紧螺套，使得调节螺钉应用时可靠性更好。

图 4-67 所示为钻孔钻头与倒角刀体一体式“钻孔—倒角”复合钻示例。这种复合

钻的结构略显简单，且钻头的选择余地不大，主要依靠变换不同钻孔刀片 1 实现不同性能的钻孔效果，其倒角刀片同样有不同倒角角度的型号供选择。

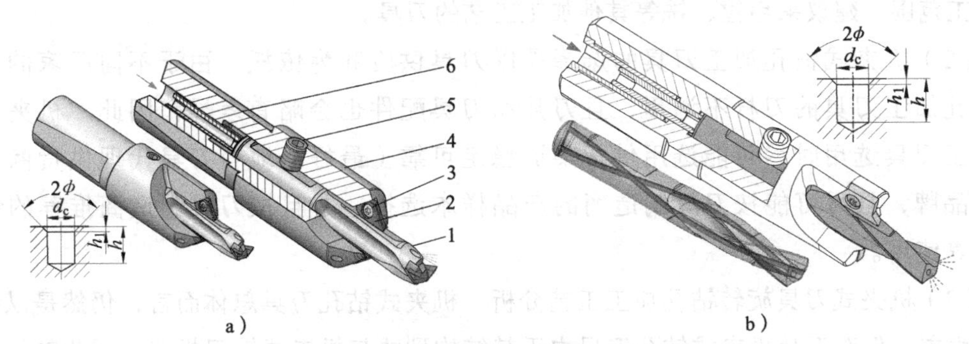

图 4-66　组合式“钻孔—倒角”复合钻示例

a）机夹式　b）整体式

1—机夹钻　2—倒角刀片　3—刀片螺钉　4—倒角钻刀体　5—锁紧螺钉　6—调节螺钉

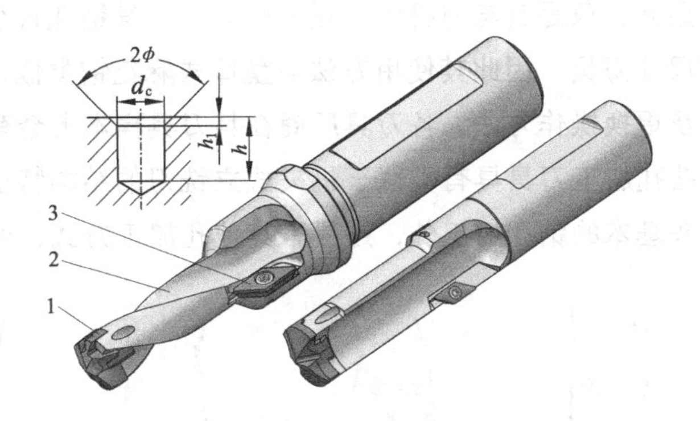

图 4-67　一体式“钻孔—倒角”复合钻示例

1—钻孔刀片　2—刀杆　3—倒角刀片

“钻孔—倒角”复合钻的柄部可设计为削平直柄（见图 4-67）和 2° 斜削平直柄（见图 4-66a）等，具体以厂家生产为准。

4.3.3　机夹式钻孔加工刀具应用的注意事项

虽然机夹式钻孔加工刀具的价格较高，一定程度上限制了它的生产应用，但从性价比综合考虑，机夹式孔加工刀具仍然是数控加工首选的刀具结构型式。这是因为，首先，其刀片可更换，批量生产时其综合成本并不高；其次，刀片结构型式的专业设计与生产，其切削性能较好，加工效率与加工质量较高。

1．机夹式钻孔加工刀具型式的选择与应用

（1）单刀片与双刀片机夹式钻头的选用　对于机夹式钻头而言，由于结构尺寸的限

制，尺寸较小时，多采用单刀片机夹式钻孔刀具，尺寸稍大时优先选用双刀片机夹式钻孔刀具，且机床条件具备时，优先选用内冷却式结构型式。若尺寸超出双刀片钻孔刀具的加工范围，建议采用镗、铣等其他加工工艺的刀具。

（2）机夹式钻孔加工刀具的选择需以刀具供应商为依托　由于不同厂家的机夹式钻孔加工刀具的刀杆不通用，且刀片和刀具配件也会略有差异，因此，机夹式钻孔加工刀具选用时尽可能选用供货渠道稳定可靠（最好当地有刀具代理供货商）的刀具品牌，且尽可能按刀具制造商的产品样本选择，并且按刀具制造商推荐的切削参数等使用。

（3）机夹式刀具旋转钻孔加工工艺分析　机夹式钻孔刀具总体而言，仍然是以钻孔加工为主，但双刀片机夹式钻孔刀具由于其结构型式与机夹式铣刀相似，因此其使用时有其特殊之处。

单刀片机夹式钻孔刀具，其实质是将整体式钻头的前段（主要为钻尖部分，即刀片）做成可更换的结构型式，只是其与刀杆为机械夹固方式，其钻孔直径主要通过相应尺寸的刀片实现，属定尺寸刀具，因此其使用方法与整体式麻花钻类似，选用时重点注意其与刀杆连接的型式及更换操作方法，各刀具厂商在其刀具样本上会有介绍。

双刀片机夹式钻孔加工刀具具有类似于机夹式立铣刀的结构特征，因此，其除了可完成传统整体式钻头基本的钻孔加工外，还具有其他孔加工方式，如图 4-68 所示。

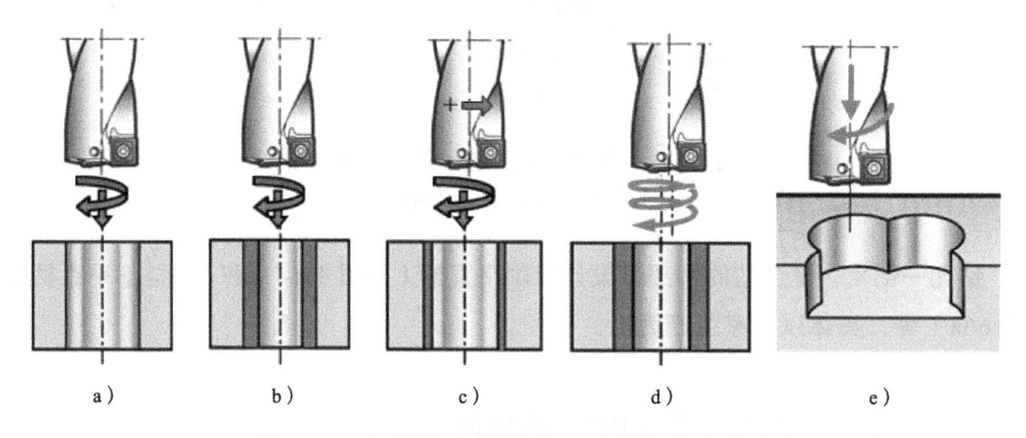

图 4-68　双刀片机夹式钻孔加工刀具常见加工方式

a）钻孔　b）扩孔　c）径向调节钻孔　d）螺旋插补孔加工　e）插孔

图 4-68a 所示为直接钻孔，这是钻孔刀具基本的孔加工方式，刀具在主运动旋转的方式下轴向进给实现孔的加工。双刀片机夹式钻孔加工可进行通孔与不通孔加工，孔底的形状与刀片的形状有关，且高度差 Δa 远小于传统麻花钻钻孔，如图 4-69 所示。

图 4-68b 所示为扩孔加工，前述整体式钻孔刀具曾提到，数控加工过程中，由于整体式麻花钻靠近外径部分的前角较大，因此其扩孔加工易形成带状切屑缠绕刀具，不适于数控加工的自动化进行，因此，数控加工一般推荐机夹式钻孔刀具扩孔加工。

图 4-68c 所示为径向调节钻孔，其刀具沿外刀片刀尖方向径向调节适当偏心距离钻孔加工，其加工原理类似于镗孔加工，可在不增加刀具数量的前提下适当扩孔加工，并进一步提高孔的加工精度（可达 H10 ～ H11）。双刀片机夹式钻孔刀具一般属于定尺寸刀具，其径向调节一般需借助专用的工艺装备——偏心套。图 4-70 所示为偏心套径向调节原理，刀具通过偏心套装入侧固式刀柄中，旋转偏心套可适当调节刀具的径向位置，大部分刀具制造商均提供有这种专用配套的偏心套。

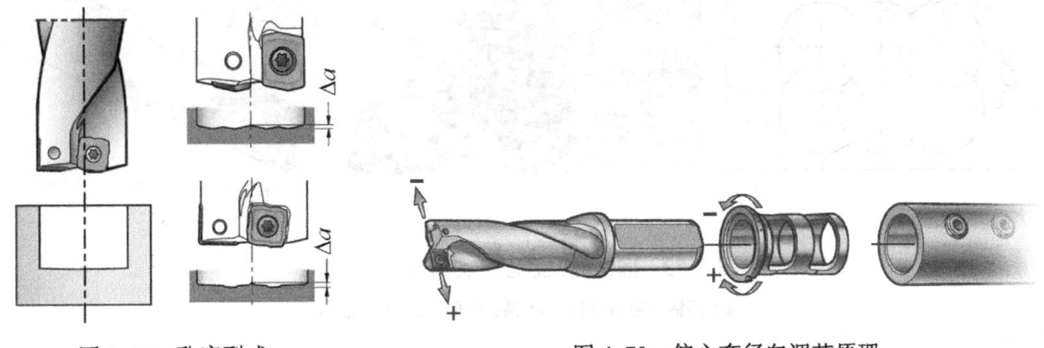

图 4-69　孔底型式　　　　图 4-70　偏心套径向调节原理

图 4-71 所示为某刀具制造商的专用径向可调节钻头刀柄，其调节精度为 0.05mm，调节量达 1.4mm，调节方便且调节量大于偏心套的调节范围。

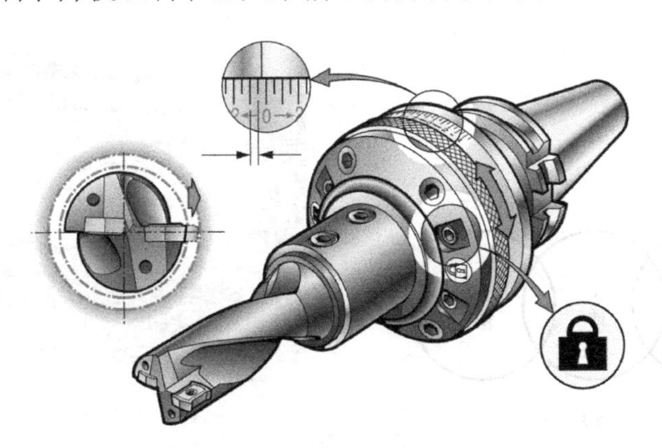

图 4-71　径向可调节钻头刀柄

图 4-68d 所示为螺旋插补孔加工，这正是双刀片机夹式钻头具有铣刀特征的体现，其与立铣刀螺旋加工孔的原理相同。该方法主要用于扩孔加工，其加工余量可比前述的扩孔加工大，其主要优点是不需要另外备用铣削刀具，减少刀具的数量，使用时注意刀具的长径比尽可能短，一般适合加工孔长径比小于 2 的孔加工，螺旋刀轨的最大螺距为刀片长度的一半略多。

图 4-68c 所示为插孔加工，其加工原理与立铣刀的插铣加工相同，主要用于型腔等的粗加工，加工效率较高。插孔加工时，为获得较好的稳定性，尽可能选择较短的钻头，采用内冷却钻头提高冷却与排屑效果，钻孔步距（或行距）取刀具直径的 70% 效果最佳，

如图 4-72a 所示。常规的可转位浅孔钻一般插钻深度不超过钻头直径的 3 倍，但采用图 4-72 所示的专用插钻，其型腔深度可达钻头直径的 6 倍，这种插钻的特点是，容屑槽为直槽，其长度较短（为刀具直径），因此整个刀体刚性较好，适合较深型腔的加工。另外，插钻加工过程冲击较大，宜选用韧性较好的刀片材料。

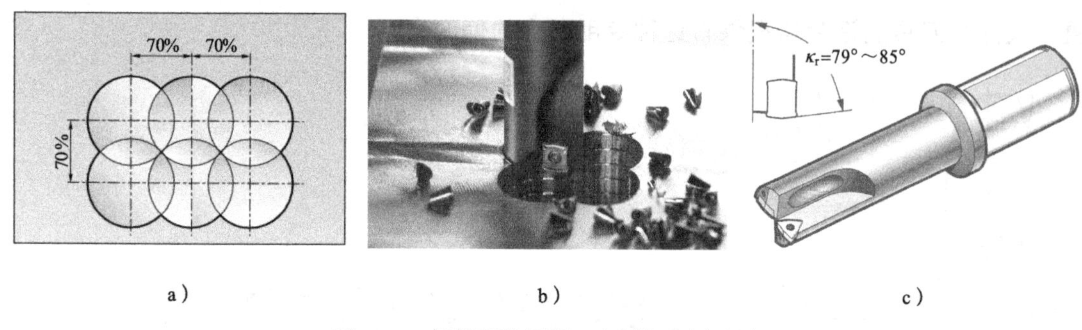

图 4-72　插钻型腔原理、实例与专用刀具

a）插钻步距与行距　b）插钻实例　c）专用插钻

常见的插削工艺是顺序插钻，但对于长槽插钻加工，也可采用钻、插交替的加工工艺（见图 4-73），其钻头横向受力更好。

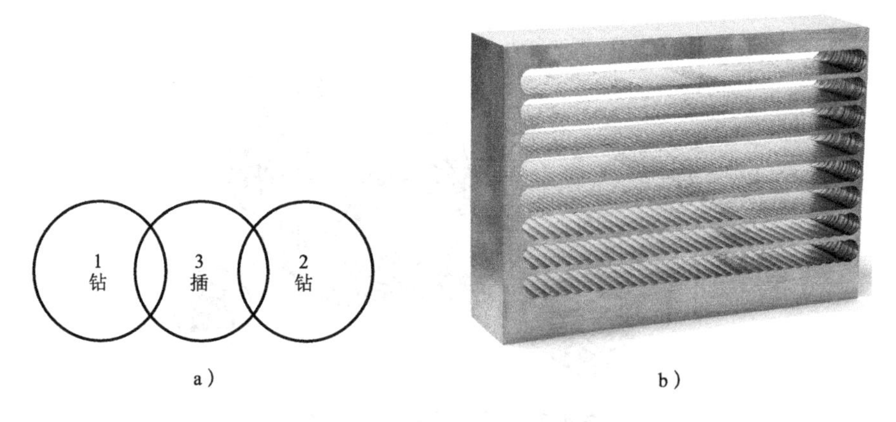

图 4-73　插、钻交替加工工艺与实例

a）插、钻交替示意图　b）长槽插钻实例

（4）机夹式刀具非回转钻孔加工工艺分析　数控车床上钻孔是刀具非回转钻孔加工的典型示例，如图 4-74 所示，工件在机床主轴带动下高速旋转，刀具与机床主轴同轴沿轴向进给即可完成钻孔加工。若工件上已钻出预孔，且钻头外刀片刀尖角方向准确定位在数控车床的 X 轴方向上，则类似于内孔车削加工（又称为镗孔加工），则大大扩展了机夹式钻孔刀具孔加工的范围，并可在不增加刀具配备的情况下大大提高孔的加工精度。

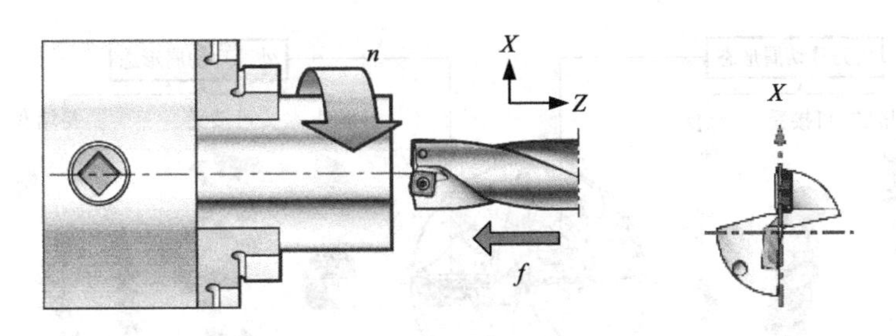

图 4-74　刀具非回转钻孔加工（车床钻孔）

图 4-75 所示为机夹式刀具非回转钻孔加工（车床钻孔与车削）。事实上，借助于数控机床的编程功能，可完成轴线直径单调递减的各种内孔型面的加工。

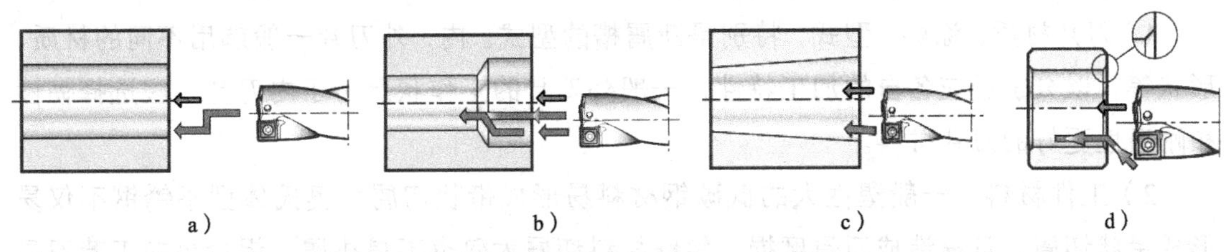

图 4-75　机夹式刀具非回转钻孔加工（车床钻孔与车削）

a）钻孔 + 扩孔　b）钻孔 + 阶梯孔　c）钻孔 + 锥孔　d）钻孔 + 倒角 + 镗孔

机夹式钻孔加工刀具数控车床加工时，刀尖安装高度误差必须控制在 0.03mm 内（见图 4-76a）；通孔加工最好加装防护罩，以防孔钻通的瞬间，底部的圆片废料飞出伤人（见图 4-76b）；另外，刀具加装止动块可有效防止刀具松动旋转，避免切削液供液软管缠绕等事故（见图 4-76c）。

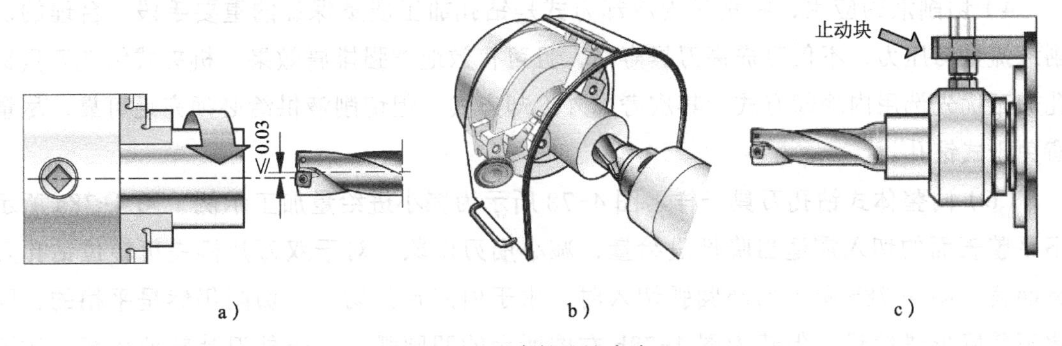

图 4-76　车床钻孔注意事项

a）刀具安装偏差　b）防护罩　c）止动块

（5）机夹式钻孔加工刀具切屑分析与控制　双刀片机夹式钻孔刀具包括内、外两片刀片，且刀片材料与型式可按需选用不同的刀片，因此，切屑可分为两部分考虑，内刀片的切屑按整体麻花钻的思路分析，而外刀片的切屑可参照车削思想分析，如图 4-77 所示。

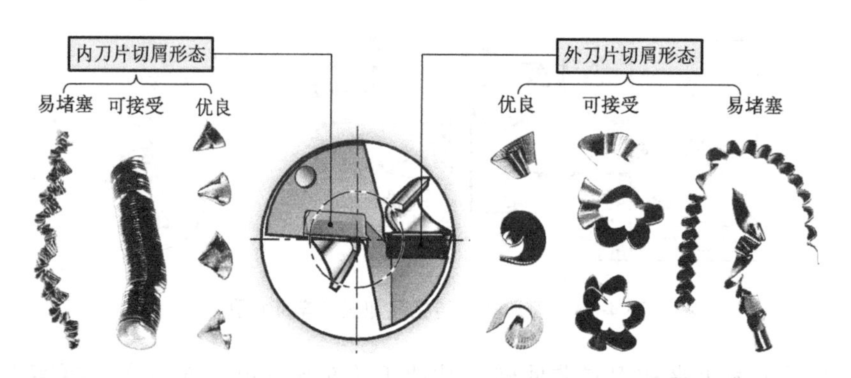

图 4-77　双刀片机夹式钻孔刀具切屑形态分析

影响切屑形态的因素主要有以下几点：

1）刀片材质、涂层、型式，特别是断屑槽的型式。内、外刀片一般选用不同的材质、形状等，以分别适应各自的加工特性，一般外刀片的工作状况劣于内刀片，应选择韧性和耐磨性更好的刀片材料。

2）工件材料。一般塑性大的低碳钢材料易形成带状切屑；奥氏体型不锈钢不仅易形成带状切屑，且易造成刀具磨损；铸铁材料切屑太碎也不易排屑；铝合金加工若刀具不锋利则可能形成毛刺，提高刀具锋利程度又易于形成带状切屑。所有这些可通过调整钻头转速与进给量的搭配进行调整。

3）切削用量。主要是主轴转速与进给量的组合，在钻头刀片材质、型式等一定的情况下，调整切削量的合理组合是控制切屑形态的实用、有效的手段，实际操作中可根据加工现场的各种工况，如切屑形态的变化、切屑排出的状态、钻削过程中的声音、孔的加工质量等多方面的情况综合考虑。

4）切削液的应用，特别是内冷却方式是钻孔加工质量保证的重要手段，合理的切削液流量与压力，不仅可提高刀具寿命，且可有效地增强排屑效果。机夹式钻孔刀具钻孔加工优先选用内冷却方式，其次考虑外冷却方式，但切削液供给必须充足可靠，尽量避免干式钻孔。

（6）同整体式钻孔刀具一样　图 4-78 所示为减小进给量加工示例　图 4-78a 所示不平整表面的切入需适当降低进给量，减小崩刃现象；对于双刀片机夹可转位钻孔刀具而言，图 4-78b 所示的凸圆弧切入时，由于内刀片先切入，切削仍然是平稳的，因此不需降低进给量，但若为图 4-78b 右图所示的凹圆弧，由于外刀片转速较高，建议适当减小进给量，特别是圆弧面半径小于钻头直径时，更应降低至 1/3f；图 4-78c 所示的倾斜面钻孔切入时，主要问题是横向不平衡力，应适当降低进给量，斜面钻出时建议按相同的方法处理；非对称曲面钻孔（见图 4-78d）应降低进给量，甚至增加铣削小平面工序；图 4-78e 所示交叉贯通孔加工，当交叉孔直径大于刀具直径的 1/4 时，应降低进给速度至正常钻孔值的 1/4。

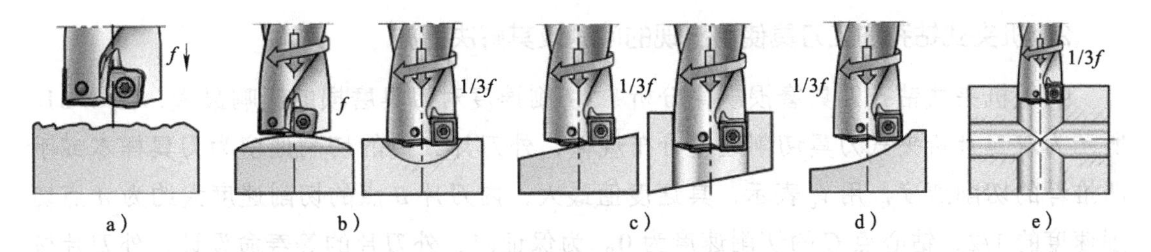

图4-78　减小进给量加工示例

a）不平整表面切入　b）凸、凹圆弧面切入　c）斜面切入与切出　d）曲面切入　e）贯通孔钻削

（7）机夹式钻孔加工刀具堆叠钻孔　一般情况下，机夹式堆叠钻孔时中心可能留下小圆片，影响钻削的正常进行。图4-79所示的外刀片为正三角形，内刀片为等边不等角六边形的刀片组合型式的机夹式钻孔刀具是最适用于材料堆叠钻孔加工，其可使材料钻通瞬间的薄圆废料最小，且外刀片不容易由于刀片弹性变形造成崩刃，故其又称为堆钻钻头。

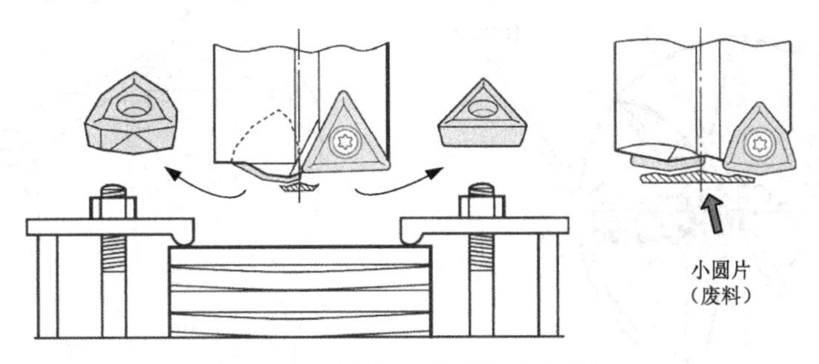

图4-79　机夹式堆叠钻孔与堆钻

（8）机夹式钻孔加工刀具的装夹分析　机夹式刀具的柄部多为削平型，因此适宜采用侧固式刀柄，如图4-80所示。常规的方式是“刀柄—机夹式钻头”直接装夹，这种配置每种柄部规格必须配置相应的刀柄；也可是“刀柄—变径套—机夹式钻头”装夹方式，这种配置可减少刀柄配置的数量，单件小批量加工是可以考虑这种方案的。另外，也可以有“刀柄—偏心套—机夹式钻”配置模式，原理与作用如图4-70所示。另外，若机床主轴没有内冷却功能，可考虑采用外冷却式刀柄，即“外冷却刀柄—变径或偏心套—机夹式钻”配置型式。

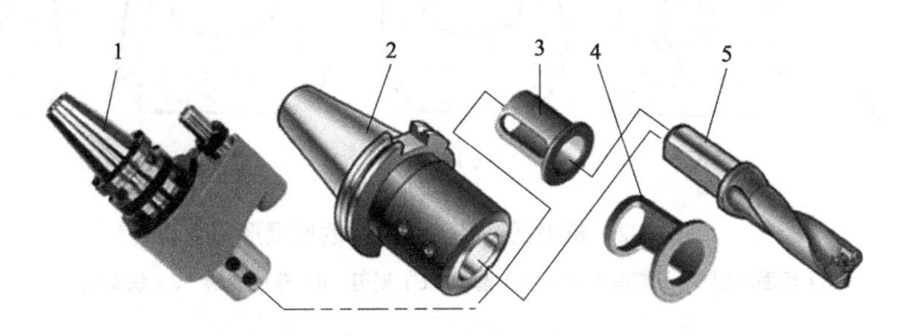

图4-80　机夹式钻孔刀具的装夹分析

1—外冷却式侧固式刀柄　2—7:27侧固式刀柄　3—变径套　4—偏心套　5—机夹式钻头

2. 机夹式钻孔加工刀具使用出现的问题及其解决措施

（1）机夹式钻孔刀具磨损规律分析　切削速度对刀具磨损的影响最大，图 4-81a 所示为双刀片机夹式刀具切削速度分布规律，外刀片 *A* 点的切削速度为刀具样本或手册推荐的切削速度，用 v_c 表示，其速度值最大，内刀片 *B* 点的切削速度大约为 *A* 点切削速度的 1/2，钻心点 *C* 的切削速度为 0。为保证内、外刀片的等寿命设计，外刀片材料的硬度和耐磨性一般选的更高。机夹式钻孔刀具的磨损规律仍然是前面的磨损（月牙洼）和后面的磨损，正常情况下，*A* 点及其附近的主切削刃磨损最大，且后面磨损形态多见，使用不当也会出现崩刃等非正常损坏；内刀片 *C* 点处切削速度为 0，因此此处的切削实质是挤压为主导的切削过程，切削条件较差，会出现磨损和崩刃现象，如图 4-81b 所示。

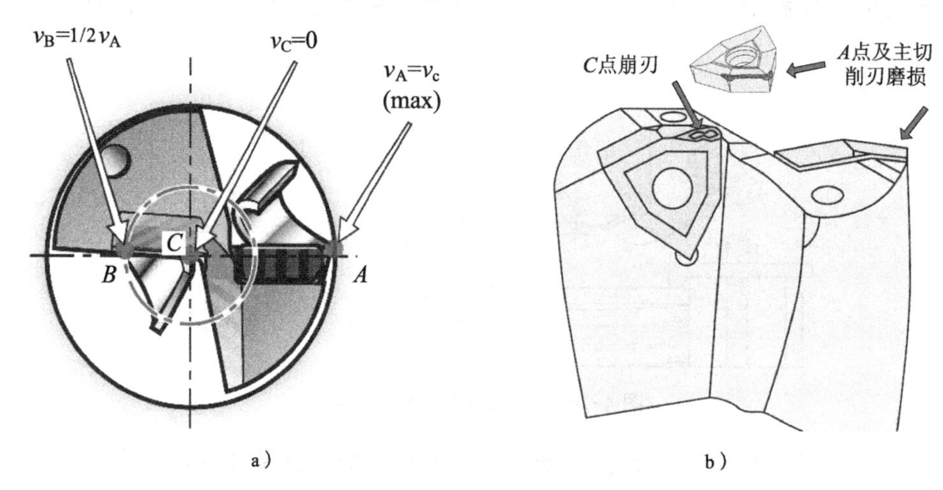

图 4-81　双刀片机夹式刀具切削速度及磨损分布规律

a）切削速度分布规律　b）磨损分布规律

图 4-82 所示为机夹式钻孔刀具刀片的磨损形态，供参考，其中图 4-82e 所示的积屑瘤反复形成与脱落会造成粘结磨损。

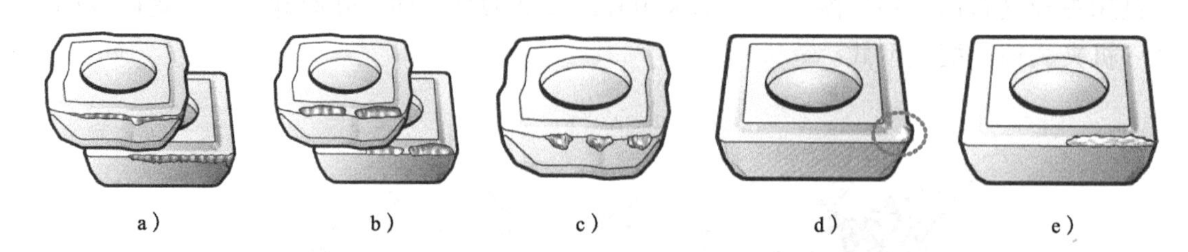

图 4-82　机夹式钻孔刀具刀片的磨损形态

a）后面磨损　b）前面（月牙洼）磨损　c）崩刃　d）塑性变形　e）积屑瘤

（2）机夹式钻孔刀具使用中常见问题及其解决措施　表 4-5 列举了机夹式钻孔刀具使用中常见问题产生原因及其解决措施。

表 4-5　机夹式钻孔刀具使用中常见问题产生原因及其解决措施

问题	产生原因	解决措施
后面磨损	切削速度过大 刀片材料的耐磨性差	降低切削速度 选择更耐磨的刀片材料
前面（月牙洼）磨损	外刀片：前面过高温度导致的扩散磨损 内刀片：积屑瘤等导致的粘结磨损	选择更锋利的断屑槽型刀片 外刀片：选择带有 Al_2O_3 涂层、耐高温的刀片以防氧化，降低速度 内刀片：选择细晶粒、涂层刀片，提高刃口强度，减小积屑瘤的产生，减小进给量
塑性变形（外刀片）	切削温度（切削速度）过高，进给量过大和工件材料硬度高 后面磨损和（或）月牙洼磨损过量	选择耐高温和耐磨性好的刀片材料 降低切削速度，减小进给量
刃口崩刃	刀面材料韧性不足 刀片槽型过弱 加工表面不规则 切削加工稳定性差 夹砂（铸铁）	选择韧性更好的刀片材料 选择强度更好的断屑槽型 提高切削速度或选择更锋利的槽型，降低切削力 降低切入（切出）时的进给量等，提高稳定性 铸件清砂处理
积屑瘤	切削速度不高 前角过小或负前角断屑槽型 塑性、韧性大，易粘结的材料，如某些不锈钢和纯铝 切削液中过低的机油混合液	提高切削速度，并选择润滑性好的带涂层刀片 选择更锋利的断屑槽型 工件材料适当地热处理 选择润滑性更好的切削液，提高切削液供应的压力和流量
钻削振动	工艺系统刚性差 切削速度过高 刀片（特别是外刀片）磨钝	尽可能选择短的钻头，缩短悬伸长度，提高加工稳定性 适当降低切削速度 选择或更换更锋利的刀片
机床功率或力矩不足，出现机床转速下降	切削用量过大 刀片槽型不当 机床功率不足	减小切削用量，特别是切削速度和进给量 选择更锋利的刀片，降低切削力 更换功率更大的机床
孔壁表面质量差	出现切屑堵塞，划伤表面 切削液供应不畅 出现积屑瘤 出现加工振动	调整进给量（或调整切削速度），改变切屑形态，控制切屑排出 检查内冷却通道，增加切削液供应流量与压力 避免积屑瘤的出现（如提高转速、改善润滑性、更换涂层刀片等） 缩短钻头悬伸长度，提高加工稳定性
切屑堵塞	产生易堵塞的长切屑（见图 4-77） 切削液供应不畅	调整切削用量（进给量或切削速度），改变切屑形态 清理切削液通道，增加切削液供应流量和压力

4.4 锪孔加工刀具的结构分析与应用

4.4.1 锪孔加工刀具基础知识

锪（huò）孔加工是指对孔口进行锥面、平面、柱面、球面等型面成形加工的一种工艺方法，所使用的刀具通常称为锪孔加工刀具，简称锪钻，如图 4-83 所示。锪钻加工面较小，基本采用成形加工刀具，切削刃较长，易产生振动，型面对孔有一定的相对位置（同轴度、垂直度等）和形状（平面度、轮廓度等）要求，尺寸精度往往要求不高，主要用于螺钉、铆钉等连接件保持可靠的连接需要，其型面取决于连接件端头的形状。

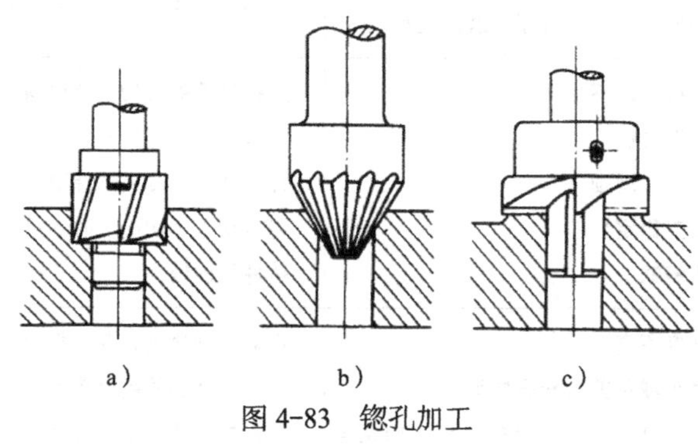

图 4-83 锪孔加工

a）平底沉孔 b）锥面沉孔 c）凸台平面

传统锪钻一般均为多齿（刃）刀具，型面加工导致其切削速度较低（为钻孔切削速度的 1/2 ～ 1/3）；加工面较小使其进给量可适当增大（钻孔的 2 ～ 3 倍）；同轴度要求使其常常配有引导导柱结构（锥面锪钻具有自定心效果，一般不设导柱）等。传统锪钻多为高速钢整体结构型式（导柱有可更换设计）。锪钻加工的切削运动主要包括刀具的旋转（主运动）和刀具的轴向进给（进给运动）运动，且进给运动只有一个，加工机床主要有钻床、铣床、车床、专用机床等。

目前为止，关于锪钻的国家标准主要停留在高速钢整体式结构层面，包括 60°、90°、120° 锥面锪钻和平底沉孔锪钻，其中平底锪钻有带导柱整体锪钻和可换导柱结构锪钻，锥面锪钻有无导柱和可换导柱结构，柄部主要有莫氏锥柄与和圆柱直柄型式，具体内容可参阅相关标准或参考资料。

进入数控加工时代，成形刀具加工型面的方法基本不用，取而代之的是尽可能用通用刀具加工，如图 4-83a 所示的圆柱平底沉孔可采用类似于平底圆柱铣刀的专用沉孔刀具加工，或用直径稍小的通用平底立铣刀通过编程螺旋铣削加工，或镗削加工（镗孔直径可调）等，锪孔底面要求不高时，可采用平底钻（见图 4-25 和图 4-53 等）钻孔，当然，也可采用专用的阶梯钻或“钻孔—倒角”复合钻等将锪孔加工与钻孔合并加工。由于数控机床的定位精度较高，一般并不需要具有引导导柱的专用锪钻，数控加工图 4-83c

所示的平面方法更多，因此，现代的数控刀具体系中专用锪钻并不多，整体式锪钻主要是加工图 4-83b 所示的锥面锪钻。部分刀具制造商也提供专用的机夹式锪钻(见图 4-88)。孔口锥面加工还可采用第 3 章介绍的倒角铣刀编程加工。

4.4.2　常用锪孔加工刀具的结构分析

按锪孔形状不同，锪钻可分为圆柱平底锪钻、锥面锪钻与平面锪钻等，其结构型式也分为整体式与机夹式，夹持柄部有莫氏锥柄与圆柱直柄等型式。应当注意的是，数控加工中专用的机夹式锪钻并不多，常常以铣刀或复合钻头的型式出现。

图 4-84 所示为部分整体锪钻示例。圆柱平底锪钻端部有一个引导导柱，其有整体式以及可换式两种。锥面锪钻的顶角常见的有 60°、90° 和 120° 等。常见的锪钻主切削刃是端面（锥面）切削刃，无副切削刃，容屑槽以直槽居多，也有斜槽的。另外，有一种是在锥面上钻一斜孔形成一个弧形刀齿，如图 4-84d 所示。

a)　b)　c)　d)

图 4-84　部分整体锪钻示例

a）平底锪钻　b）三齿锥面锪钻　c）多齿锥面锪钻　d）单孔弧形齿

整体式锪钻的刀齿(刃)数有单齿、3 齿、多齿以及单孔弧形刃，如图 4-85 所示。单齿型锪钻加工出孔的圆度较好；3 齿结构刃口易于刃磨，切削平稳无振动；多齿可用于难加工材料的加工；单孔弧形齿型式适合有色金属和轻金属及塑料等材料的倒角。

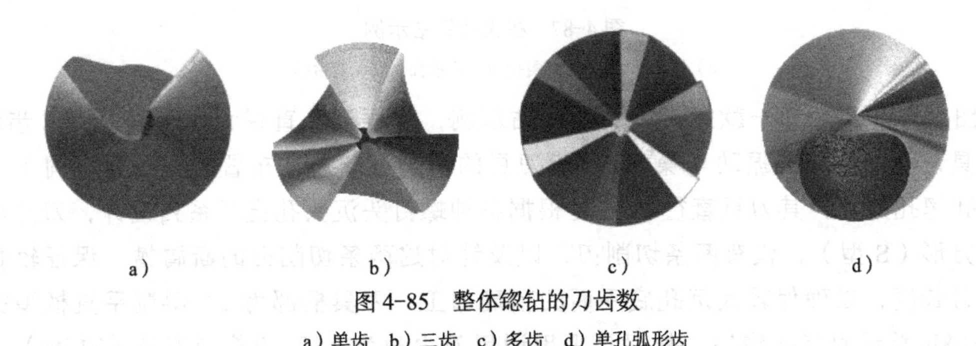

a)　b)　c)　d)

图 4-85　整体锪钻的刀齿数

a）单齿　b）三齿　c）多齿　d）单孔弧形齿

整体锪钻的容屑槽如图 4-86 所示。标准锪钻的容屑槽一般为直槽（断面由两段直线组成，见图 4-86a），其结构简单，但容屑空间较小；另一种为圆弧槽（见图 4-86b），其容屑空间大，前角大，有利于改善切削性能，如切削力小、切削平稳、刀具寿命长等。

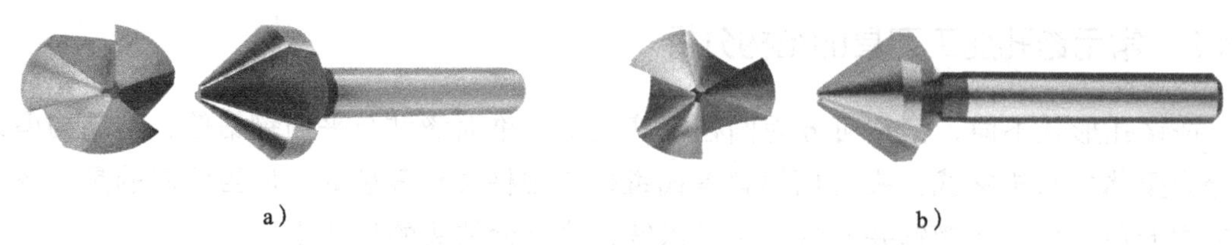

a）　　b）

图 4-86　整体锪钻的容屑槽

a）直槽型　b）圆弧槽

整体锪钻材料多为高速钢，为提高切削性能，常进行涂层处理。

数控机夹式锪钻应用并不多，图 4-87 所示为部分示例供分析，图 4-87a 所示为平底锪钻，其与前述的立铣刀结构相近，但刀片只应用端面主切削刃（有两条对称切削刃，可机夹转位更换），无副切削刃，并且未设置引导导柱。而前述机夹式立铣刀的刀片的主切削刃为圆周刃，同时有副切削刃（端面切削刃），其可用螺旋铣削铣出平底沉孔。图 4-87b 所示的机夹式锥面锪钻与倒角铣刀基本相同，因此还可进行锥面铣削加工。另外，锪孔功能常与钻头复合成为专用的复合钻头，其结构型式较多，图 4-87c 所示为某“钻孔—沉孔”复合钻示例。

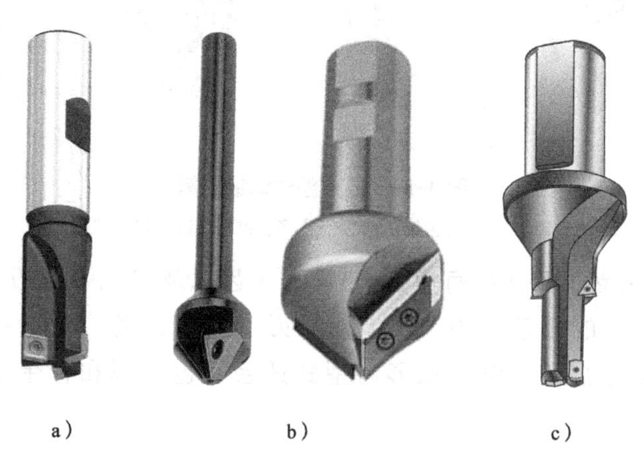

a）　　b）　　c）

图 4-87　机夹式锪钻示例

a）平底锪钻　b）倒角铣刀（锪锥面）　c）复合钻头

图 4-88a 所示为一款螺钉头沉孔锪钻示例，依据沉孔直径大小不同，有 2 齿和 3 齿刀具，为减小加工振动与噪声，2 齿刀具的切削刃非对称布置（刃倾角不同）。作为沉孔锪孔刀具，其刀具直径 d_c 主要根据各种螺钉头沉头孔直径系列设计，刀片形状为正方形（S 型），仅有两条切削刃，以及针对这两条切削刃的断屑槽，保证较长的切削刃长度，以确保较大沉孔底平面的精确加工，刀具柄部为 2° 斜削平直柄型式。图 4-88b 所示的沉孔锪钻，其刀片采用通用刀尖角为 86° 的菱形刀片（M 型），因

此在圆周上的切削刃具有 4° 的副偏角，可减小刀片磨损，同时柄部结构为削平直柄型式。

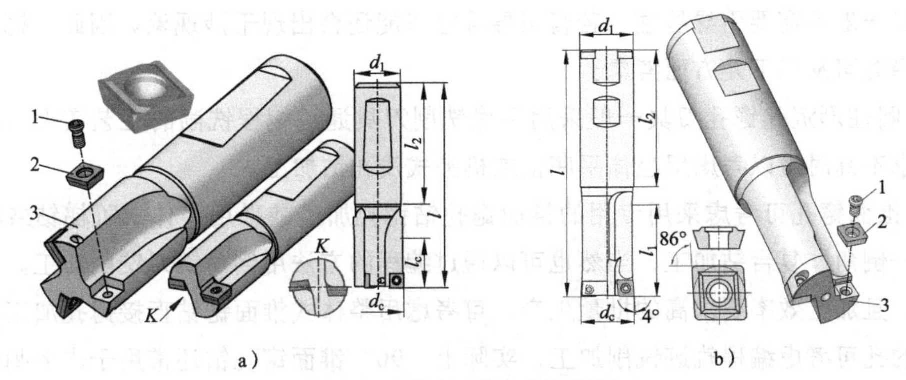

图 4-88 机夹式沉孔锪钻示例

a）正方形刀片 b）菱形刀片

1—刀杆 2—刀片 3—刀片螺钉

对于锥面锪孔，为减少刀具数量，常采用铣削方式加工，即第 3 章介绍的倒角铣刀（见图 3-21），对于尺寸匹配的情况，也可以按锪孔的方式加工。以图 4-89 所示的某品牌的系列倒角铣刀为例，图 4-89a 所示的单齿铣刀加工直径 d_c ～ d_{cmax} 为 12 ～ 19.7mm，图 4-89b 所示 2 齿铣刀的加工直径为 16 ～ 23.2mm，图 4-89c 所示 3 齿铣刀的加工直径为 30 ～ 46.1mm，各刀具加工直径有一定的重叠，因此，其虽然是倒角铣刀，但也可用于锪孔加工。其他说明，图 4-89 中显示的是主偏角 κ_r 为 45° 的刀具，另外还有 30° 和 60° 系列倒角铣刀，可进行 90°、120° 和 60° 锥面沉孔的锪孔加工，锪孔加工比铣削倒角的效率更高，图 4-89 中刀柄有直柄和削平直柄两种，刀片为螺钉夹固。

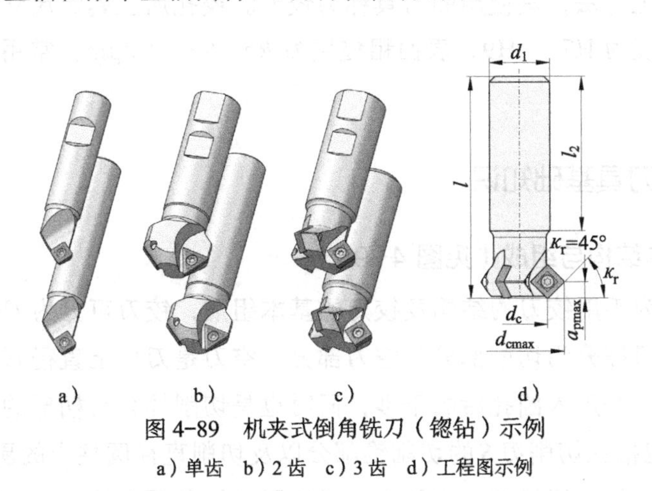

图 4-89 机夹式倒角铣刀（锪钻）示例

a）单齿 b）2 齿 c）3 齿 d）工程图示例

4.4.3 锪孔加工刀具应用的注意事项

数控加工中，锪沉孔加工可通过相对通用的刀具通过编程走轨迹倒角加工实现锪孔加工，因此，市场上数控锪孔加工刀具不是太多，然而锪孔加工机床动作简单，加工效率高，还是有其使用价值的。当然，由于数控机床的定位精度较高，因此，数控加工的锪孔刀具一般不需要引导导柱，若有引导导柱可能还会出现干涉现象。因此，锪孔加工刀具选择时可从以下几方面考虑：

1）圆柱形沉孔锪孔刀具一般采用平底铣削刀具通过编程铣削的工艺实现，底面平面度要求不高时可以考虑用整体平底钻或机夹式浅孔钻加工。

2）锥面锪孔可考虑采用专用的锥面锪孔钻锪孔加工或采用整体式阶梯钻或机夹式“钻孔—倒角”复合钻加工，当然也可以通过编程的方法用倒角铣刀铣削加工。一般尺寸不大，且加工效率要求高的批量生产，可考虑用整体式锥面锪钻直接锪孔加工，而尺寸较大的孔可考虑编程轨迹铣削加工，实际上，90° 锥面锪孔钻还常用于去毛刺倒角加工等，即用编程轨迹铣削的方法铣削倒角。

3）凸台平面锪孔加工建议采用立铣刀铣削工艺，这对于数控加工是很容易实现的。

4）与前述钻孔加工刀具相同，锪钻的柄部尽可能选择直柄或削平直柄型式，因为莫氏锥柄型式的装夹可靠性差。

5）锪孔加工切削用量的选择可以参照刀具厂商提供的数据选择。

4.5 铰孔加工刀具的结构分析与应用

铰削加工是对预加工孔通过去除少量或微量金属层，以提高其尺寸精度、形状精度和表面粗糙度的加工方法，其使用的刀具称为铰刀。铰孔加工属定尺寸刀具加工，加工余量不大，加工精度为 H7 ～ H9，表面粗糙度为 Ra1.6 ～ 3.2μm，常用于孔的半精加工和精加工。

4.5.1 铰孔加工刀具基础知识

1. 铰刀的基本结构与组成（见图 4-90）

图 4-90a 所示为手用铰刀的结构及铰刀的基本组成，铰刀可分为刀体与刀具装夹的柄部两部分，刀体可细分为切削部分与空刀部分，空刀是刀体上直径减小的圆柱部分，其可有效避免切削部分进入圆孔后的干涉，同时也是切削部分与柄部的过渡部分，又称为颈部。切削部分包括主切削刃 S 的切削锥部分以及切削直径圆柱上的副切削刃 S' 部分，对于切削锥夹角较小的手用铰刀，常常在端部设置有锥角更大的导锥部分，副切削刃的副偏角一般为 0° ，并在后面上留有一小段后角等于 0 的圆柱刃带（$b_{\alpha1}$），对切削出的孔进一步的修正，可提高孔的加工精度和表面质量。另外，高速钢铰刀铰削塑性材料时，可能出现孔径“扩张”的现象，这时常将副切削刃段的切削圆柱制作成微小的倒锥（即

微小的副偏角）。手用铰刀的切削部分稍长，柄部一般带有方头，通过铰刀扳手带动旋转铰孔。

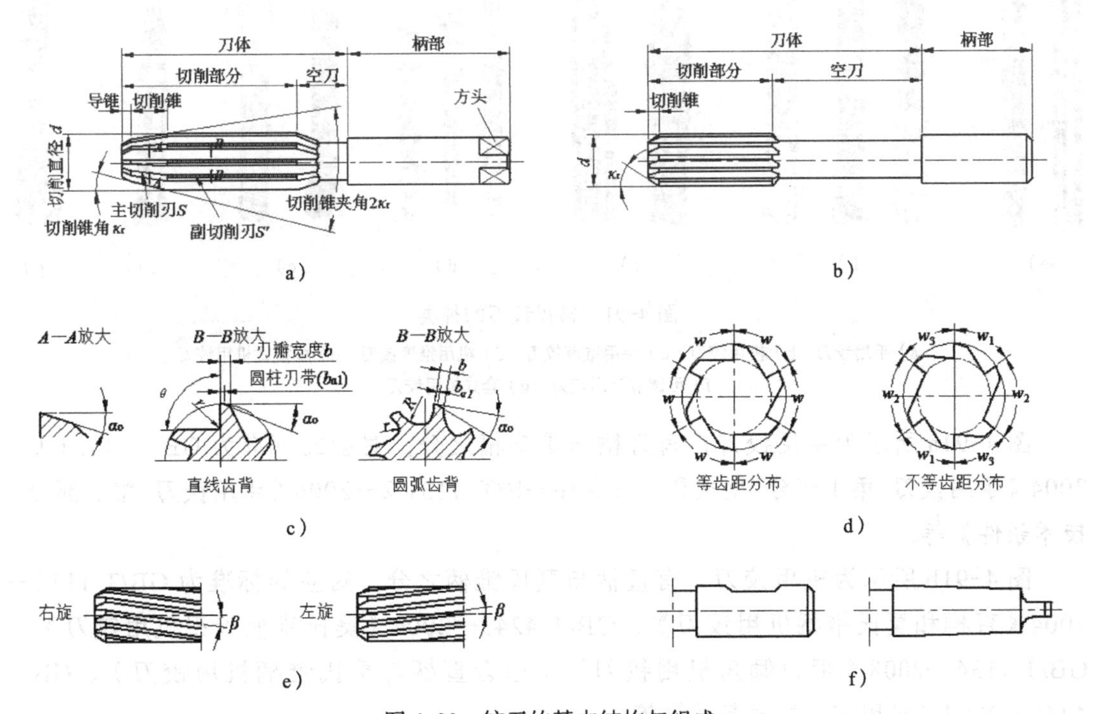

图 4-90　铰刀的基本结构与组成

a）手用铰刀　b）直柄机用铰刀　c）刀齿及容屑槽　d）齿距分布　e）切削刃旋向　f）柄部变化示例

图 4-90b 所示为直柄机用铰刀，机用铰刀的切削部分一般较短，切削锥夹角较大，切削锥部分较短，无倒锥，空刀部分较长。

图 4-90c 所示为铰刀常见的容屑槽断面，主要有直线形与圆弧形。切削锥部分不存在刃带，如图 *A—A* 剖面所示，其主要起着去除材料的切削加工。副切削刃的 *B—B* 剖面可见其存在刃带，因此，尺寸保持性较好，可较好的控制孔的加工精度和表面质量。

图 4-90d 所示为铰刀的刀齿圆周分布规律，有等距与不等距分布，后者可避免铰孔时孔壁上出现周期性印痕。

图 4-90e 所示为切削刃旋向变化，除了直槽型铰刀外，还可有左旋或右旋切削刃铰刀。螺旋槽铰刀可减小切削力，提高铰孔表面的加工质量，并且可对切屑的流出方向进行一定的控制。另外，还有的铰刀对直槽的主切削刃刃磨适当的刃倾角。

图 4-90f 所示为机用铰刀柄部变化示例。手用铰刀柄部结构型式较为固定，基本为图 4-90a 所示的带方头的圆柱直柄结构，其长度稍长。而机用铰刀的柄部变化较多，包括圆柱直柄、削平直柄、带扁尾圆柱柄、带方头圆柱柄、莫氏锥柄等结构。

2．常见铰刀的种类与结构分析

图 4-91 所示为常见铰刀的种类，其有相应的国家标准指导生产。

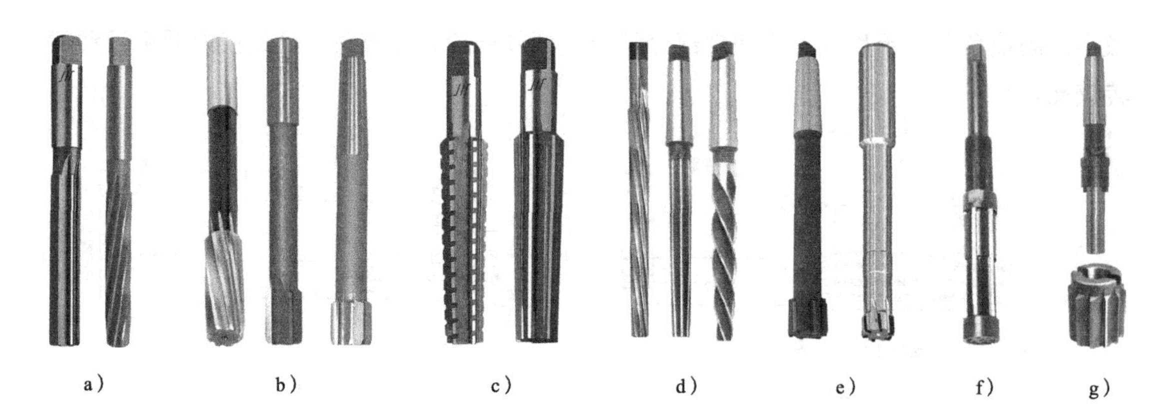

图 4-91　常见铰刀的种类

a）手用铰刀　b）机用铰刀　c）手用锥度铰刀　d）机用锥度铰刀　e）焊接式机用铰刀
f）可调节手用铰刀　g）套式机用铰刀

图 4-91a 所示为手用铰刀，有直槽与螺旋槽之分，对应的标准为 GB/T 1131.1—2004《手用铰刀 第 1 部分 型式和尺寸》和 GB/T 1131.2—2004《手用铰刀 第 2 部分: 技术条件》等。

图 4-91b 所示为机用铰刀，有直柄与莫氏锥柄之分，对应的标准为 GB/T 1132—2004《直柄和莫氏锥柄机用铰刀》、GB/T 4243—2004《莫氏锥柄长刃机用铰刀》、GB/T 1134—2008《带刃倾角机用铰刀》（包含直柄与莫氏锥柄机用铰刀）、GB/T 4245—2004《机用铰刀技术条件》等。

图 4-91c 所示为手用锥度铰刀，用于圆锥孔铰削加工，切削刃上开有断屑槽的铰刀为粗铰刀，对应的标准为 GB/T 1139—2017《莫氏圆锥和米制圆锥铰刀》、GB/T 20774—2006《手用 1:50 锥度销子铰刀》、GB/T 4248—2004《手用 1:50 锥度销子铰刀 技术条件》等。

图 4-91d 所示为机用锥度铰刀，有直柄与莫氏锥柄两种，容屑槽有直槽与螺旋槽之分，对应的标准为 GB/T 20331—2006《直柄机用 1:50 锥度销子铰刀》和 GB/T 20332—2006《锥柄机用 1:50 锥度销子铰刀》等，其技术条件与 GB/T 4245—2004 通用。

图 4-91e 所示为焊接式机用铰刀，切削部分为硬质合金材料，用钎焊等方法焊接在 40Gr 等合金钢材料的刀体上，对应的标准为 GB/T 4251—2008《硬质合金机用铰刀》和 GB/T 4251—2008《硬质合金机用铰刀》等。

图 4-91f 所示为可调节手用铰刀，对应的标准为 GB/T 25673—2010《可调节手用铰刀》等。

图 4-91g 所示为套式机用铰刀，对应的标准为 GB/T 1135—2004《套式机用铰刀和芯轴》（已作废）等，其技术条件与 GB/T 4245—2004 通用。

另外，通用的铰刀方面的标准还有 GB/T 4246—2004《铰刀特殊公差》、GB/T 21018—2007《金属切削刀具铰刀术语》等。

对于数控加工，虽也属于机械加工，单件小批量生产时也可考虑使用上述铰刀，但基于数控加工的特点与要求，上述刀具仅图 4-91b 和图 4-91e 所示的圆柱直柄整体式和焊接式机用铰刀还比较适用于数控加工，但限于标准制定时域的限制，国家标准规定的整体式铰刀材料为高速钢（W6Mo5Cr4V2），焊接式铰刀的刀片材料也仅为硬质合金，而当今数控整体式铰刀也已经进入硬质合金时代，焊接式铰刀的刀片除采用硬质合金外，还有 PCD、CBN 和金属陶瓷等超硬材料的铰刀可选用。考虑数控刀具的机用、高精度等要求，机用铰刀的柄部多为圆柱直柄型式。

4.5.2 常用数控加工铰刀结构示例与分析

数控加工铰刀由于加工精度要求较高，整体式机用铰刀依然在使用，焊接式刀具也是常用刀具型式，机夹式刀具结构作为数控加工的总体发展方向，在数控加工铰刀中也在不断发展，但并没有标准指导与限制，因此，机夹式铰刀的结构型式变化较多，但总体思路基本相同，即整体可换头和机夹可转位两种型式，另外，内冷却结构在数控加工铰刀中也是广泛应用的。以下列举几例供学习参考。

1．整体式铰刀结构示例与分析

图 4-92 所示为整体式直槽机用铰刀示例，其结构型式与传统机用铰刀比较相似，但作为数控刀具生产，其特点主要表现为：刀具材料以各类型硬质合金本体配合表面涂层技术，较高的加工精度，刀齿圆周非等距分布，提供有刀杆中空的内冷却型式，圆柱直柄夹持柄等。直齿结构加工制造方便，通用性较好，适合通孔与不通孔加工，不通孔加工建议采用内冷却型式，借助切削液倒流辅助排屑。

图 4-93 所示为整体式螺旋槽机用铰刀。螺旋槽结构虽然加工稍显复杂，但其可辅助切削的流向控制，左旋铰刀控制切屑沿进给方向排出，适合通孔铰孔；而右旋铰刀控制方向切屑反向排出，可用于不通孔铰孔，若配合内冷却结构，可更好地控制排屑，这是数控加工自动化的需要。一般而言，内冷却通道从刀柄端部进入，若直通从切削端部喷出进入加工区，多用于不通孔铰刀，对于通孔铰刀，其在靠近端部的圆柱区域斜向喷出，带着切屑一起向通孔前段流动并排出切屑。对于长度较大的铰刀，内冷却通道制作麻烦，图 4-93 提出了一种外冷却方案，图中夹持柄圆柱面上开设有 3 条直槽，引导来自机床主轴的切削液从这些通道喷向加工区域。

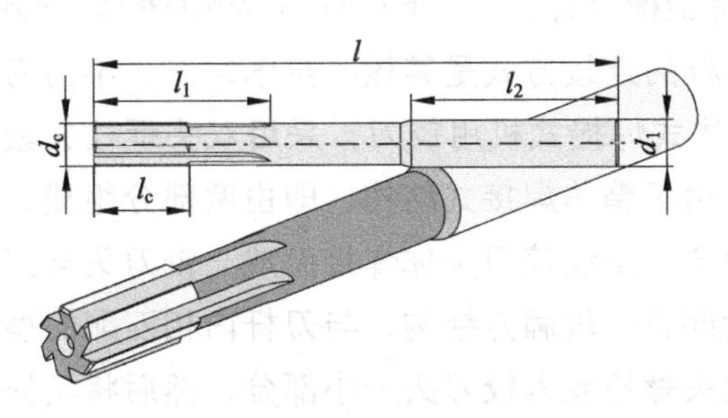

图 4-92 整体式直槽机用铰刀

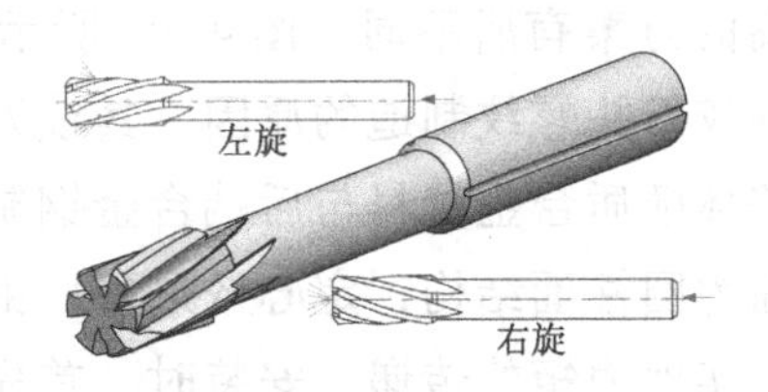

图 4-93 整体式螺旋槽机用铰刀

2．焊接式铰刀结构示例与分析

图4-94所示为硬质合金刀片焊接式机用铰刀示例，是市场上常见的焊接式机用铰刀，其刀杆材料一般采用优质合金结构钢，切削刃部分替换为焊接硬质合金刀片或其他超硬材料刀片，这种方案虽节省了硬质合金材料，但增加了焊接工作量，且焊接应力更大，对刀具寿命影响较大，因此，人们开发出整体硬质合金头焊接式机用铰刀，如图4-95所示，其类似于整体可换头机夹式铰刀，只是刀头与刀杆的连接方式为焊接方式，这种设计方案看似多用了硬质合金材料，但相对数控加工整体硬质合金刀具而言，其经济性似乎更好，且整体硬质合金刀头加工质量更为稳定，焊接应力也小于刀片焊接式铰刀，因此，其会成为数控加工经济性较好的铰刀。相比而言，刀片焊接式铰刀将成为PCD、CBN和金属陶瓷等超硬材料的铰刀结构方案。

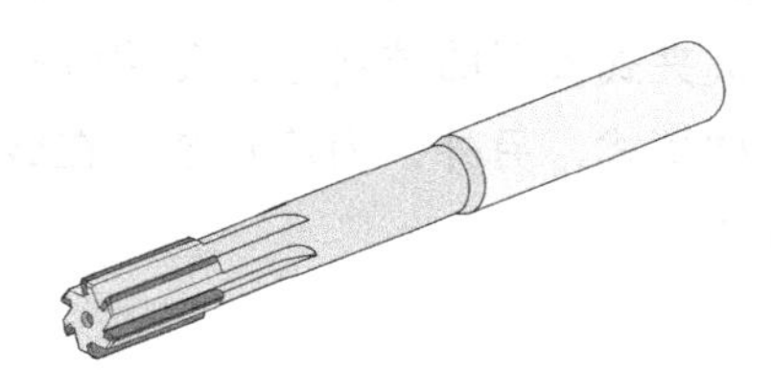

图4-94　硬质合金刀片焊接式机用铰刀

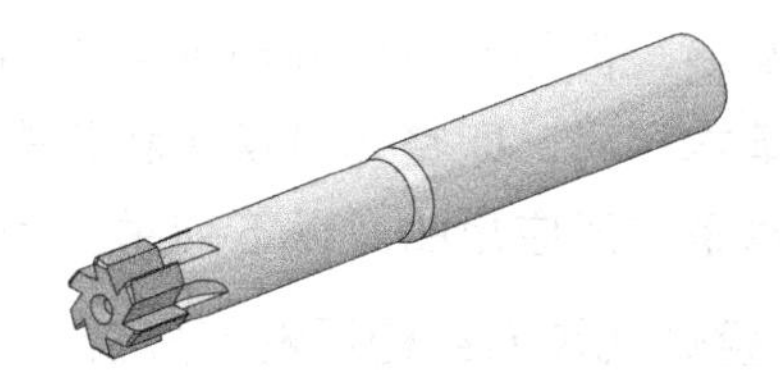

图4-95　整体硬质合金头焊接式机用铰刀

3．机夹式铰刀结构示例与分析

机夹式铰刀虽然结构复杂，直接成本较高，但考虑到刀片可更换，刀杆可重复使用等因素，其综合成本还是不高的，特别是数控加工刀具，若长期使用性价比还是较好的，因此始终是各式数控加工刀具追求的结构方案。

机夹式铰刀并无相关国家标准规范生产，各厂家的结构型式存在差异，但设计思想仍然相似：①采用切削刀头整体更换方式，其切削刀头有整体式、焊接式与机夹式三种；②机夹可转位单刃铰刀结构型式。

（1）铰刀头可换型机夹式铰刀　图4-96所示为铰刀头可换型机夹式铰刀示例，其设计思路与前面介绍的可换头机夹式钻头类似，这种设计方案刀杆可用普通的合金结构钢制造，仅刀头采用性能较好的硬质合金刀具材料等，综合经济效果较好，刀杆可重复使用，且同一刀杆可换用不同形式与尺寸的刀头，有整体式直槽或螺旋槽刀头。

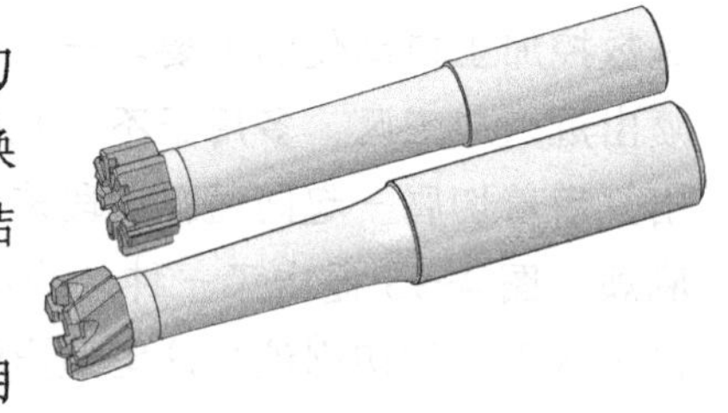

图4-96　铰刀头可换型机夹式铰刀

铰刀头可换型机夹式铰刀的刀头与刀杆的连接方式是其核心技术之一，不同刀具制造商的方案有所不同，图4-97所示为整体式焊接式机用铰刀，采用双头螺柱夹紧，考虑到铰刀头螺纹制造的原因，其铰刀头采用了整体焊接式结构，即由两部分组成，前段为整体硬质合金材料与后端合金钢制作的含有螺纹铰刀头体焊接而成，铰刀头与刀杆配合面为圆柱面结构，定心效果好，锥面后部有一段扁方结构，与刀杆内相匹配的型孔配合，实现力矩的传递，安装时，首先将双头螺柱旋入铰刀头一小部分，然后将其插入刀杆，用专用的T型扳手插入铰刀头端部的孔中，旋转双头螺柱，紧固铰刀头。

铰刀头可换型机夹式铰刀的组合应用还是较为灵活的，如图4-98所示为两种组合方式，一种是同一铰刀头可换用长径比不同的铰刀杆；另一种是同样的铰刀杆可安装不同的铰刀头，如图中刀片焊接式铰刀头。

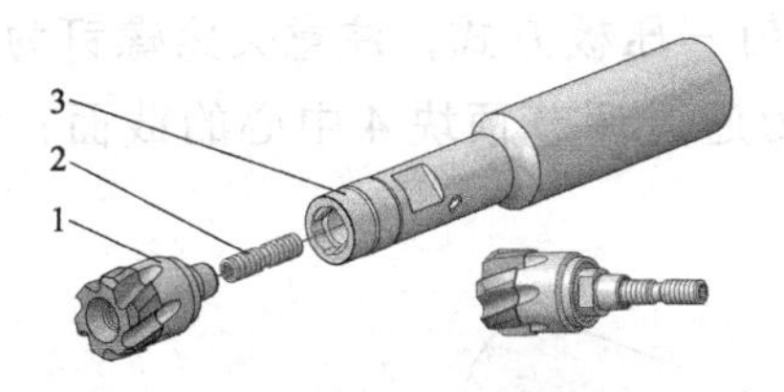

图4-97　整体式焊接式机用铰刀

1—铰刀头　2—双头螺柱　3—刀杆

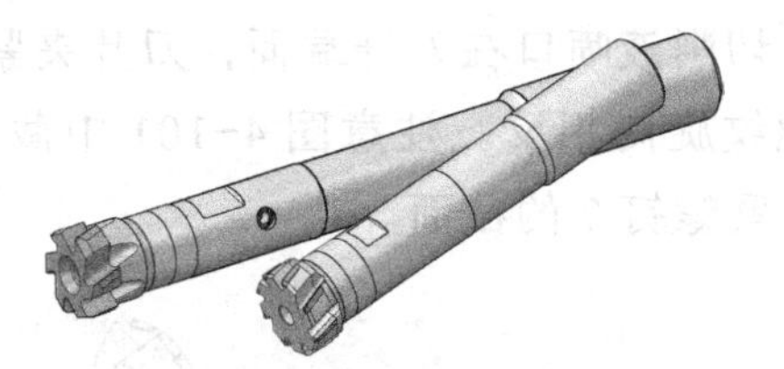

图4-98　可换头机夹式铰刀示例

内冷却刀具始终是数控刀具追求的设计方案，可换头机用铰刀同样如此，图4-99所示为可换头机夹式机用铰刀内冷却方案示例，其铰刀头为刀片焊接型式，刀头1与刀杆4的定位面为圆锥与端面，定位精度高且刚性好，刀头由拉钉2通过锁紧螺钉3更换与紧固，特殊设计的锁紧机构使得螺钉调节范围为1/4圈（90°）即可，刀头更换锁紧方便。冷却方案有两种：一种是通过带通孔的拉钉冷却孔道供给铰刀，多用于铰刀头端部喷液的不通孔型铰刀头；另一种是无冷却中心孔的拉钉，其切削液通过刀杆结合面的孔道提供给铰刀头，多用于铰刀头侧面喷液的通孔型铰刀头。

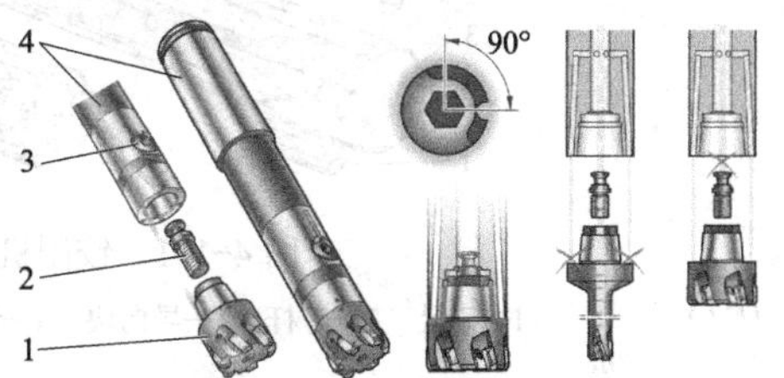

图4-99　可换头机夹式机用铰刀内冷却方案示例

1—刀头　2—拉钉　3—锁紧螺钉　4—刀杆

（2）刀片可换型机夹可转位铰刀（见图4-100）　该铰刀为直柄结构，有一片机夹可转位刀片6，3块导向块2（又称为导向条），刀片6的径向位置可由调节螺钉5和调节顶块4调节控制，调节后的刀片可由夹紧螺钉1夹固，刀具的刀片为专用设计，各刀具制造商的参数略有不同，差异表现在前角是否存在，数值多少，切削锥型式有多种方案供选择，差异在主偏角的大小以单段或两段直线构成等。该铰刀为内冷却型，切削液喷口在刀片前面上部，喷出的切削液直指切削刃，显然，适合通孔铰孔加工。

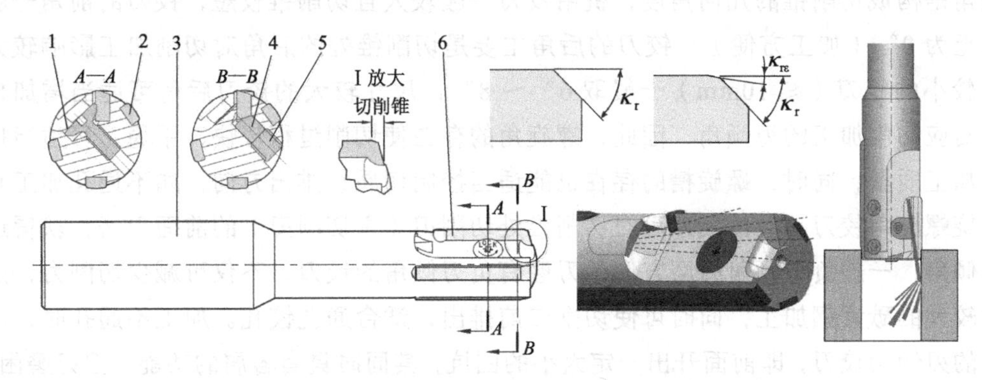

图4-100　刀片可换型机夹可转位铰刀（通孔型）

1—夹紧螺钉　2—导向块　3—刀杆　4—调节顶块　5—调节螺钉　6—刀片（可转位）

图 4-101 所示为不通孔铰削机夹可转位铰刀，内冷却型式，切削液的喷口在铰刀杆前端，刀杆上开设有较长的容屑槽，不通孔铰孔时切削液沿容屑槽倒流出来，同时起到排屑作用。该铰刀与图 4-100 所示的结构差异主要有：刀杆有较长的容屑槽（直槽），切削液喷口在刀杆端面，刀片夹紧为螺钉－压板方式，注意夹紧螺钉为双头螺柱，螺纹旋向相反。注意图 4-101 中截面Ⅰ为通过调节顶块 4 中心的截面，截面Ⅱ通过夹紧螺钉 7 的截面。

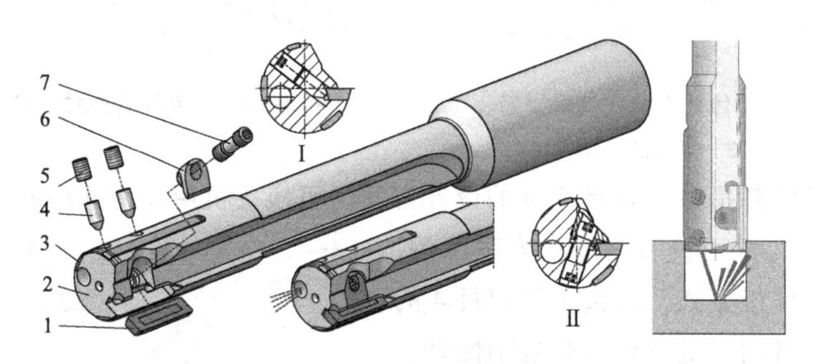

图 4-101　铰削机夹可转位铰刀（不通孔型）

1—刀片　2—刀杆　3—导向块　4—调节顶块　5—调节螺钉　6—压板　7—夹紧螺钉

4.5.3　铰孔加工刀具应用的注意事项

铰孔加工是中、小尺寸孔半精加工和精加工常见的加工方法，属定尺寸刀具加工，仅能提高孔的尺寸精度和表面粗糙度，不能修正孔的位置误差等。数控加工对铰孔加工刀具有其自身的需求，这是指导数控加工铰孔刀具选择的原则。

1．铰孔加工刀具型式的选择与应用

数控加工铰孔刀具型式的选择应考虑以下问题：

1）铰刀切削的几何角度包括主偏角 κ_r、前角 γ_o、后角 α_o、螺旋角 β 和刃倾角 λ_s 等。主偏角是构成切削锥的几何角度，机用铰刀一般较大且切削锥较短；铰刀的前角一般不大甚至为 0°（加工方便）；铰刀的后角主要是切削锥处的后角对切削加工影响较大，直径较小的铰刀（≤ 10mm）一般取 6°～8°，尺寸较大的铰刀后角可适当增加；螺旋角对应切削加工的刃倾角，因此，螺旋角的存在使切削过程轻快、平稳，可适当提高孔的加工质量，同时，螺旋槽的存在也能适当控制切屑的排出方向，如不通孔加工宜选用右旋螺旋角铰刀。直槽铰刀可对切削锥处切削刃（主切削刃）的前面刃磨，获得适当的刃倾角，一般负刃倾角刃磨方便，刃磨有负刃倾角的铰刀，不仅可减少切削力，适合韧性较大的碳素钢加工，同时可使切削向前排出，适合通孔铰孔。加工不通孔时，应使用正的刃倾角铰刀，即前面开出一定大小的凹坑，其同时具有容屑的功能，但刃磨困难。

2）数控加工属机械加工，显然必须选择机用铰刀，同时必须考虑刀具安装的可能性与可靠性，其实质是铰刀柄部型式的选择，必须确保所使用的机床有相应的刀柄装夹。

一般而言，圆柱直柄型柄部是首选的型式，直径稍大且切削力较大时可考虑选择削边型直柄，莫氏锥柄是可以考虑的选择范围，但因其依靠锥柄自锁夹紧，可靠性稍差，特别是加工稳定性差，大批量生产对自动化可靠性要求高时，铰刀松动与脱落是绝对不希望看到的现象，因此，数控加工不推荐采用锥柄铰刀。

3）刀具寿命问题。传统的铰刀以高速钢为主，相对硬质合金铰刀而言，其刀具更换的频率显然更高，因此，数控加工特别是批量生产时尽可能选择硬质合金刀具，包括整体式硬质合金铰刀与机夹式铰刀，焊接式硬质合金铰刀由于其不可避免的焊接内应力等焊接缺陷，批量不大时可考虑选用。

4）加工成本的综合考虑。机夹式铰刀相对整体硬质合金铰刀虽然一次性投资较大，但加工数量较大时，其仅需更换刀头或刀片可降低成本，同时，刀片的标准化生产，一致性较好等特性，也能提高加工生产率，降低加工成本。因此机夹式铰刀的选择应考虑综合加工成本。

5）数控加工铰刀装夹刀柄的选择。对于铰孔与预钻孔加工位置精度较好时，可采用与立铣刀相同的刚性装夹方式。若铰刀与预钻孔存在位置误差、垂直度误差等情况时，应考虑选择浮动刀柄。显然，若预钻孔（粗加工）与铰孔加工在同一台机床上并且一次性装夹的情况，均可采用刚性装夹刀柄。

6）不等距分布刀齿的铰刀对提高孔的表面加工质量是有益的。

7）冷却方式。一般情况下，铰削加工余量不大，切削热不大，外冷却方式即可满足要求。但对于数控加工切削速度越来越高的今天，铰孔加工的冷却问题值得考虑，如有可能，采用内冷却方式效果较好，同时，合理利用切削液对排屑也是有好处的。

8）铰刀直径与加工精度的选择与控制。铰刀标准和产品样本上所列的切削直径 d 为优先选择的尺寸系列，其余切削直径的铰刀可向厂家定制或自行改制，自行改制刃磨时选择相近直径的铰刀，在外圆磨床上刃磨副切削刃圆柱的直径，然后上工具磨床上刃磨副切削刃的后面，控制切削刃带的宽度即可。市场购买的标准铰刀一般均标明所加工孔的精度等级（H7、H8 或 H9），这是选择铰刀加工精度的依据。

9）刀片可换型机夹可转位铰刀的调整。其调整尽可能在机外进行，使用厂家提供的专用调整装置进行。单刃可转位铰刀机外调整如图 4-102 所示。图 4-102a 所示为某刀具制造商提供的双表调整装置，刀具用双顶尖装夹，两个带有千分表的测量头可沿刀具轴线移动测量。图 4-102b 所示为调整方法，一般先将测量头与导向块接触，调整千分表刻度置 0，然后旋转测量刀片切削刃并调整至要求尺寸锁紧刀片即可。调整时，一般根据铰刀公差带情况先调整刀片前端，确定尺寸（表 A），然后调节后端尺寸（表 B），若要调节出一定的导锥则表 B 的尺寸应略小，如图 4-102c 所示。一般刀具制造商的产品样本上均会提供各尺寸调整时的具体数值供参考。由于硬质合金刀具铰孔会出现“扩张”现象，这个经验数据需要逐渐积累。

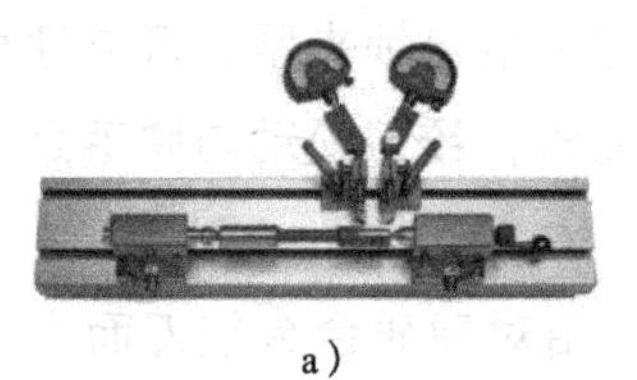

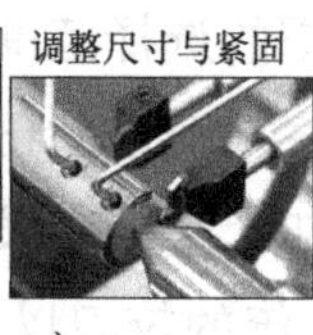

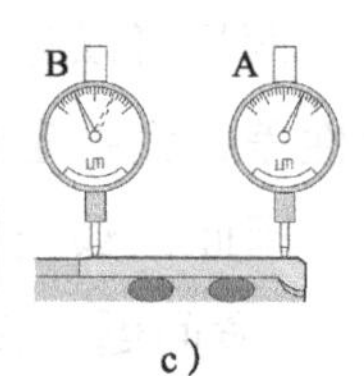

a） b） c）

图 4-102 单刃可转位铰刀机外调整

a）调整装置 b）调整方法 c）调整要求

2. 切削用量的选择

铰削加工的加工余量一般较小，单面余量为 0.1 ～ 0.3mm，孔小偏下限。切削用量中的切削速度与刀具材料有较大的关系，进给量的变化一般相差不大。

切削用量的选择是一个经验型的技能，一般以工艺手册或产品样本的推荐值为基础（推荐以产品样本为主），结合自身的经验修正确定。机夹式铰刀的刀具材料对切削用量影响极大，因此，机夹式铰刀建议按刀具制造商提供的参数，结合各自使用的具体情况进行调整。

3. 铰孔加工常见的问题及其解决措施

表 4-6 为铰孔加工常见问题及其解决措施，供参考。

表 4-6 铰孔加工常见问题及其解决措施

问题	解决措施
问题 1 孔径变大	1）减小铰刀直径 2）铰刀的中心没有对准工件的中心，提高铰刀与铰孔的同轴度 3）铰刀径向跳动过大，好的径向跳动是铰削成功的关键 4）铰刀的柄部存在碰撞划痕 5）使用套管、套筒时，锥柄部应该保持干净，无杂物 6）出现积屑瘤，使用合适的切削液，调整切削条件
问题 2 孔径变小	1）增大铰刀直径 2）降低转速，减小刀具磨损 3）缩小刃带 4）刀具磨损过大，更换新铰刀，转位或更换刀片重新调节铰刀 5）工件的热膨胀系数太大，注意冷却充分
问题 3 孔的圆度、直线度较差	1）确保铰刀切入刃口外周的良好圆度 2）铰刀刚性较差，在不干涉的情况下，悬伸要尽可能的短 3）检查铰刀安装后的径向跳动 4）调整导孔与铰刀的同轴度 5）确保铰削余量均匀
问题 4 孔的精加工面粗糙	1）铰刀切入部的表面粗糙，研磨切入部分的刃口 2）降低转速 3）确保铰削余量正确。太大或太小都会导致表面粗糙 4）确定铰刀的容屑槽足够，避免切屑的堵塞 5）增大铰刀切入部的后角 6）切入部及刃带面有无熔着物 7）提高机床、刀柄、铰刀整个工艺系统的刚性 8）确定铰刀倒锥与被加工材料是否匹配 9）适当增大刃带宽和刃背宽

（续）

问题	解决措施
问题 5　孔的加工精度较差	1）铰刀退刀时，应向同一方向旋转的同时拔出，绝不可反转 2）降低转速 3）增加刃数 4）适当扩大刃带宽增强导向性能和挤压效果 5）通过表面处理增加润滑性 6）选择合适的切削液
问题 6　铰刀出现折断、烧伤	1）导孔在铰削前存在缺陷，比如说导孔直线度较差 2）调整加工余量，避免由于加工余量过大导致刀具折损 3）是否存在切屑排出不顺畅的现象，可适当增大铰刀的容屑空间 4）提供足够的切削液 5）适当调整转速、进给速度 6）提高机床、刀柄、铰刀整个工艺系统的刚性 7）提高铰刀的锋利程度，使切削轻快 8）刃口磨损扩大，已经达到或超过使用寿命，建议换刀或重磨后继续使用
问题 7　铰刀的柄部破损	1）柄部的硬度是否足够，太低可能会导致疲劳或变形；太高可能会破损 2）检查刀柄与套管的配合是否不良，不要使用有缺陷的刀柄
问题 8　刀具寿命较短	1）提高铰刀的刃部硬度 2）铰刀的刃部采用高级材料 3）检查切削液 4）采用氮碳共渗等表面处理 5）将直刃改为螺旋刃 6）综合检查影响铰刀加工精度的各因素
问题 9　被加工孔表面有刀痕	1）确认铰刀表面未有熔着物和积屑瘤 2）工件夹持牢固 3）加大铰刀倒锥量
问题 10　孔的入口呈现喇叭状	1）工件夹持牢固 2）检查铰刀安装后的径向圆跳动 3）铰刀的中心没有对准工件的中心，调整导孔与铰刀的同轴度
问题 11　孔的入口和出口直径太大	1）铰刀的中心没有对准工件的中心，调整导孔与铰刀的同轴度 2）工件夹持牢固

4.6　镗孔加工刀具的结构分析与应用

镗削加工是对已存在的孔进行扩大加工，获得所需尺寸和形位精度以及表面粗糙度要求的半精加工与精加工的工艺过程。这里已存在的孔称为预孔，可以是钻削等切削加工获得，也可以是铸造、锻造等非切削加工获得。镗削加工使用的刀具称为镗孔加工刀具，简称镗刀。

本章介绍的镗削加工是指在镗铣类机床上的孔加工，其镗刀与机床主轴相连，并做旋转主运动，同时沿轴线做直线进给运动，实现镗削加工。镗刀有单刃、双刃和三刃等型式，镗孔后的径向尺寸由镗刀控制。实际生产中常常可见将内孔车削加工也称为镗孔加工，但仔细分析可见其仅为单刃刀具，且运动为工件旋转，刀具进给运动除了必须的轴向运动，还可方便地实现径向运动及其合成运动，实现内孔的轮廓车削加工，其刀具结构型式较为简单。

镗铣类机床的镗削加工工件静止，孔的位置由机床控制，非常适合非回转体类零件（如箱体等）的孔及孔系加工，应用广泛。

4.6.1 镗孔加工刀具基础知识

1. 孔扩大加工方法分析

数控加工中，扩大孔的加工方法有前述的螺旋铣削加工和铰孔加工等以及本节的镗孔加工方法。螺旋铣削适应性强，无须准备专用镗刀，粗镗、精镗均可应用，但其加工时的径向切削力大，加工精度受刀具、机床刚性等因素的影响，特别是切削余量的影响较大，加工精度的控制较精镗稍难，加工效率也不高；铰削加工效率高，但切削余量不宜太大，主要用于尺寸不大孔的精加工，加工过程无法提高孔的位置度误差，且属定尺寸刀具加工，刀具的适应性差。镗削加工相对灵活，既可用单刃精镗刀精镗孔，也可用双刃和三刃粗镗刀粗镗孔，镗孔加工的刀杆较粗，精镗刀的刀尖径向位置精密可调，径向切削力较小且均匀，镗孔的尺寸和形位精度以及表面粗糙度好。而两刃或三刃粗镗刀不仅切削刃多，且切削力径向平衡性较好，切削效率较高，切屑控制优于传统扩孔钻，适合自动化加工，数控加工中多用其替代传统扩孔钻扩孔加工，这也是数控加工扩孔钻及其扩孔加工方法应用不多的原因之一。

2. 镗孔刀具种类与结构分析

镗刀按加工性质的不同分为粗镗镗刀与精镗镗刀；按切削刃数不同分为单刃镗刀、双刃镗刀和多刃镗刀；按加工孔特征不同分为通孔镗刀、不通孔镗刀、阶梯镗刀和背镗镗刀等；按结构型式可分为整体式与模块式镗刀（系统）。作为数控镗孔刀具而言，其必须具备以下几项功能：

1）镗刀切削刃径向位置可调。因为镗削加工仅有主轴旋转主运动和轴向的直线进给运动两项，镗孔的直径必须由刀具调整获得。精镗镗刀一般必须有一个较为精密的调节与控制机构。

2）尽可能选用标准或专用刀片的机夹可转位刀具，其刀具寿命长，刀杆专业化生产且可重复使用，刀片更换方便，刀片转位一致性较好。

3）具有数控机床专用的接口参数，不同的数控机床主轴锥孔型式与参数不同，选用数控刀具不能忽略其与机床的连接问题。

4）刀片的几何参数及要求与内孔车削刀具基本相同。

粗镗加工的主要功能是高效去除材料，为后续精镗加工做准备，其加工特点是预孔型式变化大，可以是钻孔加工的孔，也可以是铸造或锻造的预孔。粗镗加工切削余量大，甚至不均匀，其结果是切削力较大且不均匀，双刃与多刃是粗糙镗刀的典型结构，其径向尺寸必须可调但调节精度要求稍低。

粗镗镗削的加工方法有两种——多刃对称镗削与多刃阶梯镗削，见图 4-103。所谓多刃对称镗削即各切削刃半径与高度相对轴线对称布置，在进给速度一定的情况下，各切削刃切削的背吃刀量相等，刀具总的进给量 f 等于每齿进给量 f_z 与齿数 Z 的乘积（$f=f_zZ$），因此其加工效率较高，是粗镗加工的基本加工方法，粗镗加工要求加工余量均匀且同轴，即适合预孔为钻孔方式加工的孔等。对于铸造、锻造等方式加工的预孔以及钻削预孔位置精度不高、余量不均匀（可能较大）的场合，可采用阶梯镗削的方式，将各刀齿沿径向和（或）轴向错位布置（即阶梯布置），使各刀齿分别承担不同直径方向的加工余量，图 4-103e 下部的两图分别示意了预孔与加工孔不同轴和加工余量较大情况的加工状况，阶梯镗削可有效减少刀具数量和镗孔次数，但其刀具总的进给量只能按每齿进给量确定。单刃镗孔是最原始的镗孔加工方法，如图 4-103c、f 所示，通用性好，粗、精镗削均适用，作为粗镗镗刀，其切削刃径向位置的调节结构较简单，若要制作精镗镗刀，则必须有精密的径向位置调节机构，单刃镗削径向切削力与加工余量有关，精镗加工时由于镗削余量较小，径向切削力小且稳定，且精镗镗杆的直径一般尽可能大，因此镗削精度较高。图 4-103 所示的镗削方法和镗刀结构示例中，滑块 2 或 6 上装有可转位刀片，在刀杆 1 或 5 上径向可调节位置，但调节精度不高，刀垫 3 或 7、8 用于阶梯镗削调整相应切削刃轴向的高度差，对于单刃镗削，使用无刀片的盖 4、9 安装填充进行平衡。

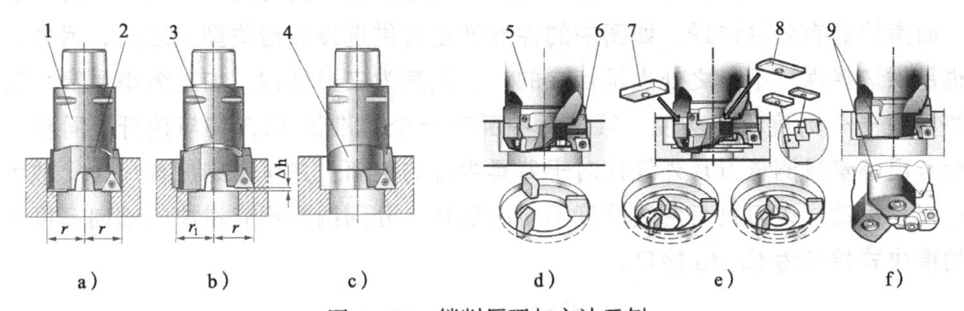

图 4-103　镗削原理与方法示例

a）、d）两、三刃对称镗削　b）、e）两、三刃阶梯镗削　c）、f）单刃镗削

1、5—刀杆（接杆）　2、6—滑块　3、7、8—垫片　4、9—盖

双刃和多刃粗镗镗刀结构相对复杂、多变，无相应的国家标准规范其生产，各厂家结构原理存在差异，参见后续示例与分析。

4.6.2　典型镗孔加工刀具的结构示例与分析

1．粗镗镗刀结构示例与分析

粗镗镗刀直径调节简单，调整精度要求不高而导致加工精度不高，主要用于去除材料为主的粗镗加工，以下介绍几例典型粗镗刀供学习参考。

图 4-104 所示为两刃粗镗刀结构示例，可转位刀片固定在滑块上，可在镗杆 3 上沿导槽径向移动，移动位置可由调整螺钉 4 调节，滑块Ⅰ（1 和 9）有多种不同主偏角的

结构型式供选择，如滑块Ⅱ（8）是可供选择的滑块型式之一，螺钉11和垫圈10可由扳手12操作压紧滑块，垫片7可调整滑块9的高度，使其与滑块1保持一定的高度差，若采用单刃刀片镗削加工时，可拆去滑块1并更换盖2（具有动平衡功能），喷嘴6是内切削液的出口，其喷液方向可调，使用时应确保切削液对准相应刀片。该镗杆为模块式镗刀系列之一，模块式接口为Capto接口。

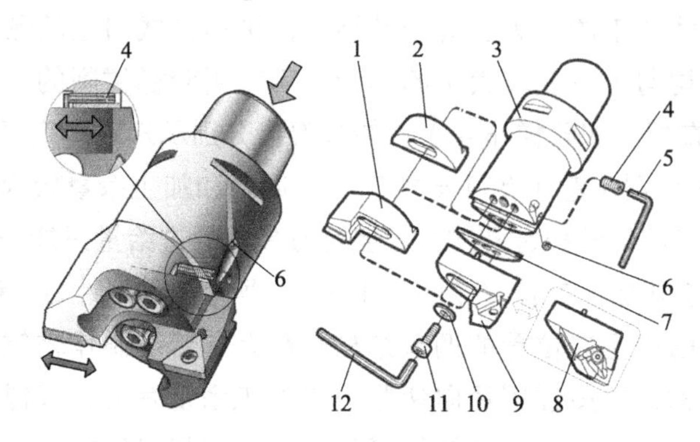

图4-104　两刃粗镗刀结构示例（Capto接口）

1、9—滑块Ⅰ　2—盖　3—镗杆　4—调整螺钉　5、12—扳手　6—喷嘴
7—垫片　8—滑块Ⅱ　10—垫圈　11—螺钉

图4-105所示为三刃粗镗刀结构示例，其原理多处与两刃镗刀相同，如刀片装在滑块上，而滑块具有多种选择，如图中的件6便是可供选择的滑块型式之一，另外，盖的功能也是供选择件。不同之处也是存在的：首先其为三刃结构，加工效率更高；其次每个滑块具有一个刻度粗调功能；第三，中部有一个基准销13，其与接杆1同轴，可通过游标卡尺等量具测量刀片外缘相对于刀具中心的距离，并可用刻度标尺（Ⅰ放大处）大致标记；第四，该刀具有两块厚度不同的垫片，分别调整相应滑块的轴向高度差。该镗杆的模块式接口为Capto接口。

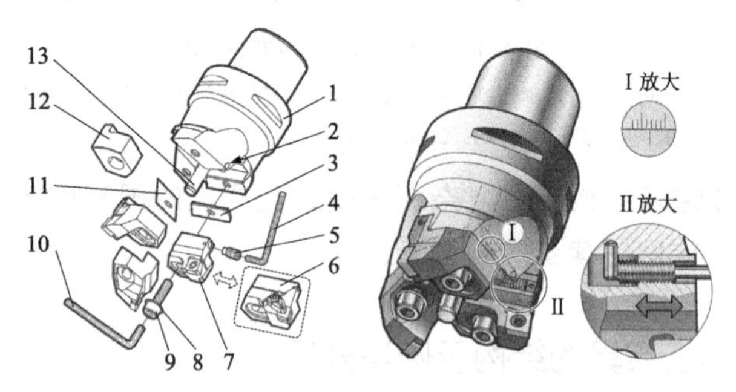

图4-105　三刃粗镗刀结构示例（Capto接口）

1—接杆　2—喷嘴　3—垫片Ⅰ　4、10—扳手　5—调整螺钉　6—滑块Ⅱ（含刀片）　7—滑块Ⅰ（含刀片）
8—盘形弹簧　9—螺钉　11—垫片Ⅱ　12—盖　13—基准销

图4-106所示为两刃粗镗刀（RFX接口）及其刀柄组合示例。图4-107a所示为RFX接口两刃粗镗刀结构示例，镗杆1的端面有对称的锯齿槽，分别与刀夹4对应的锯齿匹配，确保刀夹刀片的对中与平行，刀夹组件有不同主偏角的型式供选择，刀夹上安装有螺钉

固定的刀片，依靠刀夹螺钉与垫圈 6 紧固，并可在预紧状态下（微小夹紧力）通过调节螺钉 5 顶住刀夹螺钉与垫圈 6 向外调整。该粗镗刀为模块式设计，模块接口为 RFX 型。图 4-106b 所示为其与刀柄组合示例，在 RFX 接口系列中，有不同型式的 RFX 接口转换刀柄，如图中给出的是 RFX-BT 刀柄，可实现 RFX 接口的镗刀与相应型号的 BT 锥柄的数控机床主轴相连。当然，作为模块式设计，其一般还有接长杆和变径杆，如图中的 RFX-RFX 延长杆便可实现镗刀杆的延长，实现更深孔的镗削加工。

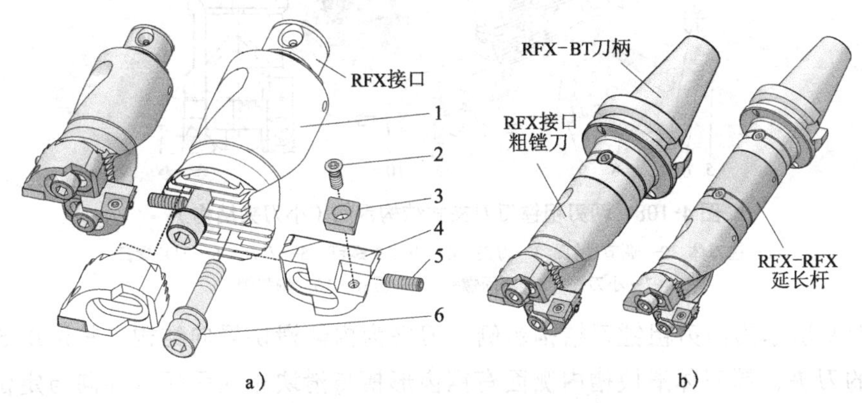

图 4-106　两刃粗镗刀（RFX 接口）及其刀柄组合示例

a）两刃粗镗刀　b）与刀柄组合

1—镗杆　2—刀片螺钉　3—刀片　4—刀夹　5—调节螺钉　6—刀夹螺钉与垫圈

图 4-107 所示为小型桥式结构的两刃粗镗刀结构示例，所谓桥式结构指的是镗刀体 7 横向较长，两端分别安装有镗削刀夹 4，类似于桥梁结构；说其小型，是镗刀体的长度与大型镗孔刀具相比较短。该镗刀刀体端面固定与图 4-106 类似的刀夹 4，并用刀夹螺钉（含垫圈）固定在镗刀体上，刀夹与镗刀体之间依然有锯齿状结合面，刀夹的径向位置调节由调节螺钉 3 顶住刀夹螺钉 5 完成。镗刀体 7 的另一端与面铣刀端面结构相同，有端面键槽，可由中心固定螺钉 6 与相应规格的面铣刀刀柄相连，实现与机床主轴安装。

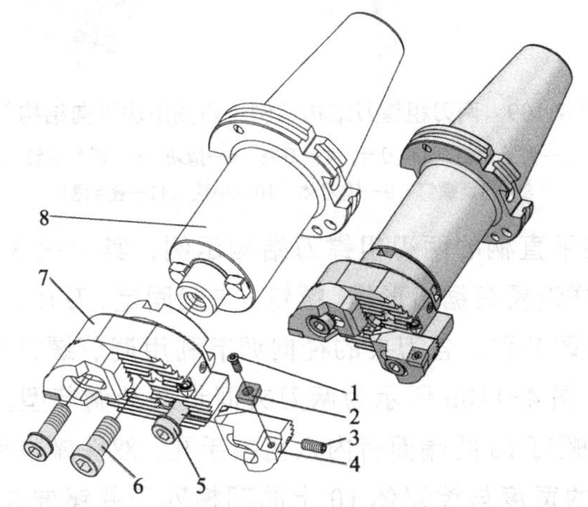

图 4-107　小型桥式结构的两刃粗镗刀结构示例

1—刀片螺钉　2—刀片　3—调节螺钉　4—刀夹　5—刀夹螺钉　6—固定螺钉　7—镗刀体　8—刀柄

图 4-108 所示为两刃粗镗刀刀夹式结构示例，其与图 4-106 的结构大致相同，差异

表现在：首先是刀夹的刀片改为了刀夹型式，即图中的刀夹 3 的刀片改为了小刀夹 7，如此变化，可通过小刀夹的变化实现不同形状刀片及安装后主偏角的变化；其次是刀夹的固定方式增加了压板 9，使得压紧力的接触面积较大；第三是模块式接口的不同。

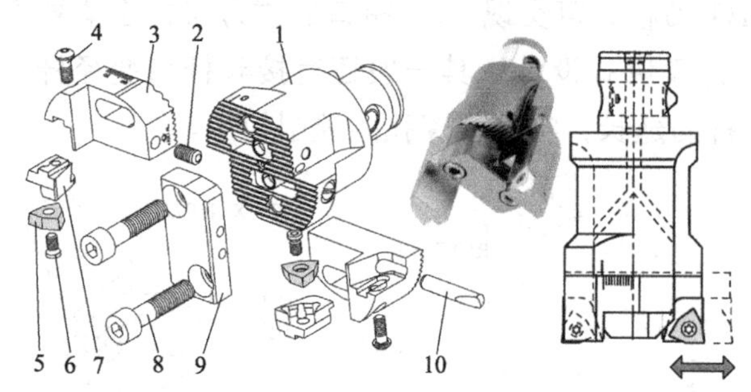

图 4-108　两刃粗镗刀刀夹式结构示例（小刀夹结构）

1—镗刀体　2—调节螺钉　3—刀夹　4—小刀夹螺钉　5—刀片　6—刀片螺钉　7—小刀夹　8—紧固螺钉　9—压板　10—调整销

图 4-109 所示为两刃粗镗刀结构示例，刀夹为内侧滑块导向结构，其滑块 5 类似于图 4-106 的刀夹，镗刀体滑块槽内侧面有锯齿形槽与滑块相应面配合导向与定位，两滑块之间有垫块 10，保证滑块 5 之间的间隙适当，密封圈 11 起到阻尼作用，提高滑块的调整精度，刀片 3 通过小刀夹与滑块相连，灵活多样，调整螺钉 6 可调节滑块的径向位置，从而调整加工直径，调整完成后用锁紧螺钉 8 锁紧滑块。

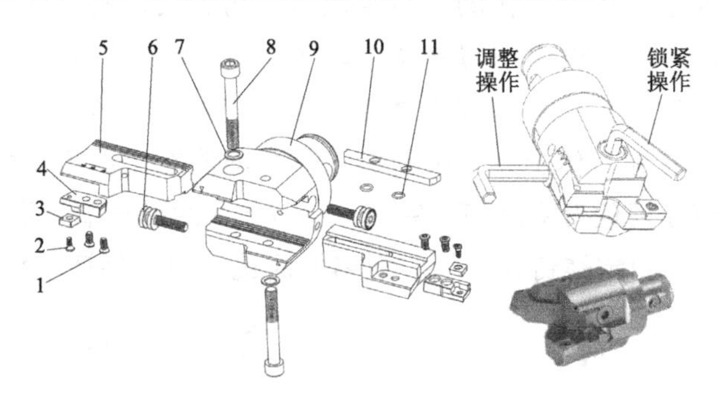

图 4-109　两刃粗镗刀结构示例（内侧滑块导向结构）

1—刀夹螺钉　2—刀片螺钉　3—刀片　4—刀夹　5—滑块　6—调整螺钉　7—弹簧垫圈　8—锁紧螺钉　9—镗刀体　10—垫块　11—密封圈

图 4-110 所示为削平直柄的两刃粗镗刀结构示例，其刀夹 3、5 与镗刀体 4 的结合面为斜侧面，结合面同样设置有锯齿形槽，螺钉 1 夹紧固定，刀片 7 为螺钉紧固。图 4-110a 所示粗镗刀为刀夹独立调节型，各刀夹的径向调节利用调节螺钉 6 顶住中心销 9 实现刀夹 5 的径向单独扩大。图 4-110b 所示为两刀夹同步联动调节型，其同步调节机构如图右上角所示，双头调节螺钉 13 的端面有内六角扳手孔，双头螺柱两端的螺纹螺距相同，旋向相反，定位环 12 的宽度与镗刀体 10 上的凹槽匹配并镶嵌在凹槽中，调节螺钉 13 可由三个均布的锁紧螺钉 11 锁紧或放松，锁紧后的调节螺钉旋转可控制与其相连的刀夹同步联动的扩大和缩小。锁紧螺钉放松后可调节两刀夹的径向尺寸差值，实现两刃的

不对称镗削。为扩大镗刀的应用范围，刀具制造商的镗刀体的接口提供了不同型式的设计，图 4-110 中两例分别为削平直柄和 ER 弹性夹头接口柄。

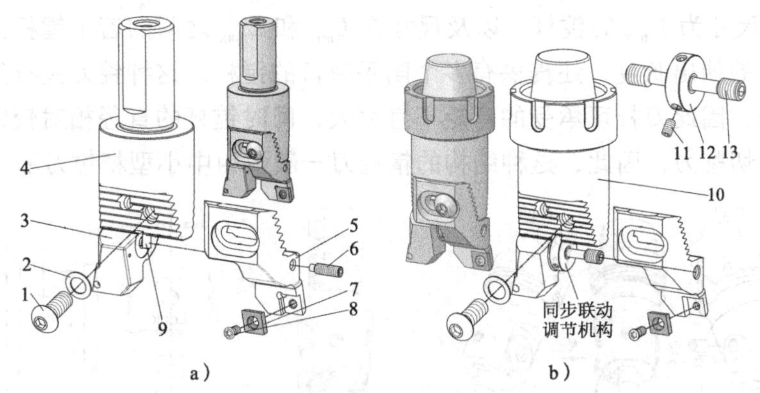

图 4-110　削平直柄的两刃粗镗刀结构示例（侧固刀夹）

a）刀尖独立调节　b）刀夹同步联动调节

1—刀夹螺钉　2—垫圈　3、5—刀夹　4—侧固式镗刀体　6—调节螺钉　7—刀片　8—刀片螺钉　9—中心销　10—镗刀体　11—锁紧螺钉　12—定位环　13—调节螺钉

粗镗刀结构分析总结：不同刀具制造商的镗削刀具结构不同，特别是模块式镗削刀具系统，模块结构基本不通用，因此，首次选择时特别要注意，其将影响后续增加模块的选择限制。粗镗刀的直径调节机构一般较为简单，调节精度不高，仅用于粗镗加工。粗镗刀多以两刃为主，三刃镗刀的直径测量略显麻烦。镗刀选择时尽可能选用刀具制造商配套的附件，包括调节与紧固螺钉扳手和刀具测量装置等。选择镗削刀具时要注意其镗孔直径范围以及镗杆长度，最好留有一定余地，便于后续重复使用。

2．精镗镗刀结构示例与分析

精镗镗刀顾名思义，是用于加工精度较高孔的镗刀，因此，其结构重点是如何精确调整并获得较为精确的镗孔加工，包括尺寸精度和表面粗糙度要求，一般精镗加工余量较小（≤ 0.5mm），单切削刃切削、尺寸精密调整（直径最小增量达 0.002mm），必要时（高速加工）增加动平衡结构等。以下介绍几例典型精镗刀供学习参考。

图 4-111 所示为一款镗杆型单刃精镗刀示例，其镗杆为固定尺寸的机夹可转位型式，刀片为螺钉夹固。为满足市场需要，刀具制造商一般提供多种不同的刀具结构供选择，如图 4-111a 所示为 HSK 高速接口型精镗刀，而图 4-111b 所示为削平型直柄接口精镗刀，同一系列镗刀其刀具加工直径尺寸的调节机构是相同的，该图所示的直径调节为滑柱型，其滑柱 4 可轴线横向移动，控制其轴向调节的是调整螺钉 6 和与其装配一体转动的刻度盘 7，刻度盘采用游标原理调节控制，其控制精度较高，一般设计至 2μm 的显示与调整精度，镗杆为削平型，从镗刀体下部装入至滑柱中的孔中，然后由紧固螺钉 5 压紧固定，装刀时注意刀尖要对准镗刀体端面的标记线，这样就能保证紧固螺钉正好压住镗杆上的削平面，同时保证刀尖为滑柱移动的轴线方向，锁紧螺钉 2 用于尺寸调定后锁定滑柱，确保镗孔尺寸的稳定可靠，当然，调整时必须放松。该镗刀总的镗孔尺寸控制由两部分组成：首先，镗刀体滑柱可在一定范围内调整，如图 4-111c 中的尺寸调节范

围 $d_{min} \sim d_{max}$；其次，镗杆刀尖本身相对镗杆中心线存在一定的距离，最终确定镗刀的镗孔直径。刀具制造商一般提供一组镗杆，包括最小尺寸的镗杆，如图 4-111 中尺寸为 L_{min} 的镗杆和尺寸为 L_{max} 的镗杆，以及尺寸在 L_{min} 和 L_{max} 之间的若干镗杆。另外，为了获得尽可能短的伸出长度，还提供有多个削平缺口的镗杆。这种镗刀镗杆的夹固长度仅等于滑柱直径，因此刀杆可承受的弯矩不宜太大，同时镗杆的直径相对较细，也不宜承受较大的横向切削力，因此，这种结构的精镗刀一般多为中小型精镗刀所采用。

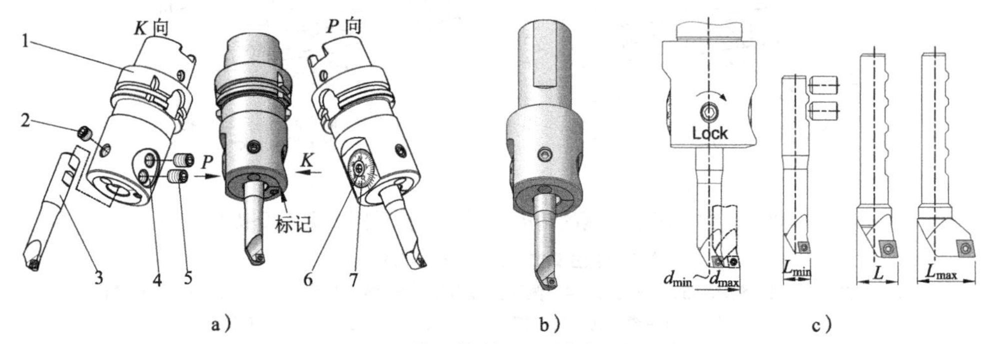

图 4-111　单刃精镗刀示例（刀杆型）

a）HSK 高速接口型镗刀外观　b）削平型直柄接口镗刀外观　c）刀杆配置示例

1—镗刀体　2—锁紧螺钉　3—镗杆　4—滑柱　5—紧固螺钉　6—调整螺钉　7—刻度盘

图 4-112 所示为一款刀夹型单刃精镗刀示例，其刀具直径尺寸的调整原理与图 4-111 相同，但其改为了刀夹结构，通过刀夹螺钉 1 将刀夹 2 固定在滑柱 3 的端面上，相配合面上开有榫卯结构，起到刀夹的定位与防转作用。该示例的镗刀接口也是 HSK 高速接口，当然还有其他结构型式。

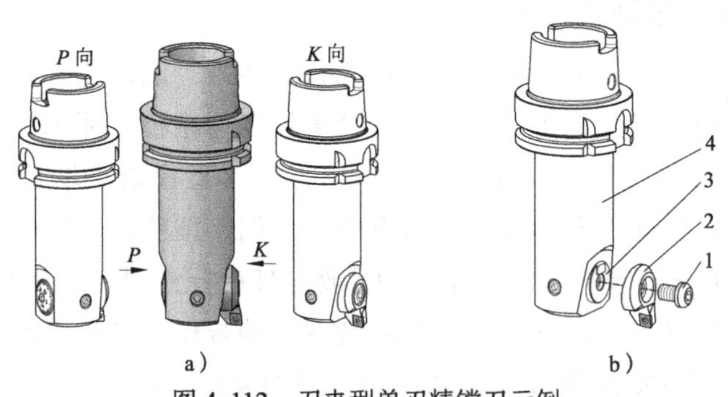

图 4-112　刀夹型单刃精镗刀示例

a）HSK 接口镗刀外观　b）结构组成

1—刀夹螺钉　2—刀夹　3—滑柱　4—镗杆体

图 4-113 所示为圆柱直柄型精镗刀示例，其与图 4-112 的差异主要在镗刀体上。另外，这种刀夹式精镗刀可通过匹配的背镗结构，将刀夹翻转 180° 安装，构造成为一把背镗刀，如图 4-113b 所示，当然，使用时机床主轴必须反转。

观察刀杆型与刀夹型精镗刀外观，可见，刀夹型镗刀的镗杆相对较粗，且刀架固定更稳定，可承受更大的横向切削力，因此，镗孔加工精度可控制的更好。

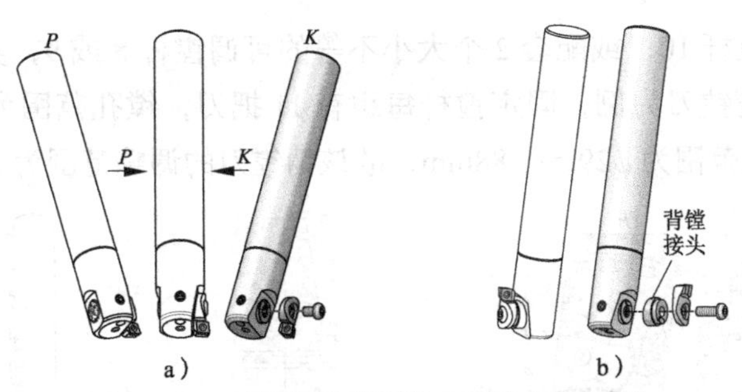

图 4-113　圆柱直柄型精镗刀示例（刀夹型）

a）正镗结构　b）背镗结构

上述精镗刀滑柱内部结构，不同刀具制造商的结构略有差异，但结构原理基本相同，图 4-114 所示为某刀具品牌的刀夹型精镗刀及其内部结构示例，镗刀型式包括圆柱直柄型与模块式接口型，模块式接口型镗刀显示了直径调整机构的结构组成，同时显示出背镗刀的构成原理和游标刻度示意图。该镗刀的刀夹 7 装配在滑柱 4 端面，镗孔时镗杆体可以进入到孔内，镗杆刚性较好，镗孔尺寸的游标型读数原理参见 P 向视图，读数精度为 0.001mm，直径精度为 0.002mm。滑柱 4 下部削边，配合防转销 6 防转，刀夹有多种型式供选择，包括主偏角、刀片形状的变化，件 8 为可选件，可实现刀夹的背镗安装。该镗刀还显示出其为内冷却型模块式镗刀，当然，不同刀具制造商一般有自己的模块式接口型式，另外，若要高速镗孔加工，最好选择带动平衡功能的镗刀。

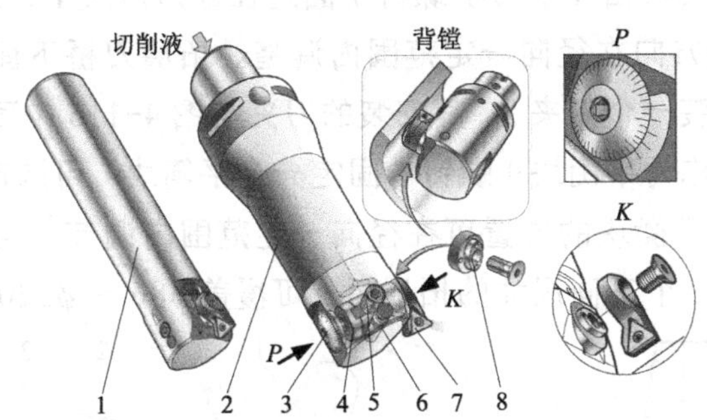

图 4-114　刀夹型精镗刀及其内部结构示例

1—直柄接口镗刀　2—模块式接口镗刀　3—调节螺钉与刻度盘　4—滑柱
5—锁紧螺钉　6—防转销　7—刀夹　8—背镗接头与螺钉

图 4-115 所示的精镗刀结构是在图 4-111 所示镗刀基础上经过改进与拓展而来的，其在结构上增加了滑块 7，该滑块内部与滑柱 5 通过一个套管（图中未示出）刚性连接，也就是说调节螺钉 3 调整滑柱移动的同时也带动滑块横向移动，实现镗孔直径的调整与控制。滑块两则为锯齿形的刀轨，保证镗刀轴向位置精度较高。镗刀体 1 上开有一个窄槽，使得镗刀体上开槽外侧部分有一定的弹性，依靠锁紧螺钉 4 可实现滑块的锁紧镗孔与放松调整。滑块 7 靠镗刀体下部开设有锯齿槽（类似于图 4-106 所示的结构），可用于较大直径拓展刀桥的安装（见图 4-116）。另外，其还可采用图 4-115c 所示的可调镗杆，其刀夹 12 有一定的通用性，刀夹通过刀夹螺钉 13 固定在镗杆体 11 上，镗杆体 11 的削平直柄部分与固定镗杆 10 的柄部相同，均可安装到镗刀上，如图 4-115a 所示，图 4-115b 所示为镗杆配置方案，

其可配套一组固定镗杆 10，或配套 2 个大小不等的可调镗杆 8 或 9，实现较大范围直径的镗孔加工，以图示精镗刀为例，固定镗杆每组有 11 把刀，镗孔范围为 $\phi10 \sim \phi53$mm；可调镗杆 2 把刀，镗孔范围为 $\phi29 \sim \phi88$mm，故该精镗刀的调整范围为 $\phi10 \sim \phi88$mm。

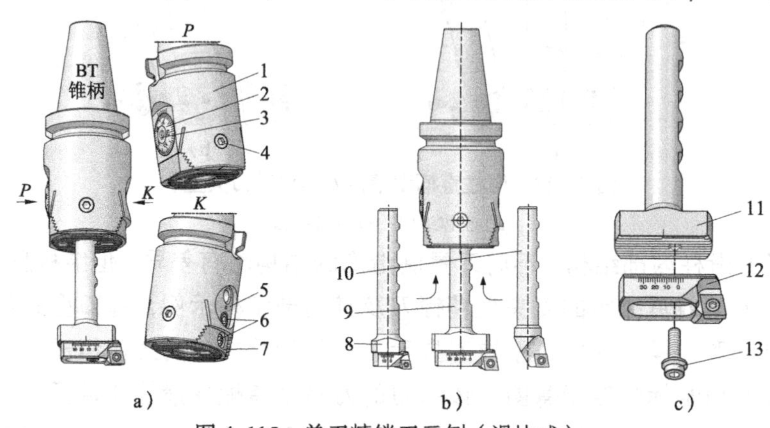

图 4-115　单刃精镗刀示例（滑块式）

a）工作原理　b）镗刀组合　c）可调镗杆结构

1—镗刀体　2—刻度盘　3—调节螺钉　4—锁紧螺钉　5—滑柱　6—刀杆固定螺钉　7—滑块　8—可调镗杆Ⅰ　9—可调镗杆Ⅱ　10—固定镗杆　11—可调镗杆体　12—刀夹　13—刀夹螺钉

图 4-116 是图 4-115 镗刀的拓展刀桥应用示例，其可进一步扩大镗孔范围。图中刀桥 2 是拓展主体零件，其可由 4 个刀桥螺钉 7 固定在镗刀滑块上，结合面为锯齿形滑轨，安装位置可沿着锯齿槽方向在径向一定范围内调整。拓展刀桥下面仍为锯齿滑轨结构，右侧可由刀夹螺钉 4 安装一个刀夹 3，其安装的刀夹与图 4-115 中可调镗杆的刀夹通用。另一侧则可由配重（又称为平衡块）螺钉 5 固定一个平衡块（可选件），这个平衡块在高转速镗孔时很有必要，平衡块的位置可在径向一定范围内调节，当然转速不高时也可不装。该示例镗刀配备有 2 个不同尺寸的拓展桥，可覆盖 $\phi86 \sim \phi320$mm 孔径的镗削加工。

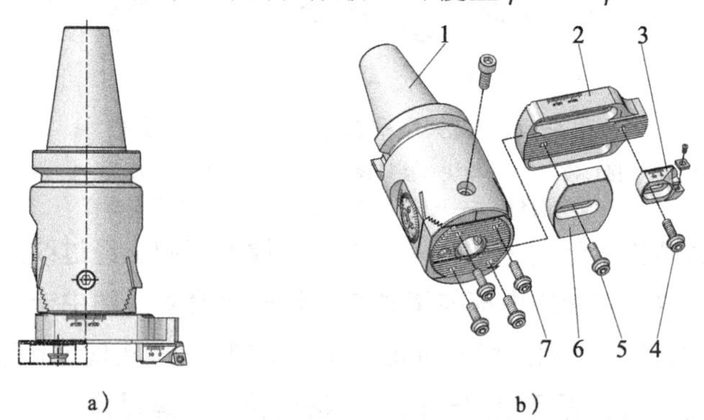

图 4-116　精镗刀拓展刀桥示例

1—镗刀头　2—刀桥　3—刀夹　4、5、7—螺钉　6—配重

图 4-117 所示为一款大直径镗刀结构示例，其主体实现仍然是刀桥式结构，基于刀桥实现大直径孔的镗削加工，其与前述中小尺寸的差异是将镗孔直径的微调机构由镗刀体转移到滑块上去了，这种结构不仅简化了镗刀刀柄的结构，而且使得微调机构变得更为通用，适合模块式发展的需要。该镗刀系列中同样有粗镗刀与精镗刀两种，如图

4-117a、b 所示。镗削刀片通过通用的刀夹 12 与刀座 5 和 11 连接，刀座固定在滑块 7 和 16 上，对于粗镗刀（见图 4-117a），滑块 7 和 16 均可独立在基架 4（即刀桥）的燕尾导轨中移动，基架通过螺钉 9 与螺母 2 紧固，通过调整螺钉 3 和 10 可分别调整左、右刀夹的位置控制镗孔尺寸，镗孔尺寸调整确定后，旋转锁紧螺钉 6 和 15 锁紧滑块。对于精镗刀（见图 4-117b），仅需单切削刃加工，因此取消了图中的件 5 和 6，左刀刃调整螺钉也改为了一根光滑圆柱体（顶杆 19），原滑块 7 依然保留，用螺钉 17 紧固在基架上，起到平衡块的作用，该大直径镗刀的优点是共用件多，简化了结构，粗镗刀也有调整螺钉，调整方便，不足之处是精镗刀刀夹不具有微调机构，调整精度不高。

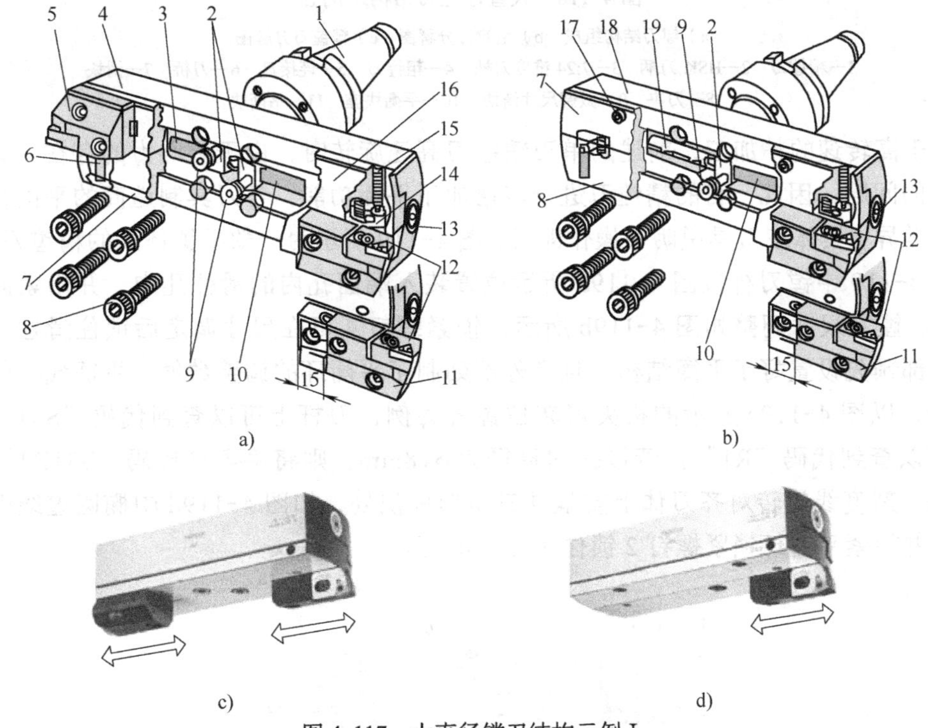

图 4-117　大直径镗刀结构示例 I

a）粗镗刀分解图　b）精镗刀分解图　c）粗镗刀外观图　d）精镗刀外观图

1—刀柄　2—螺母　3—左切削刃调整螺钉　4、18—基架　5、11—刀座　6、15—锁紧螺钉　7、16—滑块　8—刀柄连接螺钉　9—螺钉　10—右切削刃调整螺钉　12—刀夹　13—调整刻度盘　14—锁体　17—滑块紧固螺钉　19—顶杆

图 4-118 所示的大直径镗刀，其精镗刀配有专用微调尺寸滑块 9，可实现镗孔尺寸的精确控制。该大直径镗刀的设计思路依然是刀桥式结构，刀桥 6 上端与连接盘 5 螺钉固定，而连接盘上端与刀柄相连，相连接口为面铣刀接口型式。该镗刀仍遵循粗、精镗加工工艺分开的原则，设计有粗镗刀与精镗刀，如图 4-118b、c 所示，粗镗刀为两刃结构，两个刀夹 8 分别通过相应的滑块 7 与刀桥相连，并可在刀桥的导轨上移动，调整粗镗孔直径。精镗刀采用有微调机构的滑块 9，滑块与刀桥的位置固定仅是初步确定镗孔直径，精确的尺寸控制必须依靠滑块 9 自身的微调结构完成，微调机构的原理与前述中小型单刃精镗刀的调整相同，精镗刀另一侧的粗镗刀滑块 7 更换为平衡块座 10 和平衡块 11，用于加工时的平衡，增加加工的稳定性。一般而言，为增强加工性能，刀片与刀夹均有多种形状与主偏角型式供选择。

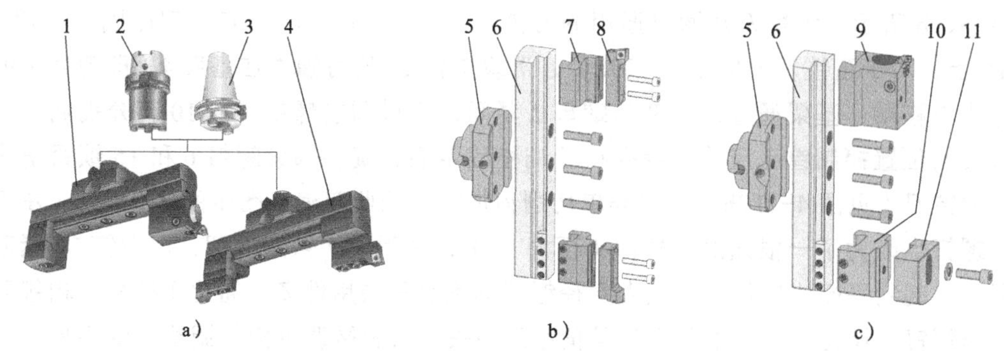

图 4-118　大直径镗刀结构示例Ⅱ

a）镗刀结构组成　b）粗镗刀分解图　c）精镗刀分解图

1—精镗刀　2—HSK 刀柄　3—7:24 锥度刀柄　4—粗镗刀　5—连接盘　6—刀桥　7—滑块

8—刀夹　9—微调尺寸滑块　10—平衡块座　11—平衡块

对于高转速的精加工，前述的单刃精镗刀高速旋转时，由于离心力的存在，必然产生平衡的问题，因此，有的精镗刀进一步增加了平衡功能，各刀具制造商的平衡机构设计存在差异，具体按刀具说明书操作即可，图 4-119 所示为一款平衡环式的精镗刀示例。

图 4-119 中镗刀杆按图 4-119a 所示位置装入端面孔内的滑柱孔中，并用紧固螺钉 5 紧固。镗刀尺寸调整如图 4-119b 所示，锁紧螺钉 4 可在尺寸调定后锁住滑柱，平衡环 1 内部预先设置好了平衡结构，且环外部刻制了平衡环的调整数值，平衡代码刻印在镗刀上，以图 4-119c 所示的机夹可转位镗杆为例，刀杆上可以查到代码“S31”，刀夹上可以查到代码“R1”，若镗孔的直径为 ϕ18mm，则将平衡环代码“S31R1”的直径“18”刻度线旋转对齐刀体上的基准三角形标识处，如图 4-119d 中椭圆虚线框出的位置，并旋紧平衡环锁紧螺钉 2 锁住平衡环即可。

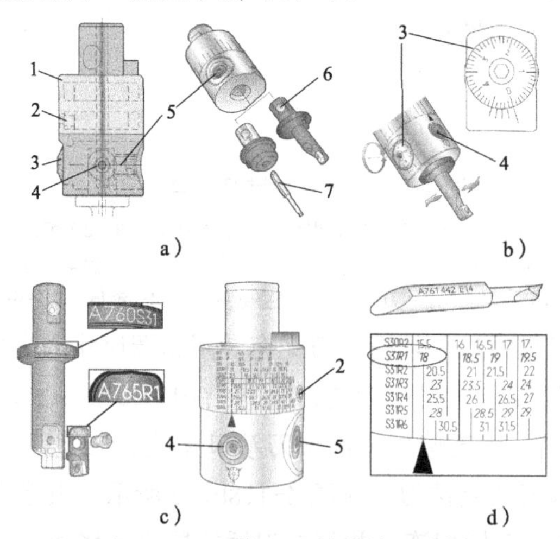

图 4-119　平衡环式的精镗刀示例

a）结构及外观图　b）调整示意图　c）刀具信息图　d）平衡块调整示意图

1—平衡环　2—平衡环锁紧螺钉　3—微调螺钉与刻度盘　4—锁紧螺钉　5—刀杆紧固螺钉

6—机夹式镗刀　7—小径整体式镗刀

平衡调节一般与镗孔直径有关，图 4-120 所示为一款手动调整微调尺寸自动补偿平衡的精镗刀头结构原理。图 4-120a 所示为尺寸微调原理，旋动手柄通过微调尺寸刻度盘 1 前端的螺纹结构实现滑柱 5 的径向位置调整，滑柱前端安装一个带机夹可转位刀片 3 的刀夹 4，实现镗孔加工。图 4-120b 所示为自动补偿平衡原理，滑柱移动的同时，通过齿轮 6 带动平衡块 7 联动对称移动，实现旋转平衡调整。

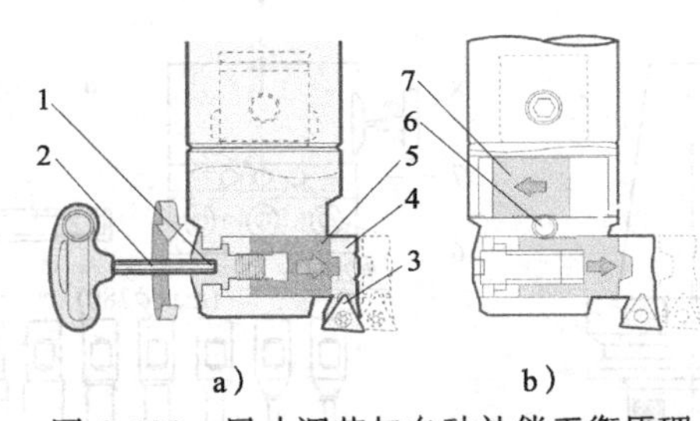

图 4-120 尺寸调节与自动补偿平衡原理

a）镗孔尺寸调整原理 b）自动补偿平衡原理

1—微调尺寸刻度盘 2—扳手 3—刀片 4—刀夹 5—滑柱 6—齿轮 7—平衡块

图 4-121 所示为基于平衡块组合实现动平衡补偿的应用示例，共 9 块标准平衡块，按图 4-121c 所示的组合方式，按图 4-121b 所示的位置放置即可，刀具制造商根据其提供的镗刀型号，按照镗孔直径的大小，查表确定采用哪种平衡块组合方案。这种平衡块设计方案结构简单适用，但调整块安放略显麻烦。

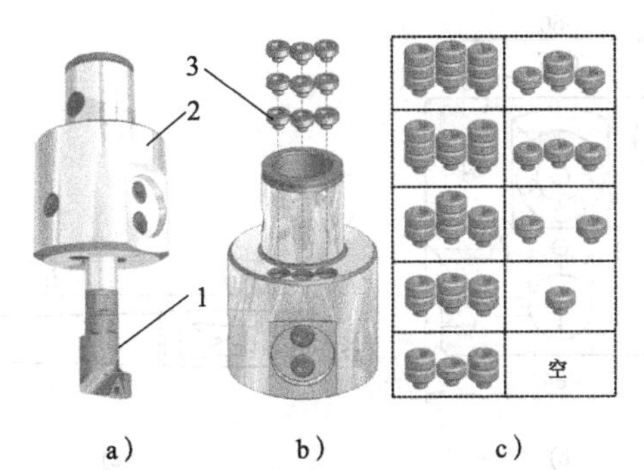

图 4-121 标准平衡块组合平衡补偿原理

a）应用 b）安装位置 c）平衡块组合方案

1—镗刀杆 2—精镗镗头 3—标准平衡块

下面再来看一款国内市场见得较多的多功能精镗刀结构示例（见图 4-122），其属于模块式结构，其精镗头为独立件，如图 4-122b 所示，但刀柄 1 可按机床主轴选取，即镗刀头部分（镗刀体、滑块等）为已固定的结构组件，镗刀体 3 与刀柄 1 通过螺钉 2 连接，保证了用户可以选用不同型号、规格的刀柄。通过变换不同的镗刀（刀杆 + 刀片），并安装在滑块 5 的不同位置，实现镗孔范围 $\phi8 \sim \phi280$mm 的变化（图中镗孔范围后括号内的数值为镗孔深度），滑块与镗刀体之间燕尾槽导向，间隙可调，且可锁紧滑块，滑块端面有三个直径 ϕ20H7 的镗杆安装孔供选择，确保滑块伸出长度尽可能短，全套镗刀杆共 8 件。很显然，这种结构的镗刀未考虑旋转平衡问题，高速旋转加工的稳定性稍差，一般转速不超过 1600r/min。接触机械加工较长时间就可以看出，这种结构的镗刀在传统加工中有所应用，这里主要改进了刀柄 1 的接口，改为适应数控机床主轴安装的接口。

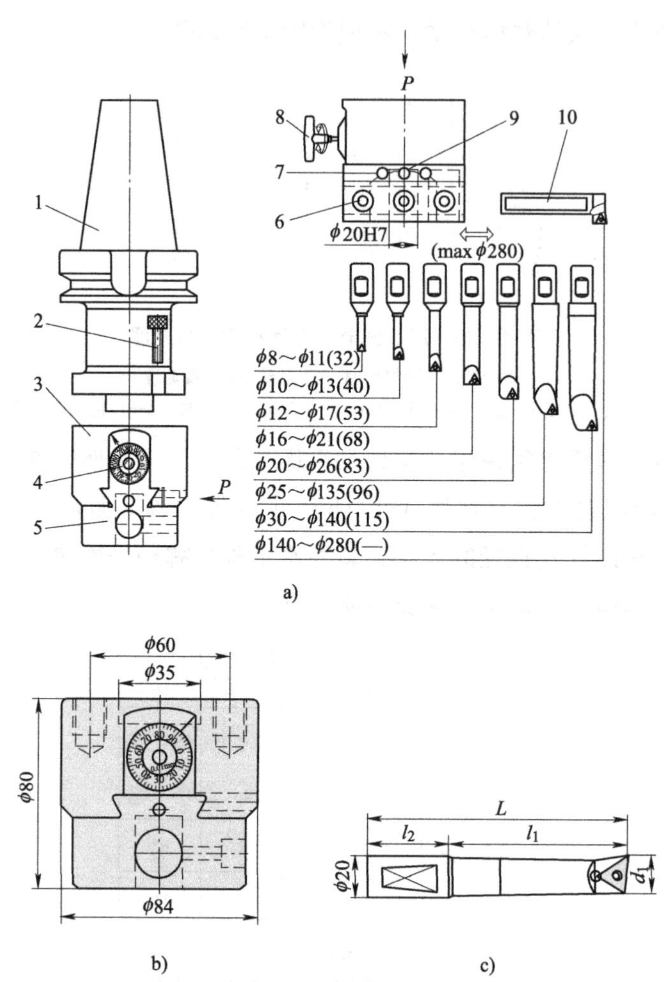

图 4-122　多功能精镗刀示例（刀杆套装）

a）结构组成　b）镗刀头主要参数　c）镗杆示例

1—精镗刀柄　2—螺钉　3—镗刀体　4—微调尺寸刻度盘　5—滑块　6—刀杆锁紧螺钉　7—滑块间隙调整螺钉　8—扳手　9—滑块锁紧螺钉　10—刀具组件（8 件）

精镗单元是一种提供给用户设计与制造非标刀具的，能够精密调整孔加工尺寸的独立精镗单元组合体。图 4-123 所示为某刀具制造商的精镗单元（型号 R/L148C），国内有厂家按此参数生产。图 4-123a 所示为外观图，其刀片 1 有负后角为 7° 的正三角形刀片（TC**）和 80° 刀尖角的菱形刀片（CC**）两种，旋转调整螺母 3 可调整刀夹 2 的伸缩位置，读数系统为游标原理结构，调整螺母上的最小刻度精度为 0.01mm（即最小直径调整精度为 0.02mm），游标读取精度可达 0.001mm，调整螺母具有自锁性，调整前、后无须松开、锁紧螺纹。整个单元前端安装紧固螺钉，可安装在不通孔中，并前端调整，使用方便。精镗单元设计有直角安装与角度安装型（见图 4-123b、c），供通孔与不通孔加工选用，主偏角以 90° 应用居多，也有 75° 供选择。切削方向有右 / 左手型（R/L 型），左手型应用居多。

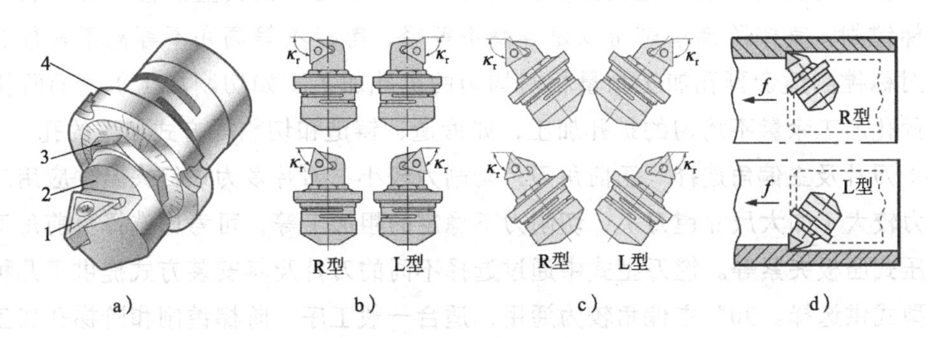

图 4-123　精镗单元结构原理

a）外观图　b）直角安装型　c）角度安装型　d）切削方向示例

1—刀片　2—刀夹　3—调整螺母　4—刀体

图 4-124 所示为精镗单元的镗刀结构，图 4-124a 所示为角度安装型装配示意图，镗杆 2 的斜面上开有相配合的安装孔，精镗单元 1 装入后用螺钉 7 紧固。

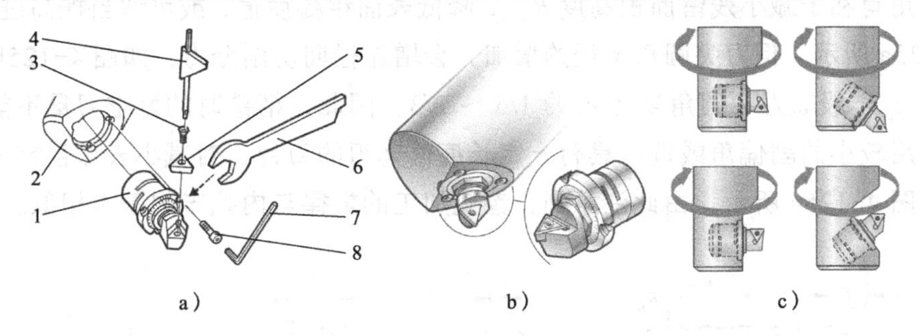

图 4-124　精镗单元的镗刀结构

a）安装结构　b）安装示例　c）应用示例（正镗与背镗）

1—精镗单元　2—镗杆　3—刀片螺钉　4、8—扳手　5—刀片　6—调整扳手　7—螺钉

4.6.3　镗孔加工刀具应用的注意事项

1．镗孔加工刀具型式的选择与应用

（1）粗镗刀扩孔与钻头扩孔加工分析　对比钻头扩孔而言，粗镗刀的切屑控制由于前述的机夹可转位钻头扩孔，且孔径调整更为灵活方便，可纠正预孔的位置精度误差，因此，粗镗刀扩孔加工远优于钻头扩孔加工，广泛用于数控扩孔加工工艺，不足之处是一次性投资稍大。

（2）精镗工艺与铰孔工艺分析　精镗孔加工一般为单刃切削，径向切削力小，且镗杆较粗，其加工过程中不仅可以提高孔的加工精度，同时也能提高孔的位置精度，如垂直度、直线度等，而铰孔加工仅提高孔的尺寸精度，无法修正预孔的位置误差，因此，孔的精加工尽可能选用精镗工艺。孔径较小，不便镗孔时选用铰孔工艺，当然，铰孔工艺的加工效率还是优于精镗加工的。

（3）粗镗刀应用分析　粗镗刀多为两刃或三刃加工，其典型的镗削方式有对称镗削、阶梯镗削，其中阶梯镗削可以是等高不等径、等径不等高和不等高不等径的镗削方式。对称镗削适合预孔加工余量相对均匀的扩孔加工（如切削加工），而阶梯加工更适合预孔加工余量不均匀的扩孔加工，如锻造、铸造和切割等方式加工的孔。

（4）刀片及主偏角选择　正前角刀片切削力较小，刀片多为螺钉夹紧，应用广泛，但切削力较大（如大尺寸镗刀），切削力不稳定的粗加工等，可考虑选择负前角刀片，采用上压式压板夹紧等。镗刀型式中通过选择不同的刀片及其安装方式提供了几种主偏角选择型式供选择。90°主偏角较为通用，适合一般工序、阶梯镗削和阶梯孔加工等；小于90°主偏角（如75°、60°、84°等）时刀尖强度较好，可用于断续切削、夹砂、硬皮、堆叠等粗镗削加工，但仅能用于通孔镗削；大于90°（如92°、95°等）多用于不通孔镗削、精镗加工，配合修光刃可提高表面加工质量。

（5）刀尖圆角与刮光刃　刀尖圆角对表面粗糙度值和径向切削分力等有所影响，大的刀尖圆角有利于减小残留面积高度 R_{max}，降低表面粗糙度值，或可适当提高进给量 f，如图 4-125a 所示。但刀尖圆角半径的增加，会增加径向切削分力，如图 4-125b 所示，镗削深度 a_p 一般取刀尖圆角半径 r_ε 的 1/3 ～ 2/3，因此，精镗时的背吃刀量不能太大。另外，选用较小的副偏角或选用具有一定长度修光刃的刀片，对减小表面粗糙度值是有利的，如图 4-125c 所示。由此注意到，镗孔加工的规律与内孔车削基本相似。

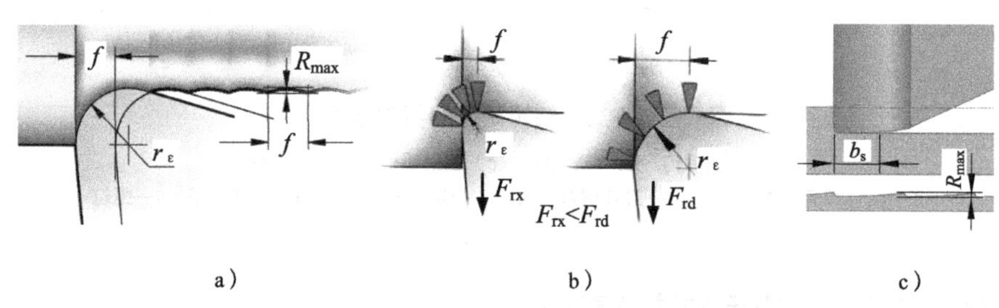

图 4-125　刀尖圆角与刮光刃的影响

a）表面粗糙度　b）切削力　c）刮光刃

（6）圆孔铣削与镗孔加工工艺分析　数控机床可以方便地通过编程控制刀具整圆或螺旋铣削加工铣削整圆，圆弧铣削不需单独配备镗刀，使用灵活，不足之处是效率略低，且因为铣削加工圆柱切削刃较长，径向切削力较大，因此加工精度不如精镗加工。

（7）模块式镗刀系统接口选择　数控加工的镗刀一般设计为模块式系统，其中各模块之间接口型式的选择必须多加思考，一般宜选择通用性好（如 GB/T 25668—2010《镗铣类模块式工具系统》规定的 TMG 工具系统的型式）、市场占有率高的有一定知名度的接口型号、当地有稳定刀具代理商的刀具品牌的镗刀等，因为接口一旦确定不宜随意更换，否则损失极大。主柄模块（含拉钉）必须依照所用数控机床的主轴锥孔确定，中间模块适当选择，工作模块依据加工工艺的需要选择，其中，中间模块和工作模块可根据需要逐步配置。

（8）镗刀尺寸的调整　镗刀尺寸的调整分为机外调整和机上调整，机外调整可采用通用的刀具预调仪进行，也可采用刀具制造商提供的专用调整仪器，如图 4-126a 所示。图 4-126 中变换接头 4 可换，以适应不同规格与型式的镗刀装夹，图 4-126b 所示为其变化型式，有双刃镗刀、单刃镗刀和大直径镗刀测量仪等，其中单刃镗刀高度可调，变化范围较大。机上调整指在数控机床上调整，一般采用试切法调整镗刀尺寸。

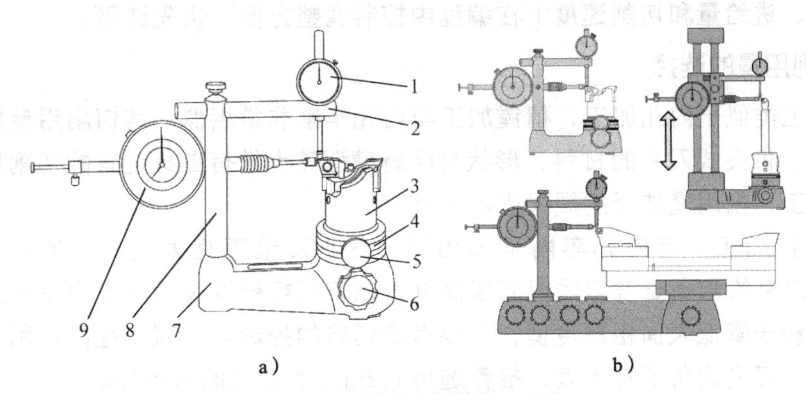

图 4-126　镗刀专用调节对刀仪

a）结构组成　b）变化型式

1—高度调节表　2—测量臂　3—镗刀　4—变换接头　5、6—锁紧螺钉　7—底座　8—立柱　9—直径调节表

（9）镗刀刚性的控制　工艺系统刚性对镗孔加工精度影响很大，因此，精镗加工过程中，镗杆刚性控制尤为重要，基本原则是：悬伸长度尽可能短、直径尽可能大。另外刀杆材料和结构型式也是应该考虑的问题。一般而言，刀杆材料的弹性模量对刚性影响较大，如硬质合金镗杆刚性优于合金钢镗杆；刀具结构方面，有专门制作的内部带有减振装置的减振镗杆，如图 4-127a 所示，其减振原理（见图 4-127b）是通过多个橡胶弹簧 5 支撑的重金属块 4 构成一个振动系统，减振油液 6 作为振动系统的阻尼部分，参与预调优化减振，这种减振镗杆的减振效果较好。为增加减振镗杆的通用性，可制作成模块式结构，如图 4-127c 所示，不同型式的减振镗杆与镗头组合可最大限度地满足实际需求。

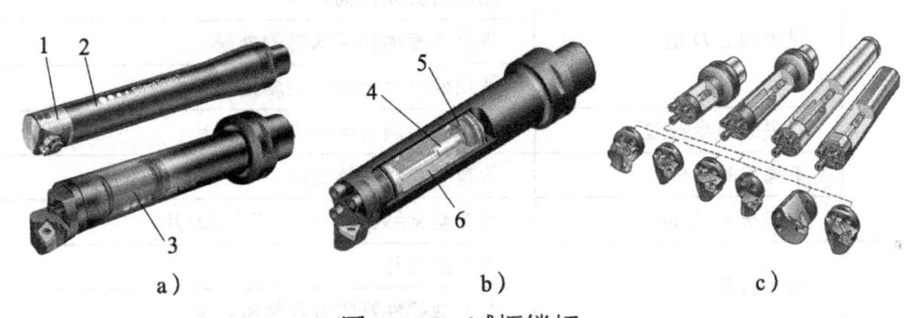

图 4-127　减振镗杆

a）结构组成　b）减振原理　c）模块式结构

1—镗头　2—镗杆　3—减振装置　4—重金属块　5—橡胶弹簧　6—减振油液

（10）切屑控制（见图 4-128） 孔加工过程中的排屑必须引起关注，镗孔加工也不例外，特别是不通孔加工，内冷却方式有利于排屑。过短 / 过厚的切屑不仅会使切削力过大，而且会引起偏斜和振动。过长的带状切屑会堆积在孔中，并可划伤加工表面和造成切屑堵塞，导致刀片断裂。理想的切屑形状应是 C 型或较短的螺旋形，容易从孔中排出。影响断屑的因素有：刀片的断屑槽型、背吃刀量（也称为切削深度）、进给量和切削速度、工件的材料及其性能、刀尖圆角半径、主偏角等，其中切削用量（背吃刀量、进给量和切削速度）在编程中控制调整方便，优先选用。

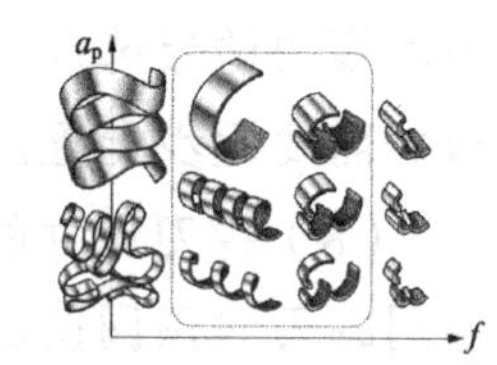

图 4-128　切屑控制

2．切削用量的选择

镗孔加工类似于内孔加工，精镗加工与内孔车削非常相似，其切削用量的选择可以借鉴。另外，机夹式刀片的材料、形状与断屑槽型等也常有自身适宜的切削用量。这里仅就镗孔加工切削用量选择的规律进行分析。

（1）精镗加工　与内孔车削基本相同，背吃刀量不宜太大，一般控制在 0.1 ～ 0.3mm，进给量的选择要考虑残留面积高度，以表面粗糙度满足要求为原则控制，高的切削速度有利于降低表面粗糙度值，但要考虑切屑的控制。为减小径向切削分力对加工精度的影响，刀尖圆角不宜太大，推荐选用 0.2mm 的刀尖圆角半径。

（2）粗镗加工　以去除材料，采用所选刀片槽型和牌号的推荐值。但是，开始的切削速度应降低 50%，以便确保正确地进行排屑。最大切削深度不应超过切削刃长度的 50%。多刃粗镗孔加工，进给量可取刀片允许进给量的倍数，但切削速度的选择需确保机床功率满足要求。

3．镗孔加工常见问题及其解决措施

表 4-7 为镗孔加工常见问题及其解决措施，供参考。

表 4-7　镗孔加工常见问题及其解决措施

问题	原因	解决措施
切屑控制差	进给量过低	提高进给量
	过大的切削深度	使用阶梯镗削加工法
振颤和振动	速度过高	降低切削速度，而不是进给量
	过大的 L/D 值	缩短刀具以提高刚性
		提高夹持柄和接长杆的外径
		使用硬质合金或重金属接长杆
	刀尖圆弧半径过大	使用刀尖圆角半径更小的刀片
	不稳定的工件	改善夹具和夹持支撑
	主偏角 κ_r 为 80°	改变至 κ_r=90°，CC □□型刀片
刀片刃口微崩或断裂	错误的刀片	错误的刀片
		改变为韧性好的刀片材质等级
	严重的断续切削	降低速度，降低进给量
	切屑堵塞和再次切削	检查镗杆与孔径之间的间隙
		改善切屑控制，提高进给量

（续）

问题	原因	解决措施
刀具寿命差	错误的刀片	改变至耐磨性更高的材质等级
	过高的切削速度	降低切削速度
	刀片刃口微崩	检查切削深度和进给量
	过低的切削液压力	提高切削液压力
切屑不能排出	镗杆过大	当可能时，降为带有加长柄的较小的镗头
	过大的切削深度	使用阶梯镗削加工法；使用 CC □□代替 CN □□刀片（特别是使用小直径镗头时）
	孔下方的空间不足	将工件置于工作台上更高的地方
	切屑控制差	提高进给量使用阶梯镗削加工法
机床功率不足	过高的进给速度	降低进给量（不超过刀片刀尖圆角半径的 25%）
	过大的切削深度	使用阶梯镗削加工法
	机床功率低	转速处于主辅低力矩区域：提高速度
		转速处于换档区域：调节转速
		将刀片改变至更高的前角
		降低切削深度
孔出口毛刺过大	过高的进给速度	降低进给量
	CC □□型刀夹 90°	使用刀尖角为 80° 刀片刀夹
	切削力过高	降低切削深度
		减小刀尖圆角半径

4.7　螺纹孔攻螺纹加工刀具的结构分析与应用

螺纹孔加工的方法有攻螺纹与铣螺纹两种，螺纹铣削刀具见 3.5 节，这里主要分析攻螺纹刀具——丝锥。丝锥是通过旋转并沿螺纹导程轴向进给，在预加工底孔上形成内螺纹的一种成形刀具，丝锥属定尺寸内螺纹加工刀具，每种规格的内螺纹必须有相应的丝锥加工，丝锥主要用于尺寸不大的螺纹孔加工。

4.7.1　螺纹孔攻螺纹刀具基础知识

1. 丝锥的种类

丝锥（见图 4-129）按其切削部分型式不同可分为直槽丝锥、螺旋槽丝锥、螺尖丝锥和挤压丝锥；按螺纹加工驱动操作方式分为手用丝锥和机用丝锥等；按螺纹规格型式分为普通米制螺纹丝锥、统一螺纹丝锥、惠氏螺纹丝锥（寸制）、管螺纹丝锥、螺母丝锥等；按装夹部分不同分为粗柄丝锥与细柄丝锥、长柄丝锥与短柄丝锥、有颈丝锥与无颈丝锥、弯柄丝锥、套式丝锥等。丝锥材料有碳素工具钢、合金工具钢、高速钢（含粉末冶金高速钢）、硬质合金等。手用丝锥一般为多支成套丝锥，有等径与不等径成组为套，按使用顺序不同，等径丝锥分别称为初锥、中锥和底锥，其切削部分长度不同；不等径丝锥分别称为头锥（第一粗锥）、二锥（第二粗锥）和精锥。机用丝锥一般为单支丝锥直接加工成形。

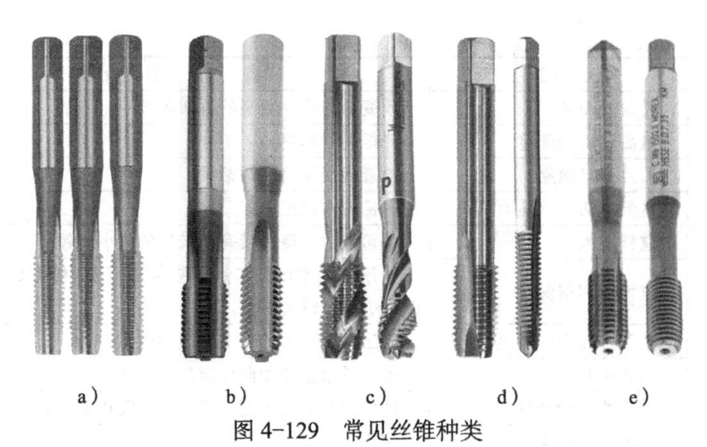

a) b) c) d) e)

图 4-129 常见丝锥种类

a）手用丝锥三件套 b）直槽丝锥 c）螺旋槽丝锥 d）螺尖丝锥 e）挤压丝锥

2．丝锥的结构分析

（1）丝锥的结构组成 图 4-130 所示为丝锥结构组成示意图。一个完整的丝锥一般包括三部分：螺纹部分是直接切削螺纹部分，包括切削锥（切削部分）与校准部分，为减少摩擦，校准部分一般做出少量的倒锥；柄部是夹持部分，多数丝锥均设置有传递力矩的方头部分，数控加工丝锥也有做成无方头的圆柱直柄结构；颈部是螺纹部分与柄部的过渡连接部分，其有时做成直径与柄部相等，表现为无明显颈部。容屑槽是切削丝锥的必备结构，但挤压丝锥可能没有容屑槽，如图 4-131 所示。

（2）切削丝锥与挤压丝锥分析 按照螺纹加工成形的方式不同，有切削丝锥与挤压丝锥两种，其成形原理如图 4-131 所示。切削丝锥（见图 4-131a）是基于金属切削原理设计的丝锥，其在圆柱面上加工出容屑槽，同时自然形成前面和前角 γ_p，后面可铲磨加工得到刃背（后面）和后角 α_p，锥芯直径是与容屑槽底相切的虚拟圆柱直径。挤压丝锥是利用金属塑性变形原理挤压成形，截面形状多为多边形，如图 4-131b 所示的四边形，外径与底径均呈相似菱形，齿型面可铲磨获得，铲磨量 $K\approx(0.04\sim0.06)d$（d 为丝锥大径）。有的挤压丝锥在螺纹部分纵向开有小沟槽，用于储存润滑油、修刮表面或纳污之用。挤压丝锥强度高、寿命长，承受力矩大，同时加工的螺纹牙齿金属纤维更为完整，因此，螺纹的质量更好。但挤压丝锥是依靠金属塑性变形加工，因此适用于有色金属、低碳钢等塑性较好材料的中小尺寸孔的加工。

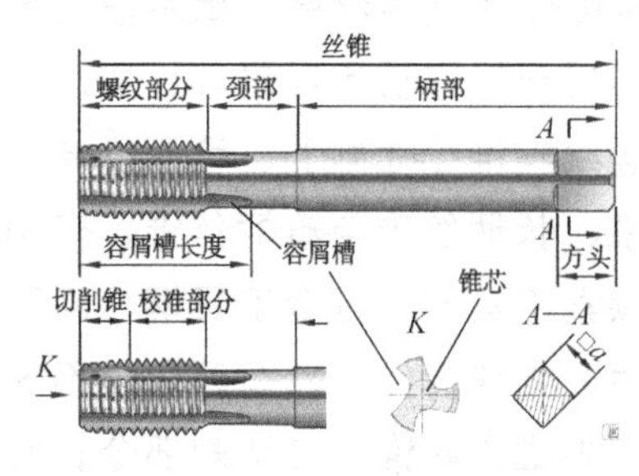

图 4-130 丝锥结构组成示意图

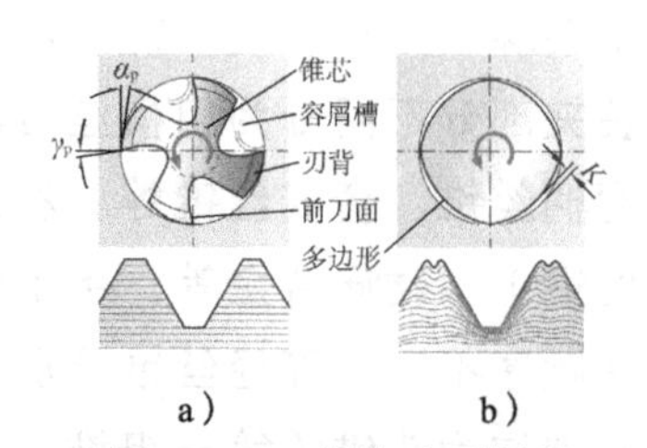

a) b)

图 4-131 螺纹成形原理

a）切削成形 b）挤压成形

（3）丝锥切削原理与容屑槽型式变化　丝锥切削属成形切削，因此必须分层逐层切削，图 4-132 所示为丝锥切削原理与分层切削示意图，假设丝锥为 3 齿，则丝锥旋转一圈，可切削 3 层，对于图 4-132a 所示的通孔攻螺纹，切削锥长度为 5 个螺距（l_5=5P），则旋转 3 圈后，共切削了 3×5=15 层，丝锥继续旋转，后续的校准齿继续修正螺纹牙型，提高加工精度和表面粗糙度。对于不通孔加工，为尽量增加有效螺纹的长度，切削锥刃磨的较短，如图 4-132b 所示，l_5≈2P，则丝锥仅旋转了 2 圈便切削完成，显然仅切削了 3×2=6 层，切削厚度 a_c 显著增加，但注意到丝锥有较大的右旋螺旋角，其不仅可使切屑反向流出，同时可减小切削力，部分抵消由于切削锥减少所增加的切削力。切削锥长度对丝锥导向有利，手用丝锥一般较长，而机用丝锥由于机床本身具有较好的导向性能，所以一般较短，特别是不通孔攻螺纹丝锥。

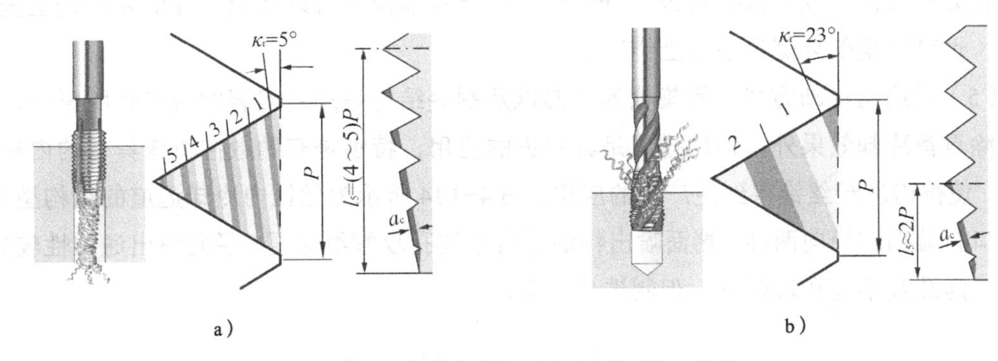

图 4-132　丝锥切削原理与分层切削示意图

a）通孔攻螺纹　b）不通孔攻螺纹

丝锥攻螺纹时，不仅切削锥处的切削力较大，且后续的校准齿也存在较大的摩擦力，因此切削条件不是很好，实际中常采取螺旋容屑槽或刃磨螺尖形成刃倾角的方法改进直槽丝锥，提高切削性能，同时还能够起到控制切屑流向的作用，图 4-133 所示为丝锥容屑槽型式变化。直槽丝锥（见图 4-133a）是一种基本的容屑槽型式，其自然形成前面，具有通用性强的特色，可加工通孔或不通孔，有色金属和黑色金属均可加工，价格也最低。但同时也有其不足，什么都能做，但什么都做得不是最好。螺旋槽丝锥可较好地控制切屑的流向，如右旋丝锥可用于不通孔加工，控制切屑从入口排出，见图 4-133b，同时，螺旋角 ω 相当于刃倾角 λ，可减小切削力，当然，螺旋角的增加削弱了切削刃强度，因此，有色金属攻螺纹螺旋角可选大一点（可达 45°），而黑色金属攻螺纹则不宜选择过大的螺旋角（一般不超过 30°）。螺尖式切削锥前部刃磨出的带有负刃倾角 $-\lambda$ 的部分，如图 4-133c 所示，这种丝锥称为螺尖丝锥，螺尖丝锥多为直槽型，刃磨螺尖后可使切屑向前排出，减少堵塞和划伤已加工螺纹孔表面，适用于通孔攻螺纹，同时刃倾角也能减小切削力。

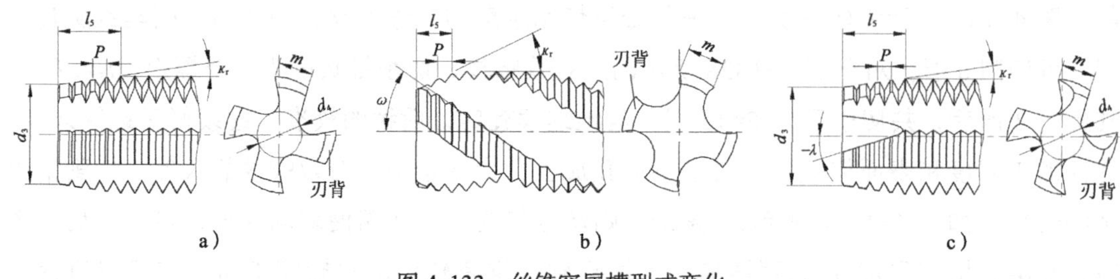

图 4-133　丝锥容屑槽型式变化

a）直槽丝锥　b）螺旋槽丝锥　c）螺尖丝锥

（4）刃背与后面铲背　刃背是沟槽间的螺纹部分，如图 4-133 所示，刃背参数为刃背宽度 m。为减少摩擦，获得后角，切削锥上的刃背必须铲背加工——铲磨，铲背的方式在刃背方向可以全部铲背或部分铲背，在齿背部位上可以大径、牙侧和小径上全部铲背，也可以是仅牙侧和小径上铲背。

（5）排屑与冷却方式　螺旋槽的方向以及螺尖结构等均对切屑的流向有所影响，切削液除具备冷却效果外，辅助排屑是其常见的应用，特别是有的数控机床具有的内冷却功能，使得内冷却丝锥得到更广泛的应用。图 4-134 所示为丝锥内冷却通道的结构型式，其出口有端面和径向两种，端面喷出特别适合不通孔攻螺纹排屑。径向喷出通用性较好，可用于通孔及不通孔攻螺纹，但制造成本高。

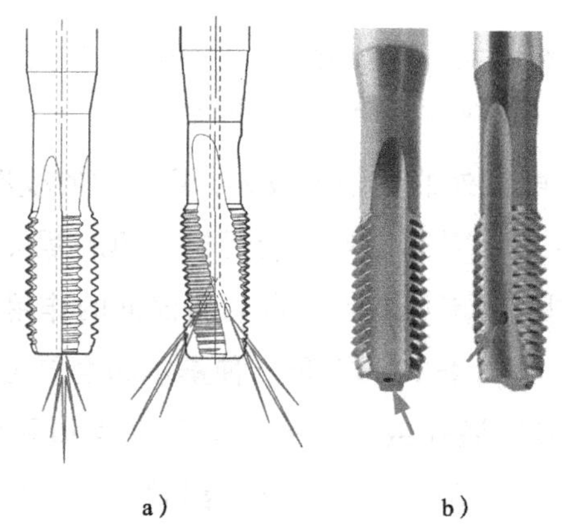

图 4-134　丝锥内冷却通道的结构型式

a）喷出位置　b）外观图

图 4-135 所示为攻螺纹切屑及其排出。图 4-135a 所示的直槽丝锥不通孔攻螺纹，切屑基本不能自动排出，若为带状切屑，则对攻螺纹过程有所影响，若为较短的 C 型切屑或崩碎切屑，则影响就小，若配以端面喷出的内冷却供液方式，可实现切屑逆向排出，基本可以实现自动排屑。图 4-135b 所为右旋螺旋槽丝锥不通孔攻螺纹，其切屑可沿螺旋槽自动排出，若为碎屑，则可进一步借助于内冷却辅助排屑，特别适合数控机床自动加工，这种丝锥一般螺旋角较大，切削锥较短。图 4-135c 所示为螺尖丝锥通孔攻

螺纹加工，切屑基本上沿通孔正向排出，应用较广。图 4-135d 所示为左旋螺旋槽丝锥通孔攻螺纹，切屑沿通孔正向排出，若再配以径向喷出切削液的内冷却丝锥加工，则基本可满足各种型式的加工，如碎屑加工、水平方向攻螺纹等。

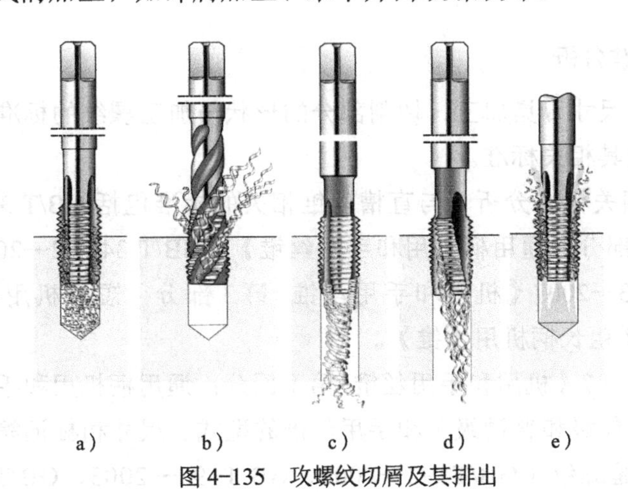

图 4-135　攻螺纹切屑及其排出

a）直槽丝锥　b）右旋螺旋槽丝锥　c）螺尖丝锥　d）左旋螺旋槽丝锥　e）直槽切削液排屑

（6）柄部与颈部结构分析　柄部是丝锥的夹持部分，大部分丝锥均沿用方头结构型式，能够传递较大的力矩，适合专用丝锥刀柄夹持工作，对于专为数控加工而设计制造的硬质合金丝锥，为借用圆柱直柄铣刀装夹刀柄，有时也制作为圆柱直柄结构，适合数控机床的刚性攻螺纹。

（7）丝锥螺纹公差　GB/T 968—2007《丝锥螺纹公差》规定了加工普通螺纹（GB/T192—2003、GB/T193—2003、GB/T196—2003 等）使用的丝锥螺纹公差，与 ISO 2857:1973 基本相同。GB/T 968—2007 规定的丝锥螺纹公差为 H1、H2、H3、H4 四种，其中 H1、H2、H3 适合磨牙丝锥，其等效采用了适用于滚压丝锥 ISO 2857 中的 1、2、3 级丝锥螺纹公差。各种中径公差带的丝锥所能加工的内螺纹公差带见表 4-8。

表 4-8　各种中径公差带的丝锥所能加工的内螺纹公差带

丝锥公差带代号	适用于内螺纹公差带代号
H1	4H、5H
H2	5G、6H
H3	6G、7H、7G
H4	6H、7H

（8）丝锥材料分析　数控加工以机用丝锥为主，螺纹部分（工作部分）材料以高速钢为主，按 GB/T 969—2007《丝锥技术条件》规定普通机用丝锥螺纹部分材料为 W6Mo5Cr4V2 或同等性能的其他牌号高速钢，高性能机用丝锥螺纹部分材料为 W6Mo5Cr4V2Co 或同等性能的其他牌号高速钢制造，淬火硬度为 62 ～ 63HRC（W6Mo5Cr4V2）或 65HRC（W6Mo5Cr4V2Co），在丝锥代号分别用“HSS”和“HSS-E”标识。近年来，为适应数控加工的需要，粉末冶金高速钢、整体硬质合金材料的丝锥出

现较多，并逐渐得到较为广泛的应用，具体以刀具制造商的资料为准。

4.7.2 常用螺纹孔攻螺纹加工刀具的结构分析

1．丝锥相关标准分析

丝锥加工属于定尺寸刀具加工，切削部分的形状与加工螺纹的标准有关，这里主要介绍国内米制螺纹及其相关标准。

（1）直槽丝锥相关标准分析　与直槽丝锥相关的标准包括 GB/T 3464.1—2007《机用和手用丝锥　第 1 部分：通用柄机用和手用丝锥》、GB/T 3464.2—2003《细长柄机用丝锥》、GB/T 3464.3—2007《机用和手用丝锥　第 3 部分：短柄机用和手用丝锥》、GB/T 20326—2006《粗长柄机用丝锥》。

GB/T 3464.1—2007《机用和手用丝锥　第 1 部分：通用柄机用和手用丝锥》规定了通用机用丝锥（高性能级和普通级）和手用丝锥的型式、尺寸和标记等的基本要求，其规定适用于加工普通螺纹（GB/T192—2003、GB/T193—2003、GB/T196—2003 等）的通用柄机用和手用丝锥。图 4-136 所示为粗柄机用和手用丝锥结构型式简图，适合 M3 ～ M2.5 的粗牙和细牙螺纹加工；图 4-137 所示为粗柄带颈机用和手用丝锥结构型式简图，适合 M3 ～ M10 的粗牙和细牙螺纹加工；图 4-138 所示为细柄机用和手用丝锥结构型式简图，其粗牙螺纹丝锥的螺纹范围为 M3 ～ M68，细牙螺纹丝锥的螺纹范围为 M3 ～ M100。注意，数控加工中直径稍大的螺纹更多的是采用螺纹铣削的方式进行。

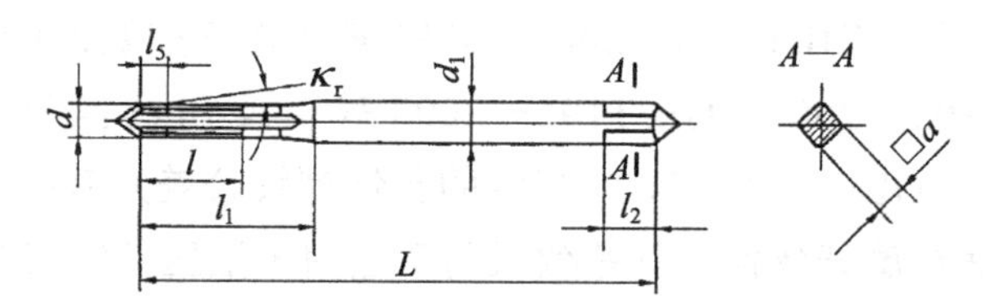

图 4-136　粗柄机用和手用丝锥结构型式简图

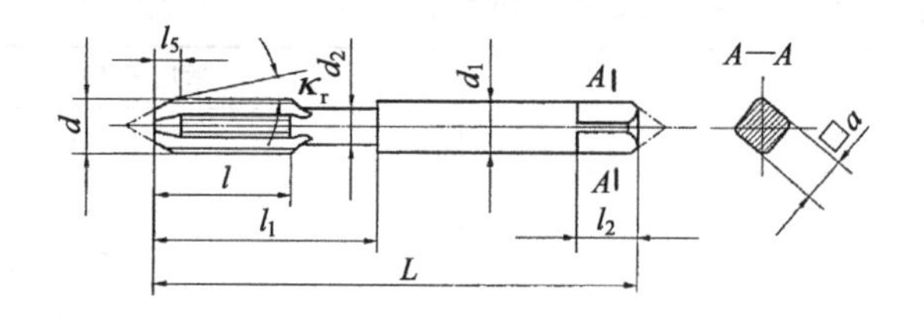

图 4-137　粗柄带颈机用和手用丝锥结构型式简图

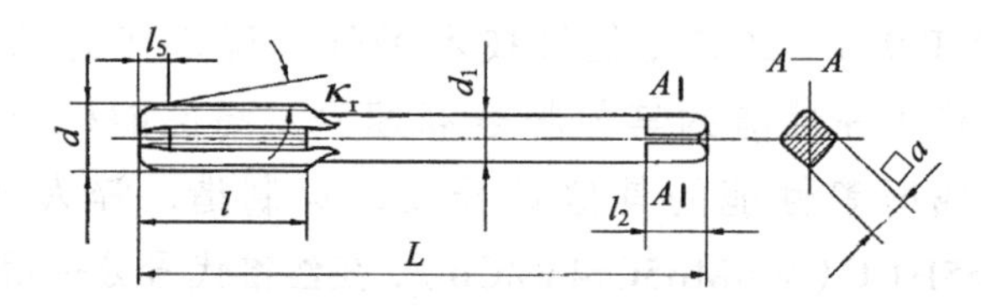

图 4-138　细柄机用和手用丝锥结构型式简图

关于 GB/T 3464.1—2007 的说明：

1）丝锥的切削角度推荐值，前角 γ_p 为 8° ～ 10°，后角 α_p 为 4° ～ 6°，在径向平面内测量。

2）螺距 $P \leqslant 2.5$mm 的丝锥可由厂家按单支或成组丝锥（包括成组丝锥每组支数）组织生产。按等径切削方式分三组参数，底锥（l_5=2P、κ_r=17°）、中锥（l_5=4P、κ_r=8° 30′）和初锥（l_5=8P、κ_r=4° 30′），单支供应一般按中锥生产，两支一组供应按中锥和精锥组织生产。

螺距 P>2.5mm 丝锥按不等径成组组织生产，精锥与第二粗锥的切削锥长度与主偏角同等径切削方式的底锥与中锥，第一粗锥与等径切削方式不同，具体为：精锥（l_5=2P、κ_r=17°）、第二粗锥（l_5=4P、κ_r=8° 30′）和第一粗锥（l_5=6P、κ_r=6°）。

3）该型式的丝锥结构，机用与手用差别不大，一般机用丝锥均铲磨处理，制造精度较高，且多为单支生产供应。

4）直径 M3 ～ M10 的丝锥，有粗柄与细柄两种结构型式并存，注意区分。

（2）细长柄机用丝锥相关标准分析　GB/T 3464.2—2003《细长柄机用丝锥》规定了公称直径 M3 ～ M24 的细柄丝锥的型式与尺寸，适用于 ISO 米制丝锥的粗牙和细牙螺纹，该标准等同采用 ISO 2283:2000。图 4-139 所示为 ISO 米制螺纹细长柄机用丝锥结构型式简图。

（3）粗长柄机用丝锥相关标准分析　GB/T 20326—2006《粗长柄机用丝锥》规定了 M3 ～ M10 的粗柄带颈丝锥的型式与尺寸，适用于长柄机用丝锥，该标准等同采用 ISO 8051:1999。图 4-140 所示为 ISO 米制螺纹粗长柄机用丝锥结构型式简图。

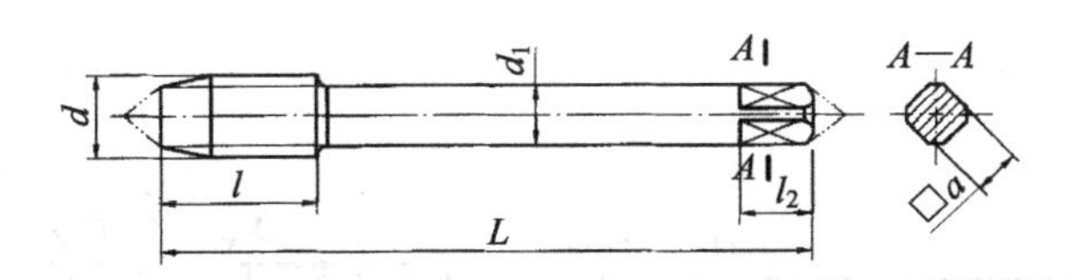

图 4-139　ISO 米制螺纹细长柄机用丝锥结构型式简图

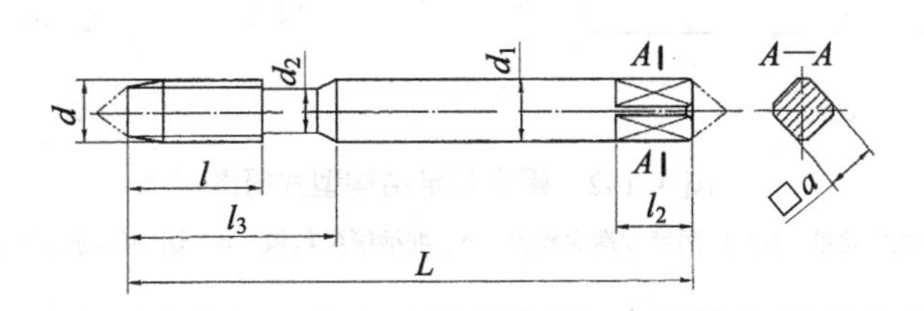

图 4-140　ISO 米制螺纹粗长柄机用丝锥结构型式简图

（4）螺旋槽丝锥相关标准分析　GB/T 3506—2008《螺旋槽丝锥》规定了螺旋槽丝锥的型式尺寸、技术要求和标志包装的基本要求，该标准适用于加工普通螺纹的机用螺旋槽丝锥，直径范围为粗牙 M3 ～ M27 和细牙 M3 ～ M33，丝锥螺纹精度按 H1、H2、H3 三种公差带制造，图 4-141 所示为其结构型式简图。该丝锥按单锥生产，切削锥长度推荐为（1.5 ～ 3）牙，丝锥柄部公差为 h9，总长公差为 h16，螺纹长度公差：d=3 ～ 6mm 时为$_{-2.5}^{0}$，d>6 ～ 12mm 时为$_{-3.2}^{0}$，d>12 ～ 33mm 时为$_{-5.0}^{0}$，丝锥方头尺寸 a 的公差为 h12。

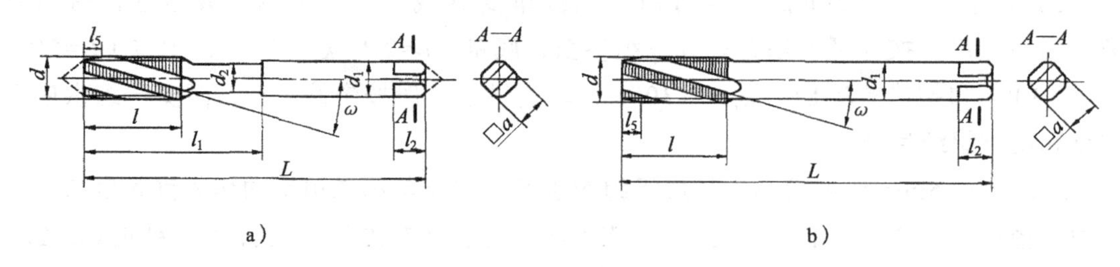

图 4-141　螺旋槽丝锥结构型式简图

a）适合 M3 ～ M6　b）适合 M7 ～ M33

（5）螺尖丝锥相关标准分析　GB/T 28254—2012《螺尖丝锥》规定了通用螺尖丝锥（高性能级和普通级）的型式尺寸、标记、技术要求、标志和包装的基本要求。图 4-142 所示为其结构型式简图。图 4-142 中的结构参数基本对应 GB/T 3464.1—2007《机用和手用丝锥　第 1 部分　通用柄机用和手用丝锥》，其变化的内容主要是前段切削锥与切削斜刃等，见图 4-142d。

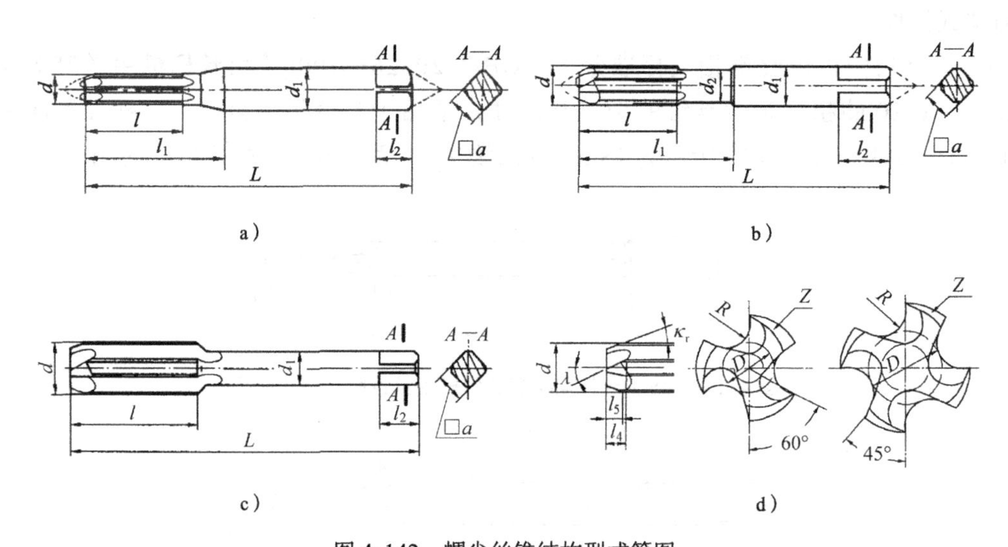

图 4-142　螺尖丝锥结构型式简图

a）粗柄螺尖丝锥　b）粗柄带颈螺尖丝锥　c）细柄螺尖丝锥　d）切削锥与切削斜刃参数

图 4-142a 所示粗柄螺尖丝锥的直径范围为 M1 ～ M2.5；图 4-142b 所示粗柄带颈螺尖丝锥的直径范围为 M3 ～ M10；图 4-142c 所示细柄螺尖丝锥的直径范围为粗牙 M3 ～ M68 和细牙 M3 ～ M100。

（6）挤压丝锥相关标准分析　GB/T 28253—2012《挤压丝锥》规定了挤压丝锥（高性能级和普通级）的型式尺寸、技术要求、标志和包装的基本要求，其型式简图有三种，如图 4-143 ～图 4-145 所示。标准规定的丝锥螺纹公差带分为 H1、H2、H3、H4，其中 H4 通常为非磨牙丝锥。

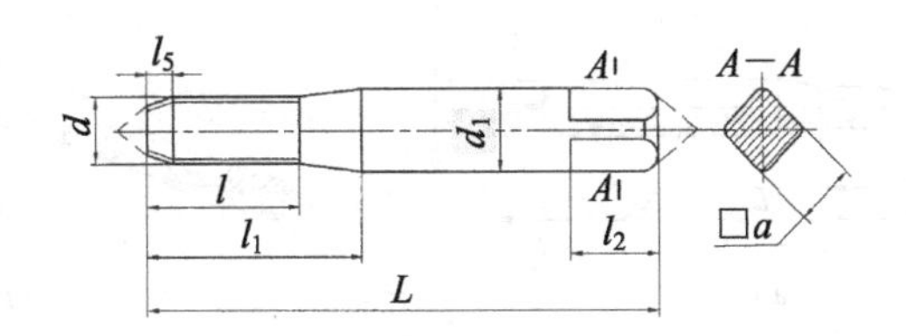

图 4-143　粗柄挤压丝锥结构型式简图（M1 ～ M2.5）

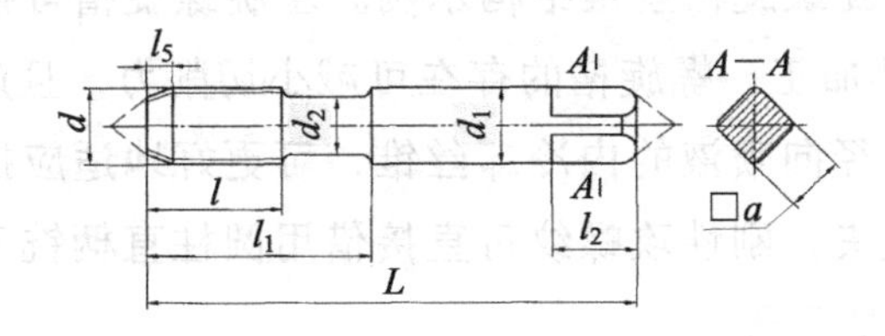

图 4-144　粗柄带颈挤压丝锥结构型式简图（M3 ～ M10）

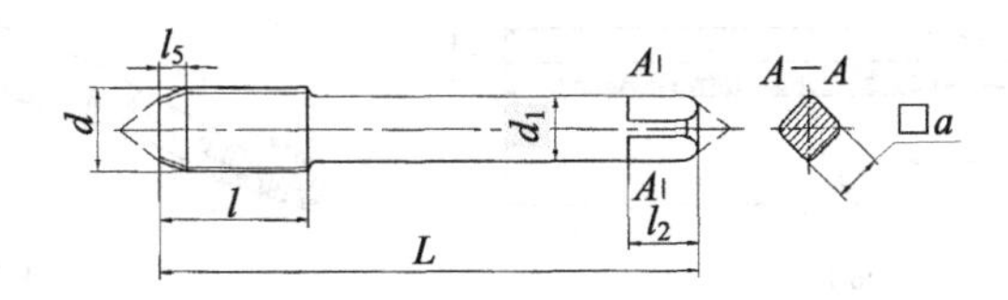

图 4-145　细柄挤压丝锥结构型式简图（M3 ～ M27）

2．典型攻螺纹丝锥结构分析与应用

图 4-146 所示为直槽丝锥结构示例。从结构上看，其属于细柄机用丝锥结构。直槽丝锥具有结构简单、通用性好的特点，适用于铸铁、铸铝，以及其他断切屑钢料的通孔与不通孔加工，传统的直槽丝锥多为高速钢材料，为适应数控加工的需要，刀具材料逐渐采用粉末冶金高速钢和硬质合金等，并应用涂层技术，提高刀具寿命。该丝锥不通孔攻螺纹时选用前段喷液内冷却型丝锥可更好地辅助排屑。

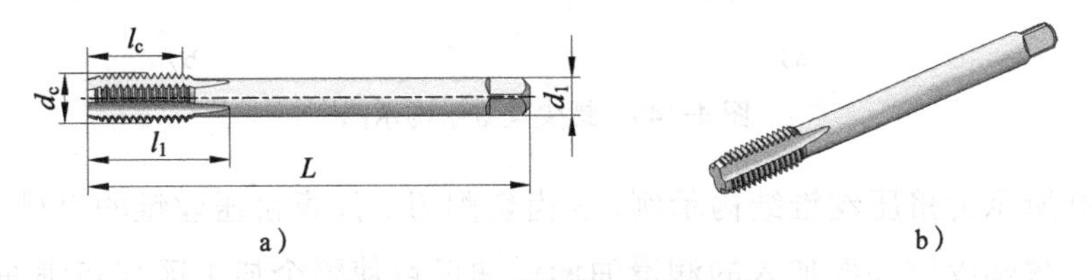

图 4-146　直槽丝锥结构示例

图 4-147 所示为右旋螺旋槽丝锥结构示例。右旋螺旋槽可控制切屑反向排出（见图 4-135b），适合不通孔加工，螺旋槽可减小切削力，且加工塑性较好的碳素钢类长切屑材料时，切屑排出更为顺畅。该丝锥结构型式类似于粗柄带颈部过渡型式，螺纹前段的外凸圆锥台的作用类似于外圆磨削中心孔的作用，因为直径较小，所以采用这种外凸圆锥台。

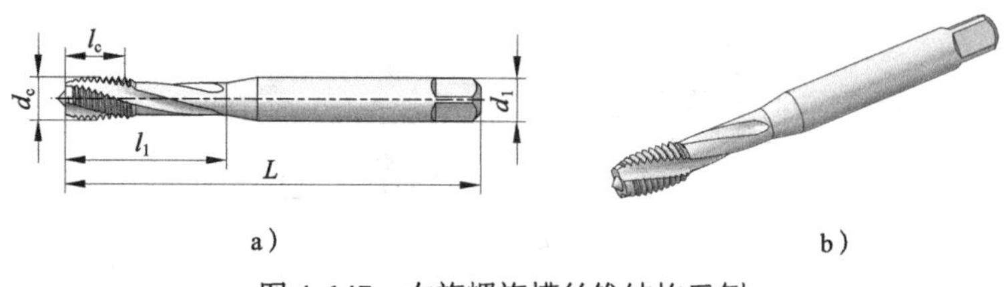

a） b）

图 4-147 右旋螺旋槽丝锥结构示例

图 4-148 所示为左旋螺旋槽丝锥结构示例。左旋螺旋槽可控制切屑前向排出（见图 4-135d），适合通孔加工，螺旋槽的存在可减小切削力，且适合长切屑塑性好的碳素钢类材料加工，配合径向喷液的内冷却丝锥，可更好地适应批量生产。圆锥直柄适合数控机床多种刀柄装夹，刚性攻螺纹可直接借用圆柱直柄铣刀刀柄装夹，否则，需选用带补偿的专用攻螺纹刀柄。

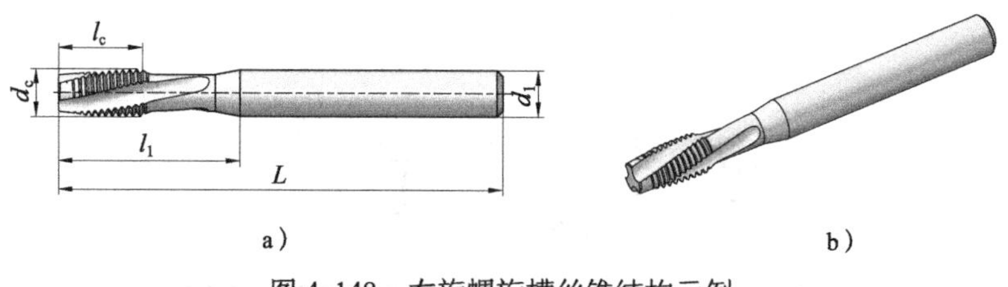

a） b）

图 4-148 左旋螺旋槽丝锥结构示例

图 4-149 所示为螺尖丝锥结构示例。螺尖丝锥一般为直容屑槽，结构简单，而前段切削刃磨出刃倾角（见图 4-135c），可减小切削力，并控制切屑前向排出，是塑性较好的碳素钢类长切屑材料加工通孔螺纹的首选。

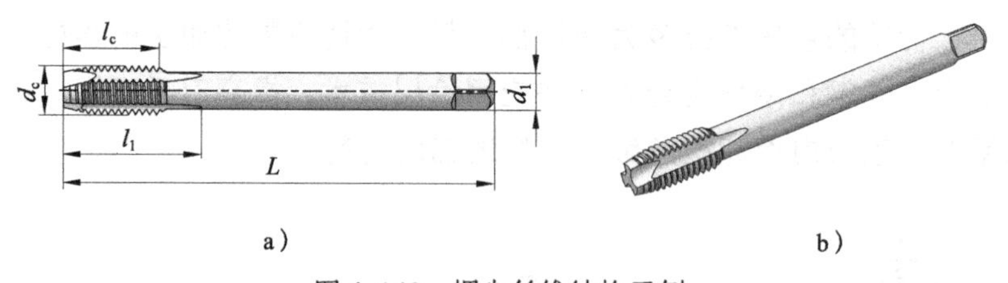

a） b）

图 4-149 螺尖丝锥结构示例

图 4-150 所示为挤压丝锥结构示例，5 齿切削刃。注意挤压丝锥的直槽不是容屑槽，而是储油槽，攻螺纹时外部加入的润滑油通过油槽可使整个加工区均布满油液，有利于加工质量的提高。另外，注意挤压丝锥的刀齿与切削丝锥不同，图 4-150b 局部放大部分显示刀齿没有切削刃，若认为前角的存在，则是一个较大的负前角，攻螺纹时基本是挤压材料形成螺纹。挤压丝锥可用于通孔或不通孔加工，主要用于强度稍低、塑性较好的金属材料加工，如铝和铝合金或低碳钢等加工，为延长刀具寿命，数控加工的丝锥多采用涂层硬质合金材质。

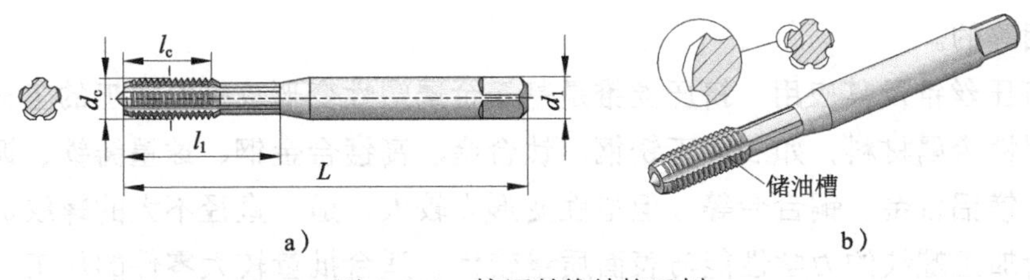

图 4-150　挤压丝锥结构示例

4.7.3　螺纹孔攻螺纹刀具应用的注意事项

1．螺纹孔攻螺纹加工丝锥型式的选择与应用

（1）切削丝锥螺旋槽的选择　切削丝锥是攻螺纹加工的主要刀具，直槽丝锥结构简单，成本较低，满足要求前提下优先选用；螺旋槽丝锥可较好地控制切屑的流向，且切削刃锋利，数控加工中应用广泛；螺尖丝锥相对于直槽丝锥成本增加不多，但切削性能有所改善，不足之处是主要适用于通孔攻螺纹。

（2）通孔与不通孔攻螺纹加工丝锥型式的选择　通孔加工切屑沿前端排出，不损伤已加工螺纹，因此宜选择螺尖丝锥或左旋螺纹槽丝锥。不通孔加工宜选择右旋螺旋槽丝锥，且螺旋角适当选大值，切削锥不宜太长，有利于排屑等。合理选择内冷却丝锥可较好地辅助排屑。

（3）丝锥材质与涂层的选择　高速钢丝锥成本较低，批量不大时可考虑选用。数控加工建议选择寿命长材质的丝锥，如粉末冶金高速钢或硬质合金，并尽可能选择涂层丝锥。按刀具制造商资料的推荐选择，因为专业刀具制造商会根据不同的加工材料专业设计相应的丝锥，包括丝锥材料与涂层、丝锥切削部分的几何参数和总体结构参数等。

（4）丝锥夹头的选择　虽然从理论上看，数控机床均有刚性攻螺纹功能，能够做到丝锥旋转与轴向进给的准确同步（主轴旋转一圈、丝锥轴线移动一个导程），但在实际中，由于机床与刀具的制造精度以及机床控制精度等误差，往往存在微量的误差（径向和轴向），这种微量误差对螺纹加工质量影响很大，因此，各大刀具制造商均同时推出具有轴向微量补偿的攻螺纹夹头（刀柄），多数还具有微量径向误差补偿，称为同步攻螺纹（或半同步攻螺纹）。注意，各刀具制造商的同步装置实现原理与结构略有差异，注意选用。

刚性攻螺纹时丝锥可采用立铣刀的装夹刀柄刚性装夹，其进给量按螺纹理论值计算，即主轴每转一个导程。而采用具有轴向误差补偿的同步攻螺纹，由于具有误差补偿功能，其编程进给量一般选取得比理论进给量低 10% 左右。

对于不通孔加工，同步攻螺纹由于存在柔性，深度控制不准确，因此编程深度同时应减少 3% ～ 5%，并且尽可能选择具有力矩过载保护的丝锥夹头。

（5）螺纹底孔控制的重要性　螺纹底孔直径是保证攻螺纹质量、可靠进行攻螺纹的保证，应严格按推荐的要求选择钻头。同时注意挤压丝锥攻螺纹与切削丝锥攻螺纹底孔尺寸是不相等的。

（6）挤压丝锥及其应用　挤压丝锥是基于金属塑性变形攻螺纹加工的工艺，因此其仅适用于塑性金属材料，如 304 不锈钢、钛合金、高锰合金钢、球墨铸铁、调质钢件、硅铝合金、镁铝合金、铜合金等，但塑性变形力较大，适于直径不大的螺纹加工，丝锥寿命长，所加工螺纹的力学性能与表面质量较优，适合批量较大零件的加工，采用硬质合金材料配以涂层技术效果更佳。

2．切削用量的选择

对于丝锥攻螺纹这种针对性较强的切削刀具，切削用量的选择建议以刀具制造商推荐的数值为准。攻螺纹加工需要选择的切削用量实际上只有一项——切削速度（可折算出切削转速），一般而言，加工碳素钢或低合金结构钢时，普通高速钢丝锥的切削速度 v_c 取 10 ～ 15m/min，优质高速钢和粉末冶金高速钢并涂层，其切削速度 v_c 取 15 ～ 30m/min，而整体硬质合金涂层丝锥，切削速度可达 40 ～ 50m/min。

3．攻螺纹加工常见的问题及其解决措施

攻螺纹加工常见的问题及其解决措施见表 4-9。

表 4-9　攻螺纹加工常见的问题及其解决措施

应用场合	问题	产生原因	解决措施
一般应用	测量超出限值	丝锥尺寸与测量不匹配	选择符合标准的丝锥尺寸
	螺纹尺寸过大	进给量选择不当	重选
	孔口尺寸过大	主轴跳动、丝锥缺少误差补偿等刚性攻螺纹	选用具有径向误差补偿的同步丝锥
	量规不通	磨损刀具，丝锥导程错误	更换丝锥，同步刀柄
	线程剃齿（烂牙）	进给量选择过大且刚性攻螺纹，进给力大	修改程序编程，选用同步刀柄
	崩刃	切削力过大，磨损丝锥	选用螺尖丝锥或螺旋槽丝锥
	丝锥折断	切屑堵塞排屑槽	选用合适螺旋槽型式排屑，适当控制攻螺纹深度不宜太深
		磨损刀具，力矩大	用新刀具替换丝锥
	使用寿命短，速度慢	过度磨损或丝锥材料性能不高	选用高性能高速钢或硬质合金涂层丝锥，及时更换丝锥
钢	不通孔、螺纹损伤	带状切屑划伤	选用大螺旋角丝锥控制排屑，采用啄钻进给断屑
	崩刃	材料硬度大	选用强度更高的丝锥，减小切削速度
	不通孔、丝锥折断	孔深度 >$2D$，切屑阻塞	选用合适的丝锥，选用润滑性能更好的切削液
不锈钢	底孔过小	加工硬化增大，摩擦增大，丝锥寿命短	选用螺旋角较大的涂层丝锥，减小切削力
	使用寿命短	加工硬化层太大	更换锋利钻头，减小切削变形
铸铁	过度磨损	磨损	选用适合铸铁材料加工的硬质合金涂层丝锥
铝，锻造	过度磨损	高硅	选择合适的丝锥与涂层材料
	螺纹尺寸过大	粘刀	选择合适的丝锥与涂层材料，调整切削液性能
镍，钴合金 钛合金	使用寿命短	切削温度高	选择合适的丝锥与涂层材料

第 5 章

数控机床与刀具接口技术

数控加工所用刀具的生产制造商众多，产品种类繁杂，而数控机床的装刀部分——主轴锥孔（数控铣床与加工中心）与旋转刀架（数控车床）等相对固定，对于某一具体的机床其实际是固定的，如何保证各种刀具可靠地安装到机床上，这就是接口技术。

接口技术必须要有一套科学的技术规范给予约束与传递，确保各种刀具均能可靠地装夹到机床上。在数控加工技术中，会有一套相应的标准或规范，围绕这套标准或规范可设计与制造各种刀柄及其附件等，在数控机床与加工刀具体系中称为工具系统。

数控机床工具系统分为镗铣类与车削类两大类，镗铣类工具系统中刀具旋转为主切削运动，车削类工具系统中刀具一般不旋转，其切削主运动为工件旋转运动。到目前为止，镗铣类工具系统较为完善，并得到了较好的应用，而车削类工具系统由于机床回转刀架设计的多变性以及对刀具装夹的约束条件相对较少，工具系统的变化较多，特别是国内数控车床总体结构设计时借鉴普通机床的设计元素相对较多，刀架的设计、制造相对落后，因此，新型数控车削工具系统普及性相对不足。

数控机床的接口技术涉及两部分接口，首先是与机床主轴或刀架的连接，这部分接口是所有数控机床刀具选用时不可避免的问题，如前述介绍的铣削刀具中的立铣刀和面铣刀都必须经过一个相应的刀柄转换为与机床主轴轴孔匹配的锥柄；其次，对于模块式工具系统，还需重视模块之间的接口，可靠的模块间接口是模块式工具系统应用成功的基础。由于模块间接口属于工具系统内部的技术，不影响刀具与机床的连接，但其对工具系统的性能影响极大，就目前而言，国内外主流刀具制造商大都有自己的模块间接口技术，且在不断发展。

要实现可靠的接口功能，数控机床的工具系统必须满足以下基本要求：

1）较高的连接精度、较高的换刀精度和定位精度、较好的重复换刀精度。

2）刀具寿命要长，要求耐磨损、耐冲击、耐高温、耐腐蚀等。

3）较好的系统刚性，切削加工存在切削力、冲击力，且刀具结构尺寸有时受外界条件变化不宜做得太大，因此必须从刀具几何结构与刀具材料等方面考虑提高工具系统的刚性。模块式工具系统接口的刚度直接影响整个刀具系统的刚性。

4）断屑、排屑要求，内冷却式刀具具有较好的冷却与排屑性能，但要求机床及其刀具系统必须提供高压切削液，或者选用具有内冷却功能的刀柄。

5）装卸调整的方便性，这往往是用户能否接受的要求之一。

6）标准化、系列化与通用化要求，“三化”要求是数控刀具接口技术必须遵循的设计原则。标准化要求大部分刀具制造商能够接受，而系列化与通用化要求，由于出于商业利益考虑，往往只是在自身品牌的刀具品种内实现。

5.1 数控机床与刀具接口技术概述

数控机床与刀具接口技术主要分为两大类：镗铣类数控机床和车削类数控机床工具接口。前者主要包括数控铣床、加工中心与数控镗床等，后者的代表机床为数控车床。近年来，车铣复合机床逐渐普及，其接口技术也开始备受关注。

5.1.1 镗铣类数控机床与刀具接口技术分析

镗铣类数控机床与刀具的接口，常见的称呼为刀柄（The Tool Holders），其是机床与刀具的连接过渡部分。由于镗铣类刀具夹持部分变化较大，且不同刀具制造商生产的数控机床主轴有一定的差异，为适应这些变化，刀具制造商常常将其综合考虑设计，称为工具系统（The Tooling Systems 或 Tool Holding Systems）。

按工具系统中刀柄的设计型式分，工具系统主要分为整体式与模块式两大类。

图 5-1 所示为整体式刀柄应用示例。图 5-1a 所示为强力夹头刀柄，主要用于夹持圆柱直柄立铣刀等圆柱直柄类刀具，其夹紧力比常用的 ER 弹性夹头刀柄大，因此不仅可用于中小直径的整体圆柱直柄立铣刀装夹，而且还常常用于机夹式圆柱直柄铣刀等。整体式刀柄的特点是与主轴相连接的部分（见图 5-1 中 BT 型的 7:24 锥柄）和与刀具装夹部分（见图 5-1 中弹性夹套及其夹紧部分）为一体式设计，整体式刀柄刚度较好，但使用灵活性稍差。由于整体式的结构特点，每种夹持类型的刀具必须有相应的整体式刀柄，如图 5-1b 所示的面铣刀刀柄①（夹持机夹式面铣刀等）、侧固式刀柄②（用于削平直柄刀具夹持）、高精度液压夹紧刀柄③、ER 弹性夹头刀柄④。刀具制造商一般具有常见刀具夹持的整体式刀柄，构成一个整体式刀柄的工具系统。

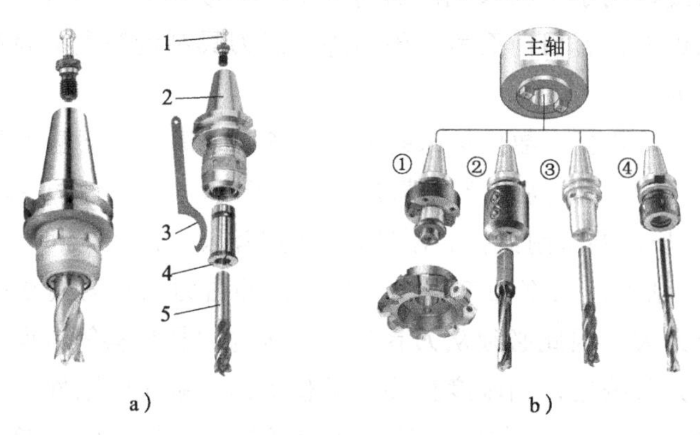

图 5-1　整体式刀柄应用示例

a）强力夹头刀柄　b）整体式刀柄

1—拉钉　2—刀柄体　3—扳手　4—弹性夹套　5—直柄立铣刀

刀柄选用时，刀柄体上与机床相连的锥柄规格必须与机床主轴锥孔匹配，如常见的 BT、JT、CAT、HSK 等。同一锥柄整体式刀柄的刀具装夹部分与刀具型式有关，具体选择时可根据需求逐渐配备。

图 5-2 所示为模块式工具系统应用示例。模块式工具系统将与机床主轴相连部分以及与刀具装夹部分分离为模块式系统的单元而设计与制造，必要时增加可供选择的中间模块（包括接长杆与变径杆）。图 5-2a 所示为山特维克的 Capto 接口模块式工具系统示例，其基础柄有多种规格供选择，图中示出的为 7:24 锥柄和 HSK 锥柄，中间模块为可选件。刀具夹持接柄包括适应各种刀具装夹的接柄，如图中的机夹式多刃镗刀①、减振型套式面铣刀接柄②和面铣刀、增加了接长柄的单刃精镗刀③、增加了接长柄的三刃粗镗刀④、高精度液压夹紧刀柄⑤与整体硬质合金麻花钻、机夹式浅孔钻⑥、圆柱直柄接柄⑦与整体硬质合金立铣刀。Capto 模块接口是一个两面定位（锥面与端面）三棱空心锥柄，柄部锥度为 1:20，见图 5-2a 右上角。模块式工具系统不同模块间的接口结构是其核心技术。图 5-2b 所示为日本大昭和公司的 CK 模块式镗刀示例，其接长杆②为可选件，可配置的镗刀包括小直径镗头③、单刃精镗头④和双刃粗镗头⑤等，接口是一个两面定位的圆柱体（见图 5-2b 右上角），由一个 30° 锥面结合的螺钉紧固，粗镗头等还设置有增加力矩的加强栓（图中未示出）。图 5-2c 所示为螺纹接口的模块式工具系统示例，其包含 HSK 主柄①、接长模块②和切削刀具③。不同刀具制造商的接口螺纹牙型设计有所差异。模块式刀具系统的优点是基础柄与直接切削的刀具分离设计，同一机床可共用基础柄，不同机床可共用切削刀具和中间模块，可灵活组合，提高了刀具的利用率，不足之处是刚度稍差，第一次投资成本稍高。

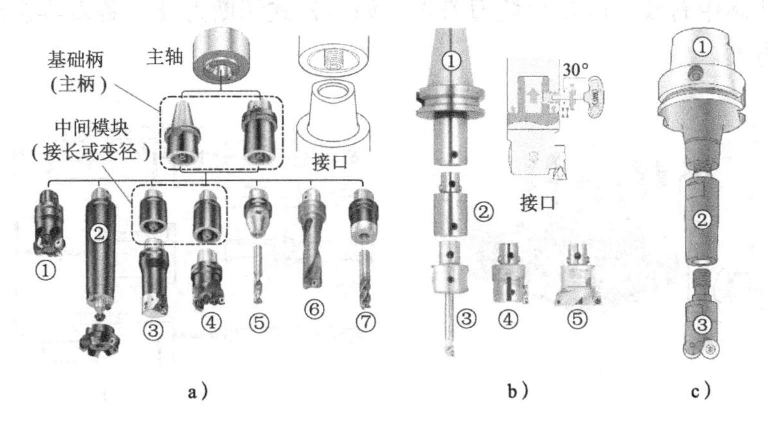

图 5-2　模块式工具系统应用示例

a）Capto 工具系统　b）CK 模块式镗刀　c）螺纹接口

5.1.2　车削类数控机床与刀具接口技术分析

车削类数控机床与刀具的接口典型结构为回转式刀架，如图 5-3 所示。图 5-3a 所示为普通回转刀架，有若干刀位的刀盘，端面设有可径向装刀的刀槽。图 5-3b 所示为方截面刀杆径向装刀（外圆及其切断、切槽和螺纹车刀）示例，分左手装刀和右手装刀，用于主轴正、反转或前、后置刀架。外棱柱面上有可安装刀座的螺纹孔等。图 5-3c 所示为具有圆柱安装孔的刀座，可用于圆截面内孔车刀的安装，或其他圆柱夹持柄刀具，如钻头、铰刀等刀具，必要时可增加变径套。图 5-3d 所示为某回转刀架装刀示例，供参考。这种典型的车床刀具接口为经典的接口，类似于图 5-1 所示的整体式刀具接口。

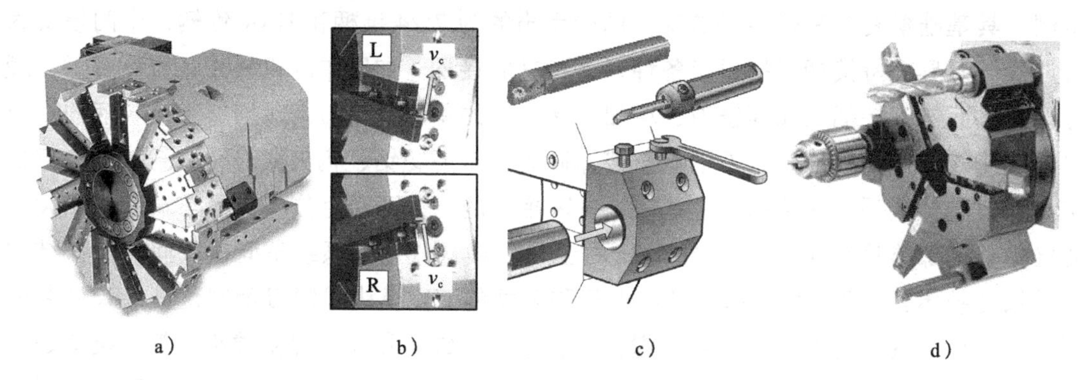

图 5-3　数控车床回转式刀架接口示例

a）普通回转刀架　b）方截面刀杆径向装刀　c）内孔内镗刀轴向装刀　d）回转刀架装刀示例

国内市场上还常见有类似于普通车床的四方刀架型的车削类刀具接口，如图 5-4 所示。图 5-4a 所示为外圆车刀、槽刀和内孔镗刀装夹示意图，其中镗刀刀座为专门设计，具有内冷却水嘴，可用于内冷却车刀加工。借助于各种过渡套可实现内孔镗刀、直柄麻花钻、机夹可转位浅孔钻和锥柄麻花钻等安装，如图 5-4b 所示。为适应传统四方刀架装刀要求，实际中有较多的设计装刀方法，如刀板式切断刀座，各刀具制造商均有自己的安装刀架方案。

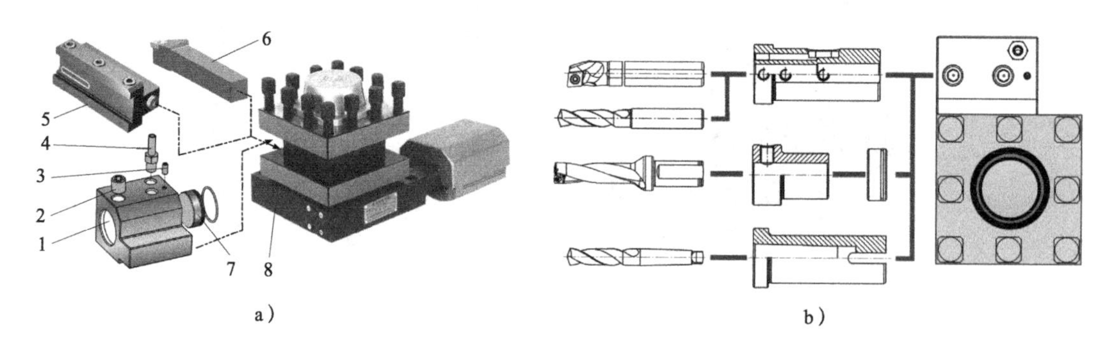

图 5-4　数控车床四方刀架接口示例

a）外圆车刀、槽刀和内孔镗刀装夹　b）方截面刀杆径向装刀

1—内孔镗刀刀座　2—夹紧螺钉　3—紧定螺钉　4—水嘴　5—切断刀座　6—外圆车刀　7—堵头　8—四方刀架

模块式车削类刀具系统是较为先进的数控车床刀具接口技术，通过系统的规划与设计，可用较少的部件较好地满足各种车削类刀具的装夹需要，不足之处是一次性投资成本较高。模块式车削刀具系统的核心技术是各模块之间的接口，不同的刀具制造商有较

大的差异。另外，不同刀具制造商的模块式刀具系统一般不能通用，图5-5所示为山特维克实现模块式车削刀具系统的方案示例。

在图5-5中，刀盘Ⓐ是基于普通回转刀架的模块式方案，刀座与刀盘的连接与传统刀盘类似，仅是其与刀具的接口尽可能实现模块式设计，其刀具主要为外圆及内圆工序的普通方刀柄、圆刀柄以及Capto接口的模块式刀具，这种方案可部分继承已有的刀具，实际中应用仍较为广泛。回转刀架Ⓑ是基于DIN 69880的VDI接口刀盘，VDI接口是通过一个斜锲与刀座尾部的锯齿啮合，将刀座固定在刀塔上的方式，如图5-6所示，其刀具接口主要有轴向与径向两种。VDI接口出现得比较早，能够实现刀座在回转刀架上的快速更换，接口标准统一，生产刀具制造商较多。GB/T 19448.1～19448.8—2004《圆柱柄刀夹》等效采用ISO 10889-1:1997规定的圆柱柄刀夹与此结构基本通用。VDI刀座还有普通方刀柄、圆刀柄刀具的型式，供传统车刀装夹。回转刀架Ⓒ是采用螺钉固定的刀座，其与刀具的接口为Capto接口，如图5-7所示，刀具拉紧方式有凸轮轴驱动、螺钉驱动、中心拉钉驱动、液压自动夹紧等。类似的螺钉固定的刀座有BMT接口，其采用4根螺栓将刀座与刀塔固定，刚性强，重复定位精度高，如图5-8所示，有专用模块式刀具接口，如图5-8a所示的Capto刀具接口，也可设计成装夹传统方杆刀具的刀座，如图5-8b两图分别为方刀杆车刀和刀板式切断刀刀座。

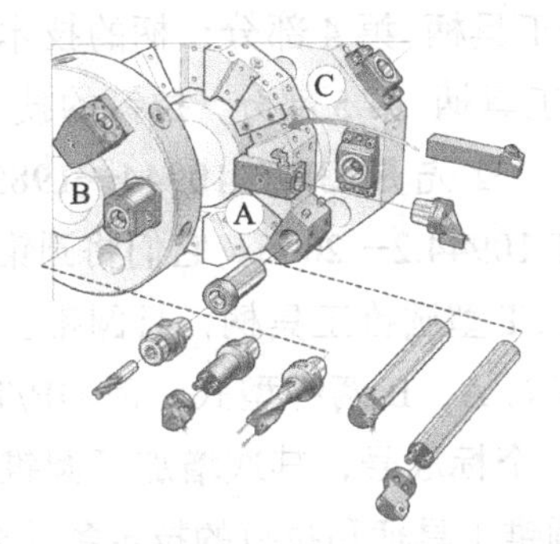

图5-5　山特维克的模块式车削刀具系统方案示例

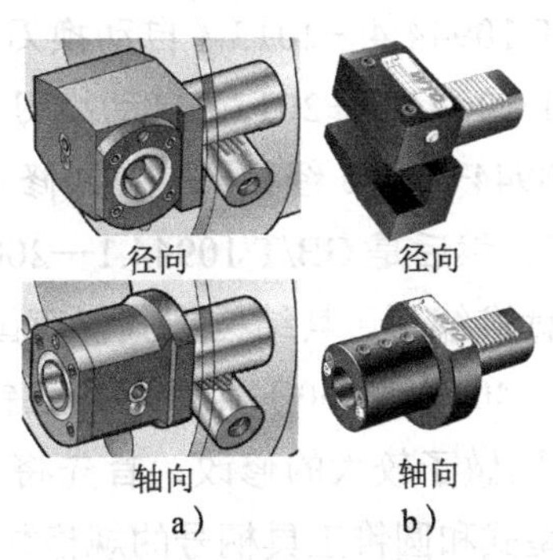

图5-6　VDI刀座示例

a）Capto接口　b）传统方刀杆接口

图5-7　螺钉固定刀座

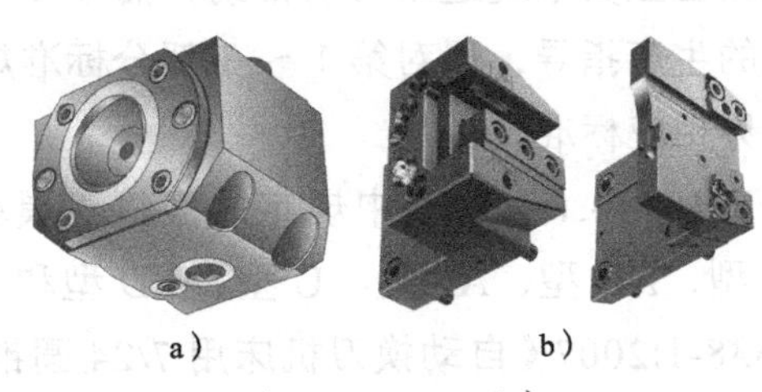

图5-8　BMT刀座

a）Capto刀具接口　b）传统刀具接口

总体而言，车削类刀具的装夹方式与刀座的结构型式有关，各种刀座型式一般均可考虑是否采用模块式刀具系统，不同刀具制造商的刀具系统变化较大且不通用，这一点在选择时必须注意。另外，全功能型数控车床往往还有带驱动刀具旋转的动力刀架。

5.2 数控机床与刀具接口技术基础

5.2.1 国内外主流工具系统接口分析

1．主流主柄（基础柄）接口分析

主柄又称基础柄，是直接与机床主轴连接的接口，其接口型式与规格必须与机床相匹配，国内市场上主流主柄接口主要有7:24锥柄（JT、BT等）、HSK等。

（1）7:24锥柄接口结构型式与参数　7:24锥柄接口标准为GB/T 10944—2013《自动换刀7:24圆锥工具柄》，该标准是国内目前最新的关于7:24圆锥工具柄的标准，其包括以下5部分：

① GB/T 10944.1—2013《自动换刀7:24圆锥工具柄 第1部分：A、AD、AF、U、UD和UF型柄的尺寸和标记》。

② GB/T 10944.2—2013《自动换刀7:24圆锥工具柄 第2部分：J、JD和JF型柄的尺寸和标记》。

③ GB/T 10944.3—2013《自动换刀7:24圆锥工具柄 第3部分：AC、AD、AF、UC、UD、UF、JD和JF型拉钉》。

④ GB/T 10944.4—2013《自动换刀7:24圆锥工具柄 第4部分：柄的技术条件》。

⑤ GB/T 10944.5—2013《自动换刀7:24圆锥工具柄 第5部分：拉钉的技术条件》。

GB/T 10944—2013经历了多次修改与变迁，首先是GB/T 10944—1989和GB/T 10945—1989，然后是GB/T 10944.1—2006和GB/T 10944.2—2006。它们将圆锥工具柄和拉钉分两个标准编写，其结构型式仅有国内通称的JT型圆锥工具柄，且圆锥工具柄号仅有三种规格（40、45、50），对应的拉钉型式也仅有A、B两种型式。而GB/T 10944—2013的内容则做了较大的修改，首先将其归并为一个标准号；其次增加了圆锥工具柄和拉钉的结构型式和圆锥工具柄号的规格数；最后将圆锥工具柄和拉钉的技术条件分开编写。

GB/T 10944—2013的第1～3部分主要规定了7:24圆锥工具柄及其拉钉的几何参数，对数控加工工具系统选用有所帮助，而第4～5部分的技术条件主要用于圆锥工具柄及其拉钉的生产指导，现对第1～3部分标准规定的几何结构及主要参数分析如下，详尽参数参见相应标准。

1）GB/T 10944.1—2013中规定的圆锥工具柄。该部分标准主要介绍了7:24型圆锥工具柄A型、AD型、AF型、U型、UD型和UF型柄的尺寸和标记，该标准等同采用了ISO 7338-1:2007《自动换刀机床用7/24圆锥工具柄 第1部分：A、AD、AF、U、UD和UF型柄的型式和尺寸》。

① 基本型圆锥工具柄A型和U型结构型式如图5-9所示（图中尺寸做了删减），该圆锥工具柄左侧为7:24圆锥，d_1是测量平面上定义的基准直径，依据其大小不同规定了30、40、45、50、60五种规格的圆锥工具柄号，圆锥工具柄端面中心为一米制螺纹（d_7），螺纹入口有一段公差等级H7的圆柱孔（d_2）与拉钉配合，圆锥工具柄大端

右侧法兰上有一V型机械手夹持槽，并在圆周上对称分布有径向深度不等的键槽（$l_5 \neq l_6$），A型圆锥工具柄法兰上还开设有一个90°的定位缺口（U型没有），确保刀具整体在360°范围内角向定位的唯一性，缺口侧正对键槽方向为右旋单刃切削刃位置。当然，这个缺口使得圆锥工具柄旋转时出现了不平衡现象，制作时要进行平衡处理。A型与U型圆锥工具柄的尺寸 d_3、d_4、d_5、d_6 等尺寸存在差异，但最大的差异是U型圆锥工具柄没有定位缺口，主要用于手工换刀的数控铣床等。

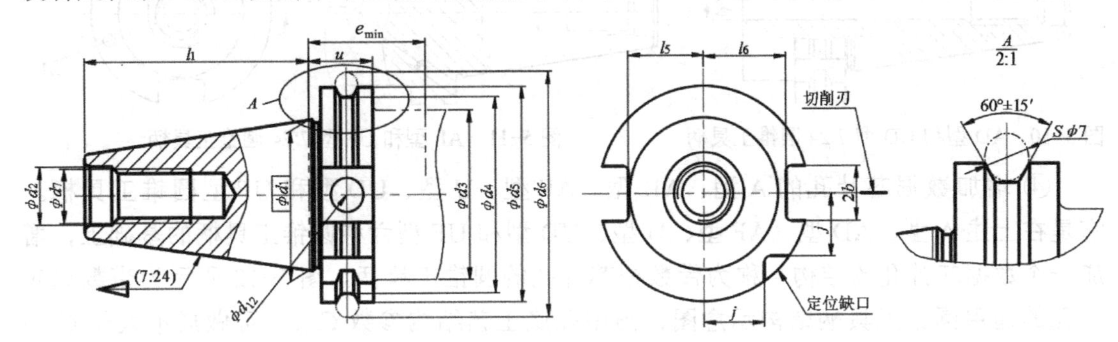

图5-9　基本型圆锥工具柄A型和U型结构型式

表5-1列举了A型和U型圆锥工具柄的主要几何参数。

表5-1　A型和U型圆锥工具柄的主要几何参数（GB/T 10944.1—2013摘录）

（单位：mm）

尺寸	锥柄号									
	30		40		45		50		60	
	型式									
	A	U	A	U	A	U	A	U	A	U
d_1	31.75		44.45		57.15		69.85		107.95	
$l_{1\ -0.3}^{\ 0}$	47.8		68.4		82.7		101.75		161.9	
$b_{\ 0}^{+0.2}$	16.1				19.3		25.7			
d_2 H7	13		17		21		25		32	
d_7 6H	M12		M16		M20		M24		M30	
d_3	45	31.75	50	44.45	63	57.15	80	69.95	130	107.95
$d_{4\ -0.5}^{\ 0}$	44.3	39.15	56.25		75.25		91.25		147.7	132.8
$d_{5\ -0.1}^{\ 0}$	50	46.05	63.55		82.55		97.5	98.5	155	139.75
$d_6 \pm 0.05$	59.3	54.85	72.3		91.35		107.25	108.25	164.75	149.5
e_{min}	35								38	
$j_{-0.3}^{\ 0}$	15		18.5		24		30		49	

② 衍生型圆锥工具柄AD型和UD型。它是A型和U型圆锥工具柄的补充与衍生，其主要增加了中心冷却通道孔，如图5-10所示，主要用于具有主轴中心冷却功能的数控机床，且使用内冷却式加工刀具的场合。AD型和UD型圆锥工具柄新增孔 d_{10} 应小于或等于连接拉钉的螺纹孔的小径。

③ 衍生型圆锥工具柄AF型和UF型。它是A型和U型圆锥工具柄的另一种型式的补充与衍生，其仍用于内冷却加工刀具使用，但圆锥工具柄的切削液供给方式不同，

是在法兰背部增加了两个切削液供给孔，如图 5-11 所示。显然，其是满足主轴端部具有切削液出口的数控机床使用，其需要一个密封冷却孔的辅助装置，能够承受 5MPa 的工作压力，其设计由制造商确定。

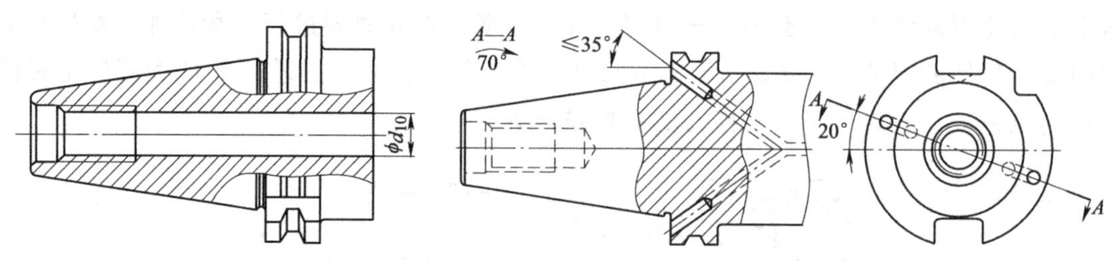

图 5-10 AD 型和 UD 型 7:24 圆锥工具柄　　图 5-11 AF 型和 UF 型 7:24 圆锥工具柄

④ 增加数据芯片孔的 A 型、AD 型、AF 型、U 型、UD 型和 UF 型圆锥工具柄。它是在上述 A 型、AD 型、AF 型、U 型、UD 型和 UF 型六种圆锥工具柄的基础上，增加一个数据芯片孔的结构，称为带数据芯片孔的圆锥工具柄。图 5-12 所示为带数据芯片孔的通用圆锥工具柄结构示意图，图中孔底工艺结构参数 C_{max}，可做成不大于 $C0.3$ 倒角或 $R0.3$ 的倒圆角，具体由制造商自行确定。注意，数据芯片孔的位置与右旋单刃切削刃的位置相同，芯片孔的直径和深度可按照数据芯片的要求制作。

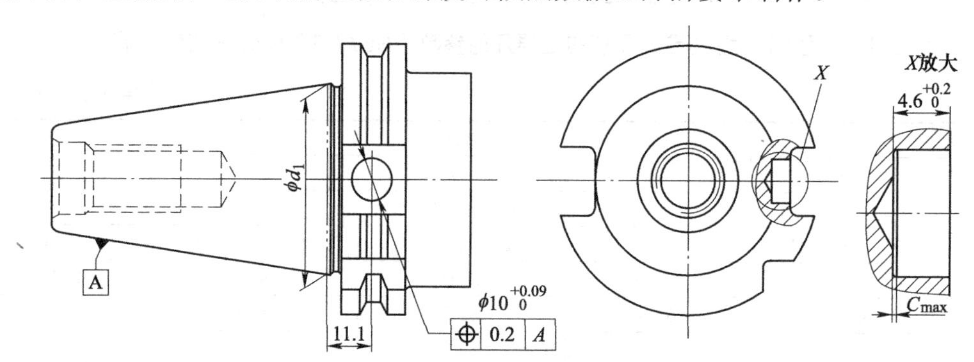

图 5-12 带数据芯片孔的通用锥柄结构示意图

⑤ A 型、AD 型、AF 型、U 型、UD 型或 UF 型圆锥工具柄的标记。该类圆锥工具柄型号的标记由六部分组成。a. 以“工具柄”开头；b. 标准号，如“GB/T 10944.1”；c. 分隔符“-”；d. 型式代号，如 A、AD、AF、U、UD 或 UF；e. 圆锥工具柄规格号，即锥柄号；f. 对于带有数据芯片孔结构时，加注“-”和字母“D”。例如，按照 GB/T 10944.1 设计，A 型，锥柄号 40，带有数据芯片孔结构的 7:24 圆锥工具柄标记为

工具柄 GB/T 10944.1-A40-D

2）GB/T 10944.2—2013 中规定的圆锥工具柄。该部分标准主要介绍了 7:24 型圆锥工具柄 J 型、JD 型和 JF 型柄的尺寸和标记，该标准等同采用了 ISO 7338-2:2007《自动换刀机床用 7/24 圆锥工具柄 第 2 部分：J、JD 和 JF 型柄的型式和尺寸》。

① 基本型圆锥工具柄 J 型结构型式如图 5-13 所示（图中尺寸做了删减），该圆锥工具柄左侧为 7:24 圆锥，d_1 是测量平面上定义的基准直径，依据其大小不同规定了 30、40、45、50、60 五种规格的圆锥工具柄号，圆锥工具柄端面中心为一米制螺纹（d_7）

和一段公差等级 H7 的圆柱孔与拉钉配合，圆锥工具柄大端右侧肩部也有一 V 型机械手夹持槽，并在圆周上对称开设有键槽，可实现 180° 圆周上的角向定位，切削刃标记含义同前述 A 型。这种 J 型圆锥工具柄的肩部稍厚，质量有所增大，相比图 5-9 所示的刀柄，该刀柄由于键槽对称设置，因此刀柄旋转时的平衡性能较好。

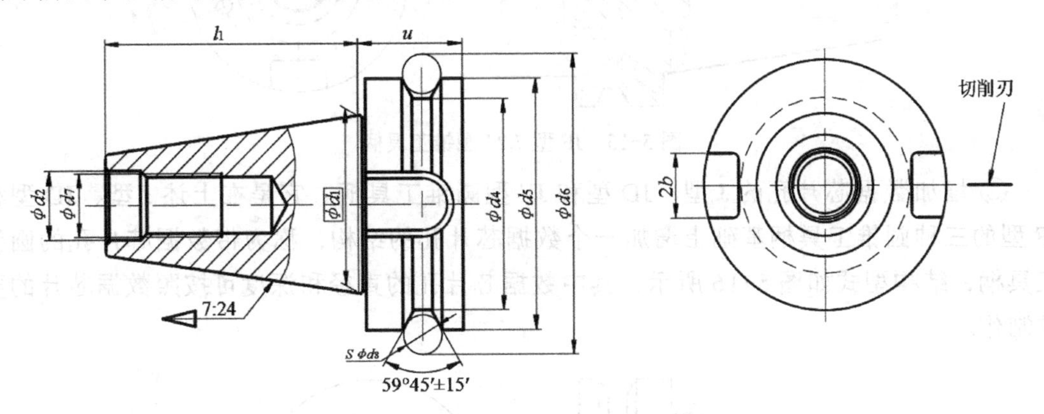

图 5-13　基本型圆锥工具柄 J 型结构型式

表 5-2 列举了 J 型圆锥工具柄的主要几何参数，供参考。

表 5-2　J 型圆锥工具柄的主要几何参数　　（单位：mm）

尺寸	锥柄号				
	30	40	45	50	60
d_1	31.75	44.45	57.15	69.85	107.95
$b^{+0.2}_{0}$	16.1		19.3	25.7	
d_2 H8	12.5	17	21	25	31
$d_{4}{}^{0}_{-0.5}$	38	53	73	85	135
d_5 h8	46	63	85	100	155
d_6±0.05	56.03	75.56	100.09	118.89	180.22
d_7 6H	M12	M16	M20	M24	M30
d_8	8	10	12	15	20

② 衍生型圆锥工具柄 JD 型和 JF 型。它们是 J 型圆锥工具柄的衍生与补充，JD 型是增加了中心冷却通道孔的型式，如图 5-14 所示；JF 型是在法兰背部增加了两个切削液供给孔型式，如图 5-15 所示，其余要求同 AD 型和 AF 型圆锥工具柄要求。

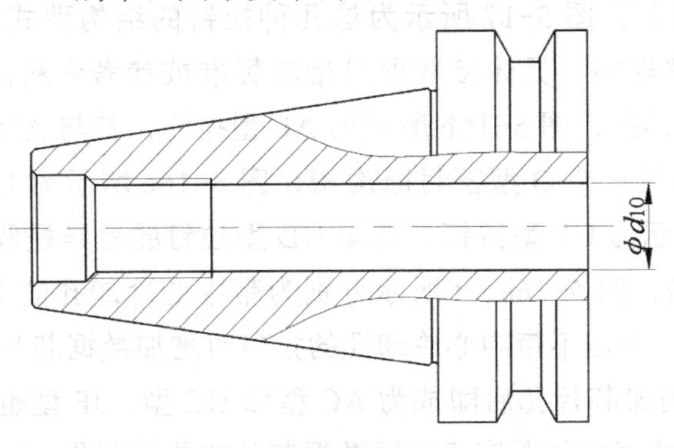

图 5-14　JD 型 7:24 圆锥工具柄

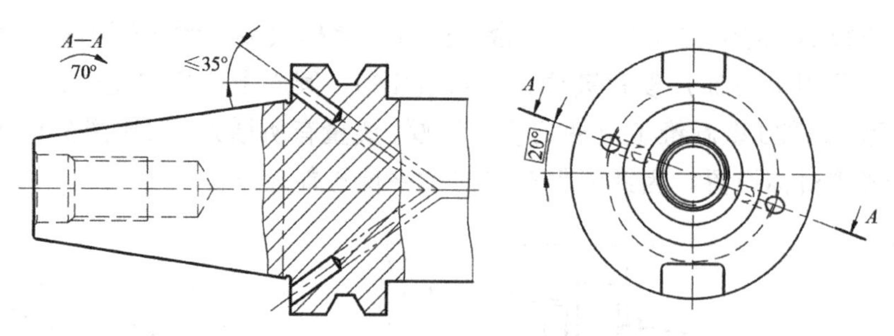

图 5-15　JF 型 7:24 圆锥工具柄

③ 增加数据芯片孔的 J 型、JD 型和 JF 型圆锥工具柄。它是在上述 J 型、JD 型和 JF 型的三种圆锥工具柄基础上增加一个数据芯片孔的结构，称为带数据芯片孔的圆锥工具柄，结构型式如图 5-16 所示，其中数据芯片孔的直径和深度可按照数据芯片的要求制作。

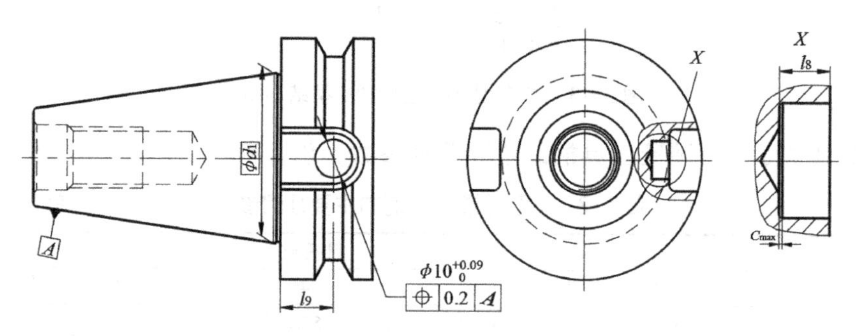

图 5-16　J 型、JD 型和 JF 型圆锥工具柄数据芯片孔示例

④ J 型、JD 型和 JF 型圆锥工具柄的标记。该类圆锥工具柄（GB/T 10944.2—2013）的标记与 GB/T 10944.1—2013 所列 7:24 圆锥工具柄相同。例如，按照 GB/T 10944.2 设计，J 型，锥柄号 40，带有数据芯片孔结构的 7:24 圆锥工具柄标记为

工具柄 GB/T 10944.2-J40-D

3）GB/T 10944.3—2013 中规定的拉钉。该部分标准规定了 AC 型、AD 型、AF 型、UC 型、UD 型、UF 型、JD 型和 JF 型拉钉型式与参数，该标准等同采用了 ISO 7338-3:2007《自动换刀机床用 7/24 圆锥工具柄　第 2 部分：AC、AD、AF、UC、UD、UF、JD 和 JF 型拉钉》。图 5-17 所示为这几种拉钉的结构型式，所有拉钉具有 30、40、45、50、60 五种规格，具体参数参见相应标准或参考资料。图 5-16a 所示为 AD 型拉钉，中心带有冷却孔；图 5-16b 所示为 AF 型拉钉，其与 AD 型拉钉的差异是取消了中心冷却孔，增加了一个 O 型密封圈沟槽；图 5-16c 所示为 UD 型拉钉，中心带有冷却孔；图 5-16d 所示为 UF 型拉钉，其与 UD 型拉钉的差异是取消了中心冷却孔，增加了 O 型密封圈沟槽；图 5-16e、f 所示分别为带中心冷却孔的 JD 型拉钉和不带冷却孔的 JF 型拉钉；另外，上述不带中心冷却孔的拉钉可增加数据芯片孔，如图 5-16g 所示，如 AF 和 UF 型拉钉增加芯片孔后即成为 AC 型和 UC 型，JF 型也可按要求增加数据芯片孔，且数据芯片孔的直径和深度可按照数据芯片的要求制作。

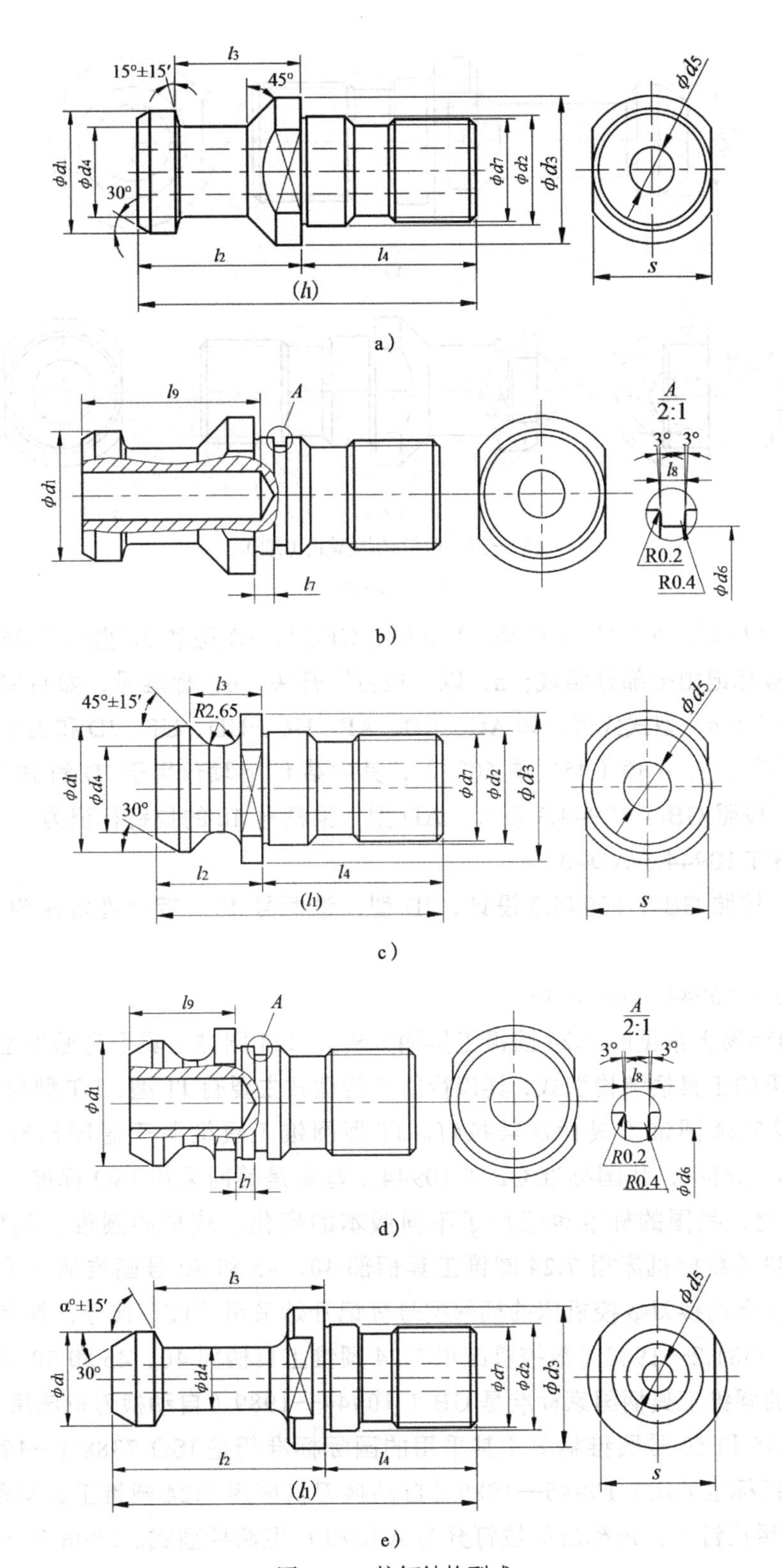

图 5-17 拉钉结构型式

a）AD型 b）AF型 c）UD型 d）UF型 e）JD型

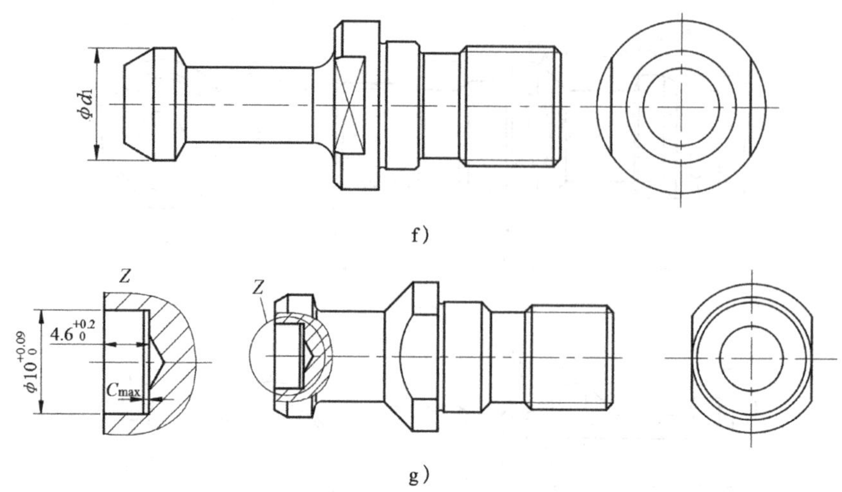

图 5-17　拉钉结构型式（续）

f）JF 型　g）AC 型

AC 型、AD 型、AF 型、UC 型、UD 型、UF 型、JD 型和 JF 型拉钉的标记。该类型的拉钉型号标记由七部分组成：a．以“拉钉”开头；b．标准号，如 GB/T 10944.3；c．分隔符“-”；d．型式代号，如 AC、AD、AF、UC、UD、UF、JD 和 JF；e．锥柄号；f．分隔符“-”；g．α 值（45° 或 60°），其中第 f、g 项仅用于 JD 和 JF 型拉钉。

示例 1：按照 GB/T 10944.3 设计，AD 型，锥柄号 40 的拉钉标记为

拉钉 GB/T 10944.3-AD40

示例 2：按照 GB/T 10944.3 设计，JD 型，锥柄号 40，带有锥角 α 为 45° 的拉钉标记为

拉钉 GB/T 10944.3-JD40-45

4）国内市场上常见的 7:24 圆锥工具柄分析。7:24 圆锥工具柄是通用型数控铣床与加工中心常见的工具柄结构型式，其流行的结构型式主要有 JT 型、BT 型和 CAT 型等。

① JT 型 7:24 圆锥工具柄及其拉钉。JT 型圆锥工具柄源于德国标准 DIN 69871-1，对应 ISO 7388-1，我国标准 GB/T 10944.1 基本是等同采用 ISO 标准。对应 ISO 标准的更新变化，我国的标准也经历了不同版本的变化。较早的圆锥工具柄标准是 JB 3381.1—1983《数控机床用 7:24 圆锥工具柄部 40、45 和 50 号圆锥柄》（已作废），该标准对用于自动换刀数控机床的柄部型号标记开始采用“JT”代号，其有一个对应的拉钉标准 JB 3381.2—1983《数控机床用 7:24 圆锥工具柄部 40、45 和 50 号圆锥柄用拉钉》。较早的圆锥工具柄国家标准是 GB/T 10944—1989《自动换刀机床用 7:24 圆锥工具柄部 40、45 和 50 号圆锥柄》（其采用的国际标准仍是 ISO 7388/1—1983），其同样有一个拉钉标准 GB/T 10945—1989《自动换刀机床用 7:24 圆锥工具柄部 40、45 和 50 号圆锥柄用拉钉》，该标准的拉钉分为 A 型和 B 型两种型式。2006 年版对圆锥工具柄和拉钉的标准进行了一次修订，将几何参数与技术条件分为两部分编写，因此有了 GB/T 10944.1—2006《自动换刀用 7:24 圆锥工具柄部 40、45 和 50 号柄　第 1 部分：尺

寸及锥角公差》（其采用的国际标准仍是 ISO 7388-1:1983）和 GB/T 10944.2—2006《自动换刀用 7:24 圆锥工具柄部 40、45 和 50 号柄　第 2 部分：技术条件》，其同样对应有拉钉标准 GB/T 10945.1—2006《自动换刀用 7:24 圆锥工具柄部 40、45 和 50 号柄用拉钉　第 1 部分：尺寸及机械性能》（其采用的国际标准是 ISO 7388-2:1984）和 GB/T 10945.2—2006《自动换刀用 7:24 圆锥工具柄部 40、45 和 50 号柄用拉钉　第 2 部分：技术条件》，该版标准的拉钉仍然是 A 型和 B 型两种型式。由于国内关于 7:24 的 JT 型圆锥工具柄标准制定较早，与国内数控机床的高速发展相呼应，因此得到了较好的应用，以至于我们常常将 JT 型圆锥工具柄称为我国标准的圆锥工具柄，2013 年版标准的出现改写了这种称呼。

JT 型圆锥工具柄基本对应 GB/T 10944.1—2013 中的 A 型及其衍生的 AD 型和 AF 型圆锥工具柄，其对应的拉钉标准是 GB/T 10944.1—2013 中的 AD 型、AF 型和 AC 型。

② BT 型圆锥工具柄及其拉钉。BT 型圆锥工具柄最初来源于日本标准 MAS 403—1982。应是最早的自动换刀 7:24 圆锥工具柄标准。1998 年日本标准 JIS B 6339—1998 代替了 MAS 403—1982 标准。由于该标准圆锥柄进入国内市场较早，因此市场占有率较高，实际应用仍较广泛。ISO 7388-2:2007 是参照以上两个日本标准制定的，而 GB/T 10944.2—2013《自动换刀 7:24 圆锥工具柄　第 2 部分：J、JD 和 JF 型柄的尺寸和标记》是等同采用了 ISO 7388-2:2007，因此，J 型、JD 型和 JF 型圆锥工具柄可以认为是中国版的 BT 型圆锥工具柄，其对应的拉钉标准是 GB/T 10944.3—2013 中的 JD 型和 JF 型。

③ CAT 刀柄及其拉钉尺寸。CAT 圆锥工具柄源于美国标准 ASME B5.50，ISO 7388-1:2007 中的 U 型、UD 型和 UF 型圆锥工具柄是参照 ASME B5.50:1994 制定的，而 GB/T 10944.1—2013 中的 U 型、UD 型和 UF 型圆锥工具柄是等同采用 ISO 7388-1:2007 标准，因此 U 型、UD 型和 UF 型圆锥工具柄的选用自然明了，其对应的拉钉标准是 UD 型、UF 型和 UC 型。

最后，需要说明的是，以上虽然都属于 7:24 圆锥工具柄，但不同型号的圆锥工具柄结构型式存在一定的差异，因此是不通用的。不同标准规定的圆锥工具柄型号的标记存在差异，了解各标准之间的关系有利于选择和使用刀柄。各刀具制造商对刀柄的称呼也存在差异，如我国常称呼的 JT 型刀柄在肯纳刀具样本中称为 DV 刀柄，这一点也要引起注意。当然，数控机床主轴锥孔及其说明书的型号称呼是选择刀具和圆锥刀具柄工具系统的最重要依据之一。

（2）HSK 空心圆锥接口结构参数　HSK（德文 Hohl Shaft Kegel 的缩写）空心圆锥接口具有较高的系统精度和刚性以及较好的动平衡性，是目前高速切削应用较为广泛的工具系统之一。该圆锥接口 1987 年开始研究，1993 年正式成为德国标准 DIN 69893，2001 年成为正式的 ISO 标准（ISO 12164.1 ～ 12164.2:2001）。在 ISO 12164.1 ～ 12164.2:2001 的基础上，以等同采用的方式制定了 GB/T 19449.1—2004《带有法兰接触面的空心圆锥接口　第 1 部分：柄部——尺寸》和 GB/T 19449.2—2004《带有法兰接触面的空心圆锥接

口 第2部分：安装孔——尺寸》，这两个标准主要针对旋转类刀具的圆锥柄接口，对于非旋转类刀具空心锥柄，在ISO 12164-3～4:2008的基础上，又推出了GB/T 19449.3—2013《带有法兰接触面的空心圆锥接口 第3部分：用于非旋转类工具 柄的尺寸》和GB/T 19449.4—2013《带有法兰接触面的空心圆锥接口 第4部分：用于非旋转类工具 安装孔的尺寸》两个标准，因此，目前为止关于HSK空心圆锥接口的国家标准有4个GB/T 19449.1～19449.4，但实施的时间不同，且规格仅有DIN 69893标准中的A型、C型和T型圆锥工具柄，32～160共8种规格。

DIN 69893的HSK圆锥工具柄具有HSK 25～HSK160范围内的9种规格和6种结构型式的完整体系，规格和型式见表5-3（表中有尺寸的为标准中的规格），实际中各刀具制造商会根据市场需求确定自生产的型式和规格。表5-3中右上角带“*”号的规格为其主供产品，其余规格可以订做。DIN 69893中HSK圆锥工具柄型式如图5-18所示。

表5-3 DIN 69893中HSK圆锥工具柄的规格和型式 （单位：mm）

A型和T型	B型	C型	D型	E型	F型
				25	
32		32*		32	
40*	40	40*	40	40*	50
50*	50	50*	50	50*	63*
63*	63	63*	63	63	80*
80*	80	80	80		
100*	100	100	100		
125	125				
160	160				

注：HSK圆锥工具柄的规格数值实质为法兰外圆柱面的直径。

在图5-18中，A型圆锥工具柄为最常见的圆锥工具柄型式，法兰外圆柱面设有V型槽，可用于自动换刀，驱动键槽设置在锥面小端端面，具有中心供液冷却通道，主要用于加工中心普通机械加工，同时刀杆上还设有数据芯片安装孔，便于刀具生产管理。圆锥面设置有径向扳手插入通孔，可用于手动夹持刀具。B型圆锥工具柄比A型有更大的法兰支撑，适用于重型加工，传动键设置在法兰外圆柱面上，法兰进液冷却通道同样具有自动换刀V型槽与手动换刀孔。C型圆锥工具柄与A型圆锥工具柄相比减少了自动换刀V型槽，属手动换刀型式，通常用于自动生产线换刀不多的机床，以及数控车床的非旋转加工应用。D型圆锥工具柄与B型圆锥工具柄相比减少了自动换刀V型，因此属手动换刀重载加工型。E型、F型圆锥工具柄也可看作是A型、B型的改进型，其主要变化是取消了驱动键槽、定位槽和芯片孔等，可有效减少动不平衡性，特别适用于高速加工，E型具有中心供液冷却通道，F型取消不易动平衡的法兰端面进液通道设计，力矩的传递主要依靠锥面的摩擦力传递，所以更适合轻型切削力加工，如高速金属加工或木材加工机床等。T型HSK圆锥工具柄与A型圆锥工具柄基本相同，但键槽角向定位精度更高，主要用于车削加工。GB/T 19449.1—2004、GB/T 19449.2—2004对应A型、C型，GB/T 19449.3—2013、GB/T 19449.4—2013对应F型。

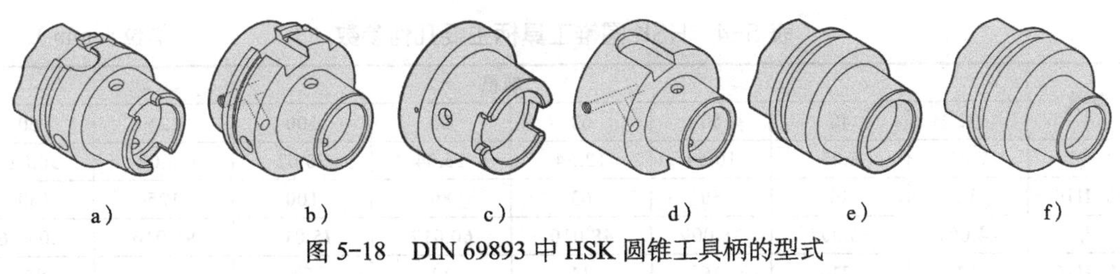

图 5-18　DIN 69893 中 HSK 圆锥工具柄的型式

a）A 型　b）B 型　c）C 型　d）D 型　e）E 型　f）F 型

HSK 圆锥工具柄的设计原理与肯纳的 KM 接口圆锥工具柄相似，属圆锥面与法兰面两面接触定位，其自动夹紧原理如图 5-19a 所示，松刀液压缸（或气缸）拉杆按松刀方向压缩弹簧，释放拉爪为松刀状态，然后装入 HSK 刀柄，这时法兰面存在间隙，液压缸换向，弹簧按紧刀方向拉紧刀杆，通过拉爪组件力的放大撑开拉爪，作用在锥柄内锥面上拉紧至锥面与法兰端面接触，完成刀具夹紧。图 5-19b 所示为某 HSK 主轴结构，刀具拉紧力来自拉紧碟形弹簧 6，液压缸或气缸的外力主要用于压缩弹簧松刀，拉爪组件 3 一般由专业厂生产，图 5-19c 所示为某厂的 HSK 拉爪。

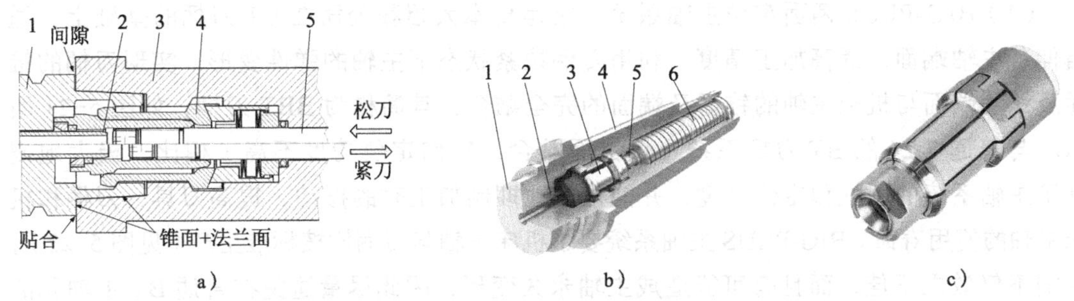

图 5-19　HSK 圆锥工具柄自动夹紧原理与主轴结构分析

a）自动夹紧原理　b）主轴结构　c）拉爪组件

1—HSK 刀柄　2—喷嘴　3—拉爪组件　4—主轴　5—拉杆　6—拉紧碟形弹簧

在图 5-18 的型式中，A 型结构应用最广，同时 C 型作为 A 型的简化手动结构型式，具有代表性，因此，GB/T 19449.1—2004 中主要规定了 A 型和 C 型空心圆锥工具柄的结构参数，其规格包括 HSK32 ～ HSK160 八种规格。图 5-20 所示为 A 型 HSK 圆锥工具柄结构型式简图，表 5-4 摘录了 GB/T 19449.1—2004 规定的 HSK 圆锥工具柄主要几何参数。

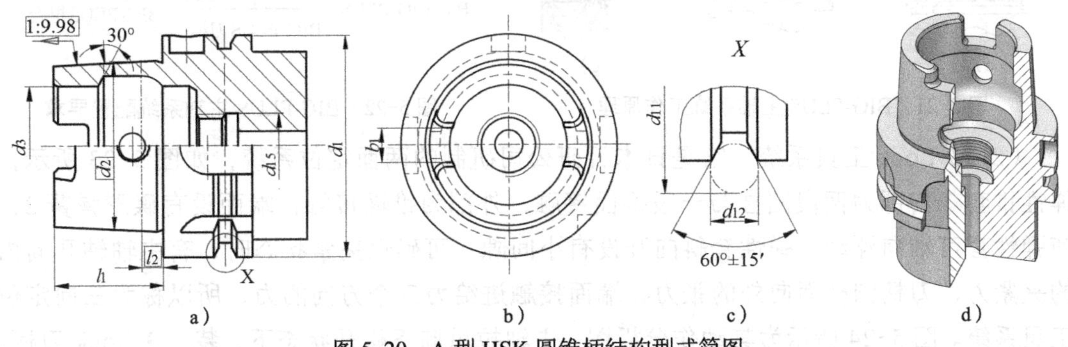

图 5-20　A 型 HSK 圆锥柄结构型式简图

表 5-4　HSK 圆锥工具柄主要几何参数　　（单位：mm）

参数	规格							
	32	40	50	63	80	100	125	160
$b_{1\,-0.04}^{\,+0.04}$	7.05	8.05	10.54	12.54	16.04	20.02	25.02	30.02
d_1 H10	32	40	50	63	80	100	125	160
d_2	24.007	30.007	38.009	48.010	60.012	75.013	95.016	120.016
d_3 H10	17	21	26	34	42	53	67	85
$d_{11\,-0.1}^{\,0}$	37	45	59.3	72.3	88.8	109.75	134.75	169.75
d_{12}	4	4	7	7	7	7	7	7
d_{15}	M10×1	M12×1	M16×1	M18×1	M20×1.5	M24×1.5	M30×1.5	M10×1.5
$l_{1\,-0.2}^{\,0}$	16	20	25	32	40	50	63	80
l_2	3.2	4	5	6.3	8	10	12.5	16

2．其他主柄接口分析

国内数控刀具使用的主柄接口，主要集中在 JT、BT 和 HSK 几种，小型数控雕铣机也可见直接用 ER 型接口的。此外，国外刀具制造商还推出以下一些主柄接口。

（1）BIG-PLUS 两面定位主轴系统　它是日本大昭和公司在 BT 刀柄的基础上，适当伸长主轴端面，提高加工精度，利用刀柄拉紧状态下主轴的弹性变形，实现刀柄的锥面及法兰端面与机床主轴的锥面及端面的完全贴合，其简称为 BBT 刀柄，如图 5-21 所示。与普通 7:24 的 BT 刀柄系统（仅锥面贴合，轴向定位精度不高）相比，极大地提高了主轴系统的刚性和定位精度，并能很好地抑制加工时的振动，提高刀具、刀柄和机床主轴的使用寿命。BIG-PLUS 主轴系统要求机床主轴与刀柄均按标准生产（见图 5-22），否则不仅效果不佳，而且有可能造成主轴永久变形，因此尽量避免在普通 BT 主轴孔的机床上使用 BIG-PLUS 刀柄。

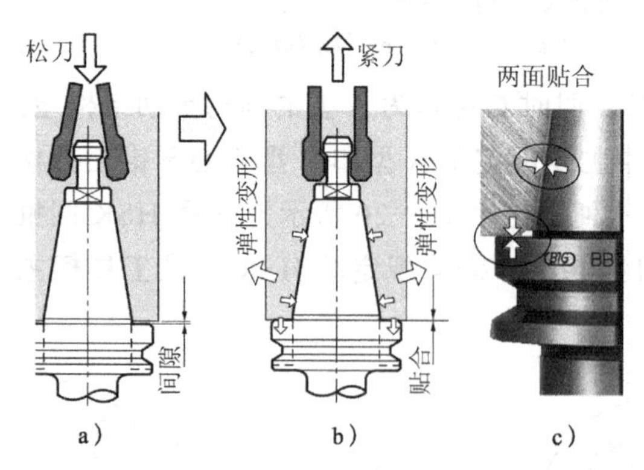

图 5-21　BIG-PLUS 主轴系统工作原理

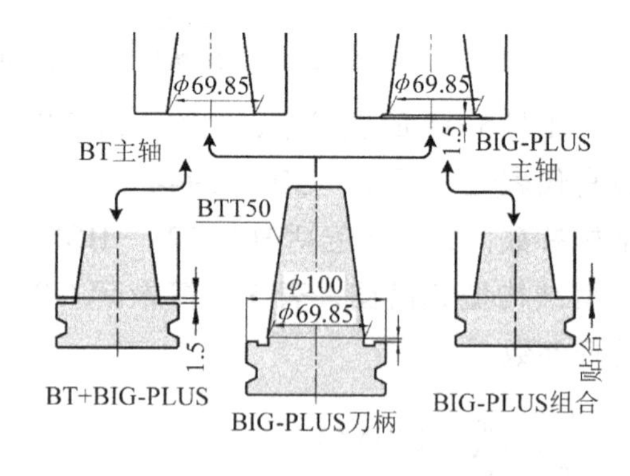

图 5-22　BIG-PLUS 主轴系统配置要求

（2）3-Lock 工具系统　它是日本日研公司研制的两面定位系统，如图 5-23 所示，弹性锥套 3 内部为两段圆柱与一段锥面接触，外部为锥面接触，端面设有碟形弹簧 2，使弹性套可轴向浮动，弹性套斜向开设有小间隙，可确保夹紧状态时，有主轴轴孔向内的夹紧力、刀柄圆柱面向外的张力、端面接触进给力三个方向的力，所以称为三向定位工具系统。图 5-24 所示为其动作分析图，主轴拉爪向下松开状态下，装入 3-Lock 刀柄，此时端面存在间隙，且碟形弹簧为松弛状态，操纵控制拉爪向上移动，抓住拉钉向上移动，弹性套在碟形弹簧、主轴锥孔的作用下实现可靠的三向定位夹紧。该系统的优点是端面、锥面、锥套内孔三处锁紧，高转速时系统可靠性高，不足之处是锥套开有缝隙，导致动平衡精度受影响。

（3）NC5 工具系统　它是日本日研公司研制的短锥型两面定位工具系统，如图 5-25 所示。主轴锥孔为 1:10 短锥，刀柄夹持部分有一开有缝隙的弹性锥套，锥套下部有碟形弹簧，确保锥套可上下微量浮动，拉紧夹持状态下，确保锥面与端面精密贴合，提高装夹刚性。NC5 工具系统有四种规格 NC5-46、NC5-63、NC5-85、NC5-100，大致对应 BT-30、BT-40、BT-45、BT-50。

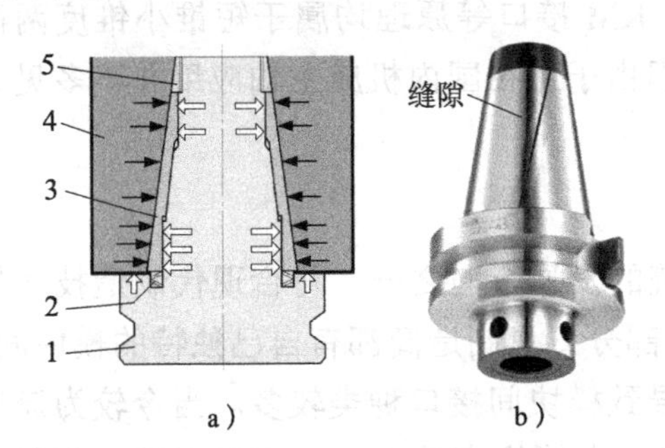

图 5-23　3-Lock 工具系统工作原理

1—刀柄　2—碟形弹簧　3—弹性锥套　4—主轴　5—螺母

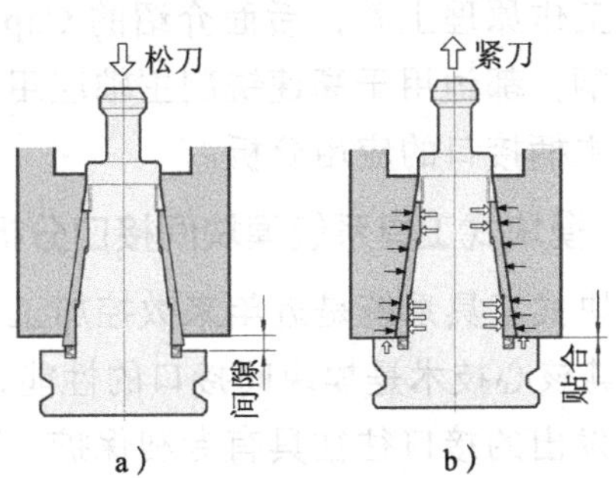

图 5-24　3-Lock 工具系统动作分析

a）装刀　b）拉紧

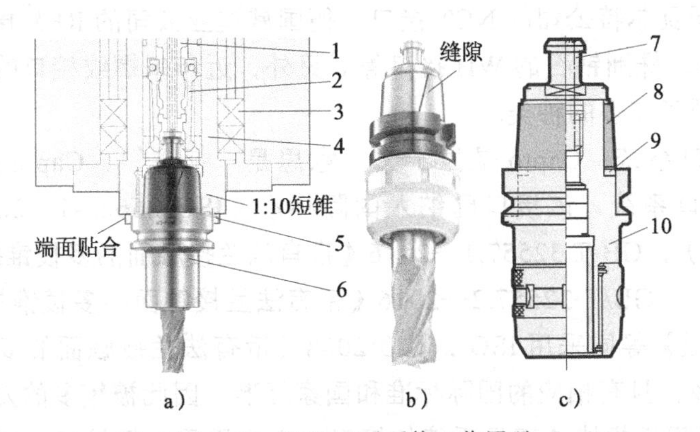

图 5-25　NC5 工具系统工作原理

1—拉杆　2—拉爪　3—轴承　4—主轴　5—端面键　6—NC5 刀柄　7—拉钉　8—弹性锥套　9—碟形弹簧　10—刀柄本体

图 5-26 所示为 NC5 工具系统的装刀与卸刀动作分析。装刀动作（从左至右）：①拉杆下压松开拉爪状态，同时从拉杆内部的切削液通道接通压缩空气清洁主轴锥孔，然后装入刀柄（含刀具），此时端面与锥面均不接触。②拉杆上拉，拉爪收缩抓住拉钉上拉紧刀，首先是锥面紧密贴合，继续上拉紧刀，弹性锥套略微收缩变形并下压碟形弹簧，直至端面接触，装刀完成后断开压缩空气。最终夹持状态时，锥面与端面均可靠的紧贴。松刀动作与装刀动作顺序相反（从右至左），首先拉钉下压松刀，端面先分离，同时接通压缩空气；继续下压拉杆，完全松开拉爪，并推出刀柄斜面接触，卸除刀具完成卸刀动作。

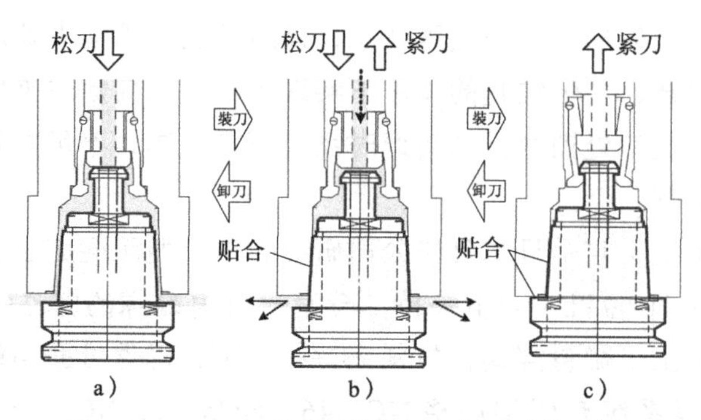

图 5-26　NC5 工具系统的装刀与卸刀动作分析

从工作原理上看，后面介绍的 Capto、KM 接口等原理均属于短锥小锥度两面接触定位刀柄，都适用于高速铣削主轴应用，但由于现在国内机床主轴应用并不多见，故未对其做主柄接口的应用分析。

3．模块式工具系统模块间接口分析

模块式工具系统是近年来数控加工系统的发展方向之一，符合现代制造技术的发展趋势，其核心技术是模块间接口的性能，大部分刀具制造商都有自己独特的模块间接口，且新开发出的接口往往具有专利保护，而导致模块间接口种类较多。当今较为流行的模块间接口及其工具系统有：HSK 接口系统、山特维克的 Capto 接口系统、肯纳的 KM 接口工具系统、TMG21 接口、德国高迈特（KDMET）公司的 ABS 接口（与 TMG21 接口相似）、德国瓦尔特公司的 NCT 接口、德国威迪亚公司的 RFX 接口、瑞典山高公司的 Graflex 接口、株洲钻石的 WH 接口等。另外，近年来螺纹接口的模块式工具系统的螺纹型式也出现了较多的种类。

1）Capto 接口系统，Capto 是拉丁文，意思是“抓住”，Capto 接口是山特维克开发的模块式接口系统，该接口已纳入国际标准（ISO 26623-1、2:2008 更新为 ISO 26623-1、2:2014），GB/T 32557.1—2016《带有法兰接触面的多棱锥接口　第 1 部分：柄部尺寸和标记》、GB/T 32557.2—2016《带有法兰接触面的多棱锥接口　第 2 部分：安装孔尺寸和标记》等同采用 ISO 26623:2008《带有法兰接触面的多棱锥接口》。该接口由于优点较多，且有相应的国际标准和国家标准，因此被较多的刀具制造商采用。Capto 接口不仅可用于模块式工具系统的接口，也可用于主柄接口，直接用于数控机床主轴接口，该接口系统较为完善，可用于铣削、车削以及车铣复合数控机床等的工具系统。

图 5-27 所示为 Capto 接口的结构与工作原理示意图。由图 5-27a 可见其接口是法兰平面与三棱短锥面（单面锥度 1.4°）组成，锥面上设有角向定位槽，杆部圆柱面上设有抓刀槽，可用于刀具装配使用，三棱椎体内部设计有拉紧螺孔和拉紧凹槽供选用，并提供两种切削液供应方式——中心与法兰端面切削液通道供液。图 5-27b 所示为其夹紧原理，拉力 F 使锥面与法兰面均紧密接触，实现轴向①和径向②方向的定位，同时三棱形端面实现角向③的定位，并能可靠传递力矩。Capto 接口属三向定位与两面接触锁紧，因此具有极好的重复定位精度和接触刚度，但由于棱柱壁比 HSK 相对较厚，变形较小，因此要求三棱锥结合面的加工精度要求较高。

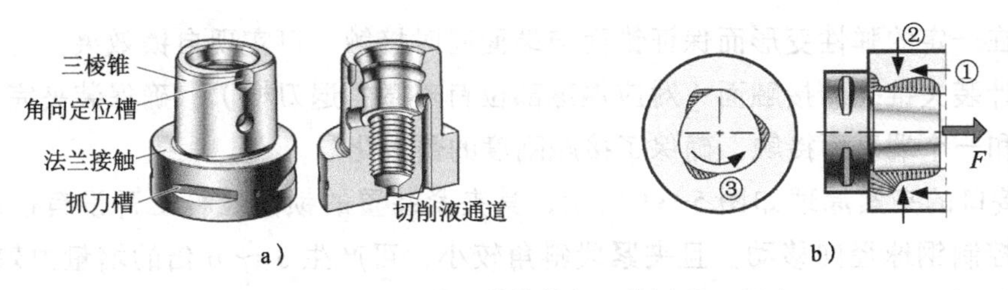

图 5-27　Capto 接口的结构与工作原理示意图

a）结构示意图　b）夹紧原理

Capto 接口系统具有 C3 ～ C10 六种规格接口尺寸，可适用于 $\phi32$ ～ $\phi100$mm 杆径的刀具应用。同时，系统具有三种不同的夹紧方式，如图 5-28 所示。图 5-28a 所示为中心螺钉夹紧，其夹紧力较大，主要用于主柄刀柄的连接等。图 5-28b 所示为螺钉前端夹紧（侧向），其在刀柄内螺纹上旋入一个尾部带侧锯齿的连接螺钉，接口孔侧装有一个差动螺钉和锯齿夹爪，旋动差动螺钉夹爪对向移动夹紧连接螺钉，实现模块间连接，这种连接方式可用于主柄模块、工作模块和中间模块（加长和变径杆）之间的连接等，还可用于机床上快速手动换刀的接口。图 5-28c 所示为分段内爪夹紧原理，拉杆前顶伸出，顶住内爪后端，松开内爪，并顶松刀具，可进行卸刀与装刀，而拉杆抽回，胀开拉爪嵌入接口内孔拉紧凹槽，继续向后加力将刀具紧紧拉紧。分段内爪夹紧多用于快速换刀和自动换刀的夹紧机构中，其拉力 F 有凸轮轴驱动与气缸驱动等方式（图中未示出）。

Capto 接口除可用于模块式工具系统的接口方案外，还可用于数控机床主轴的刀具夹紧方案，图 5-28b 右侧两图所示为手动夹紧主轴方案。图 5-29 所示为气动夹紧主轴单元方案，其装刀、卸刀方式与传统数控机床主轴单元基本相同。

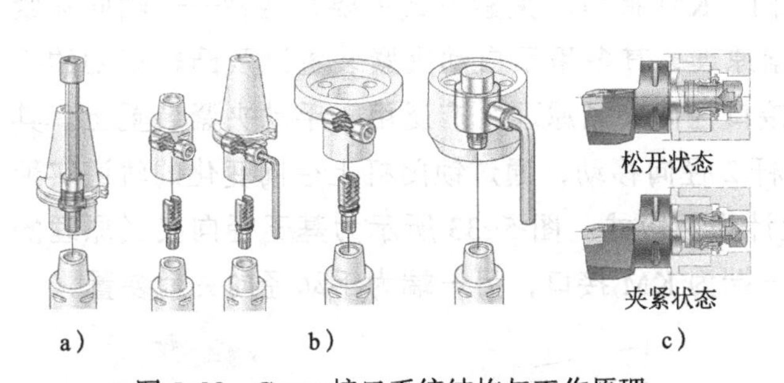

图 5-28　Capto 接口系统结构与工作原理

a）中心螺钉夹紧　b）螺钉前端夹紧　c）分段内爪夹紧

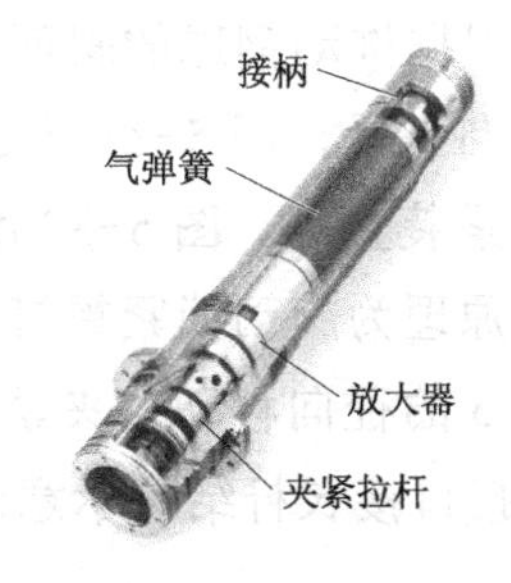

图 5-29　Capto 接口主轴单元

2）KM 接口系统，是肯纳的专利产品，并成为国际标准 ISO 26622-1、2:2008，现更新至 ISO 26622-1、2:2014。GB/T 33524.1、2—2017《带有钢球拉紧系统的模块圆锥接口　第 1 部分柄部尺寸和标记、第 2 部分安装孔尺寸和标记》等同采用 ISO 26623-1、2:2008《带有钢球拉紧系统的模块圆锥接口》。采用 KM 接口的工具系统，具有换刀速度快、接触刚度强、接口紧凑等优点，KM 接口的工具系统在车削、铣削和车铣复合等数控加工机床上均可使用，产品规格较为丰富。

图 5-30 所示为 KM 接口的典型接口示意图，其是基于 1:10 锥度的短锥柄而设计的，

装夹时存在一定的弹性变形而保证锥面与端面同时接触，可实现自锁效果。另外，通过适当的设计装夹锥孔的接触面（对应钢球部位有略微的退刀槽），确保装夹完成后具有两段锥面和一个端平面接触，确保了接触刚度的最大化。

KM 接口的夹紧原理如图 5-31 所示，其夹紧装置的锁闭拉杆上开设有径向变化的轨道，可控制钢球径向移动，且夹紧段斜角较小，可产生 3 ～ 6 倍的增量力效益，KM 装置相应位置开设有圆孔，入口处有一定的斜倒角引导钢球进入。装刀时，首先将 KM 接口的装置插入相应规格的夹紧装置，此时锥面轻微接触，端面存在 2 ～ 3mm 的间隙，然后锁闭拉杆向内预紧，钢球进入 KM 装置夹紧孔，随着拉杆进一步移动，钢球进入斜角较小的增力段，钢球径向夹紧力急剧增大，使得短锥段产生弹性变形，并且端面接触，完成夹紧，进入自锁状态。松刀时，锁闭拉杆推出，首先弹出装置（图中未示出）推动 KM 装置脱离自锁状态，表现为端面产生 2mm 左右的间隙，然后拉杆继续推出适当距离，钢球进入直径最小状态，取出 KM 装置，完成卸刀。

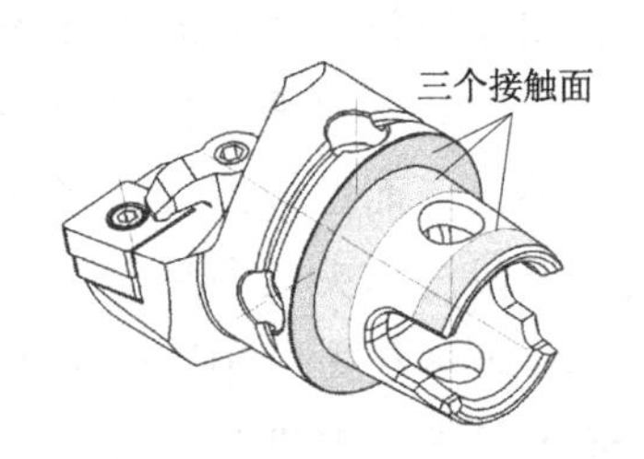

图 5-30　KM 接口的典型接口示意图

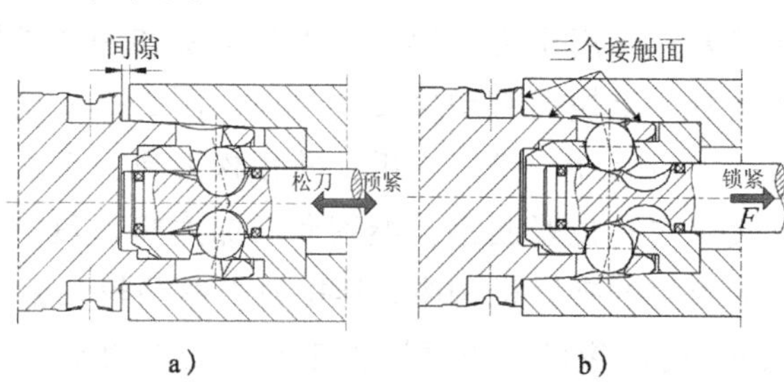

图 5-31　KM 接口的夹紧原理

a）松刀状态　b）紧刀状态

根据推动钢球的斜面运动方向不同，KM 接口的夹紧方式主要有两种——轴向夹紧与径向夹紧，图 5-31 所示为轴向夹紧原理，其多用于自动夹紧装置以及凸轮驱动的手动夹紧装置等。图 5-32 所示为 KM 接口径向夹紧原理，广泛用于手动夹紧装置上。其工作原理为旋动锁紧螺钉 1 控制锁闭杆 2 径向移动，通过锁闭杆上径向变化的轨道实现钢球 3 的径向移动，夹紧轨道同样设计为两段式。图 5-33 所示为基于径向夹紧原理的 KM 接口接长杆结构示意图，其刀体一端为 KM 接口，另一端为手动径向夹紧装置。

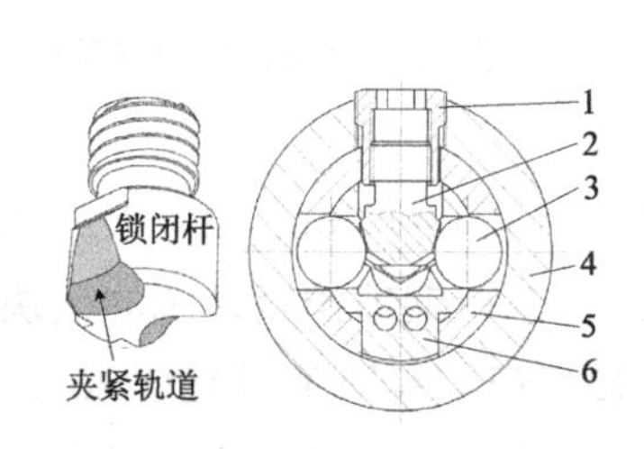

图 5-32　KM 接口径向夹紧原理

1—锁紧螺钉　2—锁闭杆　3—钢球　4—夹紧装置本体　5—KM 装置　6—钢球架

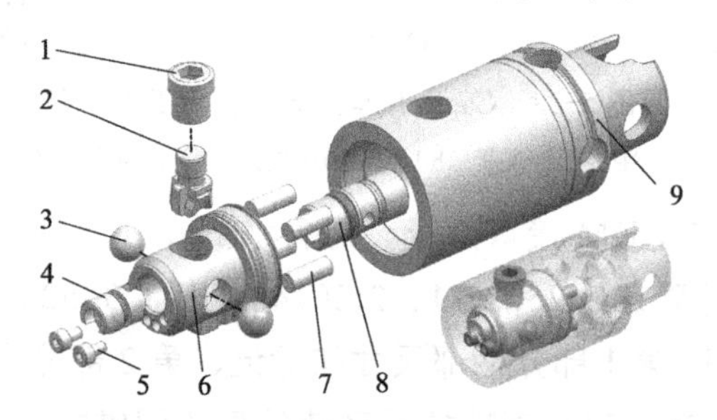

图 5-33　KM 接口接长杆结构示意图

1—锁紧螺钉　2—锁闭杆　3—钢球　4—弹销　5—螺钉　6—钢球架　7—球架销　8—球架螺钉　9—钢制刀体

肯纳的基于 KM 接口技术的产品系列已发展成为 KM^{TM} Micro 和 KM^{TM} Mini、KM-

TS™、KM4X™ 三个独特的分支系列，KM™Micro 和 KM™ Mini 系列产品适合小型车削机床的快速式刀柄系列；KMTS™ 系列已成为国际标准（ISO 26622），具有较好的连接刚度与精度，可用于车床、铣床和加工中心的刀柄快换系统；KM4X™ 是新推出的产品系列，具有较好的夹持性能、更高的过盈配合等级、稳定的连接性能、极佳的刚性和弯矩性能，可用于车床和加工中心。KM 接口技术除可用于刀具系统外，也可应用于数控机床主轴结构中，制作成为主轴单元结构，图 5-34 所示为肯纳的 KM4X 主轴接口工作原理与应用示例。KM 接口规格较为宽泛，从 KM12 ～ KM100 有多种规格，其中常规数控加工中应用较多的规格有 KM32TS、KM40TS、KM50TS、KM63TS、KM80TS 等。

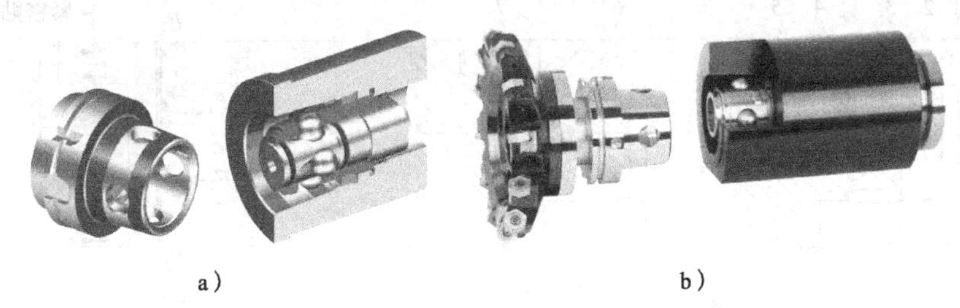

a）　　b）

图 5-34　肯纳的 KM4X 主轴接口工作原理与应用示例

a）KM4X 主轴结构原理　b）KM4X 主轴连接装置示例

3）HSK 接口，HSK 接口作为机床主轴刀柄接口已得到较为广泛的应用，同样，其也可以制作为模块间接口应用。图 5-35 所示为瑞典山高公司的 HSK 接口 TF 锁紧单元的结构原理，图 5-35a 所示为外观结构，其也可制作成手动夹紧的主轴单元。TF 锁紧单元的工作原理为：①松开，逆时针旋转锁紧螺钉，驱动夹爪向内收缩松开松紧锥面，继续内缩碰上内碰撞顶杆并推动其碰撞 HSK 刀柄的内端面上使夹爪松开，如图 5-35b 所示；②锁紧，顺时针旋转锁紧螺钉，驱动两个夹爪横向扩张，并与刀柄短锥内部的锥面接触锁紧产生四个横向锁紧力锁紧刀柄，同时把切削液密封圈推到内端面上起到密封作用，如图 5-35b 所示。TF 锁紧单元对应刀杆直径有 32mm、40mm、50mm、63mm、80mm、100mm 六种规格。从 TF 锁紧单元的夹持原理和结构尺寸看，其与 KM 接口相似，均为短圆锥两面过盈变形接触定位，其规格尺寸基本重叠，因此，HSK 接口可作为模块式工具系统模块间接口使用。

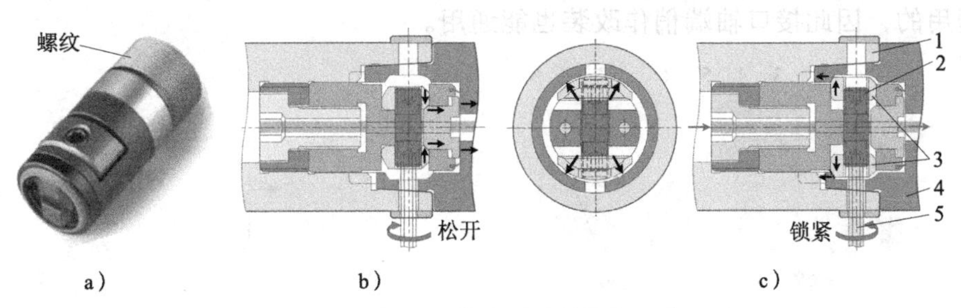

a）　　b）　　c）

图 5-35　HSK 接口 TF 锁紧单元结构与工作原理

a）外观结构　b）松开原理　c）锁紧原理

1—接口孔　2—锁紧螺栓　3—夹爪　4—接口轴　5—六角扳手

4）圆柱 - 法兰面两面定位模块接口，图 5-36 所示为 GB/T 25668—2010 镗铣类模块式工具系统推荐的 TMG21 接口结构原理。该接口为高精度小间隙圆柱配合控制径向装配精度（重复装卸精度可达 0.003 ~ 0.004mm），拧紧内、外端螺钉，通过锥面转换锁紧力方向产生轴线拉紧力使接口法兰面紧密贴合保证连接刚性。接口设置有内冷却通道，其中过锁紧滑销处的结构各有差异，图 5-36a 所示为利用滑销外侧的沟槽实现，而图 5-36b 所示为利用滑销开设横向通孔实现。GB/T 25668—2010 推荐的接口规格有 25mm、32mm、40mm、50mm、63mm、80mm、100mm 和 125mm 共 8 种规格供选用。

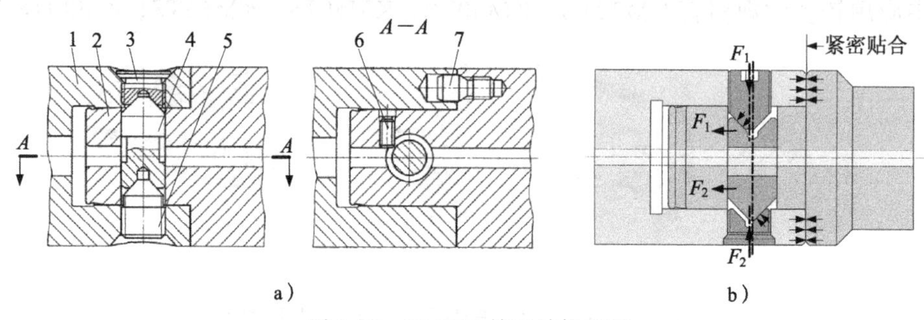

图 5-36 TMG21 接口结构原理

a）结构组成 b）锁紧原理

1—接口孔 2—接口轴 3—内锥端螺钉 4—锁紧滑销 5—外锥端螺钉 6—紧定螺钉 7—定位销螺钉

图 5-37 所示为德国高迈特公司的 ABS 接口基本型结构与工作原理，其与 TMG 接口的结构与工作原理基本相同，其切削液通过滑销 6 中间的冷却管 3 流动，该接口的规格有 25mm、32mm、40mm、50mm、63mm、80mm、100mm、126mm 和 160mm 共 9 种供选用。另外，该公司还对 ABS 接口进行了改进，有两种方案（见图 5-38）：①将接口轴上原来的定位销加粗并削扁方改为定位键 1，在对称位置增加一个削扁方的圆柱作为传动销，同时将接口孔端面相应位置开有相匹配的键槽，改进后的结构提高了传递力矩和接口刚度，因而提高了抗振性与加工稳定性；②在基本型接口轴定位销对称部位设计了一个嵌入端面的键槽，并用螺钉固定在接口轴圆柱面上，同时在接口孔相应位置开设有相匹配的键槽，其比基本型可进一步提高传递的力矩和加工稳定性。两种改进型的滑销与锥端螺钉的配合面也做了改进（图中未示出）。虽然推出了改进型，但接口孔端是通用的，因此接口轴端稍作改装也能通用。

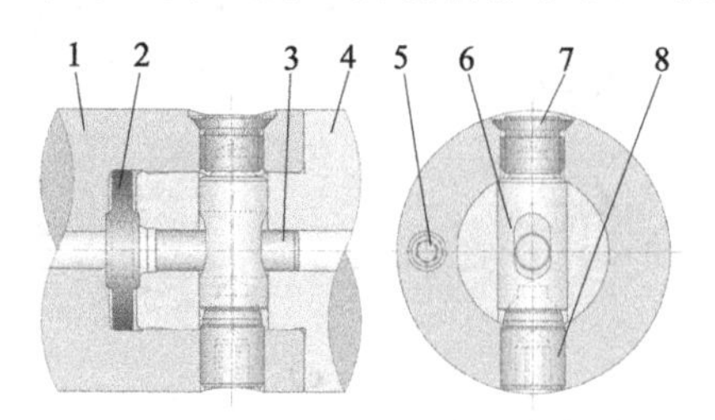

图 5-37 ABS 接口基本型结构与工作原理

1—接口孔 2—密封环 3—冷却管 4—接口轴 5—定位销 6—滑销 7—内锥端螺钉 8—外锥端螺钉

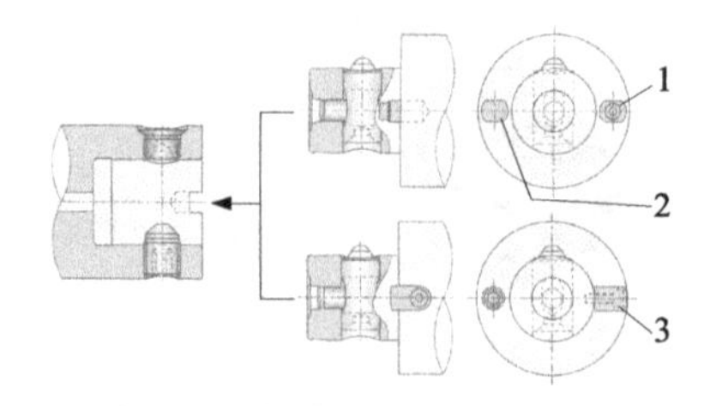

图 5-38 ABS 接口改进型结构与工作原理

1—定位键 2—传动销 3—传动键

基于圆柱 - 法兰面两面定位的模块接口原理的接口还有几例变异型式可供参考。

图 5-39 所示为日本大昭和公司的 CK 模块式镗刀系统的 TMG21 接口结构与原理，其采用一个 30° 锥角螺钉锁紧，通过锥面接触产生轴向分力，确保法兰面的紧密贴合，粗镗加工镗刀配有横穿贯通的加强栓，以传递更大的力矩。该产品有 CK1 ～ CK7 共 7 种规格以适应不同直径镗杆的需要。图 5-40 所示为法国 Safety 公司的模块式镗削系统的接口结构，其采用对称布置的两过锥面锁紧螺钉锁紧，轴向锁紧力更大、更均匀，接口连接接触刚度更大，能更好地抑制振动的发生。

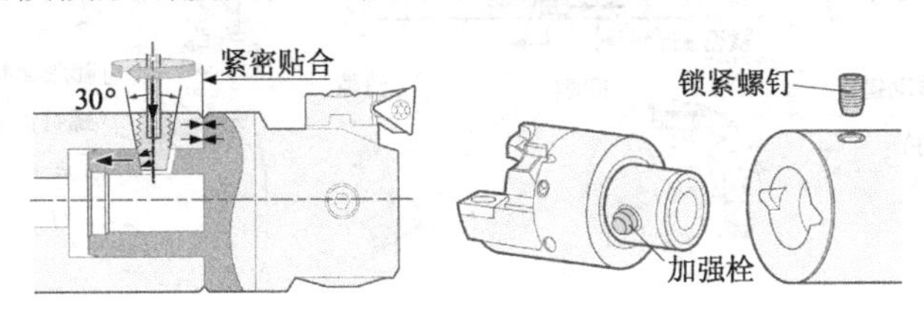

图 5-39　TMG21 接口结构与原理

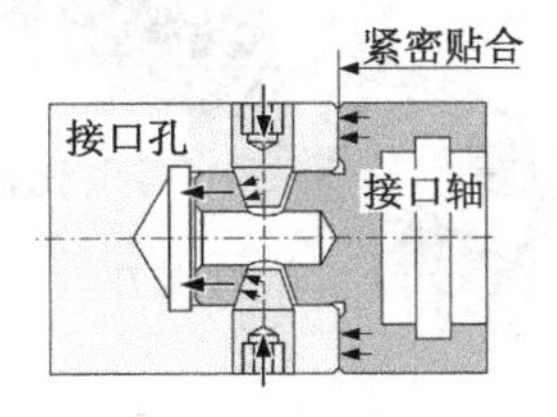

图 5-40　Safety 公司的模块式镗削系统的接口结构

图 5-41 所示为株洲钻石的模块式镗刀系统的圆柱 - 圆锥面定位的接口，其有 CN20 ～ CN80 共 7 种规格，小规格的接口（CN20 和 CN25）仅有一个锁紧螺钉，稍大规格（CN30 以上）的则由两个互相垂直的锁紧螺钉紧固，其锁紧机构锁紧力的传递原理与图 5-40 基本相同。

图 5-42 所示为圆柱 - 圆锥面定位的接口，也可认为是圆柱 - 法兰面两面定位的模块接口的变种型式，其锁紧方式为内置的锥头螺钉 - 螺母机构，旋转螺钉可实现螺钉与螺母的同步伸缩，锁紧螺钉与螺母的锥头与接口孔端相应锥孔匹配，顺时针旋转锁紧螺钉，螺钉与螺母相对伸出，锥面顶紧接口孔的锥孔，通过锁紧螺钉、螺母将接口轴拉紧，同时接口孔与接口轴接触，产生指向轴线的径向分力和轴向分力使锥面紧密贴合，实现锁紧。图 5-42 所示的接口型式有多家刀具制造商采用，如意大利丹得瑞（D'ANDREA）公司的 MODULHARD'ANDREA 模块式刀柄系统、以色列伊斯卡（ISCAR）公司的 ITSBORE 模块式镗刀系统和韩国特固克（TaeguTec）公司的 MPT 模块式精镗系统等。

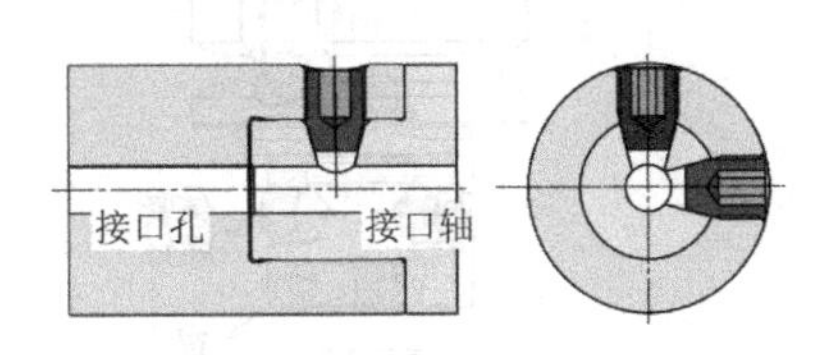

图 5-41　圆柱 - 圆锥面定位的接口（一）

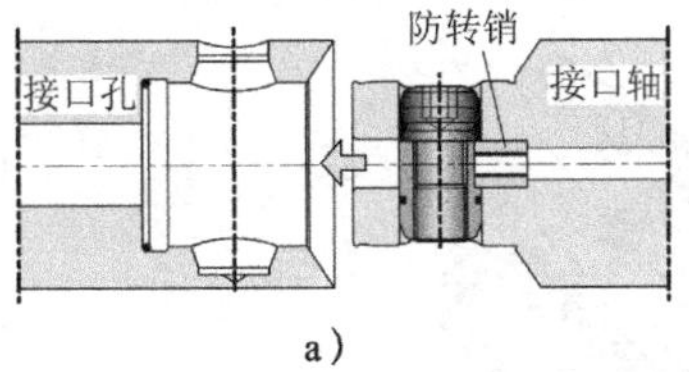

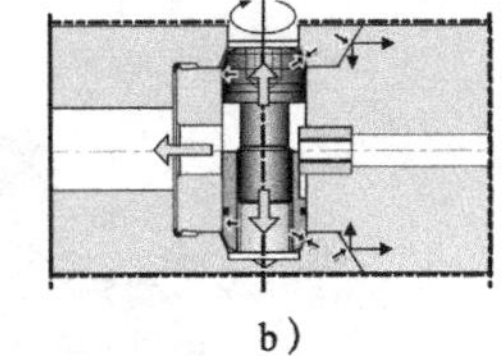

图 5-42　圆柱 - 圆锥面定位的接口（二）

a）脱开状态　b）锁紧状态

图 5-43 所示为瑞典山高公司的 Graflex 接口结构与原理。该接口为圆柱面与法兰平面定位，由两个球头锁紧螺钉锁紧，并配合一个端面传动键传递力矩，可用于基础柄及模块的接口，如图 5-43a 所示。图 5-43b 所示为普通的接口原理，采用螺钉调整键，锁紧后可以通过间隙调整孔旋转间隙调整螺钉，消除传动键间隙，这一点对断续切削特

别重要。另外，还提供一种膨胀调整键，键端有一开缝螺孔，接口锁紧后旋入锥沉孔螺钉，撑开膨胀调整键，消除传动间隙，这种方法间隙消除稳定可靠，用于精镗效果较好。Graflex 接口有 0 ～ 7 共 8 种规格，直径涵盖 $\phi16$ ～ $\phi90$mm 镗杆。

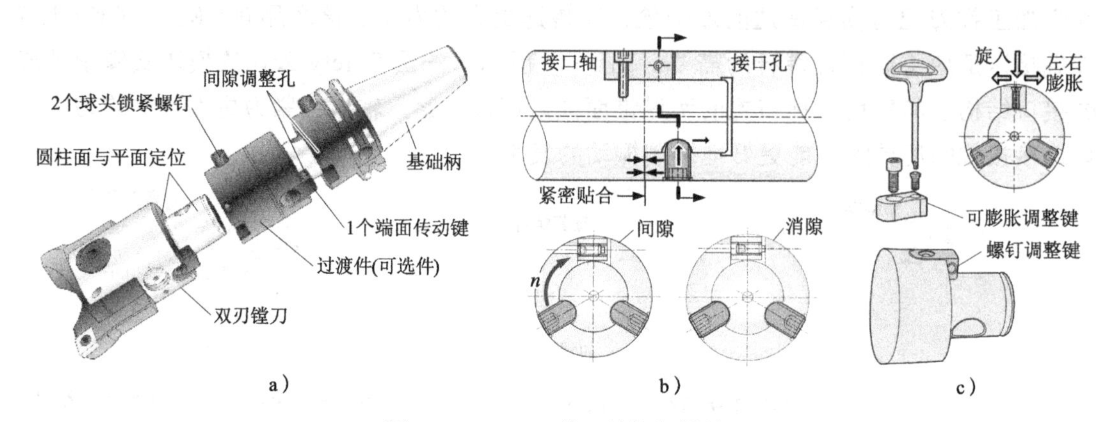

图 5-43　Graflex 接口结构与原理

a）结构组成与应用示例　b）螺钉调整键原理　c）膨胀调整键原理

图 5-44 所示为德国瓦尔特公司的 NCT 接口结构与原理。该接口仍然属于两面接触定位结构原理，但圆柱面为短锥面，有 A、B、C 三种型式，分别为 1 个、2 个和无端面传动键，短锥轴、孔结合并产生适量的弹性变形可获得较好的连接精度和刚度。图 5-44a 所示为 NCT 接口模块式刀具系统结构组成与应用示例，基础柄①是与机床主轴相连的模块，有 BT、HSK 等多种，通过 NCT 接口可连接相应接口的机夹铣刀（见图 5-44 中的玉米铣刀③），各种铣夹头（见图 5-44 中的弹簧夹头②），也可以在其中插入过渡件（见图 5-44 中的接长杆④或变径杆等）。NCT 接口为中心螺钉锁紧结构，图 5-44b 所示为中心螺钉夹紧机构，先将螺栓 3 插入本体 1 的螺孔中，旋入圆螺母 4 至底部（螺栓 3 不能完全压紧），然后旋紧紧定螺钉 5 防止圆螺母松动，传动键 2 可根据需要选用安装。NCT 接口共有 NCT25、NCT32、NCT40、NCT50、NCT63、NCT80 等多种规格。

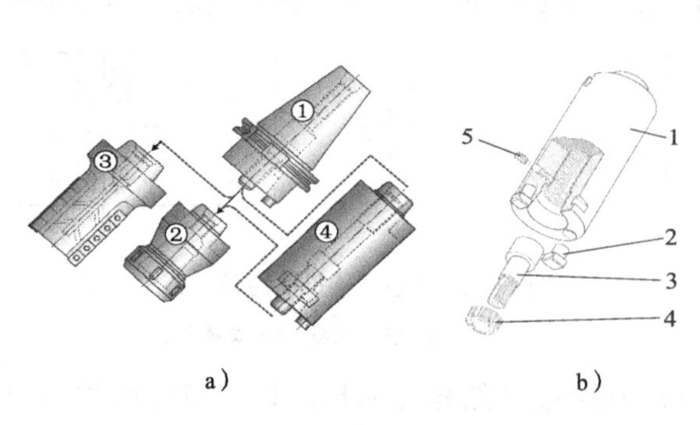

图 5-44　NCT 接口结构与原理

a）结构组成与应用示例　b）中心螺钉夹紧机构

1—本体　2—传动键　3—螺栓　4—圆螺母　5—紧定螺钉

①—基础柄　②—弹簧夹头　③—玉米铣刀　④—接长杆

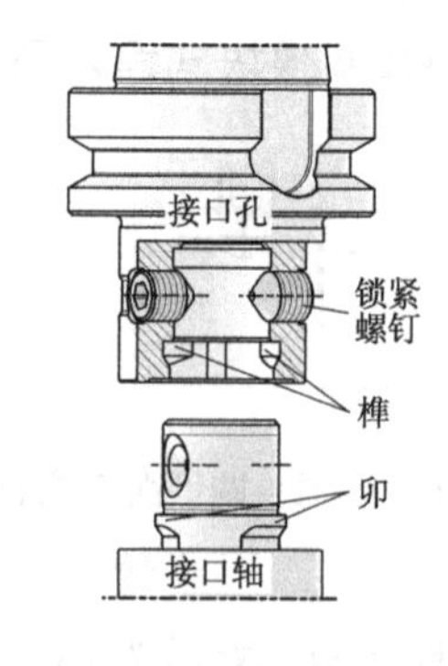

图 5-45　RFX 接口结构与原理

图 5-45 所示为德国威迪亚公司的 RFX 接口结构与原理，其仍然属于圆柱 - 法兰面两面定位模块接口，其在图 5-40 所示两螺钉锁紧的基础上，增加了一对不对称 V 型的榫卯结构，接口轴插入接口孔后再旋转一定角度即可实现榫卯配合，再配以锁紧螺钉锥面结合，其连接刚度好，可靠性高。RFX 接口以镗杆外径 D 为主参数，尺寸覆盖 ϕ18.5 ～ ϕ72.0mm 共六种规格。

5.2.2 切削刀具接口（夹持部分）相关标准分析

切削刀具结构型式众多，它借助刀柄或工具系统的转换实现与数控机床主轴的连接，因此，刀具的夹持部分与工具系统的连接可认为是刀具与工具系统的接口。当然，刀具系统的接口设计必须服从刀具夹持部分的几何特征与参数。以下就数控切削刀具常见夹持部分的相关标准进行分析，具体参数可参见相关国家标准或参考资料。

1. 机床和工具柄用自夹圆锥（GB/T 1443—2016 摘录）

GB/T 1443—2016《机床和工具柄用自夹圆锥》等同采用 ISO 296:1991《机床工具柄用自锁圆锥》，规定了 4 号、6 号、80 号、100 号、120 号、160 号、200 号米制圆锥和 0 号、1 号、2 号、3 号、4 号、5 号、6 号莫氏圆锥的尺寸和公差，标准规定的圆锥型式简图和参数如图 5-46 ～图 5-49 所示。

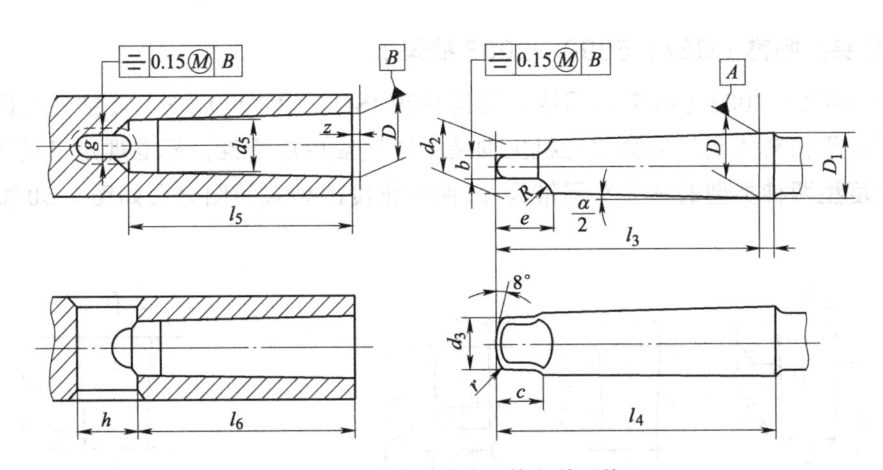

图 5-46 带扁尾的内圆锥和外圆锥

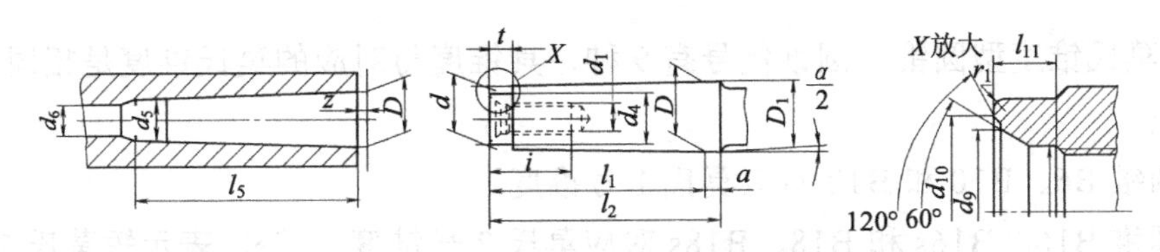

图 5-47 带螺纹孔的内圆锥和外圆锥

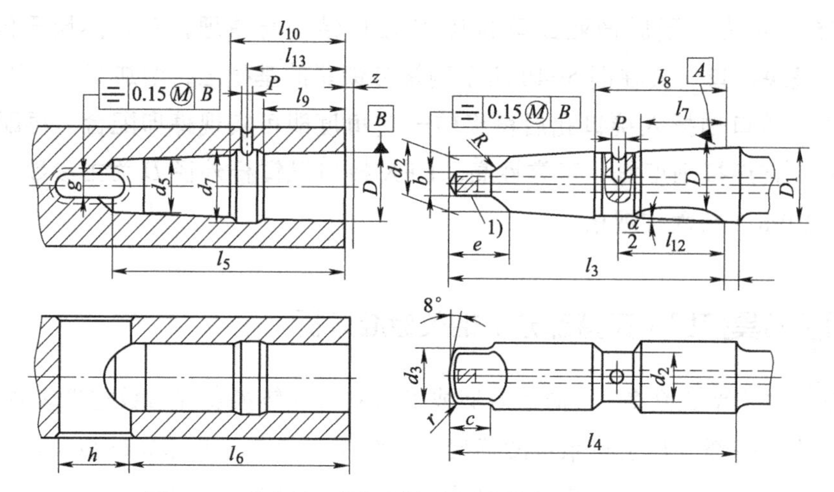

图 5-48 带扁尾、带切削液输入孔的内圆锥和外圆锥

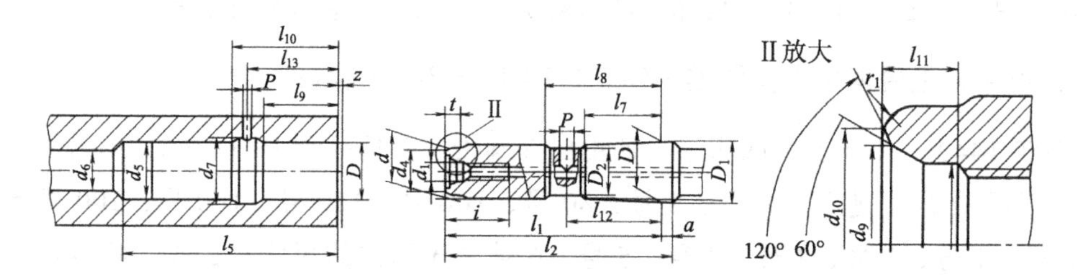

图 5-49 带螺纹孔、带切削液输入孔的内圆锥和外圆锥

2．钻夹头圆锥（GB/T 6090—2003 摘录）

GB/T 6090—2003《钻夹头圆锥》等同采用 ISO 239:1999（E）《钻夹头圆锥》，规定了适用于钻夹头及其配套的主机主轴端的过渡轴用短圆锥，标准规定了莫氏锥度型和贾格锥度型两种类型的钻夹头圆锥尺寸，两种锥度的型式简图分别如图 5-50 和图 5-51 所示。

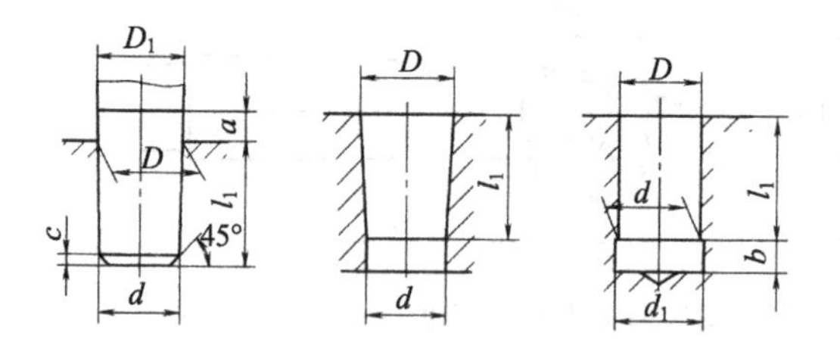

图 5-50 莫氏锥度型钻夹头圆锥型式简图

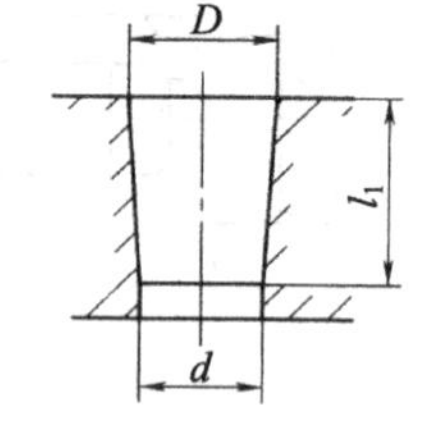

图 5-51 贾格锥度型钻夹头圆锥型式简图

（1）莫氏锥度型圆锥　圆锥代号有 9 种，其锥度与对应的莫氏锥度是相同的，对应关系如下：

1）圆锥 B6、B10 和 B12 对应莫氏 1 号锥度。

2）圆锥 B16、B16s 和 B18、B18s 对应莫氏 2 号锥度，“s”表示短莫氏圆锥。

3）圆锥 B22 和 B24 对应莫氏 3 号锥度。

每一种圆锥的长度短于相应莫氏圆锥的总长，可认为每个圆锥近似地对应于莫氏圆锥小端的部分（如 B10）或大端的部分（如 B12）。

命名示例：B16 莫氏锥度型钻夹头圆锥

命名如下：

钻夹头圆锥 GB/T 6090/ISO 239-B6

（2）贾格锥度型圆锥　标准规定的贾格圆锥号有 0、1、2s、2、33、6、（3）、（4）、（5）等多种规格，“s”表示短贾格圆锥，尽可能避免带括号的圆锥。

命名示例：2 号短贾格锥度型钻夹头圆锥。

命名如下：

钻夹头圆锥 GB/T 6090/ISO 239-J6

3．直柄工具用传动扁尾及套筒尺寸（GB/T 1442—2004 摘录）

GB/T 1442—2004《直柄工具用传动扁尾及套筒　尺寸》修改采用 ISO 4203:1978《直柄工具－传动扁尾及套筒－尺寸》，规定了直径 d=3.00 ～ 30.00mm 直柄钻和直柄机用铰刀的传动扁尾及套筒，标准规定的型式简图与参数如图 5-52 和图 5-53 所示。

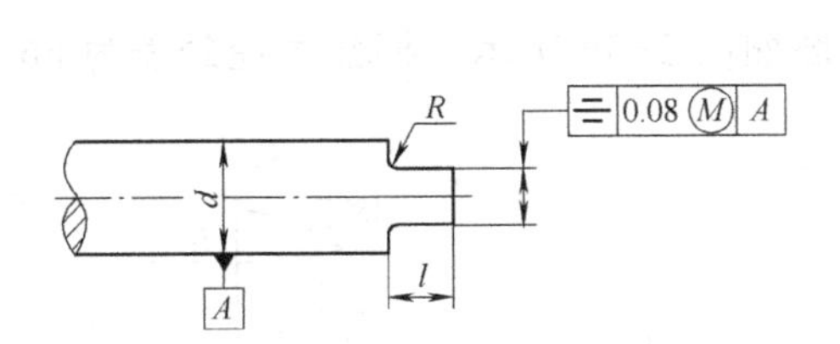

图 5-52　直柄工具用传动扁尾的型式简图

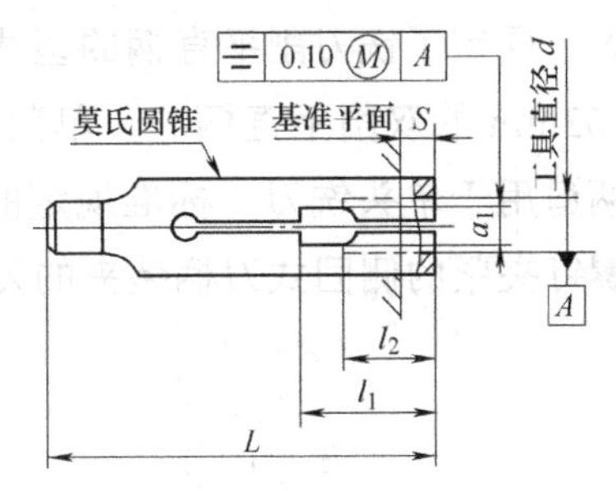

图 5-53　带传动扁尾的直柄工具用套筒的型式简图

4．直柄回转工具柄部直径和传动方头（GB/T 4267—2004 摘录）

GB/T 4267—2004《直柄回转工具　柄部直径和传动方头的尺寸》等同采用 ISO 237:1975《直柄回转工具　柄部直径和传动方头的尺寸》，规定了直柄回转工具（如铰刀、丝锥）的柄部直径和传动方头的尺寸，标准给出了两个尺寸系列：第一系列的柄部直径 d 的范围为 1.06 ～ 106.00mm（优先直径为 1.12 ～ 100.00mm）；第二系列的柄部直径 d 的范围为 1.06 ～ 9.50mm（优先选用直径为 1.12 ～ 9.50mm）。每个尺寸系列都列出了以 mm 为单位的尺寸及其相当的寸制尺寸。

图 5-54 所示为直柄回转工具柄部直径和传动方头结构型式简图与参数，方头尺寸 a 和柄部直径 d 的公差推荐如下。

1）方头 a 的公差：h12，包括形状和位置误差（建议制造公差 h11）。安装方头的方孔尺寸 a 的公差：D11。

2）柄部直径 d 的公差：精密刀具为 h9，其他刀具为 h11。

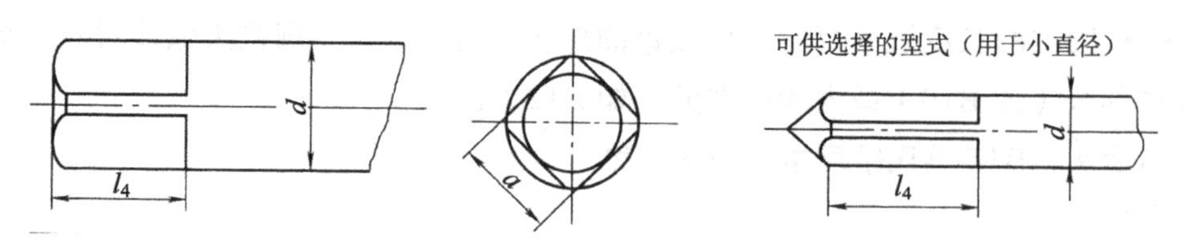

图 5-54　直柄回转工具柄部直径和传动方头结构型式简图与参数

5．铣刀直柄的型式和尺寸（GB/T 6131—2006 摘录）

（1）普通直柄的型式和尺寸　GB/T 6131.1—2006《铣刀直柄　第 1 部分：普通直柄的型式和尺寸》等同采用 ISO 3338-1:1996《铣刀直柄　第 1 部分：普通直柄的尺寸特性》，规定了铣刀普通直柄的型式和尺寸（直径为 3 ～ 63mm），适用于单头铣刀和双头铣刀，标准规定的型式简图如图 5-55 所示，柄部直径公差为 h8，可用于弹簧夹头刀柄等装夹的刀具。

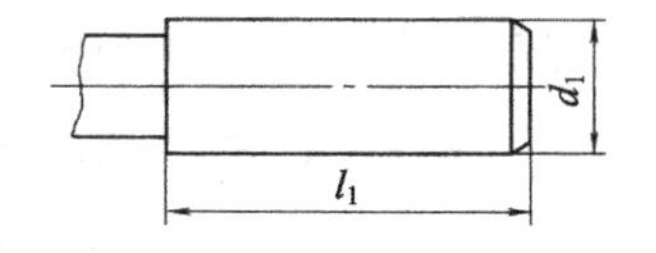

图 5-55　普通直柄的型式简图

（2）削平直柄的型式和尺寸　GB/T 6131.2—2006《铣刀直柄　第 2 部分：削平直柄的型式和尺寸》修改采用 ISO 3338-2:2000《铣刀直柄　第 2 部分：削平直柄的尺寸特性》，规定了铣刀削平直柄的型式和尺寸（直径为 6 ～ 20mm 的单削平直柄和直径为 25 ～ 63mm 的双削平直柄），单削平直柄既适用于单头铣刀又适用于双头铣刀，双削平直柄适用于单头铣刀，标准规定的型式简图如图 5-56 所示，柄部直径公差为 h6，可用于螺钉夹紧的侧固式刀柄装夹的刀具。

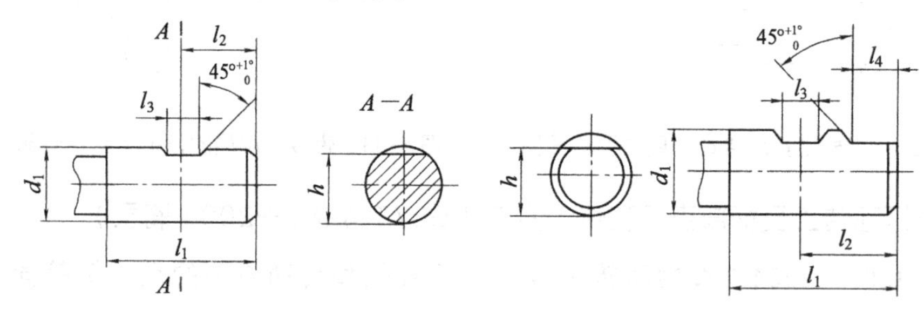

图 5-56　削平直柄的型式简图

（3）2° 斜削平直柄的型式和尺寸　GB/T 6131.3—1996《铣刀直柄　第 3 部分：2° 斜削平直柄的型式和尺寸》等效采用 ISO 3338-3:1993，规定了铣刀 2° 斜削平直柄的型式和尺寸，适合柄部直径为 6 ～ 50mm 的单头铣刀，标准规定的型式简图如图 5-57 所示，柄部直径公差为 h6，可用于螺钉夹紧的 2° 侧固式刀柄装夹的刀具。

（4）螺纹柄的型式和尺寸　GB/T 6131.4—2006《铣刀直柄　第 4 部分：螺纹柄的型式和尺寸》等同采用 ISO 3338-3:1996《铣刀直柄　第 3 部分：螺纹柄的尺寸特性》，规定了铣刀螺纹柄的型式和尺寸（直径为 6 ～ 32mm），标准规定的型式简图如图 5-58 所示，图中规定中心孔和柄部轴线之间的圆跳动公差，目的是保证立铣刀进入夹头时准确定位，这还取决于夹头有一个合适的精度，这种夹头是非标的。柄部螺纹剖面按照

GB/T 7307—2001 执行。

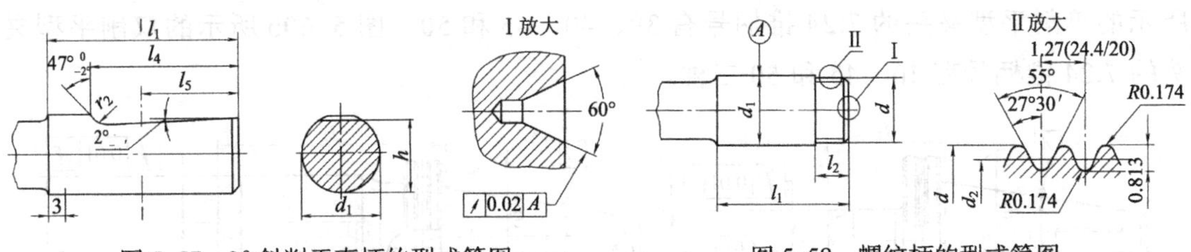

图 5-57　2° 斜削平直柄的型式简图　　图 5-58　螺纹柄的型式简图

6．削平型直柄刀具夹头的型式与尺寸（GB/T 6133—2006 摘录）

GB/T 6133—2006《削平型直柄刀具夹头》分为两部分：刀具柄部传动系统的尺寸（GB/T 6133.1—2006）和夹头的连接尺寸和标记（GB/T 6133.2—2006）。

（1）刀具柄部传动系统的尺寸（GB/T 6133.1—2006）　该部分标准等同采用 ISO 5414-1:2002《削平型直柄刀具用带紧定螺钉的刀具夹头（立铣刀夹头）　第 1 部分：刀具柄部传动系统的尺寸》，规定了带紧固螺钉的刀具夹头（立铣刀夹头）及其紧固螺钉的尺寸，还给出了夹头端面的最大直径。这种夹头适用于按 GB/T 6131.2—2006 规定的削平型直柄刀具的装夹与传动。标准规定了两种夹头型式：①孔径 $d_1 \leqslant$ 20mm（标准给出的范围为 6 ～ 20mm）用于单削平型直柄刀具的夹头。②孔径 $d_1 \geqslant$ 20mm（给出的范围为 25 ～ 63mm）用于双削平型直柄刀具的夹头。标准规定的削平型直柄刀具夹头的型式简图如图 5-59 所示。

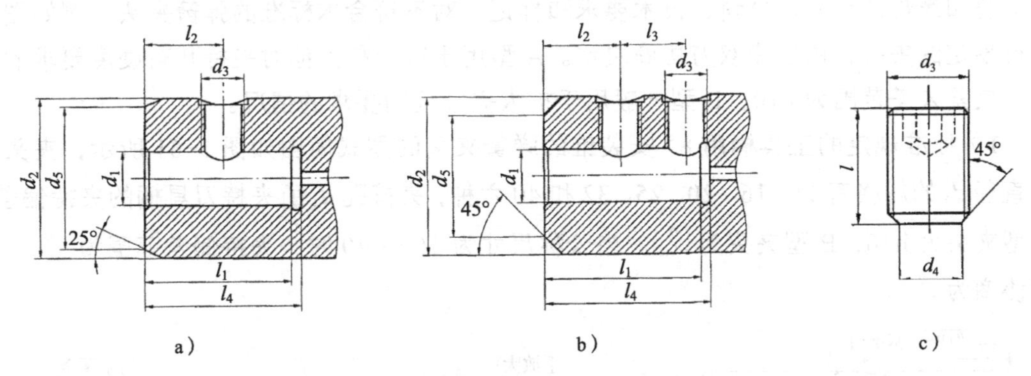

图 5-59　削平型直柄刀具夹头的型式简图

a）单削平型夹头　b）双削平型夹头　c）夹头用紧固螺钉

（2）夹头的连接尺寸和标记（GB/T 6133.2—2006）　该部分标准等同采用 ISO 5414-2:2002《削平型直柄刀具用带紧定螺钉的刀具夹头（立铣刀夹头）第 2 部分：夹头的连接尺寸和标记》，规定了带紧固螺钉的刀具夹头（立铣刀夹头）的连接部分的尺寸及夹头的标记，这种夹头用于按 GB/T 6131.2—2006 规定的削平型直柄铣刀的传动。标准规定了两种连接型式夹头的连接尺寸，分别为：按 ISO 297 手动换刀和按 GB/T 10944.1 自动换刀的带 7:24 的锥柄夹头，适用于单削平型或双削平型的手动和自动换刀的刀柄，标准规定的自动换刀的带 7:24 锥柄夹头的型式简图如图 5-60 所示。图 5-60a 所示的单削平型夹头的 7:24 锥柄号有 30、40、45 和 50，图 5-60b 所示的双削平型夹头的 7:24 锥柄号有 40、45 和 50 三种。

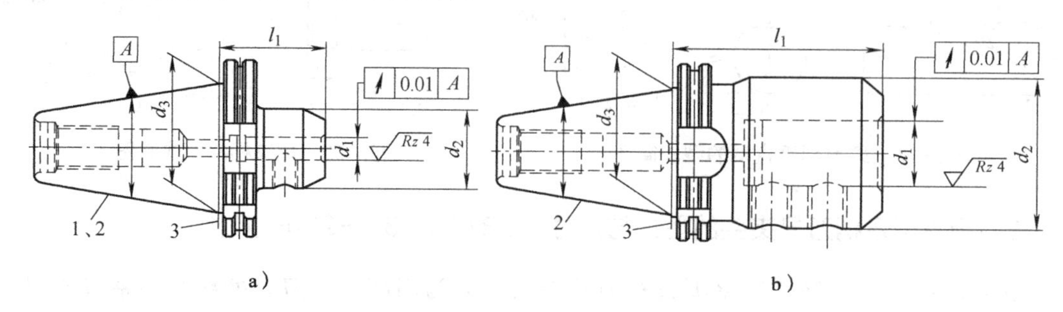

图 5-60　自动换刀的带 7:24 锥柄夹头的型式简图

a）单削平型夹头　b）双削平型夹头

1—30 号锥柄除外　2—7:24 锥柄按 GB/T 10944.1 执行　3—基准平面

注意：图 5-60 的注释是基于 GB/T 10944.1—2006（已作废）的，该标准的 7:24 锥柄号仅有 40、45 和 50 三种，不包含 30 锥柄，因此有注释 1 的说明。但 GB/T 10944.1—2013 中的 7:24 锥柄号已经扩大至 30、40、45、50 和 60 五种。

7．工具柄用 8° 安装锥的弹簧夹头（GB/T 25378—2010 摘录）

GB/T 25378—2010《工具柄用 8° 安装锥的弹簧夹头　弹簧夹头、螺母和配合尺寸》修改采用了 ISO 15488:2003，规定了用于夹紧圆柱工具柄的弹簧夹头（A 型、B 型）、夹头座和螺母的尺寸、材料、技术要求和标记。对不符合本标准的弹簧夹头，例如图样另行规定的夹头，由工序双方协商决定。A 型用于铣削和其他对夹持孔有硬度要求的情况，夹紧公差范围为 h10。B 型一般用于扩大夹紧范围要求的情况。

1）标准规定的工具柄用 8° 安装锥的弹簧夹头的型式简图如图 5-61 所示，夹头公称直径 d_2 的规格有 11、16、20、25、32 和 40 六种，夹持孔 d_1 所夹持刀具柄的夹持偏差：A 型夹头为 h10，B 型夹头为 ${}^{0}_{-0.5}$。当公称尺寸为 16 ～ 40 时，夹持偏差范围为 ${}^{0}_{-1}$，也可协商为 ${}^{0}_{-0.5}$。

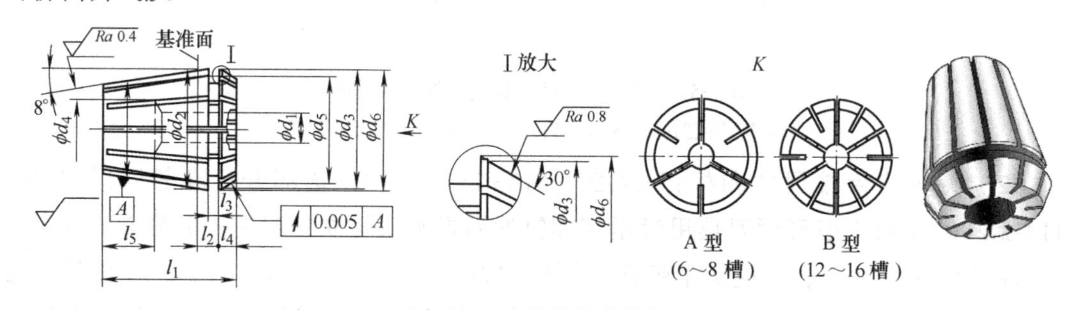

图 5-61　工具柄用 8° 安装锥的弹簧夹头的型式简图

2）标准规定的夹头座的型式简图如图 5-62 所示，公称直径 d_2 的规格对应弹簧夹头也有 6 种。

3）标准规定的锁紧螺母的型式简图如图5-63所示，共有对应弹簧夹头的6种规格。

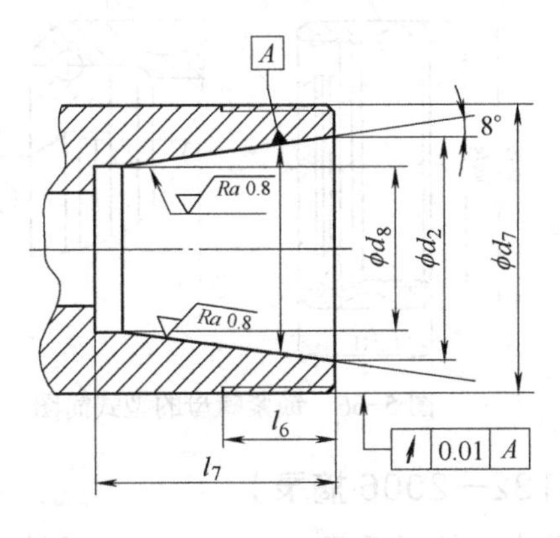

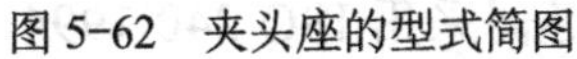
图5-62　夹头座的型式简图

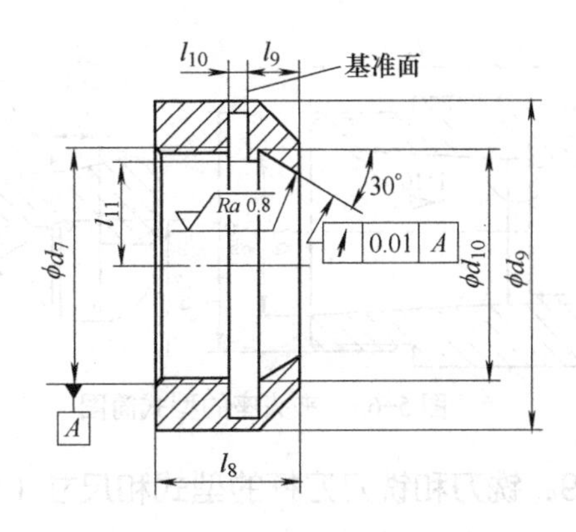

图5-63　锁紧螺母的型式简图

8．工具柄用1:10锥柄的弹簧夹头的型式和尺寸（GB/T 31559—2015摘录）

GB/T 31559—2015《工具柄用1:10锥柄的弹簧夹头　弹簧夹头、锥柄座、螺母》修改采用ISO 10897:1996《工具柄用1:10锥柄的弹簧夹头　弹簧夹头、锥柄座、螺母》，规定了用于夹持圆柱工具柄的1:10锥柄的弹簧夹头、锥柄座和螺母的尺寸、材料、技术要求和标记等。

1）标准规定的工具柄用1:10锥柄的弹簧夹头的型式简图如图5-64所示，该标准规定的弹簧夹头有A型、B型两种。A型夹头适用于夹持偏差范围为h10的情况，夹头为单侧开槽，短夹持内孔，有10种规格的夹头，覆盖夹持孔d_1的范围为1～29.5mm，夹持柄的偏差范围为h10；B型用于无横向切削载荷的情况，夹头为双侧开槽，直通式夹持内孔，有6种规格的夹头，覆盖夹持孔d_1的范围为5～50mm，夹持柄的偏差范围为$^{0}_{-0.5}$。

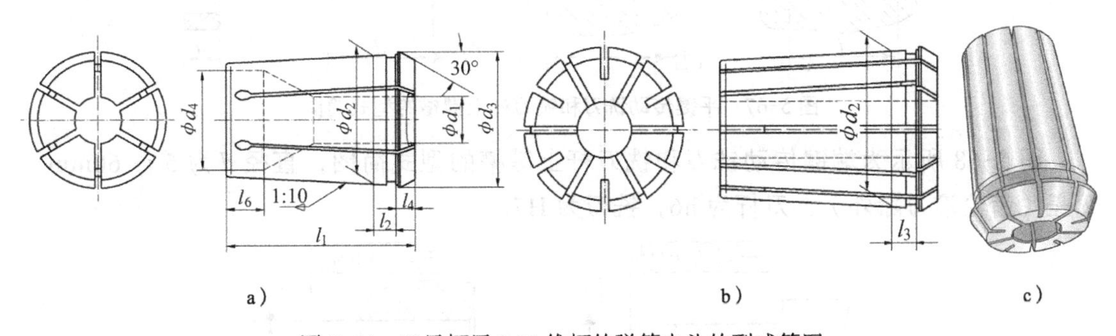

图5-64　工具柄用1:10锥柄的弹簧夹头的型式简图

a）A型　b）B型　c）B型示例

2）标准规定的夹头座的型式简图如图5-65所示，对应弹簧夹头的规格也有10种。

3）标准规定的锁紧螺母的型式简图如图5-66所示，对应弹簧夹头的规格也有10种。

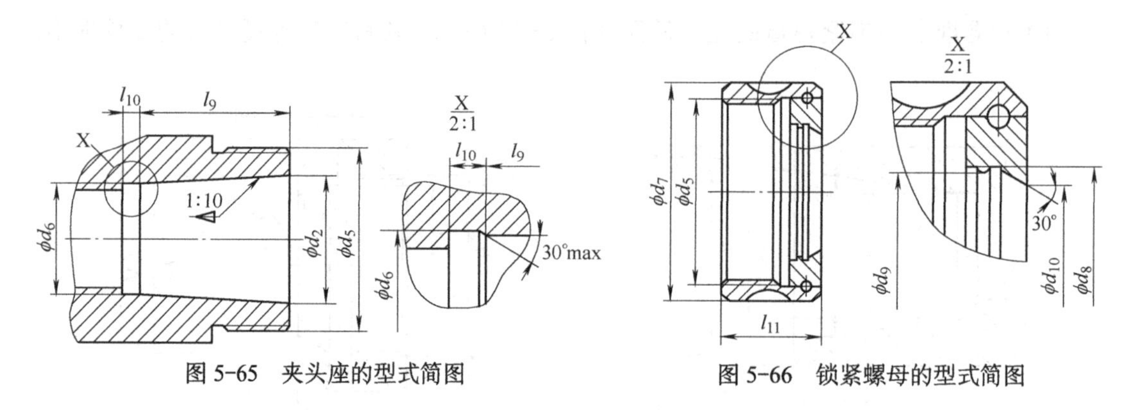

图 5-65　夹头座的型式简图　　　图 5-66　锁紧螺母的型式简图

9．铣刀和铣刀刀杆的型式和尺寸（GB/T 6132—2006 摘录）

GB/T 6132—2006《铣刀和铣刀刀杆的互换尺寸》等同采用 ISO 240:1994《铣刀 铣刀刀杆和铣刀心轴的互换尺寸》，规定了铣刀和铣刀刀杆或心轴之间的互换尺寸，即内孔、刀杆或心轴的直径及键或端键传动的各要素。适用于安装在刀杆或心轴上的各种铣刀。本标准对键传动和端键传动分别给出了两组表，附录中还给出了米制值转换为对应寸制值的换算表。

图 5-67 所示为平键传动铣刀和铣刀杆上键槽的型式简图，直径 d 的尺寸为 8～100mm，公差（齿轮滚刀孔除外）：刀杆为 h6，铣刀为 H7。尺寸 a 的公差：对于刀杆的键槽，松配合键为 H9，紧配合键为 N9；对于铣刀，键槽为 C11，键为 h9。

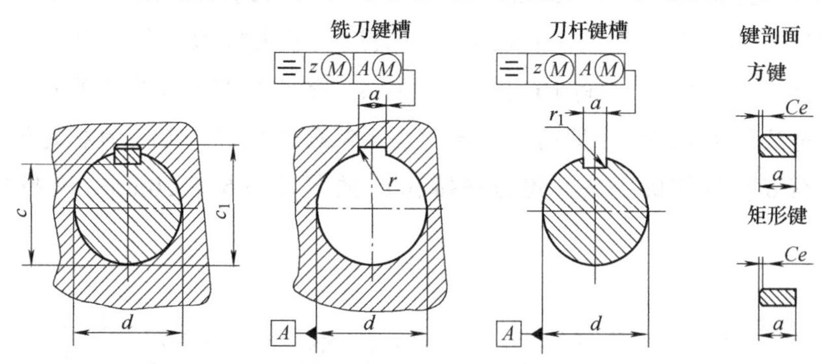

图 5-67　平键传动铣刀和铣刀杆上键槽的型式简图

图 5-68 所示为端键传动铣刀和铣刀杆上键槽的型式简图，直径 d 为 5～60mm，公差（齿轮滚刀除外）：刀杆为 h6，铣刀为 H7。

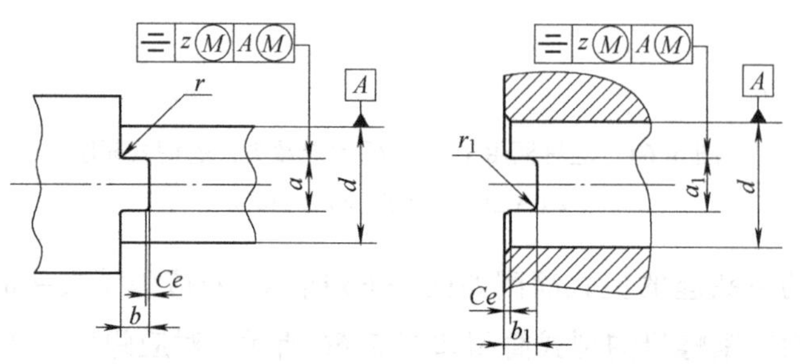

图 5-68　端键传动铣刀和铣刀杆上键槽的型式简图

5.3 镗铣类数控机床工具系统及实例分析

刀柄是刀具与机床之间的联系体，主要用于刀具在机床主轴上的安装，其单独存在时称为刀柄，而各种刀具对应刀柄的集合体则称为工具系统。数控机床工具系统是一个较大的系统工程，涉及新标准的出现以及已存在标准的更新问题，很难完整准确概括。同时，刀具制造商还有许多刀柄的原理和结构与标准不同的型式，有自己的命名规则，因此选用时主要以刀具制造商的样本为准。镗铣类数控机床的工具系统发展相对成熟与完整，本节通过工具系统的国家标准引出问题，并通过相关典型工具系统或刀柄学习与体会工具系统的构成与主要体系。

5.3.1 整体式工具系统与实例分析

1．TSG 工具系统的型号表示规则（GB/T 25669.1—2010 摘录）

现行整体式工具系统的标准是 GB/T 25669—2010《镗铣类数控机床用工具系统》，其包括型号表示规则（GB/T 25669.1—2010）、型式和尺寸（GB/T 25669.2—2010）。

GB/T 25669.1—2010《镗铣类数控机床用工具系统　第1部分：型号表示规则》规定了镗铣类数控机床用工具系统的型号表示规则，标准中镗铣类数控机床用整体式工具系统简称为 TSG 工具系统（TSG 是镗、数、工三个字的汉语拼音首字母）。TSG 工具系统中工具型号由三部分组成，各部分之间用横线隔开。

（1）第1部分　用1～5个大写英文字母和符号表示柄部型式，其后××（数字）表示对应标准中的某一尺寸规格，见表5-5。

表5-5　TSG 工具系统柄部型号表示规则

柄部型号与规格	说明	备注
A××	按 ISO 7388-1:2007 要求的 A 型柄	可参考 GB/T 10944.1—2013，但现在刀具制造商和用户称为 JT 型、BT 型柄的仍然很多
AD××	按 ISO 7388-1:2007 要求的 AD 型柄	
AF××	按 ISO 7388-1:2007 要求的 AF 型柄	
U××	按 ISO 7388-1:2007 要求的 U 型柄	
UD××	按 ISO 7388-1:2007 要求的 UD 型柄	
UF××	按 ISO 7388-1:2007 要求的 UF 型柄	
J××	按 ISO 7388-2:2007 要求的 J 型柄	可参考 GB/T 10944.1—2013
JD××	按 ISO 7388-2:2007 要求的 JD 型柄	
JF××	按 ISO 7388-2:2007 要求的 JF 型柄	
ST××	按 GB/T 3837—2001 要求的手动换刀柄	不属于本节内容范围
STW××	按 GB/T 3837—2001 要求的手动换刀柄，但无锥柄扁尾部圆柱部分	
MT××	按 GB/T 1443—1996 要求的莫氏锥柄，有扁尾部分	已作废，被 GB/T 1443—2016 代替
MW××	按 GB/T 1443—1996 要求的莫氏锥柄，无扁尾部分	
HSK-A××	按 GB/T 19449.1—2004 要求的 HSK-A 型柄	
HSK-C××	按 GB/T 19449.1—2004 要求的 HSK-C 型柄	
TS××	按 ISO 26622-1:2008 要求的 TS 型柄	肯纳 KM 接口的柄，可参考 GB/T 33524.1—2017
PSC××	按 ISO 26623-1:2008 要求的 PSC 型柄	山特维克可乐满公司 Capto 接口的柄，可参考 GB/T 32557.1—2016

说明：表 5-5 中的说明栏为标准原稿，备注栏为作者添加，后续表 5-6 相同。

（2）第 2 部分　用 1 ～ 5 个大写字母表示工作部分的型号。允许在所规定的型号之后，增加一个字母表示结构特征。其后 ××（数字）表示装夹工具直径（或孔径）、加工范围的起始值或与刀具、附件接口的尺寸，见表 5-6。

表 5-6　TSG 工具系统工作部分型号表示规则

工作部分型号与规格	说明	备注
ER××	按 ISO 15488:2003 的卡簧外锥锥度半角为 8° 的弹簧夹头	可参考 GB/T 25378—2010
QH××	按 ISO 10897:1996 的卡簧外锥锥度为 1:10 的弹簧夹头	可参考 GB/T 31559—2015
GI××	I 型攻螺纹夹头	
GII××	II 型攻螺纹夹头	
M××	按 GB/T 1443—1996 的装带扁尾莫氏圆柄工具柄	
MW××	按 GB/T 1443—1996 的装无扁尾莫氏圆柄工具柄	
TQC××	倾斜型粗镗刀	
TQW××	倾斜型微调镗刀	
TZC××	直角型粗镗刀	
TZW××	直角型微调镗刀	
XMA××	装按 GB/T 5342.1—2006 要求的 A 类套式面铣刀刀柄	
XMB××	装按 GB/T 5342.1—2006 要求的 B 类套式面铣刀刀柄	
XMC××	装按 GB/T 5342.1—2006 要求的 C 类套式面铣刀刀柄	
TS××	双刃镗刀	
TW××	小孔径微调镗刀	
XP××	按 GB/T 6133.1—2006 要求的削平型直柄刀具夹头	
XPD××	2° 削平型直柄刀具夹头	
XS××	按 DIN 6360:1983 要求的三面刃铣刀刀柄	无相应国家标准
XSL××	按 ISO 10643:2009 要求的套式面铣刀和三面刃铣刀刀柄	无相应国家标准
RZ××	热装夹头	
QL××	强力铣夹头	
YQ××	液压夹头	
Z××	装莫氏短锥钻夹头的刀柄	
ZJ××	装贾氏短锥钻夹头的刀柄	
ZL××	带有螺纹拉紧式钻夹头的刀柄	

（3）第 3 部分　表示刀柄与编程有关的工作长度。比如从机床主轴前端面到刀尖或刀具定位面的距离，或到刀柄前端面的长度。

（4）标记示例

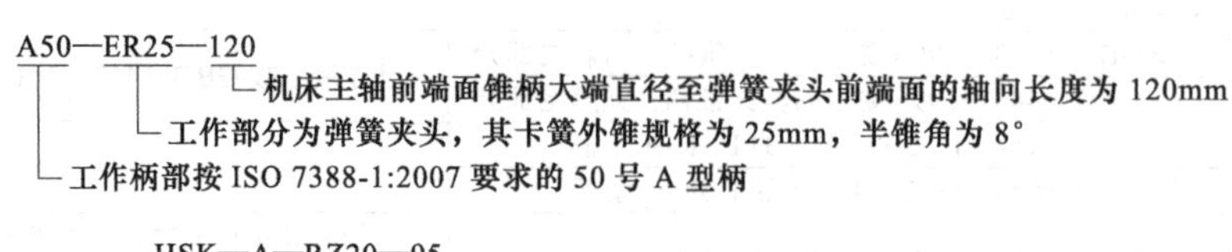

2．TSG工具系统的型式和尺寸（GB/T 25669.2—2010摘录）

GB/T 25669.2—2010《镗铣类数控机床用工具系统 第2部分：型式和尺寸》规定了TSG工具系统的型式和尺寸。

图5-69所示为TSG工具系统的组成，各种型式的柄部与工作部分通过不同的组合形成各种用途的工具系统。图中左侧的柄部型式与表5-5所示的型号对应，图中右侧的工具部分型式分为镗铣类工具、装铣刀工具、装莫氏柄工具、装圆柱柄工具、钻孔攻螺纹工具五类，与表5-6所示型号对应。柄部与右侧任一工具部分整体设计为相应工具的装夹刀柄。

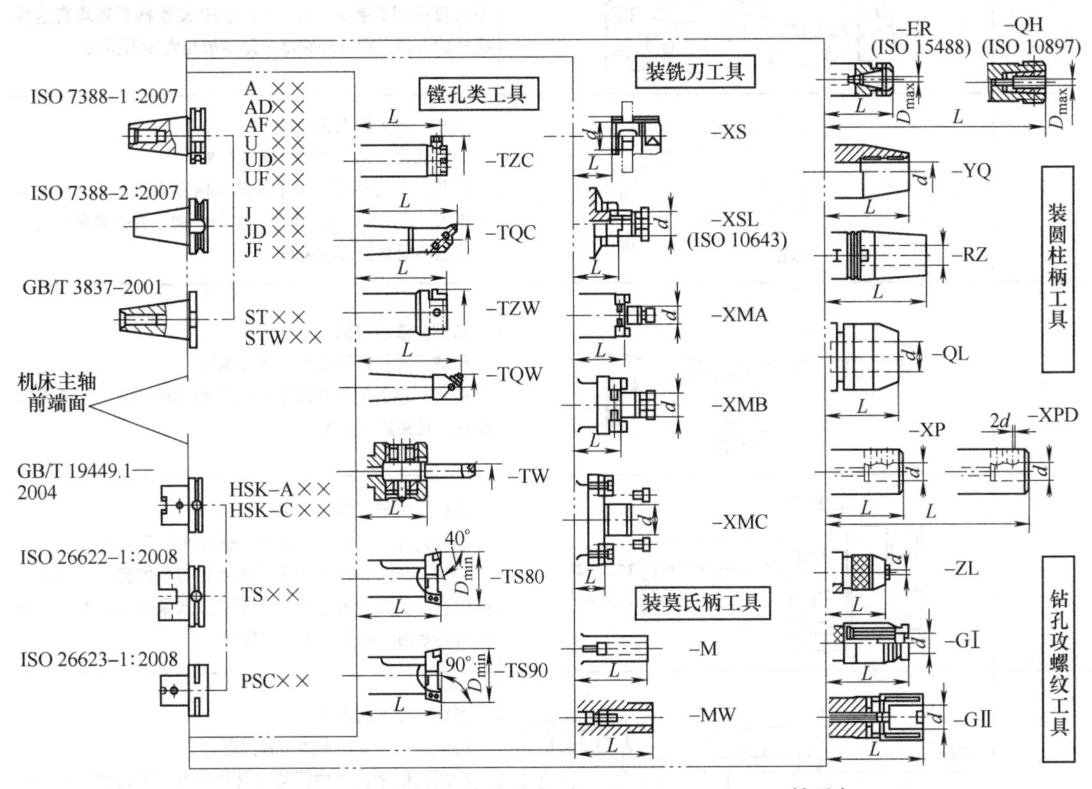

图5-69 TSG工具系统的组成（GB/T 25669.2—2010摘录）

图5-69中的柄部型式中，除ST和STW这两种数控刀具中不常用的刀柄外，其余刀柄前面已有简述。而工作部分的型式较多，图中简图示例了各型式，熟悉刀柄的读者基本可判断各型式的用途。

需要说明的是，就目前而言，国内大部分刀具制造商和用户对柄部型式的称呼仍习惯用JT、BT，工作部分的型号符号也未严格按标准中的规定使用。

3．整体式工具系统示例分析

整体式工具系统是适应不同刀具装夹的各式刀柄的集合，刀柄型式多样，而主柄结构与具体机床主轴有关，对用户而言是唯一的，因此，读者应重点关注夹持刀具工作部分的结构与工作原理。表 5-7 列举了数控铣削加工常用刀柄型式与应用分析，供参考。

表 5-7　数控铣削加工常用刀柄型式与应用分析

序号	刀柄型式简图	应用分析
1	BT锥柄　ER弹性夹头　HSK锥柄	名称：ER 弹性夹头刀柄 组成元件：刀柄本体＋ ER 弹性夹头＋螺母 应用：广泛应用于圆柱直柄柄部类刀具的装夹，如直柄立铣刀、直柄麻花钻等。弹性夹头成组配置，以适应不同直径刀具装夹，JT、BT 与 HSK 锥柄系列均有这种型式的刀柄。螺母外廓常见沟槽形与六角形型式
2	弹性筒夹	名称：强力铣夹头刀柄 组成元件：刀柄本体＋弹性筒夹 应用：该刀柄同样用于普通直柄刀具的装夹，但夹紧力更大，可夹持直径也更大。同样，弹性筒夹成套配置，以适应不同直径刀具装夹
3		名称：液压刀柄 组成元件：刀柄本体＋调节螺钉 应用：该刀柄同样用于普通直柄刀具的装夹，装夹精度高，且夹紧力更大
4		名称：热装刀柄 组成元件：刀柄本体＋调节螺钉等（平衡螺钉） 应用：该刀柄同样用于普通直柄刀具的装夹，装夹精度极高，且夹紧力更大，高速加工效果较好。不足之处是需要专用的电热感应装刀装置
5		名称：侧固式刀柄 组成元件：刀柄本体＋紧固螺钉 应用：削平直柄柄部类刀具的装夹，传递力矩大，但定心精度略差
6	调节螺钉　2°　2°　2°	名称：2° 侧固式刀柄 组成元件：刀柄本体＋紧固螺钉＋调节螺钉 应用：2° 削平直柄柄部类刀具的装夹，传递力矩大，轴向定位精度高，但定心精度略差
7		名称：无扁尾莫氏圆锥孔刀柄 组成元件：刀柄本体＋拉紧螺钉＋紧定螺钉 应用：带螺纹孔莫氏圆锥柄类刀具的装夹，如莫氏锥柄立铣刀等

（续）

序号	刀柄型式简图	应用分析
8		名称：带扁尾莫氏圆锥孔刀柄 组成元件：刀柄本体 应用：带扁尾莫氏圆锥柄类刀具的装夹，如锥柄麻花钻等
9	A型 B型 C型	名称：面铣刀刀柄（A 型、B 型、C 型三种） 组成元件：刀柄本体 + 内六角螺钉 + 十字螺钉 应用：对应 GB/T 5342—2006 中三种面铣刀接口型式。三种型式均为圆柱定位，紧固方式不同。A 型为内六角螺钉紧固；B 型为十字螺钉紧固（配专用扳手），也有用垫圈 + 内六角螺钉固定的方案；C 型主要为 4 个内六角螺钉紧固型式。对于直径较大的面铣刀，建议采用直接主轴相连的方式
10	a） b） c）	名称：攻螺纹夹头刀柄 应用：主要用于丝锥装夹与攻螺纹加工，要求装夹部位具有一定的浮动功能 示例 1：BT 锥柄攻螺纹夹头刀柄（a 图），其丝锥夹头可以是普通的 ER 弹性夹头或孔尾部带驱动方孔的 ER 丝锥弹性夹头 示例 2：直柄攻螺纹夹头刀柄（b 图），弹性夹头的配置与示例 1 相同 示例 3：带攻螺纹夹头的 ER 夹头（c 图），可直接安装在通用 ER 弹性夹头刀柄上进行攻螺纹加工
11	a）　b）	名称：钻夹头刀柄 说明：图 a 所示为钻夹头刀柄，可与通用钻夹头锥孔配合。图 b 所示为厂家直接做成的成品钻夹头刀柄 应用：用于直柄麻花钻装夹
12		名称：倾斜型粗镗镗杆 组成元件：镗杆本体 +TQC 刀头 + 紧固螺钉 应用：用于孔的粗镗加工，直径调整精度差
13		名称：倾斜型微调镗杆 组成元件：镗杆本体 + 微调镗刀头 应用：用于孔的精镗加工，微调镗刀头组件具有较高的精度调节功能

刀柄学习相关说明：

1）ER 弹性夹头刀柄因为通用性好，装配方便而得到广泛的采用，如图 5-70 所示，实际中仅需更换不同规格的弹性夹头即可安装相应规格的圆柱直柄刀具。使用时，弹性夹头的装配必须注意，首先，按图 5-71a 上图所示将夹头斜着放入螺母的凹槽内，然后按箭头所示方向用力将其装入螺母后，才能装入锥柄的锥孔中，如图 5-71b 所示；拆卸时可按图 5-71a 下图所示的两个方向用力将夹头旋转退出至图 5-71a 上图所示位置，然后取出夹头。绝不允许先将夹头放入锥柄锥孔中，并用螺母直接拧紧，如图 5-71c 所示，这样做有可能损坏夹头和螺母。

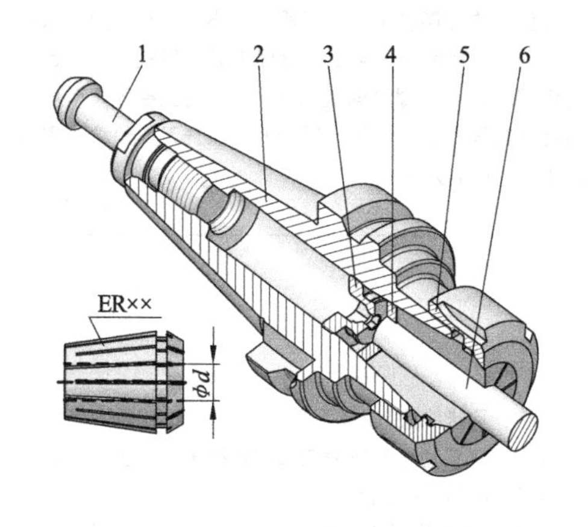

图 5-70　ER 弹性夹头刀柄示例

1—拉钉　2—BT 锥柄　3—止动螺钉

4—ER 弹性夹头　5—螺母　6—刀柄

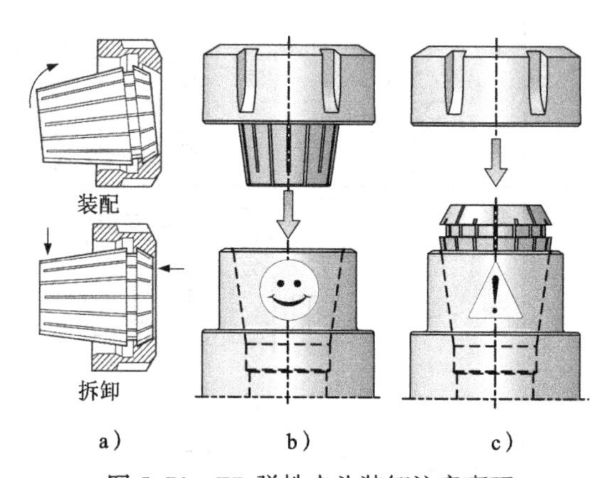

图 5-71　ER 弹性夹头装卸注意事项

a）装卸方法　b）正确装配　c）错误装配

2）图 5-72 所示为液压刀柄工作原理，旋转加压螺钉 3，压下柱塞 2，对液体介质 4 产生压力，依照帕斯卡定律，压力等值传递到弹性夹筒 5 与 HSK 锥柄 1 之间的间隙中，迫使弹性夹筒向内孔方向变形，夹紧刀具刀柄（图中未示出）。液压刀柄可夹紧圆柱直柄和削平直柄等具有完整圆柱面的刀柄。

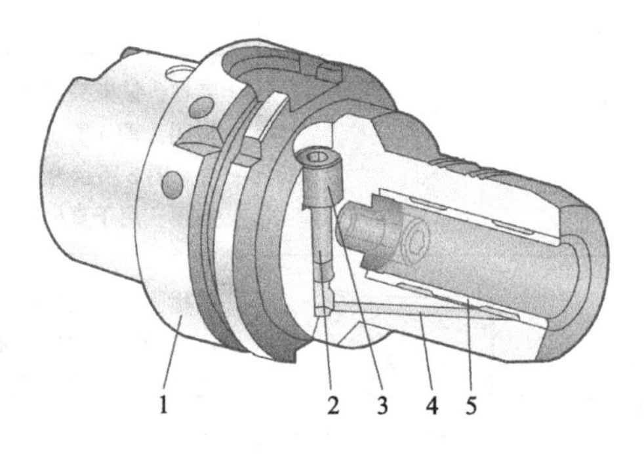

图 5-72　液压刀柄工作原理

1—HSK 锥柄　2—柱塞　3—加压螺钉　4—液体介质　5—弹性夹筒

3）热装刀柄是基于热胀冷缩原理装卸刀具的刀柄，其装夹精度和旋转平衡等均较佳，特别适合高速切削加工，为提高装夹可靠性，其装夹刀具的柄部直径应较大，其公差建议控制在h5～h6。

4）带扁尾莫氏圆锥孔刀柄和钻夹头刀柄仅用于单件小批量加工，数控加工尽量避免选用，因其装夹的可靠性不高。

5）关于丝锥柄部结构，圆柱直柄型一般丝锥的装夹可借用圆柱直柄铣刀的刀柄安装，其主要依靠摩擦力传递力矩。另外，对于尾部带传动方头柄的丝锥，可直接选用专用的尾部带传动方孔的弹性夹头装夹。ER丝锥弹性夹头如图5-73所示，夹头后端的方孔与丝锥尾部的方头吻合，可传递更大的力矩。

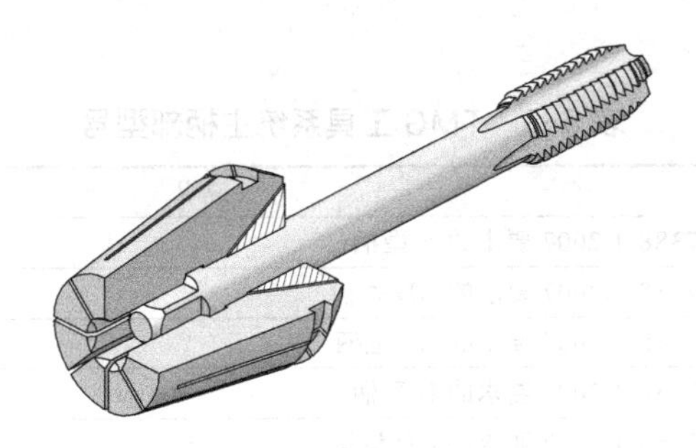

图5-73　ER丝锥弹性夹头

6）关于镗铣类整体刀柄（即整体式镗刀），表5-7所列粗镗刀图例明显留有普通机床时代的痕迹，仅是主柄接口改为了数控机床的7:24锥柄，其他不足之处较为明显，如序号12的粗镗刀仅有单刃且尺寸调整不变，而序号13的精调镗刀，其镗刀头的调节范围太小，限制了其广泛应用。近年来，国内外数控镗削刀具技术发展已经相当完善，如粗镗刀一般至少为2齿结构，调节机构使用方便，可方便地实现阶梯镗或不对称镗削等，加工效率较高。精镗刀的调节范围均较宽泛。当然，模块式镗削系统更多的是朝着模块式的方向发展。

5.3.2　模块式工具系统与实例分析

整体式工具系统出现的较早，迄今为止仍然应用广泛，然而，随着数控机床的普及和推广，刀具的种类和数量不断增加，为便于生产和管理，提高刀具的利用率，降低生产成本，出现了模块式工具系统。

采用模块式工具系统，可大大降低模柄的数量，提高工具的利用率，简化生产与管理。纵观各刀具制造商的工具系统产品样本，功能强大和体系完整的较多，模块式工具系统的核心技术是各模块之间的接口技术，这里以GB/T 25668—2010《镗铣类模块式工具系统》所介绍的TMG21接口技术的镗铣类模块式工具系统为例展开介绍。GB/T 25668—2010分为型号表示规则（GB/T 25668.1—2010）、TMG21工具系统的型式和尺寸（GB/T 25668.2—2010）。

1．TMG工具系统的型号表示规则（GB/T 25668.1—2010摘录）

（1）一般说明　GB/T 25668.1—2010《镗铣类模块式工具系统　第1部分：型号表

示规则》规定了镗铣类模块式工具系统的型号表示规则，标准中镗铣类模块式工具系统简称为 TMG 工具系统（TMG 是镗、模、工三个字的汉语拼音首字母），为区分各种不同连接结构的模块式工具系统，标准规定在 TMG 后加两位数字表明系统的结构特征——定心方式和锁紧方式，如本标准的接口 TMG21 中的“2”表示“单圆柱面定心”，“1”表示“径向销钉锁紧”。

（2）主柄柄部型式代号　用 1 ～ 5 位大写英文字母或符号表示，其后跟数字 ×× 表示某一尺寸规格，具体型号见表 5-8。对比可见，其与 TSG 工具系统柄部型号表示基本相同。

表 5-8　TMG 工具系统主柄部型号

柄部型号	说明
A××	按 ISO 7388-1:2007 要求的 A 型柄
AD××	按 ISO 7388-1:2007 要求的 AD 型柄
AF××	按 ISO 7388-1:2007 要求的 AF 型柄
U××	按 ISO 7388-1:2007 要求的 U 型柄
UD××	按 ISO 7388-1:2007 要求的 UD 型柄
UF××	按 ISO 7388-1:2007 要求的 UF 型柄
J××	按 ISO 7388-2:2007 要求的 J 型柄
JD××	按 ISO 7388-2:2007 要求的 JD 型柄
JF××	按 ISO 7388-2:2007 要求的 JF 型柄
ST××	按 GB/T 3837—2001 要求的手动换刀柄
STW××	按 GB/T 3837—2001 要求的手动换刀柄，但无锥柄扁尾部圆柱部分
MT××	按 GB/T 1443—1996 要求的莫氏锥柄，有扁尾部分
MW××	按 GB/T 1443—1996 要求的莫氏锥柄，无扁尾部分
HSK-A××	按 GB/T 19449.1—2004 要求的 HSK-A 型柄
HSK-C××	按 GB/T 19449.1—2004 要求的 HSK-C 型柄
TS××	按 ISO 26622-1:2008 要求的 TS 型柄
PSC××	按 ISO 26623-1:2008 要求的 PSC 型柄

（3）工作模块代号含义　用 1 ～ 3 位大写字母表示工作模块的型号，允许在所规定的型号之后增加一个字母表示结构特征，其后数字表示装夹工具直径（或孔径）、加工范围的起始值，或与刀具、附件接口的尺寸。TMG 工具系统工作模块型代号含义见表 5-9。对比可见，其与 TSG 工具系统工作部分的型号表示基本相似。

表 5-9　TMG 工具系统工作模块型代号含义

工作部分型号	说明
ER××	按 ISO 15488:2003 要求的卡簧外锥锥度半角为 8° 的弹簧夹头模块
QH××	按 ISO 10897:1996 要求的卡簧外锥锥度为 1:10 的弹簧夹头模块
GⅠ××	Ⅰ型攻螺纹夹头模块
GⅡ××	Ⅱ型攻螺纹夹头模块
M××	按 GB/T 1443—1996 要求的装有扁尾莫氏圆柄工具柄
TQW××	为倾斜型微调镗刀模块
TZW××	为直角型微调镗刀模块

（续）

工作部分型号	说明
XMA××	装按 GB/T 5342.1—2006 要求的 A 类套式面铣刀的模块
XMB××	装按 GB/T 5342.1—2006 要求的 B 类套式面铣刀的模块
XMC××	装按 GB/T 5342.1—2006 要求的 C 类套式面铣刀的模块
TS××	双刃可调镗刀模块
TSW××	双刃微调镗刀模块
TW××	小孔径微调镗刀模块
XP××	按 GB/T 6133.1—2006 要求的装削平型直柄工具模块
XPD××	装 2° 斜削平型直柄工具模块
Z××	装莫氏短锥钻夹头模块
ZJ××	装贾氏短锥钻夹头模块
QKZ××	可转位浅孔钻模块
K××	可转位扩孔钻模块

（4）模块式工具系统型号的编制方法

1）主柄模块型号表示规则。所谓主柄模块是指直接与机床主轴相连接的工具模块，其型号表示规则为

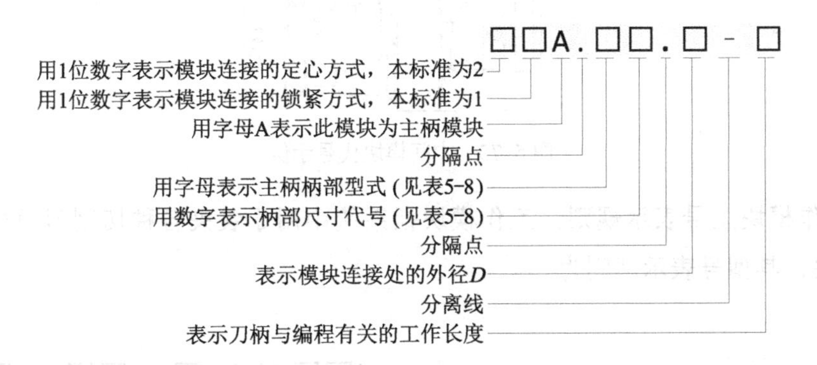

图 5-74 所示为代号“21A.A40.40-90”的主柄模块，其含义为：单圆柱面定心，径向销钉锁紧，主柄模块，主柄柄部按 ISO 7388-1:2008 中的 A 型结构 40 号规格，模块接口部分的名义外径为 40mm，主柄圆锥大端直径至前端面的轴向长度为 90mm。

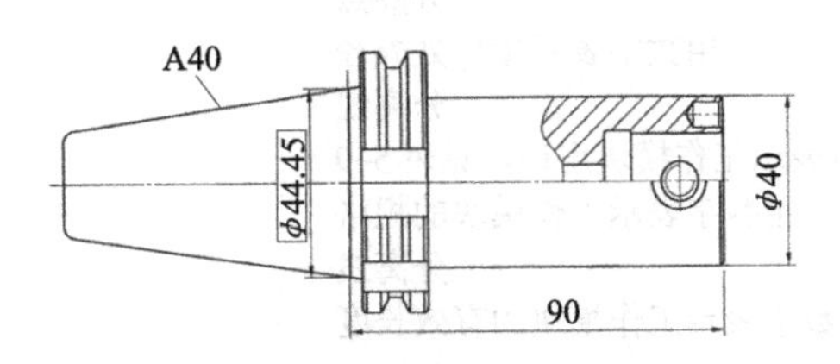

图 5-74 主柄模块代号示例

2）中间模块型号表示规则。所谓中间模块是指主柄模块与工作模块之间的过渡模块，包括用于加长轴向尺寸（又称等径模块）或变换连接直径（又称变径模块）的工作模块，其型号表示规则为

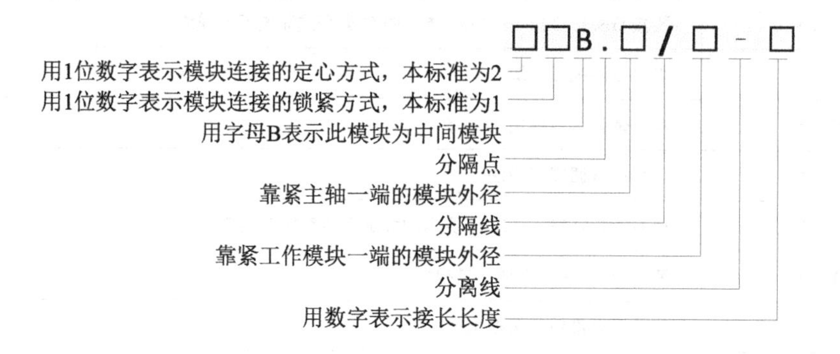

图 5-75 所示为代号“21B.40/32-40”的中间模块，其含义为：单圆柱面定心，径向销钉锁紧，中间模块，靠近主柄一端的模块外径为 40mm，靠近工作模块一端的模块外径为 32mm，接长长度为 40mm 中间模块（变径模块）。

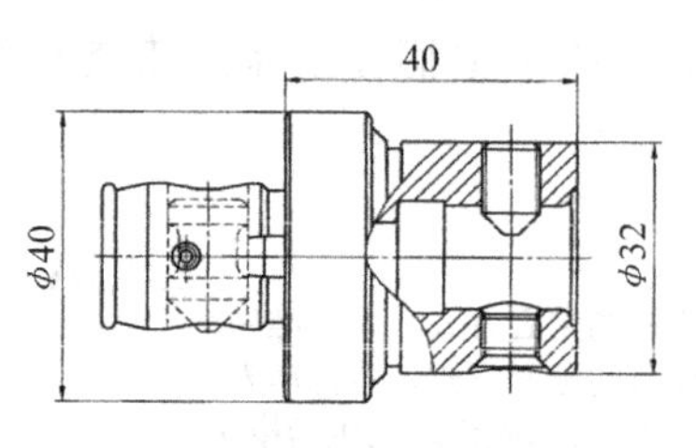

图 5-75　中间模块代号示例

3）工作模块型号表示规则。工作模块指系统中用于装夹各种切削刀具或进行切削加工的模块，其型号表示规则为

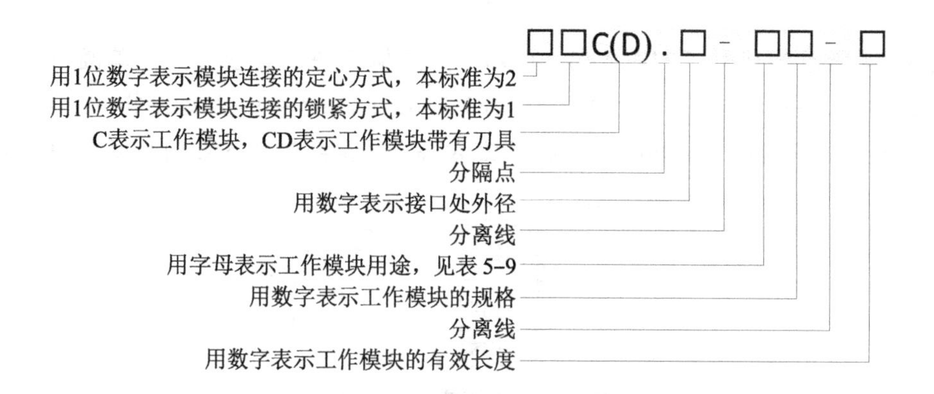

图 5-76 所示为代号“21CD.32-TS9039-60”的工作模块，其含义为：单圆柱面定心，径向销钉锁紧，自身带有刀具的工作模块，模块接口处外径为 32mm，双刃可调镗刀模块，90° 主偏角，最小镗孔直径为 39mm，工作模块的有效长度为 60mm。

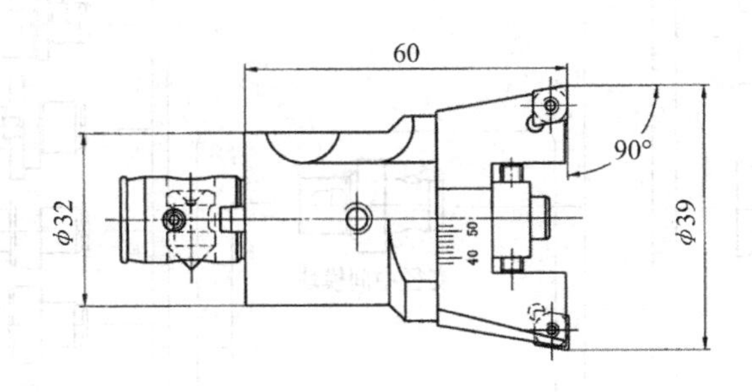

图 5-76　工作模块代号示例

2. TMG 工具系统的型式和尺寸（GB/T 25668.2—2010 摘录）

GB/T 25668.2—2010《镗铣类模块式工具系统　第 2 部分：TMG21 工具系统的型式和尺寸》规定了 TMG 工具系统中各种模块的型式和尺寸。

（1）TMG 工具系统的构成及其各部分的名称　图 5-77 所示为模块式工具系统的构成，分为主柄模块、中间模块和工作模块，其中中间模块为可选件。模块之间的接口依据形状特征分为接口孔和接口轴。

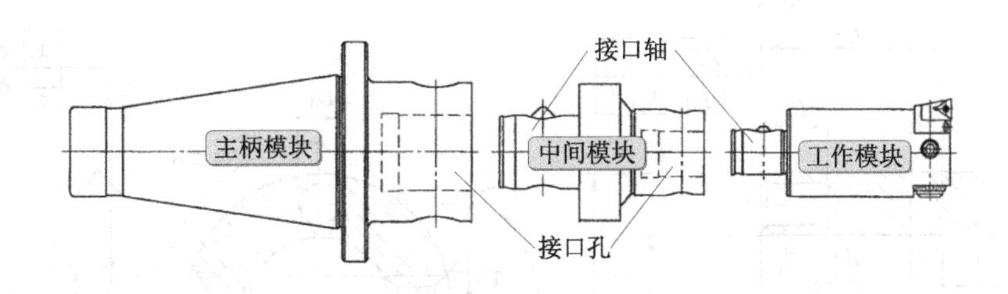

图 5-77　模块式工具系统的构成

（2）模块型式　模块式工具系统的模块型式如图 5-78 所示。

（3）TMG21 接口结构组成。

1）接口结构、组成与工作原理见图 5-36。

2）接口孔的型式简图如图 5-79 所示，按照接口外径尺寸 d 的不同，有 25mm、32mm、40mm、50mm、63mm、80mm、100mm 和 125mm 共 8 种规格。

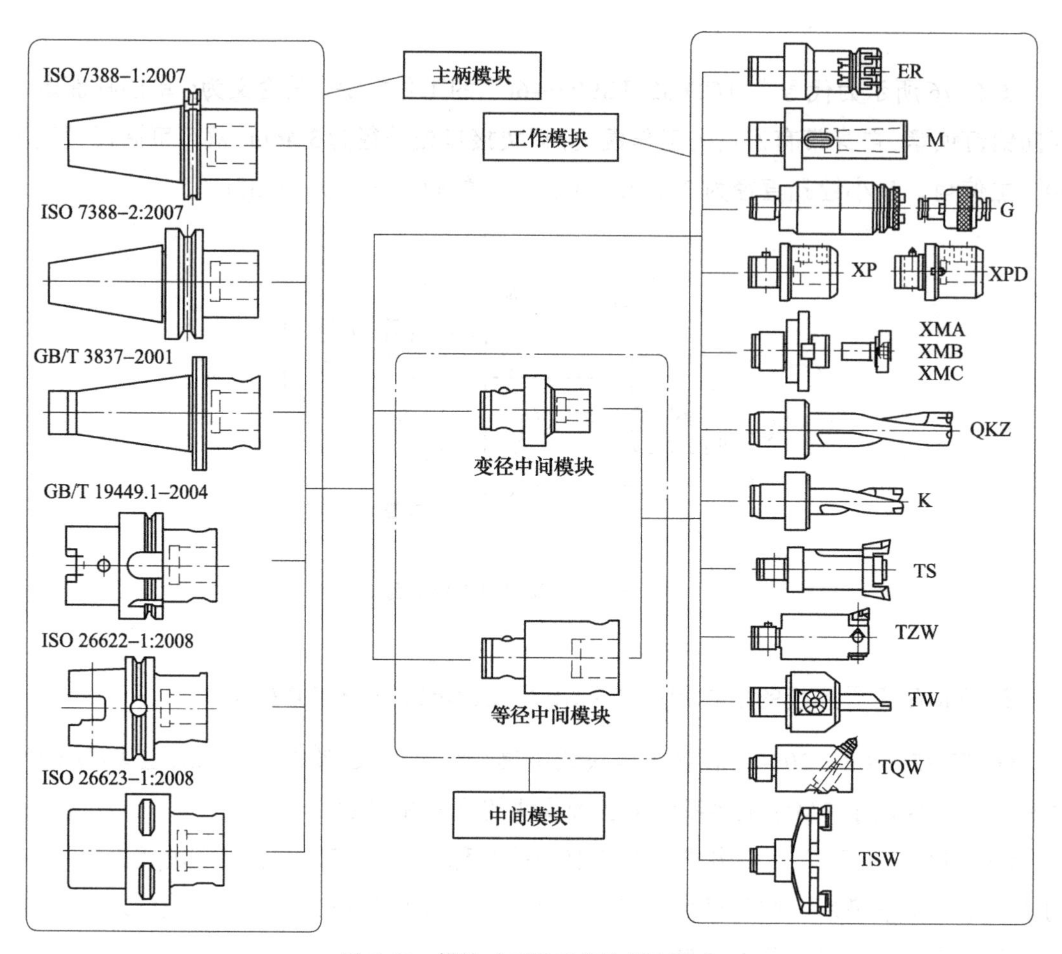

图 5-78　模块式工具系统的模块型式

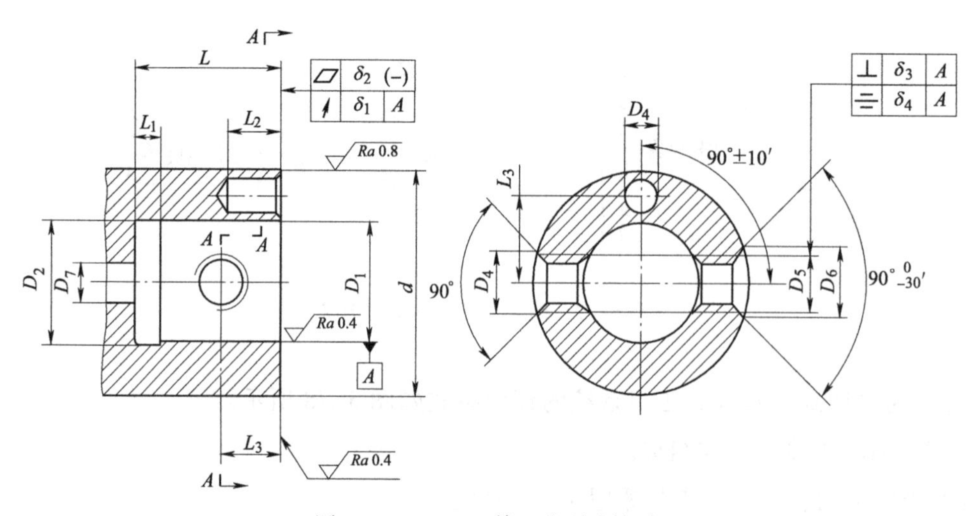

图 5-79　TMG21 接口孔型式简图

3）接口轴的型式简图如图 5-80 所示，对应接口外径尺寸，也有 25mm、32mm、40mm、50mm、63mm、80mm、100mm 和 125mm 共 8 种规格。

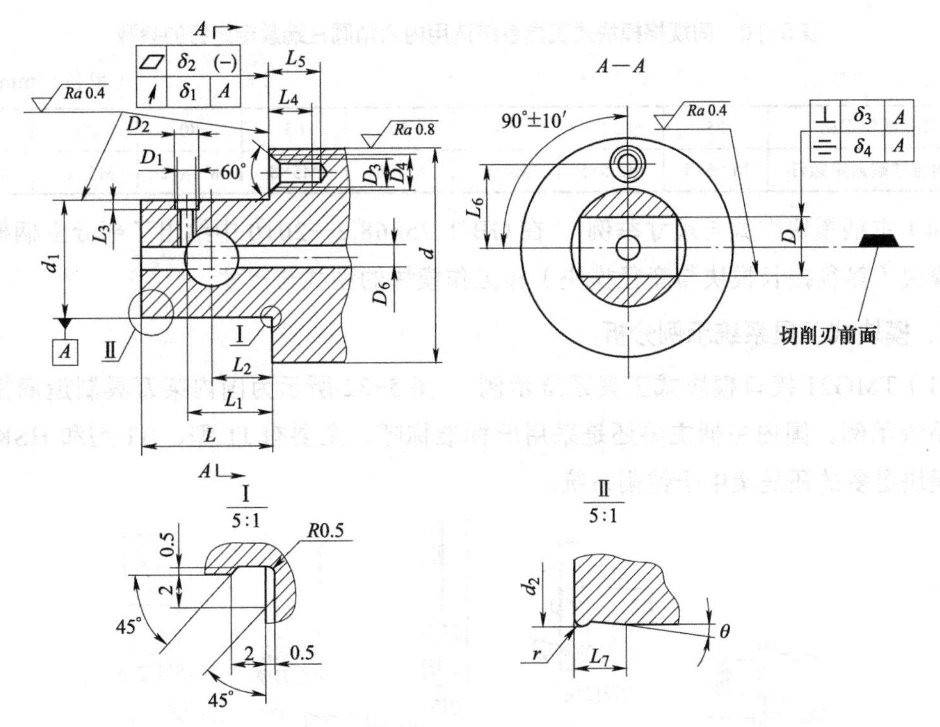

图 5-80　TMG21 接口轴型式简图

4）TMG21 接口附件。在 GB/T 25668.2—2010 的附录 A 中，规定了 TMG21 接口附件的型式和尺寸，包括内锥端螺钉、锁紧滑销、定位销螺钉、外锥端螺钉、紧定螺钉的型式和尺寸，图 5-81 所示为其型式简图，具体数值参见相关标准或参考资料，其中同规格模块式工具系统选用内六角圆柱端紧定螺钉的参数见表 5-10。

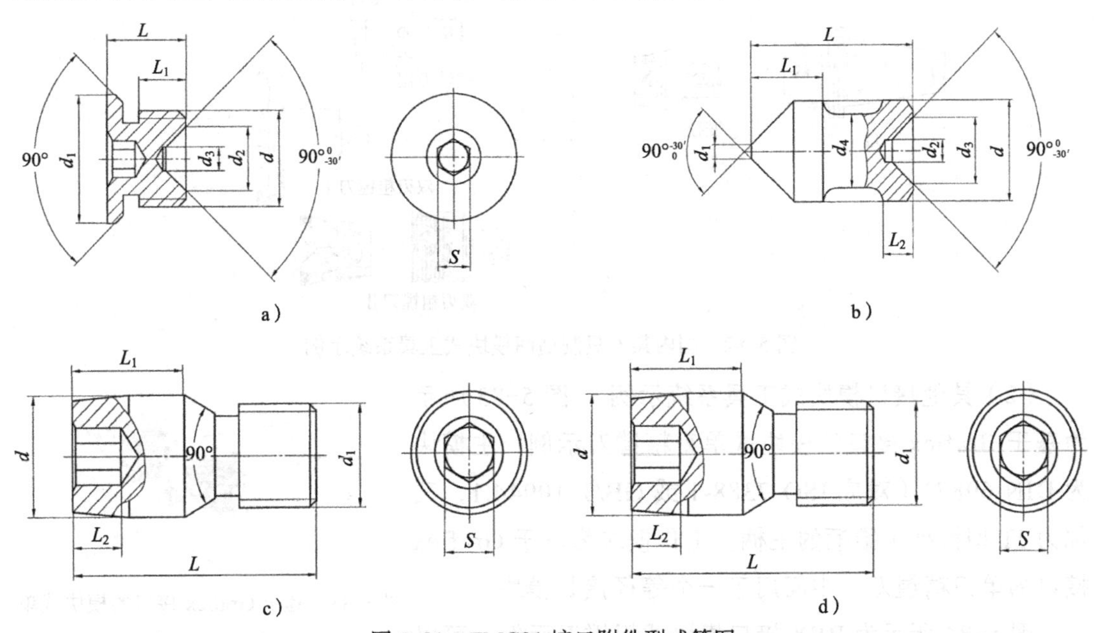

图 5-81　TMG21 接口附件型式简图

a）内锥端螺钉　b）锁紧滑销　c）定位销螺钉　d）外锥端螺钉

表 5-10　同规格模块式工具系统选用内六角圆柱端紧定螺钉的参数

（单位：mm）

接口孔或轴规格	25	32	40	50	63	80	100	125
内六角圆柱端紧定螺钉	M2.5×4	M2.5×5	M4×6	M4×8	M5×8	M5×12	M5×16	M6×20

（4）主柄模块型式与尺寸举例　在 GB/T 25668.2—2010 中给出了部分主柄模块、中间模块（等径接长模块与变径模块）和工作模块的型式与尺寸。

3．模块式工具系统示例分析

（1）TMG21 接口模块式工具系统示例　图 5-82 所示为国内某刀具制造商模块式工具系统示例，国内主柄主要还是采用旧标准称呼，主要有 JT 型、BT 型和 HSK 型，工作模块更多的还是集中于镗削系统。

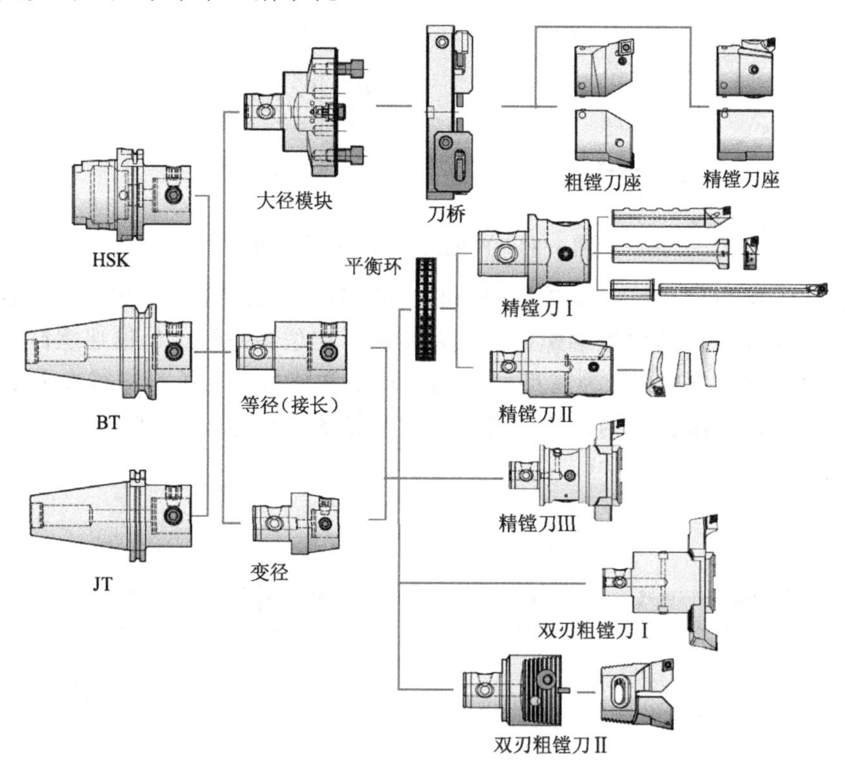

图 5-82　国内某刀具制造商模块式工具系统示例

（2）其他接口模块式工具系统示例　图 5-83 所示为基于 Graflex 接口的模块式单刃精镗刀示例，主模块为 DIN 69871（对应 ISO 7388-1 或 GB/T 10944.1，又称为 JT 型锥柄）锥柄的主柄，工作模块为基于 Graflex 接口的单刃精镗刀，中间用了一个等径接长模块。

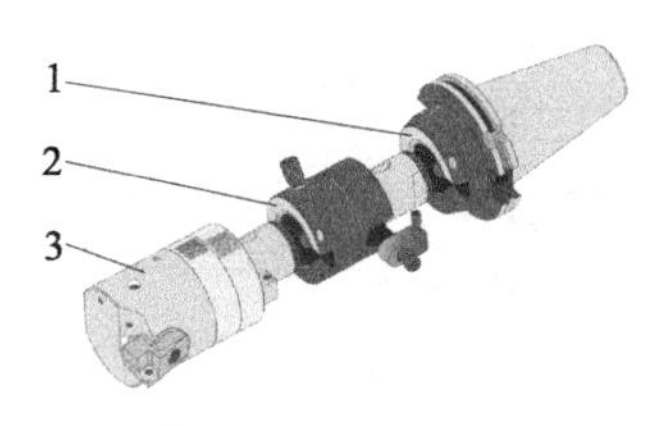

图 5-83　基于 Graflex 接口的模块式单刃精镗刀示例

1—主柄　2—中间模块　3—工作模块

图 5-84 所示为 RFX 接口模块式粗镗刀示例，可以是 BT 主柄 1 与粗镗刀 3 的基本组合，也可以是 BT 主

柄 1、延长杆 2 与粗镗刀 3 的组合，后一组合主要是为了增加镗刀长度。

图 5-85 所示为 KM 接口模块式粗镗刀示例，其工作模块是一款双刃粗镗刀，其接口为 KM 接口，由于国内基于 KM 接口的机床主轴并不多见，而 KM 接口的连接精度和刚度很好，现选用 KM 接口的模块式 JT 主柄 1 可将 KM 接口的工作模块方便地装配至 JT 锥孔的机床主轴上，必要时还可选用中间模块——延长杆 2，组合出更长的镗刀。

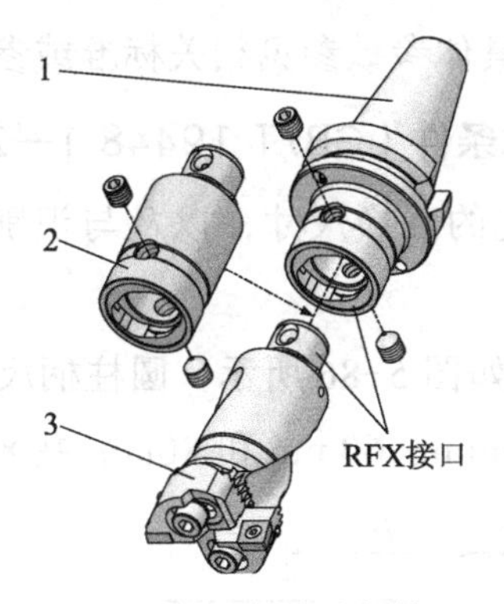

图 5-84　RFX 接口模块式粗镗刀示例

1—BT 主柄　2—延长杆　3—粗镗刀

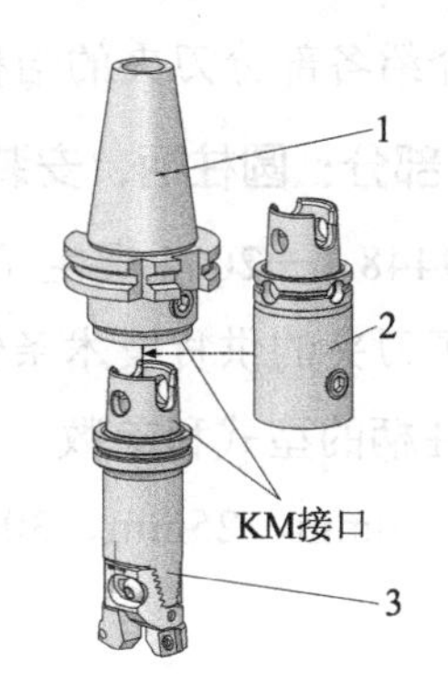

图 5-85　KM 接口模块式粗镗刀示例

1—JT 主柄　2—延长杆　3—粗镗刀

5.4　车削类数控机床工具系统及实例分析

数控车床是应用较早且较为普及的数控机床之一，然而，国产数控车床的刀具安装方法大部分仍然沿用传统普通机床的方刀杆刀座安装，或做略微改动以适应数控车床。纵观国外刀具制造商的车削类工具系统的发展，如山特维克、肯纳等，其基于自身特色接口技术（Capto、KM 等接口）的车削类数控机床的刀具安装技术已经较为完整与成熟，如 Capto、KM 接口已成为 ISO 标准，其刀具样本上可见的车削类刀具安装方法基本可实现各种车削加工刀具，但由于价格与制造技术等方面原因，这种高档的车削类数控机床的工具系统在国内并未得到广泛应用。国内市场上可见的称为车削类数控机床的工具系统主要是基于德国标准 DIN 69880-1:1994 的 VDI 数控刀座，GB/T 19448—2004 等同采用了 ISO 10889:1997。

5.4.1　圆柱柄刀夹车削工具系统介绍（GB/T 19448—2004 摘录）

GB/T 19448—2004《圆柱柄刀夹》适用于刀具不转动的机床上，尤其是车削加工机床上使用的圆柱柄刀夹。标准分为 8 个部分 GB/T 19448.1 ～ 19448.8—2004，各部分的内容如下。

第 1 部分：圆柱柄、安装孔——供货技术条件（GB/T 19448.1—2004）。

第 2 部分：制造专用刀夹的 A 型半成品（GB/T 19448.2—2004）。

第 3 部分：装径向矩形车刀的 B 型刀夹（GB/T 19448.3—2004）。

第 4 部分：装轴向矩形车刀的 C 型刀夹（GB/T 19448.4—2004）。

第 5 部分：装一个以上矩形车刀的 D 型刀夹（GB/T 19448.5—2004）。

第 6 部分：装圆柱柄刀具的 E 型刀夹（GB/T 19448.6—2004）。

第 7 部分：装锥柄刀具的 F 型刀夹（GB/T 19448.7—2004）。

第 8 部分：Z 型，附件（GB/T 19448.8—2004）。

以下仅介绍各部分刀夹的结构型式与分析，具体参数参见相关标准或参考资料。

1. 第 1 部分：圆柱柄、安装孔——供货技术条件（GB/T 19448.1—2004 摘录）

GB/T 19448.1—2004 规定了圆柱柄和安装孔的互换尺寸，以及与识别片有关的尺寸。还规定了刀夹的供货技术条件。

（1）圆柱柄的型式和参数　圆柱柄型式简图如图 5-86 所示，圆柱柄尺寸参数 d_1 系列有 16mm、20mm、25mm、30mm、40mm、50mm、60mm 和 80mm 共 8 种规格。

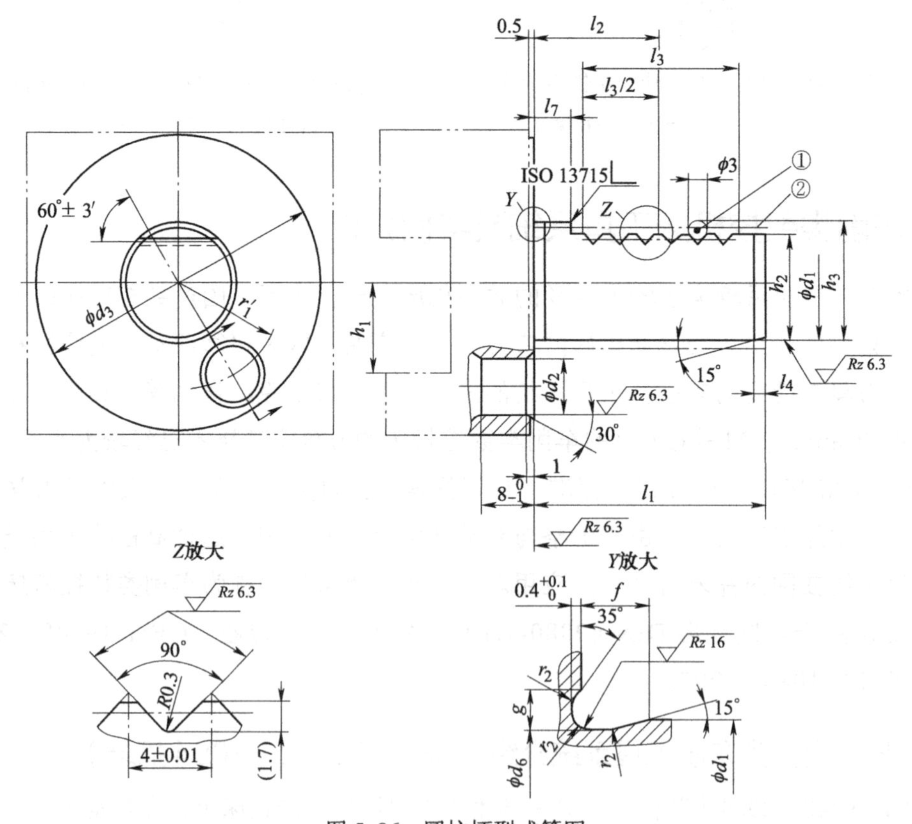

图 5-86　圆柱柄型式简图

注：①测量滚子，公差为 ±0.01mm。

②表面硬化处理，硬度为 56 ～ 60HRC，硬化深度至少为 0.5mm。

（2）安装孔的型式和参数　安装孔型式简图参如图 5-87 所示，其对应 8 种圆柱柄规格具有 8 种规格。

（3）带识别片的刀夹　与识别片有关的配合尺寸及其位置参数如图 5-88 所示。

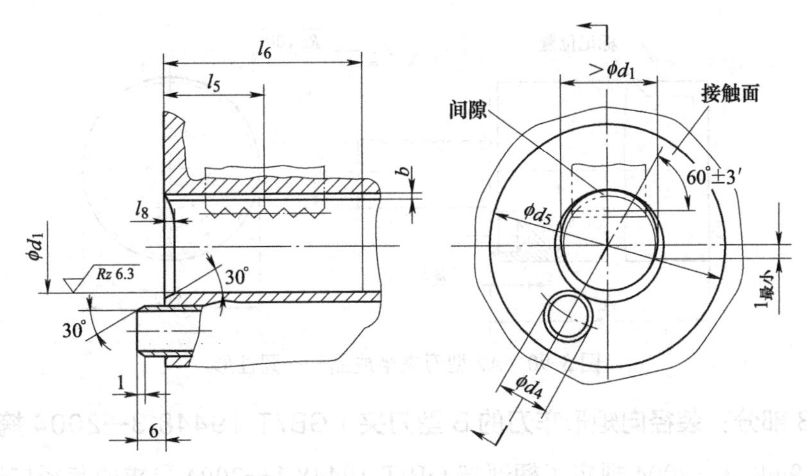

图 5-87　安装孔型式简图

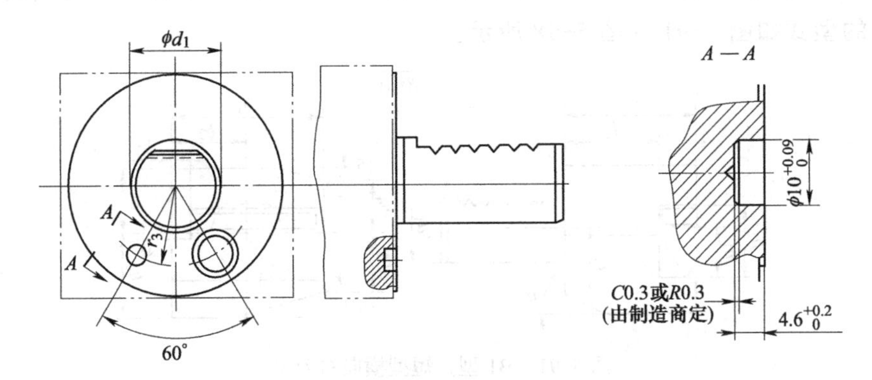

图 5-88　与识别片有关的配合尺寸及其位置参数

2. 第 2 部分：制造专用刀夹的 A 型半成品（GB/T 19448.2—2004 摘录）

GB/T 19448.2—2004 规定了柄部按 GB/T 19448.1—2004 要求制造专用刀夹的 A 型半成品的尺寸、标记和补充供货技术条件。A 型半成品包括长方形 A1 型和圆柱形 A2 型。A1 型刀夹半成品——长方形如图 5-89 所示，A2 型刀夹半成品——圆柱形如图 5-90 所示，主要用于用户自行开发非标准刀具装夹的刀夹。

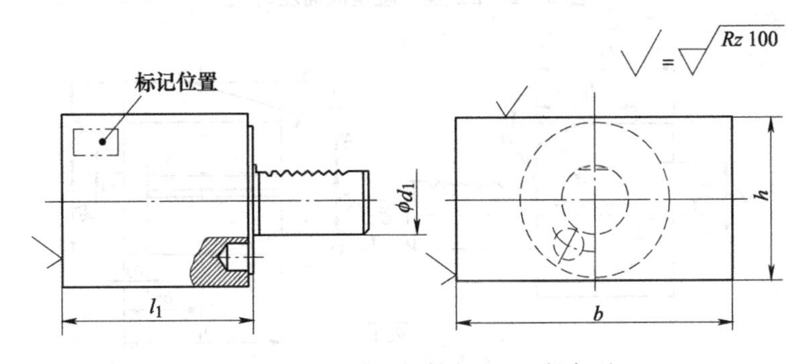

图 5-89　A1 型刀夹半成品——长方形

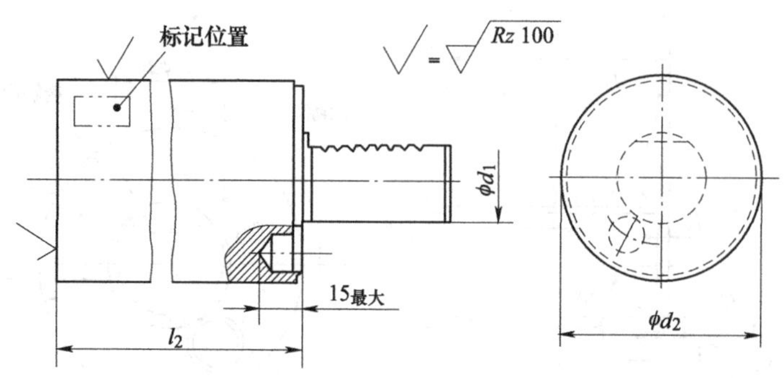

图 5-90　A2 型刀夹半成品——圆柱形

3．第 3 部分：装径向矩形车刀的 B 型刀夹（GB/T 19448.3—2004 摘录）

GB/T 19448.3—2004 规定了柄部按 GB/T 19448.1—2004 要求的装径向矩形车刀的 B1 型～ B8 型圆柱刀夹的尺寸、标记和补充供货技术条件。B1 型～ B8 型装径向矩形车刀刀夹的型式如图 5-91 ～图 5-98 所示。

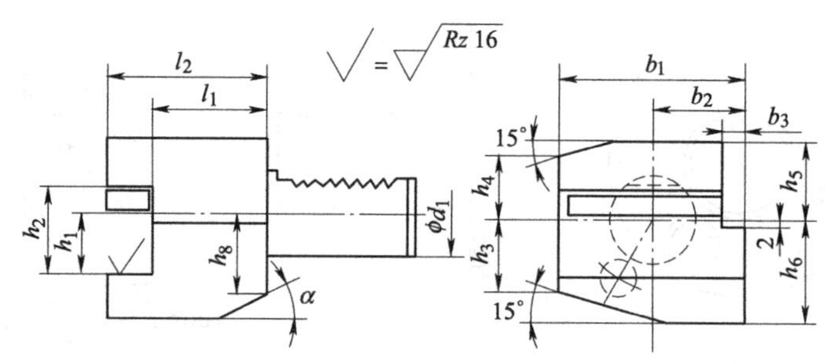

图 5-91　B1 型，短型横向右刀夹

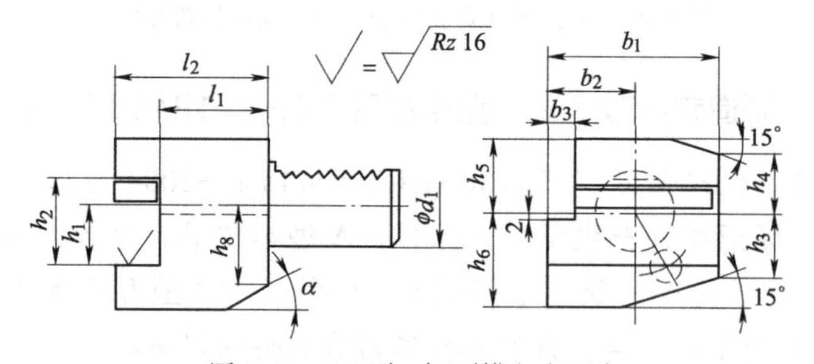

图 5-92　B2 型，短型横向左刀夹

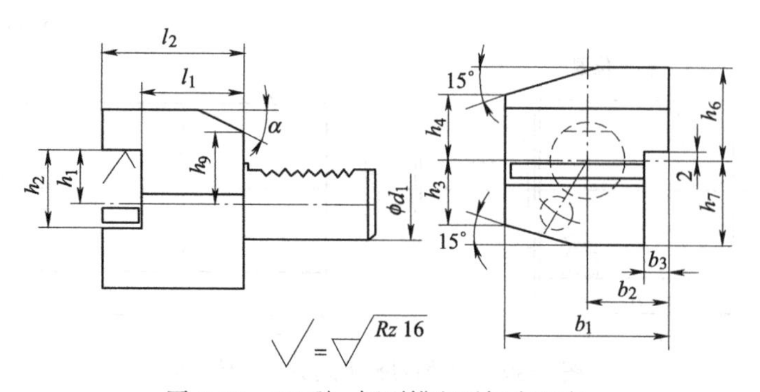

图 5-93　B3 型，短型横向反切右刀夹

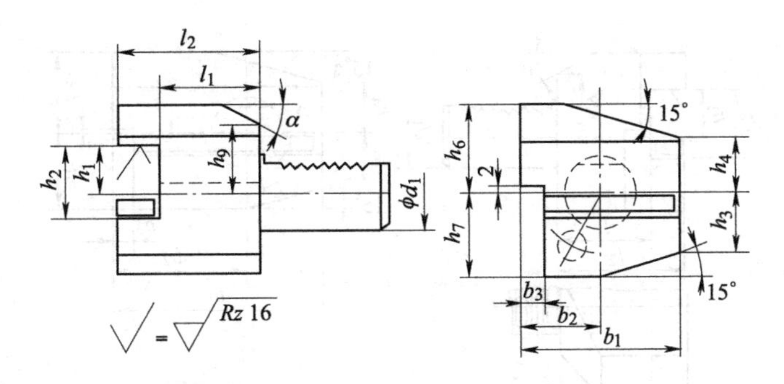

图 5-94　B4 型，短型横向反切左刀夹

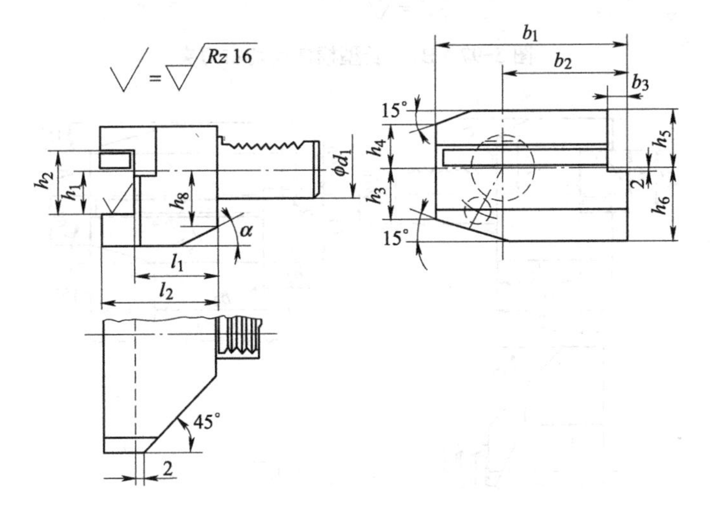

图 5-95　B5 型，长型横向右刀夹

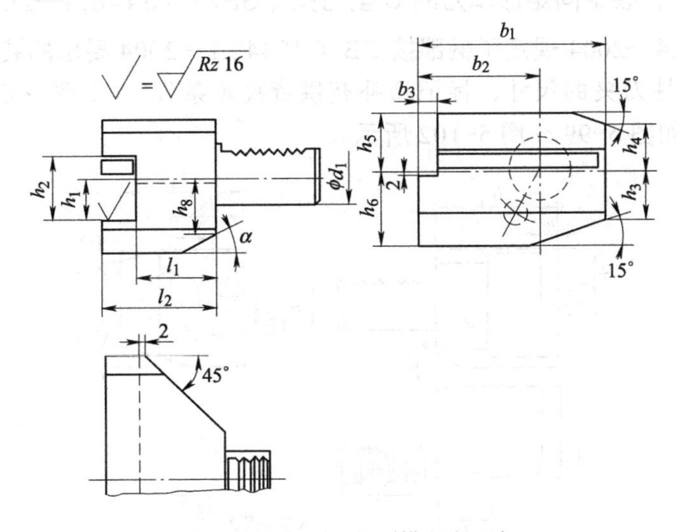

图 5-96　B6 型，长型横向左刀夹

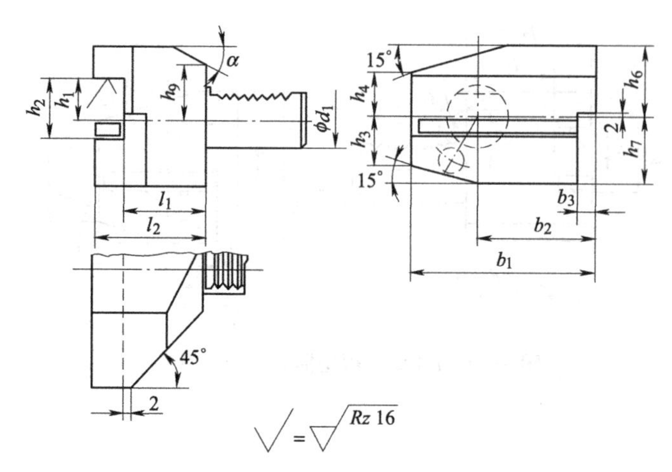

图 5-97　B7，长型横向反切右刀夹

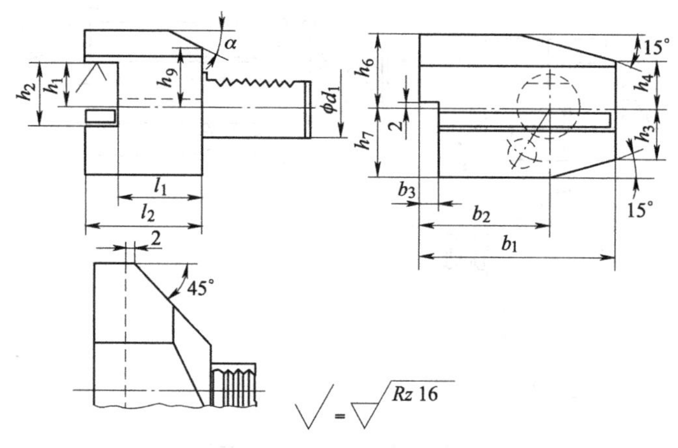

图 5-98　B8 型，长型横向反切左刀夹

4．第 4 部分：装轴向矩形车刀的 C 型刀夹（GB/T 19448.4—2004 摘录）

GB/T 19448.4—2004 规定了柄部按 GB/T 19448.1—2004 要求的装轴向矩形车刀的 C1 型～ C4 型圆柱刀夹的尺寸、标记和补充供货技术条件。C1 型～ C4 型装轴向矩形车刀的型式简图如图 5-99 ～图 5-102 所示。

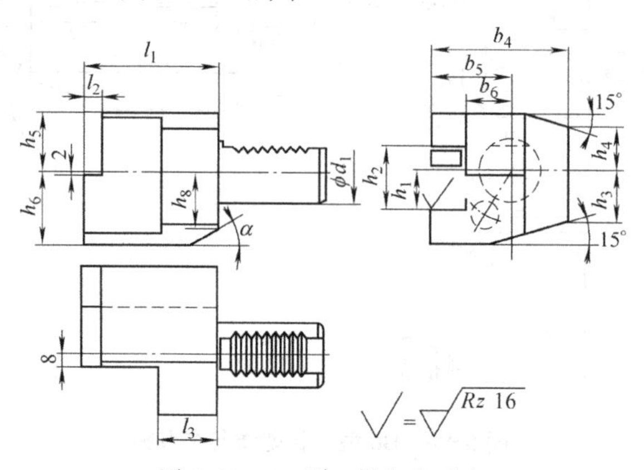

图 5-99　C1 型，纵向右刀夹

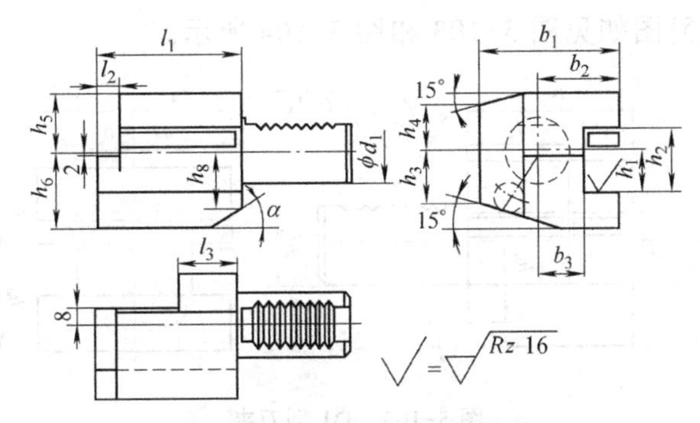

图 5-100　C2 型，纵向左刀夹

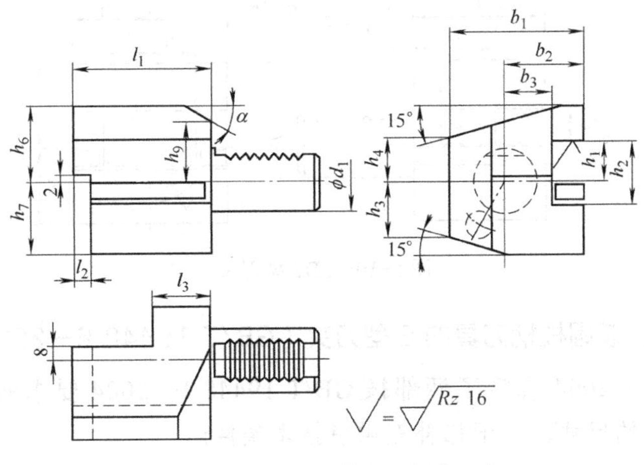

图 5-101　C3 型，纵向反切右刀夹

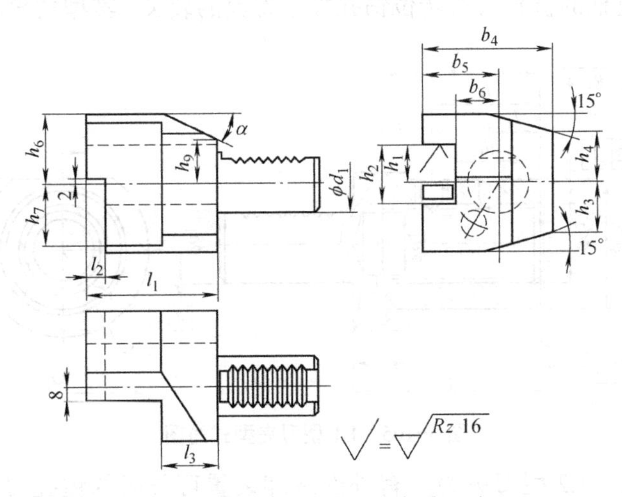

图 5-102　C4 型，纵向反切左刀夹

5．第 5 部分：装一个以上矩形车刀的 D 型刀夹（GB/T 19448.5—2004 摘录）

GB/T 19448.5—2004 规定了柄部按 GB/T 19448.1—2004 要求的装一个以上矩形车

刀的 D1 型和 D2 型刀夹的尺寸、标记和补充供货技术条件。D1 型和 D2 型装一个以上矩形车刀刀夹的型式简图如见图 5-103 和图 5-104 所示。

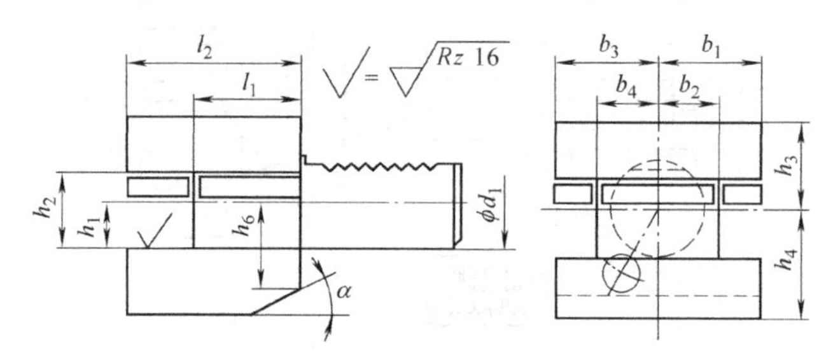

图 5-103　D1 型刀夹

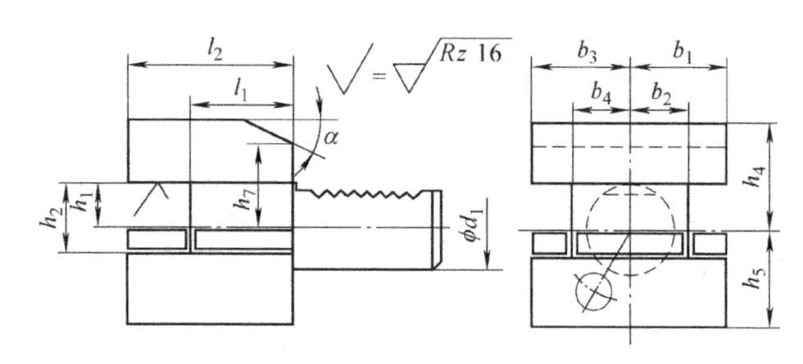

图 5-104　D2 型刀夹

6．第 6 部分：装圆柱柄刀具的 E 型刀夹（GB/T 19448.6—2004 摘录）

GB/T 19448.6—2004 规定了柄部按 GB/T 19448.1—2004 要求的装圆柱柄刀具的 E1 型～ E4 型刀夹的尺寸、标记和补充供货技术条件。

（1）E1 型刀夹　E1 型刀夹的装刀孔为侧固式刀柄孔，可做成带内冷却供给装置的刀夹，主要用于削平直柄的机夹式可转位钻孔加工刀具的装夹，其型式简图如图 5-105 所示。

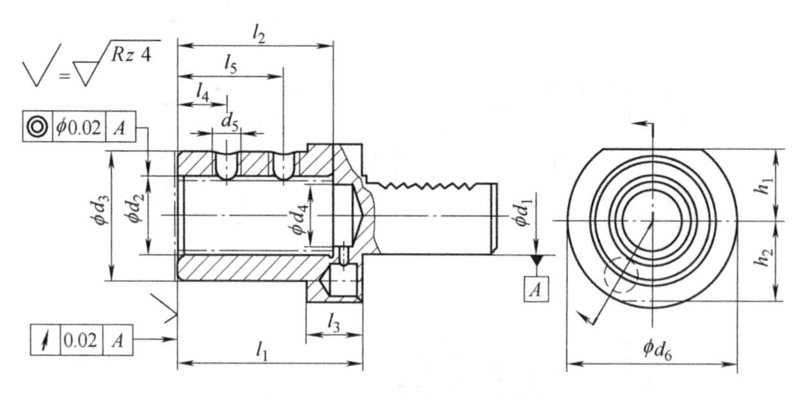

图 5-105　E1 型刀夹型式简图

（2）E2 型刀夹　E2 型刀夹为具有外部冷却装置可关闭的镗孔刀具（即内孔车刀）用刀夹，装刀孔为圆孔，上部布置有 3 个紧固螺钉，可用于圆柱柄或削平型圆柱柄内孔镗刀的装夹。E2 型刀夹前端做出了两个可关闭的外部冷却孔，其型式简图如图 5-106 所示，对于直径不同的镗刀，可借助相应的刀套进行装夹。

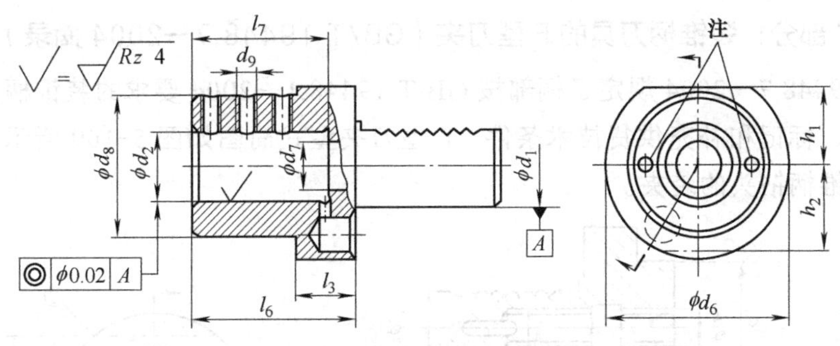

图 5-106 E2 型刀夹型式简图

注：1. 外部冷却装置可关闭。

2. 尺寸 d_1=20mm 时至少要 2 个紧固螺纹，其他尺寸至少要 3 个紧固螺纹。

（3）E3 型刀夹 E3 型刀夹是弹性夹簧按 ISO 10897（锥度为 1:10 的夹头，对应 GB/T 31559）要求的装圆柱柄刀具的刀夹，型式简图如图 5-107 所示。

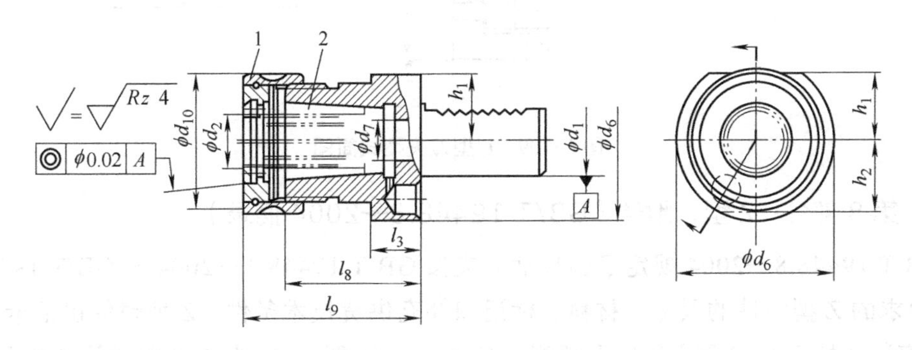

图 5-107 E3 型刀夹型式简图

1—按 ISO 10897 的 D 型螺母 2—按 ISO 10897 的 C 型夹簧

（4）E4 型刀夹 E4 型刀夹是弹性夹簧按 ISO 15488（圆锥角为 8° 的弹簧夹头，对应 GB/T 25378，即常见的 ER 型弹簧夹头）要求的装圆柱柄刀具的刀夹，型式简图如图 5-108 所示。

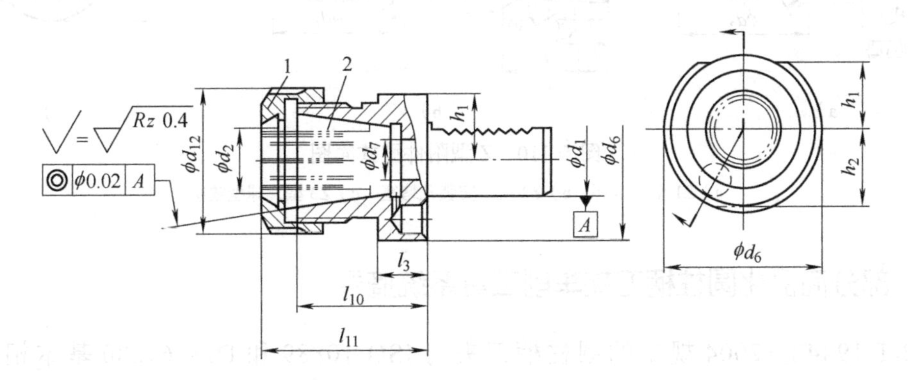

图 5-108 E4 型刀夹型式简图

1—按 ISO 15488 的 D 型螺母 2—按 ISO 15488 的 C 型夹簧

7．第 7 部分：装锥柄刀具的 F 型刀夹（GB/T 19448.7—2004 摘录）

GB/T 19448.7—2004 规定了柄部按 GB/T 19448.1—2004 要求的装锥柄刀具的 F 型刀夹的尺寸、标记和补充供货技术条件，F 型刀夹型式简图如图 5-109 所示，主要用于带扁尾莫氏锥柄钻头的装夹。

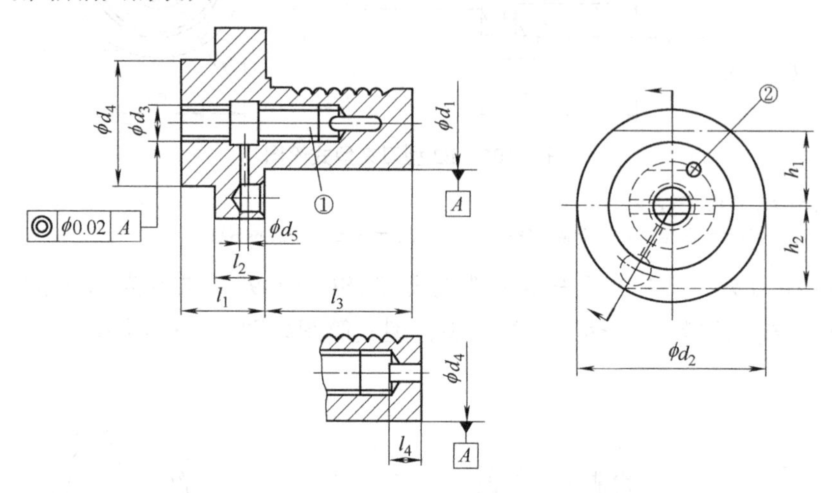

图 5-109　F 型刀夹型式简图

8．第 8 部分：Z 型，附件（GB/T 19448.8—2004 摘录）

GB/T 19448.8—2004 规定了圆柱柄刀夹按 GB/T 19448.1—2004 ～ GB/T 19448.7—2004 要求的 Z 型附件的尺寸、材料、标记和补充供货技术条件，Z 型附件包括卡环（Z1 型）、安装孔堵塞（Z2 型）和球形喷嘴（Z3 型）。Z1 型～ Z3 型附件型式简图如图 5-110 所示。

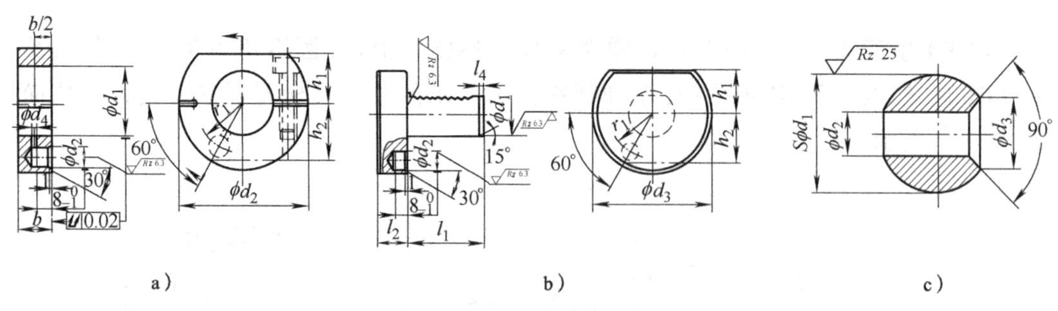

图 5-110　Z 型附件型式简图

a）Z1 型，卡环　b）Z2 型，安装孔堵塞　c）Z3 型，球型喷嘴

5.4.2　部分商品化圆柱柄刀夹车削工具系统摘录

GB/T 19448—2004 规定的圆柱柄刀夹与 ISO 10889 和 DIN 69880 基本相同，又称为 VDI 固定刀夹（以下简称 VDI 刀夹），其源于 DIN 69880，因此市场上多标示为基于标准 DIN 69880 的刀夹。国内市场 GB/T 19448—2004 中的刀夹型式在商品化

VDI 刀夹样本上也可见到，同时基于商业需要，其样本上尺寸标注与 GB/T 19448—2004 有时会略有差异。GB/T 19448—2004 的刀夹型式基本未规定冷却要求，商品化刀具一般有球型喷嘴（见图 5-110 的 Z3 型）。另外，商品化 VDI 刀夹会有部分与 GB/T 19448—2004 不同但适用的刀夹型式。

（1）商品化刀夹结构与应用分析　所谓商品化刀夹是指可满足实际加工需要，且以商品形式供应市场的刀夹，图 5-111 所示为 B1 型刀夹及其应用示例。作为加工需要，刀夹一般需要加装冷却喷嘴 4，多采用标准中推荐的球头喷嘴。夹紧螺钉 3 显然是必备的，同时为了防止压板 1 自然掉落，多应用一个螺钉 2 吊挂住，同时内部装有弹簧使得压板始终处于开启状态（图中未示出），刀具装入刀槽后，直接拧紧夹紧螺钉压下压板实现刀具安装。由于 B1 型刀夹为右手刀夹，因此，安装图示的左手机夹车刀 6，可在图 5-111d 主轴旋向状态下，后置刀架刀盘上，实现常规的外圆车削。其他型式的刀夹可参照其描述与应用分析。

在前述各型式刀夹简图中，其图名中基本表述了该刀夹装刀及应用情况，图 5-112 和图 5-113 所示分别为 B 型和 C 型刀夹及其装刀示例。

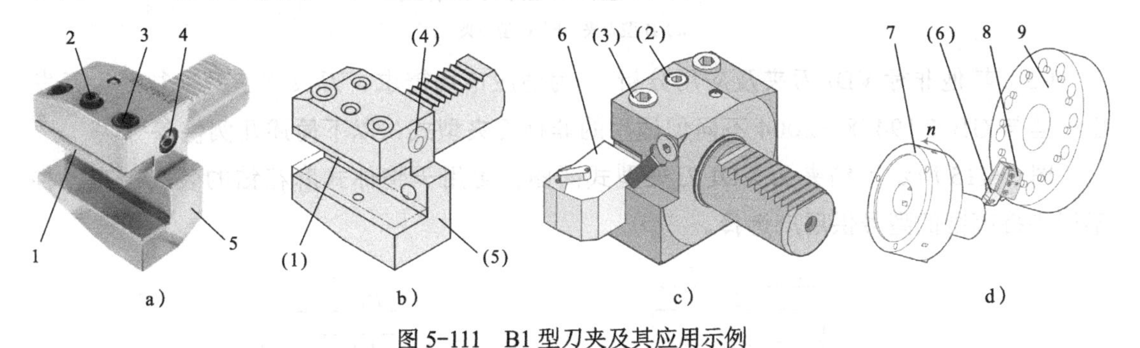

图 5-111　B1 型刀夹及其应用示例

a）刀夹实物图　b）刀夹 3D 图　c）刀具安装图　d）加工示意图

1—压板　2—压板吊挂螺钉（含弹簧）　3—夹紧螺钉　4—喷嘴

5—刀夹体　6—机夹车刀　7—卡盘　8—B1 型刀夹　9—VDI 刀盘

注：括号中数字表示重复出现的。

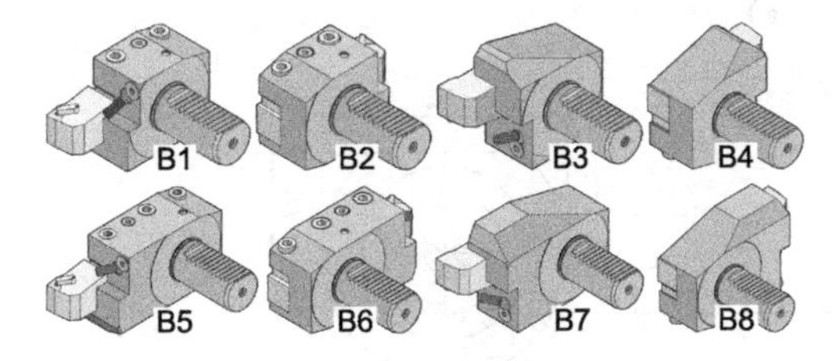

图 5-112　B 型刀夹及其装刀示例

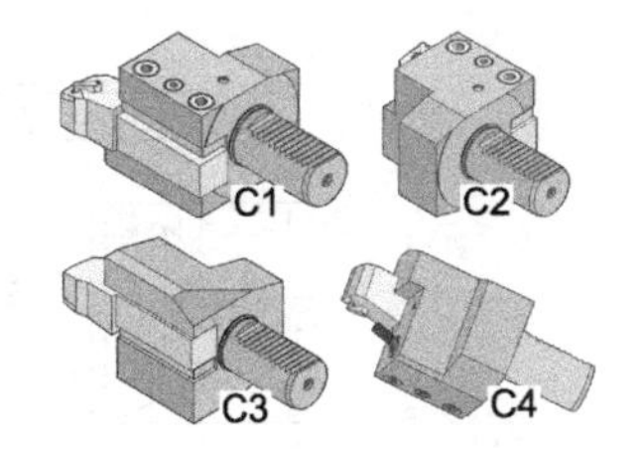

图 5-113　C 型刀夹及其装刀示例

（2）B 型和 C 型刀夹应用分析　标准中推荐的 B 型刀夹有 8 种，C 型刀夹有 4 种，其变化主要是为了适应各种机床工作方式。图 5-114 所示为 B 型和 C 型刀夹应用图解，注意主轴的旋向、刀架的位置（后置还是前置）。刀具的切削方向（左手或右手切削）、刀具的正装与反装、刀夹固定齿排的方向（左刀夹或右刀夹）等。

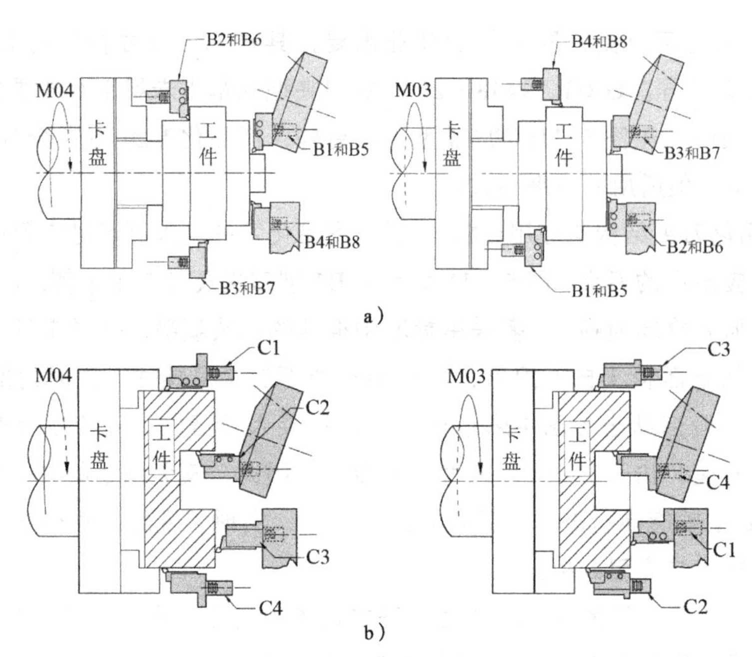

图 5-114　B 型和 C 型刀夹应用图解

a）B 型刀夹　b）C 型刀夹

（3）其他非标 VDI 刀夹及应用分析　为适应市场需求，刀具制造商往往还会开发出一些与 GB/T 19448—2004 不同但适用的非标刀夹型式，以下简述几例供参考。

图 5-115 所示为钻夹头 VDI 刀夹型式简图，可用于整体式麻花钻的装夹，有多种不同夹持范围的型号供用户选择。

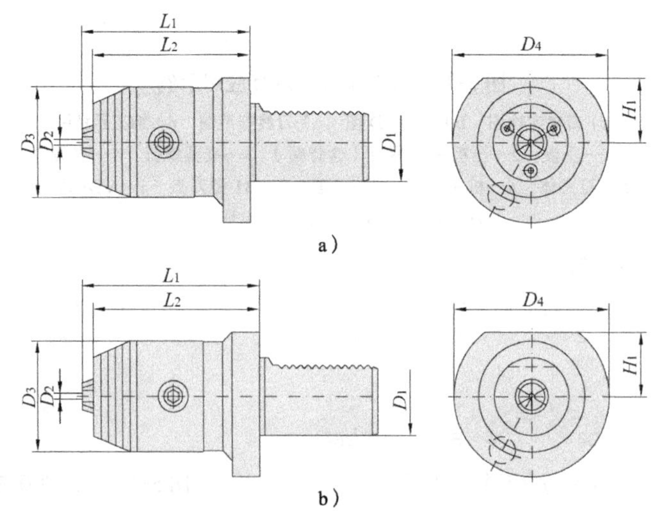

图 5-115　钻夹头 VDI 刀夹型式简图

a）外冷却供液型　b）内冷却供液型

在 GB/T 19448—2004 中，没有包含切断与切槽车刀的刀夹，而切断与切槽又是车削加工中不可缺少的刀具，图 5-116 所示为刀板式切断车刀的 VDI 刀夹型式简图，有多种型式供用户选择。

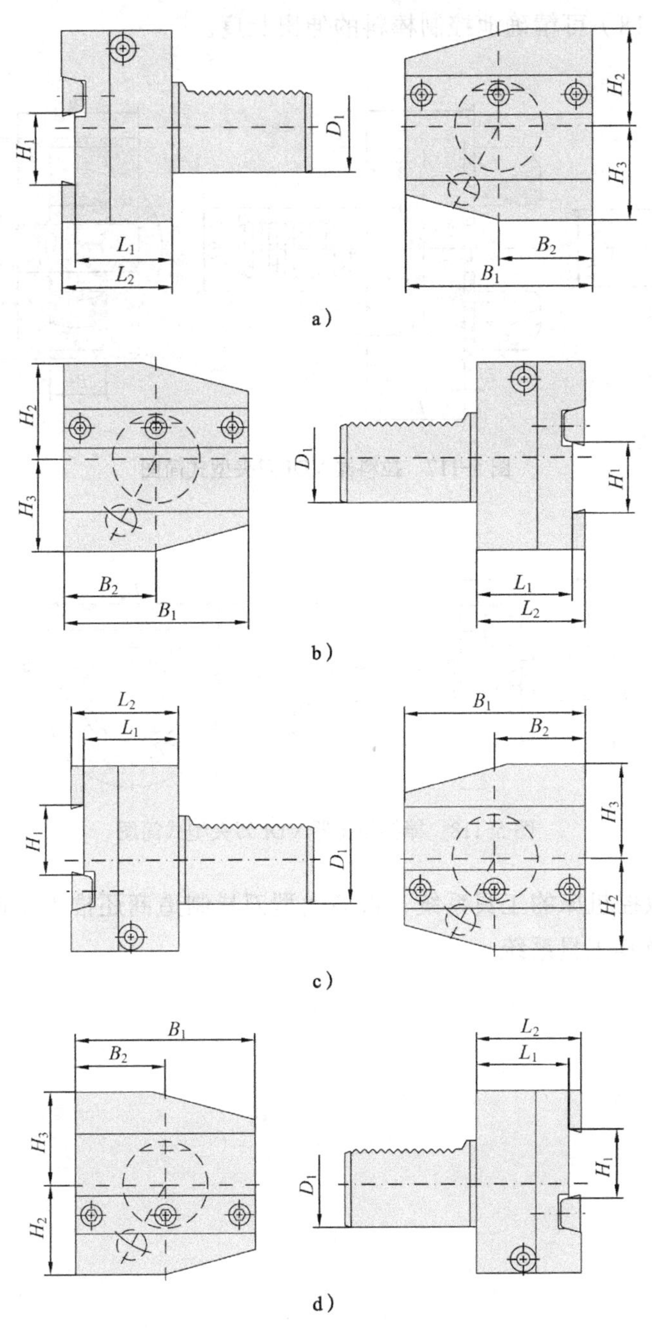

图 5-116　刀板式切断车刀的 VDI 刀夹型式简图

a）右手、正装型　b）左手、正装型　c）右手、反装型　d）左手、正装型

图 5-117 所示为拉料器 VDI 刀夹型式简图，拉料器是较长棒料自动化加工的利器，当加工完一个零件后，拉料器向主轴方向移动，借助拉爪抓住棒料，然后向尾架方向移动拉出所需棒料长度，进行下一个零件的车削。某些自动化车削加工，每加工完一个零

件后，夹爪松开，用自动送料装置将棒料向外伸出下一段加工的棒料，这时借助于棒料停止器（见图 5-118）可精确地控制棒料的伸出长度。

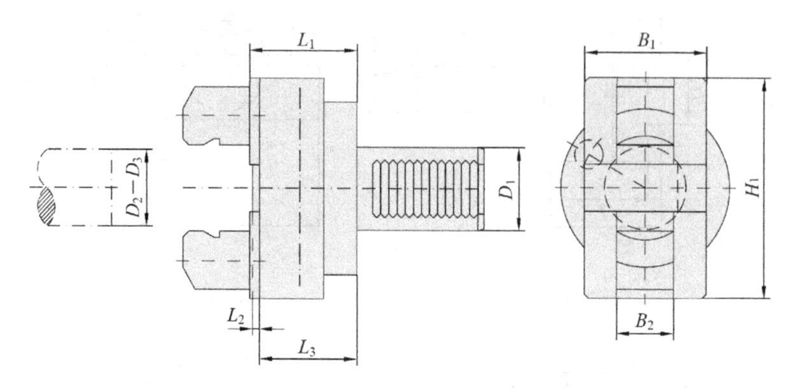

图 5-117　拉料器 VDI 刀夹型式简图

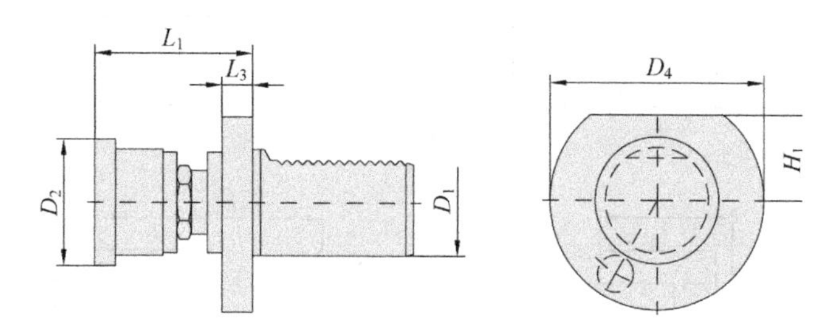

图 5-118　棒料停止器 VDI 刀夹型式简图

关于车削类数控机床的工具系统，很多大型刀具制造商还推出了很多具有自主知识产权的工具接口及其工具系统。

参 考 文 献

[1] 陈为国，陈昊．数控加工刀具材料、结构与选用速查手册 [M]．北京：机械工业出版社，2016．

[2] 陈日曜．金属切削原理 [M]．2 版．北京：机械工业出版社，1987．

[3] 太原市金属切削刀具协会．金属切削实用刀具技术 [M]．2 版．北京：机械工业出版社，2002．

[4] 北京联合大学机械工程学院．机夹可转位刀具手册 [M]．北京：机械工业出版社，1998．

[5] 陈为国．数控加工编程技术 [M]．2 版．北京：机械工业出版社，2016．

[6] 陈为国，陈昊．数控加工编程技巧与禁忌 [M]．北京：机械工业出版社，2014．

[7] 陈为国，陈昊．数控车床操作图解 [M]．北京：机械工业出版社，2012．

[8] 陈为国，陈昊．数控车床加工编程与操作图解 [M]．2 版．北京：机械工业出版社，2017．

[9] 陈为国，陈为民．数控铣床操作图解 [M]．北京：机械工业出版社，2013．

[10] 陈为国，陈昊．图解 Mastercam2017 数控加工编程基础教程 [M]．北京：机械工业出版社，2018．

[11] 陈为国，陈昊．图解 Mastercam2017 数控加工编程高级教程 [M]．北京：机械工业出版社，2019．

[12] 邓建新，赵军．数控刀具材料选用手册 [M]．北京：机械工业出版社，2005．

[13] 郑文虎．刀具材料和刀具的选用 [M]．北京：国防工业出版社，2012．

[14] 徐宏海，等．数控机床刀具及其应用 [M]．北京：化学工业出版社，2009．

[15] 袁哲俊，刘华明．金属切削刀具设计手册单行本　孔加工刀具、铣刀、数控机床用工具系统 [M]．北京：机械工业出版社，2009．

[16] 袁哲俊，刘华明．金属切削刀具设计手册单行本　车刀和刨刀 [M]．北京：机械工业出版社，2009．

[17] 陈云，杜齐明，董万福，等．现代金属切削刀具实用技术 [M]．北京：化学工业出版社，2008．

[18] 北京永定机械厂群钻小组．群钻 [M]．上海：上海科学技术出版社，1982．